管综经综

MBA MPA MPAcc MEM
管理类与经济类综合能力

逻辑 678 题库

海绵教研组 编著

试题册

上海财经大学出版社

图书在版编目(CIP)数据

管综经综逻辑 678 题库 / 海绵教研组编著. -- 上海:
上海财经大学出版社, 2025. 6. -- ISBN 978-7-5642
-4708-9
Ⅰ.B81-44
中国国家版本馆 CIP 数据核字第 2025BU9198 号

管综经综逻辑 678 题库

著 作 者：海绵教研组　编著
责任编辑：袁　敏
封面设计：高智嫄
出版发行：上海财经大学出版社有限公司
地　　址：上海市中山北一路 369 号(邮编 200083)
网　　址：http://www.sufep.com
经　　销：全国新华书店
印刷装订：三河市文阁印刷有限公司
开　　本：787mm×1092mm　1/16
印　　张：32.75
字　　数：817 千字
版　　次：2025 年 6 月第 1 版
印　　次：2025 年 6 月第 1 次印刷
定　　价：118.00 元 (共两册)

PREFACE | 前言

增值内容及使用方法

1. 纸质题书——平时线下刷题

严格参考研究生考试大纲，按照知识点模块分类，本书包含 678 道逻辑原创高质量好题．

2. 线上题库——碎片时间随手刷

本书免费赠送线上题库，考生收到书本后，用微信扫描封面二维码，刮开图层，输入专属兑换码即可免费领取，线上线下题目分类保持统一，碎片时间随时可刷．

3. 视频解析——做完题后随时看

每章节题目后均有二维码，使用海绵 MBA APP 扫码后即可看到视频解析，更好地辅助考生理解出题及解题思路．

4. 周测练习——每周末免费模考

678 月内的每个周末，海绵 MBA APP 上会进行免费的周测模考，按照不同主题进行专项测试，考生可在首页免费报名参加，及时检验学习效果．

5. 分析报告——考试后生成数据化分析报告

海绵独创模力值 & 安全区，通过打造海绵过考模型，直观展示各阶段安全分数线，让考生可以即时了解大部队备考水平，也可根据"模力值"及到达安全区次数，及时判断自己的吸收状态，发现成绩落差，尽快查漏补缺．

CONTENTS 目录

试题册

第一章 形式逻辑 001

专题一 复言命题 001
- 题型 01 复言命题之推出结论 001
- 题型 02 复言命题之补充前提 015
- 题型 03 复言命题之寻找矛盾 017
- 题型 04 复言命题之真假判断 021

专题二 简单命题 023
- 题型 05 简单命题之推出结论 023
- 题型 06 简单命题之补充前提 029
- 题型 07 简单命题之寻找矛盾 031

专题三 定义、概念、数字推理 033
- 题型 08 定义匹配 033
- 题型 09 概念计算 036
- 题型 10 数字推理 040

第二章 综合推理 043

专题四 综合推理 043
- 题型 11 匹配排序题 043
- 题型 12 真话假话题 109

第三章 论证逻辑 119

专题五 削弱题 119
- 题型 13 削弱的基本思路 119
- 题型 14 特殊关系的削弱 131

专题六 支持题	153
题型 15 支持的基本思路	153
题型 16 特殊关系的支持	168
专题七 假设题	189
题型 17 假设的基本思路	189
题型 18 特殊关系的假设	193
专题八 分析题	200
题型 19 分析论证结构	200
题型 20 分析争论焦点	202
题型 21 分析论证方法	204
题型 22 分析逻辑谬误	206
题型 23 分析结构相似	208
题型 24 分析关键问题	216
专题九 解释题	218
题型 25 解释现象题	218
题型 26 解释矛盾题	222
专题十 推论题	228
题型 27 概括结论题	228
题型 28 推出结论题	230

第一章　形式逻辑

专题一　复言命题

题型 01　复言命题之推出结论

考向 1　选项代入

1. 张、王、李、赵、刘 5 人参加比赛。有人预测了此次预选赛的结果，预测结果如下：

   （1）如果张、李至少有 1 人未通过，则赵通过；

   （2）如果王、赵至少有 1 人通过，则张也通过；

   （3）如果王、李至多有 1 人通过，则赵未通过。

   若上述预测均准确无误，则以下哪项可以是比赛的结果？

   A. 只有张和王 2 人晋级。

   B. 只有王和刘 2 人晋级。

   C. 张、赵、刘都没晋级。

   D. 若王没有晋级，则李一定没有晋级。

   E. 若没晋级的人恰有 3 人，则张一定晋级了。

2. 由于工作需要，需要安排甲、乙、丙、丁、戊、己、庚 7 名工作人员值班时间，每人可以选择上午或者下午值班，具体值班安排如下：

   （1）如果甲在下午值班，那么乙在上午值班；

   （2）如果丙在上午值班，那么丁在下午值班；

   （3）如果庚在下午值班，那么乙和己也在下午值班；

   （4）或者丙在上午值班，或者戊在下午值班。

   根据以上信息，以下哪项不符合上述值班安排？

   A. 甲和庚都在上午值班。　　　　　　B. 丁和戊都在上午值班。

   C. 甲和己都在下午值班。　　　　　　D. 庚和丁都在上午值班。

   E. 丁和己都在下午值班。

3. 零和博弈中双方得失完全对立，一方获利必致另一方等量损失，系统总和始终为零，与之相对的双赢模式强调协作共赢，双赢是建立在互信基础之上的。只有通过信任构建、制度约束和价值共享，才能突破非此即彼的局限，才能创造持续增益的良性局面。

根据以上信息，可以推出以下哪项？

A. 想要双赢，互相信任比遵守游戏规则重要。

B. 如果已经构建了信任，那么一定突破了非此即彼的局限。

C. 除非有制度的约束和价值共享，否则不可能创造持续增益的良性局面

D. 只要没有突破非此即彼的局限，就不可能构建信任。

E. 如果突破非此即彼的局限，那么必定能创造持续增益的良性局面。

4. 兔年春节期间，体育消费数据猛增，仅在南京，就拉动消费超 2 亿元。这也为体育产业之后的发展带来了启示：未来，若持续优化体育产业供给的方式，必然会壮大规模、拉动内需、刺激消费。在这背后需要政府的有力支持，只要可以加强相关配套设施的投入，了解当前消费需求，就能为我国的体育产业寻找到新的发展机遇。

根据以上陈述，可以推出以下哪项？

A. 只要政府发力，持续优化体育产业供给的方式，就能为体育产业寻找到新的发展机遇。

B. 只有先加强相关配套设施的投入，我国的体育产业才能寻找到新的发展机遇。

C. 只有做不到持续优化体育产业供给的方式，才会导致规模不大、需求降低、消费疲软。

D. 除非寻找到新的发展机遇，否则既没有加强相关配套设施的投入，也不了解消费者的需求。

E. 若仍然未为我国的体育产业寻找到新的发展机遇，那一定是因为不了解当前的消费需求。

5. 相关数据显示：2022 年我国充电基础设施继续高速增长，年增长量达到 260 万台左右，累计数量约 520 万台。但同时面临着基础设施标准体系发展缓慢的问题。如果不能在几年内建立具有中国自主知识产权的充电基础设施标准体系，那么电力基础运营和发展还是会落后于欧美各国。众所周知，充电基础设施的发展与我国新能源汽车产业息息相关，若是国家能源局不能有效推进充电设施网络的规划建设，那么新能源汽车产业发展相关服务升级系统不能落地。落实新能源汽车产业发展相关服务升级系统和自主知识产权的充电基础设施标准体系是现代能源体系低碳发展的基础。

根据以上信息，可以得出以下哪项？

A. 除非不能在几年内建立具有中国自主知识产权的充电基础设施标准体系，否则电力基础运营和发展还是会落后于欧美各国。

B. 若电力基础运营和发展比欧美各国先进，则新能源汽车产业发展相关服务升级系统可以落地。

C. 如果无法在几年内建立具有中国自主知识产权的充电基础设施标准体系，那么现代能源体系低碳无法发展，电力基础运营和发展也必然落后于欧美各国。

D. 如果新能源汽车产业发展相关服务升级系统落地，那么我国就能在几年内建立具有中国自主知识产权的充电基础设施标准体系。

E. 有了相关充电设施网络的规划建设，我们就能领先于欧美各国的电力发展。

6 根据最新的数据显示，当前我国的航空航天事业正处于快速发展的阶段，但是仍然存在着许多挑战和困难。据统计，我国航空航天领域的人才储备和技术水平仍然存在着一定的差距，这给我国航空航天事业的可持续发展带来了一定的隐患。只有通过加强人才培养、提高自主化技术水平、加强国际合作等手段，才能够推动我国航空航天事业的快速发展。想要提高技术自主化水平，必须提高基础研究的投入比和产学研转化的效率。

由以上陈述，可以推出以下哪项结论？

A. 只要能保持高速发展，我国将会很快解决航空航天事业现有的困难。

B. 只要能加强国际合作，就能推动我国航空航天事业的快速发展。

C. 只要能提高技术水平，就能推动我国航空航天事业的快速发展。

D. 若推动航空航天事业快速发展但是没有做到基础研究的投入比的提升，则必定是加强人才培养或国际合作。

E. 若无法推动我国航空航天事业的快速发展，则说明没有提高技术水平。

7 严密的组织体系是党的优势所在、力量所在。习近平总书记在党的二十大报告中强调：''增强党组织政治功能和组织功能。''只有党的各级组织都健全、都过硬，形成上下贯通、执行有力的严密组织体系，党的领导才能''如身使臂、如臂使指''。马克思主义政党具有崇高政治理想、高尚政治追求、纯洁政治品质、严明政治纪律，其力量的凝聚和运用在于科学的组织。只要科学地组织起来，形成严密的组织体系，就能实现力量倍增。

根据以上信息，可以得出以下哪项？

A. 如果想要实现力量倍增，党的各级组织就要形成上下贯通、执行有力的严密组织体系。

B. 只有党的领导可以''如身使臂、如臂使指''，才说明我们形成了严密的组织体系。

C. 只要党的领导''如身使臂、如臂使指''，党的各级组织就会形成上下贯通、执行有力的严密组织体系。

D. 想要实现力量倍增，组织并形成严密的组织体系是必要条件。

E. 想要党的领导''如身使臂、如臂使指''，唯一必要条件是党的各级组织都健全、都过硬。

8 某国际科学成果评审的规则如下：

（1）所有获奖成果必须具有理论突破并且经同行复现验证；

（2）只要是获奖成果，就有资格参评或者被学会推荐；

（3）学会只推荐那些发表期刊影响因子大于15或者引用次数不低于500次，同时解决重大公共安全问题或获得诺奖得主提名的研究成果。

根据上述信息，可以推出以下哪项？

A. 如果某研究获奖，则一定是获得了学会推荐并且取得了理论上的突破。

B. 若在某期刊影响因子刚好是15，同时也经同行复现验证成功，那么该项研究必定获奖。

C. 某项获奖研究成果没有获得参评资格，也没有获得诺奖的提名，那么该研究必定是解决了重大的公共安全的问题并且在理论上有所突破。

D. 若某研究被学会推荐，则其必然满足"期刊影响因子大于15或者引用次数不低于500次并且解决了重大的公共安全问题"。

E. 所有经同行复现验证且在理论上取得突破的研究都会获得学会推荐。

9 "如使人之所欲莫甚于生，则凡可以得生者何不用也？使人之所恶莫甚于死者，则凡可以辟患者何不为也？由是则生而有不用也，由是则可以辟患而有不为也。是故所欲有甚于生者，所恶有甚于死者。非独贤者有是心也，人皆有之，贤者能勿丧耳。"

根据以上陈述，可以推出以下哪项？

A. 若所欲有甚于生，则凡可以得生者可用也。

B. 若所欲有甚于死，除非可以辟患而有不为也。

C. 除非可以避患者可为也，才会使人之所恶莫甚于死。

D. 凡可以避患者可为也，才会使人之所恶甚于死。

E. 凡可以避患者可为也，则使人之所恶甚于死。

10 "伟大的历史主动精神"是党的十九届六中全会提出的一个重要概念。历史证明，党和国家事业的发展需要历史主动精神。只有发扬历史主动精神，就能永葆党的纯洁性。永葆党的纯洁性的必要前提是推进民族的伟大复兴，同时完善群众监督机制。如果不发扬历史主动精神，就无法解决许多想解决而没有解决的难题，就无法办成许多想办而没有办成的大事。

根据以上陈述，可以得出以下哪项？

A. 只要发扬历史主动精神，就可以办成许多想办而没有办成的大事。

B. 除非发扬历史主动精神，否则不能推进中华民族伟大复兴历史伟业。

C. 只有发扬历史主动精神，才可以解决许多想解决而没有解决的难题。

D. 只有永葆党的纯洁性，才能推进中华民族伟大复兴历史伟业。

E. 如果没有完善群众监督机制，就不可能解决许多想解决而未解决的难题和想办而没有办成的大事。

11 世界百年未有之大变局加速演进，我国发展进入战略机遇和风险挑战并存、不确定且难预料因素增多的时期。想要解决"三农"问题，就必须实现乡村振兴，或者加快农业农村现代化。除非发展城乡融合、强化科技创新和制度创新，否则不可能加快农业农村现代化。加强农业基础设施建设是推进乡村振兴的必要前提。

如果以上陈述为真，则以下哪项陈述一定为真？

A. 随着改革的深入，中国迟早会全面建设成社会主义现代化强国。

B. 只要加强农业基础设施建设，就能实现乡村振兴。

C. 只有加快农业农村现代化，才能实现城乡融合发展。

D. 如果解决了"三农"问题，那么一定加强了农业基础设施建设、强化科技创新和制度创新。

E. 如果解决了"三农"问题，但没有实现城乡融合发展，那么一定加强了农业基础设施建设。

12 囚徒困境是博弈论中非零和博弈的代表性例子，反映出个人最佳选择并非团体最佳选择。模型大致为：

（1）由于证据不确定，若两个囚犯都选择沉默，则每人各判1年。

（2）若双方都选择坦白，则因证据确定，所以双方各判8年。

（3）若双方一人选择坦白，一人选择沉默，则坦白者无罪释放，沉默者判10年。

根据以上陈述，可以得到以下哪项？

A. 如果双方都被判有刑期，那么说明两个囚犯都保持了沉默。

B. 如果有一人被释放，那么他一定坦白了。

C. 坦白所获刑期不会超过选择沉默所获刑期。

D. 如果有人没被释放，说明他一定没坦白。

E. 如果一个人选择沉默，那么他不一定会获刑。

13 国产手机的快速发展和市场占有率的提升，充分展现了中国制造业的创新能力和市场竞争力。面对全球化竞争的大背景，如果国产手机品牌持续创新或优化用户体验，那么它们能够保持市场优势，在全球市场中占据一席之地。同时，只有通过技术创新或用户体验的优化，国产手机品牌才能保持竞争力。

根据以上陈述，可以得出以下哪项？

A. 如果国产手机品牌持续创新并且优化用户体验，那么就能在全球市场中占据一席之地。

B. 如果国产手机品牌能持续创新但无法优化用户体验，就无法在全球市场中占据一席之地。

C. 只有技术创新并且优化用户体验，国产手机品牌才能保持竞争力。

D. 国产手机品牌只有通过技术创新，才能保持竞争力。

E. 如果国产手机品牌不能持续创新，就不能保持市场优势。

14 成功对于每个人来说都不一样，现如今的社会环境下，想要成功不是一件容易的事，首先你要具备一往无前的精神、遇到困难迎难而上的勇气，这是每个成功的人必备的个人素养。一个国家、一个民族，只有具备勇往直前和永不放弃的品质，才能发展进步。唯有勇往直前才能不断壮大自身；唯有坚持不懈、永不放弃才能在历史的长河中熠熠生辉。

如果以上说法为真，则以下哪项陈述一定为真？

A. 一个国家或民族，除非具备勇往直前和永不放弃的品质，否则不能壮大自身。

B. 一个国家或民族，如果勇往直前和永不放弃的品质都不具备，它就不能熠熠生辉。

C. 一个国家或民族，即使具备勇往直前和永不放弃的品质，也不会发展进步。

D. 一个国家或民族，如果要发展进步，它就必然在历史的长河中熠熠生辉。

E. 一个国家或民族，如果要在历史的长河中熠熠生辉，就必须壮大自身。

⑮ 生态文明建设不仅仅是环保，更是一种全面的文明进步，是人类社会发展的最新需求。推行绿色发展和低碳经济，可以实现资源的高效利用和环境的持续保护，为人们创造更加美好的生活环境。同时，生态文明建设还可以促进经济可持续发展，为人们提供更多的就业机会和经济增长点。因此，只有通过生态文明建设，才能实现经济、环境和社会的和谐发展，为人类社会的长远发展奠定坚实的基础。

根据以上陈述，可以推出以下哪项？

A. 能促进环保的行为都能体现文明的进步。

B. 每个国家、每个社会的公民都必须意识到生态文明建设的重要性。

C. 有些可以促进经济可持续发展的行为是人类社会发展的最新需求。

D. 若能做好生态文明的建设，就能实现经济、环境和社会的和谐发展。

E. 若无法实现经济、环境和社会的和谐发展，就说明没有做好生态文明建设。

考向 2　条件联立

⑯ 20 世纪初，西学东渐的风潮将歌剧艺术带入中国。1945 年，音乐家们以"白毛仙姑"的传说为蓝本，创作出了歌剧《白毛女》，该剧也被誉为中国民族歌剧的里程碑。像《白毛女》这样的革命历史题材歌剧，让人们了解历史、牢记为解放事业献身的革命先烈，起到了非常重要的教育作用。只有避免设立"高大上"的人物，歌剧才能吸引中国观众。只有关注现实题材、贴近人民群众的基本生活，歌剧才能符合中国观众的审美取向，才能获得中国观众的喜爱。

根据以上陈述，可以推出以下哪项？

A. 若能避免设立"高大上"的人物，歌剧就能吸引观众。

B. 若歌剧没有获得观众的喜爱，就说明它没有贴近人民群众的基本生活。

C. 符合中国观众审美取向的歌剧可以获得中国观众的喜爱。

D. 有些起到了非常重要的教育作用的歌剧是以传说为蓝本的。

E. 有些中国民族歌剧的里程碑没有让人们了解历史。

⑰ 地方政府通过走访调研上市公司，积极响应并解决上市公司面临的具体困难和问题，包括税收政策、融资、土地、进出口、知识产权保护等，以推动上市公司高质量发展。若上市公司能高质量发展，则能降低地方的失业率，并且推动地方经济增长。如果地方的失业率能降低并且地方政府的税收收入也能增加，则地方政府就能提高财政预算。如果能推动经济增长，就能让地方政府的税收收入增加。

根据以上陈述，可以推出以下哪项？

A. 地方政府必须积极解决上市公司的问题。

B. 若地方政府提高财政预算，则上市公司能高质量发展。

C. 若地方政府税收增加但是没有提高财政预算，则上市公司是不可能高质量发展的。

D. 只有上市公司高质量发展，才能有效降低地方的失业率。

E. 若不能增加税收收入，则也不能降低地方的失业率。

18. 在航空行业，机票退改费用的问题一直备受旅客关注。针对错购机票的高额退票费用问题，部分航空公司推出了新的退票政策，旨在为旅客提供更为灵活的退改选项。根据这些政策，旅客只有获得航空公司开具的退票许可，才能退票。而航空公司只会给那些通过航空公司直销平台购买机票的旅客开具退票许可。

根据上述政策，可以推出以下哪项？

A. 有些获得航空公司退票许可的旅客最终不能退票。

B. 有些在航空公司直销平台购买机票的旅客最终不能退票。

C. 在航空公司直销平台购买机票的旅客都可以拿到航空公司开具的退票许可。

D. 只有那些在航空公司直销平台购买机票的旅客才能退票。

E. 不能退票的旅客都不是在航空公司直销平台购买的机票。

19. 智能制造技术作为一种新兴的工业解决方案，在提高生产效率、降低人工成本、提升产品质量方面展现出了良好的效果，但随之迎来了各种挑战。一方面智能制造技术的研发及产业化还不够成熟，另一方面其实施成本还比较高。对此不少专家指出：只有相关设备及技术能实现国产化，才能大大降低智能制造的成本且提高高端工业品的质量；如果能实现相关设备及技术的国产化或者增加产业政策的支持力度，则智能制造的广泛应用指日可待。

根据上述专家的观点，可以得出以下哪项？

A. 如果不能实现相关设备及技术的国产化，那么就要增加产业政策的支持力度。

B. 如果实现了智能制造的广泛应用，但是没有增加产业政策的支持力度，那么就意味着实现了相关设备及技术的国产化。

C. 如果能大大降低智能制造的成本且提高高端工业品的质量，那么智能制造的广泛应用指日可待。

D. 如果能大大降低智能制造的成本，那就意味着相关设备及技术能实现国产化。

E. 如果不能降低智能制造的成本或不能提高高端工业品的质量，那么就无法实现智能制造的广泛应用。

20. 一场优秀的演讲必须具备清晰的逻辑和精准的语言。每一场经典的演讲都必须有一个鲜明的主题和精准的语言。如果演讲逻辑清晰但表达不生动，演讲语言精准但主题不鲜明，则它们都不能被称为优秀的演讲。

根据以上陈述，可以推出以下哪项？

A. 如果一场经典的演讲有鲜明的主题，则没有精准的语言。

B. 如果一场优秀的演讲表达不生动，则主题必须鲜明。

C. 表达不生动的演讲不是优秀的演讲。

D. 主题不鲜明的演讲不是优秀的演讲。

E. 逻辑清晰的演讲是优秀的演讲。

21. 小张、小周、小陈三人要分配小说、杂志、漫画、笔记本、钢笔、橡皮这6样物品，最终所有物品均全部分完，同时每人至少分到一件物品，具体分配情况如下：

（1）若小张、小陈中的一人分到了小说、橡皮或漫画中的任意一件，则小周一定分到笔记本和钢笔；

（2）若小张至多分到钢笔或橡皮中一件，则小陈一定分到漫画和笔记本。

根据以上信息，以下则可以推出以下哪项？

A. 小周分到了小说和笔记本。

B. 小张分到了钢笔和杂志。

C. 小陈分到了笔记本。

D. 如果某两人分到东西数量一样多，那么小陈必然分到了杂志。

E. 如果某两人分到东西数量不一样多，那么小陈必然分到了笔记本。

22. 小红去某自助餐餐厅吃饭，当日提供的餐品有牛排、鱼排、鸡排、素食、沙拉、汤、薯条、红酒、果汁。其中，饮品至多选择1种，同时还要满足以下要求：

（1）牛排、鱼排、鸡排、素食选择其中2种；

（2）若选择素食，则必须搭配汤但不能选薯条；

（3）若牛排、鱼排、鸡排至少选择其中一种，则饮品必须为红酒；

（4）若薯条、沙拉至多选择其中一种，则必须选择果汁。

若小红选择了沙拉、汤其中的一种，则以下哪项必然为真？

A. 小红选择了汤。

B. 小红未选择牛排。

C. 小红未选择鱼排。

D. 小红要么选择牛排，要么选择鸡排。

E. 小红选择了牛排，或者选择了鱼排。

23. 赵、钱、孙、李、周5人均报名参加了单板滑雪、跳台滑雪、越野滑雪和高山滑雪4个项目中的一个，具体报情况如下：

（1）如果赵、李中至少有一人参加高山滑雪，则孙参加单板滑雪，赵没有参加跳台滑雪；

（2）如果钱、周中至多有一人参加高山滑雪，则孙参加单板滑雪，李参加高山滑雪；

（3）如果孙、周中至多有一人参加越野滑雪，则赵参加跳台滑雪，李没参加单板滑雪；

（4）如果周、孙中至少有一人参加单板滑雪，则钱和周均参加越野滑雪。

根据以上信息，可以推出以下哪项？

A. 赵参加越野滑雪。   B. 赵参加跳台滑雪。

C. 孙参加跳台滑雪。   D. 李参加越野滑雪。

E. 周参加单板滑雪。

考向 3　确定信息

24. 振华中学的校体育队之间，存在以下关系：

（1）除非来自高二（3）班，否则不可能既来自游泳队又是乒乓球队的队员；

（2）高二（3）班的学生都是围棋的忠实粉丝，但羽毛球队员对此不感兴趣；

（3）校体育队仅有羽毛球队、游泳队、乒乓球队这三个队伍。

现已知小张同学不是围棋的忠实粉丝，但他是校体育队的一员，则以下哪项一定为真？

A. 小张是高二（3）班的学生。

B. 小张来自羽毛球队或游泳队。

C. 小张是乒乓球队的队员。

D. 除非小张不是来自游泳队，否则他不可能是乒乓球队的队员。

E. 除非小张是来自羽毛球队，否则他不可能是乒乓球队的队员。

25. 编辑小李为收来的文稿设置字体格式，正文格式预计在黑体、宋体、楷体、仿宋、微软雅黑和等线中选择，它们之间存在如下关系：

（1）如果选择黑体或宋体，则也选择楷体；

（2）如果选择楷体或仿宋，则也选择微软雅黑。

若小李不选择微软雅黑，则可以得出以下哪项？

A. 小李选择宋体。　　　　　　　　　B. 小李选择黑体。

C. 小李选择等线。　　　　　　　　　D. 小李选择仿宋。

E. 小李选择楷体。

26. 某家公司的创始人有一笔可供投资的资金，他打算将资金分散投资到股票、债券、房地产、黄金和外汇 5 个方面。该笔资金的投资需要满足如下条件：

（1）如果房地产投资比例高于 1/3，则要么不投资黄金，要么不投资债券；

（2）如果外汇投资比例低于 1/4，则剩余部分不能投入房地产；

（3）如果黄金投资比例低于 1/5，则剩余部分不能投入外汇或债券；

（4）债券投资比例必须高于房地产的投资比例。

根据以上陈述，可以推出以下哪项？

A. 外汇投资比例不低于 1/5。

B. 黄金投资比例不高于 1/4。

C. 黄金投资比例不低于 1/4。

D. 房地产投资比例不高于 1/3。

E. 房地产投资比例不低于 1/3。

27. 某公司的 4 位高管准备对公司的员工发放福利。4 位高管表示，他们要共同发放福利，以发挥最大效益。关于福利的发放对象，4人的意愿如下：

甲：若发放给销售部门，则发放给技术部门。

乙：若发放给市场部门，则发放给技术部门或销售部门。

丙：若发放给人力资源部门或市场部门，则也要发放给财务部门。

丁：若发放给技术部门，则发放给财务部门。

事实上，除丙以外其余人的意愿均得到了实现。

若以上陈述为真，可以推出以下哪项？

A. 要发放给技术部门。

B. 要发放给销售部门。

C. 要发放给市场部门。

D. 要发放给技术部门或发放给人力资源部门。

E. 要发放给销售部门或发放给财务部门。

28. 某小区为完善基础设施、创建美好绿色花园，准备从以下六种植物中选取三种栽种在自己小区的绿化区域内，这些植物分别有：玫瑰、月季、郁金香、柏树、松树、马尼拉草。该小区的业主有如下要求：

（1）花卉中选择玫瑰或者月季，二者必居其一；

（2）如果不选郁金香和柏树，就要选择玫瑰；

（3）除非不选马尼拉草，才会不选郁金香；

（4）若是不选月季的话，那么松树是一定要选择的。

若小区物业最终的决定符合业主的要求，但并未选择松树，那么根据上述方案，可以得到以下哪项？

A. 三种花卉入选。

B. 两种树类植物全部入选。

C. 无法确定玫瑰和月季是否入选。

D. 郁金香和马尼拉草至少有一个入选。

E. 树类植物并没有入选。

29. 如果一家企业想要在市场上获得成功，它要提供优秀的产品或贴心的服务，并且需要与客户建立良好的关系。若企业要提供优秀的产品，则需要加大研发的投入。若要加大研发的投入或提供贴心的服务，就需要有足够的现金流。

若某公司现金流不足，则可以推出以下哪项？

A. 它可以提供优秀的产品。

B. 它无法在市场上获得成功。

C. 它可以与客户建立良好的关系。

D. 它无法与客户建立良好的关系，但可以提供优秀的产品。

E. 它要么无法加大研发投入，要么无法提供贴心的服务。

30. 市政府为了鼓励环保生活，对于那些能够证明对环境友好的产品给予税收优惠。根据市政府发布的指导原则，已知：

（1）若产品是可回收的并且使用可再生资源制成，则该产品是环保的；

（2）若产品是环保的，则它不会对水质产生负面影响。

根据上述指导原则，若某产品对水质产生了负面影响，则可以推出以下哪项？

A. 若该产品是可回收的，则其不是使用可再生资源制成的。

B. 若该产品是不可回收的，则其是使用可再生资源制成的。

C. 该产品是可回收产品。

D. 该产品是使用可再生资源制成的。

E. 该产品不符合政府的指导原则。

31. "中国古代的方位观念"深刻影响了建筑、地理以及风水学等多个领域。古人根据自然环境和社会生活的需要，将周围环境分为"八卦"方位，每一卦代表一个方位。已知：

（1）若"乾"不代表西北方，则"坤"代表正东方；

（2）若"离"不代表正南方，则"坎"代表正东方；

（3）若"震"不代表正东方，则"巽"代表正南方；

（4）"坎"代表正南方或者代表正西方。

根据以上信息，可以推出以下哪项？

A. "坤"代表正东方。　　　　　　B. "坎"代表正东方。

C. "巽"代表正南方。　　　　　　D. "坎"代表正南方。

E. "乾"代表西北方。

32. 常春藤中学下周准备举行为期3天的春季校运动会，在首个比赛日下午的 4×200 米男女混合接力中，高二（8）班以预赛第二的成绩顺利进入了决赛，于是在班级同学的共同商议下，决定选小李、小高、小陈、小王这四个人作为决赛接力的人选，关于谁是首棒人选，这四人有如下想法：

小王：小陈要么是第三棒，要么是第四棒。

小高：第二棒的人选是小李同时第一棒不是我，否则这第一棒的人选非小王莫属。

小陈：只有小王是第三棒并且小李是第二棒时，小陈才能作为第四棒出场。

小李：如果我能成为第二棒接力的人，那么小高必定是第一棒的人选。

若四人的想法均得到了满足，则可以推出以下哪项？

A. 小李是第二棒并且小陈是第三棒。

B. 小李是第二棒并且小高是第四棒。

C. 小王是第一棒并且小李是第三棒。

D. 小李是第二棒或者小陈是第四棒。

E. 小王是第一棒并且小李是第四棒。

33. 为了应对新冠肺炎疫情，很多高校开始实施更为严格的校园封控管理措施。这种封控可能会给学生带来心理压力。幸运的是，如果一个学生能每天早睡早起，那么他/她的心理压力就会减少。如果一个学生的心理压力减少了，那么他/她就不会在封控期间沉迷于网络游戏。某宿舍的陈同学每天都早睡，刘同学的心理压力没有减少，孙同学在封控期间没有沉迷于网络游戏。

根据以上陈述，可以推出以下哪项？

A. 陈同学不会在封控期间沉迷于网络游戏。

B. 刘同学每天都没有早睡早起。

C. 孙同学没有心理压力。

D. 若刘同学每天都早睡，则他/她没有每天早起。

E. 若陈同学没有每天早起，则他/她会在封控期间沉迷于网络游戏。

34. 某街道服务中心要安排赵、钱、孙、李、周、吴中的4人到社区开展工作。已知：

（1）如果赵、钱至多去一人，那么吴和周要么都去，要么都不去；

（2）如果钱、李至少去一人，那么孙去，但是赵不去。

最终李去了，则可以推出以下哪项？

A. 去的人中有钱。

B. 去的人中有赵和吴。

C. 去的人中有孙和吴。

D. 去的人中没有孙和周。

E. 去的人中没有周和钱。

考向4　二难推理

35. "3·15晚会"报道了最为关注的与手机App相关的问题。如果厂家选用较低版本的操作系统，这就意味着App无须授权就能开启多种敏感的隐私权限，我们的隐私信息很容易就被泄露了。如果不采用低版本的操作系统，App的用户又会因为各种广告和会员收费，降低使用体验。看个电视还要收费，充完会员还有广告播放，想尽办法割公众的"韭菜"。

根据上述信息，可以得出以下哪项信息？

A. 要么不冒着隐私泄露的风险使用App，要么花着钱还继续看着有广告的App。

B. 如果冒着隐私泄露的风险使用App，那么就不用花着钱继续看着有广告的App。

C. 或者冒着隐私泄露的风险使用App，或者花着钱还继续看着有广告的App。

D. 如果花钱继续看有广告的App，那么使用App就不会泄露我的隐私信息。

E. 无论使用哪种操作系统，公众都不会冒着隐私泄露的风险使用App。

36. 未来的道路谁都不是很清楚，即使你现在碌碌无为也不能说明以后的你是一事无成的人。

如果你是敢拼敢闯的人，那么一定会过得很精彩。如果你是循规蹈矩的人，那么未来你想必会过得很自由。一个人要么勇往直前、敢拼敢闯，要么循规蹈矩、按部就班。

如果上述观点成立，则以下哪项陈述必然成立？

A. 如果一个人生活得很精彩，那么他一定过得也很自由。

B. 如果一个人生活得不自由，那么他过得也不精彩。

C. 未来的每个人要么过得很精彩，要么过得很自由。

D. 未来的每个人过得很精彩，或者过得很自由。

E. 未来的每个人不仅仅过得很精彩，而且过得很自由。

37 刘女士刚刚入住新家，她计划购买几种室内植物，具体想法如下：

（1）橡皮树、芦荟只购买其中一种；

（2）蝴蝶兰、发财树和橡皮树只买其中两种；

（3）白掌、一叶兰、芦荟至少买两种；

（4）只要买了蝴蝶兰，就不买一叶兰。

如果上述条件都要满足，则刘女士购买了哪些植物？

A. 一叶兰或者芦荟。　　　　　　　B. 白掌和橡皮树。

C. 要么发财树，要么蝴蝶兰。　　　D. 发财树和白掌。

E. 发财树和一叶兰。

38 某农残检测实验室预备优先更换几种老旧的设备，具体购置情况如下：

（1）气相色谱-质谱联用仪和高效液相色谱仪至少换购其中一种；

（2）要么不换购高精电子天平，要么换购低温冰箱；

（3）若换购高效液相色谱仪，则必须换购低温冰箱；

（4）若紫外分光光度计、气相色谱-质谱联用仪至少换购其中一个，则必须换购高精度电子天平或低温冰箱。

根据上述信息，可以推出以下哪项？

A. 换购气相色谱-质谱联用仪。

B. 换购高效液相色谱仪。

C. 换购高精度电子天平和紫外分光光度计。

D. 换购低温冰箱。

E. 换购紫外分光光度计或高效液相色谱仪。

39 某市市政部门计划重新栽种城市主干道的绿植，欲从玫瑰、百合、樱花、杜鹃、银杏、枫树这6种植物中至少选择4种栽种，具体要求如下：

（1）如果要种植玫瑰，那么一定要种植百合；

（2）如果杜鹃、银杏至少种植其中一个，那么种植樱花而不种植百合；

（3）如果银杏、枫树都种植，那么玫瑰、百合只能种植其中一个；

（4）如果种植樱花，那么百合和枫树都要种植。

根据上述信息，可以推出以下哪项？

A. 栽种绿植有玫瑰、樱花、银杏。

B. 栽种绿植没有百合和银杏。

C. 栽种绿植有杜鹃。

D. 栽种绿植没有杜鹃或者没有枫树。

E. 栽种绿植有玫瑰但是没有百合。

题型 02　复言命题之补充前提

40 某健身房推出会员课程，参与特定课程可解锁相应福利，规则如下：

（1）若报了核心与伸展课程，则可以解锁健康评估报告；

（2）若报了功能性训练课程，则可以解锁营养指导和获得健身装备。

根据上述情况，某会员认为：如果报了核心与伸展课程或功能性训练课程，就能解锁健康评估报告或享受私教折扣券的优惠。

以下哪项是该会员作出上述判断所需要的前提？

A. 若要解锁营养指导，则必须报名功能性训练课程。

B. 若要获得私教折扣券优惠，则需报名功能性训练课程或解锁健身装备。

C. 若要获得健身装备，则会员必须报功能性训练课程。

D. 若解锁营养指导或获得健身装备，则必定报名核心与伸展课程同时享受私教折扣券的优惠。

E. 若报名核心与伸展课程但没有享受私教折扣优惠，则不可能解锁开放营养指导或健身装备。

41 某班级选拔班干部是选择学习能力强且人际交往优秀的同学。已知：

（1）学习能力强代表具备优秀思维能力或熟练练习程度；

（2）具备优秀思维能力和熟练练习程度的同学均能做好开导和安抚工作。

据此，班主任得出结论：班干部都能做好开导和安抚工作。

要使上述结论成立，需要补充以下哪项前提？

A. 不是所有的班干部都是学习能力强的。

B. 其实学习能力强的不一定有优秀的人际交往能力。

C. 一个人不可能同时拥有优秀的思维能力和熟练的练习程度。

D. 一位同学能否做到熟练的练习程度决定他是否有优秀的思维能力。

E. 能做好开导和安抚工作说明思维能力优秀。

42 经济学家宣称：企业的稳健发展需要完善的管理机制为根基，如果资金周转问题没有得到妥善解决，说明管理机制并不完善。因此，不可能同时出现企业稳步发展和企业信誉降低的情况。

以下哪项如果为真，能使上述推理成立？

A. 完善的管理机制和稳步发展的企业相辅相成。

B. 企业的信誉度决定了企业可以稳步发展。

C. 没有完善的管理机制，就没有稳步发展的企业。

D. 如果资金周转问题得到妥善解决，那么企业信誉不可能降低。

E. 信誉降低会导致企业的发展产生负面影响。

43 如果有虔诚的信仰，则会以诚相待每个人。若无法守住道德底线，则无法做到以诚相待。所以无法守住道德底线，意味着人生价值成长的停滞。

以下哪项成立，最能使得题干的论证成立？

A. 以诚相待的人，则会守住自己的道德底线。

B. 人生价值的成长，能使自己恪守道德底线。

C. 除非具备虔诚的信仰，才能使人生价值的成长得以延续。

D. 只有以诚相待，才能使人生价值继续成长。

E. 不存在以诚相待和道德底线如此完美无瑕的人。

44 如果你只拥有专业技能，却缺乏良好的人际关系，那么你很可能会错失许多机会。同样地，如果你只有良好的人际关系，但缺乏专业技能，那么你可能会在职场上遇到瓶颈。小李据此认为，如果同时具备专业技能和良好的人际关系，就能在职场上获得成功。但老韩却认为，即便同时具备专业技能和良好的人际关系，也不能实现财务自由。

以下哪项如果为真，能结合小李的观点，质疑老韩的观点？

A. 若实现财务自由，则可以接受在职场上无法获得成功。

B. 若无法实现财务自由，则说明没有专业技能和良好的人际关系。

C. 除非无法实现财务自由，才无法在职场上获得成功。

D. 若能接受在职场上无法获得成功，除非可以实现财务自由。

E. 除非不能在职场上获得成功，否则可以实现财务自由。

题型 03　复言命题之寻找矛盾

45 即将上映的几部国产电影都在纷纷预热，期待能有一个不错的票房收益。H电影城现预售几部优秀电影的电影票，其中有科幻片、武打片、悬疑片、爱情片和动画片可选。甲、乙、丙、丁四人相约一起去看电影，他们有如下要求：

（1）如果看科幻片，就要看武打片；

（2）爱情片和动画片至多有一个不看；

（3）悬疑片和动画片至少有一个不看；

（4）除非不看武打片，否则看悬疑片。

如果上述四个要求均被满足，则以下哪项不可能为真？

A. 科幻片和悬疑片都看了。

B. 没有看科幻片，也没有看悬疑片。

C. 看了科幻片，但没有看爱情片。

D. 武打片和动画片都没有看。

E. 没有看悬疑片，看了爱情片。

46 某校拟在甲、乙、丙、丁、戊、己中选择四位同学当国旗手，且要遵循如下条件：

（1）甲和乙两人中至多一人不选；

（2）若选择甲，除非选择丙而不选择丁；

（3）只有选择丁而不选择戊，才选择乙。

如果选择了戊，那么以下哪项不可能为真？

A. 选择甲。　　　　　　　　B. 不选己。

C. 选择丙。　　　　　　　　D. 不选乙。

E. 不选丁。

47 H公司策划年度活动时，制定以下规则：

（1）如果举办线上讲座或增加宣传预算或邀请明星嘉宾，那么必须租用大型场地，同时还要延长活动时间；

（2）如果租用大型场地或者不邀请明星嘉宾，那么必须增加宣传预算或开通线上报名通道；

（3）如果不举办线上讲座或者不延长活动时间，那么必须邀请明星嘉宾，同时开通线上报名通道。

根据上述信息，以下哪项不可能发生？

A. 举办线上讲座或者延长活动时间。

B. 没有增加宣传预算，或者没有开通线上报名通道。

C. 没有开通线上报名通道。

D. 租用了大型场地但未增加宣传预算。

E. 没有延长活动时间，或者没有增加宣传预算也没有开通线上报名通道。

48 鼎盛公司最近需要老板和几名员工一起外出谈项目，现准备在四名员工赵华、钱忠、孙成、李游中进行选择。甲、乙、丙三位领导有如下建议：

甲领导说："赵华和钱忠办事妥当，他俩得至少有一个。"

乙领导说："孙成性子太急，如果带他去的话，就要带上赵华和李游。"

丙领导说："李游性子太慢了，办事不利索，只有要带钱忠和孙成的时候，我才会想着带他。"

最终老板并未采纳他们的建议，以下哪项符合老板的选择？

A. 选择赵华或钱忠。　　　　　　　　B. 选择孙成或李游。

C. 选择赵华且李游。　　　　　　　　D. 选择钱忠且李游。

E. 都不选择。

49 某公司制定了以下项目规则：

（1）若要启动新项目，则必须增加项目预算或者项目部分外包；

（2）若将项目部分外包或者延长项目周期，则必须购买新设备同时进行员工培训；

（3）若不将项目周期延长，则不增加项目预算但是要将项目部分外包。

根据以上规则，关于项目以下哪项不可能成立？

A. 启动新项目，但未增加项目预算或未将项目部分外包。

B. 延长项目周期，同时购买了新设备。

C. 没有延长项目周期，没增加项目预算。

D. 启动新项目，但未培训员工。

E. 延长项目周期，同时也没有将项目部分外包。

50 在人生的早期阶段，我们往往会花费大量的时间和精力来追求物质财富和社会地位。然而，随着我们的不断成长和发展，我们开始意识到这些追求并不能带来真正的幸福和满足感。我们开始寻求更深层次的意义和价值，追求内心的平静和满足。因此，若一个人开始追求内心的平静和满足，追求物质财富和社会地位对他就失去了意义。

以下哪项如果为真，最能质疑上述观点？

A. 追求深层次的意义和价值不一定可以带来真正的幸福和满足感。

B. 许多人会终生困于对物质财富和社会地位的追求。

C. 许多人穷极一生都无法理解事物深层次的意义和价值。

D. 对于许多人而言，追求物质和财富可以给他带来幸福和满足感。

E. 对于某些开始追求内心的平静和满足的人，追求物质财富和社会地位对他依然有意义。

51 有关异地落户的规则中有这样一则硬性条件，除非是本市认定的 B 类人才及以上或者在本市内连续缴纳五年社保，否则没有申请本市户口的资格。

以下哪项如果为真，说明上述规定今年没有得到贯彻？

Ⅰ．于亮有申请本市户口的资格，同时他也在本市缴纳社保刚好5年，但是他的B类人才认定明年才能批复。

Ⅱ．程龚没有申请本市户口的资格，但是他是B类人才。

Ⅲ．晓光今年刚刚研究生毕业，刚签约一家国有企业，还没有来得及做人才认定，并且他已经获得了申请户口资格。

Ⅳ．王冬有申请本市户口的资格，但他在本市内缴纳社保只有3年，也没有任何人才认定的证书。

A. 仅Ⅰ。
B. 仅Ⅰ和Ⅱ。
C. 仅Ⅲ。
D. 仅Ⅱ和Ⅲ。
E. 仅Ⅲ和Ⅳ。

52. 在现代社会中，孤独成为普遍现象。只有当个体与他人建立深层次的社会关系，才能有效减少孤独感。除非个体能有效减少孤独感，才能感受到社会的归属感。如果个体居住在人口密集度较低的城市中，就能感受到社会的归属感。一般来说，如果个体经历过社会关系的破裂，就会选择居住在这样的城市中。

根据上述陈述，以下哪项不可能为真？

A. 个体没有尝试与他人建立深层次的社会关系，也没有感受到社会的归属感。

B. 个体居住在人口密集的城市中，但与他人建立了深层次的社会关系。

C. 个体没有居住在人口密集度较低的城市中，也没能有效降低孤独感。

D. 个体没有经历过社会关系的破裂，但与他人建立了深层次的社会关系。

E. 个体感受到了社会的归属感，但没有与他人建立深层次的社会关系。

53. 雌激素是维持女性骨骼健康的一个必要元素，成骨细胞增殖和破骨细胞凋亡是两个维持骨动态平衡的关键基础。雌激素正常分泌时可以促进成骨细胞增殖以及诱导破骨细胞凋亡，而一旦雌激素迅速下降，就会抑制破骨细胞凋亡。

以下哪项如果为真，最能反驳上述论述？

A. 维持女性骨骼健康的必要元素不止雌激素，还有维生素D和钙。

B. 即使在雌激素迅速下降的同时，人体也不会失去骨动态平衡。

C. 雌激素迅速下降，成骨细胞增殖也被抑制。

D. 骨动态平衡时雌激素没有迅速下降。

E. 维持骨动态平衡的基础不是雌激素的正常分泌。

54. 在某次舞蹈比赛结束后，专家对于奖项花落谁家有了如下猜测：

（1）如果张或李获得第一名，则王或赵分别获得安慰奖和鼓励奖之一；

（2）只有某舞蹈演员获得第一名，其表演的舞蹈才会获得最佳编舞奖；

（3）每个奖项仅有一人获得。

根据上述信息，哪项与题干的猜测不一致？

A. 张获得了最佳编舞奖，赵获得了安慰奖。

B. 赵没获得鼓励奖，但孙获得了最佳编舞奖。

C. 李获得了安慰奖，张获得了鼓励奖。

D. 张获得了最佳编舞奖，李、孙分别获得了安慰奖和鼓励奖。

E. 张和李分别获得了安慰奖和鼓励奖。

题型 04　复言命题之真假判断

55 小明：我今天要么去游泳，要么去打篮球。

小红：小明在说谎。

若小红的话为真，则以下有几项必然为真？

（1）小明今天不去游泳，或者去打篮球。

（2）小明今天不去游泳，也不去打篮球。

（3）小明今天不去游泳，但是去打篮球。

（4）小明今天去游泳，也去打篮球。

（5）小明今天要么去游泳，要么不去打篮球。

A. 1 项。　　B. 2 项。　　C. 3 项。　　D. 4 项。　　E. 5 项。

56 在某企业董事会现场，财务、技术、行政、人事、研发 5 个部门代表参与讨论关于该年度奖金的分配，对于此次分配，有如下四人进行预测：

甲：3 万元奖金应当分配给财务部门或行政部门，二者必居其一。

乙：若是财务部门获得了部分奖金，则应当也分配给行政部门但不能分配给技术部门。

丙：如果行政部门获得了奖金，则研发部门也需分配部分奖金但不能分配给人事部门。

丁：除非财务部门和技术部门同时获得了奖金，否则人事部门也获得奖金。

现得知财务、技术、行政、人事 4 个部门均获得了奖金，则以下哪项一定为真？

A. 甲预测正确，乙预测错误。　　B. 甲预测错误，丙预测正确。

C. 乙预测错误，丙预测正确。　　D. 丙、丁二人均预测错误。

E. 丁预测正确，乙预测错误。

57 甲、乙、丙、丁一同去看游泳比赛，到了最后的半决赛场次，他们分别做了如下猜测（没有并列名次）：

甲：一号泳道和三号泳道的选中其中一人能夺得最终的冠军。

乙：若二号泳道的选手不能夺冠，那么四号泳道的选手必定能够夺冠。

丙：三号泳道和四号泳道的选手都不可能夺冠。

丁：如果三号泳道的选手不能夺得冠军，那么二号泳道的选手必定夺得冠军。

最终三号泳道的选手夺得了最终的冠军，则可以推出以下哪项？

A. 全都猜错了。　　B. 四人中只有一人猜对了。

C. 四人中有两人猜对了。　　D. 四人中有三人猜对了。

E. 全都猜对了。

58 最近启盛公司的收益出现了下滑，公司高层针对裁员和降低成本之间的关系进行了讨论：

甲：裁员一定会导致成本的降低。

021

乙：只有裁员，才能降低成本。

丙：裁员和降低成本一个都不能少。

丁：若想最有效地降低成本，除非裁员。

若最终公司做出了决定，则以下哪项不可能为真？

A. 只有 1 人的观点符合决定。 B. 只有 2 人的观点符合决定。

C. 只有 3 人的观点符合决定。 D. 只有 4 人的观点符合决定。

E. 4 人的观点均不符合决定。

59 小刘：今天要么去打球，要么不去游泳。

小李：不对，今天要么去打球，要么去游泳。

Ⅰ. 如果今天不去打球，那么去游泳。

Ⅱ. 要么去打球，要么去游泳。

Ⅲ. 今天去打球，也要去游泳。

Ⅳ. 今天去打球当且仅当去游泳。

若小李的话为真，则可以推出以下哪项？

A. 仅Ⅰ、Ⅱ为真。

B. 仅Ⅰ、Ⅲ为真。

C. 仅Ⅱ、Ⅳ为真。

D. Ⅰ、Ⅱ、Ⅲ、Ⅳ均为真。

E. 以上均不正确。

专题二　简单命题

题型 05　简单命题之推出结论

➤ 考向1　选项代入

60 所有基础设施完善的社区都有较好的绿化环境，所有绿化环境良好的社区都有较高的服务水平。但并非每一个价格高昂的社区都具备良好的绿化环境，且并非每一个绿化环境良好的社区都具有完善的基础设施。

根据以上信息，可以得出以下哪项？

A. 有的价格高昂的社区基础设施完善。

B. 所有绿化环境良好的社区都有完善的基础设施。

C. 并非所有价格高昂的社区都基础设施不完善。

D. 所有具备较高服务水平的社区都具备良好的绿化环境。

E. 有的较高服务水平的社区具有良好的绿化环境。

61 某大学招生时，会招收普通本科生、校企合作本科生等类别的学生。其中普通本科生和校企合作本科生的就业路径完全不同。所有校企合作本科生毕业后都必须进入指定企业工作，但所有普通本科生毕业后都可以自主选择就业的公司。任何非校企合作本科生在毕业前都需要自己寻找实习机会，但所有的校企合作本科生都不需要自己寻找实习机会。

根据以上陈述，可以推出以下哪项？

A. 该大学有些不需要自己寻找实习机会的本科生毕业后必须进入指定企业工作。

B. 该大学有些需要自己寻找实习机会的本科生毕业后可以自主选择就业的公司。

C. 该大学有些毕业后需要进入指定企业工作的本科生是普通本科生。

D. 该大学有些毕业后可以自主选择就业公司的本科生不需要自己寻找实习机会。

E. 该大学有些毕业后需要进入指定企业工作的本科生不是校企合作本科生。

62 临近毕业，又有大批的毕业生走向社会。面对现阶段下的就业形势，许多毕业生是很迷茫的，不知道自己想从事什么样的工作，想找到一份符合自己预期的工作更是难上加难。对于师范生来说就好一些，所有的公费师范生都不用自主就业，所有的理科毕业生都要自主就业，有些工科生拥有理科双学位，所有不是自主就业的毕业生都不用着急投简历，大多数公费师范生都不是工科生。

根据上述信息，不能推出以下哪项？

A. 有些非自主就业的毕业生不是工科生。

B. 有些工科毕业生需要自主就业。

C. 大多数非工科毕业生都不是自主就业的。

D. 有些非理科毕业生都不着急投简历。

E. 有些着急投简历的毕业生一定不是公费师范生。

63 某科研机构开展了一系列研究项目。其中，人工智能领域的项目都需要用机器学习技术。有的生物学领域的项目需要进行实验室实验。化学领域的项目也都需要进行实验室实验。没有一个项目是既需要机器学习技术，又需要进行实验室实验的。

根据以上信息，关于该科研机构开展的这一系列研究项目，可以得出以下哪项？

A. 所有生物学领域的项目都不属于人工智能领域。

B. 有的生物学领域的项目也属于人工智能领域。

C. 有的化学领域的项目不属于人工智能领域。

D. 有的化学领域的项目属于人工智能领域。

E. 有的生物学领域的项目也属于化学领域。

64 某市为了降低交通事故率新增了一些交通安全法规，具体包括车辆限速措施和行人安全措施两大类。具体情况如下：

（1）所有的高速公路限速措施都在城市外围；

（2）有的人行横道的安全提升工程在商业区；

（3）有的城市道路限速措施在商业区；

（4）所有人行横道的安全提升工程都需要耗费大量资金；

（5）没有任何一项措施既在商业区，又在城市外围。

根据以上信息，关于该市实行的这套新交通安全法规，可以得出以下哪项？

A. 有的在商业区的措施需要耗费大量资金。

B. 有的在商业区的措施不需要耗费大量资金。

C. 有的在城市外围的措施和车辆限速无关。

D. 有的耗费大量资金的措施和行人安全无关。

E. 大多数和行人安全有关的措施都不需要耗费大量资金。

65 大多数计算机专业的学生都必须选修人工智能课程。选修人工智能课程的学生均可加入算法社团。大多数计算机专业的学生加入了机器人社团。有些外语专业的学生也加入了机器人社团。所有外语专业的学生均未选修人工智能课程。

若以上陈述为真，则可以推出以下哪项？

A. 有些加入机器人社团的学生选修人工智能课程。

B. 所有加入机器人社团的学生未选修人工智能课程。

C. 所有加入机器人社团的学生都是计算机专业的。

D. 外语专业的学生中没有一个人加入算法社团。

E. 大多数加入算法社团的学生都加入了机器人社团。

66 某公司规定，所有技术部的员工都必须通过安全考核。通过安全考核的员工都可以访问内部数据库。有些技术部的员工参与了新项目。有些销售部的员工也参与了新项目。所有销售部的员工都没有访问内部数据库的权限。

若以上陈述为真，则除了以下哪项外，其余各项均可能为真？

A. 有些参与新项目的员工有访问内部数据库的权限。

B. 有些参与新项目的员工没有访问内部数据库的权限。

C. 所有参与新项目的员工都通过了安全考核。

D. 销售部的员工中没有人属于技术部。

E. 所有参与新项目的员工都有访问内部数据库的权限。

67 某图书馆藏书分为学术著作和文学作品，电子版和纸质版。所有文学作品都是纸质版，学术著作既有电子版也有纸质版。畅销书大部分是文学作品，少数是学术著作。此外，电子版书籍均不在畅销榜单上。

根据以上信息，可以推出以下哪项？

A. 有些学术著作是畅销书。 B. 所有电子版书籍都是学术著作。

C. 有些畅销书是纸质版。 D. 文学作品中都不畅销。

E. 有些文学作品是电子版书籍。

68 某电影院引进了一批新的影片，有科幻片、故事片、战争片等；有国内的、欧美的；有中文的，也有英文原版的等。其中，所有的科幻片都不是英文原版的，所有的故事片都是英文原版的，大部分故事片都不是中文的。战争片既有国内的，也有欧美的，其中大部分是欧美的；大部分战争片是英文原版的，只有小部分是中文的。

根据以上陈述，关于这批影片可以得出以下哪项？

A. 有些欧美影片不是科幻片。 B. 有些战争片也是故事片。

C. 有些科幻片不是欧美的。 D. 有些故事片是欧美的。

E. 有些故事片是中文的。

69 某图书馆的藏书分为纸质书和电子书。其中，所有的工具书都是纸质书，小说类都不是纸质书；工具书大部分存放在三楼；科普读物大部分是电子书，少部分是纸质书。

根据以上信息，可推出以下哪项？

A. 有些工具书是科普读物。 B. 有些小说不是电子书。

C. 存放在三楼的书有些不是工具书。 D. 有些科普读物不在三楼。

E. 有些存放在三楼的书不是小说。

70 有些没有受过大学教育的人是优秀企业家，而多数优秀企业家是受过大学教育的。优秀企业家都是果敢而有头脑的人，只有果敢而有头脑的人才能把公司经营得长久。

如果以上陈述为真，则以下哪项一定为真？

A. 只有优秀企业家才能把公司经营得长久。

B. 有些果敢而有头脑的企业家不是优秀企业家。

C. 能把公司经营得长久的企业家都是优秀企业家。

D. 有些果敢而有头脑的企业家未受过大学教育。

E. 多数受过大学教育的人是果敢而有头脑的。

71 某高校规定，所有外语系学生都必须参加演讲社；参加演讲社的学生均获得校级辩论证书；部分外语系学生入选了校庆志愿者；同时，部分体育系学生也入选了校庆志愿者；但所有体育系学生均未获得校级辩论证书。

若上述陈述为真，则以下哪项不一定为真？

A. 校庆志愿者中的外语系学生都拥有校级辩论证书。

B. 某些体育系学生未参加演讲社。

C. 所有拥有辩论证书的学生都是外语系学生。

D. 某些校庆志愿者没有校级辩论证书。

E. 入选校庆志愿者的体育系学生均未参加演讲社。

72 某健身俱乐部要求，所有会员必须进行健康评估；完成评估者会获得定制训练计划；超过一半的会员购买了私人教练课程；部分临时访客也购买了该课程；但所有临时访客均获得定制训练计划。

根据以上信息，可以推出以下哪项？

A. 大部分购买了私教课程的人均获得定制训练计划。

B. 所有获得训练计划的人都不是临时访客。

C. 某些临时访客未参加健康评估。

D. 存在既购买了私教课程又未获得训练计划的人。

E. 并不是所有获得定制训练计划的人都是会员。

73 某图书馆规定，所有历史类书籍必须进行电子归档。完成电子归档的书籍均可在线借阅。已知《古代文明史》未进行电子归档，《迷雾之城》未上线借阅系统，而《近代战争纪实》不属于历史类书籍。

根据上述陈述，可以得出以下哪项？

A.《迷雾之城》是历史类书籍。

B. 所有可在线借阅的书籍都已完成电子归档。

C.《近代战争纪实》未进行电子归档。

D.《古代文明史》不属于历史类书籍。

E. 有些未完成电子归档的书籍是历史类的。

考向 2　条件联立

74 在数字化时代背景下，企业经营模式经历了根本性变革，远程办公、电子商务和智能化服务成为新趋势。对于企业来说，采用新技术以提升效率和用户体验已经成为优先考虑的事项。所有不适应数字化转型的企业都无法提升办公效率。而所有具有积极进取精神的企业都能提升办公效率。

根据以上陈述，可以得出以下哪项？

A. 只有采用新技术的企业才能保持竞争力。

B. 有些能提升办公效率的企业不具有积极进取精神。

C. 有些不适应数字化转型的企业也具有积极进取精神。

D. 所有不适应数字化转型的企业都没有积极进取精神。

E. 优先考虑用户体验的企业都能提高办公效率。

75 某市场研究部门通过对用户偏好的调查发现，大多数喜欢物理的用户都选择了科学类课程，而所有喜欢哲学的用户都选择了文学类课程，而所有选择了科学类课程的用户都没有选择文学类课程。

根据该研究部门的调查结果，可以推出以下各项，除了：

A. 所有喜欢哲学的用户都没有选择科学类课程。

B. 大多数喜欢物理的用户都不喜欢哲学。

C. 大多数不喜欢哲学的用户喜欢物理。

D. 有的喜欢物理的用户不喜欢哲学。

E. 有的没有选择文学类课程的用户喜欢物理。

76 科技是现代社会不可或缺的一部分，它不仅改变了我们的生活方式，也深刻地影响着我们的思维方式和价值观。如果每个人既具备科技素养，又能发现科技带来的便利，与此同时，还能有意识地防范科技可能带来的负面影响，那么就可以享受科技带来的乐趣。只有意识到科技的价值的人，才能享受科技带来的乐趣。然而，有些人虽然具备科技素养，也能有意识地防范科技可能带来的负面影响，但意识不到科技的价值。

根据以上陈述，可以推出以下哪项？

A. 不能有意识地防范科技可能带来的负面影响是因为不能意识到科技的价值。

B. 若不能意识到科技的价值，就无法发现科技带来的便利。

C. 若能享受科技带来的乐趣，则说明具备科技素养。

D. 有些具备科技素养的人可以发现科技带来的便利。

E. 有些能有意识地防范科技可能带来负面影响的人不能发现科技带来的便利。

77 所有科学发现都是基于实验数据的，所有基于实验数据的发现都能够揭示自然法则，所有能揭示自然法则的发现都能反映自然规律，而所有能够反映自然规律的发现都不可能是完全错误的。

根据以上陈述，可以推出以下哪项？

A. 所有科学发现都可能不是完全错误的。

B. 有些科学发现可能是完全错误的。

C. 有些能反映自然规律的发现不是基于实验数据。

D. 有些能揭示自然法则的发现不是科学发现。

E. 所有能反映自然规律的发现都是科学发现。

78. 某动物园动物分类众多，所有陆生类动物均为哺乳动物，水生类动物均为非哺乳动物。珍稀物种中大部分是陆生类，且所有珍稀物种都是食草类动物。

根据以上信息，可以推出以下哪项？

A. 有些水生类动物是珍稀物种。

B. 所有水生类动物都不是珍稀物种。

C. 有些食草类动物不是水生类动物。

D. 所有食草类动物都是珍稀物种。

E. 存在非哺乳动物的珍稀物种。

79. 有些获得奖项的科学研究并不是基础科学研究，但凡是创新性强的研究都是基础科学研究。此外，所有获得奖项的研究要么创新性强，要么应用范围广泛。

根据以上陈述，可以推出以下哪项？

A. 有些研究虽然应用范围广泛，但是创新性不强。

B. 有些获得奖项的研究创新性强。

C. 有些获得奖项的研究应用范围不广。

D. 有些基础科学研究创新性不强。

E. 有些获得奖项的研究是基础科学研究。

80. 所有海绵大学大四的学生都参加了期末考试，小明是海绵大学的学生，小红和小刚都参加了期末考试，而小李没有参加期末考试。

根据以上陈述，可以得出以下哪项？

A. 若小刚是大四的学生，则他是海绵大学的学生。

B. 若小红是海绵大学的学生，则她是大四的学生。

C. 若小明没有参加期末考试，则小明不是大四的学生。

D. 小李虽然不是海绵大学的学生，但是他是大四的学生。

E. 小李虽然不是大四的学生，但是他是海绵大学的学生。

题型 06　简单命题之补充前提

81. 某科技公司举办员工培训，参与者需选择编程、数据分析、人工智能、设计或测试课程。培训结束后统计发现：

    （1）大多数选编程的均选了人工智能；

    （2）没选数据分析的均未选人工智能；

    （3）所有选设计的员工均未选测试。

    根据以上培训情况，最终有些选数据分析的员工未选测试。

    以下哪项是最终结果成立所需要的前提？

    A. 有些选设计的员工选了编程。

    B. 所有选设计的员工都选了编程。

    C. 所有没选设计的员工均没选编程。

    D. 所有没选测试的员工都没选人工智能。

    E. 所有选人工智能的员工都没选过设计。

82. 没有一个考上研究生的人是不努力的，有些考上研究生的人是出类拔萃的。因此，有些公司高管是出类拔萃的。

    以下哪项是上述推理成立的前提？

    A. 所有公司高管都是努力的。

    B. 任何一个非公司高管员工都考上研究生。

    C. 有些努力的人是公司高管。

    D. 所有努力的人都是公司高管。

    E. 有些考上研究生的人是公司高管。

83. 所有真正致力于提高产品质量的公司都是可靠的公司。有些投资研发创新的公司是真正致力于提高产品质量的公司。因此，有些可靠的公司对行业的发展具备准确的判断。

    以下哪项如果为真，能使上述推理成立？

    A. 有些真正致力于提高产品质量的公司对行业的发展不具备准确的判断。

    B. 所有对行业的发展不具备准确判断的公司不会投资研发创新。

    C. 所有投资研发创新的公司都真正致力于提高产品质量。

    D. 所有可靠的公司都真正致力于提高产品质量。

    E. 所有可靠的公司都会投资研发创新。

84. 某城市推行垃圾分类政策时规定：参与垃圾分类试点的社区要配备智能分类垃圾桶；所有配备智能分类垃圾桶的社区需要建立志愿者督导机制和积分奖励制度；若未通过环保部门验收，则该社区一定未建立志愿者督导机制。因此，所有配备智能分类垃圾桶的社区没建立积分奖励制度，或者没建立线上数据监测平台。

以下哪项成立，以下最能反驳上述结论的是哪项？

A. 所有建立积分奖励制度的社区都通过环保部门验收。

B. 未建立线上数据监测平台的社区通过了环保部门验收。

C. 所有参与垃圾分类试点的社区都建立了积分奖励制度。

D. 所有未建立线上数据监测平台的社区均未通过环保部门验收。

E. 开通线上数据监测平台是参与垃圾分类试点的必要前提。

85. 某自然保护协会的会员管理制度是很严格的。对于所有认证鸟类观察员的人都必须完成生态学课程同时还需要发表过鸟类研究论文；有的鸟类爱好者不参与定期观鸟活动。所有鸟类爱好者必须满足以下条件：成为认证鸟类观察员，同时发表过鸟类研究论文。

根据上述信息，有会员认为：有些既是认证鸟类观察员又获得环保奖的会员没有参与定期观鸟活动。

以下哪项成立，最能使得会员的观点成立？

A. 所有完成生态学课程的人都获得年度环保贡献奖。

B. 有的认证鸟类观察员未完成生态学课程。

C. 所有参与定期观鸟活动的人都没有完成生态学课程。

D. 有的获得环保贡献奖的会员不是认证鸟类观察员。

E. 所有认证鸟类观察员都没有获得环保贡献奖。

题型 07　简单命题之寻找矛盾

86 张阿姨说：人生从来都不是公平的，世上不可能有一个人和你一样，也不可能所有的人都像你一样善良，不要听别人怎么言语，始终坚持自己的内心，你的幸福必然会到来。

根据张阿姨的陈述，可以推出以下哪项？

A. 所有的人都必然和你不一样，并且有的人可能像你一样善良。

B. 有的人必然和你不一样，并且有的人必然像你一样善良。

C. 所有的人都必然和你不一样，并且有的人必然不像你一样善良。

D. 有的人可能和你不一样，并且有的人可能像你一样善良。

E. 有的人可能和你一样，并且有的人必然像你一样善良。

87 古语云："穷则独善其身，达则兼善天下。"一个人不可能一生所有的时刻都是贫穷潦倒的，同时一个人也必然不会时时刻刻都交好运。不论贫穷富贵，一人心里能常怀他人、坚守自己的本心，那么困惑的日子总会过去。

以下哪项与上述陈述意思接近？

A. 一个人的贫穷潦倒只是一时的，当然一个人的好运也是一时的。

B. 一个人一生中某些时刻一定不是贫穷潦倒的，某些时刻一定会交好运。

C. 一个人一生中不可能时时刻刻都交好运，但可能在某些时刻是贫穷潦倒的。

D. 一个人一生中某些时刻一定不是贫穷潦倒的，某些时刻一定交不到好运。

E. 一个人一生中可能会时时刻刻都交好运，但不可能所有的时刻都是贫穷潦倒的。

88 没有哪个老师会通晓所有科目，但有的老师可能会去尝试学习。

根据以上信息，以下哪项一定为假？

A. 有的老师不通晓所有科目，但一定会去尝试学习。

B. 所有老师都存在薄弱的科目，但可能会去尝试学习。

C. 张老师不擅长英语，但是很乐意去学习。

D. 若是所有老师都存在薄弱的科目，则一定不会去尝试学习。

E. 若是有的老师不通晓有的科目，则一定会去学习。

89 一年级同学的作业压力都比较小；切实贯彻实行素质教育地区都在东部沿海地区；钢琴比赛获奖的同学都是舞蹈比赛获奖的同学；没有切实贯彻实行素质教育地区的学生不可能具有小的作业压力；有些奥数比赛获奖的男同学来自西北内陆地区；舞蹈比赛获奖的同学也都来自西北内陆地区。

根据以上信息，以下哪项不可能存在？

A. 钢琴比赛获奖的一年级同学。

B. 来自东部沿海地区的男同学。

C. 来自切实贯彻实行素质教育地区且奥数比赛获奖的学生。

D. 奥数比赛获奖的一年级同学。

E. 南方地区的切实贯彻实行素质教育地区的学生。

90. 所有的珠宝收藏家都不喜欢收藏翡翠，有的古董鉴赏家乐于收藏翡翠。所以，所有的古董鉴赏家都不乐于收藏钱币。

以下哪项如果为真，最能反驳上述论证？

A. 不喜欢收藏翡翠的玩家都不喜欢收藏钱币。

B. 珠宝收藏家都喜欢收藏钱币。

C. 古董鉴赏家都不爱好收藏钱币。

D. 喜欢收藏翡翠的都是古董鉴赏家。

E. 不喜欢收藏钱币的都是珠宝收藏家。

专题三　定义、概念、数字推理

题型 08　定义匹配

91 锚定启发式也被人叫作"锚定陷阱",这是一种决策框架,当决策者需要对某个事件进行定量评估的时候,会将某种特定值作为初始值来参考,再进一步评估眼前的事物。无论做什么决策,我们都会不由自主地被初始值所影响。

根据以上描述,以下各项都符合"锚定陷阱"的定义,除了:

A. 超市的餐具区摆放各式各样的盘子,其中一套精美餐具标价 299 元,同时它的旁边同样款式但有瑕疵的餐具标价 129 元。结果,超市在销售这款餐具时,有瑕疵的餐具销量居然是精美款的 3 倍不止。

B. 在咖啡厅或者奶茶店都会被问同一个问题:要大杯还是中杯?如果你脱口而出说要小杯,店员会礼貌地回答说:不好意思,没有小杯。

C. 商场对某个产品打折,如果没有购买数量的限制,促销价格可能一般。但是,如果增加了数量的限制,比如每人限购 10 份,这时就会显得这个优惠力度很大,顾客就会想尽可能多买。再比如,很多商家惯用的是限时优惠,所限定的时间很短,会给购买者产生一种紧迫感。

D. 今天因为马虎,丢了 100 元钱,这会让你觉得很痛苦。即使在晚上又捡到 100 元钱,你捡到 100 元的快乐也不能抵消你丢失 100 元的不愉快。

E. 请对方帮忙时,你可以先提一个难度大一点的事情,这时如果对方拒绝,你再提出你真正需要对方帮忙的事情,这时就容易获得帮助。

92 弗洛伊德是精神分析学派的代表人物,他认为人格由三部分构成,即本我、自我、超我。本我是完全处于潜意识状态下,它是由我们人的本能所驱动的,它遵循的是"快乐原则",它不懂什么是价值,什么是善恶道德,只要能满足自己就可以不惜一切代价;自我是现实中的我,它处于意识层面,它奉行的是"现实原则",既要满足本我又要遵守社会准则约束,它是本我和外界的调节者。超我就像是人格系统中的大法官,它由道德律、自我理想等所构成,抑制本我行为的冲动。

根据上述信息,以下哪项行为的描述是属于"本我"的?

A. 可可看到一个小偷正在偷他人的钱包,但是他并没有出手制止。

B. 多多看到大家都在等红灯,于是他也和大家一起等红灯。

C. 小明买东西后,收银员多找给他 10 元钱,于是他主动告知并且返还了这 10 元钱。

D. 王多鱼由于四五天没有吃东西了,他也没有钱买东西吃,于是他在超市随手顺了几个面包吃。

E. 正值下班高峰期又下着雨，小光在等车的间隙看见旁边的女士没有撑伞，便主动邀请他和自己撑同一把伞。

93. 特维尔字符串是按照如下规则生成的符号串：
（1）特维尔字符串组成的元素有三个：△、○、□；
（2）一对方括号中若只含有 0 个、1 个或者 2 个不同的特维尔元素，则为特维尔字符；
（3）一对方括号中若含有 1 个、2 个或 3 个不同特维尔字符且不含其他符号，则为特维尔字符串。

根据上述规定，以下哪项符号串是特维尔编码？

A. 【【 】】【 △○ 】【 △○ 】】。

B. 【【 △○ 】【 □□ 】 △ 】。

C. 【【 △ 】【 △ 】【 ○□ 】】。

D. 【【 △△ 】【 □ 】○【 】】。

E. 【【 ○□ 】【 】【 △ 】】。

94. 在密码学中，码元指由两个字符构成的组合，第一个字符为密钥符（必须为字母），第二个为校验码（必须为数字）。若一组码元构成一个密链，则需满足：所有密钥符唯一，且每个密钥符严格对应一个校验码。

根据上述定义，以下哪项属于密链？

A. k5、m3、d2、p6、k5。

B. 5a、b3、8n、p1、e3。

C. f4、h4、g&、y2、x2。

D. a3、b5、d6、p1、e3。

E. t7、w2、t2、m4、h5。

95. 工作伦理认为所有工作就本身而言都是"人性化的"，不管从事工作的人得到的是什么样的乐趣或没有乐趣，履行了一份职责的感觉是工作带来的最直接、最具决定性、最充分的满足感，淡化了工作之间原本显著的差异。对工作的美学审视则截然不同，它认为工作的价值取决于产生愉悦体验的能力，不能使人获得"内在满足"的工作没有价值。

根据以上定义，下列属于工作伦理的是哪项？

A. 老王在银行工作，虽然工作压力很大，但父母都很喜欢这份工作，坚持要他留下。

B. 小张对"买买买"很有欲望，不会轻易接受延迟满足，虽然不喜欢这份工作，但仍然积极工作。

C. 小刘认为"人生而平等，但工作不平等"，所以为了让自己可以更好地接受工作并履行，他选择追求社会地位更高的工作。

D. 大学毕业后小周好不容易找到了一份工作，工作氛围很好，也让他觉得自己不再是"废物"，工作起来也尽心尽责。

E. 小吴从事着一份幼师的工作，虽然一直坚守教育根本，对学生无私奉献，但这份工作最近让他愈感疲惫。

题型 09　概念计算

考向 1　概念的关系

96. 某企业招聘了 7 名应届毕业生，其中 2 名来自历史学院、3 名来自管理学院，3 个人是广东人、3 个人是北方人。

    根据上述信息，以下哪项一定为假？

    A. 管理学院的 3 个人是广东的。

    B. 历史学院的 2 个人是北方人。

    C. 管理学院的 3 个人是福建人。

    D. 管理学院的 3 个人是北方人。

    E. 历史学院的 2 个人和管理学院的何某某是广东人。

97. 某课题组由多名研究人员组成。其中，一位是数学家，两位是理论物理学家，一位是化学家；两人专注于纯理论研究，三人参与量子计算项目。已知上述描述涵盖了该课题组所有成员。

    根据上述信息，可以得出该课题组最少可能有几人，最多可能有几人？

    A. 最少 3 人，最多 6 人。　　　　B. 最少 4 人，最多 8 人。

    C. 最少 5 人，最多 7 人。　　　　D. 最少 5 人，最多 9 人。

    E. 最少 6 人，最多 8 人。

98. 某小区组织了一次关于本小区新增电动车棚的投票，目的是了解大家对该方案的看法。实际参与投票的人数共有 350 人，其中小区业主 310 人，小区物业管理人员 40 人，小区租户 20 人。最终结果显示，有 40% 的人反对新增电动车棚，余下 60% 的人赞成新增电动车棚。

    根据以上陈述，可以推出以下哪项？

    A. 有的小区物业管理人员也在该小区租住。

    B. 有的小区租户也购买了该小区的房子。

    C. 有的小区业主也是该小区的物业管理人员。

    D. 有的小区业主反对新增电动车棚。

    E. 有的小区租户赞成新增电动车棚。

99. 最近，某公司举办了一次技术研讨会，共有 80 人参加。其中有 20 人是外部专家，其余人都是该公司内部员工。参加会议的人可以在会议上做主题演讲，但需要在会议前提交演讲稿，并由公司审核通过后才能做主题演讲。

    已知：

    （1）每人至多提交 1 份演讲稿；

    （2）公司共收到了 70 份演讲稿，其中有 60 份通过了审核；

    （3）最终有 30 人在会议上做了主题演讲，其余 40 人进行了分组讨论。

根据以上信息，可以推出以下哪项？

A. 做主题演讲的外部专家比内部员工多。

B. 做主题演讲的外部专家不比内部员工多。

C. 有些外部专家进行了分组讨论。

D. 演讲稿通过公司审核的内部员工比演讲稿通过公司审核的外部专家少。

E. 演讲稿通过公司审核的内部员工比演讲稿通过公司审核的外部专家多。

100 最近，某中学组织了一次校园科学展览，共有 50 位学生参展，其中高年级学生不多于 20 人，其余是低年级学生。每位参展的学生要拿出一个项目供评委审核。审核结果显示，50 个项目中有一半获得了评委的认可。最后该中学安排了 20 个学生进行了项目展示，其余 30 个学生参与了观摩学习。

根据以上陈述，可以推出以下哪项？

A. 有的高年级学生参与了观摩学习。

B. 有的高年级学生进行了项目展示。

C. 有的低年级学生进行了项目展示。

D. 有的高年级学生的项目获得了评委认可。

E. 有的低年级学生的项目获得了评委认可。

考向 2　概念的划分

101 某校今年拟定录取 300 名硕士研究生。其中应届学硕考生 57 人，往届男生 48 人，学硕女生 63 人，专硕 180 人。

根据以上陈述，关于该校今年拟定录取的硕士研究生可以推出以下哪项？

A. 应届专硕女生不超过 60 人。　　　　B. 往届学硕男生不超过 32 人。

C. 应届学硕女生不超过 48 人。　　　　D. 往届专硕男生不超过 36 人。

E. 应届专硕男生不超过 90 人。

102 西华医院新进一批实习生，这些实习生包括实习医生和实习护士。其中实习护士 20 名，实习医生 16 名，男实习生 20 名，女护士人数等于男护士、女医生人数总和。

根据以上的统计数据，以下各项均可以为真，除了：

A. 实习男护士比实习男医生少。　　　　B. 实习男护士比实习女医生多。

C. 实习女护士最少。　　　　　　　　　D. 实习女医生最少。

E. 实习男护士比实习女护士少。

103 某公司有 120 名员工，其中正式员工 80 人、临时员工 40 人。其中，该公司销售部门有 40 人，技术部门有 30 人，其余部门共有 50 人。同时，这两个部门也是招聘临时员工较多的部门，两个部门共招聘了 30 名临时员工。

根据以上陈述，可以推出以下哪项？

A. 销售部门的临时员工比技术部门的正式员工少。

B. 销售部门的正式员工和技术部门的临时员工一样多。

C. 销售部门的正式员工比技术部门的临时员工少。

D. 销售部门和技术部门的正式员工比其余部门的临时员工多。

E. 销售部门和技术部门的临时员工比其余部门的正式员工多。

104. 某市 2022 年的人口发展报告显示，该市总人口有 800 万，其中男性人口 500 万、女性人口 300 万。从年龄分布情况来看，0～14 岁的人口有 180 万，15～64 岁的人口有 320 万，65 岁及以上的人口有 300 万。

根据以上陈述，可以推出以下哪项？

A. 该市 65 岁及以上的人中，男性比女性多。

B. 该市 65 岁及以上的人中，男性不多于女性。

C. 该市 65 岁及以上的女性比该市不足 65 岁的男性少。

D. 该市不足 65 岁的女性比该市 65 岁及以上的男性少。

E. 该市 15～64 岁的女性比该市 0～14 岁的男性多。

105. 主持人随机街访 70 人，询问大家对饶舌音乐和乡村音乐的喜好。结果显示：男性受访者共有 37 人，表示喜欢饶舌音乐的有 23 人，表示喜欢乡村音乐的女性有 24 人，并且每个人都仅喜欢其中一种音乐。

根据上述陈述，参加此次街坊中喜欢饶舌音乐的女性有几人？

A. 7。 B. 8。 C. 9。 D. 10。 E. 11。

106. 某国进行的调查显示，异地恋男女最终选择结婚后，往往面临选择居住地点的问题。可供选择的方案有四种：男方去女方所在的城市一起生活、女方去男方所在的城市一起生活、双方去一个新城市一起生活、双方分别留在自己原来所在的城市各自生活。调查显示，异地恋情侣婚后选择一起生活的人中，男性离开原来所在城市的人数比女性离开原来所在城市的人数多了 50 万。

根据以上陈述，可以推出以下哪项？

Ⅰ. 异地恋情侣结婚后，去女方城市一起生活的男性人数有 50 万。

Ⅱ. 异地恋情侣结婚后，去女方城市一起生活的男性比去男方城市一起生活的女性多。

Ⅲ. 异地恋情侣结婚后，离开自己原来所在城市的男性比离开自己原来所在城市的女性多。

A. 仅Ⅰ。 B. 仅Ⅱ。

C. 仅Ⅲ。 D. 仅Ⅱ和Ⅲ。

E. Ⅰ、Ⅱ和Ⅲ。

107. 绿藤市举办了一年一度的青少年夏日运动会，参加此次运动会的均是从甲校、乙校选拔出来的运动健将，现已知此次运动会仅有 2 个项目，分别是跳水和游泳，参赛人数为 540 人，其中游泳参赛人数为 220 人，乙校总参赛人数比甲校多 140 人，甲校跳水参赛人数为 80 人。

根据以上信息，以下哪项一定为真？

A. 甲校跳水参赛人数比乙校游泳参赛人数多 20 人。

B. 乙校跳水比游泳参赛人数少。

C. 甲校游泳参赛人数比乙校跳水参赛人数少 120 人。

D. 甲校游泳参赛人数比乙校少 20 人。

E. 乙校跳水参赛人数比甲校至少多 180 人。

108 某城市对居民通勤方式进行了调查，结果显示：使用地铁的居民占 65%，使用公交车的占 50%，使用共享单车的占 30%。此外，每天通勤时间在 30 分钟以内的居民占 40%，30~60 分钟的占 45%，超过 60 分钟的占 15%。

根据以上信息，可以推出以下哪项？

A. 同时使用公交车和共享单车的居民至少有 15%。

B. 每天通勤时间超过 60 分钟的居民，使用共享单车的比例低于 30%。

C. 通勤时间在 30 分钟以内的居民中，同时使用地铁和共享单车至少有 10% 的人。

D. 只使用公交车出行且通勤时间在 60 分钟内的居民占比不超过 45%。

E. 没有居民同时使用所有三种通勤方式。

109 某社区开展志愿者活动，共有志愿者 30 人，分为环保组、助老组、宣传组三个小组。已知报名环保组 18 人，助老组 15 人，宣传组 12 人，每名志愿者至少加入一个小组。若活动当天实际到场 25 人，其中有 7 人同时参与两个小组的工作。

根据以上信息，可以得出以下哪项？

A. 到场的人中至少有一人同时参加了所有三个小组。

B. 未到场的 5 人中没有同时报名两个小组的志愿者。

C. 宣传组实际到场人数不超过 10 人。

D. 环保组和助老组必然存在报名多组的志愿者。

E. 助老组的实际到场人数比环保组少。

110 某公司共有员工 480 人，其中非技术部男性 250 人，新入职男性 60 人，非新入职女性 40 人，新入职的技术部员工 150 人。

根据上述信息，可以推出以下哪项？

A. 新入职非技术部女性不少于 100 人。

B. 非新入职技术部女性有 20 人。

C. 男性中非技术部新入职者不少于 15 人。

D. 技术部新入职男性员工少于 21 人。

E. 非新入职非技术部男性有 25 人。

题型 10　数字推理

111 某省 2023 年能源报告显示，其中 X 市和 Y 市总用电量 800 亿千瓦时，其中 X 市总用电 500 亿千瓦时，Y 市总用电 300 亿千瓦时。其中，X 市工业用电量和 Y 市居民用电量占两市用电量的 40%。

根据以上信息，可以推出以下哪项？

A. X 市的居民用电量比 Y 市的工业用电量多。

B. Y 市的居民用电量比 X 市的工业用电量多。

C. X 市的居民用电量比 X 市的工业用电量多。

D. Y 市的工业用电量比 Y 市的居民用电量多。

E. X 市的工业用电量比 Y 市的工业用电量多。

112 现将 6 个奖品放入甲、乙、丙、丁、戊、己、庚七个盒子中，其中四个盒子有奖品。已知：

（1）在甲、乙、丙、丁四个盒子中共有 4 个奖品；

（2）在丁、戊、己三个盒子中共有 3 个奖品；

（3）在丙、丁两个盒子中共有 2 个奖品。

根据以上信息，可以得出下列哪项？

A. 己和庚盒子中至少有 1 个奖品。

B. 戊和己盒子中至少有 2 个奖品。

C. 丙盒子中至少有 1 个奖品。

D. 丁盒子中至少有 1 个奖品。

E. 戊盒子中至少有 1 个奖品。

113《九九歌》是我国古代描述数九寒天的民谣，从冬至次日开始计算，历经九九八十一天结束。

已知：

（1）不同年份冬至日期存在差异（如 2021 年为 12 月 21 日，2022 年为 12 月 22 日）；

（2）2022 年 2 月仅有 28 天；

（3）数九周期固定为连续 81 天。

若某年冬至为 12 月 22 日且该年 2 月有 28 天，以下哪项一定为真？

A. 2021 年"数九"结束在 3 月 11 日。

B. 2023 年 2 月 5 日为"六九"。

C. 2022 年 1 月 8 日为"三九"。

D. 2022 年 1 月 9 日为"三九"。

E. 2022 年 12 月 30 日为"二九"。

114 某校举行知识类问答竞赛，甲、乙、丙、丁、戊代表各自学院参加。比赛为车轮战的形式，每轮比赛末位淘汰，每轮每人有 3 道题目，其中历史领域（每题 2 分）、文学领域（每题 2 分）、经济领域（每题 1 分）各 1 道，答错不扣分。现已知：

（1）甲获得了首轮比赛的冠军，且每人的比赛分数均不一样；

（2）第二轮比赛结束后，甲和丙的分数之和大于乙和丁的分数之和，且甲和乙以总积分 9 分并列第一。

若以上信息为真，则以下哪项一定为假？

A. 第二轮比赛甲只回答正确了历史题和文学题。

B. 第二轮比赛中乙回答对了三道题目。

C. 最终仅有甲、乙、丙三人进入第三轮。

D. 丁获得第三轮的胜利。

E. 戊被首轮淘汰。

115 某城市有甲、乙两家医院，每家医院都有编制工与合同工两类员工。根据最新的统计数据可知，甲医院每年员工的人均工资是乙医院人均工资的 90%，但甲医院合同工的人均工资是乙医院人均工资的 120%。此外，每家医院的编制工的人均工资都比合同工的人均工资要高。

根据以上陈述，可以推出以下哪项？

A. 甲医院每年员工工资总额比乙医院高。

B. 甲医院每年员工工资总额不比乙医院高。

C. 甲医院合同工在员工中的占比乙医院合同工在员工中的占比高。

D. 甲医院编制工的人均工资比乙医院编制工的人均工资低。

E. 甲医院的合同工的比例比乙医院的更高或甲医院编制工的人均工资比乙医院的更低。

第二章 综合推理

专题四 综合推理

题型 11 匹配排序题

考向 1 选项代入

116 振华中学举行一年一度的"歌唱我心"校园歌手大赛，现三年级 2 班准备参加其中的情歌对唱（需一男一女）比赛，报名的选手有尔尔、东东、川川三名女生和小张、小李、小孙三名男生。已知：

（1）尔尔的搭档是小李或者小孙；

（2）东东的搭档不是小李就是小张。

以下哪项为真，可以确定这三组的搭档情况？

A. 川川的搭档是小张。

B. 东东的搭档是小张。

C. 如果川川的搭档不是小张，那么就是小孙。

D. 尔尔的搭档是小孙。

E. 尔尔的搭档不是小张。

117 在某次大型工程项目的投票表决会议上，决定将某大型项目交付给赵、钱、孙、李中的二人，一人作为负责人，一人作为外联人员。四人为争取此次机会，做出了以下承诺：

赵：如果我是负责人，则我的另一名队员将在钱和孙之间做出选择。

钱：如果我有幸成为负责人，则我的外联队友是赵或李。

孙：除非赵入选，我才能成为负责人。

李：只有孙或赵入选，我才是负责人。

根据以上信息，以下哪项可能为真？

A. 孙是负责人，钱为外联人员。

B. 钱是负责人，孙为外联人员。

C. 赵是负责人，李为外联人员。

D. 李是负责人，赵为外联人员。

E. 孙是负责人，李为外联人员。

118 李白、杜甫、白居易和王维是学生会干部，分别担任宣传部长、体育部长、生活部长、文艺部长。每个人只担任其中的一个部长，且每个部长只有一个人担任。

已知：

（1）如果杜甫担任生活部长或宣传部长，则李白担任文艺部长或宣传部长；

（2）如果白居易担任生活部长或文艺部长，则王维担任文艺部长或宣传部长。

根据以上信息，以下哪项工作安排是可能的？

A. 杜甫担任生活部长，白居易担任文艺部长。

B. 杜甫担任宣传部长，王维担任文艺部长。

C. 李白担任体育部长，王维担任文艺部长。

D. 王维担任体育部长，李白担任宣传部长。

E. 白居易担任体育部长，杜甫担任宣传部长。

119 甲、乙、丙、丁、戊5人上周去参观漫展，具体情况如下：

（1）甲、乙、丙至少有2人参加；

（2）甲、丁、丙至多有2人参加；

（3）除非甲不参加，否则丁和戊要么都参加，要么都不参加。

最终至少有3人参加了漫展，以下各项均可能为真，除了：

A. 乙、丙都参加了。 B. 乙、丙仅有一人参加。

C. 甲、丁都没参加。 D. 丁、丙都没参加。

E. 丁参加，戊不参加。

120 北半球的某大陆气候多样，除了西南部的高山高原气候之外，还跨越热带季风气候、亚热带季风气候、温带季风气候、温带大陆性气候、沙漠气候等一系列气候，具体分布具有如下特点：

（1）从低纬度到高纬度依次有热带、亚热带、温带；

（2）如果高山高原气候不在最高纬度，那么季风气候、大陆性气候、沙漠气候是从东到西的。

根据以上信息，关于某国的气候分布，以下哪项是不可能的？

A. 该大陆东部地区从南到北的气候分布为：热带季风气候、亚热带季风气候、温带季风气候。

B. 该大陆从东南到西北的气候分布为：热带季风气候、高山高原气候、亚热带季风气候、温带大陆性气候。

C. 该大陆的西部从南到北的气候分布为：高山高原气候、温带大陆性气候、沙漠气候。

D. 该大陆的某一纬度从东向西的气候分布为：季风气候、大陆性气候、高山高原气候。

E. 该大陆的某一纬度从东向西的气候分布为：季风气候、大陆性气候、沙漠气候。

121 节假日期间，为了保证工程安全，总经理决定从甲、乙、丙、丁、戊、己6人中选出4人留守值班。经过商讨，值班选人需要满足如下条件：

（1）若甲、戊至多有1人值班，则乙值班；

（2）若乙、丁中只有1人值班，则丙不值班；

（3）若甲或丙被选中值班，则己也要一同值班。

以下哪项值班人员和上述条件矛盾？

A.甲、乙、丁。 B.甲、丙、戊。

C.甲、乙、丙。 D.乙、丁、戊。

E.丙、戊、己。

122 五一小长假，甲、乙、丙、丁、戊5人去爬山的情况如下：

（1）如果乙不去爬山，那么戊去爬山；

（2）如果乙去爬山，那么甲、丙两人要么都去爬山，要么都不去爬山；

（3）乙、丙、丁至少有1人不去爬山；

（4）甲、乙、丁至多有1人不去爬山。

根据以上陈述，以下哪项是不可能的？

A.丙、丁都去爬山。 B.丙、丁都不去爬山。

C.乙、丙都去爬山。 D.乙、丙都不去爬山。

E.乙去爬山，丙不去爬山。

123 某电影院制定排片计划，有动作片、悬疑片、科幻片、纪录片、战争片、历史片6种类型的电影，每天至少安排两种类型的电影。已知每天的排片还有如下要求：

（1）如果安排动作片或战争片，则不能安排历史片；

（2）如果安排纪录片，则必须安排历史片；

（3）如果安排悬疑片，则必须安排战争片。

以下哪两种电影不能安排在同一天？

A.动作片和悬疑片。 B.动作片和战争片。

C.悬疑片和科幻片。 D.悬疑片和纪录片。

E.科幻片和历史片。

124 同学聚会，他们决定在海参、鲍鱼、海鲜大咖、鲅鱼饺子、西红柿炒鸡蛋和海肠捞饭6种餐食中选择3种。还知道：

（1）若选择海鲜大咖或者不选西红柿炒鸡蛋，则选择海肠捞饭而不选海参；

（2）若选择鲍鱼或鲅鱼饺子，则选择海参而不选西红柿炒鸡蛋。

根据上述信息，此次聚会选择的餐食是：

A.鲍鱼、海鲜大咖、海参。

B.鲅鱼饺子、西红柿炒鸡蛋、海肠捞饭。

C.海参、海肠捞饭、西红柿炒鸡蛋。

D.海参、鲍鱼、鲅鱼饺子。

E. 海鲜大咖、鲅鱼饺子、海肠捞饭。

125. 鼎盛公司最近在休息区域安装了几个乒乓球桌供员工们放松娱乐，每天下午都会有员工在此打球。小张发现，三位女生赵好、钱俪、孙瑜（实力由强到弱）与三位男生李江、周洋、吴兴（实力由强到弱）是乒乓球发烧友，他们总会来互相切磋。今天他们同时上场比拼，六人在三个乒乓球桌两两对战，小张观摩发现：

（1）赵好不是和李江打，就是和孙瑜打；

（2）只有李江或钱俪出场的时候，周洋才会出场和他们中的一人打；

（3）如果吴兴出场，那么赵好或钱俪就会出场和他打。

以下哪项是在对战时不可能出现的？

A. 赵好赢了这一局。　　　　　　　B. 周洋输了这一局。

C. 钱俪赢了这一局。　　　　　　　D. 吴兴输了这一局。

E. 孙瑜赢了这一局。

126. 学校组织开运动会，要在 A、B、C、D、E、F、G 七人中选人组成两队，现老师挑出 A、B 各自担任两队队长，一组三人，一组四人，两位队长在选人上有如下要求。已知：

（1）A 队长说："C、D 都是爆发力好的代表，所以为了竞赛的可观赏性，我会从两人中挑选一人。"

（2）B 队长说："C、E 都是耐力好的代表，所以为了竞赛的胜利，我会从两人中挑选一人。"

（3）两位队长一致认为自己会在 E 和 G 两人中必选其一。

以下哪项是不可能的分组情况？

A. A、C 在一组，E、F 在另一组。

B. A、F 在一组，B、G 在另一组。

C. A、E 在一组，C、F 在另一组。

D. A、C 在一组，D、G 在另一组。

E. A、D 在一组，G、F 在另一组。

127. 周末休息，豆豆和其他三个同事约定去游乐园玩，由于事先没有想好怎么玩，大家提议游玩"海盗船""雷神大摆锤""无敌碰碰车""穿越地平线""一飞冲天"这 5 个项目。讨论许久后大家游玩的意见还是不统一，所以最终决定每人只游玩其中的两个项目。已知：

（1）豆豆没有游玩"雷神大摆锤"和"穿越地平线"；

（2）小贝没有游玩"海盗船"和"无敌碰碰车"；

（3）"一飞冲天"只有小泽一个人玩。

最终知道任意两个人游玩的项目不完全一样。

根据上述信息，小凯游玩的情况符合以下哪一项？

A. 如果没有游玩"海盗船"，那么一定游玩了"雷神大摆锤"。

B. 如果没有游玩"雷神大摆锤"，那么一定游玩了"一飞冲天"。

C. 如果没有游玩"海盗船",那么一定游玩了"穿越地平线"。

D. 如果没有游玩"雷神大摆锤",那么一定游玩了"穿越地平线"。

E. 如果没有游玩"一飞冲天",那么一定游玩了"穿越地平线"。

128 某演出拟邀请乐手,要求如下:

(1)鼓、和声、键盘至少邀请两类;

(2)贝斯、和声至多邀请一类;

(3)吉他、鼓、贝斯至少邀请一类;

(4)如果和声和贝斯至少邀请一类,那么邀请键盘。

根据上述要求,以下哪项乐手组合和上述要求不矛盾?

A. 和声、键盘。 B. 鼓、吉他。

C. 鼓、键盘。 D. 贝斯、吉他、键盘。

E. 鼓、和声、贝斯。

129 鼠、牛、虎、兔、龙、蛇,十二生肖中的6个在一个六边形桌子上吃饭。已知:

(1)龙和蛇面对面;

(2)如果鼠和蛇不相邻,那么牛和龙隔一个;

(3)虎和兔不挨着,否则虎和牛挨着。

以下哪项一定为假:

A. 牛与龙和兔相邻。 B. 牛与蛇和虎相邻。

C. 牛与龙和鼠相邻。 D. 鼠与龙和兔相邻。

E. 鼠与蛇和兔相邻。

130 张、王、李、赵四人参加了某个图书分享会,他们分享的书有5本现代小说、2本现代诗歌、3本古典诗词欣赏、2本经典著作以及1本历史注解。每人分享了其中的3~4本书,每本书仅有一份分享,具体分享如下:

(1)除了王分享了2本现代小说,其余3人分享的书中均没有相同类型的书;

(2)赵分享了历史注解;

(3)历史注解与古典诗词欣赏不可能由同一个人分享;

(4)任意两人分享的书不完全相同。

根据上述信息,可以得出以下哪项?

A. 王和李都分享了现代诗歌。

B. 张分享的书有现代小说和现代诗歌。

C. 李分享的书有古典诗词欣赏和经典著作。

D. 如果王分享了四本书,那么李和赵分享的书有且仅有一本书是相同类型的。

E. 如果张分享了现代诗歌或经典著作,那么赵一定分享了经典著作。

考向 2　确定信息

131 小王在工厂检查出一批鼠标含有次品，次品分别左键和右键有瑕疵，将这批鼠标按顺序标 1～7 号放置在桌上，其中有 4 个次品。已知：

（1）次品至多两个相邻，良品互不相邻；

（2）如果 1 号是次品且左键有瑕疵，那么 4 号也是次品且左键有瑕疵或者 7 号是次品且右键有瑕疵；

（3）如果 5 号是次品且右键有瑕疵，或者 2 号是次品，那么 1 号也是次品且左键有瑕疵；

（4）如果 4 号是次品，那么 1 号是良品。

若 3 号和 6 号是次品，则以下哪项一定正确？

A. 3 号是次品且右键有瑕疵。

B. 3 号是次品且左键有瑕疵。

C. 5 号是次品且左键有瑕疵。

D. 5 号是次品且右键有瑕疵。

E. 1 号不是次品。

132 下面有一 6×6 的方阵，它所含的每个小方格中可填入一个词（已有部分词填入）。现要求该方阵中的每行、每列及每个粗线条围住的六个小方格组成的区域中均含有"富强、民主、文明、和谐、自由、平等" 6 个词，不能重复也不能遗漏。

根据上述要求，以下哪项是方阵①②③④⑤空格中从左至右依次应填入的词？

富强	民主	文明	和谐	自由	平等
					富强
和谐		平等			
	自由		民主		和谐
①	②	③	④	文明	⑤

A. 富强、民主、文明、和谐、自由。

B. 民主、平等、富强、自由、和谐。

C. 平等、和谐、民主、富强、自由。

D. 平等、和谐、富强、自由、民主。

E. 自由、平等、富强、和谐、民主。

133 如下有 5×5 的表格，每个小方格中可填入一个关键词，已有部分关键词填入。现需要将方阵中的每行、每列均填入关键词 "诚实、谦虚、勤奋、宽容、创新"，不能重复也不能遗漏，同时还需保证不规则框内不能重复也不能遗漏。

根据上述要求，以下哪项是表格①②③中依次填入的关键词？

谦虚		诚实		
		①		宽容
	诚实	②		
		③		勤奋
勤奋			宽容	

A. 谦虚、宽容、创新。　　　　　　　B. 勤奋、宽容、创新。

C. 谦虚、勤奋、宽容。　　　　　　　D. 创新、勤奋、宽容。

E. 诚实、勤奋、创新。

134 近期宏盛集团总公司接到不少匿名的举报信，这些信件中都提到 A 公司存在账目混乱、贪污腐败的问题，所以总公司计划抽调总公司审计部门的几个同事到 A 公司进行账目审计，经开会商讨决定从 O、P、Q、M、N、R 这 6 人中选出若干人组成审计小组来完成此次审计任务，其中 O、P 是该审计部门的负责人，不能同时参与此次的审计工作。除此之外，还需遵循以下几个条件：

（1）如果 O、P、Q 至多派遣其中 2 人，则 M 和 N 要同时参与此次的审计任务；

（2）若 M、N、R 中至少派遣 2 人，那么 O、Q 中至少派遣其中 1 人；

（3）如果 P 是该小组的成员，那么 Q 不能同去。

根据以上信息，可以得出以下哪项？

A. 该审计小组中有 M、N、O。

B. 如果该审计小组有 M、N，那么 Q 或者 R 一定在小组里。

C. 如果该审计小组没有 Q，那么 O 一定在小组里。

D. 该审计小组中有 Q 或者 R。

E. 该小组的成员至多有 4 人。

135 四月份天气温暖，小白一行 5 人计划自驾去云南游玩，小白召集了他的小伙伴并且租借了一辆能容纳 5 人的双排座小车，前排坐 2 人，后排坐 3 人。做好分工以后，大家都提前收拾好行李静待三日后就出发。出发当日大家商量完坐的位置之后，愉快地开始了他们的旅行，座位的具体情况如下：

（1）小白是司机，他坐在摄像的正前面；

（2）小刘负责装载行李，他坐在第二排；

（3）小红和璐璐是好闺蜜，她俩并排挨着坐；

（4）小程负责计划出游路线和游玩流程。

根据上述信息，可以推出以下哪项？

A. 小红坐在小白的正后面。

B. 璐璐坐在小白的正后面。

C. 小红和小刘挨着坐。

D. 小程在小刘的正前面坐着。

E. 璐璐和小刘挨着坐。

136 古诗有云："人间四月芳菲尽，山寺桃花始盛开。"四月正是初春百花尽开的时节，小陆和几个伙伴商量，计划去婺源、毕棚沟、香格里拉、井冈山看花海。为此他们提前做好筹备工作，制定详细的游玩路线，但是他们每个人都有各自的想法，不能结伴而行，最终他们都去过了这四个地方，具体游玩信息如下：

文琴：我最先游玩的是婺源。

徐昂：我游玩的第三个地方是朱敏游玩的第一个地方。

朱敏：我最后一个游玩的井冈山是小陆第一个游玩的地方。

小陆第三个游玩的是香格里拉，则可以推出以下哪项？

A. 小陆比朱敏后游玩婺源。

B. 毕棚沟是文琴第三个游玩的地方。

C. 香格里拉是徐昂第二个游玩的地方。

D. 小陆比文琴先游玩香格里拉。

E. 文琴比徐昂先游玩香格里拉。

137 塞拉维蛋糕店的甜品十分好吃，小王几乎每天下班后都会去买一份，但是不是每次都能买到他想吃的"半岛铁盒"，因为"半岛铁盒"比较受欢迎，所以能否买到需要看运气好坏。经过半个月的观察，小王发现了这家店售卖甜品的规律，每天必定有一款特价点心售卖，具体如下：

（1）如果周三没有芒果千层，那么必定有奶香提子；

（2）奶油小贝是限量的，要么在周二售卖，要么在周六售卖；

（3）巧克力慕斯蛋糕售卖的第二天一定会售卖巧克力薄脆饼干；

（4）樱花红丝绒蛋糕只在一周内前三天中的某天才有。

今天正好是周五，下班后小王买到了奶香提子，那么周几他可以买到"半岛铁盒"？

A. 周一。　　B. 周二。　　C. 周三。　　D. 周四。　　E. 周日。

138 某景区是国家 5A 级景区，其中幻彩湖、星月山崖、碧泉谷、雾海古林、飞云瀑布最为出名，许多游客因此慕名而来，这些景点分布在景区的东、南、西、北以及中间的位置，一个方位只对应一个景点，景区入口位于东边，已知：

（1）若幻彩湖、碧泉谷其中一个位于西边，则星月山崖和雾海古林分别位于北边、中部；

（2）若飞云瀑布、星月山崖位于南边或东边，则雾海古林和碧泉谷分别位于东边、北部；

（3）若雾海古林、碧泉谷位于北边或中部，则幻彩湖和星月山崖分别位于东边、南边。

若一进景区就能看到幻彩湖，则可以得出以下哪项？

A. 飞云瀑布不位于景区的北边。

B. 雾海古林位于景区的西边。

C. 星月山崖不位于景区的中部。

D. 幻彩湖位于景区的南边。

E. 碧泉谷不位于景区的南边。

139 为提高人们对心理健康重要性的认识，在世界卫生组织的倡导下，多个国家发起和设立了心理健康方面的节日。我国将每年5月25日设为"全国大学生心理健康日"。甲、乙、丙、丁、戊、己、庚、辛8人是某大学这个月团体心理咨询的来访者，此次需要借用一间圆桌咨询室，刚好可以容纳8人。咨询前，助理分别询问了这6人对于座位安排的意见，具体意见如下：

（1）丁和己是好友，这两人坐在一起，他们挨着坐；

（2）除非甲和庚相对而坐，否则丙与辛间隔一个位置而坐并且与戊不相邻；

（3）除非乙和己相邻，否则乙和丙间隔两个座位。

若己和辛相邻而坐，则可推出以下哪项？

A. 甲、庚相邻而坐。　　　　　　B. 戊、辛相对而坐。

C. 乙和己间隔两个位置。　　　　D. 丙、辛相邻而坐。

E. 甲、己相对而坐。

140 某历史博物馆有4个展览区，分别是历史展区、科技展区、艺术展区、文化展区。由于考虑到参观人数和安全问题，为了平衡每个展览区的参观人数，避免过于拥挤或过于冷清，博物馆计划下周施行预约制参观，每天只限定开放某些展区。甲、乙、丙、丁4人是该博物馆的值班人员，周日和周一闭馆，同时任意两天开放的展区不能完全相同，具体开放情况如下：

甲：今天开放文化展区，明天开放艺术展区，后天开放历史展区，并且任何一个展区连续开放2天的次数不超过一次。

乙：周四开放科技展区，周二不开放文化展区。

丙：明天不开放科技展区，周三或周五开放文化展区。

丁：除非历史展区或科技展区在明天开放，否则今天起的第四天要么开放文化展区，要么开放艺术展区。

最终规定每天只开放2个展区，则可以推出以下哪项？

A. 周六无法参观文化展区。

B. 周三无法参观艺术展区。

C. 周二可以参观科技展区。

D. 周二、周三两天均可以参观历史展区。

E. 历史展区至少有三天可以去参观。

141. 为了迎接新一波赏花需求，某植物园准备重新种植个别区域的花草，现在需要改造的区域是一个方形的区域，区域正中有一个圆形的水池（如下图所示），只能种植水生植物，其他区域均种植土培植物。该园计划从郁金香、睡莲、木槿、蒲公英、绣球、水生鸢尾、玫瑰、向日葵这8种植物中选出几种种植到该区域中，其中水生植物只有睡莲和水生鸢尾，每个区域种且仅种植一种植物。已知：

（1）如果在绣球、玫瑰中至少种植一种，那么郁金香要种植在区域③；

（2）除非种植蒲公英，否则向日葵和绣球都要种植；

（3）如果种植蒲公英，那么会种植玫瑰花并且其不与蒲公英相邻；

（4）如果在向日葵、木槿、绣球中至少选择两种种植，则睡莲和水生鸢尾都要种植。

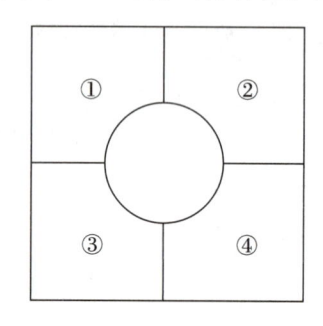

A. 郁金香和玫瑰不相邻。

B. 蒲公英种植在区域①。

C. 木槿、绣球花至少种植其中一种。

D. 郁金香和蒲公英相邻。

E. 要么种植木槿，要么种植向日葵。

142. 小张去文玩市场挑选送给朋友的见面礼，有星月菩提、白玉菩提、菩提根、金刚菩提、凤眼菩提五种，从中选择三种送给小王、小李、小赵，一人一个。对其有以下几种要求：

（1）如果给小李送菩提根，就给小赵送金刚菩提；

（2）选择金刚菩提，就选择白玉菩提；

（3）除非小张不买凤眼菩提，否则就给小赵送星月菩提；

（4）给小王送凤眼菩提。

根据上述信息，可以推出以下哪项？

A. 给小李送金刚菩提。　　　　　　B. 给小李送菩提根。

C. 给小赵送金刚菩提。　　　　　　D. 给小李送白玉菩提。

E. 给小李送星月菩提。

143. 下面有一5×5的方阵，它所含的每个小方格中可填入一个汉字（已有部分汉字填入）。现要求该方阵中的每行、每列以及每个粗线条围住的五个小方格组成的不规则区域中含有"欢、迎、你、光、临"五个汉字，不能重复也不能遗漏。

根据上述要求，以下哪项是方阵中最后一行从左至右依次填入的汉字？

A. 光、欢、迎、你、临。

B. 光、欢、迎、临、你。

C. 你、欢、迎、临、光。

D. 你、临、迎、光、欢。

E. 欢、你、迎、临、光。

144. 甲、乙、丙、丁、戊、己、庚、辛 8 人分配到 3 个组中去，每个组分配 1~4 人。

（1）第一组人数和第三组人数相同，且这两组人数之和与余下组相同；

（2）甲和己没有分到同一个组，乙和丁分到了同一个组；

（3）如果第二组人数多于第三组，那么丙必须在第一组，且戊不能在第二组；

（4）除非辛分配到第三组并且丙没有分配到第一组，否则辛必须与丙在同一组。

根据以上信息，可以推出以下哪项？

A. 甲在第二组。   B. 己在第三组。

C. 乙和戊在同一组。   D. 丁和己不在同一组。

E. 庚和戊不在同一组。

145. 小绵所在公司为员工提供妇女节礼物，还剩四种：香水、香薰、玩偶、丝巾，每种各 2 个，现都给小绵、小张、小遂瓜分，同种礼物一人只能拿一个。

已知：

（1）小绵获取的礼物数量是小张和小遂的总和；

（2）小张和小遂分别中意香薰和丝巾其中的一种；

（3）如果小张选了香薰，那他就选香水；

（4）除非小张不选香水，否则小绵也不选香水。

根据以上信息，可以推出以下哪项？

A. 小遂选玩偶。

B. 小张选玩偶。

C. 小遂选香水。

D. 如果小遂选玩偶，那么小张选香水。

E. 如果小张选丝巾，那么小张选玩偶。

考向 3　数量限制

146. 李小白、宋小帅、王小海、吴小斌 4 人均选修了"财务报表分析""审计学""应用统计学""项目管理"中的两门课，每门课均有两人选修，且各人选修的课程均不完全相同。另外，还知道：

（1）如果吴小斌至少选修了"审计学""应用统计学"中的一个，则宋小帅选修了"财务报表分析"而王小海未选修"审计学"；

（2）如果宋小帅、王小海两人中至多有一人选修了"项目管理"，则李小白、吴小斌均选修了"财务报表分析"。

如果宋小帅选修了"财务报表分析"，则可以得出以下哪项？

A. 李小白选修了"项目管理"。

B. 李小白选修了"财务报表分析"。

C. 王小海选修了"应用统计学"。

D. 吴小斌选修了"应用统计学"。

E. 吴小斌选修了"财务报表分析"。

147. 甲、乙、丙、丁 4 人均在英语一、英语二、数学课、逻辑课和写作课中选择两种。每种课均有人选择，并且不超过 2 人；各人选择的体验课均不完全相同。已知：

（1）若乙和丁两人中至多有一位选择逻辑课，那么甲选择写作课并且丙选择数学课；

（2）若丙不选择写作课或者甲不选择数学课，那么乙和丁都会选择数学课。

如果丙选择数学课并且丁不选择写作课，那么下列哪项是可能的？

A. 甲选择写作课，乙选择英语二，丁选择英语一。

B. 甲选择英语一，乙选择写作课，丁选择英语一。

C. 甲选择英语一，乙选择英语二，丁选择英语二。

D. 甲选择英语一，乙选择写作课，丁选择英语二。

E. 甲选择逻辑课，乙选择写作课，丁选择逻辑课。

148. 为促进世界体育友好项目，增进友好国家之间的体育外交往来，中国联合发起了运动项目的合流训练。已知羽毛球队俱乐部合流后共计甲、乙、丙、丁、戊 5 名队员，其中 4 位为外援选手，分别来自美国、日本、韩国三个不同的国家。现已知：

（1）甲为外援选手；

（2）乙来自中国或朝鲜；

（3）丙和丁来自亚洲国家；

（4）戊来自中国或其接壤国家。

若乙、戊来自同一个国家，则根据上述信息，可以得出以下哪项？

A. 丙为本国选手。　　　　　　B. 戊来自朝鲜。

C. 乙来自日本。　　　　　　　D. 甲来自朝鲜。

E. 丁来自日本。

149. 每年的第一季度末都是研究生复试的阶段，某工程大学工程设计专业复试名单中的 7 名学生进入拟录取名单，他们分别是甲、乙、丙、丁、戊、己、庚，其中甲、丙、戊、庚 4 人是男生。赵一鸣、王盛、张靓、陈诚是该专业的研究生导师，他们每人手上研究生的名额都有若干个并且每位老师至少带一名研究生，具体情况如下：

（1）老师的精力有限，所以每位老师至多带三名研究生；

（2）王盛老师今年只能带一个学生，同时陈诚老师只带男生；

（3）如果选己作为自己的学生，那么也必须选戊；

（4）赵一鸣觉得丙、戊都不错，如果他带丙，那么也一定会带戊。

若导师不能只带女生，则可以断定以下哪项信息不可能为真？

A. 乙、丁是张靓老师的学生。

B. 戊、丁是赵一鸣老师的学生。

C. 戊只能是赵一鸣老师或者张靓老师的学生。

D. 乙、丙、戊是赵一鸣老师的学生。

E. 甲、丁是同一个导师。

150. 夜间看护对于患者来说是尤为重要的，某住院部 A 病区区每天晚上都有一名护士值夜班，现在可值夜班的护士有甲、乙、丙、丁 4 人。医院规定值夜班的人不能连续值两天。小张、小王、小李、小赵对她们的值班情况很感兴趣，于是对这周内护士值班情况做了如下猜测：

	星期一	星期二	星期三	星期四	星期五	星期六	星期日
张	甲	甲	乙	甲	甲	甲	乙
王	乙	丙	乙	丙	丙	乙	乙
李	甲	丙	甲	丙	乙	乙	丙
赵	丙	丁	丁	乙	丁	丁	丁

最终小王和小李猜错了 3 个，小张猜对了 3 个，小赵只猜对了 1 个。

如果乙这周值班了 3 天，那么以下哪项关于这四人值班天数的大小关系比较为真？

A. 乙＞丁＞甲。

B. 乙＞丙＞甲。

C. 甲＞丁。

D. 甲＋乙＝丙＋丁。

E. 乙＞丙＞甲＞丁。

151. 节日即将到来，靠谱工作室有这样一个节日传统，节日当天大家需要把自己精心准备的礼物包装成盲盒放一起，然后每位小伙伴挑选其中一个礼物盲盒，最终，甲、乙、丙、丁、戊 5 人获得的礼物盲盒中至少有一件礼物，这 5 人中每人获得的礼物数量均不一样，具体情况如下：

（1）每人获得的礼物数量在 1～5 个，并且每人获得的礼物盲盒不是自己准备的；

（2）乙准备的礼物数量不是双数，并且他获得的礼物不是甲准备的；

（3）如果甲或丙准备了 2 件或 4 件礼物，那么戊准备了 3 件礼物并且丁获得了 5 件礼物；

（4）若乙或戊准备的礼物不是最多的或不是最少的，则戊获得的礼物是最多的。

根据上述信息，以下各项均可能为真，除了：

A. 甲准备了 3 件礼物。　　　　　　B. 乙获得了 3 件礼物。

C. 丙准备了 5 件礼物。　　　　　　D. 丁获得了 2 件礼物。

E. 戊准备了 5 件礼物。

152 某芯片研究所现招聘一名技术工程师，应聘的有小赵、小钱、小孙、小李、小周、小武、小郑 7 人，这 7 人中硕士研究生有 3 人，其余人均是博士研究生；招聘对年龄和性别都没有限制，但是对业务能力有很高的要求，必须有相关行业 5 年及以上的经验，自身拥有相关行业的技术专利至少 1 个。至此，小周、小武自觉不符合要求遂放弃。余下 5 人情况如下：

（1）小赵和小李的学历是一样的，都是博士研究生；

（2）小周、小武、小钱的学历有 1 人和其他 2 人不一样；

（3）其中有专利的人有 3 人，只有 2 人的相关行业经验是 5 年及以上的；

（4）如果小李是博士研究生，那么小郑一定是硕士研究生；

（5）小钱、小孙、小李的相关行业经验都一样，其中小孙和小钱拥有的技术专利数一样。

最终被录用的是一位博士研究生，那么以下哪项信息必然为真？

A. 小周是硕士研究生学历。

B. 小钱是博士研究生学历。

C. 小赵拥有相关行业的技术专利至少 1 个。

D. 小李没有相关行业的技术专利。

E. 小郑的相关行业经验不足 5 年。

153 退休在家的老王在"绘画""书法""麻将""刺绣""广场舞"这 5 个休闲活动中选择了 3 个活动参加。老王对参加的活动有如下要求：

（1）如果参加"绘画"，就参加"刺绣"，但不参加"麻将"；

（2）如果参加"书法"，就参加"麻将"，但不参加"广场舞"。

根据上述信息，老王一定参加了如下哪个活动？

A. 广场舞。　　　B. 书法。　　　C. 麻将。　　　D. 刺绣。　　　E. 绘画。

154 王佳、鲁能、田章 3 人结伴游玩，他们选择了千佛山、大明湖、趵突泉、孔林、孔府、孔庙 6 个景点。关于游玩的顺序，3 人意见如下：

（1）王佳：1 千佛山、2 孔林、3 孔庙、4 大明湖、5 孔府、6 趵突泉。

（2）鲁能：1 大明湖、2 孔庙、3 孔府、4 千佛山、5 孔林、6 趵突泉。

（3）田章：1 孔林、2 趵突泉、3 大明湖、4 千佛山、5 孔府、6 孔庙。

实际游览时，每个景点序号都只有一人的意见是正确的。

以下哪项可能是前三个景点的游玩顺序？

A. 千佛山、孔林、孔庙。　　　　　　B. 孔林、孔庙、大明湖。

C. 千佛山、大明湖、孔庙。　　　　　　D. 大明湖、孔庙、孔府。

E. 千佛山、趵突泉、孔府。

155 药材采购商小郭持续关注中药材的市场价格。近期中药材的价格低迷，他认为此时正是入手的好时机，于是着手准备收一批药材，他计划在当归、黄芪、枸杞、茯苓、川芎、肉桂、熟地黄、白术这 8 种药材中选 4 种大量收购，经过一系列的专业咨询和自己的市场调研，他给出了如下采购原则：

（1）要么选购川芎或肉桂，要么选购茯苓或枸杞；

（2）若川芎、肉桂、熟地黄至少选择一种，则选当归而不选白术；

（3）若熟地黄和白术均不选，那么黄芪、枸杞、肉桂至少选两种；

（4）当归、黄芪、枸杞当中只选一种。

根据以上信息，可以得出他采购的药材有哪些？

A. 川芎、肉桂、熟地黄。　　　　　　B. 黄芪、川芎、肉桂。

C. 茯苓、肉桂、熟地黄。　　　　　　D. 枸杞、肉桂、白术。

E. 茯苓、川芎、白术。

156 婉迪跟妈妈商定利用假期学点技能，她们在游泳、羽毛球、素描、硬笔书法、唱歌、拉丁舞、钢琴 7 个项目中选择了 5 个学习。已知：

（1）如果选择游泳，则不选择素描而选择拉丁舞；

（2）如果选择拉丁舞，则不选择羽毛球或钢琴而选择硬笔书法。

根据以上信息，可以得出以下哪项？

A. 他们选择了拉丁舞。　　　　　　　B. 他们没有选择唱歌。

C. 他们选择了硬笔书法。　　　　　　D. 他们没有选择羽毛球。

E. 他们没有选择素描。

157 小学生要在《海底两万里》《数学文化》《科学小百科》《蒙学经典》《城里来了音乐家》5 本书中至少选择读其中 2 本书。小海同学对选择的书有如下要求：

（1）如果选择《海底两万里》，就选择《蒙学经典》但不选《科学小百科》；

（2）如果选择《数学文化》，就选择《科学小百科》但不选《城里来了音乐家》；

（3）如果选择《蒙学经典》或《海底两万里》，就选择《数学文化》。

根据上述信息，小海一定选择哪本书？

A.《城里来了音乐家》。　　　　　　B.《数学文化》。

C.《科学小百科》。　　　　　　　　D.《蒙学经典》。

E.《海底两万里》。

158 坤坤计划在春节前休假出门去玩几天，他选了桃花岛、飞来峰、灵隐寺、西湖、千岛湖、六和塔、孤山这 7 个景点，和朋友商量后决定选择其中 3 个景点游玩，具体选择方式如下：

（1）如果选择去桃花岛，那么要去飞来峰但不去灵隐寺；

（2）如果选择去千岛湖和六和塔，那么要去孤山但不去灵隐寺；

（3）如果选择去飞来峰或西湖，那么要去灵隐寺和桃花岛。

根据上述信息，可以推出以下哪项？

A. 去千岛湖但是不去六和塔。   B. 灵隐寺和孤山至少去一个。

C. 要么去灵隐寺，要么去飞来峰。   D. 如果去灵隐寺，那么一定去千岛湖。

E. 如果不去灵隐寺，那么一定不去六和塔。

159 领导在 A、B、C、D、E、F、G 这 7 人中选 3 人参加某个项目，需满足如下条件：

（1）如果 A、B 至少有一人不入选，那么 C 入选并且 D 不入选；

（2）如果 E、F 至少有一人入选，那么 B 不入选并且 D 入选；

（3）如果 A 入选或者 C 不入选，那么 E、F 只有一人入选。

根据上述信息，可以推出以下哪项？

A. C 必定不会入选。   B. D 必定入选。

C. E 必定入选。   D. F 必定入选。

E. G 必定入选。

160 五种茶叶：绿茶、白茶、黄茶、青茶、红茶，小陈、小逯、小王、小李、小西、小北 6 人，一人买两种不同类型的茶叶，特殊的是：黄茶有 4 个人选择，其余茶叶最少 1 个人、最多 3 个人购买。

已知：

（1）小陈、小逯买的种类相同；

（2）白茶比青茶多两个人选择；

（3）小李、小西分别在黄茶、白茶中各择其一；

（4）买绿茶，就不买青茶；

（5）如果小逯买了黄茶，那么小北就买黄茶和红茶。

根据以上信息，可以推出以下哪项？

A. 小王购买绿茶。

B. 小李购买青茶。

C. 小王购买红茶。

D. 小北购买青茶。

E. 小西购买红茶。

考向 4　占位条件

161 甲、乙、丙、丁、戊、己、庚、辛 8 人为一个运动小组，其中男性 3 人。小组内的运动项目有篮球和足球，其中有 3 人踢足球。已知：甲、丙、丁的运动项目相同，戊、己、庚的性别相同，乙与丙的性别不同，庚与辛的运动项目不同，甲与辛的性别不同。

根据上述陈述，以下哪项为真？

A. 甲是打篮球的女生。 B. 乙是踢足球的女生。
C. 丁是打篮球的男生。 D. 己是打篮球的女生。
E. 庚是踢足球的女生。

162. "人人都能做一道美食"活动现场为参与者免费提供了金针菇、蓝莓、黄桃、青椒和白菜5种食材，现有金鑫、蓝玉婷、黄冠、青阳、白梦妍5位参与者，他们每人都只喜欢其中的2种食材，且每种食材都只有2人喜欢。每人喜欢的食材名称的第一个字与自己的姓氏均不相同。已知：

（1）金鑫和蓝玉婷喜欢黄桃，且分别喜欢蓝莓和青椒中的一种；

（2）黄冠和白梦妍分别喜欢金针菇和白菜中的一种；

（3）没有人同时喜欢金针菇和青椒。

根据上述信息，无法得出以下哪项？

A. 金鑫喜欢黄桃和蓝莓。 B. 蓝玉婷喜欢黄桃和青椒。
C. 黄冠喜欢白菜和青椒。 D. 青阳喜欢金针菇和蓝莓。
E. 白梦妍喜欢蓝莓和金针菇。

163. 甲、乙、丙、丁、戊和己6位同学围在一张正六边形的小桌前，每边各坐一人，6人分别擅长流行音乐、美声、爵士舞、机械舞、古典舞和书法。擅长舞蹈的座位间隔不同，擅长音乐的同学正面相对。已知：

（1）甲与丁正面相对；

（2）丙与己都擅长唱歌或舞蹈。

若甲擅长书法，那么以下哪项为真？

A. 丙、丁、己三人中至少有一人擅长音乐。

B. 丙和己二人中可能没有一人和丁相邻。

C. 乙、丁、戊三人中至少有一人擅长舞蹈。

D. 乙、丙、丁三人中至少有两人擅长音乐。

E. 擅长书法的同学可能与两名擅长舞蹈的同学紧挨着。

164. 甲、乙、丙、丁、戊、己、庚七人参加了此次元旦晚会，并且各自都准备了节目，但并非按顺序出演。现已知：

（1）甲和乙表演唱歌且节目不能相邻，庚和丁表演跳舞也不能相邻，但这两组人员的表演间隔数要求相同；

（2）丙、戊表演的节目类型不同，节目顺序是紧挨着的；

（3）若此时丙的节目在第五位，则己的节目在第三位；

（4）若甲、乙的节目之间仅间隔一个节目或仅间隔两个节目，则丙的节目在第五位；

（5）丁的节目在第二位，庚、己的节目没有被安排在最后一位。

根据上述信息，以下哪项一定为真？

A. 甲在第三位，庚在第六位。　　B. 己在第一位，庚在第六位。

C. 丙在第四位，庚在第五位。　　D. 己在第四位，乙在第五位。

E. 庚在第五位，丙在第七位。

165 电商仓库目前准备放置 7 类货物样品，即清洁用品类、家居服装类、小型电子产品类、办公用品类、家电类、零食类、玩具类。目前刚好空置了 3 个货架，编号依次 1～3 号，上述 7 类样品需要合理放置在这 3 个货架上，并且每个货架至多放置 3 种样品，每种样品只放 1 个，具体摆放条件如下：

（1）如果清洁用品类没放在 1 号货架或者小型电子产品类没放在 2 号货架，那么零食类放在 2 号货架并且玩具类放在 3 号货架；

（2）如果玩具类没有放在 2 号货架或者家电类没有放在 1 号货架，那么零食类和家居服装类都放在 1 号货架；

（3）办公用品类和家居服装类放在同一个货架上。

根据上述信息，可以推出以下哪项？

A. 零食类和清洁用品类没有放在同一个货架。

B. 家电类、玩具类放在同一个货架。

C. 如果 2 号货架放了 3 类样品，则一定有零食类样品。

D. 家居服装类和零食类放在同一个货架。

E. 零食类放在 3 号货架。

166 某学校举办春季运动会，张三、李四、王五和赵六分别担任短跑裁判、跳高裁判、跳远裁判、铅球裁判。每个人只担任其中的一个裁判，且每个项目的裁判只有一个人担任。已知：

（1）如果李四担任跳远裁判或短跑裁判，则张三担任跳高裁判或短跑裁判；

（2）如果王五担任跳远裁判或铅球裁判，则赵六担任铅球裁判或短跑裁判；

（3）赵六担任的要么是跳高裁判，要么是跳远裁判；

（4）如果赵六是跳高裁判，那么张三是短跑裁判；

（5）如果张三是铅球裁判，那么李四是铅球裁判。

根据以上信息，可以得出以下哪项一定为真？

A. 李四担任跳远裁判。　　B. 李四担任铅球裁判。

C. 张三担任跳高裁判。　　D. 张三担任短跑裁判。

E. 王五担任铅球裁判。

167 某大学话剧社团排练话剧，陈齐、胡哥、王凯、杨柳、李龙五位同学分别扮演周朴园、周萍、鲁大海、周冲、鲁四凤 5 种角色，每人只选择其中一种角色，且每个角色对应其中的一人。另外，还知道：

（1）如果杨柳是鲁大海或鲁四凤，那么陈齐不是鲁大海；

（2）如果胡哥不是周朴园，那么陈齐是周朴园且王凯是周冲；

（3）如果杨柳不是周朴园，那么李龙是周冲且王凯是周萍；

（4）周朴园不是胡哥就是杨柳。

根据以上陈述，可以得出以下哪项？

A. 李龙是周萍。 B. 王凯是周冲。

C. 陈齐是鲁四凤。 D. 胡哥是鲁大海。

E. 杨柳是周朴园。

168 某公司技术部门有甲、乙、丙、丁 4 名员工，每周一到周六这六天时间里，每人安排三天值班，维护公司网络的正常运营。他们两两搭档，每天搭档的两人均不同，现已知：

（1）没有人连续三天值班；

（2）甲安排在周一、周三、周五；

（3）乙在周五和周六需要值班；

（4）丙需要在周六值班。

根据上述信息，以下哪项一定为真？

A. 丙在周二值班。 B. 丁在周六值班。

C. 乙在周三值班。 D. 丁在周一值班。

E. 丙在周五值班。

169 ~ 170 题基于以下题干：

有一场颁奖典礼，计划为小佳、小谢、小马、小蒋四位音乐人颁发荣誉称号，由粉丝投票选出的四个荣誉称号分别是"黑马王子""你的男孩""哈圈男模""说唱诗人"（称号与音乐人并非按序对应）。具体如下：

（1）小谢和"说唱诗人"以及"哈圈男模"都有过合作；

（2）小马和其他三位音乐人没有合作过；

（3）"说唱诗人"的上台顺序在"你的男孩"之前、"黑马王子"之后；

（4）如果小佳获得的称号是"哈圈男模"或者"说唱诗人"，则小谢的称号不是"黑马王子"；

（5）若小佳不是最后一位上台领奖的，那么他将第二个上台领奖。

169 根据上述信息，以下哪项一定为真？

A. 小马与小谢的上台顺序相隔一人。 B. 小马第一个上台领奖。

C. 小谢第一个上台领奖。 D. 小马在小谢之前上台领奖。

E. 小谢在小马之前上台领奖。

170 若"小佳和小蒋上台顺序相连"，则可以推出以下哪项？

A. 小谢第三位上台领奖。 B. 小蒋第二位上台领奖。

C. 小蒋在小佳之前上台领奖。 D. 小蒋在小马之前上台领奖。

E. 小佳与小谢上台顺序相隔一人。

171 甲、乙、丙、丁、戊、己、庚、辛八个人在同一个座位均匀分布的圆桌吃饭，关于座位情况有如下要求：

（1）甲、丁二人相对而坐；

（2）丙与戊、戊与庚座位均相隔一人；

（3）如果辛不与丁相邻，那么乙、己、辛三人互不相邻。

根据以上陈述，可以推出以下哪项？

A. 甲和丙相邻。　　　　　　　　B. 甲和戊相邻。

C. 甲和庚相邻。　　　　　　　　D. 戊和己相邻。

E. 戊和乙相邻。

172 现有一场音乐节需要五位 rapper 加盟演出阵容，分别是：小佳、小谢、小杨、小马、小丁。三位经纪人甲、乙、丙对于这五位的出场顺序做出了以下预测：

	第一天	第二天	第三天	第四天	第五天	
甲	小谢	小丁	小佳	小马	小杨	两个正确
乙	小丁	小杨	小谢	小马	小佳	三个正确
丙	小杨	小佳	小马	小丁	小谢	一个正确

乙预测正确的是相连的三天，则经纪人丙预测正确的是第几天？

A. 第一天。　　　　　　　　　　B. 第二天。

C. 第三天。　　　　　　　　　　D. 第四天。

E. 第五天。

173 小冉去西安旅游，有 9 个景点想去：钟楼、秦始皇陵兵马俑、城墙、华清池、大唐芙蓉园、八仙宫、书院门、洒金桥、西羊市，现需要排列顺序。

已知：

（1）华清池和秦始皇陵兵马俑挨着去，且书院门早于洒金桥，洒金桥早于秦始皇陵兵马俑；

（2）城墙和钟楼间隔 4 个景点；

（3）第一个去八仙宫，当且仅当第五个去洒金桥；

（4）如果华清池晚于洒金桥，那么八仙宫在第一个；

（5）第七个去钟楼。

若以上陈述为真，则以下哪项必定为假？

A. 第四个去大唐芙蓉园，第九个去华清池。

B. 第三个去书院门，第四个去西羊市。

C. 第二个去城墙，第八个去华清池。

D. 第四个去书院门，第八个去秦始皇陵兵马俑。

E. 第三个去西羊市，第四个去大唐芙蓉园。

174 甲、乙、丙、丁、戊共 5 人同时进电梯，他们各自按下自己所在的楼层，最终只亮了 4 个楼层的按键（总楼层7层），其中恰有2人在同一层出电梯，具体出电梯的情况如下：

甲：我出电梯前电梯里只有我一个人；

乙：我所在的楼层只有我一个人，并且没有人和我所在的楼层相邻；

丙：我所在的楼层是偶数，同时我比戊住的楼层高；

丁：如果我住的楼层比乙高，那么至多有2人住的楼层比我低。

根据以上信息，无法得出以下哪项？

A. 甲、戊所在楼层间隔两层。　　　　B. 丁、戊住在同一层。

C. 丁、戊均住在第三层。　　　　　　D. 丁、戊均住在第五层。

E. 乙住在第二层。

175. 新学期，小红、小李、小程、小王、小周、小姜、小张是同班同学，他们被分到同一个组且一人一排。班主任依据个子由矮到高的顺序安排座位，矮个在前，高个在后，具体座位安排如下：

（1）小李前排坐了3名女生；

（2）小周是男生，他后排坐了2名女生；

（3）小王前排有2名女生，后排有2名男生。

根据以上信息，可以推出以下哪项？

A. 小周个子比小李矮。

B. 小王是男生，坐在第三排。

C. 小周是男生，坐在第五排。

D. 如果小张比小周个子矮，那么他一定比小王还矮。

E. 如果小姜比小红个子高，那么他一定比小李还高。

考向5　分类假设

176. 赵、钱、孙、李四个人都喜欢球类运动，他们分别喜欢篮球、足球、羽毛球、排球中的两项运动，每种球类运动恰好有两人喜欢，并且每个人喜欢的均不完全相同。具体如下：

（1）如果钱喜欢篮球、羽毛球中的一种，那么李必定喜欢足球而不喜欢排球；

（2）赵和孙至多有一人喜欢排球，则赵和李都喜欢足球；

（3）钱要么喜欢篮球，要么不喜欢足球。

根据上述信息，可以得出以下哪项？

A. 李喜欢羽毛球。　　　　　　　　　B. 孙喜欢篮球或羽毛球。

C. 钱要么喜欢足球，要么不喜欢排球。　D. 李和孙一样，都喜欢羽毛球。

E. 李喜欢羽毛球或排球。

177. H公司由于经营需要换新的办公地点，现在需要把广告部门搬到单独的一间办公室去。广告部门一共5人，分别是小刚、小明、小强、小华、小军，为此他们私下商讨位置安排事宜，具体商讨如下：

（1）小刚和小强两人常常沟通工作内容，所以这两人的座位必须并排相邻；

（2）如果小华和小军相邻或者相对而坐，那么小明坐在 5 号位；

（3）小明坐在偶数位当且仅当小华坐在偶数位。

办公室位置如下表所示。

1	2	3
4	5	6

已知小强在 2 号位坐着，则以下哪项必然为真？

A. 小刚和小华相对而坐。　　　　　　B. 小军坐在 5 号位。

C. 小明不在 1 号位也不在 3 号位。　　D. 小明坐在 6 号位。

E. 小刚和小明不相邻。

178 在一场婚礼宴席上，新郎的好友围坐在一张八边形的桌子，每边各坐一个人，他们分别是王一多、张建国、李伟、赵四、刘枫、陈朵、吴琦、钱照。王一多只认识李伟和刘枫，他们是好友，其余人都不认识。具体座位情况如下所述：

（1）王一多认识的两人中只有一人和他相邻而坐；

（2）赵四对面坐的是钱照；

（3）李伟和陈朵不相邻但与吴琦相对而坐；

（4）刘枫坐在张建国左手边的第二个位置。

根据上述信息，可以推出以下哪项信息？

A. 李伟坐在王一多的右手边。

B. 钱照和陈朵相邻而坐。

C. 钱照坐在张建国的左手边的第一个位置。

D. 赵四在陈朵右手边的第三个位置。

E. 陈朵和王一多相隔一个座位而坐。

179 某大学的文学社团招进来了不少新入学的学弟和学妹，其中王咪、乐乐、柳青、富贵这四人分别喜欢小说、朗诵、剧本、英文诗歌其中的一个（顺序不对应），同时他们四人也创作相关的文学作品，且四人中仅有王咪一人创作的内容和自己喜欢的内容一样，每人只创作一个。已知：

（1）王咪英文水平不高，所以她不喜欢英文诗歌，也不会创作相关的作品；

（2）创作剧本的人喜欢朗诵；

（3）如果柳青喜欢朗诵，则柳青要么创作的是小说，要么创作的是英文诗歌；

（4）如果富贵创作的不是英文诗歌，那么王咪不喜欢小说。

根据上述信息，可以得出以下哪项？

A. 王咪喜欢的是剧本。　　　　　　B. 乐乐不喜欢朗诵。

C. 柳青创作的内容和朗诵不相关。　　D. 富贵喜欢的是剧本。

E. 王咪创作的内容和朗诵相关。

180 小光是一个兢兢业业的管综老师，本周日程非常饱满，一共安排了8个工作，出题、写教案、备课、直播授课、线下授课、问题答疑、优化课程内容、遛狗。一周内休息二天，每天至多完成2项工作，以上这些工作必须在一周内完成,另外为了避免和其他课程时间重合，还要满足以下要求：

（1）如果写教案、备课、优化课程内容至少有一项在直播授课前完成，那么线下授课就在周日进行；

（2）出题和问题答疑之间相隔了三天，同时所有授课均在问题答疑之前完成；

（3）如果周二写教案或者优化课程内容，那么出题在周六完成；

（4）除非周二出题和遛狗，否则这一天写教案并且进行线下授课。

已知周四、周六仅完成一个项目并且周四进行直播授课，那么小光老师在哪天进行线下授课？

A. 周一。　　B. 周三。　　C. 周五。　　D. 周六。　　E. 周日。

181 海绵团建，老板要求在泰山、华山、黄山、秦岭、武夷山和延安中选择2个作为团建地点。已知：

（1）若泰山、黄山至少选择一个，则选择武夷山而不选择延安；

（2）若华山、秦岭至少选择一个，则选择泰山而不选择武夷山。

根据上述信息，此次团建选择的地点一定有哪项？

A. 黄山。　　B. 延安。　　C. 秦岭。　　D. 武夷山。　　E. 泰山。

182 O、P、Q、M、N、R、S、T这8人都是化工专业研究生，毕业论文答辩在即，答辩小组的具体安排出来了，一共分成3个小组，每组至少1~4人，其中M、N研究差别很大，所以没有分在同一个答辩小组，分组具体情况如下：

（1）R所在的答辩小组只有他和另一位同学；

（2）如果S、P至少有一人不在第三答辩小组，那么T不在第二答辩小组；

（3）如果M或N在第一或第三答辩小组，那么T就在第二答辩小组；

（4）O和Q必须在同一个答辩小组。

最终R是第二答辩小组的成员，由此可以推出以下哪项？

A. M在第三答辩小组。　　　　　　B. R小组答辩完，接着Q所在小组答辩。
C. M、P在同一个答辩小组。　　　　D. Q、S不在同一个答辩小组。
E. N比M先进行答辩。

183 王启明特别喜欢热带观赏鱼，周末他准备去购买多个种类的鱼放到自己的3个鱼缸当中，这些鱼分别是孔雀鱼、蓝曼龙、鹦鹉鱼、非洲王子、神仙鱼、接吻鱼、月光鱼、蓝魔鬼鱼。为了让所有鱼缸看起来赏心悦目，鹦鹉鱼、非洲王子、蓝曼龙这三种鱼不适合放在一起混养，每个鱼缸放置2~4种鱼，鱼缸的具体放置情况和要求如下：

（1）鹦鹉鱼体型较大，不适合与孔雀鱼、神仙鱼、接吻鱼这类小体型鱼混养；

（2）神仙鱼和月光鱼放在同一个鱼缸中，或者和接吻鱼放在同一个鱼缸中；

（3）除非月光鱼和蓝魔鬼鱼放在一个鱼缸中，否则非洲王子和接吻鱼放在同一个鱼缸中。

已知接吻鱼和孔雀鱼放在同一个鱼缸中，则可推出以下哪项？

A. 鹦鹉鱼和蓝魔鬼鱼放在同一个鱼缸中。

B. 蓝曼龙和月光鱼放在同一个鱼缸中。

C. 孔雀鱼和非洲王子放在同一个鱼缸中。

D. 孔雀鱼和神仙鱼放在同一个鱼缸中。

E. 接吻鱼不和非洲王子放在同一个鱼缸中。

184. 小白、小帅、小海、小斌、小方5人均在"滑雪""羽毛球""自行车""游泳"4个项目中选择了其中的2个项目，每个项目均有2~3人选择，且各人选择的项目均不完全相同。另外，还知道：

（1）如果小斌至少选择了"羽毛球""自行车"中的一项，则小帅选择了"滑雪"而小方未选择"羽毛球"；

（2）如果小帅、小海两人中至多有一人选择了"游泳"，则小白、小斌均未选择"滑雪"；

（3）如果小方选择了"游泳"或"滑雪"，那么他也选择了"羽毛球"。

根据上述信息，可以得出以下哪项？

A. 小白未选择"游泳"。　　　　　　　B. 小白选择了"滑雪"。

C. 小帅未选择"自行车"。　　　　　　D. 小斌选择了"自行车"。

E. 小方选择了"滑雪"。

185. 植树节当天，李诗、宋词、阮曲、明传奇、曹小说5人均从"松树""柏树""杨树""桑树"中选择了2个品种的树木进行种植，每个品种均有2~3人选择，且各人选择的树林均不完全相同。另外，还知道：

（1）如果明传奇至少选择了"柏树""杨树"中的一种，则宋词选择了"松树"而曹小说未选择"柏树"；

（2）如果宋词、阮曲两人中至多有一人选择了"桑树"，则李诗、明传奇均未选择"松树"；

（3）如果曹小说选择了"桑树"或"松树"，那么他也选择了"柏树"。

如果李诗和宋词选择了"柏树"，则可以得出以下哪项？

A. 李诗选择了"杨树"。　　　　　　　B. 李诗选择了"松树"。

C. 阮曲选择了"杨树"。　　　　　　　D. 明传奇选择了"杨树"。

E. 曹小说选择了"松树"。

186. 嘉明今年做了体检，报告显示他有轻度的脂肪肝，医生建议他闲暇之余多多锻炼、清淡饮食。为此他给自己详细制定了5天的清淡饮食菜单，同时还要配合适当的锻炼。他的食谱中有三类九样食物。肉类：虾肉、牛肉、鱼肉。蔬菜：青菜、芹菜、西兰花。主食：紫薯、南瓜、米饭。每天午饭合理搭配三样食物，嘉明将上述食物分成三组，具体饮食要求如下：

（1）紫薯和虾肉搭配；

（2）芹菜不和鱼肉搭配，紫薯不和青菜搭配；

（3）牛肉要么和西兰花搭配，要么和南瓜搭配。

已知米饭和青菜搭配，则可以推出以下哪项？

A. 虾肉、芹菜在同一组。　　　　　　B. 牛肉、西兰花在同一组。

C. 鱼肉、青菜不在同一组。　　　　　D. 南瓜、芹菜在同一组。

E. 虾肉、西兰花不在同一组。

187 李白、杜甫、白居易、王维、王之涣5人参加诗歌争霸赛，他们晋级总决赛的情况如下：

（1）李白、杜甫、王维、王之涣至多有2人晋级；

（2）杜甫、白居易、王之涣至少有2人晋级；

（3）如果杜甫晋级，那么李白、王之涣要么都晋级，要么都不晋级。

根据以上陈述，以下哪项一定为真？

A. 白居易晋级。　　　　　　　　　　B. 王维不晋级。

C. 杜甫晋级。　　　　　　　　　　　D. 白居易不晋级。

E. 杜甫不晋级。

188 小学生的托管课要在"汉字里的自然万象""数学在哪里""自然科学""配乐诗朗诵""走遍中国"5个课程中选择2~3个。婉迪同学对选择的课程有如下要求：

（1）如果选择"汉字里的自然万象"，就选择"配乐诗朗诵"但不选"自然科学"；

（2）如果选择"数学在哪里"，就选择"自然科学"但不选"走遍中国"；

（3）如果选择"配乐诗朗诵"或"汉字里的自然万象"就选择"数学在哪里"。

根据上述信息，婉迪一定不选择哪个课程？

A. "走遍中国"。　　　　　　　　　　B. "数学在哪里"。

C. "自然科学"。　　　　　　　　　　D. "配乐诗朗诵"。

E. "汉字里的自然万象"。

189 李白、杜甫、白居易、王维、王之涣5人参加诗歌争霸赛，角逐冠亚季军，他们比赛的情况如下：

（1）冠军在李白、杜甫、王维、王之涣中产生；

（2）如果杜甫、白居易、王维至少有1人不晋级前三，那么李白是冠军且王之涣未晋级前三；

（3）如果杜甫晋级前三名，那么王维、王之涣两人要么都晋级前三，要么都不晋级前三；

（4）最终获得冠亚季军的姓氏各不相同。

根据以上陈述，获得冠军的是谁？

A. 白居易。　　B. 杜甫。　　C. 王维。　　D. 李白。　　E. 王之涣。

190 某单位预备在春节期间为员工送福利，拟从五常大米、菜籽油、水晶饼、腊牛肉这四种产品中任意组合两种送给员工。已知宣发部门有6人，且恰巧每人选择的产品不完全相同。

甲：若我选择了五常大米和菜籽油，则乙选择菜籽油。

乙：若我选择了菜籽油，则我不选择水晶饼和腊牛肉。

根据甲和乙的对话可推出哪项？

A. 甲选择了五常大米和菜籽油。　　B. 乙选择了腊牛肉和水晶饼。

C. 甲没选择五常大米。　　D. 乙选择了菜籽油。

E. 若甲选择了菜籽油，那么他一定没选择五常大米。

191. 某小组成员赵好、钱俪、孙瑜、李江、周浩、吴兴6人中有几人打算这周六去市里的博物馆参观，已知：

（1）若吴兴或者李江去，那么赵好和钱俪都不会去；

（2）若钱俪不去，那么赵好、孙瑜和李江就会一起去；

（3）若钱俪或者吴兴去，那么周浩也会去；

（4）若孙瑜和李江去，那么钱俪和周浩也去。

根据上述信息，以下哪项一定为真？

A. 李江去或者钱俪不去。　　B. 赵好去或者孙瑜去。

C. 赵好去或者李江不去。　　D. 周浩不去或者赵好去。

E. 周浩不去或者孙瑜去。

192. 古时的时间规定为十二时辰（如下图所示），从西周时就已经使用了，汉以后又以十二地支来表示，其中一个时辰相当于现在的2小时，皇城戒备森严，每时每刻都有夜巡人员轮番巡查，想要进入十分艰难。某人打听到戌时到卯时之间分别有甲、乙、丙、丁、戊、己这6人轮换巡查，同时还打听到这些人轮换的消息，具体如下：

（1）丁和戊从没交接过；

（2）如果乙在子时巡查，那么丙和己在他之后巡查；

（3）甲在戊之前巡查并且在他之前和之后也至少有两人巡查；

（4）如果丙、戊、己至少有2人在子时之后巡查，那么丁在丑时巡查。

A. 乙和丙巡查有交接。　　B. 丙在己之前巡查。

C. 乙在甲之前巡查。　　　　　　　　D. 丁和乙巡查没交接。

E. 乙在卯时巡查。

193. 某高校工程学院给新一学年的学生特别开设了新的选修课，即"人因工效学""视觉设计原理""室内结构优化"这三门。学院随机调查了赵、钱、孙、李、张、王、陈、刘八位同学，他们每人都只选修了这三门课其中的一门，每门课至多有3个人选修，具体调查情况如下：

（1）如果钱没选修"视觉设计原理"或赵没选修"室内结构优化"，那么李选修的是"室内结构优化"，同时张选修的是"人因工效学"；

（2）如果张选修的不是"室内结构优化"或者陈选修的是"视觉设计原理"，那么赵和李都选修"人因工效学"；

（3）李和陈选修的是同一个课程；

（4）王和刘选修的也是同一个课程。

根据上述信息，可以推出以下哪项？

A. 赵选修"人因工效学"。　　　　　　B. 刘选修"视觉设计原理"。

C. 孙选修"室内结构优化"。　　　　　D. 张没选修"室内结构优化"。

E. 王和孙选修的是同一门课。

194. 某乐坊招聘词人、乐师、歌姬、舞姬4种从业者，佳玲、艺苑、诗诗、圆圆4位优秀的年轻人最终被录取，每人只选择一种身份，且每种身份对应其中的一人。另外，还知道：

（1）如果圆圆是歌姬，那么佳玲是乐师；

（2）如果艺苑不是词人，那么佳玲是词人且诗诗是舞姬；

（3）如果艺苑是词人，那么诗诗是舞姬，圆圆也是词人。

根据以上陈述，可以得出以下哪项？

A. 佳玲是歌姬。　　　　　　　　　　B. 诗诗是词人。

C. 佳玲是乐师。　　　　　　　　　　D. 艺苑是歌姬。

E. 圆圆是舞姬。

195. 课间休息，张芳、吕伟、王红、赵勇、李龙五位同学玩起了狼人杀，有狼人、平民、女巫、预言家、猎人5种角色，每人只选择其中一种角色，且每个角色对应其中的一人。另外，还知道：

（1）如果赵勇是女巫或猎人，那么张芳是平民；

（2）如果吕伟不是狼人，那么张芳是狼人且王红是预言家；

（3）如果赵勇不是猎人，那么李龙不是猎人；

（4）如果吕伟是狼人，那么王红是预言家，赵勇也是狼人。

根据以上陈述，可以得出以下哪项？

A. 李龙是女巫。　　　　　　　　　　B. 王红是狼人。

C. 张芳是平民。　　　　　　　　　　D. 吕伟是女巫。

E. 赵勇是预言家。

196 某餐厅新开业，周一到周五开展会员"每天送一菜"活动。会员甲、乙、丙、丁、戊5人在酸辣土豆丝、锅包肉、宫保鸡丁、地三鲜、水煮肉片（辣）中各选一道菜，互不重复。已知：

（1）甲会在锅包肉和地三鲜中选一个；

（2）乙和丁只爱吃肉，但现在都没有选辣菜；

（3）如果丙选酸辣土豆丝，则戊选锅包肉。

事实上，刚好送的菜都是他们各自喜爱的菜品。

根据以上陈述，可以得出以下哪项？

A. 甲选锅包肉。　　　　　　　　B. 乙选宫保鸡丁。

C. 丙选水煮肉片。　　　　　　　D. 丁选锅包肉。

E. 戊选地三鲜。

197 领导准备派几人前往调研基地，有以下要求：

（1）赵、钱、李三人中至少去一人；

（2）钱、孙、李、周四人中至少去两人；

（3）钱、孙、李三人中至多去一人；

（4）若是赵去，那么李也去。

根据上述陈述，可以得到以下哪项？

A. 钱一定会去。　　　　　　　　B. 钱、孙、周三人中至多去一人。

C. 赵、李两人至少去一人。　　　D. 赵、周两人至少去一人。

E. 赵一定不会去。

198 某市政府根据上级精准扶贫的指示精神，决定不日就派出3名同志对所管辖的村镇进行摸排调查，其中O、P、Q、S、R多名同志积极报名，申请参与调查工作，根据政府现有的工作安排需求，按如下要求选派人员：

（1）O、P中至少选派一人；　　　（2）P、Q中至多选派一人；

（3）Q、S中至少选派一人；　　　（4）如果选派的人中有S，那么P、R都派。

根据上述信息，可以推出下列哪项？

A. 选派P。　　　　　　　　　　　B. 不选派Q。

C. 选派R。　　　　　　　　　　　D. 选派O或Q。

E. 不选派P且不选派Q。

199 程子贤、高思彤、王怀宇、余同尘、李清源5人参加机器人模型大赛，角逐冠亚季军，他们晋级总决赛前三名的情况如下：

（1）程子贤、高思彤、余同尘、李清源至多有2人晋级；

（2）如果高思彤、王怀宇、余同尘至少有1人不晋级，那么程子贤晋级且李清源不晋级；

（3）如果高思彤晋级，那么程子贤、李清源两人要么都晋级，要么都不晋级。

根据以上陈述，晋级总决赛前三名的人中一定有：

A. 王怀宇、余同尘。　　　　　　B. 王怀宇、高思彤。

C. 程子贤、王怀宇。　　　　　　D. 高思彤、程子贤。

E. 余同尘、高思彤。

200 某单位安排甲、乙、丙、丁、戊、己6人出差，并且安排他们住在某一宾馆同层左右相邻的6个房间。已知：

（1）甲和丙中间隔着3人；

（2）乙要么在左边第三个房间，要么在右边第三个房间；

（3）丙在戊的左边，他们中间隔着1个房间；

（4）如果甲和乙不相邻，那么戊在丁的左边的房间。

根据以上信息按照从左到右的顺序，可以推出以下哪项？

A. 甲的房间在丙的左边。　　　　B. 丙的房间在丁的左边。

C. 乙的房间在己的左边。　　　　D. 甲和丁的房间相邻。

E. 甲和己的房间相邻。

201 五个盒子分别放了甲、乙、丙、丁、戊5样东西，其中每个盒子只能放1样东西，已知：

（1）如果一号盒子不放甲，那么二号盒子放丁；

（2）或者三号盒子放乙，或者一号盒子放戊；

（3）如果二号盒子不放丙，那么四号盒子放戊；

（4）如果五号盒子不放丁，那么四号盒子放乙。

以下哪项如果为真，可以推出以下哪项？

A. 甲不放在一号盒子。　　　　　B. 乙放在二号盒子。

C. 丙放在四号盒子。　　　　　　D. 丁放在五号盒子。

E. 戊放在二号盒子。

202 有甲、乙、丙三位同学每人在流行、摇滚、说唱、民谣、电子五种音乐风格中挑选至少一种自己喜欢的音乐风格，每种风格都只有一人喜欢。

（1）若甲选择流行，则乙选择说唱和电子；

（2）若甲不选择说唱，则丙选择摇滚和民谣；

（3）甲、乙均不选择摇滚，除非甲选择流行。

根据上述信息，可以推出以下哪项？

A. 甲选择流行。　　　　　　　　B. 乙选择流行。

C. 乙选择民谣。　　　　　　　　D. 丙选择摇滚。

E. 丙选择流行。

203 有小佳、小谢、小宇、小泥四个音乐人，他们分别来自上海、武汉、南京、长沙（顺序并非一一对应）四个不同的城市。另外，还知道：

（1）如果小佳或小谢来自长沙或南京，那么小泥来自武汉；

（2）如果小泥来自南京或上海，那么小谢不来自长沙；

（3）如果小宇或小佳来自上海或武汉，那么小谢来自长沙。

则可以推出以下哪项？

A. 小宇来自长沙。　　　　　　　　B. 小宇来自上海。

C. 小谢来自广东。　　　　　　　　D. 小佳来自南京。

E. 小泥来自武汉。

204 现有一场音乐节需要三位 rapper 加盟演出阵容，目前共有七位候选人，分别是：小佳、小谢、小满、小宇、小聪、小延、小胖。另外，还知道：

（1）小佳和小谢是好朋友，要么同时参演，要么同时不参演；

（2）如果小宇、小聪、小胖中至少有一人入选，那么小延一定入选；

（3）除非小聪不入选，小谢才入选；

（4）如果选小满，则也要选小聪。

则可以推出，一定会入选的是：

A. 小宇。　　B. 小胖。　　C. 小延。　　D. 小佳。　　E. 小谢。

205 大圆桌，一共十人，甲、乙、丙、丁、戊、己、庚、辛、壬、癸，已知：

（1）乙、己面对面，庚、癸面对面；

（2）甲和癸中间间隔两人，辛和癸中间间隔三人；

（3）乙和辛的距离等于乙和丁的距离；

（4）除非己、癸紧挨，否则辛、甲紧挨。

根据以上陈述，可以推出癸的旁边一定没有谁：

A. 壬。　　B. 丙。　　C. 乙。　　D. 丁。　　E. 戊。

考向6　综合考法

206~207 题基于以下题干：

陈少明、杜志章、白志文、王宛如、刘江龙 5 人进入"我是接班人"大赛决赛要角逐冠亚季军，5 人最终的获奖情况如下：

（1）如果冠军是陈少明或刘江龙，那么亚军不是杜志章；

（2）如果亚军不是杜志章，那么季军不是王宛如；

（3）如果白志文获得冠军，那么他与王宛如的排名相邻；

（4）如果季军是王宛如，亚军不是杜志章。

206 根据以上信息，可以得出以下哪项？

A. 刘江龙没有获得最佳人气奖。

B. 杜志章没有获得亚军。

C. 王宛如没有获得季军。

D. 刘江龙获得最佳人气奖。

E. 王宛如没有获得最佳人气奖。

207 如果亚军是杜志章，则可以得出以下哪项？

A. 冠军是白志文。　　　　　　　　B. 季军是刘江龙。

C. 冠军是王宛如。　　　　　　　　D. 冠军是陈少明。

E. 季军是白志文。

208~209题基于以下题干：

某社区举行的运动会共有跳远、跳高、篮球、马拉松4个比赛项目可选，张、王、李、赵、刘5人都报名参加了，其中每人参加2个项目，并且任意两人参加的项目不完全相同，还已知如下条件：

（1）篮球和跳远至多参加一项；

（2）若王、李、刘至多有2人参加马拉松项目，则张、李、赵至少有2人参加篮球项目；

（3）若王、赵至多有1人参加篮球项目，则张、赵均参加马拉松项目；

（4）王参加篮球项目。

208 根据以上信息，则可以推出以下哪项？

A. 张没参加篮球。　　　　　　　　B. 王没参加马拉松。

C. 李参加了跳远。　　　　　　　　D. 赵参加了跳高。

E. 刘没参加马拉松。

209 若张和赵参加项目只有一个相同，则可以得出以下哪项？

A. 张没参加跳高。　　　　　　　　B. 张参加了跳远。

C. 李参加了跳高。　　　　　　　　D. 赵参加了马拉松。

E. 刘参加了跳远。

210 某公司计划在六个候选项目（A、B、C、D、E、F）中选择若干项进行投资，但需满足以下战略条件：

（1）若项目A、B至少投资一个，则必须投资项目C但放弃投资项目D；

（2）若项目E、D至多投资一个，则必须投资项目B且放弃投资项目F；

（3）若项目C、B至多投资一个，则必须投资项目A和F；

（4）若项目A、C至少投资一个，则投资项目D或者投资项目E。

根据以上信息，可推得出投资那些项目？

A. 项目A、项目C、项目E。　　　　B. 项目B、项目D、项目E。

C. 项目B、项目C、项目E。　　　　D. 项目D、项目E、项目F。

E. 项目A、项目B、项目C。

211 现有两排盒子，每排共有5个，其中上一排是透明盒子，每个盒子中只有一个小球，依次放置的小球的颜色如下表所示；下一排盒子是不透明的，放置小球的颜色只有主持人知晓。

现要求小明、小晨、小柳每人每轮只允许一人任意拿出上排中的两个球并且互换，每人均只调换一次然后换另一人，最终必须保证上下两排小球颜色一致才算正确，调换前恰有一个盒子小球颜色正确，具体调换过程如下：

（1）小明：将白、绿两种颜色小球互换，此时主持人提示正确 1 个。

（2）小晨：将红、绿两种颜色小球互换，此时主持人提示正确 2 个。

（3）小柳：将白、黄两种颜色小球互换，此时主持人提示正确 3 个。

	1	2	3	4	5
上排	白	红	绿	黄	蓝
下排					

根据上述信息，可推出以下哪项？

A. 白色小球和蓝色小球不相邻。 B. 绿色小球和蓝色小球不相邻。

C. 红色小球和白色小球相邻。 D. 白色小球和绿色小球相邻。

E. 红色小球和蓝色小球相邻。

212 小王子忘记了自己箱子密码锁的密码，只能挨个去试。密码是由 0～9 十个数字中的四个数字组成，他一共尝试了 5 次，具体如下：

（1）第一次输入 1234，提示有两个数字正确但只有一个顺序正确；

（2）第二次输入 1357，提示有一个数字正确但是顺序不正确；

（3）第三次输入 9437，提示所有数字均不正确；

（4）第四次输入 2869，提示有两个数字正确但是只有一个顺序正确；

（5）第五次输入 5672，提示有两个数字正确但是顺序均不正确。

根据上述尝试的反馈结果，可推出小王子箱子的密码是哪项？

A. 1062。 B. 1689。 C. 0261。 D. 1268。 E. 0612。

213 甲、乙、丙、丁平时休息时经常约在一起玩扑克，他们最喜欢玩的就是"对对碰"，规则是从下家抽一张牌，只要有相同数字的牌就可以丢弃，要是没有就必须自己拿着，然后下一人继续抽，直到有人手上没有牌后立即结束游戏。此时所有人手上除甲有 3 张牌以外，其他人都只有 1 张牌，接下来该丁抽甲的牌。

（1）甲：我的牌只有数字，其中一个是 9 并且其他牌都是奇数。

（2）乙：我的牌数字比 7 大。

（3）丙：我知道甲有一张牌是我想要的，它比 8 小。

（4）所有人拥有的牌刚好凑够两对，并且都是数字牌。

若最终丁结束了这一局游戏，他的牌比丙大，则以下哪项是不可能成立的？

A. 甲没有 3 这张牌。 B. 乙的牌是 8。

C. 丙的牌是 5。 D. 丁的牌是 3。

E. 甲和丁相同的牌是 7。

214. 某中学食堂周一到周五要在"鱼香肉丝""红烧茄子""梅菜扣肉""香煎带鱼""西红柿炒鸡蛋"5种菜中每天做其中2种菜,且每种菜每周只能做2次。还有如下要求:

(1) 如果周一做"香煎带鱼"或"鱼香肉丝",周三就做"香煎带鱼"且周四做"梅菜扣肉";

(2) 如果周二做"红烧茄子",周四就做"梅菜扣肉"但周五不做"西红柿炒鸡蛋";

(3) 如果周二不做"红烧茄子",那么周一做"鱼香肉丝"和"红烧茄子";

(4) 如果周四做"梅菜扣肉",那么周五做"西红柿炒鸡蛋"和"红烧茄子";

(5) 周三和周四做的菜是相同的。

根据上述信息,可以得出以下哪项?

A. 周五没有做"西红柿炒鸡蛋"。　　B. 周二做"红烧茄子"。

C. 周四没有做"梅菜扣肉"。　　D. 周二做"西红柿炒鸡蛋"。

E. 周三做"鱼香肉丝"。

215. 李小白、宋小帅、王小海、吴小斌4人均选修了"财务报表分析""审计学""应用统计学""项目管理"中的三门课,每门课均有三人选修,且各人选修的课程均不完全相同。另外,还知道:

(1) 如果吴小斌至少选修了"审计学""应用统计学"中的一个,则宋小帅选修了"财务报表分析"而王小海未选修"审计学";

(2) 如果宋小帅、王小海两人中至多有一人选修了"项目管理",则李小白、吴小斌均未选修"财务报表分析"。

根据上述信息,则可以得出以下哪项?

A. 李小白选修了"项目管理"。　　B. 李小白选修了"财务报表分析"。

C. 宋小帅选修了"应用统计学"。　　D. 吴小斌选修了"应用统计学"。

E. 吴小斌选修了"财务报表分析"。

216. 某项目组要从赵、钱、李、周、吴5人中选择3人向甲方详细介绍该项目的进展,在选择时需要注意以下几点:

(1) 赵与钱不能同时选择;

(2) 只有选择吴时,才能选择钱;

(3) 若选择李,则也选择周;

(4) 要么选择赵,要么选择李;

(5) 如果选择赵,则也选择钱。

根据以上陈述,可以推出选择的人选必定有:

A. 赵、周。　　B. 李、吴。　　C. 李、钱。　　D. 钱、吴。　　E. 周、钱。

217. 截至今日24点教务选课系统即将关闭,而甲、乙、丙、丁、戊5人还没有选好明年的核心选修课,本科生培养方案中明确指出,在校生每年每人必须选修2~3门核心选修课。目前剩余可选的课程还有西方音乐欣赏、生活中的经济学、量子力学、国富论、化学与生活,具体课程时间如下表所示。

	星期一	星期二	星期三	星期四	星期五
下午	量子力学（余1人）	化学与生活（余1人）	生活中的经济学（余2人）	化学与生活（余1人）	
晚上	国富论（余2人）	西方音乐欣赏（余2人）	国富论（余1人）量子力学（余1人）	量子力学（余1人）	

（1）学院要求所选核心选修课不能在同一天上完，同时也不能一天上两节；

（2）甲、乙不喜欢一起上课，丁、戊的选修课都在一起上；

（3）如果甲选修国富论或量子力学，那么他必定选修化学与生活和西方音乐欣赏；

（4）如果乙或丙选修生活中的经济学，那么两人均一定选修西方音乐欣赏而不选修国富论。

最终上述所余课程均被5人选中，没有剩余名额。

若丙选修了星期三的量子力学等2门课程，则可推出以下哪项？

A. 甲选修国富论或生活中的经济学。

B. 乙选修国富论和量子力学。

C. 丙要么选修量子力学，要么选修西方音乐欣赏。

D. 丁没有选修国富论。

E. 甲没有选修国富论和量子力学。

218. 周一到周五，小学生要在跳绳、篮球、空竹、短跑、踢毽子5个项目中每天选择其中一个项目，且每个项目每周只能选择一次。小绵同学对选择的项目有如下要求：

（1）如果周一选择短跑或跳绳，周三就选择短跑且周四选空竹；

（2）如果周二选择篮球，周四就选择空竹但周五不选踢毽子；

（3）如果周二不选择篮球，那么周一选择跳绳。

根据上述信息，可以得出以下哪项是小绵同学的选择？

A. 周五选择踢毽子。　　　　　　　　B. 周二选择篮球。

C. 周四选择空竹。　　　　　　　　　D. 周三选择短跑。

E. 周一选择跳绳。

219. 文斌刚从深圳出差回来，就拿出了他特意带的礼物给他的三个孩子，他的三个孩子分别是文宇、文萱、文昊。这些礼物都是他事先答应好的，礼物有巧克力、限量版绘本、零食大礼包和儿童运动手表，每个礼物文斌都买了两份，发之前他要求每人最多选3样，并且选的必须是不一样的东西，具体选择如下所示：

（1）若文昊选择巧克力，则他也会选择限量版绘本；

（2）对于文萱、文宇两人而言，如果选择儿童运动手表，那么就一定会选择零食大礼包；

（3）对于文昊、文宇两人而言，如果选择限量版绘本，那么就一定会选择零食大礼包。

根据以上信息，可以得出以下哪项信息？

A. 文宇选择的有限量版绘本。　　　　B. 文昊选择的有限量版绘本。

C. 文萱选择的有零食大礼包。　　　　　　D. 文昊选择的有巧克力。

E. 文萱选择的有儿童运动手表。

220~221题基于以下题干：

小李、小赵、小王、小陈一起去学校图书馆借阅课外书籍。上节课李煜教授给出《非暴力沟通》《乌合之众》《情绪的解析》《梦的解析》这几个参考书目。四人分别借阅到了其中的一本书，他们决定每人每天只读一本书，读完后大家交换自己手中的书籍，这样经过三次交换后所有人都能读完这四本书。具体读书顺序如下：

（1）小赵读的第一本书是小陈读的第二本书；

（2）小李最开始读的书是小陈读的第三本书；

（3）小陈最开始读的书是小王读的最后一本书；

（4）小王读的第三本书是小陈读的第二本书；

（5）小李读的第一、第二本书分别是《情绪的解析》《梦的解析》。

220 根据上述信息，可推出《情绪的解析》是小赵读的第几本书？

A. 第一本书。　　　　　　　　　　B. 第二本书。

C. 第三本书。　　　　　　　　　　D. 第四本书。

E. 无法确定。

221 如果小赵读第二本书是《乌合之众》，那么小李、小赵、小王、小陈第二次交换后读的第三本书分别是什么？

A.《乌合之众》《非暴力沟通》《情绪的解析》《梦的解析》。

B.《梦的解析》《乌合之众》《非暴力沟通》《情绪的解析》。

C.《乌合之众》《梦的解析》《非暴力沟通》《情绪的解析》。

D.《情绪的解析》《乌合之众》《非暴力沟通》《梦的解析》。

E.《乌合之众》《梦的解析》《情绪的解析》《非暴力沟通》。

222~223题基于以下题干：

由于冬天空气严重污染天数占比逐渐增多，H市的交通管理部门决定，自本周起施行工作日非公共交通车辆限号出行的措施。刘小明有5辆不同尾号的车，它们分别是甲、乙、丙、丁、戊。根据交通规则，刘小明星期一到星期五每天恰有一辆车无法出行，具体出行计划如下：

（1）丁星期一限行，戊星期二限行，乙昨天限行；

（2）从今天起，甲、丙这两辆车连续4天都不限行；

（3）戊后天可以出行。

222 根据以上信息，可推出今天是星期几？

A. 星期一。　　B. 星期二。　　C. 星期四。　　D. 星期五。　　E. 星期六。

223 "若甲一周内连续3天不限行，那么丙星期三不限行"为真，可推出以下哪项信息？

A. 甲星期四限行。　　　　　　　　B. 乙星期五不限行。

C. 要么丁星期一限行，要么乙星期五限行。　　D. 丙昨天限行。

E. 丙星期四限行。

224～225题基于以下题干：

某大学图书馆是该市的一个特色建筑，外观俯视是一个正六边形的7层大楼，距今天已经有百年之久，依旧屹立不倒。该图书馆馆藏了不少地方的人物、地质以及典藏古籍，大致可分为人物传记、花鸟虫草注解、地方志、地质年刊、文化典藏和历史古籍这6类。每边放置一类书籍，放置的区域情况如下：

（1）人物传记对面是文化典藏；

（2）地质年刊和地方志不相邻；

（3）历史古籍和地方志不相邻。

224 根据以上信息，可以推出以下哪项？

A. 人物传记和地质年刊相邻。　　B. 地质年刊对面是地方志。

C. 花鸟虫草注解和地方志相邻。　　D. 文化典藏和地方志相邻。

E. 文化典藏和历史古籍相邻。

225 新增以下哪项信息，可以确定这六类书的具体摆放位置？

A. 历史古籍对面不是地方志。

B. 文化典藏在花鸟虫草注解的左侧，花鸟虫草注解不和历史古籍相对。

C. 与地质年刊相邻的是文化典藏。

D. 花鸟虫草注解和人物传记不相邻。

E. 地质年刊对面是地方志。

226～227题基于以下题干：

某个特色小吃店的老板在门前贴了如下告示：由于客户需求大，该店为了保证食品的质量和口味，现决定每周营业4天，周二至周五营业，每天售卖1～3种美食小吃，该店提供的小吃有孜然烤肉、秘制烤鸡、甘梅茄盒、豌杂小面、桂花米糕、虎皮鸡爪、炸年糕、蛋包饭，具体售卖情况如下：

（1）前三天售卖小吃的数量均不一样；

（2）豌杂小面、虎皮鸡爪、孜然烤肉在同一天售卖，甘梅茄盒紧接第二天售卖；

（3）若周四至少售卖豌杂小面、桂花米糕、蛋包饭其中一种，则周五只售卖秘制烤鸡和炸年糕。

226 若蛋包饭在甘梅茄盒之前某天售卖，则可推出以下哪项？

A. 周四售卖两种小吃。　　B. 蛋包饭在周三售卖。

C. 蛋包饭在周二售卖。　　D. 周五售卖秘制烤鸡和炸年糕。

E. 周二售卖两种小吃。

227 如果桂花米糕和蛋包饭均在豌杂小面之后某一天售卖，则以下哪项可能为真，除了：

A. 周四售卖甘梅茄盒和秘制烤鸡。 B. 周三售卖秘制烤鸡或炸年糕。

C. 周三售卖桂花米糕和蛋包饭。 D. 周四只售卖甘梅茄盒一种小吃。

E. 周二只售卖炸年糕一种小吃

228～229题基于以下题干：

班主任为了让大家更好地互相帮助，每周都会调换一次座位，教室的座位分布情况是，每排共4个小组，由左至右分别为第一组、第二组、第三组、第四组，每组有两人。本周甲、乙、丙、丁、戊、己、庚、辛8人都坐在第一排，其中甲、乙、丁、戊是男生，同性别的不可以在同一组，这8人本周的座位情况如下：

（1）甲、戊的座位是在偶数小组；

（2）如果乙所在的小组和戊所在的小组相邻，那么甲在第二组；

（3）丙、丁要么是同一组的，要么相邻组的；

（4）如果丁是第一组或第二组的，那么丙是第三组的；

（5）辛和己所在小组相邻。

228 根据上述信息，可以确定以下哪项？

A. 甲在第四组。 B. 丁在第一组。

C. 丙和丁在同一组。 D. 丙不在第一组。

E. 乙和戊是相邻小组。

229 新增以下哪项信息可以确定本周这8人座位的具体情况？

A. 如果丙不在前两组，那么庚在第四组。

B. 如果丙在第二组，那么庚在第一组。

C. 如果辛在第二组，那么丙在第四组。

D. 辛和甲既不同组也不相邻。

E. 戊和丙所在小组不相邻。

230～231题基于以下题干：

某俱乐部准备组织一场小组对抗赛，其中甲、乙、丙、丁、戊被随机分到三个小组，需要保证每个小组至少有上述5人中的1人。已知：

（1）甲分到第一组；

（2）甲和丙没有分到同一个小组；

（3）乙和丙分到了同一个小组；

（4）如果丁分到第三组，那么戊也会分到第三组。

230 以下哪项不可能为真，除了：

A. 乙、丁都分到第三组。 B. 丙、戊同分到第二组或第一组。

C. 丙、丁同分到第三组。 D. 乙分到第三组当且仅当戊分到第三组。

E. 第一组一共三个人。

231 以下哪项正确可以确定所有小组的成员情况？

A. 丙分到第二组。 B. 丁分到第二组。

C. 戊分到第二组。 D. 丁分到第三组。

E. 乙分到第二组。

232～233题基于以下题干：

张德、关云、赵翼都是三年级八班的学生，课间休息时，这三人在一起讨论各自喜欢的东西，具体讨论如下：

（1）这三人中，两人喜欢打篮球，两人喜欢读《三国》，两人喜欢收集限量版邮票，两人喜欢吃烧烤；

（2）以上喜欢的东西，每人至多占3样；

（3）若张德、赵翼都喜欢打篮球，那么他们也都喜欢吃烧烤；

（4）如果关云、赵翼都喜欢读《三国》，那么他们也都喜欢吃烧烤；

（5）张德如果喜欢吃烧烤，那么他一定也喜欢收集限量版邮票。

232 根据以上讨论内容，可以确定以下哪项？

A. 张德不喜欢打篮球。 B. 关云喜欢打篮球。

C. 张德不喜欢收集限量版邮票。 D. 张德喜欢读《三国》。

E. 赵翼喜欢打篮球。

233 如果张德喜欢吃烧烤，则可以推出以下哪项？

A. 关云不喜欢读《三国》。 B. 张德不喜欢打篮球。

C. 赵翼不喜欢打篮球。 D. 关云不喜欢吃烧烤。

E. 赵翼不喜欢读《三国》。

234～235题基于以下题干：

今年五一劳动节一共放五天假，小贾计划做如下几件事情：①洗衣服；②做一顿美食；③回家看父母；④剪发；⑤购物；⑥去游乐园；⑦体检。小贾思前想后决定拿出四天时间干这七件事情，最后一天就在家好好休息。为了能完美完成这几件事情，小贾决定假期内每件事情只做一次，并且要在一天内做完，每天所做事情不超过3件。另外，还考虑：

（1）小贾在回家看父母前会把头发修剪一下，让自己看起来精神十足；

（2）与其一个人做美食，还不如回家给爸妈做一顿美食，所以他决定事情②和③必须在同一天完成；

（3）事情④和⑤不在同一天完成；

（4）事情①在事情⑤之后的某天完成；

（5）如果放假第二天洗衣服，那么第四天只做一件事。

234 已知放假第二天去做游乐园等3件事，那么可以得出以下哪项？

A. 第三天一定做事情①。 B. 第二天一定做事情⑤。

C. 第二天一定不做事情③。　　　　D. 第二天一定不做事情⑦。

E. 事情②和事情①在同一天做。

235 如果某天只做事情①和④，那么以下哪项可能成立？

A. 做事情①和④的这一天是第二天。　　B. 事情②和③是在第三天完成的。

C. 第三天去做体检了。　　　　　　　　D. 第二天去的游乐园。

E. 第二天只做一件事。

236～237题基于以下题干：

管综考试时间是3个小时，小李同学把管综试卷分成了六部分来做：①数学条件充分性判断（这部分编号为①，其他依次类推）；②数学问题求解；③逻辑前15题；④逻辑后15题；⑤小作文；⑥大作文。已知：

（1）每部分均做一次，且在1小时内完成，每小时至少做其中一部分，至多做三部分；

（2）④和⑤在同一小时完成；

（3）②在③之前1小时完成。

236 如果③和④安排在第二个小时，则以下哪项是可能的？

A. ①安排在第二个小时。　　　　B. ②安排在第二个小时。

C. ⑥安排在第二个小时。　　　　D. ⑥安排在最后一个小时。

E. ⑤安排在第一个小时。

237 如果第二个小时只做⑥等三部分，则可以得出以下哪项？

A. ②安排在①的前一小时。　　　B. ①安排在最后一小时之后。

C. ①和⑥安排在同一小时。　　　D. ②和④安排在同一小时。

E. ③和④安排在同一小时。

238～239题基于以下题干：

某书店从前到后整齐排列着7个书架，放置着文学、科技、漫画、生活百科、艺术、外语和古典书籍7类书籍，每类书籍占据一排。已知：

（1）艺术类排在漫画类之前；

（2）文学类和漫画类中间隔着3排；

（3）外语类在科技类之后，中间隔着2排；

（4）生活百科类在文学类前一排或者后一排。

238 按照从前往后，下列哪项排列是可能的？

A. 文学类、科技类、生活百科类、艺术类、漫画类、外语类、古典书籍类。

B. 科技类、文学类、生活百科类、外语类、古典书籍类、漫画类、艺术类。

C. 生活百科类、文学类、艺术类、科技类、古典书籍类、漫画类、外语类。

D. 生活百科类、文学类、科技类、艺术类、外语类、漫画类、古典书籍类。

E. 艺术类、文学类、生活百科类、外语类、古典书籍类、漫画类、科技类。

239 如果古典书籍类排在第1排,则以下哪项是可能的?

A. 外语类排在漫画类前一排。
B. 科技类排在文学类前一排。
C. 艺术类排在文学类前一排。
D. 生活百科类排在文学类前一排。
E. 生活百科类排在艺术类前一排。

240~241题基于以下题干:

统一路小学的婉迪、佳宁、淮宇、安忆、皓晴5人组成课外阅读小组,现有图书:

文学类:《读读童谣和儿歌》《小猪唏哩呼噜》。

数学类:《数学在哪里》《数学文化》。

科学类:《恐龙帝国》《海洋世界》。

艺术类:《颜色的战争》。

他们每人都选了其中的3本书,且每本书至少有2个人选,已知:

(1)如果婉迪选《小猪唏哩呼噜》,则安忆不选《数学在哪里》;

(2)淮宇和皓晴都在四类书中选了两类且类别相同;

(3)安忆和佳宁只选数学类和艺术类的书籍阅读。

240 根据以上信息,以下哪项可能为真?

A. 婉迪选了《小猪唏哩呼噜》和《读读童谣和儿歌》。
B. 佳宁选了《数学在哪里》和《读读童谣和儿歌》。
C. 淮宇选了《小猪唏哩呼噜》和《数学在哪里》。
D. 安忆选了《读读童谣和儿歌》和《恐龙帝国》。
E. 皓晴选了《小猪唏哩呼噜》和《读读童谣和儿歌》。

241 如果淮宇和皓晴都选了《读读童谣和儿歌》,则可以得出以下哪项?

A. 婉迪选了《小猪唏哩呼噜》。
B. 婉迪选了《数学在哪里》。
C. 婉迪选了《恐龙帝国》。
D. 淮宇选了《海洋世界》。
E. 皓晴选了《恐龙帝国》。

242~243题基于以下题干:

某项测试共有4道题,每道题给出A、B、C、D、E五个选项,其中只有一项是正确答案。现有张、王、赵、李、钱5人参加了测试,他们的答题情况和测试结果如下:

答题者	第一题	第二题	第三题	第四题	第五题	测试结果
张	A	B	A	B	A	均不正确
王	B	D	B	C	E	只答对1题
赵	D	A	A	B	E	均不正确
李	C	B	B	D	A	只答对1题
钱	E	A	B	C	D	答对2题

242 如果有一道题仅有 2 人答对，可以得出以下哪项？

A. 第一题的正确答案是 E。　　　　　B. 第二题的正确答案是 D。

C. 第三题的正确答案是 C。　　　　　D. 第四题的正确答案是 D。

E. 第五题的正确答案是 D。

243 如果上面五道题中的四道题有正确答案，则可以得出以下哪个选项？

A. 第一题的正确答案是 C。　　　　　B. 第二题的正确答案是 D。

C. 第三题的正确答案是 C。　　　　　D. 第四题的正确答案是 C。

E. 第五题的正确答案是 E。

244 ~ 245 题基于以下题干：

某餐厅新开业，周一到周五开展会员"每天送一菜"活动。会员甲、乙、丙、丁、戊 5 人在酸辣土豆丝、锅包肉、宫保鸡丁、地三鲜、水煮肉片中各选一道菜，互不重复。已知：

（1）乙和丁只爱吃肉，但都不吃辣菜；

（2）戊知道周五的水煮肉片非常辣，所以他没有去尝试；

（3）周二到店的是甲，周一推出的是地三鲜。

事实上，刚好送的菜都是他们各自喜爱的菜品。

244 根据以上陈述，可以得出以下哪项？

A. 甲选地三鲜。　　　　　　　　　　B. 乙周三到店。

C. 丙周五到店。　　　　　　　　　　D. 丁选锅包肉。

E. 戊选酸辣土豆丝。

245 根据以上陈述，以下哪项不可能成立？

A. 乙和丁在相邻的两天到店。　　　　B. 乙周三到店。

C. 戊周一到店。　　　　　　　　　　D. 周四送的菜是锅包肉。

E. 周二送的菜是宫保鸡丁。

246 ~ 247 题基于以下题干：

李白、杜甫、白居易、王维、刘禹锡 5 人进入"我是诗人"大赛决赛，要角逐冠亚季军和最佳人气奖，5 人最终的获奖满足如下情况：

（1）如果冠军是李白或刘禹锡，那么亚军不是杜甫；

（2）如果亚军不是杜甫，那么季军不是王维；

（3）如果刘禹锡获得最佳人气奖，那么他与王维的排名不相邻；

（4）王维与刘禹锡排名相邻。

246 根据以上信息，可以得出以下哪项？

A. 刘禹锡没有获得最佳人气奖。　　　B. 白居易没有获得最佳人气奖。

C. 王维获得最佳人气奖。　　　　　　D. 刘禹锡获得最佳人气奖。

E. 王维没有获得最佳人气奖。

247 如果季军是王维，则可以得出以下哪项？

A. 冠军是白居易。 B. 亚军是刘禹锡。

C. 冠军是杜甫。 D. 冠军是李白。

E. 亚军是白居易。

248~249题基于以下题干：

某学校这学期的选修课有"英美文学选读""马克思主义哲学""西方经济史""高级翻译""高等数学"5门课程。甲、乙、丙、丁、戊5位同学需要选课。选完之后发现，每门课程都恰好3人选择，且甲和乙所选的课程均不相同。已知：

（1）若乙或丙至少有一人选"高级翻译"，则他们均选"英美文学选读"；

（2）若丁选"高级翻译"，则丙、丁和戊均选"高等数学"；

（3）若甲、乙和丙中至少有2人选"英美文学选读"，则这3人均选"马克思主义哲学"。

248 根据上述信息，可以得出以下哪项？

A. 甲不选"高等数学"。 B. 乙不选"马克思主义哲学"。

C. 丙不选"英美文学选读"。 D. 丁不选"高级翻译"。

E. 戊不选"西方经济史"。

249 若没有人选择全部课程，则可以得出以下哪项？

A. 甲选"西方经济史"。 B. 乙选"英美文学选读"。

C. 丙选"马克思主义哲学"。 D. 丁选"西方经济史"。

E. 戊选"马克思主义哲学"。

250~251题基于以下题干：

某小组有李白、杜甫、白居易三位考生，考官甲、乙、丙、丁、戊、己6人为考生投晋级票，他们每人都投1~2票，且不可以两票都投给同一位考生，其中2人投给李白，3人投给杜甫，3人投给白居易。另外，还知道：

（1）如果甲、乙至少有1人投给白居易，则丙也投给白居易；

（2）如果己投给杜甫，则乙和己均投给李白；

（3）如果丙、戊至少有1人投给白居易，则己投给杜甫。

250 根据以上信息，可以得出以下哪项？

A. 甲投给白居易，乙投给李白。 B. 乙投给李白，丙投给白居易。

C. 丙投给杜甫，丁投给白居易。 D. 丁投给李白，戊投给杜甫。

E. 戊投给李白，己投给杜甫。

251 如果甲、乙均投给杜甫，则可以得出以下哪项？

A. 丁、戊均投给白居易。 B. 乙、丁均投给白居易。

C. 甲、戊均投给白居易。 D. 乙、戊均投给白居易。

E. 甲、丁均投给白居易。

252～253题基于以下题干：

某党支部组织学习"社会主义核心价值观"：①富强、民主、文明、和谐；②自由、平等、公正、法治；③爱国、敬业、诚信、友善。并根据若干条件将原来的三组重新分成四组，每组3个词，已知条件如下：

（1）原来同一组别的词语不能在一组；

（2）"平等"不能和"文明"在同一组，"民主"不能和"友善"在同一组；

（3）"诚信"必须与"公正"或"富强"在同一组；

（4）"文明"必须与"敬业"在同一组。

252 根据以上信息，可以得出以下哪项？

A."爱国"与"和谐"不在同一组。　　B."爱国"与"平等"不在同一组。

C."法治"与"友善"不在同一组。　　D."民主"与"自由"不在同一组。

E."平等"与"敬业"不在同一组。

253 如果"富强""自由"与"爱国"在同一组，则可得出以下哪项？

A."民主""公正"与"诚信"在同一组。

B."友善""文明"与"敬业"在同一组。

C."平等""和谐"与"诚信"在同一组。

D."文明""民主"与"敬业"在同一组。

E."和谐""法治"与"友善"在同一组。

254～255题基于以下题干：

某银行提拔3名支行行长，最终确定李白、杜甫、白居易、王维、刘禹锡、张若虚6名候选人。根据工作需要，提拔还需要满足以下条件：

（1）若提拔李白，则提拔王维但不提拔张若虚；

（2）若李白、白居易至少提拔1人，则要么不提拔刘禹锡，要么提拔张若虚。

254 以下哪项的提拔人选和上述条件矛盾？

A.白居易、王维、刘禹锡。　　B.李白、杜甫、王维。

C.杜甫、张若虚、刘禹锡。　　D.白居易、刘禹锡、张若虚。

E.李白、白居易、王维。

255 如果提拔了张若虚但没有提拔刘禹锡，则可以得出以下哪项？

A.提拔白居易或杜甫。　　B.提拔白居易。

C.提拔李白或白居易。　　D.没有提拔杜甫。

E.李白和王维都没有被提拔。

256～257题基于以下题干：

某单位安排周一到周六值班，周日休息。李白、杜甫、白居易、王维、刘禹锡、张若虚6人每人每周需轮流值班一天，且每天仅安排一人值班。他们值班的安排还需满足以下条件：

（1）杜甫周二或者周六值班；

（2）如果李白周一值班，那么白居易周三值班且刘禹锡周五值班；

（3）如果张若虚周四不值班或刘禹锡周五不值班，那么李白周一值班；

（4）如果杜甫周二值班，那么张若虚周三值班。

256 根据以上条件，可以得出以下哪项？

A. 刘禹锡周五值班。　　　　　　　　B. 张若虚周五值班。

C. 李白周一值班。　　　　　　　　　D. 王维周二值班。

E. 杜甫周二值班。

257 如果王维周四值班，那么以下哪项一定为假？

A. 白居易周三值班。　　　　　　　　B. 杜甫不是周二值班。

C. 张若虚周三值班。　　　　　　　　D. 李白周一值班。

E. 刘禹锡周五值班。

258～259题基于以下题干：

某影城将在"十一"黄金周7天（周一至周日）放映14部电影，其中有5部科幻片、3部警匪片、3部武侠片、2部战争片及1部爱情片。限于条件，影城每天上午、下午各放映一部电影。已知：

（1）除两部科幻片安排在周四外，其余6天每天放映的两部电影都属于不同类型；

（2）爱情片安排在周日上午；

（3）武侠片只与科幻片安排在同一天；

（4）武侠片放映的日期都不连续。

258 根据上述信息，可以得出以下哪项？

A. 周一放映科幻片。　　　　　　　　B. 周一放映警匪片。

C. 周五放映武侠片。　　　　　　　　D. 周六放映警匪片。

E. 周六放映科幻片。

259 根据上述信息，周日下午放映的电影是以下哪项？

A. 科幻片。　　B. 警匪片。　　C. 战争片。　　D. 武侠片。　　E. 爱情片。

260～261题基于以下题干：

某美食大赛总决赛有鲁菜、川菜、粤菜、苏菜、湘菜、徽菜6种菜系的作品需要呈现，现有赵云、钱串、苏东珀三位大厨晋级成功。已知，决赛现场每位大厨只选择上述2～3个菜系参赛且需要满足以下条件：

（1）如果一个大厨选择粤菜，那么他也选择鲁菜；

（2）一个菜系，如果钱串选择，那么赵云也选择；

（3）只有一位大厨选择湘菜，且该大厨没有选择川菜；

（4）如果钱串选择苏菜，那么他也选择湘菜；

（5）如果苏东珀没有选择湘菜，那么钱串选择湘菜。

260 如果只有一位大厨选择川菜，那么可以得出以下哪项？

　　A. 苏东珀选择鲁菜。　　　　　　　　B. 赵云选择粤菜。

　　C. 赵云选择川菜。　　　　　　　　　D. 钱串选择川菜。

　　E. 苏东珀择徽菜。

261 如果三位大厨都选择其中的3个菜系，那么可以得出以下哪项？

　　A. 苏东珀选择粤菜。　　　　　　　　B. 钱串选择川菜。

　　C. 钱串选择徽菜。　　　　　　　　　D. 赵云选择鲁菜。

　　E. 赵云选择粤菜。

262～263题基于以下题干：

甲、乙、丙、丁、戊、己六人乘火车外出旅行，座位图如下图所示，现已知：

（1）甲、乙正面相对；

（2）丙、戊二人既不相邻，也不相对。

①	②
③	④

⑤	⑥

262 若己在③号位置，则以下哪项一定为真？

　　A. 丁在⑤号位置，且丙在①号位置。　　B. 若甲在④号位置，则丙、丁相邻。

　　C. 若丙在①号位置，则戊、丁相邻。　　D. 丙在①号位置，且戊在⑤号位置。

　　E. 丁在①号位置，且甲、丁相邻。

263 若己在⑤号位置，且甲、己间隔的座位数与丁、戊间隔的座位数相同，则以下哪项一定为假？

　　A. 甲在③号位置。　　　　　　　　　B. 丙在①号位置。

　　C. 丁在④号位置。　　　　　　　　　D. 戊在⑥号位置。

　　E. 乙在①号位置。

264～265题基于以下题干：

某公司财务部门的甲、乙、丙、丁、戊、己6人分别来自成都、武汉、西安、杭州4个城市之一，每个城市至少1人。现已知如下信息：

（1）若丙或戊来自武汉，则丁来自西安；

（2）若己来自杭州，则丁也来自杭州；

（3）若戊来自成都，则丙和丁均来自杭州；

（4）来自西安的只有甲和乙。

264 根据上述信息，以下哪项一定为真？

　　A. 丁来自西安。　　　　　　　　　　B. 己来自成都。

　　C. 丁来自杭州。　　　　　　　　　　D. 若己来自成都，则戊来自杭州。

　　E. 若己来自武汉，则丙来自成都。

265 若丙和己来自同一个城市，则以下哪项一定为真？

　　A. 丁来自成都。　　　　　　　　　　B. 丙来自杭州。

C. 丁来自武汉。 D. 己来自武汉。

E. 戊来自成都。

266～267题基于以下题干：

某公司在校招期间招收了甲、乙、丙、丁、戊、己、庚七名应届毕业生，预备将其分配至财务、技术、行政三个部门工作。现已知：

（1）每个部门至少分配两人；

（2）戊和己被分配在技术部门；

（3）甲、乙、丙三人被分配在不同的部门；

（4）若丙、庚被分配在一个部门，则丁也被分配在此部门。

266 根据以上信息，以下哪项一定为假？

A. 财务部：甲、庚。技术部：乙、戊、己。行政部：丙、丁。

B. 财务部：丙、丁。技术部：乙、戊、己。行政部：甲、庚。

C. 财务部：丁、丙。技术部：甲、戊、己。行政部：乙、庚。

D. 财务部：庚、乙。技术部：丙、戊、己。行政部：甲、丁。

E. 财务部：丙、庚。技术部：乙、戊、己。行政部：甲、丁。

267 若丁被分配在财务部门、乙被分配在技术部门，则以下哪项一定为真？

A. 丙被分配到了行政部门。 B. 庚被分配到了财务部门。

C. 甲被分配在了财务部门。 D. 丙被分配在了财务部门。

E. 甲被分配在了技术部门。

268～269题基于以下题干：

某博物馆为优化待客系统、提高馆内待客容量、增加收益，现将馆内参观时间分为5个时段。甲、乙、丙、丁、戊、己、庚7人需要从5个时段中选择其中一个时段参观，已知每位讲解员接待游客的上限为3人。另外，还知道：

（1）若甲、丁、己至少一人未选择第一时段，则乙、丙均会选择第三时段；

（2）若乙、庚至少有一人选择第三时段，则乙和丙在不同的时段参观。

268 若上述信息一定为真，则以下哪项一定为真？

A. 乙、己、庚在第三时段同时参观。 B. 乙、丙在第三时段同时参观。

C. 甲、丁、己在第一时段同时参观。 D. 乙、丁在第三时段同时参观。

E. 戊、己在第二时段同时参观。

269 若这七人想在前三个时段就结束今天的活动，乙需要在第三时段参观，则以下哪项一定为真？

A. 丙在第一时段参观。 B. 戊在第三时段参观。

C. 庚在第三时段参观。 D. 庚在第二时段参观。

E. 丙在第二时段参观。

270～271题基于以下题干：

某码头停靠了A、B、C、D、E、F、G七艘船，现有一批货物需要运送，需调派其中的五艘船将货物运送至目的地，现已知：

（1）A和B、C两船共用一条锁链，如果启动A、C，就必须启动B、C两船；

（2）D较小，在启动的时候，必须依靠最大的A、E两船来分担货物。

270 根据上述信息，以下哪项一定为真？

A. A船必须启动。　　　　　　　　B. C、E两船必须启动。

C. B、C两船必须启动。　　　　　D. G船必须启动。

E. A、D船休息，无需启动。

271 若G船被检测出安全方面的问题，从而送去维修，那么以下哪项一定为真？

A. 如果调派F船，则B船休息。

B. 或者D船被调派，或者F船被调派。

C. A、F两船同时被调派。

D. D、E两船不会同时被调派。

E. A、D两船同时启动。

272～273题基于以下题干：

某次课堂随检，以选择题的形式考查，要求学生从A、B、C、D四个选项中选出正确答案。考试结束后，赵、钱、孙、李四人在讨论答案，四人的答题情况如下表。现已知，赵、孙均答对了2个，钱一个都没答对，李答对了1个，且第二题没有人答对。

	第一题	第二题	第三题	第四题
赵	A	B	A	C
钱	B	C	C	A
孙	A	B	B	D
李	A	C	D	D

272 根据以上信息，以下哪项一定为假？

A. 第二题的正确答案为A。　　　　B. 第四题的正确答案为D。

C. 第一题的正确答案为A。　　　　D. 第二题的正确答案为D。

E. 第三题的正确答案为B。

273 若每道题的答案均不相同，则以下哪项一定为真？

A. 第二题的正确答案为D。　　　　B. 第三题的正确答案为C。

C. 第三题的正确答案为D。　　　　D. 第四题的正确答案为B。

E. 第四题的正确答案为A。

274～275题基于以下题干：

某舞蹈练习室更新了本周的课表，如下表所示。

	周一	周二	周三	周四	周五
早	爵士	×	爵士	韩舞	×
晚	×	Hip-hop	韩舞	×	爵士

甲、乙、丙、丁、戊、己六人选课，每次课程仅有两人参加，每人参加两次课程。现已知：

（1）甲和丙从未一起上过课；

（2）乙和戊为同班同学，总是在一起上课；

（3）若丁在周五上爵士课，则丙、戊去上了周三的韩舞课；

（4）若己在周三有课，则甲、戊两人在周一也有课；

（5）没有人连续上两天课，也没有人同一天上两节课。

274 根据上述信息，以下哪项一定为真？

A. 甲参加了周三的爵士课，乙参加了周五的爵士课。

B. 乙参加了周三的韩舞课，己参加了周五的爵士课。

C. 丁参加了周一的爵士课，己参加了周四的韩舞课。

D. 己参加了周三的某一节课。

E. 丙参加了周四的韩舞课，戊参加了周五的爵士课。

275 若甲、乙二人均选择了两个不同的舞种，则以下哪项一定为真？

A. 甲选择了周一的爵士课。　　　　B. 丙选择了周三的爵士课。

C. 丁选择了周三的韩舞课。　　　　D. 丙选择了周二的锁舞课。

E. 乙选择了周三的爵士课。

276 ~ 277 题基于以下题干：

某班进行了随堂小考，题目为七道判断题，赵、钱、孙三人的答题情况如下表。现已知他们三人总共答对了 13 道题，且钱答对了 3 道题。

	第一题	第二题	第三题	第四题	第五题	第六题	第七题
赵	√	√	×	×	√	√	×
钱	×	√	×	×	×	×	√
孙	√	×	×	√	×	√	√

276 根据上述信息，以下哪项一定为真？

A. 第一题答案为 ×，第三题答案为 √。

B. 第二题答案为 √，第五题答案为 ×。

C. 第三题答案为 √，第四题答案为 ×。

D. 第六题答案为 √，第七题答案为 √。

E. 第一题答案为 √，第六题答案为 √。

277 若第四题答案为 √，第七题答案为 ×，则以下哪项是此次随堂小考的正确答案？

A. × √ × √ × √ ×。　　　　　　　　B. √ √ × √ √ × ×。

C. √××√×√×。
D. √√×√×√×。
E. ×√××√×√。

278 某魔术师准备了如下位置图，为完成自己的魔术表演，现将不同花色的 5、8、10 共计 9 张牌放入如下各个位置中（其中花色是黑桃、红桃、方块），并要求：同一花色的牌面不能相邻，且同一数字的牌面不能相邻；③号位置放置的是红桃 10；⑦号位置放置的是黑桃 10。

若以上信息为真，则以下哪一项的牌面放置是可能的？

A. ②号位置放置黑桃 8，⑤号位置放置红桃 5。
B. ①号位置放置黑桃 8，⑧号位置放置红桃 8。
C. ⑨号位置放置红桃 8，④号位置放置黑桃 5。
D. ②号位置放置黑桃 8，⑧号位置放置方块 5。
E. ⑥号位置放置黑桃 8，⑧号位置放置方块 8。

279 ~ 280 题基于以下题干：

张张最近做减脂餐，周一至周五这 5 天时间里，需要从油麦菜、西红柿、上海青、圆生菜中每天选择其中的 2 种蔬菜作为辅菜，每种蔬菜至多使用 3 天且每天的选择不完全相同。已知：

（1）同一天之内，不能同时选择上海青和圆生菜；
（2）若周二和周五选择圆生菜，则周一和周二选择油麦菜；
（3）若周一、周二、周三至多两天的菜品里面有西红柿，则周二、周四、周五至少两天选择上海青；
（4）周三、周四的菜品里面有上海青。

279 根据以上信息，以下哪项一定为真？

A. 周二使用上海青。
B. 周三使用油麦菜。
C. 周四使用西红柿。
D. 周一使用圆生菜。
E. 周五使用上海青。

280 若上海青不能连续 3 天使用，则以下哪项一定为真？

A. 周一使用油麦菜和圆生菜。
B. 周二使用油麦菜和西红柿。
C. 周三使用上海青和圆生菜。
D. 周四使用油麦菜和圆生菜。
E. 周五使用西红柿和上海青。

281 ~ 282 题基于以下题干：

某地放置有红、黄、蓝、绿四个箱子，绿茶、红茶、乌龙茶、茉莉花茶四种不同的茶叶，已知每个箱子仅放置一包茶叶。张、王、李、赵对上述四个箱子分别装的茶叶种类进行猜测，他们的意见下：

张：红、黄、蓝、绿这四个箱子里依次装的是茉莉花茶、乌龙茶、红茶、绿茶。

王：红、黄、蓝、绿这四个箱子里依次装的是绿茶、红茶、茉莉花茶、乌龙茶。

李：红、黄、蓝、绿这四个箱子里依次装的是乌龙茶、红茶、茉莉花茶、绿茶。

赵：红、黄、蓝、绿这四个箱子里依次装的是绿茶、乌龙茶、红茶、茉莉花茶。

现已知，张仅猜中了1个，赵猜中了2个，王一个也没猜中。

281 根据以上信息，以下哪项一定为真？

A. 红色箱子中装有绿茶。 B. 黄色箱子中装有茉莉花茶。

C. 蓝色箱子中装有乌龙茶。 D. 绿色箱子中装有茉莉花茶。

E. 红色箱子中装有乌龙茶。

282 若李也未猜中任何一个，则以下哪项是正确的茶包顺序（按红、黄、蓝、绿四个箱子排列）？

A. 乌龙茶、红茶、绿茶、茉莉花茶。 B. 红茶、绿茶、乌龙茶、茉莉花茶。

C. 绿茶、乌龙茶、红茶、茉莉花茶。 D. 乌龙茶、绿茶、红茶、茉莉花茶。

E. 红茶、乌龙茶、绿茶、茉莉花茶。

283～284题基于以下题干：

甲、乙、丙、丁、戊、己6人在公园玩捉迷藏，6人等距离分布在以梧桐树为中心的正北、正南、西北、东北、西南、东南方向。已知：

（1）甲与己位置所连成直线的中点在梧桐树；

（2）若戊与梧桐树连成的直线和己与梧桐树连成的直线夹角为90°，那么甲与乙的位置关于梧桐树中心对称；

（3）乙与丙的位置相隔2人；

（4）戊与己位置相邻。

283 根据上述陈述，以下哪项为真？

A. 戊与丁位置相隔1人。

B. 戊与甲位置相隔2人。

C. 戊与己位置关于梧桐树中心对称。

D. 戊与梧桐树连成的直线和己与梧桐树连成的直线夹角为45°。

E. 戊与梧桐树连成的直线和丙与梧桐树连成的直线夹角为45°。

284 若己位置在正北，则以下哪项为真？

A. 若再知道任意一人的方位，那么可以知道所有人的方位。

B. 戊可能在西南方向。

C. 丁可能在西南方向。

D. 若乙和甲相邻，那么就不会和戊相邻。

E. 若丙不和甲相邻，那么也不会和丁相邻。

285～286题基于以下题干：

张华面前有编号为一、二、三、四的四个箱子，箱子内共有7个球，按照大小分别是，大球：紫球。中球：青球、蓝球。小球：红球、橙球、黄球、绿球。大球、中球和小球分别可以占据一个箱子空间的100%、50%和25%。每个箱子中至少有一个球，至多有两个箱子只有一个球。已知：

（1）若紫球在第四个箱子，那么红球、橙球、黄球和绿球在第三个箱子；

（2）若红球不在第三个箱子，那么黄球、绿球和青球在第二个箱子；

（3）若青球不在第一个箱子，那么绿球、青球和蓝球在第四个箱子。

285 根据上述信息，以下哪项一定为真？

A. 第一个箱子有两个球。　　　　　B. 第二个箱子有两个球。

C. 第三个箱子有三个球。　　　　　D. 第四个箱子没有小球。

E. 紫球在第二个箱子。

286 假设一个箱子最多只能有两个球并且第三个箱子有蓝球，则增加以下哪个条件可以得到所有小球的具体位置？

A. 橙球、黄球在第一个箱子。

B. 若橙球和黄球不在一个箱子，那么蓝球所在箱子至多有两个球。

C. 若橙球和绿球不在一个箱子，那么至多有两个箱子有两个球。

D. 若橙球在第四个箱子，那么黄球在第一个箱子。

E. 若橙球在第四个箱子，那么绿球不在第二个箱子。

287～288题基于以下题干：

甲、乙、丙、丁、戊、己、庚7人打算参加游泳、篮球、排球和乒乓球4个俱乐部。一人只会选择一个俱乐部，且每个俱乐部的人数范围为0～3人。已知：

（1）若甲、乙、丙3人中至少有一人参加篮球俱乐部，那么己也会参加球类俱乐部；

（2）若丙、己、庚3人中至少有一人参加球类俱乐部，那么乙、丁和己都会参加游泳俱乐部。

287 根据上述陈述，以下哪项为真？

A. 丙、己、庚3人中至少有一人参加球类俱乐部。

B. 丙、己、庚3人都不参加球类俱乐部。

C. 甲、乙、丙3人都不参加篮球俱乐部。

D. 己不参加游泳俱乐部。

E. 丁参加游泳俱乐部。

288 若丁和戊都不参加篮球俱乐部，那么己和庚也不参加篮球俱乐部，以下哪项为真？

A. 丁和戊至少有一人参加篮球俱乐部。

B. 丁和戊至少有一人不参加篮球俱乐部。

C. 己和庚都参加篮球俱乐部。

D. 己和庚都不参加篮球俱乐部。

E. 无法确定谁参加篮球俱乐部。

289～290题基于以下题干：

甲、乙、丙、丁、戊、己、庚7人负责周一至周六共6天的值班工作，6天共排有9个班次，每日不会超过两个班次，一个班次只需一人负责且7人均有值班。没有人既在周二值班也在周五值班，但周二和周五都有两人值班。已知：

（1）周五值班的两人按人员排序（甲、乙、丙、丁、戊、己、庚）相邻；

（2）若乙和庚至多有一位周二值班，那么丁周六值班并且戊周五值班；

（3）若周六只有一个班次，那么丁周四值班并且甲周三值班；

（4）若与周二紧挨的日期里没有一天有两个班次，那么甲负责周二和周五的值班。

289 根据上述陈述，以下哪项可能得出？

A. 至多有3人只负责一个班次。

B. 至多有4人只负责一个班次。

C. 至多有5人只负责一个班次。

D. 至少有4人只负责两个班次。

E. 至多有1人只负责三个班次。

290 现每人最多负责两个班次，若与周二紧挨的日期里有一天有两个班次，那么该日负责人与周二相同，那么以下哪项可以得出？

A. 戊与己值班的日期相邻。　　　　　　B. 周二与周三的值班负责人相同。

C. 丙负责周六的值班。　　　　　　　　D. 甲不可能负责周三的值班。

E. 周三与周四值班负责人的排序相邻。

291～292题基于以下题干：

海绵邀请张金、李榜、王题、赵铭4人做题，每人只擅长数学、逻辑、写作、英语4个科目中的一科且各不相同；他们每人只做了上述4科测试题中的一科测试题且各不相同；他们做的测试题都不是自己擅长的科目。已知：

（1）若张金没有做数学，则李榜做英语且王题做逻辑；

（2）若李榜做英语，则张金做数学；

（3）若张金做数学，则李榜擅长英语并且王题擅长逻辑。

291 根据以上信息，可以得出以下哪项？

A. 张金擅长写作。　　　　　　　　　　B. 李榜擅长数学。

C. 王题擅长英语。　　　　　　　　　　D. 赵铭擅长逻辑。

E. 王题擅长写作。

292 如果赵铭做英语，则可以得出以下哪项？

A. 李榜做数学。　　　　　　　B. 王题做逻辑。

C. 李榜做写作。　　　　　　　D. 王题做写作。

E. 张金做逻辑。

293～294题基于以下题干：

某大学要从赵海、钱义、孙川、李智、周武、吴仁和郑礼7名教授的学生中挑选18名研究生进入智能导航系统研发小组。已知：

（1）每位教授最少有2名、最多有3名研究生入选该研发小组；

（2）赵海、孙川、李智教授合计只有7名研究生入选该研发小组；

（3）若赵海、钱义至少有一位教授有2名研究生入选该研发小组，则周武、吴仁、郑礼至多有一位教授有3名研究生入选该研发小组。

293 根据上述信息，可以得出有2名研究生入选的教授是：

A. 李智和郑礼。　　　　　　　B. 周武和吴仁。

C. 孙川和钱义。　　　　　　　D. 赵海和周武。

E. 孙川和李智。

294 若钱义和周武教授一共有5名研究生入选，则可以得出以下哪项？

A. 赵海和孙川教授共有4名研究生入选。

B. 周武和李智教授共有5名研究生入选。

C. 钱义和吴仁教授共有5名研究生入选。

D. 李智和吴仁教授共有5名研究生入选。

E. 孙川和郑礼教授共有6名研究生入选。

295～296题基于以下题干：

花花、洋洋、月月3个人去买糕点，有雪媚娘、椰蓉酥、提拉米苏、司康4种糕点，每个人选两块糕点，已知：

（1）花花盘中至少有一块糕点是提拉米苏；

（2）至多有一个人选的两块糕点是同一类别的；

（3）洋洋盘中至少有一块糕点是雪媚娘，但没有椰蓉酥；

（4）4种糕点都有人选，且3人的选择都不完全相同；

（5）如果月月不选司康，洋洋就选提拉米苏且花花选雪媚娘。

295 根据以上条件，以下哪项可以是三个人中糕点的正确组合？

A. 花花：椰蓉酥和提拉米苏。洋洋：雪媚娘和司康。月月：提拉米苏和司康。

B. 花花：雪媚娘和椰蓉酥。洋洋：雪媚娘和提拉米苏。月月：椰蓉酥和椰蓉酥。

C. 花花：提拉米苏和司康。洋洋：雪媚娘和椰蓉酥。月月：雪媚娘和提拉米苏。

D. 花花：雪媚娘和提拉米苏。洋洋：雪媚娘和雪媚娘。月月：椰蓉酥和提拉米苏。

E. 花花：提拉米苏和司康。洋洋：雪媚娘和雪媚娘。月月：提拉米苏和提拉米苏。

296 根据以上条件，月月盘中的糕点组合不可能是：
A. 司康和椰蓉酥。
B. 雪媚娘和椰蓉酥。
C. 雪媚娘和司康。
D. 司康和提拉米苏。
E. 司康和司康。

297～398题基于以下题干：

海绵团建，老板要求甲、乙、丙三人各自在火锅、烤肉、海鲜大咖、臊子面、胡辣汤、关中套餐、灌汤包、饺子宴8种餐食中选择3种。结果三人的选择包含了所有种类的餐食。已知：
（1）若甲在火锅、海鲜大咖、臊子面中至少选择一种，则乙选择胡辣汤而丙不选择关中套餐；
（2）若乙在烤肉、臊子面、饺子宴中至少选择一种，则甲选择火锅而乙不选择胡辣汤；
（3）若丙在烤肉、关中套餐、饺子宴中至少选择一种，则甲选择胡辣汤而乙选择臊子面；
（4）乙不想给老板省钱，所以他不会选便宜的灌汤包和关中套餐。

297 根据上述信息，可以得出以下哪项？
A. 甲选择海鲜大咖。
B. 丙选择关中套餐。
C. 乙选择臊子面。
D. 丙选择灌汤包。
E. 甲选择胡辣汤。

298 如果丙没有选择火锅和海鲜大咖，那么有两人同时选择的食物是：
A. 烤肉。 B. 关中套餐。 C. 臊子面。 D. 灌汤包。 E. 胡辣汤。

299～300题基于以下题干：

端午节主要的风俗习惯有赛龙舟、吃粽子、采草药、挂艾草、拜神祭祖、放纸鸢、饮蒲酒、饮雄黄酒、饮朱砂酒、打马球、跳钟馗、斗草等，某中学老师要求学生选择其中三种，已知：
（1）若吃粽子、放纸鸢、打马球至少选择一种，则也要选择饮蒲酒和赛龙舟；
（2）若斗草、打马球、挂艾草至多选择二种，则吃粽子、跳钟馗和饮雄黄酒都不选；
（3）若赛龙舟、拜神祭祖、饮朱砂酒至少选择一种，则选择采草药但不选择打马球。

299 根据上述信息，可以得出以下哪项可能是学生的选择？
A. 放纸鸢、吃粽子、挂艾草。
B. 打马球、赛龙舟、拜神祭祖。
C. 赛龙舟、跳钟馗、饮朱砂酒。
D. 挂艾草、赛龙舟、饮雄黄酒。
E. 饮蒲酒、赛龙舟、采草药。

300 后来发现学生要么同时选采草药和饮雄黄酒，要么同时不选，那么学生的选择是：
A. 斗草、饮蒲酒、挂艾草。
B. 放纸鸢、饮蒲酒、斗草。
C. 饮蒲酒、挂艾草、赛龙舟。
D. 采草药、饮雄黄酒、吃粽子。
E. 饮蒲酒、拜神祭祖、斗草。

301～302题基于以下题干：

某中学举行田径运动会，高二（3）班的甲、乙、丙、丁、戊、己6人报名参赛。在标枪、铁饼、铅球和跳高4项比赛中，他们每人都报1～2项，且每项比赛均有2人报名。另外，还知道：

（1）如果甲、乙、丙至少有1人报名铅球，则丁也报名铅球；

（2）如果丁报名铁饼，则乙和己均报名标枪和跳高；

（3）如果戊、己至少有1人报名铅球，则丁报名铅球和铁饼。

301 根据以上信息，可以得出以下哪项？

A. 报名铅球的是甲、乙。　　　B. 乙报名2项。

C. 己报名2项。　　　D. 丁报名铅球和铁饼。

E. 丁没报名铁饼。

302 如果乙、丙均只报名铁饼，则可以得出以下哪项？

A. 丁和戊报名铅球。　　　B. 甲或丁报名标枪。

C. 甲和丁报名铅球。　　　D. 乙或己报名标枪。

E. 乙和己报名跳高。

303～304题基于以下题干：

某单位购买了《尚书》《周易》《诗经》《论语》《老子》《孟子》各2本，全部分发给甲、乙、丙、丁4个部门，每个部门发3本不同的书且任何两个部门的书都不完全相同。已知：

（1）若《周易》《老子》《孟子》至少有1本分发给甲部门或乙部门，则《尚书》分发给丁部门且《论语》分发给丙部门；

（2）若《诗经》《论语》至少有1本分发给甲部门或乙部门，则《周易》分发给丙部门且《老子》分发给丁部门。

303 若《尚书》分发给丙部门且《论语》发给丁部门，则可以得出以下哪项？

A.《诗经》分发给甲部门。　　　B.《论语》分发给乙部门。

C.《老子》分发给丙部门。　　　D.《尚书》分发给甲部门。

E.《周易》分发给乙部门。

304 若《老子》不发给丁部门，则以下哪项是不可能的？

A.《周易》分发给甲部门和乙部门。

B.《周易》分发给乙部门和丙部门。

C.《诗经》分发给丙部门。

D.《尚书》分发给丙部门。

E.《老子》分发给丙部门。

305～306题基于以下题干：

甲、乙、丙、丁四位同学在某园艺课上练习插花，他们面前一共有5朵红色玫瑰花、2朵白色百合花、3朵黄色向日葵、2朵白色小雏菊及1朵紫藤花，以及若干其他装饰和绿叶。每人选其中的3～4朵花，插花要求如下：

（1）除了甲同学将两朵玫瑰花插在同一束，其余3位同学各自的花束中都没有相同的两朵花；

（2）丁同学的花束中有紫藤花；

（3）紫藤花与黄色的花没有插在一起；

（4）没有两人所选的花完全相同。

305 根据上述信息，以下哪项一定成立？

A. 乙和丙都选了百合花。

B. 甲的花束中有玫瑰花和百合花。

C. 乙的花束中有向日葵和小雏菊。

D. 如果丁没有向日葵，那么她一定有百合花和小雏菊。

E. 如果百合花和小雏菊甲都没有，那么丁至少有其中一种。

306 如果甲的花束中有百合花，则可以得出以下哪项？

A. 丁有小雏菊。   B. 丁有向日葵。

C. 乙有小雏菊。   D. 丙有小雏菊。

E. 乙有百合花。

307～308 题基于以下题干：

考研结束后，甲、乙、丙、丁、戊、己、庚 7 人分别被清华大学、北京大学、复旦大学三所大学录取。已知有 3 人被清华大学录取，2 人被北京大学录取，2 人被复旦大学录取。还知道：

（1）己与丙不在同一所学校；

（2）如果戊和丙在同一所学校，那么己和乙也在同一所学校；

（3）庚和丁必须在同一所学校。

307 如果乙和丁在同一所学校，则以下哪项一定为真？

A. 己和戊在同一所学校。

B. 己和庚在同一所学校。

C. 甲和庚在同一所学校。

D. 丙和戊在同一所学校。

E. 丙和庚在同一所学校。

308 添加以下哪项后，仍无法完全确定录取结果？

A. 丁和乙去清华大学，甲去复旦大学。

B. 庚和己去清华大学，丙去复旦大学。

C. 乙和丙去清华大学，庚去复旦大学。

D. 乙和丙去北京大学，庚去复旦大学。

E. 己和甲去清华大学，乙去复旦大学。

309～310 题基于以下题干：

江河省某省党委组织部门计划将新选拔出来的6名选调生李明、张华、王芳、刘洋、陈磊、杨杰下派至省所属的云海市、星河市、翠屏市、金山市的基层单位工作，为将来担任更艰巨的任务打下基础，每个市须有3人任职，且每个人分别去2个市任职。与此同时，任意两人所任职的市均不完全一样，已知：

（1）李明、张华任职的单位均不相同；
（2）若王芳、杨杰、陈磊至少有一人去星河市任职，那么陈磊不去金山市任职；
（3）王芳、刘洋、陈磊至多一人去云海市任职，那么杨杰不去云海市、金山市任职；
（4）除非陈磊不去云海市任职，否则李明、张华、王芳均去星河市任职。

309 根据以上陈述，可以推出以下哪项？
A. 李明去云海市任职。
B. 王芳去星河市任职。
C. 杨杰去金山市任职。
D. 杨杰没去星河市任职。
E. 陈磊没去星河市任职。

310 若李明去星河市任职，没去翠屏市任职，同时王芳和杨杰任职城市均不相同，则可以推出以下哪项？
A. 刘洋去金山市任职。
B. 李明去云海市任职。
C. 张华去金山市任职。
D. 王芳去星河市任职。
E. 杨杰去翠屏市任职。

311~312题基于以下题干：

在某次打击黑恶势力的抓捕行动中，现场抓捕了5名嫌疑人，他们分别是李明、张伟、王强、刘军、陈磊，参与抓捕行动的小王、小刘、小程以及小张警官也会参与具体的审讯工作，每个嫌疑人都会由2名警官进行审讯并且每位警官至少审讯2人，但对每个警官审讯的人员组合均不完全一样，审讯的具体安排如下：

（1）如果小王审讯张伟或王强，那么小刘也必须审讯李明；
（2）除非小程审讯刘军和陈磊，否则小张审讯了王强；
（3）如果小张至少审讯李明、张伟、王强中的1人，那么小刘只审讯了刘军和陈磊；
（4）如果小刘审讯了王强或陈磊，那么小王必定审讯了李明和张伟。

311 根据上述信息，可以推出以下哪项？
A. 小王没有审讯李明。
B. 小刘至少审讯王强、刘军、陈磊中的1人。
C. 小刘审讯李明或者王强。
D. 小程至少审讯张伟、王强、刘军中的2人。
E. 小张审讯王强和刘军。

312 知晓以下哪项信息，能够确定所有人员的审讯情况？
A. 小刘没有审讯王强。

B. 小程审讯了 4 名嫌疑人。

C. 小王要么审讯张伟、要么审讯王强。

D. 小王没有审讯张伟。

E. 小程审讯了 3 名嫌疑人。

313～314题基于以下题干：

新的一年即将开始，小姜也迎来了他学习生涯中较为重要的时刻，本周周五将进行组内的"中期答辩"，小姜和他的同学小程、小张、小刘、小云依次阐述自己的研究然后进行互评，他们的研究是《个体决策行为》《个体的从众行为》《不确定情景下影响决策的因素》《框架模型下的群体决策倾向》《情绪对决策行为的影响》，自己不能评价自己的研究，五个研究均被 3 人所评价，每个人要对 1～4 个研究进行评价，小张和小刘评价的研究均不一样，具体评价的情况如下：

（1）只有小姜评价了所有人的研究，并且每个人评价的研究不完全相同；

（2）如果小程评价了《个体决策行为》或《情绪对决策行为的影响》，则小云必定评价《框架模型下的群体决策倾向》；

（3）如果小程至少评价《不确定情景下影响决策的因素》《框架模型下的群体决策倾向》《情绪对决策行为的影响》中的两个，那么小张和小刘均评价了《个体的从众行为》和《不确定情景下影响决策的因素》；

（4）如果小云至多评价《个体决策行为》《个体的从众行为》中的一个，则小姜评价了《个体的从众行为》和《框架模型下的群体决策倾向》。

313 根据以上信息，可以推出以下哪项？

A. 小程评价了《不确定情景下影响决策的因素》。

B. 小张评价了《个体的从众行为》。

C. 小姜评价了《个体决策行为》。

D. 小刘没有评价《个体决策行为》。

E. 小云没有评价《个体的从众行为》。

314 若小云没有评价《不确定情景下影响决策的因素》，则小姜的研究是哪项？

A.《个体决策行为》。

B.《个体的从众行为》。

C.《不确定情景下影响决策的因素》。

D.《框架模型下的群体决策倾向》。

E.《情绪对决策行为的影响》。

315～316题基于以下题干：

某年级订阅了《呐喊》《彷徨》《朝花夕拾》《野草》《而已集》《二心集》各 2 本，现将这些书籍分发给一班、二班、三班、四班 4 个班级，结果每个班级都分发了 3 本不同的书且任何两个班级的书都不完全相同。已知：

（1）若一班和二班都有《彷徨》，则他们也都有《呐喊》；

（2）若二班和四班都有《而已集》，则《彷徨》也分发给这两个班级；

（3）若把《呐喊》分发给一班，则一班和三班也分发了《二心集》。

315 若《彷徨》分发给一班和二班，则可以得出以下哪项？

A.《朝花夕拾》分发给二班。　　　　B.《野草》分发给二班。

C.《而已集》分发给三班。　　　　　D.《朝花夕拾》分发给三班。

E.《野草》分发给二班。

316 若三班、四班都没有《彷徨》，则以下哪项是不可能的？

A.《呐喊》分发给一班。　　　　　　B.《野草》分发给二班。

C.《朝花夕拾》分发给一班。　　　　D.《而已集》分发给四班。

E.《而已集》分发给三班。

317～318题基于以下题干：

毕业季，白云、黑土、米维3家公司来某校招聘，张翼、王纬、李德、赵妍、吴鑫、周珊、陈静、刘猛8人都成功拿到了聘用通知。已知有3人被白云公司聘用，3人被黑土公司聘用，2人被米维公司聘用。还知道：

（1）周珊和李德不在同一公司，王纬和赵妍在同一公司；

（2）如果吴鑫和李德在同一公司或者刘猛和吴鑫在同一公司，那么周珊和王纬也在同一公司；

（3）陈静和赵妍必须在同一公司。

317 根据上述条件，以下哪项一定为真？

A. 周珊和刘猛在同一公司。　　　　　B. 周珊和陈静在同一公司。

C. 张翼和陈静在同一公司。　　　　　D. 李德和吴鑫在同一公司。

E. 李德和刘猛在同一公司。

318 添加以下哪项后，依然无法完全确定聘用结果？

A. 赵妍和王纬去白云公司，张翼去了黑土公司。

B. 李德和刘猛去米维公司，张翼去了黑土公司。

C. 张翼没去白云公司，李德没去米维公司。

D. 李德去黑土公司。

E. 刘猛去白云公司。

319～320题基于以下题干：

诗人王石、马芸、白梦、李宏、罗浩、张兰6个人，组成两个组进行对诗比赛，每组有3个人，还需满足以下条件：

（1）罗浩和白梦不都在第一组；

101

（2）王石和白梦不在同一组；

（3）除非马芸不在第一组，否则李宏必须在第一组。

319 如果王石在第二组，则下列哪项中的诗人一定也在第二组？

　　A. 马芸。　　B. 白梦。　　C. 李宏。　　D. 罗浩。　　E. 张兰。

320 如果李宏和张兰在同一组，则可以得出以下哪项？

　　A. 王石在第一组。　　　　　　　　B. 马芸在第一组。

　　C. 白梦在第一组。　　　　　　　　D. 罗浩在第一组。

　　E. 张兰在第一组。

321 某成功考上研究生的同学购买了奶茶、蛋糕、草莓、烤鸭、冰激凌、坚果各1份，分给她宿舍的另外5个同学，甲、乙、丙、丁、戊每人至少1份。已知：

（1）若蛋糕、冰激凌、坚果至少有1份分给甲同学，则奶茶分给丁同学且烤鸭分给戊同学；

（2）若蛋糕、冰激凌、坚果至少有1份分给乙同学，则奶茶分给丁同学且烤鸭分给戊同学；

（3）若草莓、烤鸭至少有1份分给甲同学，则蛋糕分给丙同学且冰激凌分给戊同学；

（4）若草莓、烤鸭至少有1份分给乙同学，则蛋糕分给丙同学且冰激凌分给戊同学。

若奶茶分给丙同学，则可以得出以下哪项？

　　A. 草莓分给甲同学。　　　　　　　B. 烤鸭分给乙同学。

　　C. 冰激凌分给丙同学。　　　　　　D. 坚果分给丁同学。

　　E. 蛋糕分给戊同学。

322~323题基于以下题干：

爱旅游的唐伯虎要利用国庆小长假去北京旅游。他决定10月1日中午到北京，然后休息半天，从10月2日至10月7日每天游览长城、故宫、天安门、颐和园、奥体公园、天坛6个景点中的一个，各不重复。已知还有如下要求：

（1）只有3日游览天安门，2日或5日才会游览故宫；

（2）只有5日游览奥体公园，4日或6日才会游览故宫；

（3）奥体公园必须在3日游览。

322 根据以上信息，可以得出以下哪项？

　　A. 6日游览天安门。　　　　　　　B. 7日游览故宫。

　　C. 5日游览长城。　　　　　　　　D. 2日游览颐和园。

　　E. 4日游览天坛。

323 如果天坛的游览日期既与颐和园相邻，又与天安门相邻，则可以得出下列哪项？

　　A. 2日游览颐和园。　　　　　　　B. 4日游览颐和园。

　　C. 2日游览长城。　　　　　　　　D. 4日游览天安门。

　　E. 5日游览长城。

324～325题基于以下题干：

某银行提拔3名支行行长，最终确定李白、杜甫、白居易、王维、刘禹锡、张若虚6名候选人。根据工作需要，提拔还需要满足以下条件：

（1）除非不提拔李白，否则提拔王维但不提拔张若虚；

（2）只有不提拔刘禹锡，杜甫、白居易才至少提拔1人。

324 以下哪项的提拔人选和上述条件不矛盾？

A. 王维、刘禹锡、张若虚。　　B. 李白、杜甫、白居易。

C. 杜甫、王维、刘禹锡。　　　D. 白居易、王维、刘禹锡。

E. 李白、白居易、刘禹锡。

325 如果李白、刘禹锡至少提拔1人，则可以得出以下哪项？

A. 提拔刘禹锡。　　　　　　　B. 提拔白居易。

C. 提拔李白。　　　　　　　　D. 提拔杜甫。

E. 提拔王维。

326～327题基于以下题干：

海绵邀请张金、李榜、王题、赵铭4人做题，每人只擅长数学、逻辑、写作、英语4个科目中的一科且各不相同；他们每人只做了上述4科测试题中的一科测试题且各不相同；他们做的测试题都不是自己擅长的科目。已知：

（1）除非张金做数学，否则李榜擅长英语；

（2）除非张金做数学，否则李榜做英语；

（3）除非张金不做数学，否则李榜擅长英语；

（4）除非张金不做数学，否则王题擅长逻辑。

326 根据以上信息，可以得出以下哪项？

A. 张金擅长逻辑。　　　　　　B. 李榜擅长写作。

C. 王题擅长英语。　　　　　　D. 赵铭擅长数学。

E. 王题擅长写作。

327 如果赵铭做逻辑，则可以得出以下哪项？

A. 王题做英语。　　　　　　　B. 李榜做数学。

C. 李榜做英语。　　　　　　　D. 王题做写作。

E. 张金做英语。

328～329题基于以下题干：

某机器人大赛评选活动设有纪念奖、人气奖、创意奖、品质奖、综合奖5个奖项，风云、天马、星辉、宇珩、环宇5家公司均有2个机器人获得上述奖项，且每个奖项均有上述5家公司的2个机器人获得，任何两家公司获得的奖项都不完全相同。已知：

（1）若风云、天马至少有1个机器人获得人气奖或综合奖，则天马、星辉获得的奖项均是纪念奖和综合奖；

（2）若天马或宇珩至少有1个机器人获得人气奖或创意奖，则天马、宇珩获得的奖项均是纪念奖和综合奖；

（3）只有风云、环宇获得的奖项均在纪念奖、人气奖和创意奖之中，宇珩才有1个机器人获得综合奖。

328 根据上述信息，可以得出以下哪项？

A. 风云有机器人获得人气奖。　　B. 星辉有机器人获得综合奖。

C. 宇珩有机器人获得创意奖。　　D. 宇珩有机器人获得纪念奖。

E. 环宇有机器人获得纪念奖。

329 若获得品质奖和综合奖的公司有一家有机会参加国际奖项的评选，则参加概率最高的公司是：

A. 风云。　　B. 天马。　　C. 星辉。　　D. 宇珩。　　E. 环宇。

330～331题基于以下题干：

某公司有甲、乙、丙、丁、戊5位员工，他们每周7天的值班情况如下：

（1）每位员工每周至少值班一天，每天至少有一位员工值班；

（2）甲只在周一和周二值班两天；

（3）乙和丙都不在周六值班，戊只在周日值班；

（4）如果丁在周六值班，则乙在周三值班；

（5）如果丙在周四值班，则乙在周六值班。

330 根据以上信息，以下哪项必然为真？

A. 乙在周六值班。　　B. 乙在周三值班。

C. 丙在周四值班。　　D. 乙每周值班两天。

E. 丁在周三值班。

331 如果丁每周只值班一天，则以下哪项不可能为真？

A. 丙在周一值班。　　B. 乙不在周四值班。

C. 丙在周五值班。　　D. 乙在周四值班。

E. 乙每周值班两天。

332～333题基于以下题干：

某生物课上，老师要求甲、乙、丙、丁、戊、己、庚7人对鼠、牛、虎、兔、蛇、马、羊、猴、鸡、狗、猪共11种动物的起源进行研究，每种动物只有1人研究，每人最多研究3种动物。已知：

（1）只有1人研究了3种动物，如果甲研究了3种动物，那么丁只研究了猪；

（2）如果丙没有研究羊或庚研究猴，那么己没有研究蛇和虎；

（3）只有丁不研究猪，乙才不研究鸡或不研究狗；

（4）除非己研究了蛇和虎，否则甲研究了3种动物；

（5）如果乙研究了鸡和狗，那么丙研究了羊。

332 根据上述信息，能够得出以下哪项？

A. 丙研究了羊。
B. 丁没研究猪。
C. 丁研究了猪。
D. 甲研究了3种动物。
E. 庚研究了猴。

333 如果甲研究了鼠、兔和牛，己研究了虎和蛇，那么能推出：

A. 乙研究了羊。
B. 丙研究了猴。
C. 丁研究了马。
D. 戊没研究猴。
E. 庚研究了马。

334～335题基于以下题干：

有甲、乙、丙、丁、戊五位同学每人在语文、数学、外语、科学、美术五门课程中挑选两门自己喜欢的课程，并且各位同学选择的课程均不完全相同。

（1）每门课程至多有三人选择，被最多人选择的课程有且仅有一门，在语文和外语科目中每人至多选择一个；

（2）选择语文的人数是选择数学和外语人数之和；

（3）若丁选择科学的话，则丁、戊均选择美术；

（4）如果甲、丁、戊三人中至少一人选择语文，则乙、丙不选择外语或科学；

（5）除非有两个人选择外语，否则甲不选择科学。

334 根据上述信息，能够得出以下哪项？

A. 丙选择外语。
B. 戊选择外语。
C. 丙选择美术。
D. 乙选择语文。
E. 丁选择语文。

335 如果丁选择外语，那么戊选择语文。则可以推出：

A. 丁选择美术。
B. 戊选择外语。
C. 丙选择数学。
D. 甲选择语文。
E. 乙选择数学。

336 公司需要甲、乙、丙、丁、戊、己、庚七位员工在同一周内进行值班，从周一至周日一共七天，每人值班一天，每天需要一人值班。

（1）丙与庚的值班日期间隔和甲与戊的值班日期间隔相同，均间隔两天；

（2）如果乙和丁值班的日期不相邻，则乙与己的值班日期间隔一天。

已知甲在周三值班，则以下哪项一定正确？

A. 乙在周一或周二值班。
B. 丁在周一或周二值班。
C. 丙在周一或周二值班。
D. 丙在周五或周六值班。

E. 己在周四或周五值班。

337 海小绵计划组织公司内六位来自不同星座的同事进行踏青活动，分别为：天秤座、天蝎座、射手座、摩羯座、水瓶座和双鱼座。计划将这六位同事分为三组进行踏青，对于分组，他们有如下要求：

（1）如果天秤座不在第二组，那么双鱼座和摩羯座在同一组；

（2）天蝎座和射手座关系不好，不能分在同一组；

（3）如果水瓶座和摩羯座不在同一组，那么天秤座独立一组；

（4）第一组和第三组的人数之和等于第二组的人数。

海小绵采纳了大家的意见，进行分组后发现，水瓶座在第二组；那么可以推出以下哪项？

A. 摩羯座在第二组。 B. 天蝎座在第一组。
C. 天蝎座在第三组。 D. 双鱼座在第二组。
E. 双鱼座在第三组。

338 ~ 339 题基于以下题干：

加班五天的陈雨想去广元游玩三天，发现网上有很多推荐帖可供选择。有千佛崖、昭化古城、凤凰山公园、明月峡、皇泽寺、翠云廊、嘉陵江、剑门关几种选择，现从中选六种，一天至少去一个，第二天时间充足选择的项目最多。

已知：

（1）如果去剑门关，就不去翠云廊；

（2）明月峡和千佛崖不都去；

（3）除非第一天去皇泽寺，否则昭化古城和凤凰山公园都不去；

（4）如果第一天去皇泽寺，第三天就去嘉陵江；

（5）翠云廊和昭化古城不在同一天去。

338 则以下哪项不可能为真？

A. 昭化古城在第二天，凤凰山公园在第二天。

B. 明月峡在第二天，昭化古城在第三天。

C. 凤凰山公园在第三天，昭化古城在第一天。

D. 剑门关在第二天，凤凰山公园在第二天。

E. 剑门关在第二天，千佛崖在第三天。

339 如果陈雨第三天会去千佛崖，那么关于第二天以下哪项必为真？

A. 去翠云廊和昭化古城。 B. 去翠云廊和剑门关。
C. 去昭化古城和剑门关。 D. 去凤凰山公园和皇泽寺。
E. 去明月峡和昭化古城。

340 ~ 341 题基于以下题干：

小逗最近需要列个健身计划，每天的选择有：肩、胸、腹、背、手臂、臀、腿、有氧八种，准备在一周的前四天锻炼，一天至少练一种，第三天的项目种类比其他几天都多且有四种，第一天的项目数和第二天一样，有两个项目不止练一天。

已知：

（1）有氧的后一天休息，且当天只有有氧；

（2）臀、腿放在一天锻炼；

（3）腹在前两天都练；

（4）如果腿和肩没有在一天练的情况，那么肩只练一天；

（5）如果肩练一天，腿就练两天。

340 根据上述信息，能够得出以下哪项？

A. 第一天练肩。　　　　　　　　B. 第二天练肩。

C. 第三天练胸。　　　　　　　　D. 第三天练臀。

E. 第一天练腿。

341 如果手臂和肩不在同一天练，能推出以下哪项？

A. 臀、背在一天练。　　　　　　B. 手臂、背在一天练。

C. 胸、背不在一天练。　　　　　D. 肩、背不在一天练。

E. 腿、手臂在一天练。

342～343题基于以下题干：

小途有5种颜色的坎肩：玫红色、正黄色、大红色、灰色、墨绿色，还有7种有编号的运动裤：1号、2号、3号、4号、5号、6号、7号。

现周一到周五每天都去健身房，需要搭配五身不完全相同的衣服，相邻两天不会出现相同颜色和编号。已知：

（1）玫红色坎肩和大红色坎肩中间间隔两天；

（2）周三的坎肩不是正黄色就是墨绿色，运动裤不是5号就是6号；

（3）如果正黄色坎肩在周一，那么玫红色坎肩搭配6号运动裤并且墨绿色坎肩搭配1号运动裤；

（4）如果正黄色坎肩和墨绿色坎肩一周都有，那么裤子1、2、3、4号都会穿；

（5）除非这五天中有灰色坎肩，否则正黄色坎肩在周一。

342 如果周二穿5号裤子且玫红色坎肩在周五，则以下哪项不可能为真？

A. 周一穿灰色坎肩，周二穿大红色坎肩。

B. 周一穿墨绿色坎肩，周三穿墨绿色坎肩。

C. 周四穿灰色坎肩，周五穿玫红色坎肩。

D. 周一穿灰色坎肩，周三穿正黄色坎肩。

E. 周二穿大红色坎肩，周四穿正黄色坎肩。

343 如果正黄色坎肩穿了2天，那么可以推出：

A. 大红色坎肩在周四。　　　　　　B. 墨绿色坎肩在周四。

C. 正黄色坎肩在周三。　　　　　　D. 正黄色坎肩在周一。

E. 玫红色坎肩在周五。

344 来自天玑、天璇、玄机、若鸿四个参赛队伍（非按顺序对应）的赵、钱、孙、李是进入此次跆拳道决赛的最终选手，根据赛制安排，接下来需要"两两对战"决出胜负（任意2人只比赛一次），胜者积1分，败者不得分，没有平局和并列排名。最终按照积分多少决出最终的冠军、亚军、季军。已知：

（1）赵胜出的场次和钱落败的场次相同；

（2）李在对战中只落败一场，但是他打赢了钱；

（3）孙的积分不是最少的。

根据上述信息，可推出以下哪项？

A. 冠军是钱。

B. 冠军是孙。

C. 冠军要么是赵，要么是李。

D. 冠军要么不是钱，要么不是孙。

E. 冠军要么是孙，要么是李。

345 甲、乙、丙、丁四名学生，新学期的选修课需要从文学、编程、生物、艺术、天文5门课中选择，其中每人至少选修1门课且每人选修的课程均不相同。已知以下条件：

（1）若选修生物，则必须选修天文；

（2）丙和丁中至少有1人选修编程；

（3）若甲和乙至少有一人选修文学、艺术中的一门，则乙选修天文并且丁选修编程。

若所有课程均有人选修，则可以得出以下哪项？

A. 乙未选修生物。　　　　　　　　B. 丙选修生物。

C. 丁的选修是文学或艺术。　　　　D. 甲选修艺术，丙选修文学。

E. 甲要么选修文学，要么选修艺术。

题型 12 真话假话题

考向 1 特殊关系

346 某学校拟在甲、乙、丙、丁、戊、己 6 人中选择 4 人参加此次的围棋突围赛，领导小组在商讨后给出了如下方案：

（1）如果丁入围，则不选戊和己；

（2）甲和乙同时入围，则丙不会参加此次比赛；

（3）除非丁入围，否则选丙不选戊；

（4）甲、乙、丙都入围。

上述方案仅有一项不满足，则以下哪项一定为真？

A. 己入围了。 B. 丁没入围。

C. 戊、己均入围。 D. 乙、丙均入围。

E. 丙无缘此次比赛。

347 甲、乙、丙、丁、戊 5 人在一起玩 "投骰子" 游戏，每人分别同时投 1 枚骰子，谁投到的数字最大，谁就能获得冠军。投掷结束后，这 5 人分别猜测其他人的投掷点数，具体猜测如下：

甲：丁的点数要么大于我，要么小于戊。

乙：如果我是冠军，那么丁和戊点数之和不是 7。

丙：我和戊的点数之和低于甲的点数。

丁：如果甲的点数大于戊，那么丁的点数最小。

戊：如果冠军不是乙，那么戊的点数小于甲。

最终只有一人的猜测符合最终结果且每人的点数均不相同，则可以推出以下哪项？

A. 甲的猜测正确，并且丁得分排第四。

B. 乙的猜测正确，并且丙的骰子数为 1。

C. 乙的猜测不正确，并且他不是冠军。

D. 丁的猜测正确，并且丁的骰子数为 3。

E. 戊的猜测正确，并且丁的骰子数为 4。

348 某大学宿舍的 5 名舍友去买彩票。后来中奖信息出来后，5 人有以下对话：

张三："李四不中奖，王五中奖。"

李四："如果我中奖，张三也中奖。"

王五："李四或者我中奖。"

赵六："我中奖或方七中奖。"

方七："张三不中奖或者李四中奖。"

后来事实表明，他们 5 人中只有 1 人说了真话。

根据以上陈述，以下哪项一定为真？

A. 张三说的是真话。 B. 王五中奖。

C. 方七中奖。 D. 李四说的是真话。

E. 赵六中奖。

349. 绿水青山就是金山银山。植树节当天，某学校中的五个学院组成志愿小组去植树。到达地方后，领导们约定进行比赛，他们对植树结果有如下看法：

（1）植树最多的小组是法学院；

（2）植树最多的小组不是文学院；

（3）植树最多的小组不是文学院，就是经济学院；

（4）植树最多的小组既不是国际关系学院，也不是法学院。

比赛结果显示，上述看法只有一个为假，那么植树最多的小组的是：

A. 文学院。 B. 法学院。

C. 经济学院。 D. 国际关系学院。

E. 化工学院。

350. 有甲、乙、丙三个人，其中只有一个人在说真话，另外两个人在说假话。问了这三个人问题后，他们给出的回答是：

甲说："乙在说真话。"

乙说："若丙说真话，那么我说的也为真。"

丙说："若我说假话，那么甲、乙至少一人说真话。"

根据上述信息，可以确定谁在说真话？

A. 甲在说真话。 B. 乙在说真话。

C. 丙在说真话。 D. 甲在说真话或乙在说真话。

E. 无法确定谁在说真话。

351. 年中，小丽在统计去年一年内公司所有人的出差情况时，统一给每个人发送了统计出差情况的邮件，但是每个人回复的信息都是各说各的，没有具体的出差时间。销售部一共四个人，每个人的出差时间均不在一起并且总出差时间刚好够一年。具体的邮件回复内容如下：

晓莉：我和张晨出差一共8个月。

张晨：晓莉和刘毅的出差时间加起来有5个月，比我多2个月。

刘毅：我和程东的出差时间加起来是7个月。

程东：我和晓莉的出差时间加起来是6个月。

若上述四条陈述恰有一条为假，则可以推出以下哪项，除了：

A. 张晨和晓莉去年出差5个月。

B. 张晨去年出差3个月。

C. 晓莉去年出差4个月。

D. 程东去年的出差时间是最长的。

E. 张晨和刘毅的出差时间一样。

352 有五位音乐人参加一场演出，他们分别是：小佳、小谢、小蒋、小马、小杨。有四位观众甲、乙、丙、丁，对音乐人的出场顺序分别做了如下预测：

甲：小谢第二个出场，小马第四个出场；

乙：如果小杨不是第三个出场，小马就第三个出场；

丙：小蒋第一个出场，同时小谢第三个出场；

丁：除非小佳第一个出场，小杨第二个出场。

演出结束后发现，他们四人之中只有一个人预测错误，那么第一个出场的是：

A. 小佳。　　B. 小谢。　　C. 小蒋。　　D. 小马。　　E. 小杨。

353 有甲、乙、丙、丁、戊五位同学参与了学校的知识竞赛，关于获奖情况，他们分别做了如下预测：

甲：如果我不获奖，那么乙获奖；

乙：丙发挥得很好，他会获奖；

丙：戊获奖，甲不获奖；

丁：丙没有获奖，我会获奖；

戊：不是乙获奖，就是丁获奖。

他们五个人中只有一个人说了假话，那么可以推出获奖的是：

A. 甲和乙。　　B. 甲和丙。　　C. 乙和丁。　　D. 乙和戊。　　E. 丁和戊。

354 有甲、乙、丙、丁、戊五位同学参与了学校的知识竞赛，关于获奖情况，张、王、赵、李四位老师分别做了如下预测：

张：如果甲获奖，乙也获奖；

王：乙没获奖；

赵：不是丙获奖，就是甲获奖；

李：要么丁获奖，要么戊获奖。

根据实际获奖情况，上述四人只有一人预测正确，则获奖人数有几种可能性？

A. 1种。　　B. 2种。　　C. 3种。　　D. 4种。　　E. 5种。

355 瀚琛、轶群、晗熙、筠瑾 4 人是青年组围棋比赛的最终四强，经过激烈的角逐，最终分出了胜负。赛后记者采访了他们，四人回答如下：

瀚琛：我没有获得冠军，冠军是晗熙；

轶群：如果筠瑾获得冠军，那么我是季军；

晗熙：获得冠军的不是我，是轶群；

筠瑾：要么筠瑾是冠军，要么轶群是季军。

记者根据最终赛后结果知道了4人中有一人回答和实际结果不符。

根据以上信息，可以得出以下哪项？

A. 瀚琛是冠军。　　　　　　　　　B. 轶群是冠军。

C. 晗熙是冠军。　　　　　　　　　D. 筠瑾是季军。

E. 轶群是亚军。

考向 2　分类假设

356 小学生进行跳绳比赛，二年级有 6 个班，预测比赛结果如下：

（1）获得第一名的不是三班；

（2）获得第一名的是六班；

（3）或者四班获得第一名，或者五班获得第一名；

（4）获得第一名的不是六班，也不是一班；

（5）获得第一名的既不是四班，也不是三班。

若上述预测仅有一个为真，则获得第一名的是：

A. 一班。　　B. 三班。　　C. 二班。　　D. 四班。　　E. 六班。

357 新年刚过，国产电动汽车开展激烈价格战，迪迪、米米、吉吉、安安、菱菱 5 家公司对今年汽车的销售赢利情况预计如下：

迪迪：赢利的不会是安安。

米米：迪迪不会赢利。

吉吉：吉吉赢利或迪迪赢利。

安安：如果我公司的车赢利，那么其他车都不赢利。

菱菱：国产电动汽车争相降价，所有车都举步维艰，不会赢利。

最终证实只有两个预测为真。

根据上述信息，可以得出以下哪项？

A. 赢利的是吉吉。　　　　　　　　B. 赢利的不是安安。

C. 赢利的是迪迪。　　　　　　　　D. 说真话的是安安。

E. 说真话的是米米。

358 某歌手选拔赛，最终毛毛战胜所有选手获得了冠军。台下有贾、史、王、薛、杨 5 位评委，其中有一位评委在每场比赛中都给毛毛投了晋级票。赛后采访，他们是这么对记者说的：

贾：全程给毛毛投晋级票的人是史，不是我。

史：是王全程给毛毛投的晋级票。

王：除非贾全程给毛毛投晋级票，否则薛不会这样做。

薛：我没有全程给毛毛投晋级票，应该是杨全程给毛毛投晋级票。

杨：全程给毛毛投晋级票的人不是王，也不是我。

记者后来得知，上述 5 位评委中只有 1 人说的话符合真实情况。

根据以上信息，可以得出做这件好事的人是：

A. 贾。　　　B. 史。　　　C. 王。　　　D. 薛。　　　E. 杨。

359 海绵的学员在考上研究生之后偷偷给海绵寄来了感谢锦旗。锦旗上没有署名，但初步确定是张赢、冠珺、尚岸、钱程四人中的两人邮寄的。小海绵询问了四人，他们的回复如下：

张赢：不是我，我很穷。应该是冠珺，冠珺喜欢仪式感。

冠珺：如果不是尚岸，那么肯定是钱程，他们在群里比较活跃。

尚岸：要么是张赢，要么是冠珺。

钱程：不是我也不是尚岸，因为我们两个人都比较高调，不会不留名。

为了增加神秘感，邮寄者必然说假话，而未邮寄者则说的是真话。

那么根据上述回答，能推出邮寄者是：

A. 张赢和钱程。　　　　　　　　B. 冠珺和尚岸。

C. 张赢和冠珺。　　　　　　　　D. 冠珺和钱程。

E. 尚岸和钱程。

360 由于小红、小强、小明三人上课表现积极，老师特意奖励他们 12 颗糖果，让他们自己分着吃。

关于如何分，这三人各有各的想法：

（1）小红至少分到了 5 颗糖；

（2）小强和另一个人各自分到了 3 颗糖；

（3）小明至少分到了 8 颗糖。

如果上述想法有一个未被满足，则可以推出以下哪项？

A. 小红分到了 3 颗糖。

B. 小明分到了 6 颗糖。

C. 小强至少分到了 5 颗糖。

D. 小红和小强至多分到了 9 颗糖。

E. 小明和小强至少分到了 9 颗糖。

361 家乐福超市年中做促销活动，凡是购物满 568 元可凭小票参与抽奖一次，100% 的中奖概率，先到者先抽，奖品数量有限。现场有多个抽奖的箱子，其中奖券都是随机的，有几位购物者对箱子的奖品做了如下猜测：

甲说："红色箱子是三等奖，橙色箱子是五等奖，紫色箱子是一等奖。"

乙说："红色箱子是二等奖，橙色箱子是五等奖，紫色箱子是四等奖。"

丙说："红色箱子是六等奖，橙色箱子是三等奖，紫色箱子是二等奖。"

丁说："红色箱子是二等奖，橙色箱子是四等奖，紫色箱子是六等奖。"

最终的抽奖结果出来，这四人中有一人猜对了两个，其他人都只猜对了一个。

那么以下哪项是橙色箱子里的奖品？

A. 一等奖。　　B. 二等奖。　　C. 三等奖。　　D. 四等奖。　　E. 五等奖。

362. 某公司准备举办一次抽奖来调动公司氛围，甲、乙、丙、丁、戊、己中只有一人抽中了一等奖。对此，甲、丙、丁、己有如下对话：

甲：我和乙、丙、丁都没有抽中一等奖。

丙：一等奖肯定在戊、己之中。

丁：如果丙没抽中，那么一等奖或者是甲，或者是乙。

己：要么是甲抽中了，要么是乙抽中了，二者必居其一。

如果四人中只有一人说真话，则可推出以下哪项结论？

A. 甲抽中一等奖。 B. 乙抽中一等奖。
C. 丙抽中一等奖。 D. 丁抽中一等奖。
E. 戊抽中一等奖。

363. 某希望小学发现收到了一笔来自市内某高校某老师的捐款，高校调查后发现，老师甲、乙、丙、丁、戊五人常与该希望小学联系。

甲：捐款人肯定不是丁。

乙：捐款人肯定不在甲、丙、丁当中。

丙：捐款人不是甲就是乙。

丁：捐款人肯定不是戊。

若只有一人说真话，可以得出捐款人是：

A. 甲老师。 B. 乙老师。 C. 丙老师。 D. 丁老师。 E. 戊老师。

364. 某花鸟市场现在补货多肉植物，备选有生石花、虹之玉、乌木、熊童子、玉扇、玉蝶六种，选择五种。有以下预测：

张员工：除非不选择乌木，否则选择生石花；

王员工：选玉扇；

李员工：选玉扇，就选玉蝶；

赵员工：选乌木，不选生石花；

刘员工：不选生石花，就选玉蝶。

如果五人中有三人说真话，则可推出以下哪项？

A. 选择生石花和玉扇。 B. 选择玉扇和乌木。
C. 选择生石花和玉蝶。 D. 选择玉蝶和虹之玉。
E. 选择熊童子。

365. 甲、乙、丙、丁、戊、己、庚七人参加比赛，有四人获奖，一等奖一个，二等奖并列两个，三等奖一个，已知：

甲：我是二等奖，丙是一等奖；

丙：丁是一等奖或己是一等奖；

戊：丙没获奖并且丁是二等奖。

庚：如果甲是二等奖，那么乙是三等奖并且戊是二等奖。

只有二等奖的人会说真话，那么以下哪项一定为真？

A. 庚是二等奖。　　　　　　　　　B. 己是二等奖。
C. 乙是二等奖或丁是一等奖。　　　D. 戊是二等奖或丁是二等奖。
E. 庚是二等奖或甲是二等奖。

考向 3　综合考法

366 某公司端午节举行了划龙舟比赛，各参赛部门对比赛结果有如下看法：

（1）获得第一名的小组是行政部；

（2）获得第一名的小组是企划部；

（3）获得第一名的小组是秘书处；

（4）获得第一名的小组既不是企划部，也不是技术部；

（5）获得第一名的小组既不是运营部，也不是行政部。

若比赛结果表明上述看法恰有两条为假，则获得第一名的小组是：

A. 企划部。　　B. 行政部。　　C. 技术部。　　D. 运营部。　　E. 秘书处。

367 深圳某小学放寒假，有人打算寒假去哈尔滨冰雪大世界玩。开学后，老师随机问了安安、康康、和和、美美 4 位小朋友，他们的回答如下：

安安：美美没有去冰雪大世界。

康康：有人去冰雪大世界。

和和：除非康康没有去冰雪大世界，否则美美没有去冰雪大世界。

美美：没有人去冰雪大世界。

事实证明有两人说真话，有两人说假话。

根据上述信息，可以得出以下哪项？

A. 说真话的是康康与和和。　　　　B. 说真话的是安安与和和。
C. 说真话的是康康与美美。　　　　D. 说真话的是和和与美美。
E. 说真话的是安安与美美。

368 某学校下周举行春季校运会，每个班可报名人数有限，因此班委给了如下意见。班长认为："我们要报名参加短跑和排球。"副班长说："如果我们报名短跑和排球，那么也要报名接力项目。"体育委员说："只有报名接力项目，才能报名排球。"经过大家一致商讨，最终只有一人的意见被采纳。

根据以上信息，以下哪项报名情况符合上述决定？

A. 报名参加短跑和接力项目，不报名排球。

B. 报名参加短跑和排球，不报名接力项目。

C. 报名参加接力和排球，不报名短跑项目。

D. 报名参加接力项目，不报名短跑和排球。

E. 报名参加短跑、接力、排球。

369 临近考试期间，振华中学高三（5）班的班主任，为了帮助学生认真复习，考取满意的成绩，要求纪律委员对班级同学严抓考勤。某天早上，为了弄清甲、乙、丙三人到校的时间，纪律委员与他们进行了谈话，甲说："乙比丙早到学校。"乙说："甲晚于丙到校。"丙："乙比甲早到学校。"纪律委员查询了签到记录后发现，至少有两人说了假话。

Ⅰ. 甲、乙、丙。

Ⅱ. 丙、乙、甲。

Ⅲ. 乙、丙、甲。

Ⅳ. 甲、丙、乙。

根据上述信息，以下哪项是三人的正确到校顺序（由早到晚）？

A. 仅Ⅰ、Ⅳ。　　　　　　　　　　B. 仅Ⅱ、Ⅳ。

C. 仅Ⅱ、Ⅲ、Ⅳ。　　　　　　　　D. 仅Ⅰ、Ⅱ、Ⅳ。

E. 仅Ⅰ、Ⅲ、Ⅳ。

370 市级举办的数独大赛吸引了众多数独爱好者参与，经过激烈的角逐，最终甲、乙、丙、丁脱颖而出，进入了决赛环节。最终他们以完成时间长短排名（没有名次并列），每位参赛者都对自己的排名做出了预测：

甲说："我不是最后一名并且在丙之前完成。"

乙说："我在甲之前完成。"

丙说："我是最后一个完成的。"

丁说："乙不是第三名。"

赛后结果出来，上述四人中第一名和最后一名预测失败，另外两人预测成功。

根据上述信息，以下哪项是四位参赛者的完成时长从长到短的排名？

A. 甲、乙、丙、丁。　　　　　　　B. 丙、乙、丁、甲。

C. 甲、丁、乙、丙。　　　　　　　D. 丙、丁、甲、乙。

E. 乙、丁、甲、丙。

371 甲、乙、丙、丁、戊五位同学参与了学校组织的知识问答竞赛，关于谁获得了第一名，他们五个人分别做了如下预测：

甲：获得第一名的人不是我就是丁；

乙：我有三道题不会，肯定得不了第一名；

丙：如果甲是第一名，那么乙也是第一名；

丁：甲没有获得第一名，第一名是丁；

戊：第一名要么是甲，要么是戊。

他们中有两个人预测正确。若第一名只有一个人，那么获得第一名的是谁？

A. 甲。　　　B. 乙。　　　C. 丙。　　　D. 丁。　　　E. 戊。

372 停车场停了两辆车 A 和 S，关于这两辆车分别的归属，甲、乙、丙、丁、戊五人有以下发言：

甲：A 是丁的，否则 S 是丁的；

乙：我没车；

丙：如果 A 是我的，那么 S 是戊的；

丁：我的车是 S；

戊：只有甲开 A 车，我才开 S 车。

如果上述只有 3 人说真话，那么谁一定说了真话？

A. 甲。　　　B. 乙。　　　C. 丙。　　　D. 丁。　　　E. 戊。

373 5 个人喝咖啡，对糖分的要求不全一样，有 3 分糖、5 分糖、7 分糖、全糖，关于几人的选择有以下几种猜测：

小张：小王喝 7 分糖，否则我就喝全糖；

小王：小李喝 5 分糖；

小李：如果小王喝 3 分糖，那么小张也喝 3 分糖；

小赵：我不喝全糖；

小刘：我喝 5 分糖。

如果上述 5 人中有两个人喝 3 分糖，其余人均不一样，而且仅有喝三分糖的两人猜对了，那么以下哪项一定为假？

A. 小王喝 3 分糖，小李喝 5 分糖。

B. 小赵喝 3 分糖，小张喝 7 分糖。

C. 小刘喝全糖，小李喝 3 分糖。

D. 小张喝 3 分糖，小王喝 3 分糖。

E. 小李喝 3 分糖，小赵喝 3 分糖。

374 甲、乙、丙、丁、戊 5 人参加比赛，最终有 3 人获奖。赛后记者采访了甲、乙、丙、丁 4 人，他们的回答如下：

甲：如果我和丁至多有一人获奖，则乙、丙均获奖；

乙：如果我没有获奖，则丙、丁至多有一人获奖；

丙：如果我没有获奖，则甲也没有获奖；

丁：甲、乙至少有一人获奖。

已知上述回答恰有 2 人说了假话，则可以推出以下哪项？

A. 获奖的人中没有甲。

B. 获奖的人中有没有戊。

C. 获奖的人中有乙或丁。

D. 获奖的人中有丙和戊。

E. 获奖的人中有丁和戊。

375 小佳今年一共演出了四场，他有甲、乙、丙、丁、戊五位粉丝。五位粉丝在讨论自己今年分别看了多少场小佳的演出，他们分别发表了如下意见：

甲：我与乙和丙今年一共看了6场演出；

乙：丙看了3场；

丙：我与丁和戊今年一共看了9场演出；

丁：我和戊一共看了7场演出；

戊：如果甲说真话，那么我也说真话。

五人中看了3场演出的人说的是真话，其中有四个人观看的场次各不相同，并且五人共看了13场演出。那么看3场演出的人是：

A. 甲和戊。　　B. 丙和戊。　　C. 乙和丙。　　D. 甲和丁。　　E. 丁和戊。

第三章 论证逻辑

专题五 削弱题

题型 13 削弱的基本思路

376. 东胡林人遗址位于北京市门头沟区，墓内人骨有轻微石化，属于三个个体，一个为 16 岁左右的少女，另两个为成年男性。他们被命名为"东胡林人"。在遗骸附近发现随葬的磨光小石斧，胸腹部散落有多枚穿孔螺壳，应为死者生前佩戴的项链饰物。另外，在遗址内还发现了蚌器，主要是用蚌壳或螺壳制作的装饰品，一般在一端或两端穿孔，可供系挂，可能用作坠饰。这说明在新石器时代的早期，人类的审美意识已开始萌动。以下哪项如果为真，最能削弱上述判断？

A. 新石器时代的饰品通常是石器。

B. 出土的项链和其他装饰品都十分粗糙。

C. 项链和装饰品的作用主要是表示社会地位。

D. 一名少女遗骸旁边的装饰物比两个成年男性遗骸旁边的装饰物更大。

E. 东胡林人遗址的发掘为考古学、人类学、第四纪地质学、古环境学等诸多学科的研究提供了十分重要的新资料。

377. 据统计显示，坚持一个良好的作息时间的人和一个普通人相比，他们的平均寿命之间并不存在差异，因此，良好的作息时间并不能让我们提高寿命，保持健康。

以下信息如果为真，哪项最能够反驳上述论证？

A. 许多作息规律的上班族，他们的健康程度却低于普通人。

B. 良好的作息时间，可以保证充足的睡眠，养足精神，保证良好的身体代谢。

C. 有些人坚持良好的作息时间，过了一段时间发现气色和精神都很不错，比之前强不少。

D. 这些坚持良好作息的人，如果没有和现在一样有好的作息，他们很有可能比一般人少存活 5 年。

E. 良好的作息时间，没有什么负担，不像篮球运动一样需要运动场地的支持。

378. 跑步作为一种简单易行的运动方式，被很多人视为减肥的首选。他们认为，每天坚持跑步可以有效燃烧身体的脂肪，从而达到减肥的效果。然而，有专家指出，跑步并不是最有效的减肥方式。

以下哪项如果为真，最能质疑上述专家的观点？

A. 调查表明，相较于其他的减肥方式，跑步的减肥效率是最高的。

B. 跑步虽然可以减肥，但是许多跑步爱好者会在跑后吃高热量的食物，因此，他们的体重下降并不明显。

C. 跑步时，人体燃烧的主要是体内的糖分，但减肥需要的是消耗脂肪。

D. 相较于跑步，HIIT（高强度间歇性运动）的燃脂效率更高。

E. 跑步虽然可以减肥，但是也容易造成膝关节磨损的问题。

379 太空被视为"全球公域"。通常认为，全球公域是指处于国家管辖范围以外的区域及其资源。它属于全人类共有，人人都可以使用。《外层空间条约》对太空领土主权问题的搁置奠定了太空作为"全球公域"的法律基础，而"和平使用""科研自由"等规定，实际上赋予了太空公域的性质。"外层空间应只用于和平目的"这一规定，使得太空成为冷战期间一块难得的净土：避免遭受战争摧残，而且成功实现了无核化。据此，有专家认为，《外层空间条约》对人类的意义非凡。

以下哪项如果为真，最能质疑上述题干？

A. 外层空间蕴藏着丰富的资源，有巨大的经济潜力。

B. 太空探索的主导权长期掌握在科技发达的国家手中。

C. 任何条约的主导权都掌握在强大的国家手中，《外层空间条约》也不例外。

D. 《外层空间条约》的规定只是纸面约定而已，想要发动战争的国家不会遵守它。

E. 若《外层空间条约》能被大家遵守，那么地球上的战争也可能越来越少。

380 科学家们早已发现，即便是双胞胎，如果他们从小处于不同的语言文化背景中，掌握的语言就会完全不同，因此，他们认为语言能力是文化的产物，和天赋无关。但是许多语言学家持有不同的观点，他们认为，语言能力是人类自出生就有的能力。他们认为存在一种天生的语言内核，通过自我慢慢发展，这种语言内核最后会"长"成我们所熟悉的一切语言能力。

以下哪项如果为真，最能质疑这些语言学家的观点？

A. 婴儿在牙牙学语时总是喜欢模仿父母的语言发音。

B. 语言是大脑的产物，而大脑的生长模式早已由基因"预设"。

C. 经过人的训练后，大猩猩、海豚等动物能够使用一些简单的语言符号。

D. 绝大多数的原始部落的居民不能使用语言，只能用一些简单的动作相互交流。

E. 关于语言内核是否存在的问题，目前大家并没有统一的结论。

381 临产孕妇的过敏反应会影响到体内的胎儿，而春季作为一年中花粉最为丰富的季节，孕妇在这个季节中的过敏反应也是最强的。专家据此认为，大部分患有先天性过敏症的儿童应当出生在春季。

以下哪项如果为真，最能质疑上述论证？

A. 与引起先天性过敏症有关的免疫系统的发育,多半发生在孕中期,也就是胎儿五六个月大的时候。

B. 在过敏症的患者中,儿童只占了很小的比例。

C. 孕妇在孕期内即便发生了过敏反应,但只要治疗得当一般不会有生命危险。

D. 调查表明,许多患有过敏症的儿童出生在炎热的夏季,他们一出生便因为汗液而过敏。

E. 部分孕妇的体质会因为怀孕而发生改变,许多未怀孕时可以吃的食物在怀孕期间反而会造成过敏反应。

382 达尔文的自然选择理论是生物进化的重要理论,它提出生物的进化是通过自然选择和生存竞争实现的。达尔文认为,生物的进化是一个漫长的过程,每一种生物都是通过不断的自然选择和适应环境而进化来的。但是,科学家在化石记录中发现了大量的"过渡物种"缺失,这些"过渡物种"是物种进化的关键环节,如果它们不存在,达尔文的自然选择理论也就无法解释生物的进化。但是生物的进化是事实,这说明"过渡物种"应该还是存在的。

以下哪项如果为真,最能质疑上述论证?

A. 宇宙中可能有无数个星球都存在生命,因此,达尔文的理论不一定能解释其他星球上的生物进化的过程。

B. 达尔文的自然选择理论实际上是错误的。

C. 目前人类在进行生物科学的研究时,必须使用自然选择理论。

D. 理论上,自然选择不是生物进化的唯一路径。

E. 通过在实验室的模拟,科学家发现,除了碳基生命还可能存在硅基生命。

383 海洋位于地球表面,深度从数米到约 11 000 米,包裹着地球表面的大部分区域。根据海洋内部温度、盐度和压力的不同,海洋被分为表层海洋和深海两层。表层海洋由海水等含盐量较高的物质组成,而深海的构成并不清楚。以往,研究人员认为,由于经历地球诞生后约 40 亿年的海洋环流运动,海洋已经均一化,构成表层海洋与深海的物质应是相同的。但近来有专家认为,构成表层海洋和深海的物质并不相同。

以下哪项最能削弱上述专家的观点?

A. 实验显示,海洋自从地球诞生以来就在持续环流运动,不过随着内部温度的变化,环流的速度也会发生变化。

B. 海洋物质的构成取决于物质在海洋中的扩散速度,而新型扩散速度仪测量发现表层海洋与深海的物质的扩散速度相同。

C. 以前的研究认为海洋成分受到 40 多亿年前陨石冲击的影响,但后来发现海洋成分与太阳系其他行星的平均构成是一致的,陨石冲击并未带来显著变化。

D. 据研究,表层海洋很可能是生物活动的主要区域,物质呈液态;但深海的温度、压力和密度均增大,物质呈固态。

E. 海洋物质的构成会直接影响其生物圈的构成,这就是表层海洋的生物和深海的生物的构成不同的原因。

384. 在医学领域，人们一直认为维生素C可以预防感冒。然而，一项最新的研究挑战了这个观点。在这项研究中，科学家们对一组人进行了为期一年的观察，其中一半人每天服用维生素C，另一半人则没有。结果发现，服用维生素C的人感冒的次数和没有服用的人相比并没有明显减少。因此，这些科学家得出结论，维生素C并不能有效预防感冒。

以下哪项如果为真，最能质疑上述科学家所得出的结论？

A. 实验证明，服用维生素C的人和注射免疫蛋白的人感染感冒的概率是一样的。

B. 可能科学家的观测数据有误，因为实验的周期长达一年。

C. 若科学家的研究过程是严谨的，那么的确可以说明维生素C不能预防感冒。

D. 维生素C对人体有多重奇特的作用，例如加快口腔溃疡病人的恢复速度。

E. 另一项研究表明，维生素C可以有效地加快感冒病人的恢复速度。

385. 近年来，随着消费者对高品质生活的追求不断提高，生鲜电商行业迎来了迅速发展的新时代。生鲜电商面临的一个主要挑战是如何在保证生鲜商品品质的同时，有效控制运营成本，特别是包装材料的采购成本。为此，许多生鲜电商计划建立供应商管理流程与绩效考核体系。但有专家指出，这一计划很难实行，因为生鲜公司的供应商不愿意接受严格的绩效考核体系。

以下哪项如果为真，最能质疑上述专家的观点？

A. 调查表明，降低生鲜电商的运营成本不仅可以增强企业的核心竞争力，还可以间接地提高消费者的体验。

B. 许多生鲜电商公司已经实现了通过优化包装设计、减少包装材料的使用，从而降低成本的目标。

C. 许多生鲜电商的供应商都面临激烈的竞争，只要生鲜电商公司能够提供足够的激励政策，他们还是愿意接受管理和绩效考核的。

D. 控制运营成本是电商公司当前面临的主要难题，如果不能切实地解决这一问题，电商公司很可能面临资金链断裂的风险。

E. 随着技术的发展，一些生鲜电商开始尝试使用人工智能技术来预测市场需求，有效减少了库存积压，库存积压率下降了30%。

386. 随着现代科技的发展，电子书的便捷性使得越来越多的人选择电子阅读，而传统纸质书籍在市场上的地位逐渐受到挑战。对此，某专家认为，尽管面临电子书的竞争，但通过改善传统书籍的触感设计，纸质书仍能为读者提供不可替代的阅读体验。

以下哪项如果为真，最能质疑上述专家的观点？

A. 研究表明，与纸质书相比，电子书的使用能显著减少纸张消耗，对环境保护产生积极影响。

B. 多数读者表示，尽管纸质书提供了独特的阅读体验，但电子书的携带方便和低成本是他们的首选理由。

C. 随着墨水屏技术的发展，现在的电纸书阅读器在触感、观感方面的体验已经逐渐追上纸质书，甚至可以达到以假乱真的效果。

D. 最近的市场调查显示，年轻一代读者对纸质书籍的触感设计表现出浓厚的兴趣，并愿意为此支付额外费用。

E. 有关研究发现，在某些情况下，人们在阅读电子书时的理解和记忆能力不亚于阅读纸质书，甚至可能略胜一筹。

387 在印度尼西亚苏拉威西岛的某洞穴中，考古学家发现了一幅壁画，这幅壁画描绘了狩猎场景。壁画中有许多具有神秘动物特征的人物形象，例如，有尾巴和有喙的人物。这些人物形象被认为是精神思维和艺术创作的证据。通过对壁画上形成的矿床中铀的放射性衰变进行测量，研究人员估计这些图像的年代为 43 900 年至 35 100 年前。有专家据此认为，这一发现挑战了先前关于早期人类艺术创作主要起源于欧洲的观点。
以下哪项如果为真，最能质疑上述专家的观点？

A. 研究表明，这些壁画中的动物形象并非基于实际存在的物种，而是艺术家想象的产物。

B. 近年考古界屡次出现现代人模仿古代艺术风格创作的造假事件，尤其是那些声称能颠覆传统观点的"考古发现"往往被证明是现代仿品。

C. 该壁画中人物的神秘动物特征实际上自然侵蚀过程所形成的神秘图案，而非人为创作。

D. 铀的放射性衰变测量可能存在误差，这会导致该壁画的实际年代和预估的年代存在差异。

E. 如果能发现更古老的描绘超自然元素的笔画，就能证明在该洞穴中发现的笔画并不是最古老的艺术作品。

388 随着互联网的普及和发展，儿童通过网络接触各类视频已成为常态。然而，最近网络上出现的所谓"儿童邪典视频"，以儿童喜爱的动画形象为外衣，传播涉暴力、恐怖、残酷、色情等不适内容，引起了社会广泛关注。面对这一问题，全国"扫黄打非"工作小组办公室已部署开展深入监测和清查，相关网站也在开展自查和清理。但是，有学者认为相关部门和网站都过度紧张了，因为儿童的心理具有很强的可塑性，不会轻易受到这些视频的影响。
以下哪项如果为真，最能质疑上述学者的观点？

A. 相关部门对"儿童邪典视频"展开监测和清查需要大量的人力和物力成本。

B. 相关网站对"儿童邪典视频"进行自查和清理时，容易伤及许多原本没有不适内容的动画片。

C. 儿童在成长过程中也会感到焦虑，他们需要通过打游戏、和小伙伴聊天的形式去释放压力，缓解焦虑。

D. 儿童在观看含有暴力和色情内容的视频后，会模仿视频中的不当行为，从而影响他们的行为模式和价值观。

E. 即使儿童看了含有暴力、色情内容的视频，在家长和学校的正确引导下，儿童仍能形成健康的价值观。

389 高尿酸血症是由体内尿酸水平异常升高导致的一种状况，可能引发痛风、肾脏疾病等全身代谢性疾病。高尿酸血症的典型症状有慢性疲劳、蛋白尿、肾结石、痛风等。因此，只要身体没有出现这些症状，就不必担心高尿酸血症的问题。

以下哪项如果为真，最能质疑上述论证？

A. 早期高尿酸血症可能没有症状，但是依然会对人的肾脏、关节和神经造成影响。

B. 高尿酸血症的主要根源是长期大量食用动物肝脏、海产品等高嘌呤食物，但大多数人并没有这样的饮食习惯。

C. 实验证明，只要每天饮水量超过 2 000 mL，就有助于体内尿酸的排出，从而降低患高尿酸血症的风险。

D. 大多数饮食，例如鸡蛋、乳制品等的嘌呤含量低于 50 mg/100 g，对尿酸的影响微乎其微。

E. 某国公共卫生部门建议，即便身体没有出现高尿酸血症的症状，也要定期检测尿酸的含量。

390 胆固醇不仅是维持机体正常功能的重要成分，还是合成细胞膜、胆汁、激素和维生素 D 的前置原料。尽管胆固醇好处多多，但长期以来，人们始终担心大量摄入胆固醇会对心血管造成不利影响。然而，《中国居民膳食指南（2022）》指出，人体对不同程度的胆固醇摄入量存在动态调节机制，能够适应胆固醇摄入量的波动。因此，不必过分担心大量胆固醇的摄入对身体的影响。

以下哪项如果为真，最能质疑上述论证？

A. 研究显示，我国成年居民的日均膳食胆固醇摄入量约为 260 mg，主要来源是鸡蛋。

B. 调查表明，对于部分胆固醇敏感人群，食物中高胆固醇的摄入仍可能加剧患心脑血管疾病的风险。

C.《中国居民膳食指南（2022）》推荐每个健康的成年人每天至少要摄入一个鸡蛋。

D. 猪脑的胆固醇含量是鸡蛋的 5 倍，但许多因恐惧胆固醇而不吃鸡蛋的人却热爱吃猪脑。

E. 随着医学的不断进步，许多营养学的知识都在不断地被推翻，今天权威机构推荐的生活方式，明天也许就会被彻底否定。

391 膳食纤维是人体必需的非能量营养素，对维持肠道健康、预防心血管疾病、控制体重及血糖水平等方面起着至关重要的作用。尽管膳食纤维对健康有诸多益处，但在现实生活中，很多人的膳食纤维摄入量远远低于每日推荐摄入量（25 克）。他们认为，只要平时保持健康的生活方式，如定期进行体育锻炼、保持良好的饮食习惯等，即便膳食纤维的摄入量不达标，也不会对健康造成太大影响。

以下各项均能质疑上述观点，除了：

A. 膳食纤维的摄入不足与心血管疾病及某些类型癌症的风险增加有关，即使保持其他健康的生活习惯，膳食纤维摄入不足的负面影响仍然存在。

B. 尽管定期进行体育锻炼和保持良好的饮食习惯对健康至关重要，但它们不能完全替代膳食纤维在维持肠道健康和控制血糖方面的作用。
C. 膳食纤维摄入不足可能导致血糖控制不良和体重管理困难，这些问题很难通过其他健康的生活方式得到完全解决。
D. 一些研究表明，服用膳食纤维补充剂可以部分弥补饮食中膳食纤维的不足，特别是对于那些难以通过日常饮食获得足够膳食纤维的人来说，这提供了一个便捷的解决方案。
E. 膳食纤维对于预防便秘和维持肠道健康至关重要，而运动和其他健康的生活方式虽有助于整体健康，但在直接预防便秘和维持肠道健康方面的作用有限。

392 某中学的一位班主任采用"诗体评语"对学生进行期末评价，这种方式不仅将学生的名字巧妙嵌入诗中，还附上了寓意解释，通过诗化的描述和真诚的鼓舞，为学生提供了充满传统美学风格和温度的教育方式。这种评价方式试图突破传统评价的局限，通过个性化的关注和情感的抚慰，激发学生的自信力、信任感和奋斗激情。对此，某教育专家认为，这种教育评价方式值得大力推广。
以下各项如果为真，均能质疑上述专家的观点，除了：
A. 教育评价的主要目的是激励学生进步，而过度的个性化评价可能导致学生和家长对评价的客观性和公正性产生怀疑。
B. 与传统的评价方式相比，"诗体评语"可能过于侧重情感表达，忽略了对学生学业成绩和能力提升的具体指导。
C. 学生对个性化和有情感温度的评价反馈更感兴趣，这类评价方式能显著提高学生的学习动力和自我价值感。
D. 在一些传统教育观念较为根深蒂固的地区，家长和学生可能更倾向于直接明了的学业成绩反馈，认为"诗体评语"缺乏实际教育意义。
E. 尽管"诗体评语"提供了一种富有创意和情感温度的评价方式，但其普及性和可操作性在不同教育环境中可能会受到挑战，特别是在师资和其他资源有限的情况下。

393 在《给教师阅读建议》一书中，小杨老师针对教师在阅读过程中可能遇到的问题，如阅读材料选择困难、阅读效率低等，提出了一系列建议和解决方案。书中不但引入"生存余力"等科学概念来解释阅读困难的原因，还建议使用思维导图等工具来增强阅读兴趣和效率。某专家据此认为，《给教师阅读建议》是一本对教师极具启发性的阅读指导书籍。
以下各项如果为真，则除哪项外均能质疑上述专家的观点？
A. 研究表明，采用思维导图等工具看似能显著提高阅读理解能力和记忆效率，但是反而可能让阅读的过程变得过于烦琐。
B. 虽然书中提出了多种提升阅读兴趣和效率的方法，但部分教师表示因为工作和生活压力过大，难以找到时间去实践这些策略。
C. 阅读策略的成效很大程度上依赖于个人的阅读习惯和偏好，对新方法的不适应使他们难以从书中受益。

D. 一些教师在应用书中推荐的阅读策略后，反馈称他们感受到了阅读效率的明显提升，解决了阅读进度缓慢的问题。

E. 尽管书中的科学概念和策略初看起来颇具吸引力，但有教师指出，在长期的教学实践中，这些理论的实用性并不如预期那般高，难以应对实际问题。

394. 19世纪的欧洲经历的工业革命不仅彻底改变了生产方式，还促进了城市化进程。此外，工业革命还催生了一系列科学技术的进步，这些科技进步为后续的技术革新奠定了基础。然而，这一时期的快速变化也带来了一系列社会问题，包括劳动条件的恶化和贫富差距的扩大，这最终激发了包括宪章运动在内的社会运动。某专家据此认为，工业革命看似给社会带来了经济增长和技术进步，但实际上，它降低了人民的生活水平，也带来了更多的社会矛盾。

以下哪项如果为真，除哪项外均能质疑上述专家的观点？

A. 工业革命期间，机械化生产极大地提高了社会生产效率，降低了底层人民因收入不足而爆发革命的概率。

B. 工业革命导致城市人口激增，从而促使政府和社会各界开始优化城市规划以及提高公共卫生水平。

C. 工业革命使得一些国家成为世界上最早实现工业化的国家，从而让它们能够借助销售工业品来提高本国居民的收入水平。

D. 19世纪的科学技术进步不仅限于电磁学领域，还包括了医学、化学等多个领域。

E. 工业革命期间，社会对教育的需求增加，让公共教育体系得到改革和发展，为社会提供了更多受过教育的劳动力。

395. 随着生活水平的提升，家长们对孩子的学习用具投入越来越多的关注和资金，特别是那些宣称具有"特殊功能"的学习用具，如儿童学习桌椅、护脊书包、全光谱台灯等。这些产品往往因引入了"符合人体工学"或"能模拟自然光"等科学概念而价格极其昂贵。然而，有专家指出，许多产品的实际使用效果不佳，家长应理性购买这些学习用具，避免被过度宣传所误导。

以下各项如果为真，则除哪项外均能质疑上述专家的观点？

A. 研究显示，使用"符合人体工学"的学习桌椅对儿童的坐姿有显著的效果，能有效预防颈椎和脊椎问题。

B. 多数家长反馈，虽然高价购买了宣称具有"特殊功能"的学习用具，但孩子的学习习惯和健康状况并未因此得到明显改善。

C. 市场上一些高端学习用具的确"能模拟自然光"，减少儿童使用时的眼睛疲劳，从而降低儿童患上近视的概率。

D. 消费者保护组织的调查发现，由于儿童的脊椎生长发育速度极快，护脊书包比普通书包更能保护儿童的脊椎。

E. 适当地改善学习环境，包括使用一些专门为儿童设计的学习用具，对于儿童的学习效率和健康有积极作用。

396 在医学界的病理诊断领域，人工智能（AI）与数字病理的结合正日益成为一个重要的发展趋势。AI 辅助数字病理可以将传统病理切片化，打破数字病理诊断的发展瓶颈。特别是在癌症患者数量不断增加的背景下，AI 和数字病理的结合可以有效节省人力和时间成本，提高病理诊断的质量和效率。对此，某专家认为，AI 的辅助不仅能减轻病理医生的工作负担，还能提高诊断的效率与可靠性。

以下各项如果为真，则除哪项外均能质疑上述专家的观点？

A. 在实际临床应用中，AI 与经验丰富的病理医生相比仍有差距，特别是在复杂病例的诊断上。

B. 受限于目前的技术发展程度，AI 辅助诊断技术并不稳定，有时可能会因为运行过程中突然出现的程序错误而导致对病例做出错误的判断。

C. 虽然 AI 在病理诊断中展现出潜力，但是需要医生花费大量的时间和精力与其沟通、磨合。

D. AI 技术的引入，尤其是在重复性高的任务中，可以显著提高工作效率，从而让病理医生能在很短的时间内准确诊断大量的病例。

E. 过度依赖 AI 可能会削弱医生自身的诊断能力，尤其是对年轻医生的教育和培养可能产生不利影响。

397 转换成本是指当用户从使用本外卖 APP 到使用其他 APP 点外卖时，能够使这一举动变得困难的因素。一般是指用户在对现有的服务商或产品不满意时，出于担心放弃造成的经济和社会损失或者心理负担而继续使用现有的服务商或使用现有的产品。因此，有专家认为，转换成本越高，用户使用其他方式的可能就越低，从而对于本 APP 的粘性就越高。

以下哪项如果为真，最能削弱上述专家观点？

A. 转换成本对用户持续使用意愿具有显著的正向影响。

B. APP 平台可以通过消费提供积分、会员等级、绑定会员卡来不断地提高转换成本、完善用户消费信息记录，并据此进行智能推荐，从而提高其持续使用的可能。

C. 除了转换成本，用户满意度以及品牌形象也是影响用户粘性的因素。

D. 由于外卖 APP 的种类繁多，有的用户更希望对多个 APP 进行比较，当转化成本高时，反而会让用户觉得该 APP 功能烦琐，从而不再使用该 APP。

E. 近几年，随着人民收入水平的不断提高，我国居民在餐饮上的消费支出大幅增加，整个餐饮市场的收入规模逐年递增。

398 在多个雾霾严重的城市，周边分布着大量的工业企业，这些企业每日排放出巨量的废气，其中包含多种污染物，如二氧化硫、氮氧化物和颗粒物等。监测数据显示，在雾霾天，这些城市空气中的污染物浓度远高于正常天气，且污染物成分与工业废气的主要成分高度吻合。有专家据此认为，工业废气排放是导致雾霾天气频繁出现的罪魁祸首。

以下哪项如果为真，最能削弱上述专家的观点？

A. 某些城市在加强对工业废气排放的严格管控后,雾霾天气的发生频率并没有明显下降。

B. 研究表明,机动车尾气排放所产生的污染物在雾霾形成过程中起到的作用与工业废气相当,且在大部分城市,机动车保有量巨大,尾气排放占污染物排行第一。

C. 有部分地区,虽然工业活动并不活跃、工业废气排放量很少,但依然会偶尔出现雾霾天气。

D. 一些环保专家指出,冬季的逆温现象会阻碍空气对流,使得污染物难以扩散,这是雾霾天气形成的重要因素之一。

E. 随着环保技术的不断进步,如今很多工业企业已经采用了先进的废气净化设备,大大降低了废气中污染物的排放浓度。

399 一个公司要想取得显著的运作和发展,在激烈的市场竞争中占据一席之地,就需要不断大量地纳入人才,科学把控人才招聘,因此招聘成为企业运营的关键环节。与此同时,人工智能是互联网技术发展下的重要产物,它集智能化技术、数据分析技术、云计算技术、区块链技术于一体。由此,有专家认为,随着人工智能技术的发展,未来招聘人才的方式会从传统的招聘模式变为人工智能招聘。

以下哪项如果为真,最能削弱上述专家的观点?

A. 有些公司由于经济、技术等条件的限制,还无法熟练运用人工智能。

B. 目前人工智能技术尚未完善,一旦纳入招聘的人才数量过多,就会影响整个招聘流程,从而影响公司运作。

C. 某公司在招聘环节遇到了一定的难题,而随着人工智能技术的应用,构建相应指标模型,进而为整个招聘工作带来精准数据分析,制定相应招聘准则。

D. 利用人工智能技术精准匹配人才职位,有效缩短招聘流程,减少对时间的浪费与消耗,根据招聘计划模块与分析模型展开相应的结果分析。

E. 人工智能需要大量的数据支撑。

400 随着生活水平的不断提升,人们在物质需求得到满足后,愈发注重精神层面的慰藉。在这样的背景下,宠物越来越多地走进家庭,成为很多家庭不可或缺的重要成员。然而,当宠物去世后,其处理问题逐渐凸显出来。宠物尸体含有较多细菌,若处理不当,很容易对土壤、水源等造成污染。并且,我国养宠人群规模庞大,对宠物殡葬服务的需求极为旺盛,反观国外,宠物殡葬行业已相对成熟。因此,有专家认为,大力发展宠物殡葬服务是我国宠物行业亟待解决的问题。

以下哪项如果为真,最能削弱上述专家的观点?

A. 经过多年的宣传教育,我国绝大多数养宠人士已经掌握了科学合理且环保的宠物尸体处理方法,能够有效避免对环境造成污染。

B. 我国的一些动物保护组织正在积极推动建立宠物尸体回收机制,该机制一旦建立,将大大降低对宠物殡葬服务的依赖。

C. 虽然我国养宠人群规模庞大,但其中一部分养宠者是年轻人,他们更倾向于将宠物尸体简单埋葬，而非选择宠物殡葬服务。

D. 国外宠物殡葬行业的成熟是经过了长时间的发展和完善，且国外的相关法规和监管体系比我国更为健全。

E. 目前已经有一些民间自发的组织在提供宠物殡葬服务，并且获得了部分养宠人士的认可。

401 随着经济快速发展和膳食结构变化，大学生超重肥胖和心理问题日益突出。研究人员采用方便抽样方法从上海、江西、湖北3省（直辖市）9所高校抽取13 920名大学生进行问卷调查，获取大学生一般人口学特征、奶茶消费情况、超重肥胖情况、抑郁症状等信息。结果发现，相比未消费奶茶组，奶茶消费频次4～5次/周和≥6次/周的大学生超重肥胖和抑郁症状共患风险更高。因此，有专家认为，大学生经常性奶茶消费可能增加超重肥胖及抑郁症状共患的风险。

以下哪项如果为真，最能削弱上述专家的观点？

A. 高糖饮食可能通过提高皮质醇水平导致下丘脑－垂体－肾上腺轴失调影响情绪稳定性。

B. 频繁饮用奶茶的个体伴有其他不健康的生活方式，是这些因素增加了超重肥胖和抑郁的风险。

C. 部分奶茶中含有大量反式脂肪酸，反式脂肪酸是肥胖的风险因素。

D. 市售奶茶的含糖量普遍超标，长期频繁摄入可能会导致能量过剩。

E. 大学生处于青春期向成熟期过渡，因身体、情感和社会变化容易出现心理问题。

402 在化工水污染环境治理中，5G通信技术凭借更快的数据传输速率和更低延迟，结合化工厂及周边传感器，能实时获取水质等信息并上传至中央控制系统，方便管理人员随时监控水质和及时应对异常。指挥人员借助手机或平板上的管理软件，无需到现场就能便捷管理，提高决策效率、缩短响应时间，在发生自然灾害时，还能通过高清远程视频监控识别污染情况。因此，有专家认为，5G通信技术对化工水污染治理有极大助力。

以下哪项如果为真，最能削弱上述专家的观点？

A. 5G网络在化工厂等复杂工业环境下信号容易受到干扰，导致数据传输时常中断。

B. 安装5G相关设备及配套传感器成本高昂，多数化工企业难以承受。

C. 部分管理人员对智能手机和平板电脑操作不熟练，影响对治理情况的监控。

D. 目前5G技术在化工水污染治理中的应用案例较少，效果有待进一步验证。

E. 智能化系统识别洪水覆盖区域污染情况时，会受到天气等因素的影响。

403 无人驾驶是目前炙手可热的技术。具备无人驾驶功能的汽车可以通过各种传感器，如雷达、激光雷达、摄像头，以及高级计算机系统进行实时数据处理和决策，来提高道路安全性、减少交通拥堵，从而提高交通效率。然而，有些专家始终对该技术持有怀疑态度。

以下哪项如果为真，最能质疑上述专家的观点？

A. 无人驾驶技术目前尚不成熟，造价高昂、技术不稳定都是有待解决的问题。

B. 即便是在高速公路上行驶，摄像头也比人的肉眼看得远、看得清。

C. 在某些复杂的道路环境中,无人驾驶的汽车的某些关键设备可能失灵。

D. 若无人驾驶技术可以提高交通效率,则可以有效地振兴经济。

E. 传感器结合高级计算机系统做出的驾驶决策比大多数司机做出的决策都更加高效、安全。

404 考古学家在一处偏远山区发现了大量雕刻精美的岩画和石器工具,推测该区域曾是古人类重要的聚居地。这些岩画描绘了狩猎场景和群体舞蹈,石器工具包括箭头、刮削器和磨制石斧。据此,研究人员通过分析工具的磨损程度和分布密度,认为这里曾至少有 200 人长期居住。

以下哪项如果为真,最能质疑上述研究人员的观点?

A. 岩画中出现的动物种类与当地史前生态环境不符。

B. 石器工具的原料来自 300 公里外的矿区。

C. 该区域存在多处天然洞穴,但仅发现少量生活遗迹。

D. 岩画的颜料成分显示其绘制时间跨越了 5 个世纪。

E. 类似的岩画和工具组合在附近的宗教遗址中被发现。

405 依据《教育技术研究》2025 年发表的实验数据:某校实验班引入手机教学后,学生课堂分心频率增加 2.1 倍,教师维持纪律时间延长 15%。尽管 2027 年教育部基础教育司对 300 所中学的跟踪研究显示,允许手机辅助教学的班级数学平均分提升 4.7 分,且 AI 监考系统使作弊识别准确率达 99.6%,但是该学校仍坚持禁止学生使用手机。

以下除哪项外,都能减轻学校对手机的担忧?

A. 学生使用手机主要用于查阅学习资料和在线课堂。

B. 教师可以通过技术手段屏蔽手机信号,防止作弊。

C. 长时间使用手机可能导致视力下降和颈椎问题。

D. 调查显示,90% 的学生表示在课堂上不会主动使用手机。

E. 手机内置的教育类应用程序能有效提升课堂互动性。

题型 14　特殊关系的削弱

考向 1　因果关系的削弱

406 随着公众对科学发现、发明和推测的兴趣日益浓厚，科学交流已经从仅限于专业领域扩展到了更广泛的公众领域，这就是所谓的科普。为了给公众更清楚地解释最新的科学发现，许多科学家通过图像、短视频等视觉化手段与公众交流。但是，一些专家指出，这种交流方式可能会让信息过度简化，从而导致公众忽视了科学的复杂性。

以下哪项如果为真，最能质疑上述专家的观点？

A. 许多科学期刊通过实验数据和专业的数据，成功地向公众传达了最新的科学研究结果。

B. 公众对科学的兴趣主要集中在科学发现的实用性和应用价值上，而不是科学研究过程的复杂性上。

C. 科学的视觉化手段，如图像和图表，虽然吸引了公众的注意力，但有时也会误导非专业受众对科学概念的理解。

D. 在利用视觉化手段解释科学发现的过程中，只要能遵循由浅入深的原则设计内容，就不会让公众忽略科学本身的复杂性。

E. 科学家通过社交媒体平台与公众互动，成功地提高了公众对科学研究的理解和支持。

407 随着科技的飞速发展，传统计算机技术面临着物理极限和发展瓶颈两大问题，迫切需要新的技术突破。中国科研团队通过将液态金属与量子器件及计算技术结合，证明了液态金属在未来计算技术中的潜在应用价值。液态金属的独特导电性质和其在不同环境下导电性质的可变性，预示着它可能成为超越传统硅基半导体技术的重要材料。某专家据此推测，在不远的将来，液态金属会在计算机领域全面取代传统金属。

以下哪项如果为真，最能质疑液态金属在推动计算技术革命中的关键作用？

A. 液态金属在先进制造等领域已经取得了实际应用，证明了其广泛的应用潜力。

B. 液态金属被视为未来计算技术的可能材料，但其稳定性和可重复性问题尚未得到完全解决，这直接影响了其在实际计算设备中的应用。

C. 尽管液态金属展现出在计算技术中的潜在应用价值，但目前还没有实现对传统硅基计算技术性能的实质性超越，液态金属基计算机的实际构建仍面临重大技术挑战。

D. 液态金属技术已经引起了国际科学界的广泛关注，目前全球多个科研机构正在液态金属领域进行深入研究。

E. 液态金属的流动性比传统金属强，更容易流入计算机主板导致主板被电流击穿，这是短期内难以解决的问题。

408 在当前网络高速发展的时代背景下，大学生分期购物平台因其便捷的支付方式等优点，受到了广泛欢迎。这些平台提供了一种新型的消费方式，使得大学生能够通过分期付款的方式购买高端数码产品等他们喜欢但超出预算的商品。专家认为，这种消费模式不仅满足了大学生对新鲜事物的追求，更在一定程度上培养了他们的财务管理能力。

以下哪项如果为真，最能质疑上述专家的观点？

A. 许多大学生在使用分期购物平台购买了高端数码产品后会很快失去新鲜感。

B. 大学生分期购物平台的审核门槛较低，缺乏对学生真实经济状况的深入了解，增加了借贷风险。

C. 购买超出预算的产品反映了消费者缺乏良好的财务管理能力，甚至会因此陷入债务危机。

D. 大学生通过分期购物平台购买的商品，大多数是他们日常学习和生活中必需的电子产品。

E. 许多大学生不仅在分期购物平台购买高端数码产品，还会购买超过他们消费能力的奢侈品。

409 某智能股份公司近期在筹备上市。该公司专注于智能家居行业，主要从事智能网络机顶盒和家庭多媒体智能终端产品的研发、设计、生产与销售。公司招股书显示，其客户集中度较高，外销占比超过90%，且研发费用占比低于同行可比公司平均值。某教授据此认为，该公司极具竞争力，上市以后将会成一家值得投资的公司。

以下哪项如果为真，最能质疑上述教授的观点？

A. 该公司近几年内成功开发出多项行业领先的新产品，其市场占有率和品牌影响力显著提升。

B. 外销占比过高的公司往往存在客户过于集中的问题，其上市后存在业绩大变脸和大股东减持套现的风险。

C. 该公司的竞争对手外销占比也超过了90%，近期因为地缘冲突的影响，业绩大幅度下滑。

D. 深交所的调查表明，该公司没有建立外汇风险管理制度，可能无法应对汇率波动对公司业绩的影响。

E. 该公司的研发团队虽然比较小，但是效率极高，其研发出的产品在功耗、性能和用户体验上均优于大多数竞争对手，显示出强大的创新能力和市场竞争力。

410 人工智能在现代社会和人类生活中的作用超乎想象，它不仅将极大地帮助人类克服当今所面临的生存挑战，还能为人类提供未来生存之道。因为，不同的人工智能系统不仅可以解决系统内的问题，还能够互相协作，使得它们在各个领域中更加稳定，更加有效地发挥作用，并赋予人工智能系统具有超越单个系统的更为强大的功能。

以下哪项如果为真，最能质疑上述论证？

A. 美国的"国家人工智能计划"设立之初，就是为了在所有社会领域、自然及人造世界里推动最前沿的人工智能科学研究。

B. 自动驾驶和智能家居的蓬勃发展，正说明了人工智能对人类社会产生的作用越来越大。

C. 多种人工智能的相互协作看起来功能强大，但在协作过程中总是容易出现一些问题。

D. 人工智能结合大数据就可以挖掘出更高效的算法和模型。

E. 多种人工智能的协作看似功能强大,但也容易进化出反社会人格,对人类的生存造成巨大的威胁。

411 在信息时代,科技与艺术相互依存、彼此促进的关系已经越来越明显。在戏剧史上,从三棱景柱的出现到立体布景的使用,从煤气灯照明到电脑灯的布控,都曾使戏剧演出的总体面貌产生巨大变化。剧场科技、智能舞台、多媒体的广泛运用,显然极大地丰富了当代舞台的表现手段和艺术面貌,并且为人们带来全新的审美体验。有文化学者据此推测,戏剧艺术对现代科技手段会越来越倚重,演员不主动适应被各种科技元素构筑起来的表演空间,就会被时代所淘汰。

以下哪项如果为真,最能质疑上述文化学者的推测?

A. 国内外,已经有人开始尝试让机器人参与戏剧表演,用各种方式打破舞台艺术的传统局限。

B. 戏剧是关乎人的情感、人的存在、人的价值、人的处境、人的命运的艺术,还是需要演员的肢体语言和情感才能体现,否则戏剧就成了无源之水、无根之木。

C. 我们欢迎新的科技,但是这不意味着科技唯上和科技滥用。

D. 戏剧艺术家应当具备高尚的美学情操和高超的艺术造诣,如此才能将各种科技手段水乳交融地内化于创造中。

E. 科技改变了戏剧的传播方式,借助现代拍摄技术和传播手段,戏剧录像才可以广泛传播到世界各地。

412 自从 2021 年"史上最严防沉迷禁令"发布后,很多游戏都会发布未成年人可玩游戏的时间安排。之所以要如此严苛地管理未成年人玩网络游戏的时间,是因为多年来网络游戏一直被家长当作孩子成绩不好的一个借口。很多家长认为,就是因为孩子长时间地玩游戏导致他们无法将注意力用到学习中去,学习成绩大幅度下滑,甚至变得脾气暴躁、叛逆。

以下哪项如果为真,能有力质疑上述观点?

A. 有些沉迷游戏的问题孩子是不成功家庭教育和学校教育的受害者,其根本原因是亲子关系、教育系统的漏洞。

B. 孩子没考好,家长没有及时给出安慰和鼓励,这导致孩子们不愿意和他们沟通,只能自己消化心里的委屈和失落,孩子只有长时间玩网络游戏才能抚慰自己的消极情绪。

C. 在诸多的学生中也有一部分学习成绩好的孩子,单次玩游戏的时长达到 2 小时。

D. 高中生学业压力大,周内的时间基本被学习占据了,他们只能在周末休息时间玩 2 小时游戏,但总是被家长遇见,被误以为是天天玩。

E. 在网络游戏中,游戏玩失败了还可以重新再来一局,孩子们在其中不会有消极的情绪,反而会缓和他们在现实生活中的不开心。

413 张研究员:恐龙灭绝的主要原因是陨石撞击地球,这导致全球环境变化。李研究员:我不同意，我认为恐龙灭绝的主要原因是长期的火山活动，这导致了全球气候变暖，影响了恐龙的生存。

以下哪项如果为真，最能质疑李研究员的观点？

A. 通过对太阳系外的行星的研究，科学界发现，陨石撞击行星可能会对行星的环境造成影响，从而影响行星上生物的生存。

B. 相比于火山活动带来的气候变化，植物进化导致的恐龙食物来源的变化是造成恐龙灭绝更为重要的因素。

C. 恐龙的灭绝受到多种因素的影响，例如，食物来源的变化，更强大的捕食者的出现。

D. 物种的繁衍是生生不息的，即便某一个物种灭绝了，也不会影响其余物种的繁衍。

E. 许多学者通过对地球大气的研究发现，陨石在撞击地球之前基本上都会因为和大气产生摩擦而燃烧殆尽。

414 某研究团队对一批有睡眠问题的人和一批没有睡眠问题的人进行了睡眠问题与大脑清洁机制的研究。他们发现，有睡眠问题的人在深度睡眠期间，大脑的清洁机制活跃度更高。而大脑的清洁机制主要是清洁大脑中的废物和毒素。研究人员据此认为，是大脑的清洁机制过于活跃导致了睡眠问题。

以下哪项如果为真，最能质疑上述论证？

A. 有睡眠问题的人比没有睡眠问题的人更喜欢在睡前玩手机、看各种短视频。

B. 上述研究团队并不是睡眠领域的专家。

C. 当人有睡眠问题时，大脑就更容易产生各种各样的废物和毒素。

D. 上述实验中调查的有睡眠问题的人在所有存在睡眠问题的人中的占比不到10%。

E. 若大脑中的废物和毒素无法得到清洁，则可能对大脑造成不可逆的损害。

415 混合动力汽车是指采用传统的内燃机加上发电机作为汽车的输出动力的汽车。混合动力汽车可以分为三种，分别是插电式混合动力汽车、油电混合动力汽车以及增程式混合动力汽车。插电式混合动力汽车是让汽车完全使用电机驱动；油电混合动力汽车是在燃油车的基础上加一个电机；而增程式混合动力汽车是用发动机进行发电，电池进行蓄电，继而通过电动机进行驱动。近来的销售数据显示，插电式混合动力汽车的销量总体最高，可见，消费者更愿意购买操作便捷的插电式混合动力汽车。

以下哪项如果为真，最能削弱上述论证？

A. 目前，混合动力汽车市场中最主流的就是插电式混合动力汽车，可以直接充电，非常便捷。

B. 插电式混合动力汽车可以实现纯电动、零排放的驾驶，满足了城市中对环保的要求。

C. 增程式混合动力是加油自充的模式，所以不用担心电池没电，但是能源转化的过程烦琐，这使得高速行驶状态下会更加费油。

D. 与油电混合动力汽车以及增程式混合动力汽车相比，插电式混合动力汽车通常来说制造成本更低，因此车型种类多，售价更便宜。

E. 随着全世界高呼节能减排禁售油车，汽车厂商为了顺应时代发展的趋势，一定会研发更加适合市场的汽车。

416 有一些人在遇到意外脑创伤后，会突然拥有超出常人的艺术或才智方面的天赋，1988年的电影《雨人》（RainMan）让"白痴天才"这一形象为大众所熟知——学者综合征患者从小就具有非凡的音乐、艺术、数学或记忆等方面的才能；但与之形成鲜明对比的是，他们在语言、社交和其他方面的能力却存在明显缺陷。有专家由此认为，意外脑创伤是通向艺术殿堂的一扇窗。

以下哪项如果为真，最能质疑专家的结论？

A. 只有不到1%的学者综合征患者在患病期间能成为杰出艺术家。

B. 我们每个人的身体里都住着一个"内在的天才"，需要有机会释放被封印的才华。

C. 因为意外事件而表现出特殊才能，可能缘于大脑某些区域活动减弱以及某些区域活动增强。

D. 学者综合征患者患病后所获得的艺术或才智方面的才能只能是家族遗传的结果。

E. 即使是非学者综合征患者，成为艺术家的也非常少。

417 我国离婚率从2004年开始，已经连续15年上升，直到2020年才出现了罕见的回落。但是离婚人数却依然高达434万对，2020年结婚的人数也只有814万对，全国离婚与结婚比重高达53%。经济的发达，使得人们婚恋和生育观念发生了变化。但是，长辈都一致认为，之所以人们越来越不愿意结婚，生育率也逐渐降低，初婚年龄也在增大，是因为现在的年轻人只知道享乐，实在是太没有责任心了。

以下哪项如果为真，最能反驳上述长辈们的观点？

A. 现在年轻人的经济压力大，尤其是男孩，想要和伴侣结婚，房子、车子和彩礼，这基本上都是标配。而普通年轻人的工资，除了日常的开销，能存下的没多少。

B. 现在结婚登记的平均年龄是31岁，相比5年前，初婚年龄突增了3.7岁。

C. 当代的适龄期青年90后居多，大都是经过高等教育洗礼的新一代年轻人，他们对于所处的社会环境和自身环境有一个很理性的认知，在他们看来，自己过得并不富足，不会轻易地结婚生子，这是不负责任的行为。

D. 受教育的时间越来越长，这导致了在青春的岁月里，留给婚姻的空间和时间越来越少。

E. 大多数年轻人都是很有责任心的，他们不会因为工作不顺利而撂挑子，只是抱怨一下又开始继续工作。

418 近年来，越来越多的国家已经注意到日益恶化的环境不仅对社会的经济发展，而且对人类的健康水平产生了巨大的影响。在这种背景下，越来越多的国家在环保方面的投入在不断加大。据统计，仅在2020年，美国环保署的环保项目投入资金就达到了300亿美元，在全球环保投入中排在第一，充分地说明了美国对环保工作的高度重视。

以下哪项如果为真，最能质疑上述论证？

A. 根据 2022 年的统计，德国在环保项目的投入资金已经超过了美国，位列全球第一。

B. 将环保视为国家战略不仅可以提高人均寿命，而且可以促进环保行业的发展。

C. 由于政治体制的特殊性，美国在任何领域进行投资更多是为了在大选时争取更多的选票。

D. 一个国家对环保的重视程度可以体现这个国家的战略目光的长远程度。

E. 即便是在 2020 年，还有许多发展中国家无力顾及环保工作，他们也正在承受环境恶化带来的恶果。

419. 自 2010 年以来，随着石油资源的枯竭，越来越多的国家在大力发展可再生能源，以确保能源的安全性。调查表明，自 2010 年以来，全球范围内的可再生能源的使用量大幅度增长，尤其是在欧洲和北美地区。许多专家认为，这一趋势对全球碳排放的减少起到了主导作用。

以下哪项如果为真，最能质疑上述专家的观点？

A. 可再生能源的大幅度增长意味着人类不会再为能源枯竭而困扰。

B. 统计表明，近十几年全球碳排放减少的总量中，植树造林、退耕还林的减排量占比最高。

C. 虽然欧洲地区的可再生能源的使用量大幅度增加了，但其碳排放的减少主要依赖于对燃油车的限制。

D. 人类对能源的需求是没有上限的，即便目前有了可再生能源，但最终还是无法满足人类的能源需求。

E. 环境保护领域的专家一致认为，碳排放的多少取决于太阳照射到地球上的辐射量的多少。

420. 在互联网时代背景下，许多公司采取了多元化的网络营销战略，如网络整合营销、网络软营销、网络关系营销等，以提升其市场竞争力。这些公司不仅增强了与消费者的互动，还能提高了其市场竞争力。有专家就此指出，采取这些战略是大势所趋，那些不能适应这一趋势的公司最终都会被市场所淘汰。

以下哪项如果为真，最能质疑上述专家的观点？

A. 多元化的网络营销战略能吸引大量新客户，并且通过数据分析精准定位，有效提升转化率和客户忠诚度。

B. 网络软营销已经越来越容易引起消费者的反感，许多采取该策略宣传产品的公司不仅没能吸引新客户，反而会出现老客户流失的情况。

C. 多元化的网络营销的本质是对线上和线下资源的整合和利用，这样能最大限度增强品牌的竞争力。

D. 公司的市场竞争力的本质是产品的质量和服务，只有立足于这两点，才能长期在市场上站稳脚跟。

E. 有些公司只擅长传统的营销模式，但他们的市场占有率近期依然保持稳定。

421. 在我国，少儿出版物市场迅速发展，成为出版行业的一个重要分支。少儿出版物的消费者主要是家长、教育者等成年人，而实际的读者则是儿童。研究指出，尽管新媒体和数字平台的兴起改变了许多消费习惯，但在少儿出版物的获取上，成年消费者仍然偏好于传统渠道，例如实体书店，来选购和获取新书资讯。据此，专家指出，这种倾向可能是由成年消费者对于互联网渠道的信任度不足，或是对传统购书体验的偏好所导致的。

以下哪项如果为真，最能质疑上述专家的观点？

A. 大多数人认为实体书店能提供更专业的推荐和更丰富的互动体验，这是他们选择实体书店的主要原因。

B. 虽然实体书店的总体销量有所下降，但少儿出版物的销量却稳定增长。

C. 研究发现，超过一半的成年消费者通过社交媒体和在线论坛等数字渠道了解和讨论少儿出版物，而不是传统的实体书店。

D. 一家知名的少儿出版物在线销售平台近期推出的家长阅读指导服务，受到了广泛欢迎，这表明成年消费者对互联网渠道的接受度在提高。

E. 成年人在购买少儿出版物时，会尊重孩子的想法，而孩子很容易因实体书店导购员的精彩介绍而决定购买图书。

422 太阳系附近的某个行星最近因被陨石撞击而引起了科学家们的注意。某研究团队通过分析多光谱图像数据对某行星的表面进行深入研究后发现，该行星表面的一些区域显示出明显的颜色变化。行星表面的颜色变化往往能反映其表面材料和风化历史等重要信息，因此，该研究团队认为，该行星表面颜色变化的主要因素是太空风造成的风化作用。

以下哪项如果为真，最能质疑上述科学家所做的结论？

A. 如果该行星曾经被陨石撞击过，那也会造成其表面颜色的变化。

B. 行星表面颜色不仅受风化作用的影响，还会受到行星和恒星之间距离的影响。

C. 该行星附近还有另一颗行星，但是它的表面并没有出现类似的颜色变化。

D. 该研究团队用来观察行星表面颜色的机器较为老旧，可能存在误差。

E. 如果该团队将研究的时间跨度提升到一年以上，结果可能有所不同。

423 某医学杂志发布了一项关于能量饮料与睡眠质量之间的调查研究，这项研究收集了 5 000 名 18～35 岁的人的数据。其中，实验组的每名成员每天饮用三瓶能量饮料，对照组的成员每天只喝清水。结果表明，实验组成员平均每天的睡眠时间比对照组低 27%，深度睡眠的比例也要低 12%。这说明，能量饮料中的咖啡因等成分可能是导致年轻人睡眠时长缩短和睡眠质量差的关键因素。

以下哪项如果为真，最能质疑上述论证？

A. 一些喜欢熬夜打游戏的年轻人即使不喝能量饮料，也存在睡眠时长缩短和睡眠质量差的问题。

B. 深度睡眠比例不是判断睡眠质量的唯一标准，还需要看睡醒后的精神状态。

C. 由于实验者的疏忽，该实验的实验组有 3 000 名成员，而对照组仅有 2 000 名成员。

D. 能量饮料中除了咖啡因，还含有糖、维生素、矿物质和氨基酸，这些成分对身体健康是有利的。

E. 比起能量饮料，年轻人的生活方式、压力水平和电子设备使用习惯等是影响睡眠质量的决定性因素。

424 随着现代科技的不断发展，近视眼的发病率在全球范围内呈逐年上升趋势。特别是在青少年人群中，近视眼的发病率已达到令人担忧的水平。某调查人员发现，近视的青少年平时阅读写字时，更习惯于靠近书物或者屏幕。调查人员就此认为，这是近视的迹象。有专家认为，为了青少年的眼部健康问题，我们应该注重青少年平时的用眼习惯。

以下哪项如果为真，最能削弱上述专家的观点？

A. 长时间近距离用眼，睫状肌持续处于紧张收缩状态，导致晶状体变凸后难以恢复到正常扁平状态，进而使得眼睛的屈光状态发生改变，引发近视。

B. 青少年近视不仅影响其生活质量，如学习、运动和娱乐等，还可能对其未来造成一定的影响。

C. 近视还可能与家族遗传倾向、户外活动不足、营养缺乏等有关。

D. 近视可能引发一些并发症，如视网膜脱落等。

E. 在环境因素方面，教育方式和学业压力是导致青少年患近视的重要原因。

425 牛膝多糖是从中药牛膝中分离提纯出的一种中药活性成分。为了研究其功效，研究人员对老鼠进行试验：一个对照组未接受任何特殊处理，另一组则每天服用牛膝多糖。结果发现每天服用牛膝多糖的一组关节之间的间隙变宽，增加了膝关节屈伸最大角度。由此，研究人员表示，那些患有骨性关节炎的中老年人或许可以补充一下牛膝多糖。

以下哪项如果为真，最能削弱上述研究人员的观点？

A. 除了牛膝多糖，实验组的老鼠还喜欢吃各种乳制品。

B. 人类和老鼠的生活习惯有很大的区别。

C. 与对照组的老鼠不同的是，实验组的老鼠每天会围绕笼子跑步十分钟以上。

D. 骨性关节炎是由于周围软组织肿胀导致关节间隙变窄，从而膝关节屈伸最大角度变小，影响了日常生活。

E. 骨性关节炎是中老年人群常见的慢性进行性关节疾患，其诊断及治疗方法尚缺乏明确的结论。

考向 2　方法关系的削弱

426 环境中的有害化学物质和重金属等污染物以及微生物都可能导致儿童免疫系统的问题，增加患哮喘、过敏等疾病的风险。据此，有专家认为，环境污染和微生物会对儿童的免疫系统造成伤害，应该让儿童尽可能待在完全清洁的环境中。

以下哪项如果为真，最能质疑上述专家的观点？

A. 使用洗碗机洗碗的家庭中，儿童发生过敏的概率是用手洗碗家庭的两倍。

B. 在无菌环境下饲养的实验室小鼠，其免疫系统发育不全，经常生病，而野生小鼠则拥有更强大的免疫系统和更少的过敏反应。

C. 记忆性 CD8 阳性 T 细胞在免疫系统中扮演着重要角色，其主要功能是对抗和清除病毒和癌变细胞，但是这些细胞在完全清洁的环境中数量不足。

D. 在农村环境中长大的儿童比在城市中环境中长大的儿童哮喘和过敏症状发生概率更低。

E. 免疫系统的发育需要接触外界环境中的各种刺激，否则就可能存在发育不完全的问题。

427 在医学领域，造血干细胞移植已成为治疗白血病的重要手段。然而，传统上，寻找与患者人类白细胞抗原（HLA）完全匹配的供者一直是一个难题。北京大学血液病研究所所长黄晓军教授提出的"北京方案"通过采用单倍型移植技术，使几乎每个需要移植的患者都能找到供者。但是，依然有专家认为，为了尽可能提高患者的生存率，传统的移植方案依然是首选方案。

以下哪项如果为真，最能质疑上述专家的观点？

A. 通过"北京方案"实施的单倍型移植患者的 3 年无病生存率约为 75%～80%，和采用传统移植方案的患者基本相当。

B. "北京方案"可以让患者接受白细胞抗原仅有部分匹配的父母与子女之间、表亲与堂亲之间的移植，大大降低了寻找供体的难度。

C. 尽管"北京方案"提高了移植的可行性和安全性，但是在部分地区由于技术和资源限制，该方案的推广和应用仍面临挑战。

D. "北京方案"已被推广至全国 92 家移植中心及法国、意大利等 10 余家海外中心，获得了许多专家的一致好评。

E. 单倍型移植技术的应用虽然拓宽了供者的选择范围，但是对于特定的罕见血型或特殊遗传特征的患者，找到合适的供者仍然存在困难。

428 速冻食品因其快速冷冻过程能够最大限度地保留食物的营养和口感，而成为现代人饮食选择中的一个重要部分。此外，速冻食品的生产和储藏过程严格控制温度，理论上可以限制微生物的活动，减少食品腐败变质的可能。据此，某专家认为，若选择速冻食品作为主要食物来源，就既能享受原汁原味的食物，也不用担心食品变质问题。

以下哪项如果为真，最能质疑上述专家的观点？

A. 速冻食品在生产过程中使用的快速冷冻技术确实可以减少微生物的活动，但不排除有一些耐寒的微生物仍然可以在低温下存活。

B. 消费者往往因为信任速冻技术的安全性，而忽视了在家庭冰箱中对速冻食品储藏温度的监控，导致食品在不适当的温度下储存，增加了食品变质的风险。

C. 众口难调，在某些人眼中美味的食物可能在另一些人的眼中是难以下咽的，速冻食品也不例外。

D. 速冻食品在生产和储藏过程中的严格温度控制，确保了食品在到达消费者之前的微生物活动被有效抑制，从而保证了食品的安全性。

E. 速冻食品在生产、运输和储藏的过程中都严格控制环境温度，这对于一些偏远地区是难以实现的。

429 新冠肺炎疫情大范围传播期间，不少高校实施了严格的校园封控措施，将教学活动全面转移到线上，以减少学生之间的直接接触和聚集。封控措施有效地控制了新冠肺炎在校园内的传播。但是，封控期间有些学生开始沉迷于网络游戏。据此，某教授认为，这些学生没有意识到学习的重要性，应该加强对他们的价值观教育。

以下哪项如果为真，最能质疑上述教授的观点？

A. 封校期间，一些相互有成见的学生通过一起在游戏里战斗改善了原本紧张的宿舍关系。

B. 有些学生自控能力比较强，即便在封控期间在线听课，也能认真学习、及时完成作业。

C. 调查显示，疫情期间被封控的学生中仅有1%左右的学生沉迷于网络游戏，其余学生均能正常完成学习任务。

D. 研究指出，心理需求和情感寄托得不到满足是个体对某行为上瘾的主要根源。

E. 即便是学校也不应该只有一种价值观，只要学生的某一行为没有违反学生守则，任何人就无权禁止该行为。

430 近年来，中科院古脊椎所的卢静等人采用X光显微断层扫描和3D打印技术，成功还原了4亿年前盾皮鱼类的精细结构，包括其头部细小的骨片、上下颌关节以及细密的血管和神经分支。这种方法不仅避免了对珍贵化石的破坏，还提高了研究的精确度和直观性。某专家据此认为，现代化的研究方式对于古生物学领域的研究越来越重要，从事古生物研究的专家和机构都应该尝试用"现代化的研究方式"研究古生物。

以下哪项如果为真，均能质疑上述专家的观点，除了：

A. 依赖先进技术进行化石分析可能忽视传统的地质和古生态学研究方法，这些方法在理解古生物生活环境和行为模式方面仍然具有不可替代的价值。

B. 某专家在利用X光显微断层技术对比研究中澳两国鱼类化石得出的结论与主流研究机构用传统研究方法得出的结论不完全一致。

C. 尽管3D打印技术能够精确复原化石结构，但打印过程中的材料选择和技术处理可能改变模型的一些细节，从而影响研究的准确性。

D. 现代科技的应用，如X光显微断层扫描，提供了一种非破坏性的方式来"看见"化石内部结构，这对于保护珍贵化石资源具有重要意义。

E. X光显微断层扫描和3D打印技术高昂的成本和技术的复杂性可能导致相关研究成果无法普及。

431 一项科学研究中，科学家要研究一种名为"苦苦果实"的水果对小白鼠味觉的影响。实验发现，食用新鲜"苦苦果实"的小白鼠对苦味不再敏感，而食用不新鲜"苦苦果实"的小白鼠对苦味依然敏感。科学家据此认为，只有新鲜的"苦苦果实"才能使小白鼠的味觉发生变化。有医生据此猜测，可能可以利用该果实治疗味觉失调的患者。

以下哪项如果为真，最能质疑上述科学家的观点？

A. 人和小白鼠的味觉系统不同，"苦苦果实"在小白鼠身上有效果不代表在人身上也有效果。

B. 另一项实验表明，吃了不新鲜的"苦苦果实"的小白鼠的味觉也发生了变化。

C. 小白鼠和果蝇对苦味的敏感度都比较高，是味觉研究的常用实验动物。

D. 虽然这种"苦苦果实"会改变小白鼠的味觉，但对小白鼠的健康并没有影响。

E. 另一项实验表明，许多食用了新鲜"苦苦果实"的小白鼠的味觉没有发生变化。

432 在社会经济和文化快速发展的背景下，人们对精神生活的追求不断增加，特别是对情感、婚姻、家庭等方面更加关注。情感类期刊应运而生，旨在探讨和解决现代婚姻家庭生活中的问题。研究显示，2020年情感类期刊点击率最高的100篇文章中，约有60%的文章涉及名人正能量的内容，45%的文章紧跟社会热点，而超过70%的文章提供了某种形式的婚姻或恋爱指导。这表明，若情感类期刊的内容能继续围绕着这些内容深耕，就能进一步提高其点击率。

以下哪项如果为真，最能削弱上述研究结论的可靠性？

A. 随着社会的不断进步，公众对于情感、婚姻的观念的变化速度极快，过去的研究结果不一定适用于当下的情况。

B. 情感类期刊的作者在撰写文章时，广泛采用了来自读者的真实故事，并进行了分析，这些内容反映了情感问题的实际复杂性，而不仅仅是名人效应或社会热点。

C. 最近几年，网络和社交媒体的兴起极大地改变了信息的传播方式，使得情感类内容的受众更加广泛和多样化，可能会使情感类期刊的受欢迎程度受更多因素的影响。

D. 除情感、婚姻危机等主题外，情感类期刊还开始关注个人成长、心理健康等领域，这些新的内容同样受到读者的欢迎。

E. 情感类期刊面临的最大挑战是如何在众多的媒体和内容中脱颖而出，这要求它们不仅要关注当前的社会热点，还要预见未来的发展趋势。

433 南京大学生命科学学院的研究团队发现，摄入植食性食物时，某些植物中能对抗流感病毒的 miRNA 可以进入人体并且稳定存在，进而影响人类基因的表达。这些 miRNA 的稳定存在和功能表达挑战了以往认为 RNA 在细胞外环境中无法稳定存在的传统观点。某专家据此认为，植食性食物也可以对人的健康水平产生积极影响。

以下哪项如果为真，最能质疑上述专家的观点？

A. 植物 miRNA 在人体内的稳定性和功能性受特定生理条件的限制，这意味着它对人体健康的影响会比预期的要小。

B. 该研究团队仅仅研究了能对抗流感病毒的 miRNA 对人体的影响，但其他 miRNA 是否能在人体内稳定存在还尚不可知。

C. 植物 miRNA 能有效调节人体中与多种疾病有关的基因表达，但是也有可能会造成人体肿瘤等疾病基因的突变。

D. 另一项研究显示，植物 miRNA 虽然能影响人类基因的表达，但是这些被影响的基因很快就会被人体的免疫系统识别为异常基因而迅速清除。

E. 许多科学家都曾试图证明，植物 miRNA 对人的影响，但都以失败告终。

434 芬兰某大学组织了 2 000 多名中年男性，研究蒸桑拿对患老年痴呆症的风险的影响。研究发现，每周蒸桑拿 4～6 次的人患痴呆症的风险比每周只洗 1 次的人低 66%。此外，经常蒸桑拿的人患有冠心病等心血管疾病的比例也更低。研究人员据此推测，桑拿浴能对心血管系统产生积极影响，从而间接降低了患痴呆症的风险。

以下哪项如果为真，最能质疑上述研究人员的推测？

A. 虽然蒸桑拿对降低患痴呆症的风险有一定的效果，但是体育锻炼和健康饮食对预防痴呆症的作用更为直接和有效。

B. 桑拿房明确规定，只有没有冠心病等心血管疾病的顾客，才能进入桑拿房。如果不遵守该规定，产生的一切后果由顾客自身负责。

C. 上述研究主要针对的是中年男性，如果将调查范围扩大到女性群体，结果可能有所不同。

D. 上述研究并没有考虑到其他可能会影响心血管健康的因素，例如，研究对象的生活习惯、遗传因素等。

E. 蒸桑拿可能会导致血压升高，对于部分有心血管疾病的人而言，这种血压变化存在潜在的风险。

435 哈佛医学院的科研团队发现，活到 85～100 岁的人，比起活到 80 岁以下的人，神经活跃度明显要低。科研团队对数百个大脑的活跃度进行了研究，实验结果表明，70～80 岁和 85～100 岁两组实验对象的大脑皮层神经活跃度明显不同。科学家由此认为，可以由神经活跃度判断寿命，神经活跃度越低的人，寿命越长。

以下哪项如果为真，最能形成对上述科研团队结论的反驳？

A. 该科研团队刚刚成立三年，成员的平均年龄仅 30 岁。

B. 该科研团队研究的数百个大脑，都是"在认知上没有缺陷"的健康大脑。

C. 寿命比较长的人，往往心理素质比较好，神经系统活跃度较低。

D. 神经系统是否活跃只与人的心理状态是否好有关，与寿命长短关系不大。

E. 人的寿命受到体质、遗传因素、生活习惯、生活条件等多方面影响，个体的寿命长短相差悬殊。

436 在当今社会，随着人们生活水平的不断提高，饮食结构发生了显著变化，与此同时，糖尿病的发病率也呈现出逐年上升的趋势，成为威胁人类健康的重要公共卫生问题之一。在此背景下，某知名教授开展了一项长达 12 年的研究。结果显示，与那些从不在饮食中添加盐的人相比，偶尔在饮食中添加盐的人和经常在饮食中添加盐的人，患有Ⅱ型糖尿病风险的概率分别高出 20% 和 39%。该教授由此推测，高盐摄入会引发糖尿病。

以下哪项如果为真，最能质疑该教授的预测？

A. 糖尿病的发病机制较为复杂，但是目前医学界普遍认为，肥胖是导致糖尿病的因素之一。

B. 盐摄入量与患病风险之间的关系受到个体体质差异的影响，同样的盐摄入量在不同人群中的影响有所不同。

C. 许多专家认为，高盐摄入只是不健康饮食习惯的一部分，而整体的饮食习惯才是影响Ⅱ型糖尿病的主要因素。

D. 该研究中，偶尔在饮食中添加盐的人和经常在饮食中添加盐的人每天摄入的总热量比从不在饮食中添加盐的人分别高了 12% 和 21%。

E. 该研究只能证明高盐摄入和糖尿病有关，但并未给出明确的生物学依据来证明二者之间的联系。

437 许多教师相信，学生如果喜欢某位教师，他们会更加愿意接受该教师的教诲，这被概括为"亲其师，信其道"。一些研究表明，幽默可以促进师生之间的深层连接，是建立良好师生关系的有效方式。例如，一位教师通过创造性地使用"地板申诉书"以幽默的方式处理教室卫生问题，成功地引起了学生的反思并改善了班级卫生状况。某专家据此认为，幽默可以促进学生积极的行为改变，还能够提高学生成绩。以下哪行如果为真，最能质疑上述专家的观点？

A. 一些学生表示，虽然他们享受幽默的教学氛围，但过度使用幽默有时会分散他们对学习内容的注意力，影响学习效率。

B. 学生对教师的喜爱不仅仅基于教师的幽默感，还包括教师的公正性、专业性和对学生的关心程度。

C. 在某些文化背景下，幽默可能被视为不尊重或轻率，部分学生对于这种教学风格持保留态度。

D. 教师运用幽默的效果很大程度上取决于个人的幽默感知力和表达能力，不是所有教师都能有效地运用幽默来提高教学效果。

E. 尽管幽默可以在短期内拉近学生和教师的距离，但是教师的教学方法和知识水平才是决定教学效果的关键因素。

438 一项研究表明，对于儿童来说，阅读纸质书籍和电子书籍在提高阅读能力上都有积极的作用。纸质书籍可以提供物理感知的体验，有助于儿童对故事的理解；而电子书籍则可以提供声音、动画等多媒体元素，激发儿童的兴趣。因此，研究人员认为，若能同时进行纸质阅读和电子化阅读，就可以高效提高儿童的阅读能力。

以下哪项如果为真，最能质疑上述研究人员的观点？

A. 某儿童一直坚持纸质阅读和电子化阅读，但其阅读能力一直没有提高。

B. 大多数同时进行纸质阅读和电子化阅读的儿童都容易感觉到疲倦。

C. 若只进行纸质阅读，也可能提高儿童的阅读能力。

D. 儿童阅读能力的提高不意味着其学习能力的提高。

E. 阅读的方式不是重点，重点是有一颗热爱阅读的心。

439. 智能手机时代到来之后，手机行业的竞争愈加激烈，国产机的发展甚至可以用雨后春笋般来形容。在选购手机时，产品质量为消费者考虑的主要因素。Z 手机生产厂家一方面进行更加时尚的外观设计，另一方面加大研发力度，提高手机质量。同时，为了能更好地扩大市场份额，又降低了产品的价格，Z 公司经理认为，在进行一系列的努力之后，Z 公司的手机销量一定会提升。

以下哪项如果为真，最能削弱 Z 公司经理的观点？

A. 消费者对价格并不敏感，没有意识到该手机的价格有所下降。

B. 消费者选购手机时，往往比较冲动。

C. 消费者通常是通过价格来衡量手机质量的。

D. 其他手机生产厂家也调整了产品价格。

E. 不同消费者对手机产品的关注点不一样，产品质量不是唯一的考虑因素。

440. 在当下竞争激烈的餐饮市场环境中，"特好吃"餐厅一直致力于为顾客提供优质的美食与舒适的用餐体验。然而，近来餐厅却遭遇了一个颇为棘手的问题。在用餐高峰时段，餐厅内座位有限，可部分顾客在用餐之后并没有及时离开，而是长时间逗留。经过餐厅管理层的多次研讨与分析，"特好吃"餐厅决定向用餐完毕 1 小时仍未离开的顾客收取一定的费用。总经理推测，该方案会使用餐完毕不离开的顾客数量大量减少。

以下哪项如果为真，最能削弱上述推测？

A. 收费标准太低，对来此用餐的顾客没有太大的约束力。

B. 有个别顾客对收费行为不满，有时会故意以不离开餐厅的行为来抗议。

C. 有些顾客利用餐厅的环境拍照、拍视频，常常用餐完毕却不离开。

D. 收费后，更多的顾客认为即使用餐完毕不离开也不必愧疚，只要付费即可。

E. 顾客很开心能在优美的环境中用餐。

441. 2017 年，在美国西南地区进行的研究发现，在被观察的口腔溃疡病人中，有五分之一的人在服用 G-U-M Rincinol 后产生了明显的副作用。一些医生据此认为，应该禁止使用 G-U-M Rincinol 治疗口腔溃疡。不过迄今为止，G-U-M Rincinol 依然是治疗口腔溃疡的速效药中最有效的一种。

以下哪项如果为真，最能削弱上述观点？

A. 在最常用 G-U-M Rincinol. 治疗口腔溃疡的西南地区，由口腔溃疡而导致口腔癌的人数近. 几年增加了。

B. 在被观察的那些服用 G-U-M Rincinol 的病人中，许多人以前从未服过这种药。

C. 尽管 G-U-M Rincinol 越来越受关注，西南地区的许多医生仍然给口腔溃疡患者开这种药。

D. G-U-M Rincinol 使某些人的口腔溃疡病情加重，是因为它能破坏神经功能。

E. 在被观察的那些服用 G-U-M Rincinol 的病人中，只有胆固醇含量极高的患者服用后才会产生副作用。

442. 森林中的植物要想茁壮成长，就必须和某些菌类共生。植物和真菌各取所需，相互提供养料，真菌是和植物共生的菌类中最重要的一类。然而，全球气候变暖造成的干旱导致真菌等菌类大量死亡，从而导致植物死亡，引发了森林退化等现象。专家据此认为，为了应对气候变暖带来的挑战，应当选择其他耐旱的菌类和植物共生。

以下哪项如果为真，最能削弱上述题干？

A. 一些真菌比其他类型的菌类的耐旱能力更强。

B. 就算可以用耐旱菌类和植物共生，也需要一段时间。

C. 和植物共生的真菌是森林中的动物重要的食物来源，若没有这些真菌，这些动物就可能因饥饿而死亡。

D. 耐旱的真菌也无法适应目前全球的气候变暖。

E. 即便耐旱菌类能和植物共生，也无法缓解气候变暖等环境变化。

443. 甲国在经济快速发展的进程中，工业活动频繁，加之民众日常出行对机动车辆的高度依赖，城市空气质量每况愈下。尤其在秋冬季节，受不利气象条件影响，雾霾天气频发，致使大气严重污染，不仅严重影响居民的日常出行安全，对民众的身体健康也造成了极大威胁。为了改善这一现状，有关专家提议，自此以后所有的公交车、出租车以及其他的公共车辆都一律用电能代替燃油，加快推进新能源汽车的普及，以后再覆盖到所有的机动车辆。

以下哪项如果为真，能最有力地质疑上述专家的提议？

A. 从成本上来看，购置电动车与燃油车相比没有优势。

B. 电动车对于在城市通勤的人们来说很适合，但是对于长时间跑长途的司机来说极其的不方便，充电是一个很大的问题。

C. 乙国的新能源汽车减排数据显示，使用新能源汽车后的大气污染检测数据是原来使用燃油汽车的一半多。

D. 治理大气环境污染是一个复杂的大工程，单一的治理很难从根本上解决问题。

E. 电动车使用的电能都是由火力发电提供的，对电能的需求激增会消耗更多的煤炭，这会导致颗粒物的大量排放，加重雾霾的严重程度。

444. 近年来，随着长江经济带发展战略成功实施，我国提出了黄河流域生态保护和高质量发展的"江河战略"。孙教授说："黄河流域生态破坏问题之所以长期得不到彻底解决，除与黄河流域的自然环境相关外，也与该流域经济和社会发展水平参差不齐有着密不可分的关系。因此，为了有效解决黄河流域的生态问题，还应在统一黄河流域的发展水平方面下功夫。"

以下哪项最有力地削弱了孙教授的论证？

A.《长江保护法》的实施，涉及多个领域、多个部门的流域治理，耗费大量精力，对于黄河的参照意义不大。

B. 黄河流域横跨我国东西中三部，很难用单一的法律约束对黄河的过度开发等行为，同时各区域间社会发展水平差异大，无法实现统一发展。

C. 要保护黄河，就要做到坚持走绿色可持续的高质量发展之路。

D.《长江保护法》和《黄河保护法》两部流域治理立法以最严格的制度、最严密的法治保护长江和黄河，推动"江河战略"实现良法善治。

E. 近年来，黄河流域两岸村民不断过度开发，在经济发展的同时，却带来了严重的环境发展滞后。

445 在现代快节奏的生活模式下，工作压力、作息不规律以及不健康的饮食结构等诸多因素，使得脱发问题成为困扰众多现代人的一大烦恼，人们急切地探寻着各种有效的防脱生发方法。生姜算得上是一种源远流长的防脱生发圣物，无论是古老朴素的生姜，还是在双十一大卖的生姜洗发水，都是爱发人士关注的热点。有人认为，抹上生姜汁以后会感觉头皮又热又辣，确实使血液循环加快，促进了生发。

以下哪项如果为真，最能削弱上述观点？

A. 一根头发从长出到脱落会经历成长期、退缩期和休止期，如果头发的正常生长周期被破坏，那么脱发就此诞生。

B. 头发90%以上的成分是蛋白质，如果缺乏蛋白质，就会影响头发的生长。

C. 姜辣素是导致热辣感觉的主因，其一大作用就是扩张血管，促进血液循环。

D. 生姜的主要活性成分6-姜酚能够引起毛囊真皮乳头细胞的凋亡，反而会抑制毛发生长。

E. 生姜确实有一定的护发效果，但是也会有副作用。

446 现代生物学与动物行为学聚焦动物对外界刺激的反应。近期，一项研究关注动物对高分贝声音的反应。研究团队挑选多种动物，在特定环境下用专业设备播放高分贝声音。结果发现，动物听到声音后，行为和生理状态大变，原本悠然的它们瞬间警觉，体内分泌肾上腺素，应激反应增强。专家据此认为，每天让动物听高分贝声音，能激发应激反应，提高其对外界威胁的警觉，使其在危险来临时更快反应。

以下哪项如果为真，最能质疑上述专家的观点？

A. 每天让动物听高分贝的声音可能会对动物的听觉系统造成损害。

B. 动物园在让动物回归野外环境之前，都会定期给动物听高分贝的声音。

C. 应激反应增强反而会导致动物神经受损，从而导致其对外界的威胁反应迟缓。

D. 动物察觉外界威胁的方式多种多样，甚至有些动物可以利用红外成像原理识别外界威胁。

E. 动物体内的肾上腺素除了可以让动物反应变快，还可以提高动物的战斗力。

447 全球生态环境备受关注，气候变化成严峻挑战。近期权威研究表明，全球变暖加剧，极端气候事件频发。热浪致农作物减产，干旱使水源干涸，洪水冲毁基础设施，严重威胁粮食安全、生态系统与人们生活。面对如此紧迫的局面，有资深专家指出，为了更有效地应对全球变暖这一危机，我们必须大力推广新能源汽车并尽量限制燃油汽车的生产和销售。

以下哪项如果为真，最能质疑上述专家的观点？

A. 全球变暖的问题若不能得到及时的解决，最终将会对生物圈造成不可弥补的破坏，进而威胁到人类的生存。

B. 研究证明，工业生产消耗的石油能源才是导致全球变暖的罪魁祸首，而可再生能源已经逐渐代替了石油能源在工业生产中的地位。

C. 地下水污染是比全球变暖更为严重的环境问题。

D. 大力推广新能源汽车并尽量限制燃油车的生产和销售会对传统汽车制造商造成毁灭性的打击。

E. 任何方法都只能解决一时的问题，不能保证一劳永逸地解决未来可能发生的问题。

448 在人体生理机能的探索领域，视力健康一直是备受关注的重点课题。近期，专业研究人员展开了一项深入研究，他们发现，人体内存在一种名为抗氧化酶的特殊物质，在视力维持方面发挥着至关重要的作用。但随着人年龄的增长，人体合成抗氧化酶的能力会下降，从而导致人的视力下降。幸运的是，多种食物都含有大量的抗氧化酶。由此，他们认为，多吃含有抗氧化酶的食物可以保持视力不衰退。

以下哪项如果为真，最能质疑上述研究人员的观点？

A. 通过对实验鼠的测试发现，即便吃含有抗氧化酶的食物的实验组的视力不高于没有吃这类食物的对照组。

B. 食用含有抗氧化酶的食物还可以增强人体 SOD.因的活跃程度，从而提高人体合成抗氧化酶的能力。

C. 食物中的抗氧化酶本质上是一种蛋白质，这种蛋白质在遇到人的胃液时就会被分解，变成普通的氨基酸。

D. 若能坚持进行有氧运动，人体内合成抗氧化酶的能力就可以恢复。

E. 人的视力还取决于其他因素，并不完全依赖抗氧化酶。

449 在健康养生备受重视的当下，绿茶保健功效饱受争议。许多人因认知局限，对其嗤之以鼻。他们觉得绿茶里抗氧化物质含量不高，难以抵御糖尿病、心脏病和高血压这类严重疾病的侵袭。然而，研究人员却持不同观点。经大量实验与观察，发现饮用绿茶能有效调节血糖水平。他们推测绿茶中独特成分可刺激细胞代谢糖分，调节胰岛素，进而预防高血糖引发的系列疾病，为健康维护开辟新径。

以下哪项如果为真，最能质疑上述研究人员的观点？

A. 绿茶含有的抗氧化物质虽然含量低，但对健康还是有一定的作用。

B. 绿茶仅仅是用了某种加工工艺的茶的统称，它包含的品种极多。

C. 绿茶中能控制血糖的物质极其不稳定，遇水则会分解，失去作用。

D. 通过长期饮用绿茶来控制体内血糖的观点始终存在学术争议。

E. 减少高糖食物的摄入量的控糖效果比饮用绿茶更好。

450. 大学生抑郁症的病因预防指的是在大学生尚未抑郁时对可能的病因及危险因素进行分析，减少大学生暴露于危险因素的机会，从而减少大学生群体中抑郁的发生。研究显示，有有氧运动习惯的人患有抑郁症的概率要比没有该习惯的人低30%，据此，专家建议，为了降低大学生抑郁症的发病率，学校应该鼓励大学生多参与有氧锻炼，例如慢跑、游泳或瑜伽。

以下哪项如果为真，最能质疑上述专家的建议？

A. 鼓励大学生参与有氧锻炼，就需要建造大量的运动场地来满足其需求。

B. 若没有足够的有氧锻炼的知识，有氧锻炼就很容易导致人的身体受到损伤。

C. 实验证明，皮质激素的超量分泌是导致抑郁症的罪魁祸首。

D. 参与有氧锻炼可能会占用学生学习的时间，从而导致其考研压力进一步增大。

E. 上述专家本身就患抑郁症多年，一直没有被彻底治愈。

考向3　概念跳跃的削弱

451. 有机食品是指在生产过程中没有使用化学肥料、农药、激素等人工合成物质，而是采用了生物有机肥料、生物农药等生态环保的方式进行生产的食品。某农业公司最新研发出的"胡萝卜甲号"不仅对人体没有毒副作用，而且能有效地提高人体的免疫力。因此，"胡萝卜甲号"是有机食品。以下哪项如果为真，最能削弱上述论证？

A. 有机食品的价格比非有机食品高，主要原因是它们的生产成本高。

B. 研究表明，有机食品的主要特点就是对人体没有毒副作用，并且能有效地提高人体的免疫力。

C. 研究表明，"胡萝卜甲号"对人体有轻微的毒副作用，并且对免疫力的提升效果不明显。

D. "胡萝卜甲号"在生产过程中所使用的是化学肥料，并且还使用了一定量的农药。

E. 有机食品对生产的条件要求极高，因此很难大规模的种植。

452. 电视综艺节目既保留了原有文艺形态的艺术价值，又充分发挥电子创作的特殊艺术功能。可以满足广大观众多方面的艺术审美的和消闲娱乐等需求，给观众提供文化娱乐审美享受。某电视综艺节目播出后，节目导演声称该节目达到了当前同类节目的最高水准，因为该节目收视率比同类节目高2%。

以下哪项如果为真，最能削弱上述论证？

A. 参与该节目的嘉宾对节目评价不一。

B. 观众本身就非常喜欢看电视综艺节目。

C. 该导演的微博有几十万条批评这个节目的评论。

D. 节目的水准和收视率并无必然关联。

E. 收视率只是评价节目水准的标准之一，而不是唯一标准。

453 某学者在分析《科学美国人》杂志封面设计变化的研究中发现，当该杂志的封面宣传了某项新的媒体技术时，往往就会伴随着公众信息消费偏好的转变。例如，该杂志某一期宣传了当时最新的家庭影院系统，在接下来的几十年，公众就更偏向于在家看电影和电视节目，而不是去电影院。该学者据此建议，媒体行业应该关注该杂志的封面设计的变化，这样才能抓住公众信息消费偏好的转变。

以下哪项如果为真，最能质疑上述研究者的观点？

A. 《科学美国人》杂志的封面设计主要取决于主编的艺术风格以及个人兴趣，和媒体技术的发展关系不大。

B. 尽管《科学美国人》杂志的封面设计在不断变化，但大多数人仍然逐渐抛弃了传统媒体，投进了数字媒体的怀抱。

C. 尽管公众信息消费的偏好会发生转变，但是公众消费信息的基本模式是不会变的，那就是消费视觉信息和听觉信息。

D. 最近的一项调查显示，尽管《科学美国人》杂志的封面设计吸引了公众的注意，但这对杂志销量的实际影响非常有限。

E. 尽管《科学美国人》杂志封面设计反映了社会文化的变化，但公众对信息的兴趣和偏好实际上还受到当前经济状况和政治氛围的影响。

454 坚定文化自信是事关民族精神独立性、实现中华民族伟大复兴的大问题。文化的发展也离不开人的主体性，增强文化自信关键在于人对文化的传承、发展和培育。随着新媒体时代的到来，微信、微博、抖音等大量传播媒介的涌现为人们获取信息提供了极大的便利。因此，有专家指出，新媒体时代将增强大学生文化自信。

以下哪项如果为真，最能削弱上述专家的观点？

A. 传统的文化传播过程通常需要由特定的平台，如报纸、广播、电视等作为载体才能实现传播。

B. 很多新媒体传播媒介管控力度不足，其内容粗制滥造，影响了当代大学生对于文化的理解和培育。

C. 高校在进行宣传报道时要根据新媒体平台的特性，重构媒体宣传话语体系，掌握话语主动权。

D. 当前新媒体自主性内容生产缺乏，发布的内容无法与学生感兴趣的时尚娱乐和社会热点相结合，增加了培育和增强大学生文化自信的难度。

E. 某高校老师认为，许多新媒体传播主体能力不足，运营队伍专业度不够。

455 在大数据时代背景下，高校食品安全面临诸多挑战。高校食品安全直接关系到全体师生的健康状况，然而近年来，高校食品安全事故频发，暴露出食品安全管理体系存在明显缺陷与隐患。鉴于大数据具有庞大的数据样本和多样化的数据类型，有专家认为，将大数据技术应用于高校食品安全管理，对于提升管理效能具有重要意义。

以下哪项如果为真，最能削弱上述专家的观点？

A. 传统的基于人工经验和事后补救的管理模式已难以适应当前高校食品安全风险日益复杂化的趋势。

B. 餐饮种类繁多，导致原材料采购量大且渠道来源复杂，这进一步凸显了高校食品安全监管的覆盖面广、风险点密集以及管理难度高的特点。

C. 校食品安全管理效能的提升核心在于建立完善且严格执行的管理制度，而大数据技术仅是数据处理手段。

D. 高校可利用大数据技术提升应急响应能力。

E. 在大数据背景下高校食品安全管理的创新策略中，构建食品安全大数据平台至关重要。

考向 4　数量关系的削弱

456 在某国劳动力市场竞争日趋激烈的大环境下，大学毕业生的就业状况备受各界关注。据该国教育部门权威统计，2022 年的大学毕业生就业数据显示，文科专业毕业生的就业率仅为 70%。深入探究背后原因，文科专业岗位需求相对有限，且行业竞争激烈，众多文科毕业生往往集中竞争少量岗位。相比理工科专业，文科专业技能转化在就业市场中优势不明显。由此可见，这一数据充分说明了文科专业在求职过程中更不好找工作，就业形势较为严峻。以下哪项如果为真，最能削弱上述论证？

A. 教育专家已经证明，学文科和学理科都具备解决工作问题的能力。

B. 2023 年，该国大学毕业生成功就业的人数比 2013 年增长了 90%。

C. 2023 年，该国大学毕业生成功就业的人数占总人数的 68%。

D. 2023 年，该国大学毕业生中理科毕业生的就业率比 2013 年提高了 60%。

E. 2023 年，该国大学毕业生的人数比 2013 年增长了 80%。

457 过去三年，某校研究生院招生人数从第一年的 500 人增至第二年的 650 人，今年达 800 人。为扩大招生影响力，学校在教育展设展位、派老师答疑，还在线上多平台投放广告、举办宣讲会，宣传覆盖范围从本省拓展到全国，曝光量也大幅增长。因此，该校研究生数量显著上升是因加大了招生宣传力度。

以下哪项如果为真，最能削弱上述论点？

A. 同期，国家出台政策大幅提高了研究生招生指标，该高校也相应增加了招生名额。

B. 学校在招生宣传过程中，部分宣传信息存在夸大事实的情况，导致部分学生入学后感到失望。

C. 该高校研究生数量上升的专业主要集中在理工科，文科专业研究生数量增长缓慢。

D. 有教育专家指出，招生宣传对于吸引学生报考的作用正在逐渐减弱。

E. 这三年间，学校研究生报考人数虽然有所增加，但增幅远低于招生人数的增幅。

458 在某城市交通管理部门进行的一项全面且长期的交通事故统计研究中，详细记录了近 5 年来驾驶员的出行及事故相关信息。研究人员发现，在有雨天出行记录的驾驶员群体里，涉及交通事故的案例数达到了该群体总出行记录数的 15%；而在无雨天出行记录的驾驶员群体中，发生交通事故的案例数仅占该群体总出行记录数的 5%。基于这样的数据差异，有专家认为，雨天出行会显著增加驾驶员发生交通事故的风险。

以下哪项如果为真，最能削弱上述专家的观点？

A. 该城市近 5 年中雨天的总天数只占全年总天数的 10%，但在雨天出行的驾驶员数量却占到了全年出行驾驶员总数的 30%。

B. 经调查发现，在雨天发生交通事故的驾驶员中，新手驾驶员的比例高达 70%，而在非雨天发生交通事故的驾驶员中，新手驾驶员的比例仅为 30%。

C. 在该城市的交通事故统计中，有部分交通事故发生地点在隧道内，而隧道内不受雨天天气影响。

D. 对 500 名雨天出行且未发生交通事故的驾驶员进行调查，发现他们中有 80% 都经过了专业的雨天驾驶培训。

E. 另一城市的交通事故统计数据显示，在有雨天出行记录的驾驶员群体中，发生交通事故的比例为 10%，而在无雨天出行记录的驾驶员群体中，发生交通事故的比例为 8%。

459 现代医学研究对健康问题的探索愈发深入，其中睡眠与健康的关联备受关注。大量研究表明，长期睡眠不足会增加患心血管疾病的风险，诸如高血压、心脏病等。某权威机构开展了一项针对数万人的长期跟踪调查，样本涵盖了不同年龄、职业、生活环境的人群。调查结果显示，在每晚睡眠不足 6 小时的人群中，患高血压的概率高达 60%。因此，有专家认为，长期睡眠不足会显著提升患心血管疾病的风险。

以下哪项如果为真，最能削弱该专家的观点？

A. 一项针对睡眠不足人群的研究表明，在改善睡眠质量后，有些患者的心血管疾病指标并未得到明显改善，且这些人在睡眠改善前也无其他不良生活习惯。

B. 针对睡眠不足人群的长期观察发现，其中 70% 的人在饮食上普遍存在高盐、高脂的习惯。

C. 大量原本心血管疾病的患者，在经历长期睡眠不足的阶段后，进行身体检查时发现患心血管疾病的概率大幅上升，且在睡眠不足期间他们的生活环境、饮食习惯等其他方面均未发生明显变化。

D. 有研究指出，长期处于高压工作环境下的人群，无论睡眠是否充足，患心血管疾病的概率都远高于其他人群。

E. 最新的基因研究发现，某些特定基因的表达变化会同时影响人体的睡眠模式和心血管系统的调节机制。

460 在过去一年里，某公司 A 产品的市场表现备受关注。年初时，A 产品每月投诉量仅为 50 起，然而随着时间的推移，到年末时每月投诉量已攀升至 150 起。基于这一数据变化，公司管理层迅速做出推断，认为 A 产品的投诉比例大幅上升，其产品质量存在严重问题，开始对产品质量把控环节展开全面审视。

以下哪项如果为真，最能削弱公司管理层的观点？

A. 这一年中，A产品在市场上的口碑并没有因为投诉量的增加而变差。

B. 投诉量增加的部分主要集中在某几个特定批次的产品上，并非所有产品都存在问题。

C. 公司同期对生产车间进行了优化，其销售数量可以达到之前的四倍以上。

D. 其他同类型公司的产品投诉量也呈现出上升趋势。

E. 该公司这一年A产品的市场份额保持稳定，没有发生明显变化。

专题六　支持题

题型 15　支持的基本思路

461　近期，一个由百余名来自不同学科的顶尖科研人员组成的研究团队成功绘制出猕猴大脑皮层的细胞类型分类树。团队队长李教授表示：通过对猕猴大脑的深入剖析，发现与其他物种相比，灵长类动物展现出更高的认知和社会能力，这得益于其拥有更大的大脑皮层以及更为丰富多样的细胞类型，为理解灵长类进化及大脑功能提供关键线索。

以下哪项如果为真，最能支持李教授的观点？

A. 猕猴是与人类最接近的动物。

B. 研究表明，灵长类动物大量兴奋性神经元、抑制性神经元以及非神经元细胞在大脑皮层中的分布呈现明显的各层面及各脑区的特异性。

C. 灵长类动物的神经元细胞与人类高度相似。

D. 灵长类动物的认知和社会能力在所有物种中位居第一。

E. 该团队还曾经进行过人脑和鼠脑的跨物种研究比较。

462　如今随着全球气候变暖的快速发展，地球的温度居高不下，世界各地都出现了气温创历史新高的现象，其中地球的两极地区问题是最为严重的。原本地球的两极地区是极寒地带，但如今两极地区在全球气候变暖的影响下，冰川加速消融，海平面也在不断上升。科学家在南极发现了"血雪"的罕见现象，南极出现"血雪"的最主要原因是南极出现了一种藻类生物。由此科学家认为，南极的变暖问题已经不容忽视。

以下哪项如果为真，最能支持科学家的观点？

A. 全球气候变暖导致南极"绿雪"蔓延，南极的"绿雪"问题也是非常严重的。

B. 造成"血雪"的藻类生物通常生长在环境温和的地带。

C. 一旦南极的冰川持续融化，那么南极冰下的微生物也将会被释放出来，这对于人类的生命安全也将是一个沉痛的打击。

D. 如果我们还不注重环境治理的话，那么在不久的将来，南极的冰川将会彻底消失。

E. 地球的生态系统已经受到了严重的影响，温室气体的大量排放也使全球气候变暖问题愈演愈烈。

463　最近，火山爆发频繁发生，地球的幽暗似乎扩展得越来越迅速。当火山爆发时，其中的岩浆会喷出地球表面，释放出大量的热能和有害气体，如水蒸气和二氧化硫。这些气体排放到大气中时，会进一步与大气中的氧气和氮气发生反应，形成了气溶胶。科学家们警告说，一个冰冷而漫长的冰河时代正悄然降临。

以下哪项如果为真，最能支持科学家们的警告？

A. 1815年的坦波拉火山爆发将大量的气溶胶释放到大气中，导致了接下来的几年中的"无夏年份"。

B. 气溶胶能够吸收、散射或反射太阳光，减弱太阳光的穿透能力，从而使地球的温度降低。

C. 气溶胶是分散在大气中的小颗粒，其来源包括火山活动、工业排放和自然过程，如沙尘暴。

D. 地球变暗还会对环境和气候变化的适应能力构成巨大挑战，光线不足会导致温室效应减弱，使得地球的温度下降。

E. 一些人认为，地球变暗的主要原因是人类活动，而不是自然的变化过程。

464 如果你喜欢跑马拉松，那么你一定非常重视自己的体重。每天早起站在体重秤上，看看体重有什么变化，对体重的关心程度不亚于减肥人士。这是因为体重对跑步速度的影响很大——体重越轻，就跑得越快。所以，很多人为了能够提高跑步成绩，拼命降体重。但是，最近某专家对跑步爱好者的这种偏见持反对态度。

以下哪项如果为真，最能支持上述专家的观点？

A. 跑步其实是一种跳跃动作，不停地跳跃，连贯起来就是跑步。

B. 瘦子跑得快是因为他们有更高的身体表面与体重比、更少的隔热脂肪组织，所以有更好的热量散发能力。

C. 决定一个人跑得快不快的因素有四个：基因、体型、训练刻苦程度和体重。

D. 对跑者来说，不应该一味追求低体重，体重太低会导致饮食紊乱，压力增大，甚至骨头脆弱，只有能量补充做得足够好才能够在比赛中发挥更好。

E. 如果你跑步至少是为了健康，那么不用过分关注自己的体重。

465 情绪对我们的决策有着很大的影响。有研究表明，在愤怒的情绪影响下，当我们处在一个可选的决策情景时往往会倾向于选择具有风险偏好的一方；如果情绪是一个很悲伤的状态，那么此时你的决策是比较保守的，往往会选择一个规避风险的决定。我们常说大喜大悲时切勿做决定，那是不理智的。因此，当我们做人生中的重大决定时一定要心平气和，不要被情绪左右。

以下哪项为真，最能支持上述结论？

A. 情绪是我们对事物做出的认知反应，大多数情绪的产生都是基于个体的经验和本能。

B. 个体处于愤怒情绪下对事物的判定具有高度的不确定性，继而产生悲观的预期。

C. 一个人处在情绪化状态时，大脑分析问题无法做出全面考虑、没有经过认知系统的评价，所做的决定是非理性的，会造成重大的过失。

D. 个体的情绪诱因并不是只有本能和个体经验，其中最主要的原因是个体当时所处的情景以及正在经历的事件带给他的认知体验。

E. 人是具有情感的高级动物，所以我们不可能是理性的。

466 当前，社交媒体的普及使得人们更加关注自己的形象和声誉，不断追求完美的自我展示。这种现象在年轻人中尤为突出，他们在社交媒体上发布精心策划的照片和生活片段，以求得到他人的赞誉和关注。然而，有专家指出，这种过度关注形象的行为反映了当代年轻人对内心的成长和发展的忽视，也反映了他们对他人关注的渴望。

以下哪项如果为真，最能支持上述专家的观点？

A. 人的精力是有限的，要么关注内在，要么关注外在。而无论人关注什么，都是他内心需求的投射。

B. 过度追求完美的形象会导致年轻人对自己有不切实际的要求，从而导致他们陷入自卑的情绪。

C. 人是社会性动物，一切行为都会受到社会结构和潮流的影响。

D. 社交媒体的发达让年轻人能接触到更大的世界，他们可以完全按照自己的喜好来生活。

E. 年轻人应当更多地关注自己内心的成长，而不是追求外在形象的完美。

467 电动汽车是否比燃油汽车更加环保是近几年争议颇大的一个问题。反对电动汽车的人认为，虽然电动汽车在行驶的过程中不会像燃油车一样排放尾气，但我国的主要发电方式是火力发电，而火力发电会产生大量的废气，因此，电动汽车本质上还是会造成空气污染的。但专家却认为，电动汽车的确要比燃油汽车更加环保。

以下哪项如果为真，最能支持专家的观点？

A. 火力发电产生的废气可以集中进行无害化处理再排放，而燃油汽车在行驶过程中产生的尾气无法得到有效处理。

B. 虽然国标一再升级，对燃油汽车的排放限制越来越严格，但燃油汽车永远无法做到零排放。

C. 近年来我国大力推广风力发电和核电，并且已经取得了卓越的成果。

D. 环保问题不仅仅是空气污染的问题，还有水资源污染、土壤污染等问题。

E. 电动汽车的电池在达到使用寿命以后会由专门的机构回收处理。

468 在上海市偏远地区的基层医院，科室主任人才的引进和测评面临着一定的挑战。为了更准确地评估候选人的专业技术能力和管理能力，该医院提出了一个基于胜任力理论的医院科室主任人才引进测评模型。该模型包括医生基本胜任力、科室管理胜任力、专业胜任力等多个维度，旨在全面评价候选人的能力，以提高人才引进的质量和效率。但是，某专家却认为，现有的测评模型已经足够全面，无须引入该模型。

以下哪项如果为真，最能支持上述专家的观点？

A. 一些基层医院已经成功地通过现有的测评模型引进了符合要求的科室主任，这些科室主任在工作中表现出色。

B. 研究发现，即使是使用了新的测评模型，基层医院在引进科室主任时仍然可能面临着流动率高的问题。

C. 一些基层医院报告称，他们缺乏足够的资源和专业知识来实施新的测评模型，这导致无法充分利用该模型。

D. 在使用新测评模型对拟定引进的人才进行评估后，发现与使用传统测评模型评估的结果相比，并没有差异。

E. 尽管新测评模型提出了多个评价维度，但在实际操作中依然会存在一定程度的困难。

469 一般情况下，医生会长期使用免疫抑制剂来降低器官移植手术后患者出现急性排异反应的可能性。但这种方案也可能会导致患者出现免疫力下降、肿瘤风险提高等问题。最近某教授提出使用 ATG-F 作为诱导治疗的方案，旨在通过单次大剂量治疗降低急性排异反应的发生率，从而减少长期免疫抑制剂的使用。但是，仍然有专家对该方案的安全性提出了质疑。

以下哪项如果为真，最能支持上述专家的观点？

A. 某实验显示，采取 ATG-F 治疗方案的器官移植患者并未出现免疫力下降等问题，但该实验仅调查了 12 名肾脏移植患者，样本不具有随机性。

B. 使用 ATG-F 诱导治疗的患者，在术后 12 个月的随访中，未出现因诱导治疗导致的严重副作用。

C. 一些器官移植患者在接受 ATG-F 的治疗后，出现了免疫力下降、骨质疏松等问题。

D. 研究指出，尽管诱导治疗可以在短期内降低急性排斥反应的发生率，但其对移植受者长期存活的影响仍不明确，需要更多的临床数据支持。

E. 某研究发现，肝脏移植患者接受 ATG-F 诱导治疗后，急性排异反应的发生率明显低于未接收该治疗的肾移植患者。

470 近期中国人民银行（以下称"央行"）宣布将存款准备金率下调 0.5 个百分点，并搭配定向降息措施，向市场提供长期流动性约 1 万亿元。此政策旨在缓解市场流动性压力，降低融资成本，以支持实体经济的发展，引发了市场广泛关注。某专家据此认为，此次政策超出市场预期，体现了央行对稳定经济增长的决心，是一项正确合理的决策。

以下哪项如果为真，最能支持上述专家的观点？

A. 如果市场长期流动性充足，就可以有效推动社会综合融资成本稳中有降，而私有企业，特别是小微企业往往对低成本融资有较高的需求。

B. 降准和定向降息的宣布立即引起了资本市场的积极反应，恒生指数尾盘迅速拉升，收涨 3.56%，创开年以来最大单日涨幅。

C. 多位受访专家表示，此次降准幅度超出预期，不仅为市场注入了"真金白银"的实惠，也体现了央行对稳定经济增长的决心和力度。

D. 政策不仅要为市场提供流动性，更要为市场提供精准的流动性，让资金流向真正需要的地方。

E. 市场永远缺乏流动性，特别是春节期间需要更多现金来满足年初的信贷投放的需求。

471 随着医疗体系的改革，二级医院面临着巨大挑战。数据显示，与一级和三级医院的诊疗人次相比，二级医院的诊疗人次经历了负增长，这揭示了它们在城市医疗体系中的边缘化趋势。为了应对这一挑战，国家和地方政府推出了鼓励二级医院进行转型的政策，例如转型成康复医院或发展特色专科等，目前也已经有了成功的转型案例。某专家据此指出，对于二级医院而言，转型成康复医院和发展特色专科是正确合理的决定。

以下哪项如果为真，最能支持上述专家的观点？

A. 某二级医院成功开展了康复医疗服务，一年内患者满意度大幅提升，诊疗人次和入院人次均实现了正增长。

B. 国家和地方政府增加了对二级医院转型的财政支持和政策倾斜，提供了转型所需的部分资金和资源。

C. 大多数患者对于二级医院提供的服务质量持保留态度，更倾向于前往信任度更高的三级医院就医。

D. 在转型过程中，一些二级医院遭遇了人才流失的问题，专业医护人员转投其他医疗机构，加剧了运营压力。

E. 某城市的二级医院通过与高校和研究机构合作，引入了先进的医疗技术和管理经验，因此从未出现就诊人数下滑的情况。

472 随着全球肥胖人数的持续上升，减肥药市场需求相应增长。诺和诺德和礼来制药作为该领域的先行者，通过一系列战略行动积极扩展其在减重市场的影响力。同时，这两大药企还不断推出创新产品和服务。有些人认为，这些举动只能帮助药企攫取更多的利润，对需要减肥的人并没有实质性帮助。但某专家对此有不同的看法。

以下哪项如果为真，最能支持上述专家的观点？

A. 诺和诺德和礼来制药的新产品和服务在一项针对2 000名肥胖老人的临床试验中显示出比现有治疗方法更好的效果，患者满意度显著提高。

B. 诺和诺德和礼来制药最新公布的市场策略中包括为患者提供优惠，降低治疗成本，使更多患者能够负担得起治疗费用。

C. 其他药企也开始模仿诺和诺德和礼来制药的策略，推出自己的减肥药，导致市场竞争加剧。

D. 诺和诺德和礼来制药的减重产品价格高昂，许多患者难以负担这个费用，限制了减重产品的市场渗透率。

E. 诺和诺德和礼来制药的研发投入促进了减重药物的技术创新，引入了新的作用机制和治疗方法，让肥胖症患者能更高效地减肥并承受更小的副作用。

473 2023年，特斯拉面临了前所未有的挑战。尽管"踩线"完成了全年180万辆的交付目标，但其年度财报显示营收增长和利润增长明显放缓，毛利率更是降至2019年以来的最低水平。面对需求疲软、利润萎缩以及日益增加的竞争压力，特斯拉不得不采取降价促销的措施以保持市场份额。在这样的背景下，特斯拉正试图通过推出成本更低的车型以及加大研发投入来应对挑战。对此，某专家指出，尽管面临的是短期内的增长放缓，但这些努力对于特斯拉的长期发展而言是合理且必要的。

下列哪项如果为真,最能支持上述专家的评价?

A. 降价以及推出低成本的产品是商业竞争中的车企常用的策略,国产电车品牌就是凭借该策略拿下入门级轿车的市场。

B. 许多车评人表示,市场高度期待特斯拉计划推出的低成本车型,预计它们将大幅度提高特斯拉的销量和市场份额。

C. 特斯拉的优势就是其对市场的敏感度和极强的研发能力,这些优势为其产品创新和技术领先提供了坚实的基础。

D. 尽管特斯拉的毛利率下降,但其在电动车领域的品牌影响力和消费者忠诚度依然强劲。

E. 特斯拉对 2024 年的谨慎预期使得投资者对其长期增长潜力持有信心,认为这是一种负责任的市场行为。

474 最近国家金融监督管理总局公布了一系列金融支持措施。这些措施包括加快推进城市房地产融资协调机制的实施、指导金融机构落实经营性物业贷款管理要求、继续提供优质的个人住房贷款金融服务,以及支持重大基础设施和城中村改造等项目。某专家据此认为,这些金融支持措施显示了监管部门对实体经济尤其是房地产市场的关注和支持,对缓解市场供需矛盾、保障居民住房需求具有重要意义。

以下哪项如果为真,最能支持上述专家的观点?

A. 许多居民依然对住房有刚性需求,但是因为担心房价会下跌而迟迟不敢购买住房。

B. 优化的个人住房贷款政策,如首付比例和贷款利率的调整,使得更多的居民能够负担得起购房费用,刚性和改善性住房需求得到满足。

C. 尽管金融支持力度加大,但房地产市场的萎缩趋势未得到根本逆转,供需矛盾仍然突出。

D. 虽然国家金融监督管理总局坚决支持房地产市场,但是金融机构可能因为对房地产市场持悲观预期而减少向个人用户提供的贷款服务。

E. 房地产市场不仅受国家政策的影响,还受到市场规律的制约,一味放宽贷款限制有可能会产生未知的风险。

475 随着金融租赁行业的快速发展和资产的迅速扩张,部分企业出现了内控不足和偏离主业等风险。为此,国家金融监督管理总局加强了对金融租赁行业的有效监管。同时,为促进金融租赁行业高质量发展,监管部门出台了多份规范经营及管理的政策,并提出了提升注册门槛、完善主要发起人制度、强化业务监管等一系列措施。对此,某专家认为,国家金融监督管理总局的一系列举措体现了当局对规范行业发展从而引导行业服务实体经济的决心。

以下哪项如果为真,最能支持上述专家的观点?

A. 金融租赁公司在监管政策的引导下,成功转变经营理念,增强了直租业务的比重,有效支持了企业新购设备的资产融资需求。

B. 如果国家金融监督管理总局能联合税务部门、审计部门有效监督金融公司,让其依法经营、纳税，那么就可以促使金融行业规范化、健康化。

C. 许多金融行业的从业者表示，过去关于金融业务的法规不够完善，导致他们无法可依，而最近一系列政策的出台让他们知道如何才能规范经营、合法经营。

D. 国家金融监督管理总局出台的一系列政策和措施已经得到了国务院的许可，并且通过了许多金融领域的权威专家的反复论证和讨论。

E. 如果金融行业的发展完全脱离了实体经济，将会造成产业空心化，从而阻碍国家经济长期、健康的发展。

476 对于国家的宏观调控而言，统计数据的真实性至关重要。为此，全国统计工作会议强调，将统计数据真实准确作为统计部门最重要的政绩，并采取一系列措施加强监管，如巩固拓展统计造假专项治理行动成效、加快推进刚性制度建设等。对此，某专家认为，国家近期所做的这些工作是维护宏观经济决策的科学性、推动经济社会健康发展的重要举措。

以下哪项如果为真，最能支持上述专家的观点？

A. 实施统计造假专项治理行动后，某地区的统计数据造假现象得到了有效遏制，获得了民众的一致好评。

B. 尽管加强了对统计造假的处罚，但部分地区和部门仍存在统计数据造假现象，影响了统计数据的整体质量。

C. 党中央修订后的《中国共产党纪律处分条例》将"统计造假"纳入违反党的工作纪律有关条款，明确了对直接责任者和领导责任者的处分规定。

D. 统计部门在开展统计工作时，仍然面临来自某些领导干部的干预，但是统计部门一般能顶住压力，严格按照工作守则完成任务。

E. 通过加强统计监督和完善相关法规，统计造假行为得到有效遏制，统计数据质量得到持续提升。

477 2023年，光伏行业经历了快速发展、需求高增长及内卷化现象。尽管面临季度环比增长乏力的挑战，光伏设备、耗材及辅材企业依然享受到了需求旺盛的红利，业绩普遍大幅预增。然而，第四季度多家企业的业绩承压，暴露出行业波动加剧、新增订单放缓的征兆。对此，某专家认为，光伏行业的发展依然面临着许多不确定性和挑战，企业在追求增长的同时，也需要加强风险管理和对市场的预判。

以下哪项如果为真，最能支持上述专家的观点？

A. 尽管净利润在大幅度增长，但由于投资者失去了信心，国内高纯石英砂龙头石英股份在资本市场遭遇股价大跌。

B. 尽管面临行业波动，部分光伏企业通过优化产品结构和提升生产效率，成功实现了利润率的稳定增长。

C. 部分光伏企业未能及时预判市场需求的变化，导致库存积压和资金链紧张，影响了企业的正常运营。

D. 光伏企业在面临挑战时，需要加强与下游客户的沟通和协作，确保订单的稳定和业绩的持续增长。

E. 一些光伏企业通过加大研发投入，不断推出创新产品，成功抵御了行业波动带来的负面影响，实现了业绩的逆势增长。

478 随着业绩预披露高峰期到来，券商行业业绩表现成为市场瞩目的焦点。当前市场整体处于震荡态势，不少大型券商受市场波动影响，业绩明显下滑，令投资者忧心。与此同时，多家中小券商却逆势上扬，成功实现利润翻倍，成为市场中的亮眼存在。某资深专家深入分析后指出，这种业绩分化清晰表明，部分券商积极适应市场变化，努力探寻业绩增长点，展现出强大的市场应变能力。

以下哪项如果为真，最能支持上述专家的观点？

A. 在手续费收入整体下滑的大趋势下，中小券商加大了对投资银行业务、资产管理业务的投入，实现了业务收入的明显增长。

B. 许多券商长期依赖单一业务增长，一旦市场需求发生变化，业绩就会出现极大的波动。

C. 在市场整体下行的背景下，部分头部大型券商通过资本规模和渠道优势实现快速发展，加剧了中小券商面临的市场竞争压力。

D. 一些中小券商在优化投资组合和调整业务结构方面取得显著成效，使其在竞争激烈的市场环境中脱颖而出。

E. 财达证券等多家小型券商加强了对投资风险的管理，在面临投资环境的变化时，它们成功地将损失控制在可接受的范围内。

479 许多快递公司表示，它们尝试通过直播带货、小程序导流等方式进入"吃、喝、玩、乐、住、行"的本地生活服务市场，助力公司提前扭亏为盈。然而，本地的生活与这些快递公司主营的快递业务的差异较大，更何况快递公司之前的电商业务效果也不理想。某专家据此认为，快递公司能否在本地生活服务领域取得成功，仍存在不确定性。

以下哪项如果为真，最能支持上述专家的观点？

A. 许多快递公司虽然在与本地生活领域的品牌合作，但是其整体的盈利能力尚需时间验证。

B. 快递公司虽然通过小程序导流方式获得了许多业务，但是其直播带货的业绩普遍较为惨淡。

C. 快递公司在探索本地生活服务的过程中，虽然已经盈利了，但是整体盈利水平依然和预期存在差异。

D. 快递公司在探索本地生活服务的过程中，发现本地生活服务与主营业务的协同效应有限，难以实现 "1+1 > 2" 的效果。

E. 快递公司在本地生活领域的多元化探索为其带来了新的客户群体和收入来源，尽管面临挑战，但长期来看有望成为业绩增长的新引擎。

480 在经济增长放缓的背景下，政府正采取一系列措施以稳定就业并不断拓宽居民增收渠道。

结果显示，尽管居民可支配收入实际增速经历了波动，但已回归正常区间。此外，国家统计局数据显示，居民收入增长与经济增长基本同步，城乡、地区之间居民收入差距缩小。某专家据此认为，对于促进消费而言，政府这些举措是正确且合理的。

以下哪项如果为真，最能支持上述专家的观点？

A. 政府加大再分配的调节力度，通过社会保障制度改革和提高社会保险待遇，有效提升了居民生活水平。

B. 尽管收入分配关系没有得到彻底的改善，但是贫困人口、农民工等重点群体的收入在稳步增长。

C. 人对未来收入的预期会很大程度上影响人的消费意愿，如果收入不能保持稳定增长，人就会因对未来的悲观预期而节衣缩食。

D. 由于社会发展的过程中必然会存在收入不平衡的现象，政府只能尝试去处理这一问题，但是无法从根源上解决它。

E. 虽然目前没有任何经济学理论能完美地解释收入和消费之间的关系，但是对于政府而言，做些什么总比什么都不做要好。

481 随着人工智能技术的迅速发展，OpenAI 和 Meta 作为该领域的两大巨头，选择了截然不同的发展道路。OpenAI 由最初的开源理念逐渐转向封闭，而 Meta 则坚持开源策略，通过开放其 AI 技术和模型，如 LLaMAI 列，赢得了业界的广泛赞誉。某专家据此认为，相比较于 OpenAI，Meta 对 AI 技术的普及和发展所做的贡献更大。

以下哪项如果为真，最能支持上述专家的观点？

A. OpenAI 的封闭策略导致其 AI 技术的创新速度放缓，与行业其他公司的合作机会减少。

B. Meta 的 AI 模型 LLaMAI 广泛应用于各个领域的研究和开发中，加速了 AI 技术的普及和创新。

C. Meta 在开放 AI 技术的同时，也积极参与制定行业标准，推动了 AI 技术的安全和伦理发展。

D. 对于任何技术而言，开源的策略总是要比封闭的策略更能激发大家研究和交流的意愿。

E. OpenAI 的封闭和 Meta 的开源本质上源于二者经营理念的差异，前者追求更多的利润来做研发，后者追求更多的用户来提高传播度。

482 某国政府采取了一系列宏观调控措施，包括降准、定向降息等，旨在提供长期流动性支持，降低企业融资成本，促进经济稳定增长。这些政策的出台引发了资本市场的积极反应，该国股市指数集体上涨，显示出市场对政府行动的支持。然而，某专家依然担心，这些货币政策手段可能难以根本解决经济增长放缓的问题。

以下各项为真，均能支持上述专家的观点，除了：

A. 股市指数的上涨仅能体现投资者对未来的乐观预期，但是经济增长放缓的问题短期内难以解决。

B. 政府的"一揽子"政策在短期内成功稳定了资本市场，提振了消费者和投资者的信心，有可能推动经济长期稳定增长。

C. 尽管短期内资本市场对降准和定向降息政策做出了积极反应，但市场分析师通过对经济数据的分析指出，这些措施对刺激长期经济增长的实际效果有限。

D. 企业界对降准和定向降息政策表示欢迎，但同时指出，除非伴随结构性改革，这些政策难以解决根本的经济增长问题。

E. 降准和定向降息的确能降低企业融资成本，但未来经济环境仍然存在不确定性，部分企业和农户不愿贷款。

483 在现代社会中，年龄经常被隐晦地视作个人隐私，在社交对话中很少成为直接讨论的话题。尽管如此，特定的年龄数字经常无情地成为人们在寻找工作机会甚至寻找住房时面临的障碍。例如，某些青旅以及租房平台公开设定年龄限制，仅接待或接纳特定年龄段的人群。对此，某专家认为，年龄歧视和限制在社会中普遍存在，并可能对个人的生活和工作机会产生影响。

以下各项如果为真，均能支持上述专家的观点，除了：

A. 许多公司在招聘时设定了明确的年龄上限，这使得35岁以上的求职者在找工作时遭遇更多障碍。

B. 某平台对合租居住者设定的年龄限制，号称是基于用户反馈而制定的策略，目的是在特定年龄群体间创造更和谐的居住环境，但实际上是担心将房子租给老年人会产生风险。

C. 在社交对话中避免询问个人年龄的习惯表明了人们对年龄隐私的尊重，尤其是在和女性交谈时，许多人更加注意这一点。

D. 一些中年人试图在社交媒体上反驳年龄限制的合理性，尽管如此，这种个体行动很难改变普遍的社会偏见。

E. 公务员招聘中设定的年龄限制体现了对年轻人思维敏捷和身体状况良好的偏好，这在一定程度上加剧了年龄歧视的现象。

484 近年来，全球科技行业面临着持续的裁员潮。尽管技术如ChatGPT等带动了AI概念股的上涨，科技巨头如谷歌、微软等公司的股价达到新高，裁员问题仍旧是一个挥之不去的阴影。在新自由主义思潮的影响下，这些工作者往往不再将失业归咎于制度或雇主，而是倾向于责怪自己，将失业视为全球经济中商业周期和竞争的必然结果。对此，某专家认为，这种心态过度强调了个体的责任，忽视了制度性问题在裁员潮中扮演的角色。

以下各项如果为真，均能支持上述专家的观点，除了：

A. 技术发展和AI的兴起改变了工作的本质，创造了新的就业机会，表明个体有能力通过更新自己的技能来适应变化，从而减少了对裁员的恐惧。

B. 高科技公司裁员的决策往往基于对股东利益的考虑，而非公司对员工的责任，这是公司治理中的一个根本问题。

C. 新自由主义思潮的兴起实际上是企业界有意为之，以此转移维护劳资间社会契约的责任。

D. 在新自由主义影响下，个体倾向于将职业成功与否完全归因于个体的努力程度高低，忽略了外部经济环境和市场需求的影响，这可能导致对裁员潮背后更深层次原因的忽视。

E. 尽管存在技术发展和行业趋势变化，但雇主依然越来越不愿意给员工提供在职培训，这会导致员工因技能无法满足工作的需求而被裁员。

485 山东省在2023年实现了显著的经济增长，GDP总量首次突破9万亿元，同比增长6.0%，高于全国平均增速。此外，烟台成为山东省第三个万亿级城市，使山东在全国的经济排名中进一步提升。这一成就是在全球经济增速放缓的背景下取得的，反映了山东在新旧动能转换、产业升级等方面的积极努力和显著成效。对此，某专家指出，山东省的经济发展不仅依赖于传统重工业，而且在新兴产业和服务业等领域也取得了重要进展。

以下各项如果为真，均能支持上述专家的观点，除了：

A. 山东省的高新技术产业产值在2023年占规模以上工业的比重达到了51%左右，这意味着山东省正在大力推动新兴产业的发展。

B. 山东省的外贸在全球贸易萎缩的背景下，努力转型做外贸、参与国际竞争，实现了1.7%的增长。

C. 山东省在新旧动能转换方面的成功，如关闭高耗能高污染项目，促进了经济结构的优化和升级。

D. 2019年，山东固定资产投资（不含农户）出现负增长，同比下降8.4%，表明了公共投资的减少和经济增长动力的不足。

E. 烟台市作为新晋的万亿级城市，其主要产业集群为绿色石化、有色及贵金属，这些都是山东新旧动能转换计划中的重点产业。

486 在过去的十年里，为了响应国家"大力推广绿色出行"的号召，某市政府出台了一项绿色出行的政策，每个月对使用公共交通和自行车等方式出行的人提供一定量的税收减免，而对使用私家车出行的人不提供任何税收减免。这一政策果然获得了成功。因为2022年的数据显示，该市的公共交通乘客数量和自行车使用者数量都比十年前有了大幅度的增长。

以下哪项如果为真，最能支持上述论证？

A. 乘公共交通和使用自行车出行能在很大程度上减少空气污染。

B. 该市居民普遍认可绿色出行的理念，他们表示愿意配合政府的决定。

C. 该市绿色出行政策受到了专家的好评，并且被当作典型案例在各大城市宣传推广。

D. 该市一些私家车车主为了享受税收减免政策，开始乘公共交通或使用自行车出行。

E. 一个城市的公共交通和自行车的使用者数量越多，就说明该城市绿色出行的政策越成功。

487 在音乐领域，任何乐队的成功往往依赖于其主唱的表现。和很多人的想象不同的是，乐队在选择主唱时其实看的不是谁的唱功更强，而是谁的乐器演奏水平最差。近年"星辉"乐队的成员小李炙手可热，许多疯狂的粉丝不惜节衣缩食，也要购买、收集小李的明信片、海报、个人品牌的衣服。某音乐评论家据此得出结论，小李是"星辉"乐队的主唱。

以下哪项如果为真，最能支持上述专家的论点？

A. 乐队中最炙手可热的成员往往就是这个乐队的灵魂人物。

B. 许多明星在声名鹊起时就会注册个人品牌，他们总是试图通过这样的品牌给粉丝传递自己对人生、艺术的理解。

C. 除了小李，"星辉"乐队的每个成员都是乐器演奏大师。

D. 若某人是乐队的主唱，那么就会有疯狂的粉丝节衣缩食去购买、收集他的各种明信片、海报。

E. 小李的粉丝表示，如果不是小李，他们根本不会去听"星辉"乐队的表演。

488. 2023年，中国咖啡行业经历了新一轮的热潮，随着品牌咖啡店数量的激增和低价竞争的加剧，市场竞争变得异常激烈。一些咖啡品牌开始通过联名合作和价格战来吸引消费者，以期在竞争中脱颖而出。对此，某专家认为，持续的低价策略和频繁的联名合作虽然短期内能吸引消费者的注意力，但长期来看，提升咖啡品质才是促进咖啡行业健康发展的根本之道。

以下哪项如果为真，最能支持上述专家的观点？

A. 一项针对大型连锁咖啡品牌的调查显示，虽然低价策略初期能够增加销量，但长期来看并没有提升品牌忠诚度。

B. 一次行业会议上，多位咖啡品牌代表共同认为，联名合作短期内提高了品牌曝光度，但对于提升品牌销售额的作用有限。

C. 许多独立咖啡馆虽然没有做低价促销和联名活动，但是由于其咖啡品质绝佳，最终还是能在消费者的心里占据一席之地。

D. 许多消费者经常因为低价促销和联名活动而对某品牌咖啡产生好情绪，但最终还是会因为对咖啡的品质不满而转投其他品牌的怀抱。

E. 市场调研数据显示，尽管低价咖啡和联名产品短期内吸引了较多消费者，但大部分消费者的复购率是极低的。

489. 功能性牙缺失是近年提出的、用于评估65岁及以上老年人口腔健康状况的全新指标。不同于传统定义的牙缺失指标，功能性牙缺失包括牙列中所有缺失且未修复的天然牙、第三磨牙、残根等无功能的存留牙，以及可摘义齿等对口腔功能修复尚存争议的修复体等。功能性牙缺失可导致患者咀嚼功能下降和饮食模式改变，对吞咽、言语等生理功能带来不利影响，显著降低老年人的生活质量。因此，有专家认为及时修复功能性缺失牙是老年人群口腔诊疗、实现其口腔健康老龄化的重点。

以下哪项如果为真，最能支持上述专家的观点？

A. 老年人口腔健康由饮食、护理、基础病等多种因素主导，功能性缺失牙修复对口腔健康老龄化作用有限。

B. 功能性牙缺失与老年人生理功能及心理社会功能密切相关，可直接影响老年人牙齿数目、口腔功能及口腔老龄化状态。

C. 口腔健康和咀嚼状况可影响全身共病的发生发展。口腔疾病在病因学上与心脑血管疾病、呼吸系统疾病、代谢疾病、认知障碍等多种系统性疾病相关。

D. 口颌系统功能受到口腔软硬组织及颞下颌关节等多组分的影响，如何明确并整合以牙体牙列、牙周黏膜、肌肉、关节、咀嚼五方面为核心的现有测量指标，是一大技术难点。

E. 牙缺失是老年人群最常见的口腔疾病之一，其位置和数量反映了患者口腔疾病史、口腔诊疗史及其保健理念。

490 "势不可挡"的金价带动了黄金饰品价格持续走高，近期多家金店的足金饰品价格已达767元/克。但是，在狂飙的金价之下，黄金产业却呈现出了"冰火两重天"。上游金矿企业受益于金价上涨，营收、净利润实现"双丰收"。而下游的黄金加工销售企业则一片"凄风惨雨"，就连某行业龙头都在半年内关停了180家门店。据此有专家认为，消费者的消费偏好发生了变化。

以下哪项如果为真，最能支持上述专家的观点？

A. 某行业龙头总经理在日前举办的股东大会上表示，今年销售表现比预期差，主要还是因为金价升势太急，制约了消费意欲。

B. 黄金加工销售企业不得不面对采购成本上涨、资金周转压力变大、出货量下降等种种风险。

C. 面对一路高涨的金价，被视作黄金消费新主力的年轻人从放弃大品牌转向低工费品牌，从找专业人士加工到自己买工具"打金"，从买饰品到买金条、金豆。

D. 面对高涨的金价，部分消费者开始热衷于购买各类黄金纪念币用于收藏。

E. 为了贴近消费者的消费偏好，黄金饰品商家应该根据自身的竞争力，积极调整产品结构和经营定位。

491 近些年来，宠物功能已经开始从看家护院转向排解孤独和寄托情感。据统计，我国现有的专业销售宠物产品的网店，年销售额在5 000万元以上的店铺已经比比皆是，足以证明市场庞大，且目标客户消费能力较强。因此，可以预见，随着我国宠物行业的不断开发，其带来的经济效益极为庞大，具有发展潜力。

以下哪项如果为真，最能支持上述专家的观点？

A. 越来越多的人选择养宠物陪伴自己，只要宠物市场庞大，就会有人愿意为此消费。

B. 我国目前市场割裂，主要以小型私营门店为主，没有形成完整的产业链和规模效益。

C. 宠物行业属于朝阳产业，在国内发展较晚，近些年才刚刚兴起。

D. 发达国家宠物市场已成为其国民经济的重要组成部分。

E. 当前中国没有大规模宠物养殖和培育活体的专业化机构和企业，在销售渠道方面尚未形成统一标准的供给方和统一销售渠道。

492 陆征祥是近代中国极负盛名的职业外交家，清末历任出使荷兰大臣、出席海牙保和会专使大臣、出使俄国大臣等职，其晚年去西方隐修，因此当时有人认为陆征祥崇洋媚外。但有专家经过研究发现，陆征祥从未忘记自身的文化根源，持续不懈地向西方介绍中国文化，为中国传统文化争取与西方基督宗教文明平等的地位。

以下哪项如果为真，最能支持上述专家的观点？

A. 陆征祥晚年出版的《回忆及感想录》写道："惟此书之作，实为宣扬孔教，争取文化平等地位，文肃公用意之深且远，令人拜倒者在此"。

B. 西方和平主义思想植根于"铸剑为犁、铸矛为镰"的天主教伦理。在中国传统文化中，和平不仅是一种崇高的社会理想，更是一种具有哲学意味的精神境界。

C. 其出版的《回忆及感想录》面世后，在欧美文化界引起广泛关注，各国报刊纷纷对其内容加以介绍。

D. 陆征祥始终在褒扬儒家伦理，以图建立具有普遍性的道德思想体系。

E. 陆征祥指出，作为外来文化的基督宗教要想在中国立足，必须融入中国文化，才能为中国人所接受。

493 2024年，国家市场监督管理总局共批准发布国家标准外文版571项，比上年增长43%，创历年新高。这些国家标准外文版覆盖英语、俄语、德语、葡萄牙语、柬埔寨语、越南语6个语种，涉及粮食、隧道工程机械、轨道交通电气设备、空间科学、卫星导航、无人机、应急消防装备等重点领域。就此有研究人员表示，"标准化"在我国国际贸易中担当着重要角色。

以下哪项如果为真，最能支持上述研究人员的观点？

A. "标准"是世界"通用语言"，也是国际贸易的"通行证"。

B. 中国国家标准外文版是将中国国家标准翻译为英文或其他语种的译本，是支撑科学、技术、商务国际交流与贸易往来的重要技术文件。

C. 截至目前，国家市场监督管理总局已发布2 338项国家标准外文版，对大多数人而言，实现统一标准存在障碍。

D. 随着人工智能的兴起，不同国家、不同民族人民之间的沟通变得越发容易，从而不同文化之间更愿意沟通交流。

E. 国际贸易是一项复杂的工程，仅仅依靠单方面的标准化是不够的，更重要的是了解各国的文化风俗。

494 南宋画家马远以"寒江独钓"题材闻名，其代表作《寒江独钓图》中，一叶扁舟浮于空阔江面，渔翁专注垂钓，背景大面积留白，营造出孤寂而悠远的意境。有学者认为这仅是传统山水主题的变体，但某艺术史学家提出，渔翁实为马远的"精神镜像"，承载着他对生命的哲思。

以下哪项如果为真，最能支持该艺术史学家的观点？

A. 马远出身绘画世家，却因政治动荡选择退隐，其晚年作品风格愈发简率冷寂。

B. 渔翁的衣纹线条与马远另一幅自画像中的服饰笔触高度相似。

C. 马远在《独钓图题跋》中写道:"世路风波险,扁舟钓雪心",将垂钓视为超越世俗的精神寄托。

D. 同时代画家夏圭的《溪山清远图》也采用留白手法,但未出现渔翁形象。

E. 马远存世作品中,渔翁题材占比达 43%,远超其他南宋画家同类题材的平均水平。

495 某国拟禁止在农业中使用新型杀虫剂"绿盾–300",因其可能对蜜蜂种群造成威胁。尽管毒理学研究显示,在实验室条件下该杀虫剂对蜜蜂的半数致死量是田间推荐浓度的 10 倍,但环保组织坚持认为其长期生态影响尚未明确。该国农业部最终采纳禁令,理由是现有数据不足以证明其安全性。

以下哪项如果为真,最能支持该国农业部的决策?

A. 绿盾–300 的推广使该国主要粮食作物单产提高了 18%,显著降低了粮食进口依赖。

B. 邻国允许使用该杀虫剂后,蜜蜂数量在 5 年内下降了 28%。

C. 该杀虫剂的代谢产物在土壤中可残留 15 年,但其对传粉昆虫的影响尚不明确。

D. 后续研究发现,实际农田中蜜蜂接触的杀虫剂浓度仅为实验室测试条件下的 1/50,且未观察到显著毒性效应。

E. 若允许使用,需建立全国性监测网络,这将消耗年度农业预算的 12% 且技术可行性存疑。

题型 16　特殊关系的支持

考向 1　因果关系的支持

496 联合国教科文组织发布的《一起重新构想我们的未来：为教育打造新的社会契约》强调教育变革，尤其是解决教育不公平的问题对于实现可持续发展目标具有至关重要的作用。报告中特别肯定了中国在教育变革方面做出的努力，如普及义务教育、提升教育质量、推动教育现代化等。这说明，中国为全球教育变革做出了巨大的贡献。

以下哪项如果为真，最能支持上述论证？

A. 中国的教育改革包括了全面推进生源地助学贷款制度，这一制度的实施大幅度提高了高等教育的普及率和质量。

B. 中国教育科研人员积极参与国际教育科学研究，发表了大量研究成果，显著提升了中国在全球教育科研领域的地位和影响力。

C. 中国在新一轮的教育变革中不断加强农村和西部地区的基础教育，有效地推进了教育公平，为全球教育不公平问题提供了可行的解决方案和经验借鉴。

D. 中国对联合国教科文组织教育报告的编写贡献显著，其提出的教育理念和政策建议受到了广泛好评。

E. 中国主办的多个国际教育论坛，为全球教育专家和学者提供了交流和合作的平台，促进了教育政策和实践的全球化交流。

497 在线教育在全球范围内变得越来越受欢迎。然而，并不是所有的学生都能适应这种新的学习方式。许多农村地区的学生由于网络条件限制，仍然习惯传统的课堂学习。有专家因此断言，在线教育的迅速普及会将农村学生阻挡在教育资源之外，从而影响他们的学习效果和未来发展。

以下哪项如果为真，最能支持上述专家的论断？

A. 在线教育的成本高昂，这是许多贫困地区短期内难以解决的问题。

B. 不是所有的学生都能克服网络条件的限制，这让他们只能通过传统的方式学习。

C. 农村地区的学生若不能接受优质的教育，则可能会导致他们无法获得生存所需的技能。

D. 在线教育看似降低了对老师的要求，但是其高昂的成本和对网速的要求都是农村地区无法解决的难题。

E. 在线教育的迅速普及可能会导致许多教学水平一般的老师失业。

498 由于不同地区的教育资源差异巨大，教育公平一直是一个社会难题。但是人工智能的发展给这一问题带来了契机。在教育中应用人工智能技术可以以极低的成本实现"千人千面"的个性化教育。有专家据此认为，随着这项技术的发展，未来的教育将会变得更加公平。

以下哪项如果为真，最能支持上述专家的观点？

A. 有些地区正是因为经济困难才无法给学生提供优质的教育资源。

B. 许多贫困地区的教师认为，人工智能可以极大地帮助他们提高教学能力。

C. 人工智能最大的优势在于能够让教育欠发达的地区也可以拥有优质的教育资源。

D. 许多教师无法在教学中顺畅地使用人工智能，这让他们对该技术有抵触心理。

E. 许多学生对学习不感兴趣的主要原因就是他们认为课堂上所学的内容较为死板，无法满足他们个性化的需求。

499 自 2008 年全球金融危机的阴霾笼罩之后，我国经济格局历经调整，居民消费水平呈现出引人注目的持续增长态势。权威统计数据显示，每年我国居民消费水平的名义增长率稳定在 1.8% 左右。这一数据变化深刻反映了我国居民消费心态从保守到积极的显著转变。在普遍认知中，收入的提高是驱动消费心态转变的主因。然而，某专家经深入研究后却提出，我国居民消费水平的稳健增长，主要得益于城镇化率的明显提升。

以下哪项如果为真，最能支持上述专家的观点？

A. 城镇化会改变居民的观点，推动居民的消费观从基本生存型向享受型转变。

B. 一项针对浙江省某市的调查表明，随着该市城镇化率的提高，该市居民的消费水平出现了明显的增长。

C. 城镇化率的提高会带来产业升级，从而提高居民的收入水平。

D. 居民消费倾向主要取决于消费观念和个人偏好，和社会变化等因素无关。

E. 调查显示，近十来年，我国农村地区的消费水平也在不断地增长。

500 某省的甲、乙两座城市，居民的饮水习惯截然不同。甲城市居民长期以来保持着饮用烧开自来水的习惯，而乙城市居民则偏好饮用纯净水。在健康状况方面，差异逐渐显现。经医疗数据统计与分析，乙城市居民更容易出现因缺乏微量元素而引发的各类疾病，骨质疏松症尤为常见。基于这样明显的对比，不少人认为，乙城市居民频繁出现微量元素缺乏问题，根源就在于他们长期习惯饮用几乎不含微量元素的纯净水。

以下哪项如果为真，最能支持上述论证？

A. 统计表明，甲城市和乙城市的居民数量基本一样，都是 300 万人。

B. 纯净水生产厂家为了降低成本，会在生产纯净水时将水中的杂质和微量元素一并去除。

C. 自来水中含有大量的微量元素，即便烧开饮用，这些微量元素也不会被破坏。

D. 补充微量元素的保健品在乙城市销售的火爆程度一直都比甲城市高。

E. 虽然人每天需要的微量元素并不多，但缺乏微量元素的后果依然非常严重。

501 在一项跨度长达五年的研究中，研究者对一组人群展开了全面且细致的观察，密切关注他们的生活习惯以及心理健康状况。研究过程中，鲜明的对比逐渐浮现：那些每坚持跑步的人，在日常生活里，感受到的压力与焦虑程度，相较于不常跑步的人明显更低。经过长时间的数据收集、分析与综合考量，研究者由此得出结论，跑步能够切实有效地助力人们减轻压力、舒缓焦虑。

以下哪项如果为真，最能支持上述研究者的观点？

A. 跑步的人通常比不跑步的人有更健康的生活习惯，如均衡的饮食和充足的睡眠。

B. 许多跑步的人声称，跑步是他们体验过的最好的减压方式。

C. 那些每天跑步的人中，有些人压力和焦虑大大减轻了，抑郁症状都好了不少。

D. 跑步的人和不跑步的人都面临着同样的生活和工作的压力。

E. 那些每天跑步的人中，有一部分人在跑步后会感到身体疲劳，但他们仍然觉得压力和焦虑减轻了。

502 与过去传统的娱乐模式不同，如今科技飞速发展，人们的主要娱乐方式已全面转向手机、平板、电脑等电子设备。在日常生活中，随处可见许多人整日捧着手机等智能设备，沉浸于刷抖音、看小红书的乐趣之中。实验结果表明，长时间聚焦电子设备屏幕，眼睛会持续遭受蓝光的强烈刺激。鉴于当下近视率呈现出显著上升趋势，有专家据此认为，这是近视率上升的重要因素。

以下哪项如果为真，最能支持上述论证？

A. 长时间观看电子设备，人的眼睛得不到充分的休息，视觉疲劳无法得到有效缓解。

B. 蓝光中的短波会损伤人眼底的黄斑区，导致黄斑区产生大量的自由基，从而导致视力损伤，出现近视等问题。

C. 如果能在使用电子设备时注意补充叶黄素、多看绿色植物，就可以有效地保护眼睛。

D. 近年来，近视率的上升趋势极其明显，许多小学生在小学一、二年级就开始戴眼镜了。

E. 近年来，人们使用电子设备的时间越来越长，并且这一趋势在短期内无法逆转。

503 某城市在高速发展的过程中，一直忽视了对空气污染的治理。而这几年，该城市已经开始饱受空气污染带来的恶果。经过市政府反复商讨，最终推出了"环保出行计划"，鼓励市民出行时优先选择公共交通而不是私家车。一年以后的统计数据显示，该城市的空气质量有了明显改善。政府官员据此得出结论，该计划已经有效地改善了该市的空气质量。

以下哪项如果为真，最能支持政府官员的观点？

A. 与该市毗邻的另一个城市，通过实施类似的"环保出行计划"有效地改善了空气质量。

B. 该市的空气质量改善以后，居民的生活幸福指数也得到了提高，这让居民更加支持"环保出行计划"。

C. 交通工具的尾气一直是空气污染的主要源头，而公共交通的尾气排放要比私家车的尾气排放少得多。

D. 实施该计划后，许多公共交通的乘客原本是私家车车主。

E. 实施"环保出行计划"虽然会在一定程度上降低居民出行的舒适度，但是对经济发展不会造成什么影响。

504 近期，国务院常务会议强调要进一步健全完善资本市场基础制度，提升上市公司质量和投资价值。紧接着，中国人民银行宣布下调存款准备金率0.5个百分点，向市场提供长期流动性约1万亿元。随后，在资本市场上，核电板块在A股市场上掀起了新一轮的上涨行情。对此，某专家认为，核电板块的上涨与国家宏观政策和货币政策的支持密切相关。

以下哪项如果为真，最能支持上述专家的观点？

A. 核电作为清洁能源的重要组成部分，其发展受到全球能源转型趋势的推动。

B. 近期核电技术取得了重大突破，有望在降低30%的运营成本的前提下将发电量提高45%。

C. 中国人民银行下调存款准备金率释放的长期流动性，为资本市场提供了更多投资资金，增强了投资者对核电板块的信心。

D. 国家能源局发布的数据显示，全国核电发电设备利用时数增加，核电产业的产能在稳定增长。

E. 某投资顾问表示，国务院常务会议和中国人民银行的政策出台，直接影响了投资者对核电及其他新能源板块的预期，促进了股价上涨。

305 在当下经济转型升级的关键时期，"专精特新"政策重磅落地并稳步实施，中小科技企业由此迎来发展的"黄金时代"，获得了前所未有的关注与支持。伴随业务的持续拓展，市场需求不断攀升，这些企业却也面临棘手难题——资金需求急剧增加。从业务开拓需投入大量研发资金，到扩充产能要购置先进设备，每一件都离不开资金支持。某专家经深入调研分析指出，该问题的出现主要是因为中小科技企业在快速发展的过程中对市场占有率的追求。

以下哪项如果为真，最能支持上述专家的观点？

A. 许多"专精特新"企业为了应对资金市场的不确定性，决定提高融资额，以确保有足够的"余粮"应对可能的市场波动。

B. 随着企业对资金的需求增加，地方政府和投资机构开始抢夺这些优质企业，提供更优惠的投资条件。

C. "专精特新"政策实施后，一批企业成功上市，增加了企业的市场空间，但也使得这些企业更加关注长期发展而非短期利益。

D. 许多"专精特新"企业为了获得更大的市场空间，开始寻求国家队大基金、大型国有集团或上市公司等"链主企业"的产业资金支持。

E. 随着"专精特新"企业的增多，市场竞争加剧，部分企业开始体验到了市场需求不足而导致的残酷竞争。

306 药明康德在业内流传的美国《生物安全法案》草案版本中被提及。对此，该公司澄清称，《生物安全法案》尚未生效颁布，未形成最终版本，并且公司业务发展不会对任何国家的安全构成风险。尽管如此，药明康德及相关CRO板块公司在美股市场的股价仍然出现了大幅下跌。对此，该公司坚持认为，股价下跌是因为市场对《生物安全法案》草案内容的过度反应。

以下哪项如果为真，最能支持该公司的观点？

A. 药明康德近期发布的财务报告显示，公司业务发展稳健，且收入和利润均有所增长。

B. 药明康德及相关 CRO 板块公司在美股市场的股价下跌幅度高达 8%，远超美国本土的生物企业。

C. 在《生物安全法案》草案提及药明康德之前，公司的股价就已经出现了下跌的趋势。

D. 许多医药公司先前被列入美国"未核实清单"，但随后已从该清单中移除。

E. 药明康德在国内的主要竞争对手也出现了股价大幅度下跌的情况。

507 古代社会，人们推崇"父母在不远游，游必有方"，人们不到万不得已是不会离开故土的。然而在现代社会，人口流动是常事，即便在消息闭塞、经济发展缓慢、观念保守的地区，人们往往也会去大城市生活和工作。某社会学家认为，许多人选择去大城市生活和工作是因为大城市比小城市机会多，也更加便利。

以下哪项如果为真，最能支持上述社会学家的观点？

A. 即便在大城市从事的工作和在小城市一样，其收入的涨幅也足以覆盖在大城市生活成本。

B. 相比较于对某个城市的熟悉程度，机会的多少、生活的便利程度是大多数人选择某个城市的决定性因素。

C. 大多数人的世界观、人生观和价值观其实受到社会结构的影响，只有极少数人才能摆脱社会结构的影响，拥有独立的三观。

D. 追求更多的机会、更便利的生活是人之常情，这并不能说明人们不再热爱故土。

E. 许多去大城市工作的人在年老的时候会格外思念家乡，甚至会离开生活多年的城市，回到家乡安度晚年。

508 某研究发现随着教育年限的增加，老年男性人群的吸烟率逐渐降低。与小学及以下学历相比，高中及以上学历的老年男性人群吸烟率显著降低。因此，有研究人员认为，可能是受教育程度越高的老年男性人群更易产生戒烟行为，其吸烟率也越低。

以下哪项如果为真，最能支持上述研究人员的观点？

A. 研究发现，那些原本就有戒烟意愿且意志力较强的老年男性，往往更倾向于通过各种途径提升自己的受教育程度，例如参加老年大学课程等。

B. 在老年男性人群中，受教育程度高的人通常更关注自身形象，而吸烟被普遍认为会损害形象，所以他们会主动减少吸烟行为。

C. 有数据表明，受教育程度较高的老年男性所在的社交圈子中，对吸烟行为的接受度较低，这促使他们为了融入社交而更易产生戒烟行为。

D. 受教育程度高的老年男性更善于理解和运用科学知识，他们能够更深入地认识到吸烟对健康的严重危害，进而更有可能主动采取戒烟行动。

E. 对不同受教育程度老年男性的生活习惯研究发现，受教育程度高的老年男性在日常生活中更倾向于遵循健康的生活方式。

509. 首发经济凭借自信效应，能激发消费者购买欲和市场需求，在国内经济面临消费降级和增长放缓挑战时，成为促进消费复苏的重要手段。但要确保其长期健康发展，需建立科学完善的监测评估体系。因此，有专家认为，建立监测评估体系有助于首发经济长期健康发展。

以下哪项如果为真，最能支持上述专家的观点？

A. 多个城市建立监测评估体系后，首发经济项目失败率大幅下降，市场份额逐年稳步增长。

B. 部分城市建立监测评估体系后，烦琐的评估流程使得企业参与首发经济的积极性受挫，新的首发项目数量锐减，严重影响了首发经济的发展活力。

C. 消费者普遍反映，在有完善监测评估体系保障下参与首发经济活动，体验感更好。

D. 建立监测评估体系后，首发经济相关企业的创新能力得到提升，产品更新迭代加快。

E. 拥有监测评估体系的地区，首发经济活动的投诉率明显降低，消费者满意度提高。

510. 慢性萎缩性胃炎是重要的胃癌前疾病，其时期是防治胃癌的关键阶段，寻找其简便、无创的早期诊断筛查方法尤为重要。某医学专家针对患者舌象特点调查发现，轻度肠化生患者的典型舌象为舌淡红、有齿痕或胖嫩，多为腻苔；重度肠化生的典型舌象为舌暗红、有裂纹、少苔；中重度异型增生患者的典型舌象为舌暗红、舌面多有裂纹、花剥苔。因此，该医学专家认为，人们可以通过观察自己的舌象特征来快速判断自己是否患有慢性萎缩性胃炎。

以下哪项如果为真，最能支持上述医学专家的观点？

A. 准确判断舌象特征是判断其是否患有胃炎的标准之一，有些人难以做到这点。

B. 从舌象宏观与微观角度来看，慢性萎缩性胃炎在各病理阶段及不同中医证型中的舌象特征有规律可循，说明舌象客观化参数对慢性萎缩性胃炎的诊断有重要意义。

C. 上述多为舌象的静态研究，集中于舌苔舌色多，对舌形、舌态特征研究较少，缺乏动态记录过程。

D. 舌象特征易受饮食、药物等因素干扰，导致自我观察结果偏差率高达40%。

E. 舌象特征在不同个体间差异显著，无法建立普适性诊断标准。

511. 师德是两千多年来教育发展问题中亘古不变的话题。师德修养从此成为古代思想家与教育家们不断探索和实践的核心问题。在历史的淬炼中，师德汲取了传统文化的营养，传承了传统文化的精髓，并在时代变迁中不断被赋予新的内涵。因此，有专家认为，研究中华传统师德，有助于了解中国古代道德教育与国家、社会发展之间的密切关系。

以下哪项如果为真，最能支持上述专家的观点？

A. 传统师德作为古代社会道德建构的重要组成部分，关乎着政治发展、社会稳定和民众教化。

B. 师德作为当下教育事业建设、发展的核心问题，一直存在着对其定性的争议。

C. 中华传统师德的产生、形成与发展，伴随着传统伦理道德发展的始终。

D. 杨昌济认为教师要忠于教育事业，有舍我其谁的志气。他提倡教师应以躬行实践导之，示以道德模范。他言："余谓人师，施教有道。"

E. 近代新式教育理念对传统教育思想的冲击，使得教育思想家们对中华传统师德的理论内涵做了新的审视。

512 阳光社区健康中心对 3 000 名居民进行了为期 3 年的健康跟踪调查，发现每天坚持晨跑 30 分钟以上的居民，平均每年感冒次数比不晨跑的居民少 3~5 次。研究人员通过入户访谈和体检数据对比发现，晨跑组在饮食均衡度、睡眠质量等方面与非晨跑组基本持平，但仍存在显著的感冒频率差异。专家据此推测，晨跑带来的身体活动直接增强了免疫系统功能。

以下哪项若为真，最能支持该专家的观点？

A. 晨跑者通常更关注健康信息，更可能主动采取预防感冒的措施。

B. 两组居民在年龄分布、基础疾病史、家庭卫生条件等方面没有明显差异。

C. 晨跑路线多位于绿化较好的公园，而植物释放的负氧离子有助于呼吸道健康。

D. 感冒症状较轻的人更愿意坚持晨跑，而非晨跑导致感冒减少。

E. 非晨跑组中约 40% 的居民有吸烟习惯，而吸烟会降低免疫力。

513 某生物学家发现，向日葵花盘的向阳性与茎部细胞的生长素分布有关。为验证这一假设，研究人员将向日葵幼苗置于单侧光源下，并对部分幼苗的茎尖涂抹一种抑制生长素运输的药物。实验发现，未涂抹药物的幼苗花盘始终朝向光源，而涂抹药物的幼苗花盘方向随机。研究人员由此认为，茎尖的生长素运输是向日葵向光性的关键机制。

以下哪项若为真，最能支持该研究人员的观点？

A. 未涂抹药物的幼苗在完全黑暗环境中仍能保持直立生长。

B. 涂抹药物的幼苗在补充外源生长素后，花盘重新表现出向光性。

C. 向日葵茎部的向光侧与背光侧细胞生长速率存在显著差异。

D. 一旦茎尖的生长素运输被阻断，背光侧细胞的生长将完全停滞。

E. 其他植物如大豆，其向光性同样依赖茎尖的生长素运输。

514 某中学调查发现，参与"科技创新社团"的学生，与没有参加该社团的学生相比，其物理成绩平均分高 15%。校教务处据此认为，该社团通过实验操作和课题研究，增强了学生的科学思维与实践能力，从而提升了物理成绩。

以下哪项如果为真，最能加强校教务处的观点？

A. 参与社团的学生中，部分通过课外补习班提高了物理成绩。

B. 参加该社团并不以物理成绩好为条件。

C. 参加该社团的同学约占全班的半数。

D. 物理成绩优异的学生更倾向于选择参与科技创新类社团。

E. 社团成员每周自主学习时间比普通学生多 3 小时。

515 某消费者权益组织对 2 000 名长期使用"阳光盾"防晒霜的用户进行了为期 5 年的追踪调查，发现其皮肤癌确诊率为 3.2%，显著高于未使用该产品的对照组（1.5%）。实验室检测显示，该防晒霜含有的甲氧基肉桂酸乙基己酯成分在紫外线照射下会生成自由基，可能破坏皮肤

DNA 结构。专家据此警告,频繁使用该产品,并长时间暴露在阳光下可能会增加患癌风险。

以下哪项若为真,最能支持专家的观点?

A. 使用组受访者在研究期间严格遵循防晒指南,补涂频率与对照组一致。

B. 该防晒霜的甲氧基肉桂酸乙基己酯浓度是欧盟安全标准的 2 倍。

C. 实验表明,该成分在紫外线照射下 10 分钟即可产生足以损伤 DNA 的自由基。

D. 皮肤癌患者中使用该防晒霜的比例显著高于普通人群。

E. 未使用组受访者平均每年日照时长比使用组多 40 小时。

考向 2 方法关系的支持

516 海大棉公司旗下拥有若干子公司,运营模式各有不同。去年,其子公司胖小星公司大胆创新,率先试行远程工作制度,而其余子公司则按部就班,维持原有的传统办公制度。年末绩效统计时,令人意想不到的是,胖小星公司的生产效率竟遥遥领先,比其余子公司的平均生产效率还要高出许多。基于这一显著差异,有人就此推断,实行远程办公制度能够成为有效提高海大棉公司整体生产效率的有力举措。

以下哪项如果为真,最能支持上述论证?

A. 远程办公制度最大的好处是给员工省去了大量的通勤时间,从而保证了他们有充足的时间休息。

B. 许多互联网公司,例如,苹果、谷歌都开始实行远程办公制度,他们的生产效率不降反升。

C. 调查表明,远程办公制度可以让员工在舒服的环境中工作,而工作环境的舒适程度会直接影响员工的生产效率。

D. 调查表明,胖小星公司的员工和其他子公司的员工相比,虽然学历并无优势,但他们的工作经验普遍更加丰富。

E. 如果不是胖小星公司的生产效率比其他子公司更高,海大棉公司的管理层也不敢让这个公司的员工远程办公。

517 在互联网时代,网购已成为许多消费者的首选。对商品的在线评价作为消费者做出购买决策的重要参考,其态度倾向会显著影响消费者的购买意向。然而,一些市场营销专家警告说,过分依赖这些评价可能导致消费者忽视了商品的质量、功能这些更为重要的因素。他们认为,消费者应该更加关注商品的功能和质量是否满足自己的需求,而不是仅仅基于他人的评价就做出决策。

以下哪项如果为真,最能支持上述专家的观点?

A. 只要在线评价的内容足够详细,就可能导致消费者忽略商品的实用性,从而做出决策。

B. 每个人对商品的评价或多或少都会带有自己主观上的态度倾向,参考他人的评价而购买的商品往往无法满足自身的实际需求。

C. 在线评论的数量越多,消费者就越容易在信息过载中迷失,难以做出合理的购买选择。

D. 任何人都具备从众心理，当消费者对商品的评价和其他大多数人不一样时，他们往往会认为自己的判断是错误的。

E. 许多女性在网购衣服时往往会因为过度相信其他人的在线评价而购买了不合身的衣服。

518 在对地铁的导视系统的设计研究中，专家通过分析老年人的生理、心理特征及社会特征，发现地铁导视系统在字体大小、颜色对比度、标识位置等方面并不完全适应老年人的需求。该专家据此建议，调整这些元素来提高老年人识别导视信息的能力，从而提升他们的地铁出行体验。对此，某学者指出，仅仅改进导视系统可能不足以全面提升老年人乘坐地铁的体验，还需要从服务、设施等多方面进行综合改善。

以下哪项如果为真，最能支持该学者的观点？

A. 部分老年人乘坐具有改进后的导视系统的地铁时，依然可能存在出行困难的问题，尤其是在高峰期。

B. 改进的导视系统虽然提高了老年人识别导视信息的能力，但有些老年人表示，直接寻求工作人员的帮助也能找到正确的线路。

C. 一些老年人不愿意乘坐地铁的根本原因是，地铁上没有足够的位置，他们的腰腿也没办法承受站着搭乘地铁的压力。

D. 实验数据显示，改进导视系统后，老年人在地铁站内迷路的情况有所减少，但仍有一部分人表示找不到电梯。

E. 导视系统的改进需要耗费大量的人力、物力和财力，这对长期亏损运行的地铁公司无异于雪上加霜。

519 随着消费者对健康和营养的日益重视，方便面市场正在经历一场深刻的变革。康师傅推出的"老母鸡汤面"和白象推出的"汤好喝"系列等高汤面产品，反映出方便面行业向健康化、高端化转型的趋势。然而，某专家却认为，虽然方便面行业的健康化、高端化转型是满足细分市场需求的重要尝试，但面对激烈的市场竞争和消费者需求的多样化，方便面品牌需要更深入地了解消费者需求，不断创新产品和服务，优化营销策略，这样才能在竞争激烈的市场中获得持续的成功。

以下各项如果为真，均能支持上述专家的观点，除了：

A. 消费者对方便面的健康升级需求持续增长，不再满足于所谓的高汤方便面，转而追求全部用有机材料制作的有机方便面。

B. 大豫竹方便面多年以来主要销售入门级别的干脆面，在市场上一直深受消费者的好评。

C. 某品牌注意到消费者越来越关注环保问题，顺势推出"生产过程0污染"的高汤方便面，果然跑赢了其余高汤方便面。

D. 方便面市场的同质化竞争加剧，即便是推出了高汤方便面等新品类，也难以从根本上解决行业的创新不足问题。

E. 方便面品牌同质化问题严重，那些能脱颖而出的品牌往往都在产品的品牌宣传和定位方面做得比竞品更好。

520 一项研究表明，定期阅读可以提高人们的认知能力和情绪管理能力。因为阅读过程中，人们需要理解和剖析文字信息，这能够锻炼大脑的思维能力；同时，通过阅读，人们可以了解到各种各样的人生经历和情感体验，这有助于提高情绪管理能力。

以下哪项如果为真，最能支持上述论证？

A. 研究表明，人的思维能力的提高可以改变人对世界的认知，而对世界认知清晰的人在碰到社会的各种阴暗面时情绪不一定会受到影响。

B. 实验表明，定期阅读可以有效提高不同神经的一致性和稳定性，从而有效改善人的认知能力和情绪管理能力。

C. 一项针对 5 000 名大学生的调查表明，那些有定期阅读习惯的大学生认知能力和情绪管理能力普遍强于那些没有定期阅读习惯的人。

D. 定期阅读可以使人的知识储备越来越丰富，这自然也包括了对情绪进行管理的知识储备。

E. 虽然不同的人的经历和情感体验是不相同的，但是人对外界刺激的反应模式是相同的。

521 血脑屏障这种结构可以使脑组织少受甚至不受循环血液中有害物质的损害，从而保持脑组织内环境的基本稳定。对于脑部疾病的治疗来说，穿过血脑屏障把药物作用于发生病变的部位是治疗中最重要的环节。国外某医学期刊近期发表了一篇关于"穿透血脑屏障"的文章，某研究团队发现了多种具有不同穿透能力的病毒载体，这些载体可以穿透血脑屏障，可以直接将药物送至靶向给药的细胞或组织。成教授看到这则医学文章就认为，这对于脑部疾病的治疗将会有很大的进步。

以下哪项如果为真，最能支持成教授的观点。

A. 脑毛细血管的内皮细胞膜是以类脂为基架的双分子层的膜结构，具有亲脂性。苯巴比妥这类亲脂性的物质很容易通过这类亲脂性的细胞膜。

B. 目前发现的多种病毒载体也有着各自的特点，它们从血液进入大脑的路径不会完全一样。

C. 该研究团队还发现一种碳酸酐酶 IV（CA-IV）可以帮助数种病毒更轻易地通过血脑屏障，并且这一蛋白在人类和很多物种的血脑屏障中天然存在。

D. 经过临床验证，拿病毒载体作为输送药物的手段是特异性结合，它能直接作用于特定的靶向位置，不会对正常的脑部细胞造成损伤。

E. 这类病毒载体的培养环境是极为严格的，必须在恒温条件下培养。

522 随着技术进步，研究发现 CRISPR-Cas9 基因编辑具有永久破坏肿瘤存活基因的潜力。基因组编辑技术是一种可以在基因组水平上对 DNA 序列进行改造的遗传操作技术，S 团队利用 CRISPR 技术对 2 名患有难治性晚期骨髓瘤和 1 名患有难治性转移性肉瘤进行临床试验，在接受了传统的手术、放疗和化疗后，癌细胞依旧扩散了。之后这 3 名患者选择注入 CRISPR 基因编辑后工程化的 T 细胞，经过一段时间的观察，其癌细胞的扩散有所抑制并且被修饰的 T 细胞在体内存在长达半年以上。由此可见，传统癌症治疗的困境将有所突破，

CRISPR 技术能提高癌症治疗效果，为癌症治疗开辟了新途径。

以下哪项如果为真，最能支持上述结论？

A. 用 CRISPR-LNP 对小鼠进行一次脑内注射治疗，其生存时间从 32.5 天增加到超过 48 天，相当于平均寿命增加一倍，抑制肿瘤生长 50%，提高生存率 30%。

B. CRISPR 基因编辑工具是靶向融合基因的首选方法，它可以在不影响健康细胞的前提下破坏癌细胞。

C. CRISPR 系统很容易进入血液中，它是对患者 T 细胞进行编辑，然后将工程化的 T 细胞移植回患者血液中，让它们能够更好地识别和攻击癌细胞。

D. CRISPR-Cas 基因编辑技术是通过编程靶向基因组的特定序列，在含有融合基因的癌细胞中诱导细胞死亡，以抑制肿瘤细胞生长。

E. 进行临床三期的人体试验后，CRISPR 基因编辑修饰的 T 细胞可持续在体内长达 9 个月，该技术得到了生物学领域各学者的肯定。

523 在碎片化资讯获取的需求下，移动互联网的普及提供了技术支持，再加上资本的涌入，短视频行业全面爆发。在今天这样一个轻量化的内容营销时代，随着富媒体化的逐步流行，企业广告逐步从单一静态向动态转变，短视频旺盛的生命力给传统企业带来了一条营销新路径。短视频可以灵活传达品牌形象及产品效果，并且可以极大调动用户的兴趣。因此，企业广告用短视频方式呈现，更能吸引用户的目光，增加企业的收入。

以下哪项如果为真，最能支持上述结论？

A. 如果针对特定用户群进行个性化宣传，那么销售机会可以增加 25%。

B. 过去没有拍摄短视频广告，很多企业也成功了。

C. 20 世纪 70 年代出生的人习惯于静态的广告海报，不喜欢花里胡哨的东西。

D. 利用短视频发送企业广告，比张贴静态海报给企业带来的收入多 6 倍。

E. 合理运用短视频能够为企业增添好感度，而过度的使用则会使消费者反感。

524 城市通常会明确规定，公交车司机在每次行驶前都要进行车辆检查。许多公交车司机都抱怨这项规定耽误了他们的时间，而且，公交车公司每个月都会安排专业的维修人员对公交车进行检查，排除故障和潜在的危险。然而，交警对此持有不同的观点，他们认为，为了保证行驶安全，公交车司机必须执行该规定。

以下哪项如果为真，最能支持交警的观点？

A. 不是每一个专业的维修人员都能保证检查时发现公交车所有的问题和故障。

B. 公交车司机在行驶前对车辆进行检查可以有效地排除故障和潜在的危险。

C. 许多公交车在两次专业维修人员的检查期间会发生各种故障，甚至一度因此发生车祸。

D. 对公交车的例行检查固然重要，但是司机在行驶的过程中也一定要注意严格遵守各项交规。

E. 公交车司机的工作压力已经很大了，如果还要让他们对车辆进行检查，反而可能影响驾驶安全。

525 近年来,"高分低能"的现象越来越明显,许多擅长考试的人对社会的理解力极弱,甚至被人戏称为"生活中的白痴"。但近年来的研究表明,定期阅读,特别是定期阅读人文类或历史类的书籍,可以有效提高学生对社会的理解力。有专家据此认为,应当让学生定期阅读,例如,在课程中加入更多的阅读时间或开设专门的阅读课等。

以下哪项如果为真,最能支持上述专家的观点?

A. 阅读时间会极大地影响阅读的深度,而阅读的深度将会影响定期阅读的效果。

B. 定期阅读可以有效地提高学生对各类知识的认知能力,从而提高学生对社会的理解力。

C. 某学校尝试开展定期阅读,结果发现,那些参与定期阅读的学生接触和理解社会的意愿比没有参与定期阅读的学生强。

D. 定期阅读也并不是万能钥匙,理工科的学习更需要的是大量的听课、刷题和总结。

E. 对于部分学生,强制增加他们定期阅读的时间反而会让他们压力更大,对学习产生反感。

526 一项长达十年的实验显示,许多学校为了提高学生的学习成绩,大量削减了音乐课、体育课这些所谓的"副课"在课程中的比重。然而,那些音乐课程数量更多的学校学生的学习成绩反而更好。这说明,音乐教育其实可以提高学生的学习成绩。有专家据此建议,学校应该在课程中增加音乐教育的比重,例如,提高音乐课在课程中的比重。

以下哪项如果为真,最能支持上述论证?

A. 音乐教育可以提高学生的注意力以及记忆力,而这两种能力对学习来说是至关重要的。

B. 学生在上音乐课时可以有效缓解学习疲劳,这反而可以让他们的学习更好。

C. 另一项实验表明,相比于所谓的主课,学生对副课的兴趣更大,上课时也更加活跃。

D. 许多决策的初心是好的,但是在实践的过程中可能会起到反作用,学校减少副课的比重就是典型的例子。

E. 学生的学习成绩固然会受到课程体系的影响,但是学生自己的学习习惯和进取心才是决定性因素。

527 某大学图书馆为缓解人工服务压力,于2025年斥资120万元引入10台自助借还书机。设备投入使用后,学生借阅效率提升40%,从而节省了大量的人力成本。但年度维护成本较传统服务模式增加了35万元。因此,部分学生代表提议向学生收取每学期50元服务费,理由是设备维护成本高昂且学生是受益者。但图书馆管理员反对这一建议,其认为服务费不应由学生单独承担。

以下哪项如果为真,最能支持图书管理员的观点?

A. 由于自助管理设备的使用,使得该图书馆减少了3名专职管理人员的岗位,每年节省的人力成本高达20万元。

B. 学校将图书馆节省的人力成本用于扩建自习室和更新电子资源,全体师生均可从中受益。

C. 学生学费中已包含图书馆基础服务费用,自助机属于提升服务质量的延伸项目。

D. 收费将导致约30%的学生放弃使用自助机,反而增加人工服务窗口的排队压力。

E. 若图书馆与校外企业合作，通过自助机屏幕广告，其获得的收入将覆盖全部维护成本。

528. 许多工厂都会根据市场的需求、行业的发展而改变自己的生产模式。当然，无论工厂做什么，其背后的目的都只有一个，那就是降本增效。某工厂近年为了满足市场需求，一直在让员工加班加点提高产能。但由于员工的加班费较为高昂，该工厂的利润并没有增加。因此，该工厂计划引入一条新的全自动生产线，在保证产能不变的基础上，提高利润。

以下哪项如果为真，最能支持上述工厂的计划？

A. 该全自动生产线的技术已经非常成熟，从安装到最终投入生产，总共只需要1个月。

B. 该全自动生产线还有很大的优化空间，只要该工厂愿意花费资金，还可以进一步提高产能。

C. 自动化生产是大势所趋，虽然它的成本较高，但是它的稳定性和可靠性都远超人工。

D. 引入全自动生产线的成本要远低于员工的加班费，甚至比员工的正常工资和加班费的总和还低。

E. 若该全自动生产线可以提高产能，那么就可以提高利润。

529. 电子游戏刚兴起时，许多人将其视为洪水猛兽。他们认为，游戏只能使人玩物丧志，百利而无一害。但是，某专家在研究游戏对人的影响时却发现，经常玩棋类游戏的人在解决复杂问题时所使用的时间反而比不玩游戏的人更短。进一步研究发现，经常玩棋类游戏可以提高人们的逻辑思维能力和策略规划能力。因此，该专家建议，人们应当多玩棋类游戏。

以下哪项如果为真，最能支持上述论证？

A. 经常玩棋类游戏可以显著提高人的神经的活跃程度以及不同神经之间的协作能力，而这二者对人的逻辑思维能力与策略规划能力至关重要。

B. 一项调查显示，喜欢玩棋类游戏的人比喜欢玩设计类游戏的人思维更加缜密，在遇到问题时也更加镇定自若。

C. 即便棋类游戏对人没有任何好处，但是这类游戏不具备任何暴力元素，因此，最起码可以保证对人没有多大的坏处。

D. 人在解决复杂问题时所使用的时间长短能很好地反映出一个人综合能力的强弱，因此，脑科学领域经常用该指标评价人的综合智力水平的高低。

E. 那些所谓因为游戏而玩物丧志的人实际上是他们本身在现实生活中无法获得成就感，才会选择一头扎进虚拟世界不愿意醒来。

530. 由于地质活动，任何古代文明的历史记录都不可能完整保存下来。但是，考古学家可以对比研究同一时期不同文明以及不同时期同一文明的遗址和遗物，进而梳理出同一个文明的演化历史。古生物学家据此获得了灵感，他们认为通过研究不同时期同一个生物的化石，可以重现这个物种的演化历史。

以下哪项如果为真，最能支持古生物学家的灵感？

A. 随着技术的进步，考古学家有可能可以挖掘出同一生物不同时期的化石。

B. 相比较于人类已经研究清楚的古生物，更多的古生物还有待人类研究。

C. 考古学家仅通过对比研究同一时期不同文明的遗址和遗物不一定可以梳理清楚文明的演化历史。

D. 许多人总认为不同领域的研究方法是不一样的。但实际上，虽然不同领域的研究对象不同，但研究这些对象的方法其实是类似的。

E. 古生物学家研究古生物的首要任务就是研究清楚古生物的演化历史。

531 近年来，随着农业生产的现代化，有机磷农药如氧化乐果的使用量大幅增加，尽管这些农药在防治害虫方面发挥了重要作用，但其对环境和生态系统的潜在影响也引起了广泛关注。科学研究表明，氧化乐果对斑马鱼具有明显的毒性作用，能够影响其生理和生化指标。不仅如此，斑马鱼还对氧化乐果有较强的生物富集能力。有科学家据此建议，可以用斑马鱼来评估氧化乐果对水环境的污染程度。

以下哪项如果为真，最能支持上述科学家所提出的建议？

A. 氧化乐果会显著降低斑马鱼的乙酰胆碱酯酶的活性，影响神经传导功能。

B. 斑马鱼对氧化乐果的生物富集系数（B.F）在 1.54 至 5.8 之间，属于低富集农药。

C. 任何生命都会或多或少地摄入一些有毒物质，但是在进化的过程中，许多生物都具备一定程度的解毒能力。

D. 实验证明，斑马鱼的生理指标对有毒物质的敏感程度比大鼠更强。

E. 斑马鱼作为一种研究水中毒性的模型生物，其对有毒物质的敏感性可能与自然水体中的其他物种有所不同。

532 在新型冠状病毒肺炎（COVID-19）大流行期间，全球约三分之一的人口被要求留在家中，这场前所未有的社会隔离和生活方式的改变对许多人的心理健康构成了挑战。调查表明，尽管研究表明大约三分之二的人能够表现出心理弹性，成功应对这种潜在的创伤事件，但也有约三分之一的人遭受了严重的心理困扰。某专家据此指出，必须尽快建立心理健康支持系统，来应对类似的全球性公共卫生危机。

以下哪项如果为真，最能支持上述专家的观点？

A. 那些看似表现出心理弹性的人也不一定彻底摆脱了心理阴影，在未来的某一天他们也可能受到心理问题的困扰。

B. 心理健康热线在疫情期间接到的求助电话数量激增，这显示出公众对心理健康支持的迫切需求。

C. 大多数人在疫情期间通过增加体育锻炼来调整自己的心理状态，成功地应对了这次心理危机。

D. COVID-19 的爆发给全球各国的公共卫生系统敲响了警钟，在将来极有可能再次爆发类似的全球性公共卫生危机。

E. 疫情期间，许多专家建议人们通过虚拟社交活动来保持心理健康，但实际上，这些社交对人们的心理健康没有任何帮助。

533 在实施乡村振兴战略的过程中，中央一号文件强调了资本下乡的重要性，旨在通过资本的投入促进农业现代化、加快乡村发展，提高农民生活水平。然而，资本下乡并非没有风险，近期的调查发现一些地方出现了资本"跑路"、涉农项目烂尾等问题，导致土地流转出现纠纷，农民利益受损。因此，为了确保资本下乡真正为乡村振兴服务，必须通过政策的引导和监督，确保资本的投入能够真正利于农村的可持续发展。

以下哪项如果为真，最能支持上述论证？

A. 有了政策的引导和监督，就可以避免下乡资本给农民带来的风险，从而确保资本下乡真正为乡村振兴服务。

B. 如果资本下乡仅仅依靠市场机制自由运作，而没有相应的政策引导和监管，则容易导致资本追求短期利润，忽视乡村的长期发展和农民的根本利益。

C. 如果农民能够参与资本下乡项目，直接获得技术支持和资金投入，提高农业生产效率和产品质量，从而显著增加收入，这直接反映了资本下乡对乡村振兴的积极贡献。

D. 任何投资都会有风险，关键问题在于风险和收益的平衡，在于能否将风险尽可能地控制在可接受的范围之内。

E. 引入创新农产品价格保险等风险防范机制，可以有效降低资本下乡带来的市场波动风险，保护农民免受市场价格波动带来的损失。

534 和辉光电是一家主要专注于高解析度 AMOLED 半导体显示面板的研发、生产和销售的高科技公司。自 2017 年以来，由于严峻的行业形势和市场需求低迷，该公司一直处于亏损状态。对此，该公司某高管认为，为了尽快扭亏为盈，应该调整公司的战略方向，例如，调整销售策略、加大市场开拓力度、丰富和优化产品结构、持续改进生产工艺。

以下哪项如果为真，最能支持上述高管的观点？

A. 另一家和和辉光电情况接近的公司，在调整战略方向后，大幅度提高了公司的生产效率和销售效率，并且在今年第四季度成功大幅赢利。

B. 另一家 AMOLED 行业的高科技公司在面临亏损时，通过对市场进行调研，转型做 Mini-LED 面板，成功扭亏为盈。

C. 丰富和优化产品结构虽然能满足更多客户需求，但高投入的研发费用可能加剧短期内的财务压力。

D. 虽然和辉光电长期处于亏损状态，但是其账户上依然有足够的资金，短期内不会因为资金链断裂而破产。

E. 技术的发展一日千里，调整发展战略对于高科技公司而言是常态，也是提升企业内部管理的有效手段。

535 近年来，全国多地房地产市场面临前所未有的挑战。随着经济增长放缓、人口红利消失以及政府对房地产市场的严格调控，广州市房地产市场出现了成交量下滑、房价波动以及开发商资金链紧张等一系列问题。为了解决这一问题，广州市政府调整了限购政策。对此，某房地产专家认为，广州市政府的这一措施可以有效稳定市场供给，从而释放中高收入群体的改善型需求。

以下哪项如果为真，最能支持该专家的观点？

A. 广州市调整限购政策可能会导致高端住宅以及别墅的价格出现不同程度的上涨，但是对于刚需群体不会有太大影响。

B. 广州市中心区域大户型新房去化难度显著增加，即便部分开发商降价促销，市场交易情况依然疲软。

C. 由于市场风向发生变化，房企不再开发针对中高收入群体的高端住宅，转而集中精力开发小面积的精品户型。

D. 广州市政府调整限购范围，减少限购区域内大户型购房限制条件后，中心区大户型新房的成交量显著增加。

E. 广州市的房地产开发商反映，他们面临严重的融资困难问题，这导致他们无力开发新楼盘。

考向 3　概念跳跃的支持

536　迈瑞医疗是国产医疗器械行业的龙头企业，其宣布计划收购科创板上市医疗器械公司惠泰医疗，以此实现对后者的控制权。此次收购能完善迈瑞医疗在心血管医疗设备领域的产品线。据此，某行业分析师认为，迈瑞医疗未来在心血管医疗设备领域的市场份额和盈利能力预计将显著增长。

以下哪项如果为真，最能支持上述分析师的观点？

A. 受新冠疫情的影响，心血管疾病的全球发病率持续增加，导致对心血管医疗设备的需求大幅上升。

B. 迈瑞医疗此次收购旨在扩大其在心血管医疗设备领域的产品线和市场份额。

C. 由于产品线并不完善，迈瑞医疗在心血管医疗设备领域的市场份额和盈利能力长期处于较低的水平。

D. 此次收购后，迈瑞医疗未能有效整合惠泰医疗的资源和技术，导致产品创新和市场扩张速度低于预期。

E. 迈瑞医疗在全球市场的销售网络已覆盖北美洲、欧洲、亚洲等多个地区，具备强大的国际营销能力。

537　《红楼梦》是清代作家曹雪芹的一部长篇小说，描述了封建制度下，豪门大户逐渐衰败的历程。一般认为这是一部写实主义的小说，描绘了贾宝玉的生活和他的两个最爱的女人——林黛玉和薛宝钗。但有学者提出，这部小说实际上是对封建社会的批判。

以下哪项如果为真，最能支持以上学者的观点？

A. 古人写小说时喜欢"以小见大"，描述某个封建王朝的豪门大户是如何衰败的就是为了批判封建王朝。

B. 封建制度是反人性、反进步的，例如，在封建王朝中流行的一夫一妻多妾制就是其饱受批判的缺陷。

C. 《红楼梦》中的许多人物最后都有着悲惨的结局，如贾母的去世、贾琏的贫困、宝玉的出家等。

D. 虽然《红楼梦》后四十回的作者不一定是曹雪芹本人，但其主题思想还是基本和前四十回一致。

E. 曹雪芹在《红楼梦》中描绘了大量的宴会和聚会的场景，这些场景中充满了人间烟火气。

538 长久以来，在健康养生领域，人们普遍形成一种认知：欧米伽-3脂肪酸对降低心脏病发病率效果显著。基于此，多食用富含欧米伽-3脂肪酸的食物，成了养生建议中的"常客"。而最近一项实验发现，坚果中蕴含大量微量元素镁。鉴于此，专家建议，为更好地预防心脏病，人们除关注传统富含欧米伽-3脂肪酸的食物外，还应当适当增加坚果的摄入量。

以下哪项如果为真，最能支持上述专家的观点？

A. 实验证明，每天只需要吃一把坚果，就足以满足人体对欧米伽-3脂肪酸的需求。

B. 坚果中含有大量的营养元素，这些营养元素对人的健康有着奇特的作用。

C. 微量元素镁可以有效地放松心肌细胞，从而有效地降低中风和心脏病的发病率。

D. 坚果中的镁元素是以化合物的形态存在的，相对来讲比较稳定，不易变性。

E. 许多人认为健康的奥义在于运动，但实际上，人的饮食对健康的影响远比运动对健康的影响大。

539 长期以来，空气污染是否会导致呼吸道疾病一直是一个饱受争议的话题。有人认为空气污染会直接导致呼吸道疾病，也有人认为人的呼吸道可以适应空气污染。最新的实验表明，空气污染会导致人的呼吸道黏膜衰退。因此，专家认为，若人在受污染的空气中生活，将会患上各种各样的呼吸道疾病。

以下哪项如果为真，最能支持上述专家的观点？

A. 调查表明，生活在空气污染严重的城市中的居民呼吸道黏膜的衰退程度比生活在空气质量优异的城市中的居民更加严重。

B. 呼吸道黏膜衰退会使得空气污染直接刺激人脆弱的呼吸道表皮细胞，进而导致人患上各种各样的呼吸道疾病。

C. 认为呼吸道可以适应空气污染的人其实都是各个工厂的代言人，这些工厂一直因为污染严重而饱受批评。

D. 呼吸道疾病多半是慢性疾病，这类疾病虽然不会直接致死，但是也会严重影响人的正常生活。

E. 人对环境的适应能力是有限的，一旦超过了这个限度，人就会因为无法适应环境而生病，严重时甚至会死亡。

540 "糖尿病危机"是指人们过度依赖高糖食品，运动不足、生活压力大等导致的糖尿病发病率上升。近些年，这种现象已经成为公共健康专家关注的一个重要问题。这位专家在列出一系列统计数据后，提出了"今日人们为什么越来越容易患上糖尿病"的疑问，这无疑加剧了无数人的焦虑。该专家通过分析指出，恰恰是现代生活方式和饮食习惯导致了"糖尿病危机"现象。

以下哪项如果为真，最能支持上述专家的观点？

A. 现代人的生活节奏快，压力大，导致他们更依赖高糖食品来获取能量。

B. 现在的人更加了解健康方面的知识，这让他们更加注意饮食健康。

C. 随着医疗技术的进步，糖尿病患者的生活质量和健康水平越来越高了。

D. 现代社会，各国政府一直大力宣传健康的生活方式和饮食习惯。

E. "糖尿病"本身并不致死，但是许多患者会因为糖尿病而患有各种并发症，严重时可能会导致死亡。

541 通常情况下，乐观的人往往会获得更好的机会。某心理学家为了研究乐观对职业发展的影响，从2005年开始，这位心理学家领导的研究团队对2 000名大学新生进行了心理和能力测试，并记录了他们的生活情况。研究中，五名研究助手对同一年级的学生进行了乐观程度评估，结果发现，越乐观的人职业生涯的发展就越顺利。因此，该心理学家认为，乐观有助于职业发展。

以下哪项如果为真，最能支持上述心理学家的观点？

A. 上述五名研究助手也都是心理学领域的专家。

B. 职业发展的好坏受到多种因素影响，其中最重要的因素就是机会的好坏。

C. 一般情况下，同一年级的学生的学习能力不会有太大的区别。

D. 看起来乐观的人一般都具有积极的人生态度，这让他们在面对挫折时抗压能力更强。

E. 如果一个人从小面对许多挫折，那么他长大成人后就很难拥有乐观的人生态度。

542 近年来，AI浪潮强势席卷医疗领域，其应用愈发广泛。从疾病的前期预测，到精准诊断，再到后期治疗，AI都深度介入并发挥着举足轻重的作用。权威统计清晰显示，AI医疗技术横空出世后，疾病诊断准确率实现大幅度提升，为医疗决策提供了坚实可靠的依据。鉴于此，有专家经过深入研究与分析后，认为AI医疗技术的出现将更有效地提高公众的整体健康水平。

以下哪项如果为真，最能支持上述专家的论证？

A. 即便不同地区的医疗条件存在差异，但AI医疗技术可以在很大程度上解决这一问题。

B. 某肿瘤医院的实验表明，引入AI医疗技术后，该院肺癌患者的五年生存率大幅度提高了。

C. 疾病诊断的准确率会影响到疾病的治愈率，从而影响公众的健康水平。

D. AI医疗技术可以更有效地预测患者将会患何种疾病，从而真正实现"大医治未病"。

E. 虽然AI技术依赖于超强的计算机算力，但随着计算机技术的进一步发展，未来有可能研发出低成本高算力的计算机。

543 为了加强资本市场监管、保护投资者利益，证监会持续加大对上市公司的监管力度，特别是针对欺诈发行和信息披露违法违规行为实施严厉打击。例如，思创医惠等上市公司因欺诈发行和财报虚假记载等行为受到重罚，这展现了证监会"零容忍"的高压态势。此外，多家上市公司因财报虚假记载等违法行为受到行政处罚。某专家据此认为，证监会的这些措施是推动资本市场健康发展、增强投资者信心的关键。

以下哪项如果为真，最能支持上述专家的观点？

A. 思创医惠公司之所以不能瞒天过海，完全是因为证监会长期缜密地调查了其绝大多数交易明细。

B. 如果不严厉打击欺诈发行和违法违规披露信息，资本市场就很难健康发展，投资者也很难对其充满信心。

C. 一些上市公司通过主动纠正违法行为并加强内部管理，成功恢复了投资者的信心并提升了市场评价。

D. 证监会对上市公司的监管政策进一步完善，增加了对欺诈发行和信息披露违法违规行为的处罚力度。

E. 只要证监会能严格执法、恪尽职守，资本市场就可以健康发展，投资者就会对其充满信心。

544 阅读是阅读者从书面语言中获取信息，进行加工编码，获得知识意义的活动过程。研究发现，不同的读者在阅读时会对阅读材料进行不同的加工编码：一种是浏览，从文章中收集观点和信息，使知识作为独立的单元输入大脑，称为线性策略；一种是做笔记，在阅读时会构建一个层次清晰的架构，就像用信息积木搭建了一个"金字塔"，称为结构策略。由此可知，与单纯的浏览相比，做笔记能够取得更优的阅读效果。

以下哪项如果为真，最能支持上述论证？

A. 读书要有目标，带着主动意识去阅读往往会更加专注，更能集中精力，容易有所收获。

B. 书的重要内容只占整本书的20%，这20%中最重要的仅有4%。也就是说一本200页的书，只有8页是最核心的。

C. 思维导图式的笔记可以将我们头脑正在思考的内容以可视化的图形呈现出来。

D. 精读有利于加深对文章内容及实质的理解，是形成学习者知识系统的基础。

E. 阅读效果的好坏取决于是否可以总结出层次清晰的架构。

545 在中亚草原发现的一座青铜时代圆形石砌建筑遗址中，考古学家发现其内壁刻有36组螺旋状沟槽，每组沟槽末端均指向不同方位。经测量，这些沟槽的排列角度与公元前1500年夏至日太阳运行轨迹存在87%的吻合度。据此，研究者推测该建筑可能是古代部落用于观测天文的"太阳神殿"。

以下哪项如果为真，最能支持上述推测？

A. 同一时期的其他遗址中也发现过类似的螺旋状刻痕。

B. 沟槽内残留的矿物颜料经鉴定与当地岩画使用的材料相同。

C. 该建筑的内部空间布局与天文观测需求存在结构性矛盾。

D. 螺旋状沟槽的分布密度与同期游牧民族使用的天文观测工具"日晷盘"尺寸一致。

E. 遗址周边出土的陶罐上绘有太阳崇拜相关的纹饰。

考向 4　数量关系的支持

546. 某国教育部门开展了一项统计工作，聚焦于 2022 年填报高考志愿的考生情况。数据显示，在当年填报志愿的考生群体里，选择理科的考生占比可观。尤为引人注目的是，在这些选择理科的考生中，高达 70% 的人高考数学成绩超过了 120 分。这说明数学学得越好的人，越有可能基于自身学科优势和对理科专业的适配性，而选择理科作为未来的发展路径。

以下哪项如果为真，最能支持上述论证?

A. 教育研究已经证明，能否学好数学不仅和天赋有关，更与后天的努力有关。

B. 该国 2022 年的高考数学难度较大，有 70% 的考生数学成绩不到 120 分。

C. 数学是一切学科的基础，无论选择什么专业，从事什么工作，都需要学好数学。

D. 许多人认为文科的学习难度不如理科，实则不然。

E. 该国 2022 年的高考数学难度较大，仅有 68% 的考生数学成绩高于 120 分。

547. 某城市环保部门统计显示，自 2024 年 1 月实施垃圾分类奖励政策（积分兑换生活用品）以来，注册参与用户从政策前的 50 万人激增到当年 6 月的 210 万余人。监测数据表明，实施奖励之前积极参与每日分类投放的用户为 25 万人。环保组织据此推测，当年 6 月其中积极参与每日分类投放的用户已超过 100 万人。

以下哪项如果为真，最能支持上述推测?

A. 奖励政策覆盖了全市 85% 的社区，且每个社区配备 2 名督导员。

B. 同期，市电视台联合社区开展了 12 场垃圾分类直播宣传活动。

C. 2024 年上半年全市可回收物日均处理量比 2023 年同期增长 200%。

D. 政策实施后，注册用户中连续 30 天每日分类投放的比例与政策前持平。

E. 未注册居民中，约 35% 通过亲友账号间接参与了分类投放活动。

548. 某重点中学 2023 学年第二学期期末考试后开展的教学质量分析显示，该校自愿报名参加数学补习班的学生中，期末考试成绩优秀（90 分以上，满分 100）的比例达 75%，远高于年级平均优秀率 45%。基于此，学校教学处认为，数学补习班的系统性训练是学生成绩提升的关键因素。

以下哪项如果为真，最能支持上述结论?

A. 该校数学补习班的师资力量雄厚、教学方法新颖。

B. 参加补习班的学生中，原本成绩中等及以上的占 90%。

C. 全校未参加数学补习班的学生中，成绩优秀的仅占 20%。

D. 补习班的课程内容与期末考试重点高度契合。

E. 多数学生表示参加补习班后学习效率有所提升。

549. 某城市快递行业统计显示,"速达"和"时捷"两家快递公司中,"速达"今年第一季度收到的客户投诉达 3 000 次,是"时捷"的 5 倍。由于客户仅在快递出现延误、破损等问题时才投诉,行业分析人士据此认为:"速达"的服务质量比"时捷"更差。

以下哪项如果为真,最能支持上述结论?

A."速达"的快递员人均每日配送量比"时捷"多 20%。

B."时捷"第一季度的快递业务量是"速达"的 8 倍。

C."速达"的投诉处理响应时间比"时捷"快 1 小时。

D."速达"投诉中天气原因占 80%,"时捷"仅占 30%。

E."速达"推出了运费险服务,鼓励客户更主动反馈问题。

550. 某重点高校 2023 年本科生推荐免试攻读硕士研究生名单显示,文科专业中获得推荐资格的学生里,女生占比达 70%。该校推荐资格评定取决于三方面:科研能力、课程成绩和在校表现。推荐标准为综合成绩排名前 10%。教育部门据此认为,该校本科文科专业的女生在学业表现上优于男生。

以下哪项如果为真,最能支持上述结论?

A. 推荐免试的评审标准中,科研能力占比高于课程成绩。

B. 在该校本科文科专业学生中,女生占 30% 以下。

C. 在综合成绩排名前 10% 的学生中,女生的平均绩点比男生高 15%。

D. 该校文科专业女生的课程重修率显著高于男生。

E. 推荐免试名额中,男生占比与女生占比基本一致。

第三章 论证逻辑

专题七 假设题

题型 17 假设的基本思路

551 调查发现，在2023年的中国市场，除科技创新、人口老龄化带来部分机会之外，大多数领域的股票投资都在下降。而在债券投资方面，反而变得对投资者更有吸引力了。某投资专家据此指出，尽管两个领域的投资都还存在大量机会，但相对保守的中国投资者们未来还是会更加倾向于债券投资。

以下哪项是上述论证所必须假设的？

A. 虽然股票投资的收益比债券投资更高，但是债券投资的风险远低于股票投资。

B. 2023年中国的股票投资市场，仅有科技创新、人口老龄化相关领域的项目有获利的空间。

C. 有时债券投资的收益率比股票投资的收益率要更高。

D. 有时债券投资的不确定性相较于股票投资更低。

E. 美联储政策的不断变化也会影响中国境内的投资市场。

552 两名民警因购买和帮助同事购买被认定为非法枪支的仿真玩具气枪，经历了长达数年的法律斗争。尽管他们积极配合警方，并且初次鉴定结果显示这些气枪为玩具，但后续的判决依旧以非法买卖枪支罪对他们进行了刑事处罚。在此过程中，两次鉴定结果不一致引发了争议，但法院最终决定维持原判。这两名民警认为，他们的行为完全出于个人爱好，同时，他们对两次鉴定结果的差异和最终的法律裁决感到困惑。

以下哪项是上述民警的困惑所必须假设的？

A. 对于涉及技术性鉴定的刑事案件，应确保鉴定结果的一致性。

B. 目前我国尚无相关法律明确区分玩具气枪和非法枪支。

C. 法庭在进行刑事裁决时，应当充分考虑被告人的初衷。

D. 对于购买仿真玩具气枪的公职人员不应该从重处罚。

E. 在法律适用和司法审判中，应当遵循疑点利益归于被告的原则。

553 在选择裸辞的年轻人中，有人为了追求更有意义的生活，提前规划并积攒了足够的积蓄，决定2024年不再上班。有人在经历了多次裸辞后，希望找到一份能够稳定发展的工作，以避免再次"亏损"。有人则因健康原因被迫裸辞，但发现不上班后生活变得更加充实和清晰。某记者认为，这些年轻人的故事反映了当代年轻人面对职场压力时对于探索新的生活轨迹的勇气。

以下哪项是上述论证所假设的？

A. 裸辞可以给人探索新的生活方向的机会。

B. 大多数裸辞的年轻人最终都能成功找到满意的工作。

C. 年轻人在做出裸辞决定时，通常会有充分的准备和规划。

D. 在当前社会和经济环境下，裸辞已成为年轻人面对职场不满和生活压力的普遍选择。

E. 许多年轻人已经意识到用健康换取收入得不偿失，他们宁可选择收入较低但压力更小的工作。

554 在济宁市任城区某小区，一项新的管理措施引起了业主们的广泛关注和不满。为了解决消防安全隐患和地面机动车辆乱停乱放的问题，物业决定禁止新能源汽车进入小区地面停放，要求所有机动车都停到地下车库。然而，这一措施未考虑到地下车库缺乏充电设施，导致新能源汽车业主面临充电难题。对此，某记者认为，该小区的物业仅仅考虑到了消防责任，但并未考虑到他们对业主的责任。

以下哪项是该记者的论证必须假设的？

A. 新能源汽车的业主普遍只愿意在自己的车位上充电，而不愿意特意去外面的商业充电桩充电。

B. 在小区地下车库安装充电桩在技术上是可行的，但是申请程序较为麻烦，物业一般不愿意协助业主办理。

C. 小区物业应该服务好小区的业主，碰到问题时应当和业主提前沟通，共同寻找解决方案，而不是将业主当成"管理对象"。

D. 新能源汽车正在飞速发展，在任何一个小区，新能源汽车的占比都达到了 50% 以上。

E. 一旦新能源汽车在地下车库充电时发生了火灾，小区的物业具备足够的消防能力将火灾迅速扑灭。

555 全球变暖是一个严重的问题，其主要原因是人类活动所产生的大量的碳排放。如今，人类已经达成共识，要通过使用可再生能源，减少碳排放的措施来解决全球变暖的问题。然而，这些措施需要大量的前期投入，而只有发达国家才具备足够的资源支撑这些投入。但是某专家依然认为，全球变暖问题将很快得到缓解。

以下哪项是上述专家的论证所假设的？

A. 发展中国家将会获得发达国家的资助。

B. 全球的碳排放，大多数来自发达国家。

C. 全球变暖是碳排放造成的主要环境问题。

D. 发展中国家碳减排技术的发展较为缓慢。

E. 使用可再生能源是减少碳排放的最佳策略。

556 随着某国不顾一切向大海排放核污水，污水中含有的放射性核素对海洋生物基因造成的不定向突变是无法避免的。如果这些生物有了天敌后就会沿着食物链、食物网的方向在更高级消费者的体内不断积累富集，尤其是一些深海的大型鱼类，如蓝鳍金枪鱼等。有专家认为，若人类食用了这些大型深海鱼，则势必会将这种放射性物质富集后的结果传递到人类身上。

以下哪项最可能是上述专家观点的假设？

A. 该类放射性物质生物体无法代谢掉。

B. 这些放射性物质虽然不参与自然界的水循环和碳循环，但仍会以各种方式扩散到全球各个海域，进而被各种海洋生物所吸收，最终到达人体。

C. 相比于其他国家，我国沿岸区拥有能抵抗核污水的优势地理构造——大陆架与海洋锋。

D. 该类放射性物质最主要的扩散方式就是随洋流扩散。

E. 排放的核污染水中含有氚、碳-14、碘-131、铯-137 等 64 种超标的放射性物质，对人体危害十分严重。

557 作为一种逐渐进展的神经系统变性疾病，帕金森病在老年人群体中的发病率较高，平均发病年龄为 65 岁左右。而丹酚酸 B 是丹参最丰富的活性丹酚酸中的一种抗氧化剂，其作为一种具有神经保护作用的中药提取物，在帕金森病中具有一定的临床应用价值。由此，研究人员认为，丹参具备抑制帕金森病症状的功效。

以下哪项是上述论证成立所必须假设的？

A. 人体能够有效吸收并利用丹参中的丹酚酸 B 来发挥其神经保护作用。

B. 研究表明，丹参中除丹酚酸 B 外，其余成分多具营养补充与轻微抗炎功效，能辅助丹酚酸 B 发挥神经保护作用。

C. 服用丹参不会引发其他比帕金森病症状更严重的健康问题。

D. 对于患有帕金森病的患者来说，长期服用丹参是可行且安全的。

E. 丹酚酸 B 在治疗帕金森病方面的效果优于其他现有的治疗手段。

558 景观设计是一门综合性极强的多方面学科，它巧妙融合了地形塑造、植物配置、建筑小品搭建等各种元素，旨在创建出既美观又兼具功能性的户外空间。植物作为景观设计的关键构成部分，其叶子特征意义重大。研究发现，叶子的形状丰富多样，可分为针状、心形、掌状等，而叶子的颜色同样五彩斑斓，包含绿色、红色、紫色等。因此，有专家指出，叶形与叶色在园林景观设计中起着至关重要的作用，能显著提升景观的视觉效果和生态价值。

以下哪项是上述论证成立所必须假设的？

A. 园林景观中的观赏者能够清晰分辨不同叶形与叶色，并从中获得视觉上的愉悦感受，进而提升景观的视觉效果。

B. 不同叶形与叶色的植物在生长过程中不会因为相互竞争养分、光照等因素，破坏园林景观原本的生态平衡，影响生态价值。

C. 园林设计师具备充分利用不同叶形与叶色进行合理搭配设计的专业能力，以发挥其提升景观效果的作用。

D. 叶形与叶色在园林景观设计中的应用，不会因季节更替、气候变化等自然因素而失去其对景观视觉效果和生态价值的提升作用。

E. 除了叶形与叶色，园林景观设计中的其他元素不会对景观的视觉效果和生态价值产生比叶形与叶色更显著的影响。

559. 为了减少城市交通拥堵，必须采取以下措施之一：提高停车费、限制车辆进入市中心、推广公共交通。事实证明，提高停车费在高峰时段效果不佳，因为司机愿意支付更高的费用。因此，如果不限制车辆进入市中心，就不可能减少城市交通拥堵。

以下哪项是上述论证最可能假设的？

A. 推广公共交通的成功需要限制车辆进入市中心的配合。

B. 高峰时段的交通拥堵问题无法通过其他时段的政策缓解。

C. 司机对停车费的敏感度在非高峰时段更高。

D. 限制车辆进入市中心会显著增加周边道路的负担。

E. 城市交通拥堵问题仅存在于市中心区域。

560. 为保障消费者权益，某国政府推出"智能设备安全认证"计划，要求所有入网设备必须通过严格的安全性测试，否则禁止销售。认证通过的设备可获得政府补贴。有行业分析师指出，这一政策反而可能导致设备安全性下降，因为企业为降低成本会优先满足认证最低标准而非主动提升安全性能。

以下哪项是分析师论证必须假设的？

A. 消费者能够准确识别设备安全性的差异。

B. 安全性认证的最低标准低于行业平均水平。

C. 企业更关注短期利润而非长期品牌声誉。

D. 未通过认证的设备仍能通过非法渠道销售。

E. 政府补贴金额与设备生产成本直接相关。

题型 18　特殊关系的假设

考向 1　因果关系的假设

561. 今年房地产市场依然低迷，预计房企整体将继续缩表，且房价上涨的可能性较低。但是，近期多地均放开了限购政策，并且银行在进一步调低房贷按揭利率。例如，广州市政府最近发布的政策措施进一步优化了房地产市场，这些措施有利于居民满足改善置业需求，同时也有助于消化一部分商品房库存。某房地产公司据此推测，中国房地产市场有望迎来软着陆。

以下哪项是上述论证所假设的？

A. 放宽限购政策和降低按揭利率将大幅提高房地产市场的交易量。

B. 房地产市场的软着陆将主要依赖于限购政策和银行按揭利率。

C. 广州市政府最近发布的政策能使市场快速消化掉商品房的库存。

D. 房企缩表和房价稳定的预期不会对房地产市场的长期健康发展构成威胁。

E. 在低迷的市场环境中，房地产企业的综合融资和市值管理能力显得尤为重要。

562. 根据万有引力定律可知，宇宙中一切物体之间都存在引力，那么宇宙应该是在收缩而非膨胀。但科学家们观测发现，宇宙不仅一直在膨胀，而且其膨胀速度在过去几十亿年里一直在加速。科学家们据此认为，宇宙中存在暗能量，正是这种未知的能量对宇宙的膨胀产生了推动作用。

以下哪项是上述科学家的论证所假设的？

A. 暗能量是唯一能解释宇宙加速膨胀的因素。

B. 暗能量是极为特殊的存在，永远不可能被人类观测到。

C. 在不久的将来，宇宙会一直保持加速膨胀的趋势。

D. 除了让宇宙加速膨胀，暗能量对宇宙没有其他影响。

E. 宇宙中已知的能量尚不足以使得宇宙加速膨胀。

563. 在一个古老的乡村，村民们依然保持着传统的生活方式，他们种植粮食，饲养家禽，用传统的方法做饭和制作工艺品。尽管现代化的城市生活已经渗透到许多乡村，但这个村庄却选择保持他们原有的生活方式。有趣的是，这个村庄的村民们的平均寿命比周围的城市居民要高。因此，这个村庄的生活方式对人们的健康有利。

以下哪项最可能是以上论述所隐含的假设？

A. 只有保持传统的健康水平，人的平均寿命才可以高于平均水平。

B. 城市的生活压力大、作息不健康，这都是对健康极为不利的因素。

C. 平均寿命是衡量健康程度的唯一指标。

D. 城市居民的医疗条件不比这个村庄的医疗条件差。

E. 正是因为意识到了健康的重要性，这个村庄的村民才选择传统的生活方式。

564 通常情况下，安全销在飞机起飞前由机务人员取下，飞行员绕机检查时也需要检查安全销是否拔出。但去年，某航班在执行飞行任务时，机务人员未取下前起落架的安全销，导致飞机前起落架无法正常收回，机组不得不决定返航。对此，某专家推测，此事发生的主要原因是机务的操作手册有问题，使得机务人员无法完成飞机起飞前的准备工作。

以下哪项是上述专家的推测所假设的？

A. 起飞前的绕机检查程序能够完全避免起落架安全销未取下的情况发生。

B. 飞机不存在会导致机组人员无法按照操作手册完成准备工作的设计缺陷。

C. 如果在飞行前机务人员完成了例行检查，就能发现所有的安全隐患。

D. 机务人员、机组人员以及放行人员等工作人员之间的沟通和协作机制存在缺陷。

E. 起落架安全销的设计应该包含防止机务人员疏忽的功能。

565 在过去几年中，美国政府针对中国的科技崛起采取了一系列制裁措施，目的是限制中国在全球科技竞争中的发展。这些制裁包括但不限于限制美国企业向中国出口关键半导体技术、软件和设备，以及禁止中国科技公司进入美国市场。分析人士认为，美国的制裁措施最终可能加速而非减缓中国追求高水平科技自主的步伐。

以下哪项是上述分析人士的观点所假设的？

A. 中国拥有足够的资源和能力，在被国际制裁的情况下，仍能推动本土科技产业的发展和自主创新。

B. 受国内选举的影响，美国将继续寻求新的方法和策略，以加强对中国科技行业的制裁和出口管制。

C. 中国在全球镓和锗的生产中占据主导地位，只要中国限制这些稀有金属的出口，就能极大影响全球半导体行业。

D. 国际社会已经对美国横行霸道的行为越来越不满，并可能采取行动支持中国的立场。

E. 未来全球半导体产业的发展将主要依赖于中国和美国之间的技术竞争，而不是合作。

考向2　方法关系的假设

566 某一中学对出现学业问题的学生们进行了深入调查和研究。研究报告显示，那些在学业上有问题的学生在学习上花的时间太少，而在学校的运动项目上花了大量的时间。于是教导主任决定，禁止有学业问题的学生参加运动项目，这样就可以让他们取得好成绩。

假设以下哪项能够使该教导主任的决定成立？

A. 有些参加运动项目的学生并没有学业问题。

B. 所有不存在学业问题的学生，都不参加运动项目，从而节省下了大量时间好好学习。

C. 学生们至少可以利用一些不参加运动项目而节省下来的时间解决他们的学业问题。

D. 参加运动项目的学生的学习成绩都不好。

E. 运动与学业问题之间的关系还没有得到科学证明。

567 大多数厨师都有尝试搭配各种食材的习惯。然而，现在许多厨师因为尝试各种食材的时间成本，逐渐放弃了尝试搭配新的食材的习惯，这严重影响了厨师的创新能力。有专家认为，为了能不断推陈出新创造新菜肴，应该在厨师的培训课程中增加尝试食材搭配的环节，让厨师有机会尝试新的食材组合。

以下哪项是上述专家的论证所假设的？

A. 厨师培训课程所收取的学费用来覆盖厨师尝试新的食材搭配的成本绰绰有余。

B. 尝试新的食材组合是厨师创造新菜肴最常用的方法。

C. 只有具备创新能力，厨师才能推陈出新创造新菜肴。

D. 至少有些厨师没有尝试搭配新的食材的习惯。

E. 尝试搭配新的食材的习惯会影响厨师的创新能力。

568 在许多城市，人们常常看到街头的垃圾桶里堆满了各种垃圾，包括易拉罐、瓶子、纸张等。李先生认为，这是因为人们没有足够的动力去回收垃圾，因此，政府应该为回收垃圾提供一定的物质奖励，鼓励人们回收垃圾。

以下哪项最可能是李先生的看法所依赖的假设？

A. 物质奖励可以提高人们回收垃圾的动力。

B. 政府有义务引导居民为社会做贡献。

C. 政府为回收垃圾付出的物质奖励不高于人们主动回收垃圾带来的收益。

D. 回收垃圾即便不能带来经济收益，但至少可以减少环境污染。

E. 回收垃圾的范围不应当仅仅局限于易拉罐、瓶子、纸张等。

569 在数字化时代，网络欺凌问题日益严重，尤其是在青少年中。网络欺凌的匿名性和无处不在的特点使得受害者难以逃避，严重影响了他们的心理健康和社会适应能力。为了解决这一问题，某专家建议，应当实施全面的网络素养教育和心理健康教育，例如，教育学生如何安全、负责任地使用互联网，避免成为网络欺凌的加害者，还包括提供心理健康支持和干预措施，帮助受网络欺凌影响的学生恢复自信和建立健康的社交关系。

以下哪项是上述专家的建议所假设的？

A. 实施网络素养教育和心理健康教育能够有效提高学生的自我保护能力，减少网络欺凌事件的发生。

B. 相比较于家庭而言，学校在实施网络素养教育和心理健康教育方面具有得天独厚的优势。

C. 只要国家能进一步完善关于网络欺凌方面的法律法规，就能从根本上解决网络欺凌的问题。

D. 所有的网络欺凌都源于欺凌者没有法律意识和健全的人格，也和被欺凌者缺乏网络素养和心理健康知识有关。

E. 多数家长缺乏网络基本知识，即便他们参与到网络素养教育中也无济于事，甚至可能起到反作用。

570. 最新研究发现，城市绿化面积的扩大可能改变蒲公英的自然生长规律。值得注意的是，城市绿化带中的蒲公英种群密度与空气中PM2.5浓度呈显著负相关。据此，环保专家指出，这意味着可以通过监测蒲公英的生长情况来实时评估空气质量，从而为市民提供更精准的污染预警。

以下哪项是环保专家结论所依赖的前提？

A. 蒲公英的种群密度不受其他环境因素（如温度、降水）的显著影响。

B. 市民能够通过肉眼准确判断蒲公英的种群密度变化。

C. 空气中PM2.5浓度是影响蒲公英生长的唯一污染物。

D. 城市绿化面积的扩大会优先选择种植蒲公英。

E. 蒲公英的生长周期与PM2.5浓度的季节性变化完全同步。

考向3　概念跳跃的假设

571. 研究显示，狗的睡眠主要经历两种阶段：非快速眼动睡眠和快速眼动睡眠。狗睡觉时，先进入非快速眼动睡眠阶段，这个阶段主要用来让大脑休息；之后，进入快速眼动睡眠阶段，大脑产生高频电波且眼睛快速闪动。科学家据此推测：狗和人类一样，睡眠时会做梦。

以下哪项最可能是上述论证的前提？

A. 做梦出现在快速眼动睡眠阶段。

B. 狗和人有许多共同的生物特征。

C. 狗的大脑比较复杂，睡觉时也会出现同样的脑电波模式。

D. 快速眼动睡眠阶段，主要用于恢复体力，此时肌肉完全放松，脑部活动加快，眼球快速转动。

E. 狗做噩梦或者好梦都会发出哼哼的声音，借此表达自己的情绪。

572. 人们似乎高估了学习成绩的重要性。理由很简单，成绩只能反映学生们的学习能力，但无法反映学生们的创造力和批判性思维。学习能力主要依赖于记忆和重复，但创造力和批判性思维才是影响学生独立思考和解决问题的关键因素。因此，学习成绩不能完全反映学生的智力水平。

以下哪项是该教育专家的论证所依赖的假设？

Ⅰ. 记忆能力的强弱和智力水平的高低无关。

Ⅱ. 成绩和学生们的学习能力有关。

Ⅲ. 独立思考和解决问题的能力和智力水平有关。

A. 仅Ⅰ。　　B. 仅Ⅱ。　　C. 仅Ⅲ。　　D. 仅Ⅰ和Ⅲ。　　E. Ⅰ、Ⅱ和Ⅲ。

573. 某古老的山村正在进行景区的开发，以吸引游客。开发商为了迎合目前的市场需求大肆拆除山村中原有的建筑，改建为高端酒店、温泉、度假村等。但值得庆幸的是，村中的祠堂被开发商保留下来了。这座祠堂中祭祀的都是那些曾经在抵抗侵略的战争中牺牲的英雄。由此可见，开发商还是尊重抵抗侵略的历史的。

以下哪项是上述论证所假设的？

A. 开发商开发景区的唯一目的就是赢利，其余诉求都要为这个目的让路。

B. 这座山村原本的建筑过于古老，条件恶劣，导致很多游客的不满。

C. 只有那些尊重抵抗侵略历史的游客，才会来这个山村旅游。

D. 是因为村民的极力抗议，山村中的祠堂才得以保留。

E. 如果开发商不尊重抵抗侵略的历史，就会拆除祠堂。

574. 研究发现，长期使用电子设备会导致视力下降。同时，另一项研究表明，防蓝光眼镜可以阻挡电子设备屏幕所发射出的蓝光。王医生据此认为，可以用这种眼镜来防止长时间使用电子设备造成的视力下降。

以下哪项最可能是王医生的结论所依赖的假设？

A. 只要不长时间使用电子设备，人的视力不会有明显的下降。

B. 只要能批量生产，防蓝光眼镜的成本可以降低到和普通眼镜接近的程度。

C. 电子设备屏幕的蓝光会导致使用者的视力下降

D. 防蓝光眼镜也可以做成近视眼镜，满足近视用户的需求。

E. 若人在黑暗的环境中使用电子设备，则视力会下降得更厉害。

575. 近年，人工智能是热门话题。随着人工智能的不断发展，越来越多的领域开始运用人工智能技术。然而，人工智能技术似乎也不是万能的。某艺术家发现，人工智能创作的艺术作品虽然看起来像是人类创作的，但是这些作品其实都是通过既定的规则生成的。他据此断定，人工智能无法像人类那样创作艺术。

以下哪项是上述艺术家的论证所假设的？

A. 人工智能无法理解人类对于艺术的追求和狂热。

B. 人类在创作艺术作品时不会遵循既定的规则。

C. 人类在创作艺术时需要灵感，而人工智能不可能具有灵感。

D. 人工智能通过既定的规则生成所谓的艺术作品。

E. 人工智能的发展总会遇到瓶颈，因此，人工智能不可能突破所有领域。

576. 一位营养学专家研究发现，水果中的抗氧化剂可以帮助清除体内的自由基，这些自由基会损害血管，并导致心脏病。此外，蔬菜中含有大量的膳食纤维，可以帮助降低胆固醇。据此，该专家认为，增加蔬菜和水果的摄入量可以帮助人们降低患心脏病的风险。

以下哪项最可能是上述专家论断的假设？

A. 人体内的胆固醇含量和患心脏病的风险呈正相关。

B. 体内自由基含量较低的人患心脏病的风险也较低。

C. 蔬菜中的膳食纤维含量较为丰富，足以满足人体的需求。

D. 食用肉类无法有效地降低人患心脏病的风险。

E. 食用蔬菜和水果不会造成副作用。

577. 人们一直在讨论城市生活和乡村生活哪个更健康。近期，一些研究者分析了城市和乡村居民的健康数据,发现城市居民的平均寿命比乡村居民的平均寿命要长。因此,他们得出结论:城市生活比乡村生活更健康。

以下哪项最可能是上述研究者得出结论的假设?

A. 城市的医疗条件有助于延长居民寿命。

B. 平均寿命是衡量健康水平的有效指标。

C. 城市居民的医疗保健知识比农村居民更丰富。

D. 城市居民收入更高,有足够的资金做医疗保健。

E. 许多专家一直强调,乡村看起来更加接近自然、更健康,但实际上乡村的生活条件无法保证居民的健康。

578 在一项研究中,研究者发现,那些在大学期间至少参加过一门艺术课程(例如音乐、绘画或戏剧)的学生在参加工作后,他们的工作成果更可能被同行认可。因此,研究者建议,大学应该鼓励所有的学生都至少选修一门艺术课程,以提高他们的创新能力。

以下哪项最可能是上述研究者的论证所假设的?

A. 参加艺术课程的学生在大学期间的学习成绩比那些不参加艺术课程的学生更好。

B. 艺术课程能给人带来更多的灵感,这种灵感对做好工作是很有帮助的。

C. 参加过音乐课程的人的创新能力比那些没有参加音乐课程的人更强。

D. 工作成果被同行认可的程度可以直接反映人的创新能力。

E. 那些参加艺术课程的人在参加艺术课程之前,他们的创新能力反而比那些一直没有参加艺术课程的人更低。

579 《诗经》是中国古代诗歌的开端、现实主义的源头,是中国最早的一部诗歌总集;《楚辞》是中国文学史上第一部浪漫主义诗歌集。这两部诗歌集中存在着大量的香草意象,先民们与花草共生,其精神生活也与花草休戚相关。《诗经》常以香草起兴寄托情思,《楚辞》更是开"香草美人"传统之先河,奠定了"香草"意象在文学史上的独特意义和深刻内涵。但有专家通过对《诗经》和《楚辞》的对比分析指出,《楚辞》对《诗经》中的香草有不同的意象。

以下哪项最可能是上述专家观点的假设?

A. 《诗经》是中国古代诗歌的开端、现实主义的源头,是中国最早的一部诗歌总集。

B. 古诗集的风格大致分为"现实主义"和"浪漫主义"两个派系,其对于同样事物的比喻有不同的意象。

C. 两部作品都用琪花瑶草、桂馥兰香比作美好的事物:《诗经》中常用各种花卉植物比兴,象征美丽的容貌和高洁的品行;《楚辞》以兰、桂、荷、菊等比喻自我高尚人格。

D. 《诗经》中的香草常被用来比喻主人公俊美的外表与高尚的德行。

E. 《诗经》大多采诗于民间,是一种口口相传的平民文学;而《楚辞》尽管部分作品的作者有争议,但作家一般是士大夫阶层。

580. 在当前能源领域，随着对可持续发展和能源高效利用的需求日益增长，能源存储产业模式不断创新。抽水蓄能电站作为一种新型能源存储产业模式，在众多方面展现出独特优势。相比于目前广泛应用的主流电站，抽水蓄能电站在优化能源结构、提升能源利用效率方面，具有高技术、高效能和高质量等显著特征。因此，抽水蓄能电站将成为新型主流电站。

以下哪项如果为真，最能支持上述专家的观点？

A. 风光等电力受风力、光线等影响较大，存在电力稳定性不够以及阶段性市场消纳能力波动等局限。

B. 某抽水蓄能电站的建设历经 8 年之久，除了自然地质地貌等工程难度外，还要最大限度地保护秦岭生态，其过程充满了挑战。

C. 一个电站只有具备高技术、高效能和高质量等特征，才能成为主流电站。

D. 当前的主流电站为风光等电力电站，其投资成本低、建设难度小，这些优势是抽水蓄能电站不可取代的。

E. 电站建设期间，为将大型设备运输进山，建设者开凿出穿越山岭的隧道，使当地交通条件大为改善，更为山区乡村带来了人流、物流、信息流。

专题八 分析题

题型 19 分析论证结构

581 ①人们应该具备社会责任感和创造能力。②这些责任感和创造能力不仅对于个人的职业发展至关重要，而且对于社会的进步和繁荣也具有关键作用。③除此之外，优秀的品德可以让人充分发挥自己的能力，也有助于社会的和谐。④所以说，人也应该具备优秀的品德。⑤而人的社会责任感、创造能力、品德的培养都依赖于家庭教育。⑥因此，家庭教育应当重视孩子的社会责任感、创造能力、品德的培养。

如果用"甲→乙"表示"甲支持或证明乙"，则以下哪项对上述论证结构的表示最为准确？

A. ①→②→③→④↘
　　　　　　　　⑤→⑥

B. ①→②↘
　　③→④→⑥
　　　　⑤↗

C. ①→②↘
　　③→④→⑤→⑥

D. ①→②→③→④→⑤→⑥

E. ①→②↘
　　③→④→⑤→⑥

582 ①怎样绿化城市对改善空气质量至关重要。②研究发现，每增加10%的城市绿地面积，PM2.5浓度可降低约8%。③但过度密集的绿化可能导致排水不畅，增加内涝风险，例如某城市因绿化带过密导致暴雨时积水时间延长2小时。④因此，科学规划绿化布局是平衡生态效益与城市安全的关键。⑤而科学规划需要结合气象数据、土壤条件和人口分布等多维度分析。⑥由此可见，城市绿化必须走"精准化"道路。

如果用"甲→乙"表示"甲支持或证明乙"，则以下哪项对上述论证结构的表示最为准确？

A. ①→②→④→⑥
　　　　↘③→⑤

B. ②↘
　　③→④→⑤→①→⑥

C. ②→③→④↘⑤→⑥
　　　　　①↗

D. ②→①→④→⑥
　　③↗　　⑤↗

E. ②→①→⑤→⑥
　　　　③→④↗

583 ①科技是把双刃剑，我们在享受其带来的便利与进步的同时，也要看到其带来的负面影响和潜在风险。②科技的发展让人们的生活变得更加便捷，但同时也带来了信息安全和隐私泄露的风险。③举个例子，智能设备的普及使得大量的用户数据被收集和分析，这些数据极有可能被黑客攻击或者被商业公司利用。④不仅如此，科技的进步也加速了算法歧视等问题的出现，对人们的权益造成威胁。⑤例如某打车软件，对高消费群体展示的打车价格明显就比对低收入群体展示的价格高。

如果用"甲→乙"表示"甲支持或证明乙"，则以下哪项对上述论证结构的表示最为准确？

A. ②③→④→⑤→①→⑥

B. ⑤→④→③→②→①

C. ⑤③→④→②→①

D. ①←③→②⑤→④

E. ①→②→③⑤→④

584 ①现代企业在数字化转型过程中，必须兼顾技术创新与员工适应性培养。②技术创新能够提升生产效率，例如某制造企业引入 AI 质检系统后，产品不良率从 5% 降至 1.2%。③但调研显示，员工因技术变革产生的焦虑情绪导致团队协作效率下降 18%，这表明忽视员工适应性将抵消技术创新的红利。④因此，企业需要构建"技术—人才"双轮驱动的转型策略。⑤而这一策略的实施依赖于建立动态培训体系和心理疏导机制。⑥由此可见，企业应将培训与心理支持纳入数字化转型的核心方案。

如果用"甲→乙"表示"甲支持或证明乙"，则以下哪项对上述论证结构的表示最为准确？

A. ②③→①→④→⑥ ⑤

B. ②③→④→⑤→①→⑥

C. ②→③→①→④→⑤→⑥

D. ⑥→⑤→④→③→②→①

E. ①→②→③→④→⑤→⑥

585 ①夫兵者，不祥之器，物或恶之，故有欲者不居。②夫乐杀人者，非得已也。非利之也，不得已也。③夫人不得已而乐杀人，国既尽，己安能独乐哉？④故乐杀人者，则不可得志于天下矣。⑤夫乐杀人者，不可得意于一时，其有庆赏者也，不久并矣。

如果用"甲→乙"表示"甲支持或证明乙"，则以下哪项对上述论证结构的表示最为准确？

A. ③→④→②→① ⑤

B. ①→②→③→④→⑤

C. ⑤→④→③→②→①

D. ②→③→④→① ⑤

E. ②→③→④⑤ ①

题型 20　分析争论焦点

586 小李：许多人一到中年就脱发严重，我觉得这是由营养不均衡导致的，人体吸收的营养不均，会导致毛囊萎缩，从而导致头发逐渐脱落，所以要解决脱发问题，必须保证自己身体吸收的营养要均衡。

小程：我不认同你的看法，这些人长期熬夜、生活不规律，导致了身体代谢变差，头皮分泌的脂性物质过多堵塞了毛囊致使毛囊受损，当毛囊受损后，处于"假性死亡"状态，毛囊退化并萎缩，导致毛发停止生长。

以下哪项最为准确地概括了上述争论的焦点？

A. 如何从根本上解决中年人脱发的问题。

B. 如何辨别脱发是不是营养不均衡导致的。

C. 脱发问题究竟什么原因导致的。

D. 中年人如何预防脱发。

E. 脱发是不是毛囊受损导致的。

587 张先生说："有相当一部分续集在播出的时候，它的上映状况是一集不如一集，完全是在骗观众钱。而且，续集承袭了前集的衣钵，没有创新，原地踏步！"

王先生说："可是惯性心理使得观众倾向于欣赏自己所熟悉的艺术世界和表达方式，况且，很多电影正是因为拍了续集才得以彰显影片思想。"

根据上述信息，以下哪项是张先生和王先生论证的焦点？

A. 骗钱的行为是否影响拍续集。

B. 观众是否喜欢续集。

C. 拍摄续集是彰显影片思想还是原地踏步。

D. 应不应该拍续集。

E. 拍续集是利大于弊还是弊大于利。

588 张先生说："成功受着天时、地利、人和等不以人的意志为转移的客观因素，若是以成败论英雄，那么周瑜无奈地说出'既生瑜，何生亮'时，我们能否认他是英雄吗？更何况这样的观点太过功利，在实践中是有害的。"

王先生说："价值判断并不是事实判断，以成败论英雄这种价值观可以将人们对成功的追求幻化为一种对精神的追求，不断激励着人们积极进取、奋发向上。"

以下哪项是上述论证的焦点？

A. 下结论前是否要注意判断属性。　　B. 成败是否可以论英雄。

C. 事实判断能否成为价值观的存在。　　D. 个例能否反驳一种价值观。

E. 在实践中有害是否要被否定。

589 李先生：在我看来，砍伐森林比污染河流要严重得多，因为森林一旦被砍伐，造成的环境问题就很难恢复；而河流的污染造成的环境问题可以通过清理和治理得到改善。

王女士：我不同意你的观点。例如，如果某个河流被严重污染，可能会导致附近的生态系统崩溃，无法恢复到被污染之前的状态，因此，河流污染造成的环境问题也无法恢复。

以下哪项最为准确地概括了两人争论的焦点？

A. 砍伐森林和污染河流造成的环境问题哪个更容易恢复？
B. 砍伐森林和污染河流是否同样会造成环境问题？
C. 砍伐森林和污染河流对人类的影响是否一样？
D. 砍伐森林和污染河流是否一样严重？
E. 是否只有河流污染造成的环境问题才可能得到改善？

590 王教授：在我看来，一部电影的成功与否应该以其艺术价值来衡量，而不是以票房来衡量。因为，一部真正的艺术电影可能票房不佳，但它的艺术价值和深远影响是无法用票房来衡量的。

赵研究员：我不同意你的观点。电影是一种商业艺术，票房是衡量一部电影是否成功的重要指标。如果一部电影票房不佳，那么它就不能算是成功的电影，无论它的艺术价值有多高。

王教授：按照你的逻辑，那些票房不佳但对电影艺术产生深远影响的电影就都是失败的电影了？

以下哪项最为恰当地概括了王教授和赵研究员争论的焦点？

A. 票房是不是衡量电影是否成功的唯一标准？
B. 艺术价值是不是衡量电影是否成功的唯一标准？
C. 什么是判断电影是否成功的合理标准？
D. 票房不佳但对艺术影响深远的电影是不是成功的电影？
E. 票房高但是艺术价值不高的电影是不是成功的电影？

题型 21　分析论证方法

591. 人们普遍认为,企业的成功完全取决于其领导者的能力和决策。然而,这并不总是如此。例如,一家科技公司,其成功可能更多地取决于其技术团队的能力和创新。这家公司可能研发了一种独特的技术,这种技术在市场上受到了广泛的欢迎。在这种情况下,即使公司的领导者决策能力一般,公司也能够取得成功。因此,企业的成功并不完全依赖于领导者的能力和决策,而是取决于多种因素的共同作用。

以下哪项最为准确地概括了上述议论所运用的方法?

A. 基于一个一般性的结论来得到关于一个具体特例的结论。

B. 运用一个反例来反驳一个一般性的结论。

C. 运用一个例子来证明一个一般性的结论。

D. 通过指出两个对象在某方面具有相似性,从而证明他们在另一方面也具有相似性。

E. 通过指出两个现象之间没有必然的联系来反驳一个因果关系。

592. 一种普遍的说法是,晚睡会让人更有创造力。例如,许多晚睡的人都表示他们在深夜的时候创新思维最活跃。然而,最近的一些心理学研究表明,宁静的环境和无人打扰会刺激创新思维,而这些条件通常在深夜更容易达成。因此,那些晚睡的人更具有创造力的原因可能是他们在夜晚能获得更宁静、无打扰的环境,而非晚睡本身刺激了他们的创新思维。

以下哪项最为准确地概括了题干中所运用的方法?

A. 通过对已知的现象提供另一种解释来质疑关于该现象原有的解释。

B. 通过指出某个流行的观点可能混淆了原因和结果来质疑该流行的观点。

C. 运用科学权威的观点来反驳某个流行的说法。

D. 指出某个流行的观点会得到一个荒谬的结论来质疑该观点。

E. 指出某个流行的观点是基于不具有代表性的样本得出的来反驳该观点。

593. 某大学正在举办辩论比赛,辩论的主题是"吃辣椒是否有利于提高人的免疫力"。正方认为:吃辣椒有利于提高人的免疫力。因为调查发现,那些爱吃辣椒的人,他们的免疫力一般也高于常人。反方反驳道:吃辣椒并不能提高人的免疫力。实际上,许多人正是因为自身免疫力好,不担心吃辣椒对身体造成的负面影响,才会吃辣椒。而一旦他们生病了、免疫力下降了,他们就不会再吃辣椒。

反方应用了以下哪项辩论策略?

A. 通过指出正方的论证是基于虚假的论据来质疑正方的结论。

B. 通过指出正方的论证会得到一个荒谬的结论来质疑正方的观点。

C. 通过指出正方的结论忽略了其他可能的解释来质疑正方的结论。

D. 通过指出正方对于某调查结果的解释混淆了原因和结果来质疑正方的结论。

E. 通过指出正方的结论是基于一个不具有随机性的样本得出的来质疑正方的结论。

594 小王：我认为我们应该在学校教育中增加环保教育的课程。因为现在的环境问题越来越严重，我们需要从小培养孩子们的环保意识，让他们知道保护环境的重要性。小李：按照你的逻辑，我们还应该在学校教育中增加交通安全、健康饮食、个人理财等各种生活技能的课程。因为这些都是生活中非常重要的问题。但是，学校的教育资源有限，不可能涵盖这些课程。实际上，这些内容应当是由家长在家庭教育中传授给孩子。

以下哪项最为恰当地概括了小李的反驳所运用的方法？

A. 举出一个反例来证明对方的建议不具有可行性。

B. 指出对方的论证过程中某个关键概念的内涵前后不一。

C. 按照对方的逻辑得到一个荒谬的观点来质疑对方的论证。

D. 指出对方要解决的问题存在更好的方法来质疑建议的必要性。

E. 指出对方提出的方法实际上无法达到其目的来质疑其建议的有效性。

595 狼群在狩猎时，总是由一只走在最前面的狼带领，这只狼被称为头狼。有人认为这只头狼是最有经验的狼。也有人认为头狼应该是最强壮的狼。然而，深入研究后发现，许多狼群最有经验的狼其实是走在队伍中间，由其余年轻的公狼保护的。因此，狼群的头狼应该是最强壮的狼。

上述论证采用了以下哪种论证方法？

A. 通过一个反例来推翻一个一般性的结论。

B. 通过一个普遍性的结论来得到关于某个特殊事例的结论。

C. 通过两组对象在某方面具有相似性来断定他们在另一方面也具有相似性。

D. 通过在两种可能的情况中排除掉其中一种，来确定余下的一种为真。

E. 通过一个具有代表性的样本来得到一个一般性的结论。

题型 22　分析逻辑谬误

596 小海是一位逻辑学的教师,他在一次讲座中提到,根据他多年的教学经验和对学生的观察,他发现在准备考会计硕士(MPAcc)的学生群体中,大约90%的学生对逻辑学的理解并不深刻。他进一步指出,这一现象在其他领域的学生中并不常见,逻辑学通常被视为一个重要的基础学科。在讲座结束时,小海提到了小张,一个他偶尔在图书馆遇到的年轻人,他注意到小张在逻辑学习上似乎遇到了一些困难。基于这一观察,小海推测小张很可能是正在准备考MPAcc的一名学生。

以下哪项对小海的论证评价最为准确?

A. 小海的论证逻辑清晰,思路严密。

B. 小海的论证有缺陷,因为不是每个人都考MPAcc。

C. 小海的论证有缺陷,因为根据"大多数的A是B"无法得到"大多数的B是A"。

D. 小海的论证有缺陷,因为根据"大多数的A是B"无法得到"有的B不是A"。

E. 小海的论证有缺陷,因为忽略了"大多数的A是B"无法排除"有的A不是B"的可能性。

597 在古代,如果秋天获得了丰收,那么在未来的一年内大家都不会面临饥荒的威胁了。某次考古发现,某古代城市在某一年的秋天遭遇了蝗灾,颗粒无收。因此,这座城市灭亡的原因可能就是在接下来的那年遭遇了饥荒。

以下哪项最为恰当地指出了上述论证的漏洞?

A. 该论证中的结论仅仅是对论据的简单重复。

B. 该论证中对某个关键概念的前后界定不一致。

C. 该论证忽视了即便是在古代,饥荒也不一定能导致城市灭亡。

D. 该论证通过指出某种情况不存在,从而证明这种情况的必要条件也不存在。

E. 该论证认为不能证明某种情况不存在,就可以说明这种情况必定存在。

598 某公司:我们公司不打算在自己的课程体系中引入人工智能机器人。因为我们必须保证我们的课程在业内的质量最高、服务最好、价格最低。某员工:引入人工智能机器人不意味着会让课程质量下降。因为人工智能机器人具备工作时间长、成本低的特点。

以下哪项最为准确地概括了该员工反驳过程中存在的漏洞?

A. 忽视了未来可能有更好的技术取代人工智能机器人。

B. 忽视了该公司思想保守,对新技术具有偏见。

C. 忽视了学生对人工智能机器人的接受程度。

D. 忽视了该公司具有决定自己课程体系的权利。

E. 引用不相关的事实证明和课程质量有关的结论。

599 在过去的五年里，某地区市中心的犯罪率显著下降，引起了社会各界的广泛关注。这一时期，政府在市中心区域投入了大量资金，安装了成百上千的监控摄像头。许多人据此认为，监控摄像头有助于降低犯罪率，是一种有效的犯罪预防措施。

以下哪项最为准确地指出了上述论证的漏洞？

A. 上述论证的过程是合理且严密的，其论据足以可靠地推出其论点。

B. 上述论证没有考虑到监控摄像头只能对某些类型的犯罪起到威慑作用，但不能制止所有类型的犯罪。

C. 上述论证没有考虑到其他可能导致犯罪率下降的因素，比如警力的增加、社区治理的改善或经济条件的提升。

D. 上述论证没有考虑到监控摄像头安装的具体位置是否完全覆盖了全市所有可能发生犯罪的地区。

E. 上述论证没有考虑到用摄像头来监控市中心区域不仅要耗费大量的资金购买摄像头，还要额外聘请技术团队对摄像头进行维护。

600 某小区的业委会召开了一次业主大会，会议的主要议题之一是小区内是否需要建设一个新的篮球场。会议上，一个反对建设新篮球场的业主指出，小区已有的设施如儿童游乐场和健身器材经常出现损坏且维修不及时，再增加新的设施可能会加剧这一问题。但另一位支持建设新篮球场的业主立刻反驳道："你看看其他小区，它们有的不仅有篮球场，还有游泳池和健身房，我们的小区怎么就不能有呢？我们也应该提升居民的生活质量。"

以下哪项最为准确地指出了这位支持建设新篮球场的业主反驳中的漏洞？

A. 该业主以偏概全，某个小区有篮球场、游泳池和健身房不代表所有的小区都有这些健身措施。

B. 该业主忽略了，其他小区居民的生活质量高不仅仅是因为小区有篮球场等健身设施。

C. 该业主转移论题，反对建设新篮球场的业主关心的问题不是小区是否需要更多设施，而是现有设施的维护问题。

D. 该业主犯了非黑即白的错误，忽略了小区还可以建设网球场和羽毛球场。

E. 该业主诉诸众人，大多数业主支持建设新篮球场并不代表这一决策就是合理的。

题型 23　分析结构相似

考向 1　公式结构相似

601 最近正值招聘的黄金时间，今天入职的 3 名员工都具有高学历，不过有的人不一定适合做管理人员，因为具有高学历的人未必就适合做管理工作。

以下哪项与上述论证方式最为类似？

A. 西安人都喜欢吃面食，西安人看起来都很幸福，因为面食可以让人有满足感从而很幸福。

B. 心地善良的人都让人尊重，有些心地善良的人不是富有的，因为让人尊重的人未必就是富有的。

C. 所有遵守交规的人都是有小汽车的，所有遵守交规的人都是合格的司机，因此，有些合格的司机是有小汽车的。

D. 所有路边摊的卫生情况都有一定的问题，有的路边摊可能有《卫生许可证》，因为，存在卫生问题的不一定没有《卫生许可证》。

E. 所有经过严格训练的运动员都是有资格参加比赛的，所有有资格参加比赛的运动员都是有机会得奖的，因此，所有经过严格训练的运动员都是有机会得奖的。

602 只有产权清晰、权责明确，保护自然资源的脚步才不会落后。如果产权边界模糊、产权不清、权责不明，则所有者权益得不到保护。所以，要保护自然资源，必须让所有者的相关权益落实保护。

以下哪项和上述推理一致？

A. 加强科技竞争水平、实现高水平自立自强的基础是高水平的人才培养。而高水平的人才培养必须依靠社会对于人才全过程、链条式的培养。所以，科技竞争水平的飞升必须依靠社会对于人才全过程、链条式的培养。

B. 乡村要振兴，必先实现产业振兴。乡村振兴的滞后，带来的是贫富差距的无限扩大以及教育资源的城市倾斜。所以，贫富差距必然会导致教育资源的倾斜。

C. 农村公共文化空间的创建，离不开政府的特色化"服务"。打造乡村旅游必须依靠农村公共文化空间的创建。所以，要搞好特色化"服务"，必须依靠"以＋文促旅"的发展模式。

D. 只有善于发现美，才能使资源可持续发展。不善于发现美，只会带来乡村文化产业的没落。所以，资源可持续发展的道路上，离不开乡村文化产业的发展。

E. 若企业推进与高校之间的合作，则能激发自主创新的活力，也能够进一步达到在自身领域不受制于人。所以，企业需要与高校合作。

603 甲："青春就要去做一些叛逆的事情，否则就会后悔！"

乙："我不同意。如果我对未来有所期待，我就不会做这样的事。"

以下哪项与上述推理的形式类似？

A. 甲："想要成绩好就要好好读书，别无他法。"

乙："我不同意。我明明认真读书了，但就是没有好成绩！"

B. 甲："如果我不争取，就不会得到这个机会。"

乙："我不同意。如果这机会你不想要，就不会得到了。"

C. 甲："只有吃好喝好，我才不会心情难受。"

乙："我不同意。如果你休息好了，你也不会心情难受。"

D. 甲："我真没用。只要有克服不了的困难，我就想放弃。"

乙："我不同意。如果你不想浪费时间，即使放弃也是好的。"

E. 甲："逃避虽然可耻但是有用。"

乙："我不同意。现在逃避之后也要面对，无路可逃。"

604 当初说："饿死事小，失节事大。"现在却是："失节事小，饿死事大。"

以下哪项与上述推理的形式类似？

A. 当初说："来者不善，善者不来。"现在却是："来者不善，善者也来。"

B. 当初说："敏于事，慎于言。"现在却是："慎于事，敏于言。"

C. 当初说："此而可忍，孰不可忍。"现在却是："大部分都可以忍，只有某些不能忍。"

D. 当初说："金玉其外，败絮其中。"现在却是："败絮其外，金玉其中。"

E. 当初说："取之不尽，用之不竭。"现在却是："取之会尽，用之会竭。"

605 音乐的本质是表达情感。但是，如果音乐被过度商业化，就会失去其本质。因此，任何音乐都不应该被过度商业化

以下哪项与上述论证方式最为相似？

A. 电影的本质是讲述故事。但是，如果电影只是为了追求票房，就会失去其本质。因此，任何电影都不应该只是为了追求票房。

B. 艺术的本质是自我表达。但是，如果艺术只是为了取悦观众，就会失去其本质。因此，有的艺术不应该只是为了取悦观众。

C. 教育的本质是培养人。但如果教育只是为了应试，就不一定可以培养人。因此，任何教育都不应该只是为了应试。

D. 健康的人才能运动。但是，如果运动的目的是竞技，就会受到伤病的困扰。因此，有的健康的人不应该运动。

E. 能传递思想的写作就是好的写作。但是，如果写作只是为了追求销量，就不能传递思想。因此，任何写作都不应该只是为了追求销量。

606 如果一个人练习足够多或具有天赋，那么他就可能成为优秀的钢琴家。因此，如果小明成为优秀的钢琴家，但没有天赋，那么他一定有足够多的练习。

以下哪项与上述论证方式最为相似？

A. 如果一本书的内容深入或文字优美，那么这本书就会受到读者的喜爱。因此，如果某本书受到读者喜爱但文字不优美，那么它的文字就不深入。

B. 如果一个人有足够的资金或良好的商业计划，那么他就一定能成功开办一家公司。因此，如果小王成功开办了一家公司但没有良好的商业计划，那么他就具有足够的资金。

C. 如果一部电影的剧情吸引人并且演员表演出色，那么这部电影就可能会受到观众的喜爱。因此，如果一部电影的剧情吸引人但没有受到观众的喜爱，那么这部电影的演员表演一定不出色。

D. 如果一个国家的经济发展不好但是教育水平高，那么这个国家的人民就会生活幸福。因此，如果一个国家的经济发展不好但人民生活不幸福，那么这个国家的教育水平一定不高。

E. 如果一个人身体健康或心态积极，那么他就可能过得快乐。因此，如果小张过得快乐但身体不健康，那么他一定心态积极。

607 张晓是一位成功的营销专家。因为，对于一位成功的营销专家，强大的市场分析能力和丰富的产品经验二者至少要具备一个。

以下哪项与上述论证最为相似？

A. 陈磊是一位出色的运动员。因为，一个人身体强壮或反应灵敏，就可以成为优秀的运动员。

B. 李磊是一位优秀的音乐家。因为，对于一位优秀的音乐家，深厚的音乐理论知识和丰富的演奏经验二者缺一不可。

C. 张华是一位杰出的科研人员。因为，对于一位杰出的科研人员，或者要具备深厚的专业知识，或者要具备丰富的实验技能。

D. 王明是一位成功的投资者。因为，对于一位成功的投资者，对行业的深入理解和丰富的投资经验二者必居其一。

E. 杨洋是一位优秀的教师。因为，如果一个人先进的教育理念和丰富的教学经验，就可以成为优秀的教师。

608 所有哺乳动物都是恒温动物，蛇不是哺乳动物，因此，蛇不是恒温动物。

以下哪项做类比最能说明上述论证不成立？

A. 所有树都需要阳光，树有叶子，因此，所有需要阳光的都有叶子。

B. 所有计算机都需要电源，计算机可以处理数据，因此，有的需要电源的可以处理数据。

C. 所有鸟都会飞，蜻蜓不是鸟，因此，蜻蜓不会飞。

D. 所有汽车都有轮子，所有有轮子的都可以移动，因此，所有汽车都可以移动。

E. 所有狗都不是爬行动物，所有狗都不在水里生活，因此，所有爬行动物都不在水里生活。

609 如果产品设计具有创新性且市场需求分析准确，那么该产品就能成功占领市场。然而，如果市场竞争过于激烈，即便产品设计具有创新性且市场需求分析准确，产品也可能无法成功占领市场。

以下哪项的推理结构与上述论证最为相似？

A. 如果一个人具备良好的沟通能力且专业技能强，那么他就能在职场上获得成功。然而，如果职场糟粕文化过多，即便个人沟通能力良好且专业技能强，也可能不会在职场上获得成功。

B. 如果一个国家拥有丰富的自然资源且政治稳定，那么这个国家就会经济繁荣。但是，如果全球经济环境恶化，即便国家自然资源丰富且政治稳定，也会经济衰退。

C. 如果一部电影的剧本精彩或导演经验丰富，那么这部电影就能获得观众的好评。但是，如果电影的宣传不到位，即便剧本精彩且导演经验丰富，电影也可能不受欢迎。

D. 如果一名学生勤奋学习且智力出众，那么他就能在学业上取得优异成绩。然而，如果教育资源分配不均，即便学生勤奋学习且智力出众，也可能无法获得应有的成就。

E. 如果一款软件功能强大且用户界面友好，那么它就能吸引大量用户。然而，如果市场上类似软件过多，即便该款软件功能强大且用户界面友好，也可能难以突出重围。

610 只有当一个人既有坚定的目标又能够持之以恒地努力时，他才能实现个人的长远发展。因此，如果一个人没有坚定的目标或者不能持之以恒地努力，那么他的发展就可能会受到限制。

以下哪项的推理结构与上述论证最为相似？

A. 只有当一项技术既先进又适应市场需求时，它才能在市场上获得成功。因此，如果一项技术并不先进或无法适应市场需求，那么它就不能在市场上获得成功。

B. 只有当一个学生既聪明又勤奋时，他才能在考试中获得高分。因此，如果一个学生不聪明且不勤奋，他的分数就可能不理想。

C. 只有当一部影片既有深刻的主题又拥有出色的演员阵容时，它才能吸引大量观众。因此，如果一部影片的主题不深刻或演员不出色，那么它的票房就可能遭遇失败。

D. 只有当一项政策既科学合理又符合民意时，它才能有效实施。因此，如果一项政策科学合理但不符合民意，那么它就无法达到预期效果。

E. 只有当一本书既有吸引人的内容又采用易于理解的语言时，它才能广受读者欢迎。因此，如果一本书的营销和分发策略不当，那么它就可能销量不佳。

考向 2　论证方法相似

611 研究人员将患有失眠症的病人分为两组：实验组和对照组。他们给实验组病人服用了一种新开发的药物。经过一个月的观察，发现实验组病人的睡眠质量显著提高；而对照组病人未服用这种药物，其睡眠质量没有明显改善。研究人员由此得出结论：该药物可以改善失眠症病人的睡眠质量。

以下哪项与上述研究人员得出结论的方式最为类似？

A. 热带雨林中的某种蝴蝶在阳光下的翅膀会闪烁出七彩光芒，而在阴暗环境下则不会。所以，阳光可以使这种蝴蝶的翅膀闪烁七彩光芒。

B. 人在寒冷的环境中会感到寒冷，随着环境温度的提高，人会逐渐感到炎热。所以，环境温度可以影响人的感觉。

C. 电视上的新闻报道说，戴口罩可以防止新型冠状病毒肺炎的传播。所以，所有人都应该戴口罩。

D. 猫是四足动物，有的食肉动物也是四足动物。因此，猫是食肉动物。

E. 要想今年的考试竞争激烈程度下降，除非太阳从西边出来。因此，今年的考试难度不会下降。

612 一家公司的员工中，有一部分人午休时参加了瑜伽课程。几个月后，参加瑜伽的员工报告说他们的工作效率提高了，而没有参加瑜伽的员工的工作效率并没有明显提高。除此之外，这些员工的工作压力、饮食习惯等并没有什么区别。于是，公司认为，午休时参加瑜伽课程可以提高工作效率。

以下哪项与上述公司得出结论的方式最为类似？

A. 在一所学校，学习成绩优秀的学生都是住校生，而学习成绩一般的学生都是走读生。所以，住校可以提高学习成绩。

B. 有些人在吃了某种保健品后，他们的身体状况得到了明显改善，而那些没有吃这种保健品的人身体状况没有改善。此外，这些人的生活习惯等方面没有任何差异。因此，吃这种保健品可以改善人的身体状况。

C. 在足球比赛中，那些平时训练越认真的球队比赛的胜率就越高。因此，认真训练有助于提高比赛的胜率。

D. 某学校许多学生在这次期末考试中的成绩明显提高了。但是调查发现，这些学生并没有额外补课，也没有偷偷做更多练习。因此，他们肯定用了某种秘密武器提高成绩。

E. 某学校许多学生在学习了"刻意练习"的课程后，成绩明显提高了。因此，"刻意练习"的课程可以提高学生学习成绩。

613 小李同学去年虽然没有考上，但是学到了许多逻辑知识。因此，小李去年的备考既不能说完全成功，也不能说彻底失败。

以下哪项和上述论证最为相似？

A. 这次团建虽然没有让团队更有凝聚力，但让员工得到了放松。因此，这次团建既不能算有效，也不能算无效。

B. 这次年会虽然没有捋清楚明年的发展规划，但是理清楚了今年的问题。因此，这次年会既是失败的，也是成功的。

C. 我们公司的产品虽然失去了海外市场，但是在海内的销售量节节攀升。因此，我们公司的产品既不能获得全部的市场份额，也不会失去全部的市场份额。

D. AI 技术虽然不能解决生活中的问题，但是可以解决工作中的问题。因此，AI 技术既能够对部分人提供帮助，也无法对部分人提供帮助。

E. 这次男子乒乓球双打比赛的组合虽然单人技术不强，但是相互配合默契。因此，这次男子乒乓球双打比赛的组合既不可能拿到冠军，也不必然拿不到冠军。

614 研究人员在研究一种新型抗生素对抗细菌感染的效果时，将感染了相同细菌的小鼠分为实验组和对照组。实验组小鼠被注射了这种新型抗生素，而对照组小鼠没有接受任何治疗。两周后，研究人员发现实验组小鼠的感染症状显著减轻，而对照组小鼠的感染状况没有任何改善。由此，研究人员得出结论，这种新型抗生素能有效对抗小鼠体内的细菌感染。

以下哪项与上述论证的方式最为类似？

A. 某调查显示，服用新型降压药的老年人患者和年轻患者的血压均在下降，因此，该降压药能有效降压。

B. 某调查显示，在温室内种植的植物比在温室外种植的同种植物生长得更快，因此，应该在温室内种植植物。

C. 某调查显示，使用智能手机时间越长的青少年，成绩下降就越厉害。因此，智能手机的使用可能对青少年的学习成绩产生负面影响。

D. 某调查显示，使用新型灯泡的家庭耗电量逐渐下降，而没有使用该灯泡的家庭耗电量没有变化。因此，使用新型灯泡有助于省电。

E. 某调查显示，心脏病患者和非心脏病患者的饮食习惯、生活习惯基本没有差异。因此，存在其他原因会导致心脏病。

615 甲说："我认为网络游戏只会浪费时间，对工作没有任何好处。"

乙说："或许对于你确实如此，但实际上，玩网络游戏可以提高人的反应速度和决策能力。"

以下哪项与上述反驳方式最为相似？

A. 甲说："我认为夜晚学习比白天学习效率低，对学习没有任何好处。"

　乙说："可能对你来说是这样，但有研究显示，夜晚学习让人更能集中注意力。"

B. 甲说："我不喜欢冬天，因为冬天太冷了。"

　乙说："冬天确实冷，但冬天的雪景很美，而且可以进行滑雪、滑冰等冬季运动。"

C. 甲说："我觉得现在的孩子太依赖科技产品了，对成长没有任何好处。"

　乙说："这种依赖的确有些影响，但科技也让学习资源更丰富，信息获取更快速。"

D. 甲说："我不理解为什么有人喜欢独自旅行。"

　乙说："独自旅行确实不适合每个人，但它能提供独立解决问题的机会。"

E. 甲说："我不看好电动汽车的未来。"

　乙说："虽然电动汽车目前面临一些挑战，但它们对减少空气污染和促进可持续能源的使用具有重要意义。"

考向 3　逻辑谬误相似

616 小李喜欢读《乌合之众》这本书，他也是研究生，所以研究生喜欢读《乌合之众》这本书。

上述推理的逻辑漏洞和以下哪项最相似？

A. 人类是有情绪的生物，人类也是有生命的个体，所以没有生命的个体是不会有情绪的。

B. 花花喜欢吃苹果，它是成都大熊猫繁育基地的熊猫，所以成都大熊猫繁育基地的熊猫喜欢吃苹果。

C. 铁是金属，铁是能导热的，所以能导热的都是金属。

D. 所有罪犯的行为都是不可原谅的，所有不可原谅的行为都是不值得同情的，所以罪犯的行为是不值得同情的。

E. 所有的中国小伙都是勤奋的，王小明是中国小伙，所以王小明是一个勤奋的人。

617 李先生是一位历史爱好者，他提出一种新的历史观。然而，我不同意他的观点，因为张教授作为著名的近代史专家是坚决反对这种所谓的"新的历史观"的。

以下哪项所存在的谬误和上述论证最为相似？

A. 张医生建议我们应该多吃蔬菜，少吃肉类。但我不同意他的观点，因为张医生自己就是一个素食主义者，他的观点显然是带有偏见的。

B. 李律师提出我们应该尽量避免涉及法律纠纷。但我不同意他的观点，因为李律师自己就是一个专门处理法律纠纷的人，他的观点显然是出于自己的利益考虑。

C. 王教授主张我们应该多读书，少看电视。但我不同意他的观点，因为王教授自己就是一个书呆子，他的观点显然是带有偏见的。

D. 张老师提出我们应该尽量避免使用手机以免危害健康。但我不同意他的观点，因为张老师自己并不是医生，也不是健康领域的专家。

E. 李教授主张我们应该多运动，少坐着。但我不同意他的观点，因为李教授自己就是一个运动狂，他的观点显然是带有偏见的。

618 苹果是水果，苹果是红色的，因此，水果都是红色的。

以下哪项推理最能说明上述论证不成立？

A. 人是生命，人需要新陈代谢，因此，生命需要新陈代谢。

B. 电视有屏幕，电视是电子产品，因此，有的电子产品有屏幕。

C. 医生需要接受专业训练，小李不是医生，因此，小李不需要接受专业训练。

D. 钻石是硬的，钻石是宝石，因此，硬的东西都是宝石。

E. 犯罪行为是违法行为，犯罪行为应该受到惩罚，因此，违法行为应该受到惩罚。

619 李博士是一位热心的公共卫生专家，他经常在社交媒体上推荐大家用"16+8轻断食"的饮食方案。但我对他的建议持保留态度，因为许多医生建议人每天都应该在10个小时左右的时间内吃三顿饭。

以下哪项论证中的错误和上述论证最为相似？

A. 王某强烈建议学校减少学生的作业量，认为这有助于学生的全面发展。但我对他的建议持保留态度，因为他自己的孩子不爱学习，无法按时完成作业。

B. 某公司管理层在全公司推行午间健身计划，鼓励员工注重健康。但员工们对这一计划持有怀疑态度，因为他们觉得工作已经很累了，中午需要时间午休。

C. 某市近期在全市范围内投入大量资源进行绿化。但是许多居民对此表示不满，因为在施工过程中，居民的正常出行受到了严重的影响。

D. 某健康领域的专家建议大家每周进行 5 次半小时以上的力量训练。但是有人对他的建议持怀疑态度，因为许多运动员建议非职业选手每周保持 3 次力量训练就足够了。

E. 某小区决定在小区内部增加更多的娱乐设施。但是该小区的居民对这一决策持否定态度，因为这些娱乐设施的成本需要全小区业主共同承担。

620 某次辩论大赛的主题是"公共图书馆的存在是否还有价值"。正方反驳道，公共图书馆仍然是社会重要的一部分，因为公共图书馆提供了大量的书籍、资料和服务，这对社区的教育和发展至关重要。但是，反方认为，公共图书馆已经过时了，因为大多数信息和资源现在都可以在互联网上免费获得。

以下哪项论证中的错误和反方的论证一致？

A. 只要遵循食谱来做饭，就能烹饪出美味的菜肴，类似的，只要遵循科学的教育方法，就能教育出成功的孩子。

B. 监控摄像头能够减少犯罪，因为它们能够威慑潜在的犯罪者，从而防止犯罪行为的发生。

C. 我有几个朋友上大学时都选择了文学专业，他们毕业后发现很难找到满意的工作，因此文学专业的学生毕业后都很难找到好工作。

D. 全球最顶尖的科技公司都是因其创新能力而闻名于世，因此，这些公司的员工都具有超凡的创新思维。

E. 科学家目前无法证明鬼魂是不存在的，因此，鬼魂是真实存在的。

题型 24　分析关键问题

621 根据近几年的相关调查显示："考公"已经成为主流就业方向之一，也会是在很长一个阶段大学生就业的主要去向，随之而来的还有"考研热"，这体现出了我国毕业生就业的焦虑和就业环境的畸变。有专家认为，考公、考研人数的递增可能是由于我国针对大学生的就业教育存在缺陷，所以应该进行改革。我们既需要创造出良性的就业环境，同时也要包容应届毕业生对职业的自由选择。

以下哪个问题与上述专家的观点最不相关？

A. 大部分应届毕业生是否可以自由地选择就业，除了考公、考研是否还有别的选择？
B. 有关企业是否赋予了应届毕业生相同的就业权？
C. 政府是否在缓解应届毕业生就业焦虑等方面采取措施，以帮助应届毕业生更快就业？
D. 10 年前考公、考研人数与现今考公、考研人数的对比。
E. 就业教育的缺陷是否可以通过改革实现良性转变？

622 一项研究展开了对不同学习时间人群的探究。研究人员收集了大量数据，结果发现，那些长期坚持在晚上学习的人，在知识的吸收、理解以及作业完成的质量等多方面都表现出色，往往学习效率比较高。基于此，研究人员得出结论，认为晚上学习有助于提高学习效率。

以下哪项对于评价上述论证最为重要？

A. 对那些习惯在晚上学习的人进行专业的检测，研究他们每天什么时间段最清醒。
B. 对那些学习效率较高的人进行调查，研究男性和女性在其中的占比是多少。
C. 对那些不在晚上学习的人进行调查，研究他们为何不在晚上学习。
D. 对那些在晚上学习但基础比较差的人进行调查，研究他们的学习效率如何。
E. 对那些同样表现出色但不在晚上学习的人进行调查，研究他们的学习效率如何。

623 据统计，仅在 2022 年，全世界因为户外运动而死亡的人数就超过了 100 万，而平均每年死于狂犬病的人不足 2 000 人。因此，人在被猫犬抓伤、咬伤后其实没有必要去打狂犬疫苗，这种疾病的危险性被人夸大了。

为了评价上述论证的正确性，回答以下哪个问题最为重要？

A. 每年死于狂犬病的人和死于被毒蛇咬伤的人哪个更多？
B. 每年有多少人参与户外运动，多少人被猫犬抓伤、咬伤？
C. 每年有多少猫犬感染狂犬病，甚至因为狂犬病死亡？
D. 每年因户外运动而死亡的人中，死于哪类户外运动的人最多？
E. 注射了狂犬疫苗的人中，有多少比例的人出现了副作用？

624 我国上映的电影中由年轻导演执导的比例有显著的增长。因为在 2022 年，年轻导演（35

岁以下）执导的电影上映的比例为35%，而在2012年这一比例仅仅是20%。与此同时，我国中老年导演（超过35岁）执导的电影上映的比例却一直保持不变。

为了评价上述论证，对2012年和2022年的哪项数据进行比较最为重要？

A. 年轻导演占所有导演的比例。

B. 年轻导演的总人数。

C. 每年上映的电影的总数。

D. 每年上映的电影占全部电影的比例。

E. 年轻导演执导的电影占全部电影的比例。

625 某公司为了提升员工工作效率，决定推行新的办公制度，即每天工作时间从原来的8小时缩短至6小时。公司管理层认为，缩短工作时间后，员工会因为时间更紧凑而更加专注，从而提高工作效率，而且还能提升员工的工作满意度，因为员工将有更多的个人时间。

以下哪项回答对于上述论证是最为关键的？

A. 新办公制度推行后，员工是否会利用多出来的个人时间进行自我提升，从而间接提升工作效率？

B. 缩短工作时间后，员工在这6小时内的工作强度是否会显著增加，进而影响工作质量？

C. 在工作任务量不变的情况下，员工是否能够在缩短的工作时间内保持原有的工作进度？

D. 新办公制度实施后，公司的运营成本是否会因为工作时间缩短而降低？

E. 员工对于新办公制度的接受程度如何，是否会因为改变而产生抵触情绪？

专题九　解释题

题型 25　解释现象题

626 在草原生态系统中,能持续生存下来的物种要么是食肉动物,要么是食草动物。食肉动物要想在草原生存就需要具备猎杀其他动物的能力或食腐的能力。和食肉动物不同,食草动物需要具备辨别有毒植物的能力。最近某研究指出,土拨鼠不具备辨别有毒植物的能力,因此,土拨鼠无法在草原生态系统中生存下来。

以下哪项最能解释上述题干?

A. 若具备识别有毒植物的能力,就能在草原生态系统中生存下来。

B. 草原上可能有土拨鼠的天敌。

C. 有些不具备识别有毒植物的生物也不具备对毒素的抗性。

D. 土拨鼠既不能够食腐,也不能猎杀其他动物。

E. 若土拨鼠在草原生态系统中生存下来,则可能对草原生态系统造成毁灭性的打击。

627 人对食物的实际味觉体验往往和食物真实的味道存在一定的差异。调查发现,品尝完全相同的食物时,若人处于精神疲劳的状态,就会觉得食物的味道一般;若人的情绪不佳,也会觉得食物的味道较差。

以下哪项如果为真,最不能解释上述题干中的现象?

A. 人的味觉体验除受食物的味道影响外,还受精神状态和情绪的影响。

B. 人的精神处于疲劳状态时,味蕾会放大对食物中涩味等不好的味道的感受。

C. 人的情绪会影响味蕾的敏感程度。

D. 人的味觉体验其实取决于人对食物的期待值。

E. 实验证明,充分休息的人在品尝食物时的感受往往比休息不足的人更好。

628 最近,城市规划者和环境科学家在一项跨年度研究中调查了城市绿化对居民健康的潜在影响。结果显示,居住在绿化良好区域的居民,心血管疾病的发病率显著低于居住在缺乏绿化区域的居民。

以下哪项如果为真,最能解释上述题干?

A. 绿化良好的区域提供了更多的户外活动空间,能吸引附近的居民来积极参与体育锻炼。

B. 绿化良好的区域通常位于城市的外围,那里虽然生活不够便利,但是人口密度低、人均住房面积大。

C. 居住在绿化良好区域的居民,其社会经济地位通常更高,生病后可以获得更好的医疗服务。

D. 绿色植物白天能吸收空气中的二氧化碳并释放氧气,但是晚上就需要吸收氧气并释放二氧化碳。

E. 绿化良好的区域往往房价较高，只有舍得为居住环境投资的居民才舍得在这些区域购买房产。

629 在对不同年龄段人群的睡眠习惯进行的广泛研究中，科学家们发现了一个有趣的现象：青少年周末的睡眠时间明显比上学时要长，而成年人的睡眠时间在工作日和周末之间的差异却非常小。

以下哪项如果为真，最能解释上述有趣的现象？

A. 青少年的生物钟本身就更倾向于早睡晚起，而成年人由于工作和家庭责任，其睡眠模式更为固定。

B. 成年人通常有更强的自我控制能力，能够更好地管理自己的睡眠时间，即使在周末也能维持相对固定的作息。

C. 青少年周末使用电子设备的时间更长，这影响了他们的睡眠质量，因此他们需要更多的睡眠时间来补充。

D. 成年人由于工作压力大，即使在周末也难以彻底放松，导致即便延长睡眠时间也很难获得充足的休息。

E. 青少年在学校的学习压力在周末得到缓解，因此他们选择延长睡眠时间来减少压力。

630 随着城市交通拥堵问题日益严重，居民们对于出行方式的选择也发生了显著变化。其中，私人电动滑板车以其小巧便携、操作简便和出行灵活等特性，迅速在城市居民中普及开来。有趣的现象是，随着私人电动滑板车的使用率显著增加，公共自行车的使用率却相应地有所下降。

以下哪项最能解释上述现象？

A. 私人电动滑板车的购买和维护成本相对较低，使得它们成为一个经济高效的出行选择。

B. 城市居民越来越注重出行的环保性，而电动滑板车被视为比开车和打车更环保的出行方式。

C. 公共自行车系统的维护不善，经常出现车辆损坏或缺失的情况，严重影响了用户体验。

D. 私人电动滑板车和公共自行车的主要使用场景都是城市短距离通勤，但私人电动滑板车在便利性和灵活性方面均比公共自行车更强。

E. 为了降低公共区域停放自行车的压力，交通运输部门推荐居民用私人电动滑板车通勤而非用公共自行车通勤。

631 热带雨林地区全年降水量丰富，平均每年降水量可达2 000毫米以上；而沙漠地区极度干燥，年降水量通常少于250毫米。某研究人员对这些地区进行研究后还发现，这些降水量高的区域植被的覆盖率往往也比降水量低的区域要高得多。

以下哪项最能解释上述研究人员的发现？

A. 沙漠地区的植物适应了极端干燥的环境，能够在几乎没有水分的条件下生存和繁殖，即便水源稀缺，这些地区仍然有植被覆盖。

B. 热带雨林地区的高降水量为植物生长提供了充足的水分，有助于植被的生长和繁殖。

C. 热带雨林丰富的生物多样性为植物提供了互利共生的机会，提高了植被的覆盖率。

D. 热带地区的土壤特别肥沃，能够给植物提供充足的营养来生长和繁殖。

E. 沙漠地区的土壤含有的营养物质较少，可能会影响植物的生长。

632 在一项关于空气污染与植物光合作用关系的实验中，研究者将相同种类的植物分为高污染组、低污染组和对照组。高污染组被置于高浓度的空气污染环境中，低污染组则处于较低浓度的污染环境中，而对照组则处于无污染的清新环境中。经过连续两周的观察，研究者发现，高污染组的植物光合作用效率在第三天下降，低污染组的植物在第六天出现光合作用效率下降，而对照组的植物在整个观察期间光合作用效率保持稳定。

以下哪项如果为真，最能解释上述实验结果？

A. 空气污染会影响植物的生长过程，例如影响植物长高的速度、延迟植物开花的时间等。

B. 植物如果能保持正常的光合作用，就可以通过新陈代谢有效地抵御空气污染的影响。

C. 空气污染会破坏植物的叶绿体，从而影响其光合作用，而且污染越高对叶绿体的破坏就越严重。

D. 处于低污染空气中的植物虽然能在短期内抵御空气污染的危害，但是长期暴露其中依然会受到影响。

E. 植物的生长虽然会受到空气污染的影响，但是反过来，植物也能改变空气质量，那些植被覆盖率较高的地区往往空气质量也更好。

633 由来自密歇根州立大学、乔治城大学、全美奥杜邦协会、世界自然基金会等机构的科学家组成的研究团队利用层次模型分析了1994—2018年间超过18000次的帝王蝶系统性调查数据，发现了一个令人担忧的现象：2018年全球的平均气温比1994年高出了大约0.34℃，与此同时，帝王蝶的种群数量出现了明显的下降。

以下各项如果为真，均能解释上述令人担忧的现象，除了：

A. 帝王蝶的幼虫对温度较为敏感，较高的温度可能会导致其幼虫的存活率明显下降。

B. 在帝王蝶秋季迁徙的路线中，其赖以生存的花蜜因为温度升高而产量逐渐下降。

C. 帝王蝶的主要食物是乳草属植物，这种植物正因为温度升高而逐渐消失。

D. 自从人类能合成农药以来，人们经常会使用抗草甘膦来除草，这也导致帝王蝶的主要食物乳草属植物逐渐消失。

E. 帝王蝶冬季的主要栖息地正因为温度升高而逐渐缩小，这导致许多帝王蝶因找不到栖息地而死在迁徙的路上。

634 有研究人员开展了一项实验，探究不同光照条件对植物抗病能力的作用。他们把感染了真菌的番茄幼苗分成三组，分别是持续光照组、间歇光照组和对照组。持续光照组的番茄幼苗全天24小时都接受光照；间歇光照组的番茄幼苗由研究人员按照光照2小时、黑暗2小时循环进行；对照组的番茄幼苗则处于正常的昼夜交替环境（光照 12 小时、黑暗 12 小时）。实验进行 21 天后，研究人员发现，持续光照组的番茄幼苗在第 10 天就开始出现叶片枯萎的现象，而间歇光照组和对照组的番茄幼苗到第 15 天才开始出现类似症状。

以下哪项为真，最能解释上述实验结果？

A. 持续光照会使番茄幼苗的光合作用速率加快，从而大量消耗体内储存的养分。
B. 黑暗环境能够激活番茄幼苗体内的防御基因，进而抑制真菌的繁殖。
C. 间歇光照会干扰番茄幼苗的生物钟，降低其对真菌的抵抗能力。
D. 对照组所处的正常昼夜交替环境更有利于番茄幼苗的生长发育。
E. 持续光照产生的高温环境会直接破坏真菌的细胞壁，加速真菌死亡。

635 在一项关于微塑料污染对河口生态系统的长期研究中，研究人员对某入海口的青蟹种群进行了为期三年的监测。研究期间，两区的水温、盐度、溶解氧及食物供应量均无显著差异，且 A 区青蟹的天敌密度更低。结果显示，受微塑料污染影响的区域（A 区）青蟹的蜕壳频率比清洁区域（B 区）高 28%，但成体平均体型却小 15%。

以下哪项为真，最能解释上述研究结果？

A. 微塑料颗粒吸附在青蟹鳃部，导致呼吸效率下降，迫使青蟹通过频繁蜕壳排除异物。
B. 微塑料污染引发青蟹内分泌紊乱，加速蜕壳进程但抑制甲壳钙化，导致体型发育受阻。
C. A 区青蟹为应对塑料碎片环境，消耗更多能量用于行为适应，减少了生长投入。
D. 微塑料在食物链中富集，A 区青蟹因摄入更多塑料导致营养吸收效率降低。
E. 蜕壳频率增加使青蟹更易暴露在病原体环境中，引发慢性感染影响生长。

题型 26　解释矛盾题

考向 1　一般矛盾

636 某市的图书馆离市中心较远，且公共交通班次很少。图书馆的读者大部分居住在市中心，他们经常因为无法按时坐上公共交通而错过图书馆的开放时间。为此，公共交通公司大量增加了图书馆与市中心之间的公共交通班次，以满足这些读者的乘车需求。但有趣的是，即便公共交通班次增加了，许多读者依然会错过图书馆的开放时间。

以下哪项为真，最能解释上述现象？

A. 图书馆的开放时间去年经历了一次调整。

B. 部分原来自驾去图书馆的读者改为乘坐公共交通。

C. 由于道路狭窄，公共交通班次大量增加后经常出现长时间塞车。

D. 许多原本乘坐公共交通去图书馆的读者改为自驾或乘坐出租车。

E. 乘坐公共交通的费用远低于自驾或乘坐出租车。

637 对备考管综和经综的小伙伴们进行调查研究发现，花大量时间学习数学的同学最终的数学成绩实际上和仅花少量时间学习数学的同学差不多。但所有认真学习数学的同学都声称：是长时间的学习数学提高了他们的数学成绩。

以下哪项如果为真，最不能解释上述题干的矛盾？

A. 花长时间学习数学的同学原本的数学基础比仅花少量时间学数学的同学更差。

B. 长时间的学习数学容易导致大脑过劳，反而会降低学习效率。

C. 正是因为数学底子好，所以许多人在备考时才决定减少学数学的时间。

D. 在数学成绩差不多的情况下，大家最终拼的是英语学得好不好。

E. 仅花少量时间学数学的同学会做出更合理的学习规划，保证学习效果。

638 最近，政府发布了一项新的环保法规，要求所有的塑料制造商必须在生产过程中使用一种新的、更环保的原料。然而，在新法规发布后的一个月内，仍有一些塑料制造商继续使用旧的、对环境造成更大影响的原料。

以下哪项如果为真，最能解释上述塑料制造商的行为？

A. 执行新法规需要一定的过渡期，有些塑料制造商还没有收到具体的执行指示。

B. 有些塑料制造商已经在旧原料上进行了大量的投入，不愿意看到这些投入白白浪费。

C. 新法规主要是为了保护环境，对于那些已经达到一定环保标准的企业似乎并没有强制要求。

D. 虽然环保问题已经引起了全球的关注，但并非所有国家都出台了类似的环保法规。

E. 许多塑料制造商抱有侥幸心理，认为短期内政府不会严查违反了该法规的企业。

639 科学家们在研究北极熊的生活习性时发现，全球气候变暖导致北极冰层融化，正在改变北极熊的生存环境。尽管这一变化导致北极熊的捕食次数有所减少，但是北极熊的平均体重并没有显著下降。这一发现令研究人员感到困惑，因为按照常理，捕食次数减少应该会导致北极熊的营养摄入减少，从而导致北极熊的体重下降。

以下哪项最能解释研究人员的困惑？

A. 有些北极熊调整了狩猎策略，更多地捕食高脂肪含量的海洋哺乳动物，以补充能量。
B. 全球气候变暖导致北极地区的物种数量增加，使得北极熊的食物链变得更加多样化。
C. 北极熊通过减少活动范围，降低能量消耗，从而使得食物摄入的需求减少。
D. 北极冰层融化缩小了北极熊的生存范围，导致北极熊因烦躁不安而减少捕食次数。
E. 全球气候变暖导致北极冰层融化，而北极熊已经适应了这一新的生存环境，并找到了新的生存策略。

640 调查显示，某市居民平均每周进行体育锻炼的次数在全国排名倒数，并且该市居民的肥胖率在全国位居前列。为此，该市市政府在全市范围内新建了大量的公园和健身设施。但令人困惑的是，该市居民参与体育锻炼的平均次数反而在下降，肥胖率也在不断升高。

以下哪项如果为真，最能解释上述看似矛盾的现象？

A. 随着科技的发展，许多城市居民选择了更多的室内娱乐方式，如游戏和在线流媒体。
B. 城市中的公园和健身设施并不是均匀分布在全市的每个区，导致一些居民实际上并没有便利的运动设施可用。
C. 该市居民的生活节奏越来越快，工作压力也越来越大，这使他们不仅没有时间锻炼，反而只能通过暴饮暴食来减压。
D. 由于维护不当，该市的一些公园和健身设施的质量明显下滑，使得居民对这些公园和健身设施感到不满意。
E. 该市居民对于健康生活方式的认识普遍提高，但由于缺乏专业指导和健身计划，一些居民不知道如何有效地利用这些运动设施。

641 近年来，中国各级纪委监委加大了反腐力度，并通过媒体公开曝光落马官员被抓捕的现场，这种做法在社会上引发了广泛关注。这种公开曝光的官员被抓捕时的慌乱、恐惧甚至痛哭流涕的画面有效地震慑了官员。但是，贪污腐败现象仍然屡禁不止，每年都有官员因为腐败被查处。

以下哪项最能解释上述看似矛盾的现象？

A. 曝光落马官员的被抓捕现场主要是为了增强公众对反腐行动的信心，尽管贪污腐败现象仍然存在，但这种做法确实提高了社会对反腐斗争的支持与认可。
B. 贪污腐败行为的根源复杂多样，包括制度漏洞、监督不足等多重因素，单一的公开曝光策略虽有震慑作用，但无法根治贪污腐败问题。
C. 公开曝光落马官员的做法，虽然能有效震慑潜在的腐败行为，但还需要结合制度建设和文化教育，形成全社会反对腐败的强大氛围。

D. 尽管公开曝光可以震慑一部分官员，但对于一些决心进行腐败行为的人来说，他们可能会寻找更隐蔽的方法。

E. 公开曝光的同时，也可能导致部分官员产生"侥幸心理"，认为只要不被公开曝光，就能逃避法律的制裁。

642 近期湖南一所重点高校突然下发建立家长群的通知。家长们对此表示赞同，希望通过这种方式更好地了解孩子的学习和生活情况；而学生们感到被学校"背叛"，认为这个举措让他们仿佛回到了高中时代，在父母时刻监控下生活。近年来，大学建立家长群的趋势在蔓延，这似乎违背了大学教育鼓励学生独立的初衷。

以下哪项如果为真，最能解释这些高校的决定？

A. 大学建立家长群实际上是为了强化家校之间的沟通，帮助家长更好地理解大学教育的目标和方法，从而减少对学生学习和生活的无理干预。

B. 在竞争激烈的就业市场和社会压力下，家长群成为家长们寻求心理安慰的一种方式，他们通过密切监控孩子的学习和生活，以期孩子能在未来的竞争中占据优势。

C. 尽管大学建立家长群可能会削弱学生的独立性，但实际上是在响应社会对教育透明度和公开性的要求。

D. 家长群的存在反映了当前教育体系对学生个体成长需求理解的不足，学校和家长过分关注学业和成绩，忽视了培养学生独立思考和解决问题能力的重要性。

E. 大学生在面对学习和生活压力时往往缺乏足够的应对策略，家长群的建立虽与大学教育的独立初衷相矛盾，但在实际操作中能为学生提供必要的支持和指导。

643 据2023年报道，尽管美国及其盟国不断扩大对中国半导体设备及人工智能芯片的出口管制，试图限制中国半导体先进制程技术的发展，但中国的半导体产能却在大幅扩张，特别是在成熟制程领域，到2027年，中国的产能占全球比重预计将高达39%。

以下哪项如果为真，最能解释上述看似矛盾的现象？

A. 近年来，中国政府全力为半导体行业提供资金支持并且提出了许多奖励政策，这些政策有效促进了半导体产业的发展。

B. 中国半导体企业在面对外部压力时，加快了技术研发和创新步伐，成功突破了部分关键技术的限制。

C. 成熟制程领域的技术相对成熟，即便中国被出口管制了，也依然可以利用现有的技术实现产能扩张。

D. 中国半导体企业通过与其他国家和地区的合作，绕过了部分出口管制，保证了成熟制程领域的关键设备和技术的供应。

E. 中国是全世界最大的半导体市场，任何一个半导体公司如果失去了中国市场都会陷入极其被动的局面。

644 欧洲某国近期发生了一件骇人听闻的杀人碎尸案。被告汤姆因此案可能要承担重大法律责任，包括但不限于被指控为谋杀罪、侮辱尸体罪，按照现有的量刑标准法院最高可以判处他死刑。但是，汤姆却在法庭第三次提审他时依然因"在医院接受治疗"而缺席，而法庭也并未对其采取强制措施。

以下哪项如果为真，最能解释上述看似矛盾的现象？

A. 法律保护每一个公民的合法权利，当然也包括犯罪嫌疑人，根据现有的法律法规，提审并非正式开庭，法庭不得强制被告在场。

B. 根据警方的调查报告，犯罪嫌疑人长期遭受被害人的霸凌，最终因为被害人某次酒后对其辱骂和殴打而失手杀死被害人。

C. 一般情况下，被告人连续缺席提审都是为了拖延时间，以寻找对其有利的法律条文和证据来洗脱罪名。

D. 犯罪嫌疑人连续缺席表明其对自身处境的恐惧和逃避，这种心理状态在最凶恶的罪犯身上也不罕见。

E. 相关法律明确指出，如果犯罪嫌疑人因患有严重疾病而神志不清醒，就有权向法庭申请延后提审。

645 某城市近期在连接主要居住区和商业区的路线开设了几条地铁线路，希望能减少对私家车的依赖，进而减轻道路交通拥堵。然而，附近某些区域的交通拥堵情况不仅没有减轻，反而恶化了。

以下各项均可以解释上述看似矛盾的现象，除了：

A. 这些地铁沿线近期有两家大型商场正式开始营业，许多居民会前往这两家商场购物。

B. 这些地铁线路开通时需要对附近的道路进行长期的施工和调整，暂时增加了拥堵。

C. 这些地铁线路附近的公交有许多都取消了，居民不得不选择骑行、打车等出行方式。

D. 这些地铁线路的设计存在一定的缺陷，可能导致一些居民放弃乘坐地铁而选择开车。

E. 这些地铁线路开通后，乘坐率迅速达到了最大程度，地铁管理方不得不增加车次。

考向 2　数量矛盾

646 2023 年某城市的平均收入仅仅下降了 3.2%，下降速度较慢，尤其是比 2022 年要慢。但是许多行业的员工纷纷抱怨收入大幅度下滑了，例如，IT 行业的从业者收入下降了 18%，金融行业的从业者收入甚至下降了 26.4%。

以下哪项如果为真，最能解释上述矛盾现象？

A. 该城市从事外卖等服务行业的人员收入逆势上涨了。

B. 不同行业从业者收入的变化情况存在差异。

C. 尽管 IT 行业的从业者收入下降了 18%，但依然不影响他们的生活质量。

D. 该城市的物价指数下降了 8.2%，因此，该城市居民的幸福指数反而提高了。

E. 该市平均收入下降的主要因素是目前全球的经济都不景气。

647 根据某市 2025 年人口普查数据，25~30 岁年龄段男女比例为 100 ：102（女性略多）。然而，该市近三年公务员考试报名数据显示，女性占比从 2023 年的 65% 持续攀升至 2025 年的 70%，男性仅占 30%。招考职位数从 2023 年的 1 200 个增至 2025 年的 1 380 个（增长 15%），但女性报名人数增长达 42%。某就业研究机构分析称，这表明女性更倾向于选择稳定职业，而男性更偏好高风险高回报行业。

以下哪项如果为真，最能解释上述矛盾现象，除了？

A. 公务员考试对专业限制较多，而女性集中的专业（如法学、会计）更符合报考要求。
B. 男性更倾向于选择创业、互联网等高风险行业，导致主动放弃公务员考试。
C. 女性在求职中遭遇的性别歧视更严重，因此将公务员视为"保底选择"。
D. 考试培训机构针对女性推出优惠政策，吸引了更多女性报名。
E. 公务员岗位中，男性岗位通常要求更高的身高和体能，导致许多男性被筛选在外。

648 某省 2010 年国民经济和社会发展统计公报显示，全年居民消费价格总水平（CPI）同比上涨 2.4%，较 2009 年回落 0.6 个百分点，为近三年最低涨幅。然而，省消费者协会同期开展的万户居民调查显示，68% 的受访者认为"物价涨幅过高难以承受"，且市场监测数据显示，2010 年 11 月禽蛋类商品价格同比飙升 12.3%，鲜菜价格指数环比上涨 21.5%（其中反季节菠菜价格涨幅达 37%）。此外，猪肉、食用油等生活必需品价格年内多次突破预警线。

以下哪项最能解释上述矛盾现象？

A. 政府对公共交通、水电等民生领域实施价格管制，冻结了占 CPI 权重 25% 的基础商品价格。
B. 居民日常消费中占比达 60% 的食品类价格实际涨幅达 8.7%，但在 CPI 计算中仅占 8% 权重。
C. 统计局调整了 CPI 统计口径，将新能源汽车等新兴商品纳入核算，拉低了整体涨幅。
D. 工业生产者出厂价格指数（PPI）同比下降 3.5%，导致终端消费品成本压力传导不畅。
E. 电商平台"双 11"促销活动使耐用品价格虚降，扭曲了 11 月单月价格统计数据。

649 某城市 2025 年房地产市场报告显示，全市新建商品住宅平均成交价格为 32 800 元/平方米，同比上涨 5.2%，涨幅较 2024 年回落 3.1 个百分点。然而，市消费者协会同期发布的《住房消费信心指数》显示，65.3% 的受访者认为"当前房价远超家庭支付能力"，78% 的未婚青年表示"因房价过高推迟结婚计划"。数据还显示，90 平方米以下刚需户型成交均价同比飙升 24.7% 至 41 500 元/平方米，而 200 平方米以上改善型住宅价格仅上涨 1.8% 至 28 300 元/平方米。此外，全市居民人均可支配收入增速为 6.1%，略高于房价涨幅，但购房首付比例从 2024 年的 30% 上调至 2025 年的 40%。

以下哪项最能解释这一现象？

A. 统计部门将远郊低价楼盘纳入核算范围，导致整体均价被拉低，而核心区刚需房实际涨幅达 37%。
B. 政府推行共有产权房政策，分流了部分刚需群体，使其不再参与商品房市场竞争。
C. 改善型购房者集中抛售老旧房产置换新房，导致二手房价格下跌，拉低了市场均价。
D. 银行提高房贷利率至 5.8%，叠加首付比例上调，使购房总成本增加 42%。
E. 市民对房价的心理承受阈值长期停留在 2015 年水平，与市场实际严重脱节。

650 某调查机构数据显示：在全球耳机市场上，按照音乐爱好者购买比例计算，美国品牌"音悦"、英国品牌"声韵"和瑞典品牌"律动"三种耳机位列前三。"音悦""声韵"和"律动"耳机的音乐爱好购买者，分别有 62%、59% 和 57%。然而，最近连续 3 个季度的耳机销量排行榜中，国产的"悦听"耳机却一直稳居榜首。

以下哪项如果为真，最有助于解释上述矛盾？

A. 音乐爱好者购买比例和实际的市场销量统计口径是完全不同的，前者侧重人群偏好，后者统计实际成交数量。
B. 排行榜的发布主要是为了推动耳机行业的良性竞争，促进各品牌提升产品质量。
C. "悦听"耳机也曾在音乐爱好者购买比例的排名中靠前，只是后来有所下滑。
D. 音乐爱好者的偏好和实际购买行为存在较大差异，不能简单划等号。
E. 耳机的购买者不一定是最终使用者，很多耳机会作为礼品赠送，礼品市场的需求不能忽视。

专题十 推论题

题型 27 概括结论题

651. 一种流行的说法是，使用手机会导致睡眠质量下降。许多人发现，当他们睡觉前使用手机时，他们难以入睡或睡眠质量不佳。然而，这种说法很可能将结果当成了原因。最近的研究表明，许多人是在睡前处于兴奋状态，抑制了褪黑素的分泌。而褪黑素分泌不足就会导致人们入睡困难，只能通过手机来消遣。此外，睡前玩手机可能对人的视力造成较大的损害。

以下哪项最为准确地概括了上述文字的结论？

A. 玩手机在某些时候会对人的视力造成较大的损害。

B. 睡前处于兴奋状态会抑制褪黑素的分泌。

C. 人体激素的分泌会对睡眠质量造成影响。

D. 入睡困难是人们睡前玩手机的原因。

E. 手机是人们常见的消遣工具。

652. 某经济学家认为：政府提高税率可以增加财政收入，但并非所有增加税收的政策都对政府有利。因为，政府过度提高税率可能导致人民的负担加重，减少他们的可支配收入，从而减少他们的消费能力，对经济的增长产生负面影响。

以下哪项最能准确地表示上述经济学家陈述的结论？

A. 政府应该随时提高税率以增加财政收入。

B. 政府提高税率对经济增长没有任何影响。

C. 只有当人民的负担和政府的财政收入相互平衡时，提高税率才是对政府有益的。

D. 政府提高税率的决策需要综合考虑经济增长和人民的负担。

E. 有些增加税收的政策对政府不利。

653. A 市是一个重要的旅游城市，位于海边，拥有美丽的海滩和丰富的自然资源。如果 A 市想进一步发展自己的旅游业，就必须修建高速公路来方便游客出行。因为，吸引更多的外来游客是发展旅游业的关键措施，而从其他地方去往 A 市的游客一般都会选择自驾游的方式。

以下哪项最为准确地概括了上述论证的结论？

A. 自驾游是越来越流行的旅游方式。

B. 吸引更多的外来游客是发展旅游业的关键措施。

C. 有的拥有丰富自然资源的城市是重要的旅游城市。

D. 除了修建高速公路，A 市没有其他办法进一步发展自己的旅游业。

E. 如果 A 市能修建高速公路，那么就可以进一步发展自己的旅游业。

654 云计算技术近年来在各个领域应用逐渐深化，在化工水污染环境治理方面展现出独特价值。化工企业生产产生大量污水，实时获取和分析水质数据对治理极为关键。云计算凭借强大的数据处理与资源共享能力，能助力监管部门快速获取精准水质监测信息并实时共享，实现协同管理；云端存储便于历史数据回溯分析；还能调用多种模型分析预测水质数据，模拟污染扩散路径。

根据上述内容，以下哪项最能概括云计算技术在化工水污染治理中的作用？

A. 云计算技术使化工企业污水排放量大幅降低。

B. 云计算技术为化工水污染治理提供了全面且高效的支持。

C. 云计算技术能彻底解决化工水污染问题。

D. 云计算技术主要用于存储化工水污染监测数据。

E. 云计算技术让化工水污染治理成本显著下降。

655 现代工业发展下，化工水污染问题突出，酸类物质排放尤其严重。铜矿、铅矿、锌矿等矿企生产废弃物中的酸性物质排入河流，造成水污染。汛期是水污染治理关键期，此时水位上涨、雨水冲刷，污染物极易扩散。酸类物质改变水体酸碱度，致使水生生物中毒，生态链遭破坏。汛期降水还会裹挟土壤中酸性物质，强降雨引发的地表径流将矿企周边污染物带入水系，加剧水污染，治理难度极大。

根据上述内容，以下哪项能最准确地体现酸类物质排放与汛期因素对水域生态影响的关系？

A. 酸类物质排放是造成水域生态破坏的主因，汛期只是加剧了其影响范围。

B. 汛期特殊条件与酸类物质排放相互作用，共同对水域生态造成严重破坏。

C. 汛期降水导致酸类物质增多，进而破坏水域生态。

D. 酸类物质排放使水域生态抵抗力下降，汛期则直接摧毁生态系统。

E. 酸类物质排放和汛期因素各自独立地对水域生态产生负面影响。

题型 28　推出结论题

考向 1　细节匹配

656 人工智能从理论走向应用的脚步加快。随着技术不断演进，我们迎来了更加智能化的时代，人工智能在各个领域都呈现出日益增长的影响力。目前，人工智能大模型分为开源模型和闭源模型两类。以 GPT-4 为代表的闭源模型不仅安全性较高，更能保护用户隐私数据，而且整个服务能力都比开源大模型更强。但是，由于去年年底 50 多家人工智能公司成立了一个人工智能联盟，共同研发开源大模型，目前开源大模型和闭源大模型的差距正在以肉眼可见的速度缩小。

根据以上陈述，可以推出以下哪项？

A. 如果给开源大模型足够多的时间，未来的某一天它就能全面超越闭源大模型。

B. 目前为止，GPT-4 依然是整个人工智能领域安全性和服务能力最强的闭源大模型。

C. 不同人工智能模型不仅在服务能力方面可能存在差异，而且在安全性方面也可能存在差异。

D. 只要不同人工智能公司通力合作，就可以打造出整个人工智能领域最强的大模型。

E. 人工智能已经全面从理论走向应用，并且在各个领域都已经成为不可或缺的工具。

657 在重庆潼南高新区的尼古拉科技产业研究院纳米级固态电池中试生产线上，大容量高能量密度纳米固态钠离子电池（后续简称为 A 电池）中试产品下线。A 电池基于尼古拉科技产业研究院自主研发的高性能正、负极材料，结合负极表面纳米改性、低温电解液配方和电解液原位固化等先进技术，电池能量密度和磷酸铁锂电池相当，处于国内领先水平。不仅如此，A 电池还具备很好的抗寒性。正因如此，它成为高纬度、高寒地区储能电池和低速电动车电池的首选。

根据以上陈述，可以推出以下哪项？

A. 在 A 电池下线以前，没有电池能够满足高纬度、高寒地区电动车对电池的需求。

B. A 电池无论是在电池能量密度方面还是在抗寒性方面都已经全方位处于领先水平。

C. 如果一块电池不具备很好的抗寒性，那么它就不是高纬度、高寒地区储能电池的首选。

D. 如果一块电池具备很好的抗寒性，那么它就可以完美地解决高寒地区的温度给电池造成的损耗。

E. 尼古拉科技产业研究院在研发 A 电池时所采用的技术都是业界过去尚不成熟的技术。

658 我国快递业务量已经实现从"年均百亿"到"月均百亿"的大跨越，快递服务智能化、包装绿色化、投递方式多样化成为重要的发展趋势。近期，五项快递新国标即将实施，进一步规范行业发展，快递行业标准与法规正在逐渐完善。其中，《快递包装重金属与特定物质限量》强制性国家标准和《快递循环包装箱》推荐性国家标准将于6月1日实施,新版《快递服务》国家标准将于4月1日实施。因此,以牺牲服务来获取业务量的时代,已彻底终结,快递企业也会因此增加运营成本。

根据以上陈述,可以推出以下哪项?

A. 快递服务》国家标准实施以后,将彻底终结快递员只将快递送往快递驿站,拒绝为客户送货上门的乱象。

B. 我国快递行业已经成为国家支柱产业之一,即便和全世界其他国家相比,我国快递行业也是遥遥领先。

C. 所有企业都应该以顾客的体验为核心,尽可能打造高质量的服务体系。

D. 至少有些企业会因不再牺牲服务来获取业务而增加其运营成本。

E. 快递服务智能化、投递多样化的趋势已经全面席卷整个快递行业。

659 当代社会中,互联网的普及对人们的生活产生了深远的影响。互联网最突出的特点是信息的快速传播和广泛共享。因此,互联网成为"信息时代"的标志,也是人们获取知识和交流思想的重要工具。

根据以上信息,可以得出以下哪项?

A. 互联网在当代社会中得到广泛应用主要是因为它能够快速传播和共享信息。

B. 所有具有广泛共享信息特点的工具都是"信息时代"的标志。

C. 有些交流思想的工具也是"信息时代"的标志。

D. 如果一个工具能够快速地传播信息,那么就可以对人们的生活产生重要影响。

E. 只有能将信息广泛共享的工具,才能成为"信息时代"的标志。

660 统计表明:某市的高中毕业生中,有80%以上选择继续升学,而剩余的20%选择就业或创业。在选择继续升学的高中毕业生中,有75%以上选择理工科专业,剩余的25%选择文科或其他专业。

如果上述统计数据是准确的,则以下哪项一定是真的?

A. 在该市的高中毕业生中,没有人选择就业或创业。

B. 在该市选择继续升学的高中毕业生中,至少有一部分人选择文科专业。

C. 在该市选择继续升学的高中毕业生中,选择理科专业的人比选择文科专业的人多。

D. 在该市选择继续升学的高中毕业生中,没有人选择理工科专业。

E. 该市的高中毕业生中最终升学且选择文科或其他专业的人不多于选择就业或创业的人。

661 为了减少飞机失事事故,有些国家规定飞机必须配备黑匣子记录飞行数据。一般来讲,一个国家的气候条件越恶劣,飞机失事的概率就越高。而一个国家飞机失事的概率越高,给飞机配备黑匣子的意义就越大。

上述断定最能支持以下哪项结论?

A. 在恶劣气候条件下,飞机失事的主要原因是飞行数据记录不全。

B. 在实施黑匣子规定的国家中，飞机失事的主要原因是气候条件恶劣。

C. 一般地说，和目前已实施黑匣子规定的国家相比，如果在气候条件较好的国家实施黑匣子规定，其效果将较不显著。

D. 气候条件越恶劣的国家，给飞机配备黑匣子的意义就越大。

E. 如果气候条件相同，则实施黑匣子规定的国家每年发生的飞机失事事故数量，少于未实施黑匣子规定的国家。

662 "技术进步"和"就业机会"似乎具有某种关系。具体来讲，"技术进步"指的是新技术的发展和应用，"就业机会"指的是可提供工作的机会。"技术进步"可以创造新的就业机会，而创造新的"就业机会"也需要新技术的发展和应用。

根据以上陈述，可以推出以下哪项？

A. 有些新技术的发展和应用可以创造新的就业机会。

B. "技术进步"是创造新的就业机会的唯一途径。

C. 如果不需要新的"就业机会"，就不需要"技术进步"。

D. 所有的"就业机会"都来源于新技术的应用。

E. 除了"技术进步"还有许多途径能创造新的就业就会。

663 在科技进步的时代，自动化技术的普及使得许多传统工作岗位不再需要人力，导致大量职工失去工作。失业的职工很难适应新的技术要求，因此他们很难找到新的就业机会，这进一步增加了失业人数。科技进步之后的经济发展，需要更多具备高技能的劳动力。然而，由于失业的职工缺乏相关技能，他们很难满足新的劳动力需求。

上述断定如果为真，最能支持以下哪项结论？

A. 传统岗位消失的主要原因就是技术的进步。

B. 科技进步后的经济发展不可能解决失业问题。

C. 失业职工无法找到新的就业机会造成社会的不稳定。

D. 大量职工失去工作会导致传统岗位的消失。

E. 经济发展不一定能减少失业人数。

664 在某个公司的数据泄露事件中，所有的泄露都是由员工的疏忽所导致的，而不是系统漏洞。这种疏忽可能包括发送电子邮件时不小心将敏感信息发送给错误的收件人，或者将重要文件带离办公室而未妥善保管。从长远的观点来看，员工的疏忽是不可避免的，无论是在数据安全方面还是在其他方面。

上述断定最能支持以下哪项结论？

A. 公司的数据泄露事件不可能由系统漏洞引起。

B. 管理员工的疏忽并不比确保系统安全复杂。

C. 如果该公司继续运营，那么数据泄露事件几乎是不可避免的。

D. 人们试图通过加强系统的安全性以防止数据泄露的努力是没有意义的。

E. 为了保护数据安全，该公司应立即停止运营。

665 某项研究以一组参与者为对象，其中一半的参与者每天早餐前喝一杯水，而另一半的参与者不喝水。研究持续了三个月，结果显示，在这段时间内，喝水组的参与者相对于不喝水组的参与者，平均减重量更多。具体来说，喝水组的参与者平均减重 7 kg，而不喝水组的参与者平均减重 4 kg。此外，喝水组的参与者在减肥过程中也更容易保持体重稳定，而不喝水组的参与者则更容易出现体重反弹的情况。

根据这个实验结果，最能得出以下哪项结论？

A. 喝水有助于减肥和保持体重稳定。

B. 喝水的人减重的效果还受到饮食的影响。

C. 不喝水的人即便减肥成功，也都会体重反弹。

D. 喝水与减肥、保持体重稳定密切相关。

E. 喝水是保持体重稳定的最佳策略。

666 黄金是一种珍贵的贵金属，被广泛用于珠宝制作和投资领域。一般来说，黄金的价值主要由纯度和颜色决定。纯度是指黄金中含有的纯金的比例，一般以千分之为单位来表示。纯度越高，黄金的质量就越高，也就具有更高的价值。黄金的颜色也是决定其价值的因素之一，通常黄金的颜色越鲜艳、越接近纯黄色，价值就越高。然而，需要注意的是，黄金市场也存在一些特殊的情况。例如，某些具有历史或文化价值的黄金制品的价格可能会超出其金质的价值。此外，稀有度和流通性也会对黄金的价格产生影响。稀有度高的特殊黄金制品或限量版黄金，往往会吸引更多的收藏家和投资者，因而具有更高的市场价格。

根据以上陈述，可以推出以下哪项？

A. 黄金制品的价格取决于其金质的价值。

B. 黄金的纯度和颜色不是决定黄金制品价格的唯一因素。

C. 黄金制品的价格越高，其金质的价值就越高。

D. 黄金的颜色不一定是越黄越好。

E. 黄金是最受人们喜欢的珠宝材质。

667 根据联合国开发计划署的数据，自 1990 年以来，许多国家在脱贫方面取得了显著的进展。例如，中国是最成功的脱贫国家之一。根据中国政府的数据，自 1978 年以来，中国已经成功将超过 7 亿人口从贫困中解放出来。这得益于中国采取了一系列有效的政策和措施，包括实施精准扶贫计划、加强农村基础设施建设、推动农业现代化等。另一个例子是卢旺达，这个位于非洲东部的国家也在脱贫方面取得了显著的进展。根据世界银行的数据，卢旺达自 2000 年以来，将贫困人口比例从 77% 降低到了 39%。这一成就归功于卢旺达政府的扶贫政策和措施，包括提供教育和医疗服务、促进农业发展、改善基础设施等。

若以上陈述为真，则最能支持以下哪项？

A. 卢旺达是贫困人口比例降低得最快的非洲国家。

B. 提供教育和医疗服务是减少贫困人口最有效的措施之一。

C. 有的国家通过加强农村基础设施的建设减少了贫困人口。

D. 中国减少的贫困人口是所有国家中最多的。

E. 中国贫困人口减少的比例比卢旺达更大。

668 某高校有甲、乙、丙、丁四位考生，他们的考研成绩如下。

科目 考生	数学	逻辑	写作
甲	优	良	中
乙	中	优	良
丙	良	中	优
丁	良	中	中

关于上述四位考生的成绩，以下哪项陈述是正确的？

A. 每位考生至少有一门科目成绩为优。

B. 至少有两位考生有两门科目成绩为中。

C. 若逻辑成绩不是优，则该考生的数学成绩为良。

D. 若写作成绩不是优，则该考生的逻辑成绩不是中。

E. 若数学成绩不是良，则该考生的写作成绩不是优。

669 近年来，全球关注气候变化问题的呼声越来越高，各国政府纷纷采取措施减少碳排放和推动可持续发展。一项最新的研究数据显示，在2022年，全球碳排放量相较于2021年下降了3.5%，这是自1990年以来首次出现下降趋势。尽管全球碳排放量的下降幅度仍然不够理想，但这表明全球各国在减少碳排放方面取得了一定的成效。其中，发达国家在减排方面取得了更显著的进展，其碳排放量同比下了4.2%，而发展中国家的下降幅度为2.1%。

根据以上陈述，可以推出以下哪项？

A. 发达国家碳排放量的下降主要归功于其产业链的升级。

B. 发展中国家的产业链较为落后，故碳排放量下降较为缓慢。

C. 只要继续采取措施减少碳排放，就能推动可持续发展。

D. 2021年，发达国家的碳排放总量不到发展中国家的2倍。

E. 2021年，发达国家的碳排放总量是发展中国家的2倍。

670 17届亚洲金融论坛期间，某事务所合伙人表示，当今世界出现碎片化，无论是国与国之间、人民与人民之间、企业与企业之间，还是人民与企业之间的信任都需要重新建立。世界上诸多问题的解决都建立在信任的基础之上。例如，在财务领域，有公司会鼓励其财务人员用人工智能技术提高财务和审计的效率，但也有公司担心其财务人员会利用人工智能技术造假。这就是人民和企业之间信任破裂的表现。

根据该合伙人的陈述，可以推出以下哪项？

A. 任何问题本质上都是信任问题，只要能解决信任危机，一切问题都能迎刃而解。
B. 对于许多问题，如果不能建立信任的基础，就无法解决这些问题。
C. 人工智能技术已经在审计领域帮助审计师提高其审计的准确性和效率。
D. 在信任全面破产的时代，国家和人民之间的信任是仅存的幸运儿。
E. 有些公司已经发现了其财务人员利用人工智能技术来造假的行为。

671. 当前电动汽车电池技术分为液态电解质电池和固态电解质电池两类。以某品牌为代表的固态电池具有更高的能量密度和安全性，且完全避免了液态电池的电解液泄漏风险。然而，固态电池的制造成本是液态电池的 3 倍，导致其普及速度较慢。最近，多家电池厂商联合研发出一种新型液态电解质，可将液态电池的能量密度提升 40%，同时成本仅增加 5%。业内人士认为，液态电池与固态电池的性能差距正在迅速缩小。

根据以上陈述，可以推出以下哪项？

A. 未来固态电池将因成本过高被市场淘汰。
B. 新型液态电解质的研发成功标志着液态电池技术已全面超越固态电池。
C. 不同类型的电池技术在能量密度和安全性方面可能存在显著差异。
D. 只要降低固态电池的制造成本，其市场份额就能大幅提升。
E. 液态电池的电解液泄漏风险已通过新型电解质完全消除。

672. 根据世界银行《2023 年全球经济展望》报告，某新兴经济体 A 在 2013—2023 年期间实现了年均 6.2% 的 GDP 增长率，在全球 200 多个经济体中位列前五。同一时期，发达国家 B、G、D 的增速持续低迷，十年间年均增长率仅为 1.8%，其中 2020 年受疫情影响甚至出现负增长。此外，涵盖东南亚与拉美多国的地区 C 整体经济表现亮眼，十年年均增速达 4.1%，但内部存在显著差异——例如越南实现了 7.5% 的年均增长，而巴西仅为 1.2%。值得注意的是，国家 A 的增长主要依赖制造业升级和技术创新，其研发投入占 GDP 比重从 2013 年的 2.1% 提升至 2023 年的 3.5%。

根据以上陈述，可以推出以下哪项？

A. 2023 年，国家 A 的 GDP 总量已超过地区 C 内所有国家之和。
B. 过去十年中，国家 A 的 GDP 增速始终高于地区 C 内的越南。
C. 2023 年，地区 C 的整体经济增长率介于国家 A 与发达国家 B 之间。
D. 国家 A 的研发投入增速与 GDP 增速呈显著正相关。
E. 发达国家 B 的经济增长模式已陷入不可逆转的衰退。

673. 某连锁酒店将客户分为两类："商务出行型"（注重服务效率，对价格不敏感，多在工作日入住）和"休闲度假型"（注重性价比，多在周末入住）。为提升淡季入住率，酒店推出"工作日特惠套餐"：用户支付 2 000 元即可在当年周一至周五不限次数入住任意分店的行政房型。统计显示，在酒店总部所在的 M 市，该套餐用户中 85% 选择入住行政套房，且这些客户多来自本地企业高管。

根据上述信息，可以得出以下哪项？

A. 部分"休闲度假型"客户会选择周一至周五入住。

B. 该套餐用户中无人入住 M 市分店的基础房型。

C. 去年使用该套餐的客户均未在周末入住。

D. 有些"商务出行型"客户未选择该套餐。

E. 该套餐用户中无人来自非本地企业。

674 某科研团队公布了"天问四号"火星探测器的最新成果：该探测器搭载的高分辨率相机在近火轨道运行期间，成功拍摄了乌托邦平原区域的地表影像。成像时探测器距离火星表面约 200 公里，图像分辨率高达 0.5 米，远超"天问三号"探测器的 1.2 米分辨率。此次任务的核心目标是为后续"天问五号"采样返回任务筛选潜在着陆点。据介绍，"天问五号"将配备升级版导航系统，可通过实时图像处理自主规避大型障碍物，并在着陆前调整姿态以确保安全软着陆。

根据上述信息，以下各项均可从题干推出，除了：

A. "天问四号"相机的分辨率优于"天问三号"。

B. 乌托邦平原被选为"天问五号"的最终着陆点。

C. "天问五号"的导航系统具备自主避障功能。

D. "天问五号"着陆时需调整姿态以适应地形。

E. "天问四号"的任务成果为后续探测提供了数据支持。

675 随着热带雨林面积的锐减，许多鸟类的栖息地遭到破坏。生态学家指出，森林碎片化导致鸟类的繁殖成功率显著下降，因为它们失去了隐蔽的筑巢环境和稳定的食物来源。例如，2022 年亚马逊雨林某区域因非法砍伐导致森林覆盖率下降 30%，随后该区域的食果鸟类数量减少了 45%，而适应开阔地带的食虫鸟类数量仅减少了 10%。

上述信息最能推出以下哪项结论？

A. 食果鸟类的繁殖成功与完整的热带雨林生态系统密切相关。

B. 2022 年亚马逊雨林的非法砍伐是鸟类数量减少的唯一原因。

C. 所有食果鸟类在森林碎片化后都会灭绝。

D. 食虫鸟类比食果鸟类更能适应环境变化。

E. 热带雨林消失将导致全球鸟类大规模灭绝。

考向 2 推断下文

676 长期服用广谱抗生素会导致两种严重问题：第一，它会破坏肠道内的有益菌群，降低人体免疫力；第二，它会促使耐药菌的产生，因为未被杀死的细菌往往具有更强的抗药性，并将这种特性遗传给后代。根据上述信息，以下哪项措施最能有效解决这两个问题？

A. 改用毒性更低的抗生素。

B. 研发新型抗生素以替代现有药物。

C. 增加抗生素剂量以彻底杀灭细菌。

D. 服用益生菌补充剂恢复肠道菌群。

E. 交替使用不同作用机制的抗生素。

677 某社区健身房将月费从 300 元提高到 350 元，引发会员不满。业主委员会要求健身房要么恢复原价，要么终止租赁协议。健身房采取了措施，既未减少利润，也未违背委员会要求。以下哪项最可能是其采取的措施？

A. 健身房向业主委员会提交成本报告，证明涨价合理，说服其撤销要求。

B. 维持 350 元月费，但取消部分热门课程，降低运营成本。

C. 恢复 300 元月费，但对私教课单独收费，每节上涨 50 元。

D. 维持 350 元月费，同时增加保洁和设备维护支出。

E. 终止租赁协议，退出社区。

678 为了回馈长期订阅的用户，某视频平台推出"观影券"活动，用户可凭券免费观看平台内任意电影。观影券不可转售或退款。一家黄牛公司计划大量收购用户转卖的观影券，再以折扣价转售给消费者牟利。为避免黄牛行为导致平台收入流失，以下哪项措施最可能被平台采用？

A. 提高观影券的发放门槛，减少发放数量。

B. 缩短观影券兑换电影的有效时间。

C. 限制观影券只能兑换特定类型的电影。

D. 要求观影券兑换时需绑定用户身份信息。

E. 降低单次观影券可兑换的电影时长。

管综经综 MBA MPA MPAcc MEM
管理类与经济类综合能力
逻辑 678 题库

海绵教研组 编著

解析册

上海财经大学出版社

CONTENTS 目录

解析册

第一章　形式逻辑 001

专题一　复言命题 001

题型 01　复言命题之推出结论 001

题型 02　复言命题之补充前提 015

题型 03　复言命题之寻找矛盾 018

题型 04　复言命题之真假判断 022

专题二　简单命题 023

题型 05　简单命题之推出结论 023

题型 06　简单命题之补充前提 033

题型 07　简单命题之寻找矛盾 035

专题三　定义、概念、数字推理 037

题型 08　定义匹配 037

题型 09　概念计算 039

题型 10　数字推理 046

第二章　综合推理 049

专题四　综合推理 049

题型 11　匹配排序题 049

题型 12　真话假话题 140

第三章　论证逻辑 153

专题五　削弱题 153

题型 13　削弱的基本思路 153

题型 14　特殊关系的削弱 166

专题六　支持题 189
题型 15　支持的基本思路 189
题型 16　特殊关系的支持 205

专题七　假设题 229
题型 17　假设的基本思路 229
题型 18　特殊关系的假设 234

专题八　分析题 242
题型 19　分析论证结构 242
题型 20　分析争论焦点 243
题型 21　分析论证方法 244
题型 22　分析逻辑谬误 245
题型 23　分析结构相似 246
题型 24　分析关键问题 253

专题九　解释题 255
题型 25　解释现象题 255
题型 26　解释矛盾题 259

专题十　推论题 266
题型 27　概括结论题 266
题型 28　推出结论题 268

第一章　形式逻辑

专题一　复言命题

题型 01　复言命题之推出结论

考向 1　选项代入

答案速查表										
题号	01	02	03	04	05	06	07	08	09	10
答案	E	B	C	C	C	D	C	C	C	E
题号	11	12	13	14	15					
答案	E	B	A	B	C					

1　【答案】E

【解析】

第一步，梳理题干：

（1）¬张∨¬李→赵；

（2）王∨赵→张；

（3）¬王∨¬李→¬赵。

第二步，分析推理：

A 选项：只有张、王晋级，此时不满足题干条件（1），故该项不可能是比赛的结果，排除。

B 选项：只有王、刘晋级，此时不满足题干条件（2），故该项不可能是比赛的结果，排除。

C 选项：张、赵、刘都没晋级，此时不满足题干条件（1），故该项不可能是比赛的结果，排除。

D 选项：若王没有晋级，结合（3）（1）可推出李必然晋级，该项不可能是比赛结果，排除。

E 选项：若只有 2 人晋级，结合条件（1）（3）可推出李必定晋级,再结合（2）（1）推出张必定晋级,正确。

故正确答案为 E 选项。

2　【答案】B

【解析】

第一步，梳理题干：

（1）甲下午→乙上午；

（2）丙上午→丁下午；

（3）庚下午→乙下午∧己下午；

（4）丙上午∨戊下午。

第二步，验证选项：

A 选项：甲、庚上午值班，此时和题干条件不矛盾，这种情况可能成立，排除。

B 选项：丁和戊都在上午值班，结合（2）（4）可推出丙既在下午值班，又在上午值班，显然矛盾了，这种情况不可能成立，正确。

C 选项：甲和己都在下午值班，结合（1）（3）可推出乙、庚在上午值班，这种情况可能成立，排除。

D 选项：庚和丁都在上午值班，结合（2）（4）可推出丙、戊在下午值班，这种情况可能成立，排除。

E 选项：丁和己都在下午值班，此时和题干条件不矛盾，这种情况可能成立，排除。

故正确答案为 B 选项。

3 【答案】C

【解析】

第一步，梳理题干：

（1）突破局限→信任构建∧制度约束∧价值共享；

（2）创造良性局面→信任构建∧制度约束∧价值共享。

第二步，验证选项：

A 选项：题干信息未提及重要性的比较，排除。

B 选项：信任构建→突破局限，与条件（1）推理关系不一致，排除。

C 选项：¬制度约束∨¬价值共享→¬创造良性局面，与条件（2）推理逆否等价，可以推出该项。

D 选项：¬突破局限→¬信任构建，与条件（1）推理关系不一致，排除。

E 选项：突破局限→创造良性局面，无法由题干条件推出，排除。

故正确答案为 C 选项。

4 【答案】C

【解析】

第一步，梳理题干：

（1）持续优化→壮大规模∧拉动内需∧刺激消费；

（2）加强设施投入∧了解消费需求→寻到新机遇。

第二步，验证选项：

A 选项：持续优化→寻到新机遇，无法由题干信息推出，排除。

B 选项：寻到新机遇→加强设施投入，与（2）推理不一致，排除。

C 选项：¬壮大规模∧需求降低∧消费疲软→¬持续优化，可以由（1）的等价逆否命题推出。

D 选项：¬寻到新机遇→¬加强设施投入∧¬了解消费需求，与（2）的逆否等价命题不一致，排除。

E 选项：¬寻到新机遇→¬了解消费需求，无法由（2）推出，排除。

故正确答案为 C 选项。

5 【答案】C

【解析】

第一步，梳理题干：

（1）¬建立标准体系→电力基础运营和发展落后于欧美各国；

（2）¬有效推进充电设施网络的规划建设→相关服务升级系统不能落地。

（3）现代能源体系低碳发展→¬相关服务升级系统不能落地∧建立标准体系

第二步，验证选项：

第一章　形式逻辑

A 选项：建立标准体系→电力基础运营和发展落后于欧美各国，与题干推理不一致，排除。

B 选项：¬电力基础运营和发展落后于欧美各国→¬相关服务升级系统不能落地，无法由题干信息传递推出，排除。

C 选项：¬建立标准体系→¬现代能源体系低碳发展∧电力基础运营和发展落后于欧美各国，与可以由（1）（3）联立推出，正确。

D 选项：¬相关服务升级系统不能落地→建立标准体系，无法由题干信息传递推出，排除。

E 选项：有相关充电设施网络的规划建设→¬电力发展落后于欧美各国，题干无相关推理，排除。

故正确答案为 C 选项。

6　【答案】D

【解析】

第一步，梳理题干：

（1）航空航天事业高速发展∧存在挑战和困难；

（2）推动航空航天事业快速发展→加强人才培养∨提高技术水平∨加强国际合作；

（3）提高技术水平→提高基础研究投入比∧产学研转化效率。

第二步，验证选项：

A 选项：推动航空航天事业高速发展→解决困难，题干无相关推理，排除。

B 选项：加强国际合作→推动航空航天事业快速发展，与条件（2）的逻辑推理关系不一致，排除。

C 选项：提高技术水平→推动航空航天事业快速发展，与条件（2）的逻辑推理关系不一致，排除。

D 选项：推动航空航天事业快速发展∧¬提高基础研究投入比→加强人才培养∨加强国际合作，可以由条件（2）（3）联立推出，正确。

E 选项：¬推动航空航天事业快速发展→¬提高技术水平，与条件（2）的逻辑推理关系不一致，排除。

故正确答案为 D 选项。

7　【答案】C

【解析】

第一步，梳理题干：

（1）如身使臂、如臂使指→组织健全∧上下贯通；

（2）形成严密的组织体系→力量倍增。

第二步，验证选项：

A 选项：力量倍增→上下贯通，无法由题干信息推出，排除。

B 选项：形成严密的组织体系→如身使臂、如臂使指，无法由题干信息推出，排除。

C 选项：如身使臂、如臂使指→上下贯通，可由（1）推出。

D 选项：力量倍增→形成严密的组织体系，无法由（2）推出，排除。

E 选项：如身使臂、如臂使指↔组织健全，无法由题干推出这两者之间是充分必要的关系，排除。

故正确答案为 C 选项。

8　【答案】C

【解析】

第一步，梳理题干：

003

（1）获奖成果→理论突破∧经同行复现验证；

（2）获奖成果→有资格参评∨学会推荐；

（3）学会推荐→（期刊影响因子大于15∨引用次数不低于500）∧（解决重大公共安全问题∨获得诺奖得主提名）。

第二步，验证选项：

A项：获奖成果→学会推荐∧理论突破，无法由题干条件推出，排除。

B项：期刊影响因子等于是15∧经同行复现验证→获奖成果，无法由题干条件推出，排除。

C项：获奖成果∧¬有资格参评∧¬获得诺奖的提名→解决了重大的公共安全的问题∧理论突破，联立条件（2）（3）（1）可推出，正确。

D项：学会推荐→期刊影响因子大于15∨引用次数不低于500次∧解决了重大的公共安全问题，根据（3）可推出，学会推荐→期刊影响因子大于15∨引用次数不低于500，但无法推出该成果解决了重大的公共安全问题，故该项无法推出。

E项：经同行复现验证∧理论突破→学会推荐，无法由题干条件推出，排除。

故正确答案为C选项。

9【答案】C

【解析】

第一步，梳理题干：

（1）¬所欲甚于生→凡可以得生者可用也；

（2）¬所恶甚于死→凡可以避患者可为也。

第二步，验证选项：

A选项：所欲有甚于生→凡可以得生者可用也，与（1）逻辑推理不一致，排除。

B选项："所欲有甚于死"与"可以辟患而有不为也"无推理关系，排除。

C选项：¬所恶甚于死→凡可以避患者可为也，与（2）逻辑推理一致。

D选项：所恶甚于死→凡可以避患者可为也，与（2）逻辑推理不一致，排除。

E选项：凡可以避患者可为也→所恶甚于死，与（2）逻辑推理不一致，排除。

故正确答案为C选项。

10【答案】E

【解析】

第一步，梳理题干：

（1）发扬历史主动精神→永葆纯洁性；

（2）永葆纯洁性→复兴历史伟业∧完善群众监督机制；

（3）¬发扬历史主动精神→无法解决难题；

（4）¬发扬历史主动精神→无法办成大事。

第二步，验证选项：

A选项：发扬历史主动精神→¬无法办成大事，与条件（4）逻辑推理不一致，排除。

B选项：¬发扬历史主动精神→¬复兴历史伟业，无法由题干条件推出，排除。

C选项：¬无法解决难题→发扬历史主动精神，无法由题干条件推出，排除。

D选项：复兴历史伟业→永葆纯洁性，与条件（2）逻辑推理不一致，排除。

E选项：¬完善群众监督机制→无法解决难题∧无法办成大事，可以由条件（2）（1）（3）（4）联立推出。

故正确答案为E选项。

11 【答案】E

【解析】

第一步，梳理题干：

（1）解决"三农"→乡村振兴∨农业农村现代化；

（2）农业农村现代化→城乡融合∧强化科技∧制度创新；

（3）乡村振兴→加强基础设施建设。

第二步，验证选项：

A选项：该项并无推理关系，无法由题干信息推出，排除。

B选项：加强基础设施建设→乡村振兴，与条件（3）推理关系不一致，排除。

C选项：城乡融合→农业农村现代化，与条件（2）推理关系不一致，排除。

D选项：解决"三农"→加强基础设施建设∧强化科技∧制度创新，由条件（1）（2）（3）联立可推出，解决"三农"→加强基础设施建设∨（强化科技∧制度创新正确），故该项无法推出，排除。

E选项：解决"三农"∧¬城乡融合→加强基础设施建设，由条件（1）（2）（3）联立可推出，正确。

故正确答案为E选项。

12 【答案】B

【解析】

第一步，梳理题干：

（1）两个囚犯都沉默→每人各判1年；

（2）双方都坦白→双方各判8年；

（3）一人坦白∧一人沉默→坦白者无罪释放∧沉默者判10年。

第二步，验证选项：

A选项：双方都被判有刑期→两个囚犯都沉默，结合（3）推出两人都沉默，或者两人都坦白，该项无法推出，排除。

B选项：有一人被释放→他一定坦白，结合（1）（2）可推出，这两人不会都坦白，也不会都沉默，他们只能一人沉默，一人坦白，故该项符合题干推理。

C选项：若两人都坦白，此时坦白者获刑8年，比两人都沉默获刑多7年，故该项可能为假，排除。

D选项：有人没被释放→他一定没坦白，无法结合题干条件推出确定的结论，排除。

E选项：一个人选择沉默→他不一定会获刑，此时另一个人不论沉默还是坦白，第一个选择沉默的人一定会被判刑，故该项不符合，排除。

故正确答案为B选项。

13 【答案】A

【解析】

第一步，梳理题干：

（1）品牌持续创新∨优化用户体验→占据一席之地；

（2）保持竞争力→技术创新∨优化用户体验。

第二步，验证选项：

A 选项：（1）可推出，品牌持续创新∧优化用户体验→占据一席之地。

B 选项：品牌持续创新∧¬优化用户体验→¬占据一席之地，与（1）逻辑推理不一致，排除。

C 选项：保持竞争力→技术创新∧优化用户体验，与（2）逻辑推理不一致，排除。

D 选项：保持竞争力→技术创新，与（2）逻辑推理不一致，排除。

E 选项：¬品牌持续创新→¬保持市场优势，无法由题干信息推出，排除。

故正确答案为 A 选项。

14 【答案】B

【解析】

第一步，梳理题干：

（1）发展进步→勇往直前∧永不放弃；

（2）壮大自身→勇往直前；

（3）熠熠生辉→永不放弃。

第二步，验证选项：

A 选项：¬勇往直前∨¬永不放弃→¬壮大自身，无法由题干信息推出，该项不可能为真，排除。

B 选项：¬勇往直前∧¬永不放弃→熠熠生辉，根据联言命题的性质结合（3）可知，¬勇往直前∧¬永不放弃→永不放弃→¬熠熠生辉，符合题干的逻辑关系推理。

C 选项：勇往直前∧永不放弃→¬发展进步，题干无确定信息，无法推出确定的事实，因此该项不一定为真，排除。

D 选项：发展进步→熠熠生辉，无法由题干信息推出，排除。

E 选项：熠熠生辉→壮大自身，无法由题干信息推出，排除。

故正确答案为 B 选项。

15 【答案】C

【解析】

第一步，梳理题干：

（1）生态文明建设→人类社会发展的最新需求；

（2）和谐发展→生态文明建设；

（3）生态文明建设→促进经济的可持续发展。

第二步，验证选项：

A 选项：题干并未提及"促进环保行为"与"文明的进步"之间的逻辑关系，该项无法推出，排除。

B 选项：题干并未讨论"生态文明建设的重要性"这个话题，该项是无关项，排除。

C 选项：根据（3）可知，生态文明建设可以促进经济的可持续发展；再结合（1）可知，有些可以促进经济可持续发展的行为（生态文明建设）→人类社会发展的最新需求。故题干可以推出该项。

D 选项：生态文明建设→和谐发展，与（2）逻辑推理不一致，排除。

E 选项：¬和谐发展→¬生态文明建设，与（2）逻辑推理不一致，排除。

故正确答案为 C 选项。

第一章 形式逻辑

考向2 条件联立

答案速查表

题号	16	17	18	19	20	21	22	23		
答案	D	C	D	C	B	D	E	B		

16【答案】D

【解析】

第一步，梳理题干：

（1）吸引中国观众→避免设立"高大上"的人物；

（2）获得中国观众的喜爱→符合中国观众的审美取向→关注现实题材、贴近基本生活。

第二步，验证选项：

A 选项：避免设立"高大上"的人物→吸引观众，与（1）逻辑推理不一致，排除。

B 选项：¬获得中国观众的喜爱→¬贴近基本生活，与（2）逻辑推理不一致，排除。

C 选项：符合中国观众的审美取向→获得中国观众的喜爱，与（2）逻辑推理不一致，排除。

D 选项：由题干信息可知，《白毛女》以传说为蓝本→起到了非常重要的教育作用，该项可以由题干信息推出。

E 选项：无法由题干信息推出，排除。

故正确答案为 D 选项。

17【答案】C

【解析】

第一步，梳理题干：

（1）高质量发展→降低失业率∧推动经济增长；

（2）降低失业率∧税收增加→提高财政预算；

（3）推动经济增长→税收增加。

第二步，验证选项：

A 选项：无法由题干信息推出，排除。

B 选项：提高财政预算→高质量发展，无法由题干信息推出，排除。

C 选项：税收增加∧¬提高财政预算→高质量发展，由条件（2）（1）可推出，正确。

D 选项：降低失业率→高质量发展，无法由条件（1）的逻辑关系推出，排除。

E 选项：¬税收增加→¬降低失业率，无法由题干信息推出，排除。

故正确答案为 C 选项。

18【答案】D

【解析】

第一步，梳理题干：

（1）退票→获得航空公司退票许可；

（2）获得航空公司退票许可→通过航空公司直销平台购买机票。

第二步，验证选项：

007

A选项：有些获得航空公司退票许可→¬退票，无法由题干信息推出，排除。

B选项：有些在航空公司直销平台购买机票→¬退票，无法由题干信息推出，排除。

C选项：在航空公司直销平台购买机票→获得航空公司退票许可，与（2）的推理逻辑不一致，排除。

D选项：退票→在航空公司直销平台购买机票，结合（1）（2）可推出。

E选项：¬退票→¬在航空公司直销平台购买机票，无法由题干信息推出，排除。

故正确答案为D选项。

19【答案】C

【解析】

第一步，梳理题干：

（1）降低制造成本∧提高工业品质量→相关设备及技术国产化；

（2）相关设备及技术国产化∨增加政策支持力度→智能制造广泛应用。

结合（1）（2）可推出：降低制造成本∧提高工业品质量→相关设备及技术国产化∨增加政策支持力度→广泛应用指日可待。

第二步，验证选项：

A选项：¬相关设备及技术国产化→增加政策支持力度，无法由题干信息推出，排除。

B选项：智能制造广泛应用∧¬增加政策支持力度→相关设备及技术国产化，无法由题干信息推出，排除。

C选项：降低制造成本∧提高工业品质量→智能制造广泛应用，可以由题干信息推出。

D选项：降低制造成本→相关设备及技术国产化，无法由题干信息推出，排除。

E选项：¬降低制造成本∨¬提高工业品质量→智能制造广泛应用，无法由题干信息推出，排除。

故正确答案为C选项。

20【答案】B

【解析】

第一步，梳理题干：

（1）优秀的演讲→清晰的逻辑∧精准的语言；

（2）经典的演讲→鲜明的主题∧精准的语言；

（3）清晰的逻辑∧¬表达生动∧精准的语言∧¬鲜明的主题→¬优秀的演讲。

（3）=优秀的演讲→¬清晰的逻辑∨表达生动∨¬精准的语言∨鲜明的主题。结合（1）（3）可推出，

（4）优秀的演讲→表达生动∨鲜明的主题。

第二步，验证选项：

A选项：经典的演讲→鲜明的主题∧¬精准的语言，该项与（2）的推理逻辑不一致，排除。

B选项：优秀的演讲→¬表达生动∧鲜明的主题，根据（4）可知，优秀的演讲若表达不生动，则主题必定是鲜明的，该项可以由题干信息推出。

C选项：¬表达生动→¬优秀的演讲，无法由题干信息推出，排除。

D选项：¬鲜明的主题→¬优秀的演讲，无法由题干信息推出，排除。

E选项：清晰的逻辑→优秀的演讲，与（1）的推理逻辑不一致，排除。

故正确答案为B选项。

21 【答案】D

【解析】

第一步，梳理题干：

（1）小张∨小陈（小说∨橡皮∨漫画）→小周笔记本∧钢笔；

（2）小张¬钢笔∨¬橡皮→小陈漫画∧笔记本。

结合（1）（2）可推出：小张∨小陈（小说∨橡皮∨漫画）→小周笔记本∧钢笔→小张¬钢笔→小陈漫画∧笔记本。

第二步，分析推理：

若（2）后件成立，此时小陈既分到了笔记本、漫画，又没分到漫画，显然自相矛盾，故（2）后件必定为假，可推出小张分到了钢笔和橡皮，小周分到了小说和漫画，小陈只少分到了杂志、笔记本中的一个。

故这正确答案为D选项。

22 【答案】E

【解析】

第一步，梳理题干：

（1）牛排、鱼排、鸡排、素食择其二；

（2）素食→汤∧¬薯条；

（3）牛排∨鱼排∨鸡排→红酒；

（4）¬薯条∨¬沙拉→果汁。

第二步，分析推理：

观察题干条件，结合题干信息和条件（1）（3）可推出，选择的有红酒，没有果汁，再结合（2）逆否推出，没有选素食，那么牛排、鱼排、鸡排选择了其中2种。

故正确答案为E选项。

23 【答案】B

【解析】

第一步，

（1）赵∨李高山滑雪→孙单板滑雪∧¬赵跳台滑雪；

（2）¬钱∨¬周高山滑雪→孙单板滑雪∧李高山滑雪；

（3）¬孙∨¬周越野滑雪→赵跳台滑雪∧¬李单板滑雪；

（4）周∨孙单板滑雪→钱越野滑雪∧周越野滑雪。

结合（2）（1）（3）（4）可推出：¬钱∨¬周高山滑雪→孙单板滑雪∧李高山滑雪→孙单板滑雪∧¬赵跳台滑雪→孙越野滑雪∧周越野滑雪∧钱越野滑雪。

第二步，

根据题干信息可知，每人只参加一个滑雪项目，若（1）前件为真，可推出孙既参加单板滑雪，又参加越野滑雪，显然与题干要求矛盾，所以，赵和李都没有参加高山滑雪，结合（2）逆否推出钱和周参加了高山滑雪，再结合（3）（4）可推出，赵参加跳台滑雪，周和孙均没有参加单板滑雪。

故正确答案为B选项。

考向3　确定信息

答案速查表									
题号	24	25	26	27	28	29	30	31	32	33
答案	D	C	D	D	D	B	A	E	E	D
题号	34								
答案	C								

24 【答案】D

【解析】

第一步，梳理题干：

（1）游泳队∧乒乓球队→高二（3）班；

（2）高二（3）班→围棋；

（3）羽毛球队→¬围棋；

（4）校体育队仅有羽毛球队、游泳队、乒乓球队；

（5）小张→¬围棋∧校体育队。

根据（5）（2）（1）传递可得：小张→¬围棋→¬高二（3）班→¬游泳队∨¬乒乓球队。

第二步，验证选项：

A选项：根据推出事实可知，小张并非高二（3）班的学生，该项一定为假，排除。

B、C、E选项：根据题干信息无法确定小张具体是哪个队的队员，这三项均不一定为真，排除。

D选项：游泳队→¬乒乓球队 ≡ ¬游泳队∨¬乒乓球队，与题干推理结果一致，该项一定为真。

故正确答案为D选项。

25 【答案】C

【解析】

第一步，梳理题干：

（1）黑体∨宋体→楷体；

（2）楷体∨仿宋→微软雅黑；

（3）¬微软雅黑。

第二步，分析推理：

（2）（3）结合得出，¬楷体∧¬仿宋；再结合（1）得出，¬黑体∧¬宋体。所以，小李最终选择的是等线字体。

故正确答案为C选项。

26 【答案】D

【解析】

第一步，梳理题干：

（1）房地产投资高于1/3→¬投资黄金∨¬投资债券；

（2）外汇投资低于1/4→¬投房地产；

（3）黄金投资低于1/5→¬投外汇∧¬投债券；

（4）投债券＞投房地产。

由(4)可知,债券是要投资的;结合(3)的逆否可知,黄金投资不低于1/5;至此推出的事实再结合(1)的逆否可知,房地产投资是不高于1/3的。

第二步,验证选项:

A 选项:由题干信息无法推出外汇的投资比例,该项无法确定,排除。

B 选项:由题干推出事实可知,黄金投资≥1/5,是否不高于1/4无法确定,排除。

C 选项:由题干推出事实可知,黄金投资≥1/5,是否不低于1/4无法确定,排除。

D 选项:由题干推出事实可知,房地产投资不高于1/3,可以推出该项。

E 选项:由题干推出事实可知,房地产投资不高于1/3,是否不低于1/3无法确定,排除。

故正确答案为 D 选项。

27 【答案】D

【解析】

第一步,梳理题干:

甲:销售→技术。

乙:市场→技术∨销售。

丙:人力资源∨市场→财务。

丁:技术→财务。

结合题干条件和丙的话可推出,人力资源部门、市场部门至少有一个部门发放了,财务部没有发放;再结合丁、甲的话可推出,技术部、销售部均没有发放;结合乙的话可推出,市场部也没发放。综合可得,人力资源部发放了。

第二步,验证选项:

A、B、C 选项:根据题干推理事实可知,这三项均无法推出,排除。

D 选项:技术∨人力资源,该项必然为真。

E 选项:销售∨财务,该项无法推出,排除。

故正确答案为 D 选项。

28 【答案】D

【解析】

第一步,梳理题干:

(1)玫瑰∀月季;

(2)¬郁金香∧¬柏树→玫瑰;

(3)¬郁金香→马尼拉草;

(4)¬月季→松树;

(5)¬松树。

第二步,分析推理:

由(5)结合(4)(1)(2)可得:¬松树→月季→¬玫瑰→郁金香∨柏树。由上述推理可知,不选松树和玫瑰,必选月季。题干要求选择3种植物,根据(3)可知,若不选郁金香,那么马尼拉草也不会选,此时一共有四种植物不选,无法满足题干数量要求,所以必选郁金香。结合或命题"一真则真"的性质可判定,D 选项一定为真。

故正确答案为 D 选项。

29 【答案】B

【解析】

第一步，梳理题干：

（1）市场获得成功→（提供优秀的产品∨提供贴心的服务）∧建立良好客户关系；

（2）提供优秀的产品→加大研发投入；

（3）加大研发投入∨提供贴心的服务→足够的现金流；

（4）¬足够的现金流。

结合上述信息可推出，¬足够的现金流→¬加大研发投入∧¬提供贴心的服务→¬提供优秀的产品→¬市场获得成功。

第二步，验证选项：

A 选项：根据上述结论可知，无法提供优秀的产品，排除。

B 选项：根据上述结论可知，无法在市场上获得成功，该项结论是正确的。

C 选项：根据上述结论可知，建立良好客户关系无法从已知信息中判断出真假，排除。

D 选项：¬建立良好客户关系∧提供优秀的产品，根据上述结论可知，无法提供优秀的产品，排除。

E 选项：¬加大研发投入∨¬提供贴心的服务，根据上述结论可知，该公司既无法加大研发投入也无法提供贴心的服务，排除。

故正确答案为 B 选项。

30 【答案】A

【解析】

第一步，梳理题干：

（1）可回收∧使用可再生资源制成→环保产品；

（2）环保产品→¬对水质产生负面影响；

（3）某产品对水质产生了负面影响。

结合（3）（2）（1）可推出，该产品→对水质产生了负面影响→¬环保产品→¬可回收∨¬使用可再生资源制成。

第二步，验证选项：

A 选项：该产品可回收→¬使用可再生资源制成，与题干推出结论等价。

B、C、D、E 选项：均无法由题干信息推出，排除。

故正确答案为 A 选项。

31 【答案】E

【解析】

第一步，梳理题干：

（1）¬乾西北→坤正东；

（2）¬离正南→坎正东；

（3）¬震正东→巽正南；

（4）坎正南∨坎正西。

第二步，分析推理：

结合（4）（2）（3）（1）可推出：¬坎正东→离正南→震正东→乾西北。根据推出结论，可排除A、B、C、D选项。

故正确答案为E选项。

32【答案】E

【解析】

第一步，梳理题干：

（1）陈3∀陈4；

（2）¬李2∨高1→王1；

（3）陈4→王3∧李2；

（4）李2→高1=¬李2∨高1。

第二步，分析推理：

由（4）（2）可推出，首棒接力的人选是小王；再结合（1）（3）可推出，小陈是第三棒；最后结合（4）可推出，小李是第四棒，小高是第二棒。

故正确答案为E选项。

33【答案】D

【解析】

第一步，梳理题干：

（1）每天早睡∧每天早起→心理压力减少；

（2）心理压力减少→¬在封控期间沉迷于网络游戏；

（3）陈同学→每天早睡；

（4）刘同学→¬心理压力减少；

（5）孙同学→¬在封控期间沉迷于网络游戏。

结合（4）（1）可推出，刘同学→¬心理压力减少→¬每天早睡∨¬每天早起。

第二步，验证选项：

A、B、C、E选项：均无法由题干信息得出，排除。

D选项：刘同学每天早睡→¬每天早起，与（1）（4）结合推出的结论等价。

故正确答案为D选项。

34【答案】C

【解析】

第一步，梳理题干：

（1）赵∨钱→¬吴∀周；

（2）钱∨李→孙∧¬赵。

第二步，分析推理：

观察题干信息可知，此题有确定信息，结合题干信息和条件（2）分析可推出，去的人有李和孙，赵没有去；再结合（1）分析，若吴和周中恰有一人去，那么去的人就不足4人，所以吴和周必定都去。

故正确答案为C选项。

考向4　二难推理

答案速查表

题号	35	36	37	38	39					
答案	C	D	D	D	D					

35【答案】C

【解析】

第一步，梳理题干：

（1）低版本→隐私泄露；

（2）¬低版本→看广告。

第二步，分析推理：

分析上述信息可知，"低版本"与"¬低版本"是矛盾关系，其构成的或命题必定为真，结合（1）（2）可构成二难推理模型，最终可推出"隐私泄露∨看广告"必定为真。

故正确答案为C选项。

36【答案】D

【解析】

第一步，梳理题干：

（1）敢拼敢闯→过得精彩；

（2）循规蹈矩→过得自由；

（3）敢拼敢闯∨循规蹈矩。

第二步，分析推理：

根据二难推理模型分析可推出：过得精彩∨过得自由，为真。

故正确答案为D选项。

37【答案】D

【解析】

第一步，梳理题干：

（1）橡皮树∨芦荟；

（2）蝴蝶兰、发财树、橡皮树择其二；

（3）白掌、一叶兰、芦荟至少买两种；

（4）蝴蝶兰→¬一叶兰。

第二步，分析推理：

观察题干无确定信息可用，故此题考虑假设法分析。

由于橡皮树、芦荟、蝴蝶兰、一叶兰均出现2次，所以假设起点从这些元素考虑。

若买了橡皮树，结合条件（1）（3）（4）（2）可推出，橡皮树→¬芦荟→白掌∧一叶兰→¬蝴蝶兰→发财树。

若没有购买橡皮树，结合条件（1）（2）（4）（3）可推出，¬橡皮树→芦荟∧蝴蝶兰∧发财树→¬一叶兰→白掌。

综上分析，无论是否买橡皮树，均会购买白掌和发财树。

故正确答案为D选项。

38 【答案】D

【解析】

第一步，梳理题干：

（1）气谱仪∨液谱仪；

（2）¬高精电子天平∀低温冰箱；

（3）液谱仪→低温冰箱；

（4）紫外分光光度计∨气谱仪→高精电子天平∨低温冰箱。

第二步，分析推理：

观察题干条件可知，此题无确定信息，所以采用假设法分析。

若换购气相色谱－质谱联用仪，结合（4）（2）可推出，气谱仪→高精电子天平∧低温冰箱。

若不换购气相色谱－质谱联用仪，结合（1）（3）可推出，¬气谱仪→液谱仪→低温冰箱。

综上分析，无论是否换购气相色谱－质谱联用仪，低温冰箱必定是要换购的。

正确答案为D选项。

39 【答案】D

【解析】

第一步，梳理题干：

（1）玫瑰→百合；

（2）杜鹃∨银杏→樱花∧¬百合；

（3）银杏∧枫树→玫瑰∀百合；

（4）樱花→百合∧枫树。

第二步，分析推理：

观察题干条件发现，此题无确定信息，故考虑假设法分析。

观察到百合被提及次数最多，从该元素假设，若（3）前件为真，结合（2）推出种植玫瑰而不种植百合，这与条件（1）矛盾，所以银杏、枫树不能都种植，即：枫树→¬银杏。

由（4）（2）可推出，¬枫树→¬银杏。

综上分析，无论枫树是否选择种植，银杏必定不会种植。

再结合题干数量要求可知，不种植的只能有2种，结合（1）（2）分析可推出百合必定要选，杜鹃不选，所以栽种的绿植有百合、玫瑰、樱花、枫树。

正确答案为D选项。

题型02　复言命题之补充前提

答案速查表

题号	40	41	42	43	44					
答案	D	D	D	C	E					

015

40 【答案】D

【解析】

第一步，梳理题干：

（1）核心与伸展课程→解锁健康评估报告；

（2）功能性训练课程→解锁营养指导∧获得健身装备。

结论：核心与伸展课程∨功能性训练课程→解锁健康评估报告∨享受私教折扣优惠。

第二步，验证选项：

A 项：解锁营养指导→功能性训练课程，该项成立结合题干条件无法推出最终的结果论，该项不是所需的前提条件，排除。

B 项：享受私教折扣优惠→功能性训练课程∨解锁健身装备，该项成立结合题干条件无法推出最终的结果论，排除。

C 项：获得健身装备→报功能性训练课程，该项成立结合题干条件无法推出最终的结果论，排除。

D 项：解锁营养指导∨获得健身装备→核心与伸展课程∧享受私教折扣优惠，该项成立，结合条件（2）（1）可推出，功能性训练课程→核心与伸展课程∧享受私教折扣券优惠→解锁健康评估报告∧享受私教折扣券优惠→解锁健康评估报告∨享受私教折扣券优惠，故该项是题干结论成立的前提，正确。

E 项：核心与伸展课程∧¬享受私教折扣优惠→¬解锁营养指导∧¬获得健身装备，该项成立结合题干条件无法推出最终的结果论，排除。

故正确答案为 D 选项。

41 【答案】D

【解析】

第一步，梳理题干：

论据：（1）班干部→学习能力∧人际交往；

（2）学习能力→思维能力∨熟练练习；

（3）思维能力∧熟练练习→开导和安抚。

结论：班干部→开导和安抚。

本题需要结合（1）（2）（3）及选项的信息得出结论。

第二步，验证选项：

A 选项：有的班干部→¬学习能力，该项成立无法推出结论，不是题干结论成立的前提，排除。

B 选项：学习能力→¬人际交往，该项成立无法推出结论，不是题干结论成立的前提，排除。

C 选项：思维能力→¬熟练练习，该项成立无法推出结论，不是题干结论成立的前提，排除。

D 选项：熟练练习⟷思维能力，该项成立即可满足要求，此时可形成推理链条：班干部→学习能力∧人际交往→思维能力∧熟练练习→开导和安抚，该项是题干结论成立的前提。

E 选项：开导和安抚→思维能力，该项成立无法推出结论，不是题干结论成立的前提，排除。

故正确答案为 D 选项。

42 【答案】D

【解析】

第一步，梳理题干：

论据：（1）稳步发展→管理机制；

（2）¬资金周转→¬管理机制。

结论：¬（稳步发展∧信誉降低）=¬稳步发展∨¬信誉降低=稳步发展→¬信誉降低。

本题需要由（1）（2）结合选项信息来得出结论。

第二步，分析推理：

（1）（2）传递可得：（3）稳步发展→管理机制→资金周转。

需要增加的信息为：资金周转→¬信誉降低。此时传递可得：稳步发展→管理机制→资金周转→¬信誉降低。结论成立。

故正确答案为D选项。

43 【答案】C

【解析】

第一步，梳理题干：

论据：（1）虔诚的信仰→以诚相待；

（2）¬道德底线→¬以诚相待。

结论：¬道德底线→人生价值成长的停滞。

（1）（2）联立可以得到：（3）¬道德底线→¬以诚相待→¬虔诚的信仰。所以需要建立"人生价值成长的停滞"与论据之间的关系。

第二步，验证选项：

A选项：以诚相待→道德底线，无法与论据联立得到结论，该项无法使论证成立，排除。

B选项：人生价值成长→道德底线，无法与论据联立得到结论，该项无法使论证成立，排除。

C选项：¬人生价值成长停滞→虔诚的信仰，和（3）联立可得，¬道德底线→¬以诚相待→¬虔诚的信仰→人生价值成长停滞，该项可以使论证成立。

D选项：¬人生价值成长停滞→以诚相待，结合（2）可推出，¬道德底线→¬以诚相待→人生价值成长停滞，可以得出题干的结论，但要注意的是补充前提类题目需要充分利用已知信息，这里并未利用（1），所以该项不是正确答案。

E选项，¬以诚相待∨¬道德底线，无法与论据联立得到结论，该项无法使论证成立，排除。

故正确答案为C选项。

44 【答案】E

【解析】

第一步，梳理题干：

小李：专业技能∧良好的人际关系→职场获得成功。

老韩：专业技能∧良好的人际关系∧¬实现财务自由。

质疑老韩的观点，即能推出老韩观点的矛盾命题"¬专业技能∨¬良好的人际关系∨实现财务自由"为真即可。

第二步，验证选项：

A选项：实现财务自由→¬职场获得成功，该项结合小李的观点得出的结论与上述矛盾命题不一致，所以该项成立无法质疑老韩的观点，排除。

017

B 选项：¬实现财务自由→¬专业技能∧良好的人际关系，该项成立无法结合已知信息和小李的观点来质疑老韩的观点，排除。

C 选项：¬职场获得成功→¬实现财务自由，该项成立无法结合已知信息和小李的观点来质疑老韩的观点，排除。

D 选项：¬职场获得成功→实现财务自由，该项成立无法结合已知信息和小李的观点来质疑老韩的观点，排除。

E 选项：职场获得成功→实现财务自由，结合小李的观点可推出，专业技能∧良好的人际关系→职场获得成功→实现财务自由≡¬专业技能∨¬良好的人际关系∨实现财务自由，和老韩观点的矛盾命题等价，该项成立可以质疑老韩的观点。

故正确答案为 E 选项。

题型 03　复言命题之寻找矛盾

答案速查表

题号	45	46	47	48	49	50	51	52	53	54
答案	C	B	E	B	D	E	E	E	B	D

45【答案】C

【解析】

第一步，梳理题干：

（1）科幻片→武打片；

（2）爱情片∨动画片；

（3）¬悬疑片∨¬动画片；

（4）武打片→悬疑片。

上述信息传递可推出：（5）科幻片→武打片→悬疑片→¬动画片→爱情片。

第二步，验证选项：

A 选项：科幻片∧悬疑片，与（5）不构成矛盾关系，所以该项可能发生，排除。

B 选项：¬科幻片∧¬悬疑片，与（5）不构成矛盾关系，所以该项可能发生，排除。

C 选项：科幻片∧¬爱情片，与（5）构成矛盾关系，所以该项不可能发生。

D 选项：¬武打片∧动画片，与（5）不构成矛盾关系，所以该项可能发生，排除。

E 选项：¬悬疑片∧爱情片，与（5）不构成矛盾关系，所以该项可能发生，排除。

故正确答案为 C 选项。

46【答案】B

【解析】

第一步，梳理题干：

（1）甲∨乙；

（2）甲→丙∧¬丁；

（3）乙→丁∧¬戊；

（4）戊。

第二步，分析推理：

根据（3）（1）（2）可得，戊→¬乙→甲→丙∧¬丁。此时可得，已经淘汰了乙和丁，为了满足题干条件的数量限制，故其余人均入选。

故正确答案为B选项。

47 【答案】E

【解析】

第一步，梳理题干：

（1）举办线上讲座∨增加宣传预算∨邀请明星嘉宾→租用大型场地∧延长活动时间；

（2）¬邀请明星嘉宾∨租用大型场地→增加宣传预算∨开通线上报名通道；

（3）¬举办线上讲座∨¬延长活动时间→邀请明星嘉宾∧开通线上报名通道。

第二步，分析推理：

观察题干条件信息，发现条件（3）的等价或命题，可以肯定条件（1）的前件，进一步可推出，租用大型场地同时延长活动时间，再结合（2）推出，增加宣传预算，或者开通线上报名通道。

故正确答案为E选项。

48 【答案】B

【解析】

第一步，梳理题干：

（1）赵华∨钱忠；

（2）孙成→赵华∧李游；

（3）李游→钱忠∧孙成。

第二步，分析推理：

老板认为他们说的都不正确，所以不会采纳他们所说的建议。

由（1）可推出不选赵华、不选钱忠，由（2）（3）可推出选孙成、李游。

故正确答案为B选项。

49 【答案】D

【解析】

第一步，梳理题干：

（1）启动新项目→增加预算∨部分外包；

（2）部分外包∨延长周期→购买新设备∧员工培训；

（3）¬延长周期→¬增加预算∧部分外包。

第二步，分析推理：

结合（1）（2）（3）分析，可传递推出：启动新项目→增加预算∨部分外包→购买新设备∧员工培训；

D选项：启动新项目∧¬员工培训，显然与推理关系矛盾，这种情况不可能发生。

故正确答案为D选项。

50 【答案】E

【解析】

第一步，梳理题干：

开始追求内心的平静和满足→追求物质财富和社会地位对他失去意义。

最能质疑该逻辑关系的就是与之矛盾的命题，即开始追求内心的平静和满足，但是追求物质财富和社会地位对他没有失去意义。

第二步，验证选项：

A、D选项：无关选项，上述逻辑推理并未涉及"幸福和满足感"的推理关系，这两项均无法对上述逻辑起到削弱作用，排除。

B、C选项：与题干逻辑推理不相关，这两项无法对上述逻辑起到削弱作用，排除。

E选项：该项与题干逻辑推理的矛盾命题表述内容一致，该项可以削弱上述观点。

故正确答案为E选项。

51【答案】E

【解析】

第一步，梳理题干：

¬B类人才及以上∧¬连续缴纳五年社保→¬申请户口资格＝申请户口资格→B类人才及以上∨连续缴纳五年社保。

矛盾关系：申请户口资格∧¬（B类人才及以上∨连续缴纳五年社保）＝申请户口资格∧¬B类人才及以上∧¬连续缴纳五年社保。

第二步，验证选项：

复选项Ⅰ：未满足"¬连续缴纳五年社保"，排除。

复选项Ⅱ：未满足"申请户口资格"，排除。

复选项Ⅲ、Ⅳ：满足"申请户口资格"且"¬B类人才及以上"且"¬连续缴纳五年社保"，与上述规定构成矛盾关系。

故正确答案为E选项。

52【答案】E

【解析】

第一步，梳理题干：

（1）减少孤独感→与他人建立深层次的社会关系；

（2）感受归属感→减少孤独感；

（3）居住在人口密集度较低的城市→感受归属感；

（4）经历过社会关系的破裂→居住在人口密集度较低的城市。

结合（4）（3）（2）（1）可推出：经历过社会关系的破裂→居住在人口密集度较低的城市→感受归属感→减少孤独感→与他人建立深层次的社会关系。

第二步，验证选项：

A选项：¬与他人建立深层次的社会关系∧¬感受归属感，与题干推出结论不矛盾，可能成立。

B选项：¬居住在人口密集度较低的城市∧与他人建立深层次的社会关系，与题干推出结论不矛盾，可能成立。

C选项：¬居住在人口密集度较低的城市∧¬减少孤独感，与题干推出结论不矛盾，可能成立。

D选项：¬经历过社会关系的破裂∧与他人建立深层次的社会关系，与题干推出结论不矛盾，可能成立。

E 选项：感受归属感∧¬与他人建立深层次的社会关系，与题干推出结论矛盾，所以该项不可能成立。

故正确答案为 E 选项。

53 【答案】B

【解析】

第一步，梳理题干：

（1）女性骨骼健康→雌激素；

（2）维持骨动态平衡→成骨细胞增殖∧破骨细胞凋亡；

（3）雌激素正常分泌→成骨细胞增殖∧破骨细胞凋亡；

（4）雌激素迅速下降→¬破骨细胞凋亡。

由（4）（2）传递可得：（5）雌激素迅速下降→¬破骨细胞凋亡→¬维持骨动态平衡。出现链条优先锁定首尾信息验证选项：

第二步，验证选项：

A 选项：维生素 D 和钙这一信息在题干中并未提及，排除。

B 选项：雌激素迅速下降∧维持骨动态平衡，与（5）构成矛盾关系，所以该项成立最能反驳题干的论述。

C 选项：雌激素迅速下降∧¬成骨细胞增殖，与题干信息不构成矛盾关系，排除。

D 选项：维持骨动态平衡∧¬雌激素迅速下降，与题干信息不构成矛盾关系，排除。

E 选项：雌激素和维持骨动态平衡无逻辑推理关系，所以该项是一个无关选项，排除。

故正确答案为 B 选项。

54 【答案】D

【解析】

第一步，梳理题干：

（1）张第一∨李第一→（王安慰奖∧赵鼓励奖）∨（赵安慰奖∧王鼓励奖）；

（2）最佳编舞奖→该舞蹈的某演员第一；

（3）每种奖项仅有一人获得。

第二步，验证选项：

A 选项：张最佳编舞奖∧赵安慰奖，根据题干信息（2）（1）可推出这种情况，该项是可能为真的，排除。

B 选项：¬赵鼓励奖∧孙最佳编舞奖，孙最佳编舞奖，那么孙是第一，那么其余人均不可能是第一，否定（1）的前件，无法推出任何确定信息，该项是可能为真的，排除。

C 选项：李安慰奖∧张鼓励奖，结合（3）（1）可知，张和李都不是第一，和题干信息不矛盾，该项是可能为真的，排除。

D 选项：张最佳编舞奖，根据（2）可推出，张获得了第一名；再根据（1）可推出，王或赵分别获得了安慰奖或鼓励奖之一，但是 D 选项说的是李和孙分别获得了这两个奖项，这与推出来的事实矛盾，该项不可能为真。

E 选项：张和李分别获得了安慰奖和鼓励奖，由（1）可推出,张和李都不是第一,这与题干信息不矛盾，该项是可能为真的，排除。

故正确答案为 D 选项。

题型04 复言命题之真假判断

答案速查表

题号	55	56	57	58	59					
答案	B	E	C	E	A					

55【答案】B

【解析】

第一步，梳理题干：

小明：游泳∀打篮球。

小红：¬（游泳∀打篮球）=（¬游泳∧¬打篮球）∨（游泳∧打篮球）。

第二步，分析推理：

小红的话为真，即可知道小明今天对游泳和打篮球这两项运动的选择是一致的。

（1）¬游泳∨打篮球。

（2）¬游泳∧¬打篮球。

（3）¬游泳∧打篮球。

（4）游泳∧打篮球。

（5）游泳∀¬打篮球。根据分析结果可知，必然为真的情况有（1）（5）。

故正确答案为B选项。

56【答案】E

【解析】

第一步，梳理题干：

甲：财务∀行政。

乙：财务→行政∧¬技术。

丙：行政→研发∧¬人事。

丁：¬财务∨¬技术→人事。

第二步，分析推理：

最终情况是财务、技术、行政、人事4个部门均获得了奖金，由此分析可知，甲、乙、丙的预测均错误，丁的预测是正确的。

故正确答案为E选项。

57【答案】C

【解析】

第一步，梳理题干：

甲：一号∀三号。

乙：¬二号→四号。

丙：¬三号∧¬四号。

丁：¬三号→二号。

第二步，分析推理：

由题干信息可知，冠军只有一名，是三号选手，那么其余选手均不可能是冠军，所以可推知，甲、丁的猜测是正确的，乙、丙的猜测是错误的。

故正确答案为C选项。

58 【答案】E

【解析】

第一步，梳理题干：

甲：裁员→降低成本 =¬裁员∨降低成本。

乙：降低成本→裁员 =¬降低成本∨裁员。

丙：裁员∧降低成本。

丁：¬降低成本→裁员 =¬降低成本∨裁员。

题干让我们判定这四人观点的真假，所以考虑将假言命题都转化为等价选言命题再分析。

第二步，分析推理：

若丙为真，根据或命题一真则真的性质，甲、乙、丁3人的观点也为真，即4人的观点均是可能的；若丙为假，则可得，¬裁员∨¬降低成本。如果是"¬降低成本∧¬裁员"，则甲、乙、丁3人的观点都为真；如果是"¬降低成本∧裁员"，则只有乙、丁2人的观点为真；如果是"降低成本∧¬裁员"，则只有甲的观点为真。根据上述分析可知，可能有1人、2人、3人、4人的观点符合决定。

故正确答案为E选项。

59 【答案】A

【解析】

第一步，梳理题干：

小刘：打球∨¬游泳。

小李：¬（打球∨¬游泳）；打球∨游泳。

第二步，分析推理：

小李的话为真，那么情况有两种：①打球∧¬游泳；②¬打球∧游泳。

复选项Ⅰ、Ⅱ可以推出。

故正确答案为A选项。

专题二　简单命题

题型05　简单命题之推出结论

考向1　选项代入

答案速查表

题号	60	61	62	63	64	65	66	67	68	69
答案	E	A	C	C	A	A	E	C	A	E
题号	70	71	72	73						
答案	D	C	E	D						

60 【答案】E

【解析】

第一步，梳理题干：

（1）基础完善→绿化；

（2）绿化→服务；

（3）有的高昂→¬绿化；

（4）有的绿化→¬基础完善。

第二步，验证选项：

A选项：有的高昂→基础完善，由(3)(1)传递可得：有的高昂→¬绿化→¬基础完善，该项无法推出，排除。

B选项：绿化→基础完善，由（4）可得，该项必定为假，排除。

C选项：有的高昂→基础完善，由（3）(1)传递可得：有的高昂→¬绿化→¬基础完善。该项无法推出，排除。

D选项：服务→绿化，与（2）逻辑推理不一致，排除。

E选项：有的服务→绿化，"所有"为真可推出"有的"为真，结合（2）可知，有的绿化→服务，再根据互换特性可得，有的服务→绿化。

故正确答案为E选项。

61 【答案】A

【解析】

第一步，梳理题干：

（1）校企合作本科生→进指定企业工作；

（2）普通本科生→自主就业；

（3）¬校企合作本科生→自己找实习机会；

（4）校企合作本科生→¬自己找实习机会。

第二步，验证选项：

A选项：有些¬自己找实习机会→进指定企业工作，由（3）(1)可推出，¬自己找实习机会→校企合作本科生→进指定企业工作，"所有"为真可以推出"有的"为真，该项可以推出。

B选项：有些自己找实习机会→自主就业，由（3）可推出，有些¬校企合作本科生→自己找实习机会＝有些自己找实习机会→¬校企合作本科生，但"¬校企合作本科生"并不代表就是"普通本科生"，无法与（2）联立，该项推不出，排除。

C选项：有些进指定企业工作→普通本科生，由（1）可推出，有些进指定企业工作→校企合作本科生→¬普通本科生，与该项不一致，排除。

D选项：有些自主就业→¬自己找实习机会，由（2）可推出，有些自主就业→普通本科生→¬校企合作本科生；再结合（3）推出，有些自主就业→自己找实习机会，与该项不一致，排除。

E选项：有些进指定企业工作→¬校企合作本科生，由（1）可推出，有些进指定企业工作→校企合作本科生，与该项不一致，排除。

故正确答案为A选项。

62 【答案】C

【解析】

第一步，梳理题干：

（1）公费师范生→¬自主就业；

（2）理科生→自主就业；

（3）有些工科生→理科生；

（4）¬自主就业→¬急投简历；

（5）大多数公费师范生→¬工科生。

第二步，验证选项：

A选项，有些¬自主就业→¬工科生，结合（5）（1）可知，有些¬工科生→公费师范生→¬自主就业=有些¬自主就业→¬工科生，该项可以由题干信息推出，排除。

B选项，有些工科生→自主就业，结合（3）（2）可知，有些工科生→理科生→自主就业，该项可以由题干信息推出，排除。

C选项，大多数¬工科生→¬自主就业，"大多数"无法和"有些"一样做位置互换，所以无法结合（5）（1）推出该结论。

D选项，有些¬理科生→¬急投简历，结合（4）（2）根据三段论的推理规则可推知，有些¬理科生→¬急投简历，该项可以由题干信息推出，排除。

E选项，有些急投简历→¬公费师范生，结合（4）（1）可推知，急投简历→自主就业→¬公费师范生，进一步推出，有些急投简历→¬公费师范生，该项可以由题干信息推出，排除。

故正确答案为C选项。

63 【答案】C

【解析】

第一步，梳理题干：

（1）人工智能领域→用机器学习技术；

（2）有的生物学领域→需要实验室实验；

（3）化学领域→需要实验室实验；

（4）¬（机器学习技术∧需要实验室实验）=机器学习技术→¬需要实验室实验。

第二步，验证选项：

A选项：生物学领域→¬人工智能领域，结合（2）（4）（1）只能推出"有的生物学领域→¬人工智能领域"，所以无法推出该项，排除。

B选项：有的生物学领域→人工智能领域，同A选项分析理由，无法推出该项，排除。

C选项：有的化学领域→¬人工智能领域，结合（3）（4）（1）可推出"化学领域→¬人工智能领域"，该项可以推出。

D选项：有的化学领域→人工智能领域，结合C选项分析理由，该项无法推出，排除。

E选项：有的生物学领域→化学领域，无法由题干逻辑关系推出，排除。

故正确答案为C选项。

64 【答案】A

【解析】

第一步，梳理题干：

（1）高速公路限速措施→城市外围；

（2）有的人行横道的安全提升工程→商业区；

（3）有的城市道路限速措施→商业区；

（4）人行横道的安全提升工程→耗费大量资金；

（5）¬（商业区∧城市外围）=商业区→¬城市外围。

第二步，验证选项：

A选项：有的商业区→耗费大量资金，由（2）（4）联立可推出。

B选项：有的商业区→¬耗费大量资金，无法由题干信息推出，排除。

C选项：有的城市外围→和车辆限速无关，无法由题干信息推出，排除。

D选项：有的耗费大量资金→和行人安全无关，无法由题干信息推出，排除。

E选项：大多数和行人安全有关→¬耗费大量资金，无法由题干信息推出，排除。

故正确答案为A选项。

65【答案】A

【解析】

第一步，梳理题干：

（1）大多数计算机→选修人工智能；

（2）选修人工智能→加入算法社团；

（3）大多数计算机→加入机器人社团；

（4）有些外语→加入机器人社团；

（5）外语→¬选修人工智能。

第二步，验证选项：

A选项：有些加入机器人社团→选修人工智能，结合（1）（3）可推出有些加入机器人社团→选修人工智能，故该项可以推出，正确。

B选项：有些加入机器人社团→¬选修人工智能，根据选项A可知，该项无法推出，排除。

C选项：加入机器人社团→计算机，根据（3）只能推出，有些加入机器人社团→计算机，无法推出该选项，排除。

D选项：外语→¬加入算法社团，该项无法联立题干条件推理，故该项无法推出，排除。

E选项：大多数加入算法社团→加入机器人社团，结合（1）（3）（2）可以推出，有些加入算法社团→加入机器人社团，无法推出大多数，故该项无法推出，排除。

正确答案为A选项。

66【答案】E

【解析】

第一步，梳理题干：

（1）技术部→通过安全考核；

（2）通过安全考核→访问内部数据库；

（3）有些技术部→参与新项目；

（4）有些销售部→参与新项目；

（5）销售部→¬访问内部数据库。

第二步，验证选项：

A选项：有些参与新项目→访问内部数据库，结合（3）（1）（2）可推出，有些参与新项目→技术部→通过安全考核→访问内部数据库，该项可以得出，排除。

B选项：有些参与新项目→¬访问内部数据库，结合（4）（5）可推出，有些参与新项目→销售部→¬访问内部数据库，该项可以得出，排除。

C选项：参与新项目→通过安全考核，结合（3）（1）可推出，有些参与新项目→通过安全考核，无法必然推出所有参与新项目的员工都通过了安全考核，故该项可能为真，排除。

D选项：销售部→¬技术部，结合（5）（2）（1）可推出，销售部→¬访问内部数据库→¬通过安全考核→¬技术部，该项可以得出，排除。

E选项：参与新项目→访问内部数据库,结合（4）（5）可推出,有些参与新项目→¬访问内部数据库,故该项必定为假，正确。

故正确答案为E选项。

67 【答案】C

【解析】

第一步，梳理题干：

（1）文学作品→纸质版；

（2）有些学术著作→电子版；有些学术著作→纸质版；

（3）大部分畅销书→文学作品；

（4）小部分畅销书→学术著作；

（5）电子版→¬畅销书。

第二步，验证选项：

A选项：有些学术著作→畅销书，结合（2）（5）可推出有些学术著作→¬畅销书，故该项无法得出，排除。

B选项：电子版→学术著作，由（3）可推出，有些文学作品→畅销书，该项必然为假，故无法得出，排除。

C选项：有些畅销书→纸质版，结合（3）（1）可推出大部分畅销书→文学作品→纸质版，进一步推出有些畅销书→纸质版，故该项可以推出，正确。

D选项：文学作品→¬畅销书由（3）可推出，有些文学作品→畅销书，该项必然为假，故无法得出，排除。

E选项：有些文学作品→电子版，结合（3）（5）可推出，有些文学作品→¬电子版，故该项无法得出，排除。

正确答案为C选项。

68 【答案】A

【解析】

第一步，梳理题干：

（1）科幻片→¬英文原版；

（2）故事片→英文原版；

（3）大部分故事片→¬中文；

（4）有些战争片→国内；

（5）大部分战争片→欧美；

（6）大部分战争片→英文原版；

（7）小部分战争片→中文。

第二步，分析选项：

A 选项：有些欧美→¬科幻片，结合（5）（6）推出，有些欧美→英文原版，再结合（1）进一步推出，有些欧美→英文原版→¬科幻片，故该项正确。

B 选项：有些战争片→故事片，该项无法由题干条件推出，排除。

C 选项：有些科幻片→¬欧美，该项无法由题干条件推出，排除。

D 选项：有些故事片→欧美，该项无法由题干条件推出，排除。

E 选项：有些故事片→中文的，由（2）可推出故事片→英文原版→¬中文的，该项必定为假，排除。

故正确答案为 A 选项。

69 【答案】E

【解析】

第一步，梳理题干：

（1）工具书→纸质书；

（2）小说类→¬纸质书；

（3）大部分工具书→三楼；

（4）大部分科普读物→电子书；

（5）少部分科普读物→纸质书。

第二步，验证选项：

A 选项：有些工具书→科普读物，结合（4）（1）可推出，有些科普读物→电子书→¬纸质书→¬工具书，故该项无法推出，排除。

B 选项：有些小说→¬电子书，结合（2）可推出，有些小说→¬纸质书，故该项无法推出，排除。

C 选项：有些三楼→¬工具书，结合（3）可推出，有些三楼→工具书，故该项无法推出，排除。

D 选项：有些科普读物→¬三楼，由于题干相关条件无法联立，故该项无法推出，排除。

E 选项：有些三楼→¬小说，结合（1）（3）可推出，有些三楼→纸质书，再结合（2）可推出，有些三楼→纸质书→¬小说，该项可以推出，正确。

故正确答案为 E 选项。

70 【答案】D

【解析】

第一步，梳理题干：

（1）有些¬大学教育→优秀企业家；

（2）多数优秀企业家→大学教育；

（3）优秀企业家→果敢∧有头脑；

（4）公司长久→果敢∧有头脑。

第二步，验证选项：

A、C 选项：公司长久→优秀企业家，这两项无法由题干信息推出，不一定为真，排除。

B 选项：有些果敢∧有头脑→¬优秀企业家，由（3）可推出，有些果敢∧有头脑→优秀企业家，根据下反对关系可知，该项不一定为真，排除。

D 选项：有些果敢∧有头脑→¬大学教育，结合（1）（3）可推出，有些¬大学教育→优秀企业家→果敢∧有头脑＝有些果敢∧有头脑→¬大学教育，该项一定为真。

E 选项：多数大学教育→果敢∧有头脑，"多数"无法和"有些"一样做位置互换，所以无法结合（2）（3）推出该项，排除。

故正确答案为 D 选项。

71 【答案】C

【解析】

第一步，梳理题干：

（1）外语系→演讲社；

（2）演讲社→校级辩论证书；

（3）有些外语系→校庆志愿者；

（4）有些体育系→校庆志愿者；

（5）体育系→¬校级辩论证书。

第二步，验证选项：

A 选项：结合（3）（1）（2）可推出，有些校庆志愿者→外语系→校级辩论证书，即：有些校庆志愿者→外语系∧校级辩论证书，该项可以推出，排除。

B 选项：结合（5）（2）可推出，体育系→¬校级辩论证书→¬演讲社，进一步推出，有些体育系→¬演讲社，该项可以推出，排除。

C 选项：结合（1）（2）可推出，外语系→演讲社→校级辩论证书，无法推出该项。

D 选项：结合（4）（5）可推出，有些校庆志愿者→体育系→¬校级辩论证书，该项可以推出，排除。

E 选项：结合（4）（5）（2）可推出，有些校庆志愿者→体育系→¬校级辩论证书→¬演讲社，即：有些校庆志愿者→体育系∧¬演讲社，该项可以推出，排除。

故正确答案为 C 选项。

72 【答案】E

【解析】

第一步，梳理题干：

（1）会员→健康评估；

（2）健康评估→定制训练计划；

（3）大部分会员→私人教练课程；

（4）有些临时访客→私人教练课程；

（5）临时访客→定制训练计划。

第二步，验证选项：

A 选项：大部分私人教练课程的→定制训练计划，结合（3）（1）（2）可推出，有些私人教练课→定制训练计划，但无法推出大多数，这里需要明确"大多数"可以推出"有些"，反之则不可以，故该项无法推出，排除。

B 选项：获得训练计划→¬临时访客，由（5）可推出，有些获得训练计划→临时访客，与该项矛盾，故该项必定为假，排除。

C 选项：有些临时访客→¬健康评估，该项无法由题干信息推出，排除。

D 选项：有些私人教练课程→¬定制训练计划，结合（3）（1）（2）可推出，有些私人教练课→定制训练计划，该项无法必然推出，排除。

E 选项：有些定制训练计划→¬会员，结合（5）可推出，有些获得训练计划→临时访客，那么是临时访客必然不会是会员，进一步推出，有些获得训练计划→临时访客→¬会员，正确。

故正确答案为 E 选项。

73 【答案】D

【解析】

第一步，梳理题干：

（1）历史类→电子归档；

（2）电子归档→在线借阅；

（3）《古代文明史》→¬电子归档；

（4）《迷雾之城》→¬在线借阅，

（5）《近代战争纪实》→¬历史类。

第二步，分析推理：

结合（3）（1）可推出，《古代文明史》→¬电子归档→¬历史类；结合（4）（2）（1）可推出，《迷雾之城》→¬在线借阅→¬电子归档→¬历史类。

故正确答案为 D 选项。

考向 2　条件联立

答案速查表							
题号	74	75	76	77	78	79	80
答案	D	C	E	A	C	A	C

74 【答案】D

【解析】

第一步，梳理题干：

（1）¬适应数字化转型→¬提升办公效率；

（2）具有积极进取精神→提升办公效率。

结合上述信息可推出：具有积极进取精神→提升办公效率→适应数字化转型。

第二步，验证选项：

A 选项：保持竞争力→采用新技术，题干并未提及相关推理，排除。

B 选项：有些提升办公效率→¬具有积极进取精神，无法由上述逻辑推理关系推出，排除。

C 选项：有些¬适应数字化转型→具有积极进取精神，无法由上述逻辑推理关系推出，排除。

D 选项：¬适应数字化转型→¬具有积极进取精神，与上述逻辑推理关系逆否等价。

E 选项：优先考虑用户体验→提高办公效率，题干并未提及"优先考虑用户体验"相关推理，排除。

故正确答案为 D 选项。

75 【答案】C

【解析】

第一步，梳理题干：

（1）大多数喜欢物理→选择科学类；

（2）喜欢哲学→选择文学类；

（3）选择科学类→¬选择文学类。

（1）（3）（2）联立可推出，大多数喜欢物理→选择科学类→¬选择文学类→¬喜欢哲学。

第二步，验证选项：

A 选项：喜欢哲学→¬选择科学类，与上述逻辑推理关系逆否等价，排除。

B 选项：大多数喜欢物理→¬喜欢哲学，与上述逻辑推理关系一致，排除。

C 选项：大多数¬喜欢哲学→喜欢物理，"大多数"与"有的"不同，无法进行换位，所以该项无法由上述逻辑推理关系推出。

D 选项：有的喜欢物理→¬喜欢哲学，可以由上述逻辑推理关系推出，排除。

E 选项：有的¬选择文学类→喜欢物理，可以由上述逻辑推理关系推出，排除。

故正确答案为 C 选项。

76 【答案】E

【解析】

第一步，梳理题干：

（1）具备科技素养∧发现科技便利∧有意识地防范科技负面影响→享受科技的乐趣；

（2）享受科技的乐趣→意识到科技的价值；

（3）有些人→具备科技素养∧有意识地防范科技负面影响∧意识不到科技的价值。

结合（3）（2）（1）可推出：有些人→具备科技素养∧有意识地防范科技负面影响∧意识不到科技的价值→¬享受科技的乐趣→¬发现科技便利。

第二步，验证选项：

A 选项：¬有意识地防范科技负面影响→¬意识到科技的价值，无法由题干信息推出，排除。

B 选项：¬意识到科技的价值→¬发现科技便利，结合（2）（1）可推出，¬意识到科技的价值→¬享受科技的乐趣→¬具备科技素养∨¬发现科技便利∨¬有意识地防范科技负面影响，该项无法必然推出，排除。

C 选项：享受科技的乐趣→具备科技素养，无法由题干信息推出，排除。

D 选项：有些具备科技素养→发现科技便利。更具题干联立结果，可以推出，有些具备科技素养的人→¬发现科技便利。故题干无法推出该项，排除。

E 选项：有些有意识地防范科技负面影响→¬发现科技便利。结合上述推理关系,题干可以推出该项。

031

故正确答案为E选项。

77 【答案】A

【解析】

第一步，梳理题干：

（1）科学发现→基于实验数据；

（2）基于实验数据→揭示自然法则；

（3）揭示自然法则→反映自然规律；

（4）反映自然规律→不可能完全错误。

结合上述信息可推出：科学发现→基于实验数据→揭示自然法则→反映自然规律→不可能完全错误。

第二步，验证选项：

A选项：科学发现→可能不完全错误，而题干为"科学发现→可能不完全错误"，即"科学发现→必然不完全错误"，根据推理关系"上真下真"的性质可知，该项可以推出。

B选项：有些科学发现→可能是完全错误的，该项和上述逻辑推理相矛盾，排除。

C选项：有些反映自然规律→¬基于实验数据，无法由上述逻辑推理关系推出，排除。

D选项：有些揭示自然法则→¬科学发现，无法由上述逻辑推理关系推出，排除。

E选项：反映自然规律→科学发现，与上述逻辑推理关系不一致，排除。

故正确答案为A选项。

78 【答案】C

【解析】

第一步，梳理题干：

（1）陆生动物→哺乳动物；

（2）水生动物→¬哺乳动物；

（3）大部分珍稀物种→陆生动物；

（4）珍稀物种→食草类动物。

结合（3）（1）（2）可推出，大部分珍稀物种→陆生动物→哺乳动物→¬水生动物，再结合（4）可推出，有些食草类动物→¬水生动物。

第二步，验证选项：

A选项：有些水生类动物→珍稀物种，结合上述结论可推出，有些¬水生类动物→珍稀物种，故该项无法推出，排除。

B选项：水生类动物→¬珍稀物种，结合上述结论可推出，有些¬水生类动物→珍稀物种，故该项无法推出，排除。

C选项：有些食草类动物→¬水生类动物，结合上述结论可推出该项，正确。

D选项：食草类动物→珍稀物种，结合上述结论无法推出该项，排除。

E选项：有些非哺乳动物→珍稀物种，结合上述结论可推出有些哺乳动物→珍稀物种，故该项无法推出，排除。

故正确答案为C选项。

第一章 形式逻辑

79 【答案】 A

【解析】

第一步，梳理题干：

（1）有些获奖科学研究→¬基础科学研究；

（2）创新性强→基础科学研究；

（3）获奖研究→创新性强∀应用范围广泛。

第二步，分析推理：

结合（1）（2）可推出,有些获奖科学研究→¬基础科学研究→¬创新性强；再结合（3）可进一步推出，有些获奖科学研究→应用范围广泛。

故正确答案为 A 选项。

80 【答案】 C

【解析】

第一步，梳理题干：

（1）海绵大四学生→参加期末考试；

（2）小明→海绵学生；

（3）小红→参加期末考试；

（4）小刚→参加期末考试；

（5）小李→¬参加期末考试。

（5）（1）结合可知：小李→¬参加期末考试→¬海绵大四学生。

第二步，验证选项：

A 选项："小刚是大四的学生"无法结合已知信息推出小刚是海绵大学的学生，排除。

B 选项："小红是海绵大学的学生"无法结合已知信息推出小红是大四的学生，排除。

C 选项：小明没有参加期末考试，结合（1）的逆否可推出，他不是海绵大四学生；再结合（2）可以得到，他不是大四的学生，该项可以推出。

D 选项：由题干推出的信息可知，小李不是海绵大四学生，无法推出他不是海绵大学的学生，排除。

E 选项：由题干推出的信息可知，小李不是海绵大四学生，无法推出他不是大四的学生，排除。

故正确答案为 C 选项。

题型 06　简单命题之补充前提

答案速查表

题号	81	82	83	84	85
答案	C	D	B	D	A

81 【答案】 C

【解析】

第一步，梳理题干：

（1）大多数选编程→选人工智能；

033

（2）¬选数据分析→选人工智能 = 选人工智能→选数据分析；

（3）选设计→¬选测试。

结论：有些选数据分析→¬选测试。

第二步，分析选项：

结合条件（1）（2）可推出：大多数选编程→选人工智能→选数据分析，想要推出"有些选数据分析→¬选测试"，此时需要建立"选编程→选设计"这一推理关系。

大多数选编程→选数据分析，可推出有些选数据分析→选编程，联立"选编程→选设计"和条件（3），进一步推出：有些选数据分析→选编程→选设计→¬选测试。

故正确答案为C选项。

82 【答案】D

【解析】

第一步，梳理题干：

论据：（1）考上→努力；

（2）有些考上→出类拔萃。

结论：有些高管→出类拔萃 = 有些出类拔萃→高管。

由（2）结合（1）可得：有些出类拔萃→考上→努力。补充"努力→高管"就能使题干推理成立。

第二步，验证选项：

A选项：高管→努力，该项成立无法推出结论，不是题干推理成立的前提，排除。

B选项：高管→考上，该项成立无法推出结论，不是题干推理成立的前提，排除。

C选项：有些努力→高管，该项成立无法推出结论，不是题干推理成立的前提，排除。

D选项：努力→高管，该项成立可以推出结论，是题干推理成立的前提。

E选项：有些考上→高管，该项成立无法推出结论，不是题干推理成立的前提，排除。

故正确答案为D选项。

83 【答案】B

【解析】

第一步，梳理题干：

论据：（1）提高产品质量→可靠的公司；

（2）有些投资研发创新→提高产品质量。

结论：有些可靠的公司→具备准确的判断。

第二步，分析推理：

由（2）结合（1）可得：有些投资研发创新→可靠的公司 = 有些可靠的公司→投资研发创新。补充"投资研发创新→具备准确的判断"就能使题干结论成立。

故正确答案为B选项。

84 【答案】D

【解析】

第一步，梳理题干：

（1）配备智能分类垃圾桶→建立志愿者督导机制∧建立积分奖励制度；

（2）¬通过环保部门验收→¬建立志愿者督导机制。

结论：配备智能分类垃圾桶→¬建立积分奖励制度∨¬线上数据监测平台。

矛盾命题：有些配备智能分类垃圾桶→建立积分奖励制度∧线上数据监测平台。

第二步，分析推理：

结合已知条件可推出，配备智能分类垃圾桶→建立志愿者督导机制∧建立积分奖励制度→通过环保部门验收∧建立积分奖励制度，此时要反驳结论只需保证其矛盾命题成立即可，需建立"通过环保部门验收→线上数据监测平台"这样的推理关系。

故正确答案为 D 选项。

85 【答案】A

【解析】

第一步，梳理题干：

（1）认证鸟类观察员→完成生态学课程∧发表过鸟类研究论文；

（2）有的鸟类爱好者→¬参与定期观鸟活动；

（3）鸟类爱好者→认证鸟类观察员∧发表过鸟类研究论文。

结论：有些¬参与定期观鸟活动→认证鸟类观察员∧获得年度环保贡献奖。

第二步，分析推理：

结合已知条件可推出，有的¬参与定期观鸟活动→鸟类爱好者→认证鸟类观察员∧发表过鸟类研究论文∧完成生态学课程，要使得该会员的观点成立，需建立"认证鸟类观察员∧发表过鸟类研究论文∧完成生态学课程和获得年度环保贡献奖"的推理关系。

A 选项：完成生态学课程→获得年度环保贡献奖，该项成立可以使得会员的观点成立。

故正确答案为 A 选项。

题型07　简单命题之寻找矛盾

答案速查表

题号	86	87	88	89	90					
答案	C	D	D	A	E					

86 【答案】C

【解析】

第一步，梳理题干：

（1）世上不可能有一个人和你一样。等价转换：所有人都必然和你不一样。

（2）不可能所有的人都像你一样善良。等价转换：有的人必然不像你一样善良。

第二步，分析推理：

结合（1）的等价结论，可以排除 E 选项，结合（2）的等价结论可以排除 A、B、D 选项。

故正确答案为 C 选项。

87 【答案】D

【解析】

第一步，梳理题干：

（1）一个人不可能一生所有的时刻都是贫穷潦倒的。

等价转化：一个人一生中某些时刻必然不是贫穷潦倒的。

（2）一个人也必然不会时时刻刻都交好运。

等价转化：某些时刻一定交不到好运。

第二步，分析推理：

结合上述分析结论可知，由（1）可以排除 A、C 选项；再由（2）可以排除 B、E 选项。

故正确答案为 D 选项。

88 【答案】D

【解析】

第一步，梳理题干：

没有哪个老师通晓所有科目∧有的老师可能会去尝试学习。

= 所有老师不通晓有的科目∧有的老师可能会去尝试学习。

矛盾为：有的老师通晓所有科目∨所有老师一定不会去尝试学习。

第二步，验证选项：

A 选项：有的老师不通晓所有科目∧有的老师一定会去尝试学习，与题干的矛盾命题不相符合，该项可能为真，排除。

B 选项：所有老师都存在薄弱的科目∧所有老师可能会去尝试学习，与题干的矛盾命题不相符合，该项可能为真，排除。

C 选项：张老师不擅长英语∧很乐意去学习，与题干的矛盾命题不相符合，该项可能为真，排除。

D 选项：所有老师不通晓有的科目→所有老师一定不会去尝试学习 = 有的老师通晓所有科目∨所有老师一定不会去尝试学习，与题干的矛盾命题相符合，该项一定为假。

E 选项：有的老师不通晓有的科目→她一定会去学习，与题干的矛盾命题不相符合，该项可能为真，排除。

故正确答案为 D 选项。

89 【答案】A

【解析】

第一步，梳理题干：

（1）一年级→压力小；

（2）素质教育→东部沿海地区；

（3）钢琴获奖→舞蹈获奖 =¬舞蹈获奖→¬钢琴获奖；

（4）¬素质教育→¬压力小 = 压力小→素质教育；

（5）有些奥数获奖∧男同学→西北内陆地区；

（6）舞蹈获奖→西北内陆地区 =¬西北内陆地区→¬舞蹈获奖。

由（1）（4）（2）（6）（3）传递可得：（7）一年级→压力小→素质教育→东部沿海地区→¬西北内陆地区→¬舞蹈获奖→¬钢琴获奖。

第二步，验证选项：

A 选项：有些一年级→钢琴获奖，与（7）一年级→¬钢琴获奖矛盾，不可能存在。

B 选项：有些男同学→东部沿海地区，与题干推理关系不构成矛盾关系，该项可能成立，排除。

C 选项：有些奥数获奖→素质教育，与题干推理关系不构成矛盾关系，该项可能成立，排除。

D 选项：有些奥数获奖→一年级，与题干推理关系不构成矛盾关系，该项可能成立，排除。

E 选项：南方→素质教育，与题干推理关系不构成矛盾关系，该项可能成立，排除。

故正确答案为 A 选项。

90【答案】E

【解析】

第一步，梳理题干：

论据：（1）珠宝收藏家→¬收藏翡翠；

（2）有的古董鉴赏家→收藏翡翠。

结论：（3）古董鉴赏家→¬收藏钱币。

结论的矛盾为：有的古董鉴赏家→收藏钱币。

（2）（1）传递可得：（4）有的古董鉴赏家→收藏翡翠→¬珠宝收藏家。

第二步，验证选项：

A 选项：¬收藏翡翠→¬收藏钱币，该项成立无法得到题干结论的矛盾，无法反驳题干的结论，排除。

B 选项：珠宝收藏家→收藏钱币，该项成立无法得到题干结论的矛盾，无法反驳题干的结论，排除。

C 选项：古董鉴赏家→¬收藏钱币，该项与题干结论一致，无法反驳题干的结论，排除。

D 选项：收藏翡翠→古董鉴赏家，该项成立无法得到题干结论的矛盾，无法反驳题干的结论，排除。

E 选项：¬珠宝收藏家→收藏钱币，该项成立可以得到题干结论的矛盾，可以反驳题干的结论。

故正确答案为 E 选项。

专题三　定义、概念、数字推理

题型 08　定义匹配

答案速查表

题号	91	92	93	94	95					
答案	D	D	E	D	D					

91【答案】D

【解析】

第一步，梳理题干：

锚定启发式：决策者对事物的决策会受到该事物初始值影响。

第二步，验证选项：

A 选项：精品的价格和瑕疵品的价格相差 170 元，反而瑕疵品销量好。本质上是商场把同批次中相对优质的餐具的价格标虚高了，不论消费者买哪一类他们都不会亏，消费者此时的决策就受到了精品价格影响，这里是"锚定陷阱"的体现，排除。

B 选项：给出选择，潜意识地使得消费者陷入了商家的销售陷阱中，在这样的表达下多数消费者会选择消费而不是拒绝消费，这里也符合"锚定陷阱"的定义，排除。

C 选项：商场抛出一种优惠、限时促销的锚定信息，让消费者心里认定商家此时的价格比平时更加优惠，此时他们购买的商品会比平时多一些，符合"锚定陷阱"的定义，排除。

D 选项：该项是"损失规避"效应，面对同样数量的收益和损失时（无论先后），多数人都认为损失带来的负效用是大于收益带来的正效用的。

E 选项：该项中对方在考虑最后提出的真正需求时，会和最开始的难度较大的需求进行比较，故该项也符合"锚定陷阱"的定义。

故正确答案为 D 选项。

92【答案】D

【解析】

第一步，梳理题干：

"本我"处于潜意识之下，它是由本能驱动的，遵循的是"快乐原则"。

"自我"处于意识层面，它既要满足本我又要遵守社会准则约束。

"超我"由道德律、自我理想等所构成，抑制本我行为的冲动。

第二步，验证选项：

A 选项：看到小偷偷钱包，但没有制止，这里属于"超我"的反面表现，此时的可可自我道德水平还不够完善，排除。

B 选项：多多遵守交通规则的行为是属于"自我"控制下的行为，他遵守法律法规，排除。

C 选项：单从小明的行为来讲，这是体现了"超我"的行为水平，能够主动返还多找的 10 元钱，遵守道德约束，排除。

D 选项：属于本能的行为，为了解决自己的饥饿感，不惜违反法律偷东西，这是属于"本我"。

E 选项：该项的帮助他人，属于社会道德的范畴，所以小光的行为源于他的"超我"人格，排除。

故正确答案为 D 选项。

93【答案】E

【解析】

A 选项："【】}"不符合特维尔字符的定义，故该项不是特维尔字符串，排除。

B 选项："【□□】"存在两个相同的特维尔元素，不符合特维尔字符的定义，故该项不是特维尔字符串，排除。

C 选项："【△】【△】"存在两个相同的特维尔字符，不符合特维尔字符串的定义，故该项不是特维尔字符串，排除。

D 选项："○"不能单独出现在【】内，不符合特维尔字符串的定义，故该项不是特维尔字符串，排除。

E 选项：该项符合特维尔字符串的定义，正确。

故正确答案为 E 选项。

94【答案】D

【解析】

A 选项：密钥符 k 重复出现，密钥符不唯一，排除。

B选项：密钥符含数字（如5a中的5），不符合密钥符须为字母的规则。

C选项：校验码"&"是非数字，不符合校验码规则。

D选项：所有密钥符均为字母且唯一，校验码均为数字，符合定义。

E选项：密钥符t重复且对应不同校验码（7和2），密钥符不唯一。

故正确答案为D选项。

95 【答案】D

【解析】

第一步，梳理题干：

工作伦理：工作本身是"人性化的"，不论做它的人获没获得乐趣，只要履行职责就会带来满足感。

第二步，验证选项：

A选项：该项并未体现出履行工作职责是否获得了满足感，不符合定义，排除。

B选项：不喜欢工作但仍未知履行工作职责是否可以从中获得满足感，不符合定义，排除。

C选项：小刘认为工作不平等，这与工作伦理提及的淡化工作差异相违背，不符合定义，排除。

D选项：小周获得这份工作，同时履行工作职责，他觉得自己也是有用处的，这就获得了满足感，符合定义。

E选项：小吴愈感疲惫并未说明履行工作职责是否获得了满足感，不符合定义，排除。

故正确答案为D选项。

题型09 概念计算

题型特征	（1）问题特征：问题要求推出结论。 （2）题干特征：题干给出若干概念。
考向梳理	考向1 概念的关系 考向2 概念的划分

考向1 概念的关系

答案速查表

题号	96	97	98	99	100					
答案	C	D	D	E	E					

96 【答案】C

【解析】

第一步，梳理题干：

应届毕业生共7人：历史学院2人、管理学院3人，广东3人、北方3人。

2+3+3+3=11人>7人，因此有4个身份是重叠的。

第二步，验证选项：

A选项：此时人数为8（2+3+3）人，只需再有一人再兼一个身份就能满足题干，故该项是可能为真的，排除。

B 选项：此时人数为 9（3+3+3）人，只需再有两人再兼一个身份也能满足题干，故该项是可能为真的，排除。

C 选项：若管理学院的 3 人不是广东人，也不是北方人，则此时从地域维度来看，人数至少为 9（3+3+3）人，与题干所涉及的人数不符合，一定为假。

D 选项：此时人数为 8（2+3+3）人，只需再有一人再兼一个身份就能满足题干，故该项是可能为真的，排除。

E 选项：此时人数为 8（2+3+3）人，只需再有一人再兼一个身份就能满足题干，故该项是可能为真的，排除。

故正确答案为 C 选项。

97 【答案】D

【解析】

所提及的研究人员数量是 1+2+1+2+3＝9 人，也就是说，该课题组最多有 9 人，最少人数是 2+3＝5 人，其中数学家、化学家可能是同一人不同身份。

故正确答案为 D 选项。

98 【答案】D

【解析】

第一步，梳理题干：

根据题干信息可知：有 140 人反对，210 人赞成。其中并未说明该小区的所有业主数，只是给出投票的业主数，所以无法确定该小区具体有多少户。

第二步，验证选项：

A 选项：有的物业管理人员是该小区租户，无法从题干数量信息中推出，排除。

B 选项：有的小区租户购买该小区房子，无法从已知信息中推出，排除。

C 选项：有的小区业主是该小区的物业管理人员，无法确定该小区总的住户，所以该项不确定，排除。

D 选项：反对的人数有 140 人，即使所有租户和物业管理人员都投了反对票，仍有 80 人投反对票，这些人必定是业主，该项一定为真。

E 选项：有的小区租户投赞同票，无法确定，排除。

故正确答案为 D 选项。

99 【答案】E

【解析】

第一步，梳理题干：

（1）每人至多提交 1 份演讲稿；

（2）共有 70 份演讲稿，其中 60 份通过审核；

（3）30 人做了主题演讲，其余 40 人进行了分组讨论。

第二步，验证选项：

A、C 选项：若 20 名外部专家都做了主题演讲，此时做主题演讲的外部专家是大于内部员工的，同时，没有一个外部专家进行了分组讨论，这两项只是可能为真，排除。

B 选项：若 20 名外部专家都没做主题演讲，此时做主题演讲的外部专家一名也没有，该情况也只是可能为真，排除。

D、E选项：若20名外部专家都通过了审核，那么此时内部专家还有40人通过审核，故D选项不可能为真，E选项必定为真。

故正确答案为E选项。

100 【答案】E

【解析】

第一步，梳理题干：

（1）共有50位学生参展，高年级学生不多于20人，其余的是低年级学生；

（2）50个项目中有25个获得了评委的认可；

（3）20个学生进行了项目展示，其余30个学生参与了观摩学习。

第二步，分析推理：

根据题干信息分析可知，50位学生的情况是：高年级学生的人数范围是0～20人，低年级学生的人数范围是30～50人。当这50人都来自低年级时，那么此时A、B、D选项均不可能成立；当其中20人来自高年级，30人来自低年级时，此时进行项目展示的学生有可能全部都是高年级的，此时C选项不可能成立。同理，即使20名高年级学生的项目都获得了评委认可，还是有5名低年级学生会获得评委认可。

故正确答案为E选项。

考向2　概念的划分

答案速查表

题号	101	102	103	104	105	106	107	108	109	110
答案	C	C	D	C	C	D	C	D	D	D

101 【答案】C

【解析】

第一步，梳理题干：

男		女	
应届	往届	应届	往届
学硕	专硕	学硕	专硕	学硕	专硕	学硕	专硕

（1）拟定录取300名研究生；

（2）应届学硕考生57人；

（3）往届男生48人；

（4）学硕女生63人；

（5）专硕180人。

第二步，分析推理：

题干给出了各个类别人数，各个类别人数相加可得出共348人，这说明其中有48人是重复计算的，那么上述类别最终概念可重复的有"应届学硕女生""往届专硕男生"，二者人数均不超过48人。

故正确答案为C选项。

102 【答案】C

【解析】

第一步，梳理题干：

实习医生 16		实习护士 20	
男性	女性	男性	女性
a	b	c	d

（1）男护士＋女护士＝20；

（2）男医生＋女医生＝16；

（3）男护士＋男医生＝20；

（4）女护士＝男护士＋女医生。

第二步，分析推理：

由（3）可得，男护士＝20－男医生；由（2）可得，男医生＝16－女医生。因此女护士＝（20－男医生）＋女医生＝20－（男医生－女医生）＝20－16＋2女医生＝4＋2女医生。因此，实习女护士不可能最少，C选项错误。

故正确答案为C选项。

103 【答案】D

【解析】

第一步，梳理题干：

（1）正式员工80人，临时员工40人；

（2）销售部门40人、技术部门30人，其余部门50人；

（3）销售部门临时员工＋技术部门临时员工30人。

由上述信息可知，其余部门有10人是临时员工，销售部门正式员工＋技术部门正式员工40人，但是这两个部门具体哪个部门正式员工多无法确定。

上述信息列表如下：

	销售	技术	总计
正式	A	B	40
临时	C	D	30
总计	40	30	70

第二步，验证选项：

A 选项：根据上表可知，C＋D＝B＋D，可得C＝B＝15，A＝25，B＝15，由此可知，销售部门的临时员工人数等于技术部门的正式员工人数，排除。

B、C 选项：根据上表可知，A＋C＞C＋D，可得A＞D，由此可知，销售部门的正式员工人数大于技术部门的临时员工人数，排除。

D 选项：由题干信息推出的结论可知，销售部门和技术部门的正式员工比其余部门的临时员工多30人，故该项可以推出。

E 选项：由题干推理可知，销售部门和技术部门的临时员工30人，其余部门临时员工10人、正式员工 40 人，故该项必然推不出，排除。

故正确答案为 D 选项。

104 【答案】C

【解析】

第一步，梳理题干：

（1）男性人口＞女性人口；

（2）不足 65 岁人口＞65 岁及以上人口；

（3）15～64 岁的人口＞0～14 岁的人口。

由（1）（2）可推出：（4）不足 65 岁的男性人口＞65 岁及以上的女性人口。由（1）（3）可推出：

（5）15～64 岁的男性人口＞0～14 岁的女性人口。

第二步，验证选项：

A、B 选项：根据题干信息，无法知道 65 岁及以上人口的男女分布的具体情况，所以男女人口多少无法比较，排除。

C 选项：根据（4）可知，该项必定为真。

D 选项：无法根据题干信息判断不足 65 岁的女性与 65 岁及以上的男性的数量多少，排除。

E 选项：无法根据（5）推出该项，排除。

故正确答案为 C 选项。

105 【答案】C

【解析】

第一步，梳理题干：

根据题干信息可列出下表。

喜欢饶舌音乐		喜欢乡村音乐	
男性	女性	男性	女性
a	b	c	d

由题干可知：（1）a＋b＋c＋d＝70；（2）a＋c＝37；（3）a＋b＝23；（4）d＝24。

第二步，分析推理：

（1）－（3）＝c＋d＝47，继而推出喜欢乡村音乐的男性有 23（47－24）人，喜欢饶舌音乐的男性有 14（37－23）人，喜欢饶舌音乐的女性有 9（23－14）人。

故正确答案为 C 选项。

106 【答案】D

【解析】

第一步，梳理题干：

根据题干信息可列出下表。

	在男方城市生活	在女方城市生活	在新城市生活
情侣对数	A	B	C

B＋C－（A＋C）＝50 万。

B－A＝50万，即B＞A。

第二步，分析推理：

复选项Ⅰ：B＝50万，无法由上述信息推出。

复选项Ⅱ：B＞A，可以由题干信息推出。

复选项Ⅲ：B+C＞A+C，可以由题干信息推出。

故正确答案为D选项。

107 【答案】C

【解析】

第一步，梳理题干：

（1）游泳+跳水=540；

（2）甲校游泳+乙校游泳=220；

（3）乙校=甲校+140；

（4）甲校跳水=80。

第二步，分析推理：

设甲校为X人，则乙校为X+140人，由此可得X+（X+140）=540，计算可得甲校为200人。

由"游泳参赛人数为220人"可得，跳水的参赛人数为320人。

由"甲校跳水参赛人数为80人"可得，甲校游泳参赛人数为120人。最终计算可得，乙校跳水参赛人数为240人，乙校游泳参赛人数为100人。上述推理结果列表如下。

	甲校	乙校	总计
跳水	80	240	320
游泳	120	100	220
总计	200	340	540

故正确答案为C选项。

108 【答案】D

【解析】

第一步，梳理题干：

出行方式占比：地铁（65%）；公交车（50%）；共享单车（30%）。

通勤时长占比：30分钟内（40%）；30~60分钟（45%）；超60分钟（15%）。

出行方式：（65%）+（50%）+（30%）=145%，那么有45%的人不只采取一种出行方式。

第二步，分析选项：

A选项：当有45%的只乘坐地铁和公交车出门，此时该项不成立，排除。

B选项：当所有通勤时间超过60分钟的居民都是共享单车出行的，此时占比是100%（注意文字表述，是通勤时间大于60分钟居民出行的占比情况），该项无法必然推出，排除。

C选项：当所有使用共享单车的出行的只使用这一种出行方式时，该项无法必然推出，排除。

D选项：当所有使用共享单车出行的人另一种出行方式是地铁时，通勤时间在60分钟内的居民占比有85%，这些人同时只采用公交车出行的最多人达到35%【50%－（65%－50%）】，60分钟通勤时间的居民中，占比为 35% / 85% ≈ 42%，是小于 45% 的，正确。

E 选项：该项无法必然推出，排除。

故正确答案为 D 选项。

109 【答案】D

【解析】

第一步，梳理题干：

环保组	助老组	宣传组
18 人	15 人	12 人

根据题干信息可知，总的报名人数为 18 + 15 + 12 = 45 人，而总人数只有 30 人，说明必定有人多次报名。实到人数 25 人且有 7 人报名 2 个组，那么总的参加人次至少是 18 + 14 = 32 人，还有 13 人次是未报到 5 人参加的。

第二步，验证选项：

A 选项：若未到场的 5 人中，报名的人次可以是 5~15 人次，所以到场的人中可能没有人同时参加了三个组，故该项无法必然推出，排除。

B 选项：理由同 A 选项，排除。

C 选项：该项无法必然推出，排除。

D 选项：环保组和助老组总的报名人数为 33 人，其中必定有人报名了不只一个组，正确。

E 选项：该项无法必然推出，排除。

故正确答案为 D 选项。

110 【答案】D

【解析】

第一步，梳理题干：

250 + 60 + 40 + 150 = 500 人，总共有 480 人，所以恰有 20 人是重复计算的，具体划分结果如下表：

男性				女性			
新入职（60）		非新入职		新入职		非新入职（40）	
技术部	非技术部	技术部	非技术部	技术部	非技术部	技术部	非技术部
a	c		d	b			

a + b = 150 人；c + d = 250 人。

第二步，分析选项：

A 选项：新入职非技术部男性超过 100 人，由题干知道新入职男性才 60 人，所以新入职非技术部男性不可能超过 60 人，该项必定为假，排除。

B 选项：非新入职技术部女性有 20 人，由于根据题干信息无法知道技术部门的具体人数，所以该项无法推出，排除。

C 选项：男性中非技术部新入职者大于等于 15 人，由于根据题干信息无法知道非技术部门员工的具体人数，所以该项无法推出，排除。

D 选项：技术部新入职员工少于 21 人，根据题干可知新入职男性 60 人，新入职的技术部员工 150 人，同时被重复计算了 20 人，也就是说技术部员新入职男性员工最多由 20 人，该项正确。

E 选项：非新入职非技术部男性有 25 人，由于根据题干信息无法知道新入职员工的具体人数，所以该项无法推出，排除。

故正确答案为 D 选项。

题型 10　数字推理

答案速查表

题号	111	112	113	114	115
答案	E	D	D	D	E

111【答案】E

【解析】

第一步，梳理题干：

	工业用电	居民用电	合计
X 市	a		500
Y 市		b	300

（1）$a + b = 320$；

（2）$500 - a > 300 - b$。

第二步，分析推理：

根据题干信息分析出来，$a < 260$，$b > 60$。

故正确答案为 E 选项。

112【答案】D

【解析】

第一步，梳理题干：

（1）甲 + 乙 + 丙 + 丁 = 4；

（2）丁 + 戊 + 己 = 3；

（3）丙 + 丁 = 2 个。

第二步，分析推理：

根据题干信息可知，共有 6 个奖品，结合条件可推出，甲、乙中有 2 个奖品，丙至多有 1 个奖品，具体可能的情况如下表：

	甲 + 乙	丙	丁	戊 + 己	庚
可能奖品数	2	0、1	2、1	1、2	1、0

故正确答案为 D 选项。

113 【答案】D

【解析】

2021年的九九表如下。

2021年12月22日至2021年12月30日	一九
2021年12月31日至2022年1月8日	二九
2022年1月9日至2022年1月17日	三九
2022年1月18日至2022年1月26日	四九
2022年1月27日至2022年2月4日	五九
2022年2月5日至2022年2月13日	六九
2022年2月14日至2022年2月22日	七九
2022年2月23日至2022年3月3日	八九
2022年3月4日至2022年3月12日	九九

故正确答案为D选项。

114 【答案】D

【解析】

根据条件（1）可得，甲在第一轮获得的分数为5分或4分。由条件（2）可知，甲和乙在第二轮结束后的总积分为9分，若甲第一轮的分数为4分，则乙至多为3分，第二轮比赛乙需要达到6分才能得到9分的总积分，但每轮比赛至多可以获得5分，故甲第一轮的分数为5分。

根据条件（2）可得，第二轮比赛结束后的积分情况为，甲＋丙＞乙＋丁，则可得丙＞丁，由此可得第一轮被淘汰的是戊，第二轮被淘汰的是丁。

故正确答案为D选项。

115 【答案】E

【解析】

题干信息：

（1）甲医院人均工资＜乙医院人均工资；

（2）甲医院合同工人均工资＞乙医院合同工人均工资；

（3）编制工人均工资＞合同工人均工资。

根据题干的比值大小关系无法推断出具体的总工资、总人数的大小关系，所以排除A、B选项。

根据（1）（2）分析得出，乙医院的编制工的工资极其高，或者乙医院的编制工的人数极其少，这样才能保证乙医院整体的人均工资是大于甲医院的，那么乙医院的编制工人均工资必然高于甲医院，或者乙医院编制工的人数占比是低于甲医院的。

故正确答案为E选项。

第二章 综合推理

专题四 综合推理

题型 11 匹配排序题

考向 1 选项代入

答案速查表

题号	116	117	118	119	120	121	122	123	124	125
答案	A	D	E	D	B	C	B	D	C	E
题号	126	127	128	129	130					
答案	D	D	C	C	D					

116 【答案】A

【解析】

第一步，梳理题干：

（1）尔尔的搭档是小李∨小孙；

（2）东东的搭档是小李∨小张。

题干要求我们新增一个信息结合题干已知信息，推出唯一确定的事实。

第二步，验证选项：

A 选项：选项代入题干，根据（2）能确定东东的搭档是小李，根据（1）能确定尔尔的搭档是小孙，该项为真可以满足题干要求。

B 选项：选项代入题干，无法确定尔尔的搭档是谁，故该项无法确定，排除。

C 选项：选项代入题干，无法确定三人的搭档具体是谁，故该项无法确定，排除。

D 选项：选项代入题干，无法确定东东的搭档是谁，故该项无法确定，排除。

E 选项：选项代入题干，无法确定三人的搭档具体是谁，故该项无法确定，排除。

故正确答案为 A 选项。

117 【答案】D

【解析】

第一步，梳理题干：

（1）赵负责→钱外联∨孙外联；

（2）钱负责→赵外联∨李外联；

（3）孙负责→赵外联；

（4）李负责→孙外联∨赵外联。

题干无确定信息，并且问的是可能的情况，所以只要找到满足题干条件的选项即可，所以本题采用选项代入法分析。

第二步，验证选项：

A 选项：孙负责∧钱外联，和题干条件（3）矛盾，排除。

B 选项：钱负责∧孙外联，和题干条件（2）矛盾，排除。

C 选项：赵负责∧李外联，和题干条件（1）矛盾，排除。

D 选项：李负责∧赵外联，和题干条件不矛盾，符合。

E 选项：孙负责∧李外联，和题干条件（3）矛盾，排除。

故正确答案为 D 选项。

118 【答案】E

【解析】

第一步，梳理题干：

（1）每个人只担任其中的一个部长，且每个部长只有一个人担任；

（2）杜甫生活∨宣传→李白文艺∨宣传；

（3）白居易生活∨文艺→王维文艺∨宣传。

第二步，验证选项：

A 选项："杜甫担任生活部长"结合（2）可得，李白担任文艺部长或宣传部长；"白居易担任文艺部长"结合（3）（1）可得，王维担任宣传部长。此时，不管李白担任文艺部长还是担任宣传部长，都会与其他人重合，与题干矛盾，排除。

B 选项："杜甫担任宣传部长"结合（2）（1）可得，李白担任文艺部长，与"王维担任文艺部长"矛盾，排除。

C 选项：李白担任体育部长，结合（2）可得，杜甫不担任生活部长，也不担任宣传部长，所以杜甫只能担任文艺部长，与"王维担任文艺部长"矛盾，排除。

D 选项：王维担任体育部长，结合（3）可得，白居易不担任生活部长，也不担任文艺部长，所以白居易只能担任宣传部长，与"李白担任宣传部长"矛盾，排除。

E 选项：与题干信息均不矛盾，正确。

故正确答案为 E 选项。

119 【答案】D

【解析】

第一步，梳理题干：

（1）甲、乙、丙至少有 2 人参加；

（2）甲、丁、丙至多有 2 人参加；

（3）甲→（丁∧戊）∨（¬丁∧¬戊）；

（4）参加漫展的至少 3 人。

根据题干提问方式可知，本题考虑代入选项验证。

第二步，验证选项：

A 选项：首先，乙、丙参加已经满足了（1）；其次，丙参加结合（2）可知，甲、丁至少有 1 人不参加，此时，若让甲不参加，既满足了（2），也不和（3）矛盾。因此，该项可能为真，排除。

B选项：乙、丙仅有一人参加，那么此时甲必定参加，根据（3）可知，丁、戊必定参加，此时也满足题干要求，排除。

C选项：该项成立，那么乙、丙必定都参加，此时戊参加，也是满足题干要求的，排除。

D选项：该项成立，那么甲、乙必定都参加，根据（3）可知，戊必定不参加，此时仅有两人参加漫展，不符合题干要求，故该项必定为假。

E选项：该项成立，那么甲不参加，乙、丙都参加，满足题干要求，排除。

故正确答案为D选项。

120 【答案】B

【解析】

第一步，梳理题干：

（1）西南部：高山高原气候。

（2）纬度由低到高：热带、亚热带、温带。

（3）从东到西的气候：季风气候、大陆性气候、沙漠气候。

第二步，分析推理：

由（1）可知高山高原气候在西南，不可能在东南到西北的中间区域，所以B选项的顺序与题干的要求矛盾。

故正确答案为B选项。

121 【答案】C

【解析】

第一步，梳理题干：

（1）¬甲∨¬戊→乙；

（2）乙∀丁→¬丙；

（3）甲∨丙→己。

第二步，分析推理：

根据题干数量要求可知，需要安排4人值班，那么有且仅有2人不值班；结合（3）可知，己不值班，则甲和丙都不值班，此时将会有3人不值班，不符合数量要求，所以己必定会值班。选项只列出了值班的3个人，所以此题需要代入选项验证。

第三步，验证选项：

A、B、D选项：此时己值班，可以满足题干值班要求。C选项：根据（3）可知己必须值班，再结合（2）可知丁也必须值班，此时人数超过4人，和题干数量要求矛盾。E选项：此时甲值班，可以满足题干值班要求。

故正确答案为C选项。

122 【答案】B

【解析】

第一步，梳理题干：

（1）¬乙→戊；

（2）乙→（甲∧丙）∀（¬甲∧¬丙）；

（3）乙、丙、丁至少有1人不去爬山；

（4）甲、乙、丁至多有1人不去爬山。

第二步，验证选项：

B选项：如果丙、丁都不去爬山，结合（4）可知，甲、乙都去爬山；由"乙去爬山"结合（2）可知，甲和丙应该状态一致，但是目前甲去爬山、丙不去爬山，矛盾，所以丙、丁都不去爬山是不可能的。其他选项均与题干不矛盾，可能为真。

故正确答案为B选项。

123【答案】D

【解析】

第一步，梳理题干：

（1）动作片∨战争片→¬历史片；

（2）纪录片→历史片；

（3）悬疑片→战争片。

联立（3）（1）（2）可推出：悬疑片→战争片→¬历史片→¬纪录片。第二步，分析推理：根据上述推理可知，悬疑片、历史片不能安排在同一天，悬疑片、纪录片不能安排在同一天，战争片、历史片不能安排在同一天，战争片、纪录片不能安排在同一天。

故正确答案为D选项。

124【答案】C

【解析】

第一步，梳理题干：

（1）海鲜大咖∨¬西红柿炒鸡蛋→海肠捞饭∧¬海参；

（2）鲍鱼∨鲅鱼饺子→海参∧¬西红柿炒鸡蛋。

第二步，分析推理：

由（2）（1）传递可得：(3)鲍鱼∨鲅鱼饺子→海参∧¬西红柿炒鸡蛋→海肠捞饭∧¬海参。观察发现：如果选择鲍鱼或鲅鱼饺子，那么推出"海参"和"¬海参"，出现矛盾，说明既不能选鲍鱼也不能选鲅鱼饺子，排除A、B、D、E选项。

故正确答案为C选项。

125【答案】E

【解析】

第一步，梳理题干：

（1）实力等级：赵（强）、钱（中）、孙（弱），李（强）、周（中）、吴（弱）。

（2）赵→李∀孙。

（3）周→李∀钱。

（4）吴→赵∀钱。

第二步，分析推理：

假设吴兴选择赵好对局，与（2）矛盾，所以吴兴不会选择赵好对局，则根据（4）可知，吴兴选择钱俪对局。此时结合（2）（3）可知，周洋选择李江对局、赵好选择孙瑜对局。比赛情况如下表所示。

赵好（强）	周洋（中）	吴兴（弱）
孙瑜（弱）	李江（强）	钱俪（中）

故正确答案为 E 选项。

126 【答案】D

【解析】

第一步，梳理题干：

（1）A→C∀D；

（2）B→C∀E；

（3）E∀G。

第二步，分析推理：

假设 A 选择 C，那么 C、G 在 A 组，D、E 在 B 组。假设 B 选择 C，那么 C、G 在 B 组，D、E 在 A 组。因此，D、E 必须在一组，C、G 在另一组，D 和 G 不可能在同一组。

故正确答案为 D 选项。

127 【答案】D

【解析】

第一步，梳理题干：

（1）每人只游玩其中的两个项目，任意两人游玩的项目不完全一样；

（2）豆豆¬雷神大摆锤∧¬穿越地平线；

（3）小贝¬海盗船∧¬无敌碰碰车；

（4）一飞冲天只有小泽玩。

第二步，分析推理：

由题干信息可得下表。

	海盗船	雷神大摆锤	无敌碰碰车	穿越地平线	一飞冲天
豆豆	√	×	√	×	×
小贝	×	√	×	√	×
小泽					√
小凯					×

假设小凯不选"海盗船"，结合（1）可知，"雷神大摆锤""穿越地平线"不能同时选，所以必定要选"无敌碰碰车"。同理，假设小凯不选"雷神大摆锤"，结合（1）可知，"无敌碰碰车""海盗船"不能同时选，必定要选"穿越地平线"。

故正确答案为 D 选项。

128 【答案】C

【解析】

第一步，梳理题干：

（1）鼓、和声、键盘至少邀请两类；

（2）¬贝斯∨¬和声；

（3）吉他∨鼓∨贝斯；

（4）和声∨贝斯→键盘。

第二步，验证选项：

本题为选项穷举，故考虑选项代入验证，根据条件（1）排除选项B、D。根据条件（2）排除选项E。根据条件（3）排除选项A。本题正确答案为C。

129 【答案】C

【解析】

第一步，梳理题干：

龙和蛇面对面。

如果鼠和蛇不相邻→牛和龙隔一个。

虎和兔挨着→虎和牛挨着。

第二步，开始推理：

6个元素选项当中出现3个元素并且问一定为假。

（3）龙和蛇中间仅有2个空位，因此如果（3）的前件为真会产生矛盾→虎和兔不挨着。

第三步，开始代选项：

因为C是假言命题，故优先验证C。

C．牛在龙和鼠的中间，那么虎和兔就必须挨着，产生矛盾。综上，选择C。

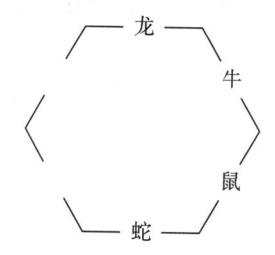

130 【答案】D

【解析】

第一步，梳理题干：

（1）王分享2本现代小说，张、李、赵分享书的类型均不相同；

（2）赵分享了历史注解；

（3）历史注解与古典诗词欣赏不可能由同一个人分享；

（4）任意两人分享的书不完全相同。

第二步，分析推理：

根据题干信息可知，这四人分享书的数量分布情况为3、3、3、4。

张分享了2本现代小说，其余人都分享了1本现代小说；张、王、李都分享了1本古典诗词欣赏，赵分享了1本历史注解，由于无法选出答案，所以此题需要采用带选项验证。

第三步，分析选项：

优先验证假言选项，D项，当王分享了4本书，那么其余人只分享了3本书，此时李和赵分别分享了1本现代诗歌、1本经典著作，所以这两人仅有一本书是同一类型的，正确。

E项，若张分享了现代诗歌或经典著作，那么他就分享了4本书，其余人都只分享了3本书，赵此时分享的最后一本书可以是现代诗歌或者经典著作,故该项无法得出。

A、B、C项均无法必然推出。

故正确答案为D选项。

考向2 确定信息

答案速查表

题号	131	132	133	134	135	136	137	138	139	140
答案	C	C	C	C	D	D	D	B	B	C
题号	141	142	143	144	145					
答案	D	D	C	E	C					

131【答案】C

【解析】

第一步,梳理题干:

(1)次品至多两个相邻,良品互不相邻;

(2)1号次品且左键瑕疵→4号次品且左键瑕疵∨7号次品且右键瑕疵;

(3)5号次品且右键瑕疵∨2号次品→1号次品且左键瑕疵;

(4)4号次品→1号良品;

(5)3号和6号是次品。

第二步,分析推理:

假设5号是次品且右键有瑕疵∨2号是次品,那么(3)(2)结合可知,1号是次品、4号是次品∨7号是次品,此时次品数量超过题干要求,产生了矛盾,所以假设为假,得出:(6)(5号不是次品∨5号右键没有瑕疵)∧2号不是次品;结合(1)(4)可知,1号是次品,4号是良品,则5号是次品;再结合(6)可知,5号是次品且左键有瑕疵。

故正确答案为C选项。

132【答案】C

【解析】

第一步,梳理题干:

(1)每行、每列的九个小方格组成的区域中均含有6个词语,不能重复也不能遗漏;

(2)每个粗线条围住的九个小方格组成的区域中均含有6个词语,不能重复也不能遗漏。

第二步,分析推理:

①不是文明、富强、和谐、自由,排除A、E选项。

⑤不是平等、富强、和谐、民主、文明,只能是自由,排除B、D选项。

故正确答案为C选项。

133【答案】C

【解析】

结合题干条件和表格已知信息可以推出:第2行第4列为"诚实",排除E选项;第1行第2列为"宽容",第3行第1列为"宽容",排除A、B选项;第2行第1列为"创新",排除D选项。

故正确答案为 C 选项。

134 【答案】C

【解析】

第一步，梳理题干：

（1）¬O∨¬P=P→¬O；

（2）¬O∨¬P∨¬Q→M∧N；

（3）M、N、R 至少选其 2→O∨Q；

（4）P→¬Q。

第二步，分析推理：

由（1）可知，O、P 至多一人参与此次审计任务；结合（2）可知，M、N 必定参与此次审计任务；再结合（3）可知，O∨Q 为真。

故正确答案为 C 选项。

135 【答案】D

【解析】

第一步，梳理题干：

（1）司机（小白）在摄像正前面；

（2）装载行李（小刘）在第二排；

（3）（小红和璐璐）并排挨着坐；

（4）（小程）计划出游路线和游玩流程。

第二步，分析推理：

由（1）（2）可推知，小刘坐在后排但是不在司机的正后方；再由（3）可知，小程坐在前排，那么此时小刘必然坐在小程的正后方，小红和璐璐谁是摄像无法确定。座位情况如下表所示。

小白（司机）		小程（计划）
（摄像）		小刘（行李）

故正确答案为 D 选项。

136 【答案】D

【解析】

根据题干信息可知，每人游玩了 4 个地方，每个地方 4 人游玩的顺序都不同，故本题类似于"数独"问题。根据文琴、朱敏说的话和题干的已知信息可推出，文琴第一个游玩婺源、朱敏最后一个游玩井冈山，小陆第三个游玩香格里拉；再结合徐昂说的话可推出，朱敏第一个游玩的地方不能是婺源、香格里拉、井冈山，那么只能是毕棚沟，徐昂第三个游玩的地方是毕棚沟。最终结果如下表所示。

	婺源	毕棚沟	香格里拉	井冈山
小陆	2	4	3	1
文琴	1	2	4	3
徐昂	4	3	1	2
朱敏	3	1	2	4

故正确答案为D选项。

137 【答案】D

【解析】

第一步，梳理题干：

（1）¬周三芒果千层→周三奶香提子；

（2）周二奶油小贝∀周六奶油小贝；

（3）某天会售卖巧克力慕斯蛋糕→第二天售卖巧克力薄脆饼干；

（4）樱花红丝绒蛋糕→一周内前三天中的某天；

（5）周五奶香提子。

第二步，分析推理：

（5）（1）结合得到周三售卖芒果千层；再由（3）（4）可知，巧克力慕斯蛋糕只能在周六售卖，周天售卖的是巧克力薄脆饼干；结合（2）可知，周二售卖的是奶油小贝；结合（4）可知，周一只能售卖樱花红丝绒蛋糕。综合可得，"半岛铁盒"只能在周四售卖。

故正确答案为D选项。

138 【答案】B

【解析】

第一步，梳理题干：

（1）幻彩湖西∀碧泉谷西→星月山崖北∧雾海古林中；

（2）飞云瀑布、星月山崖南∨东→雾海古林东∧碧泉谷北；

（3）雾海古林、碧泉谷北∨中→幻彩湖东∧星月山崖南。

第二步，分析推理：

由"一进景区就能看到幻彩湖"以及"景区入口位于东边"可知，幻彩湖位于东边；结合（2）可知，飞云瀑布、星月山崖均不位于景区的东边、南边；再结合（3）可知，雾海古林、碧泉谷均不位于景区的北边、中部；结合（1）可知，碧泉谷不位于景区的西边。综合可得，碧泉谷不位于景区的东边、北边、中部、西边，则应位于景区的南边；雾海古林不位于景区的东边、北边、中部、南边，则应位于景区的西边。具体分析结果如下表。

	幻彩湖	星月山崖	碧泉谷	雾海古林	飞云瀑布
东	√	×（2）	×	×	×（2）
南	×	×（2）	√	×	×（2）
西	×	×	×（1）	√	×
北	×		×（3）	×（3）	
中	×		×（3）	×（3）	

故正确答案为B选项。

139 【答案】B

【解析】

根据"己与辛相邻而坐"和（1）可知，己坐在丁、辛的中间；再结合（3）可知，乙、丙相隔两个座位，那么这两人占据的位置长度将会是4个，此时不会空着相对的座位了，所以甲、庚无论如何是不会相对而坐的；

057

再结合（2）可推出，丙和辛间隔一个位置，且不与戊相邻，那么此时戊和辛相对而坐，丙、丁相对而坐。

故正确答案为B选项。

140 【答案】C

【解析】

第一步，梳理题干：

（1）今天开放文化展区，明天开放艺术展区，后天开放历史展区，并且任何一个展区连续开放2天的次数不超过一次；

（2）周四开放科技展区，周二不开放文化展区；

（3）明天不开放科技展区，周三或周五开放文化展区；

（4）除非历史展区或科技展区在明天开放，否则今天起的第四天要么开放文化展区，要么开放艺术展区。

根据（1）（2）（3）可知，今天是周四；由"今天是周四"可知，今天起的第四天是周天，这一天是闭馆的。结合（4）（3）可推出，周五开放历史展区；由"任意两天开放的展区不能完全相同"可知，周二开放展区不能与周五相同，周二必定开放科技展区，周六不开放艺术展区。列表如下。

	周二2	周三2	周四2	周五2	周六2
历史展区			×	√（4）	√（1）
科技展区	√		√（2）	×（3）	
艺术展区			×	√（1）	×
文化展区	×（2）		√（1）	×	

故正确答案为C选项。

141 【答案】D

【解析】

第一步，梳理题干：

（1）绣球∨玫瑰→郁金香在区域③；

（2）¬蒲公英→向日葵∧绣球；

（3）蒲公英→玫瑰花∧其不与蒲公英相邻；

（4）向日葵∨木槿∨绣球≥2→睡莲∧水生鸢尾。

第二步，分析推理：

睡莲和水生鸢尾不可能都种植，结合（4）可知，向日葵、木槿、绣球最多种植其中一种；再结合（2）可得，种植蒲公英；此时再结合（3）（1）可推出，种植玫瑰，郁金香种植在区域③，那么蒲公英和玫瑰只能在区域①④中各选一个种植，此时知道向日葵、木槿、绣球中能且仅能选择一种植物种植。

故正确答案为D选项。

142 【答案】D

【解析】

第一步，梳理题干：

五种文玩选择三种，分别给三个人。

第二步，分析推理：

题干给出的条件中含有确定信息，从（4）入手，给小王送凤眼菩提⇒小张一定会买凤眼菩提，（3）前件为真→给小赵送星月菩提，（1）后件为假→不给小李送菩提根，此时小李只剩下金刚菩提和白玉菩提可选。

又由于条件（2）以及5选3，所以给小李送白玉菩提。

综上，答案为D。

143 【答案】C

【解析】

第三列已有"临、光、迎"三个汉字，剩余的空格还可填入"欢、你"两个汉字，而第一列第二行已有"欢"，则第三列第二行只能填入"你"，第三列第四行可填入"欢"。现在，中间的异形格子已有"你、光、欢"三个汉字，剩余的空格还可填入"迎、临"两个汉字，而第三列第五行已有"迎"，则第四列第五行只能填入"临"，第四列第四行可填入"迎"。由此可排除A、D选项。再观察选项，B选项中，第五列第五行的字为"你"，与第五列第四行的字重合，产生矛盾，排除。E选项中，第一列第五行的字为"欢"，与第一列第二行的字重合，产生矛盾，排除。

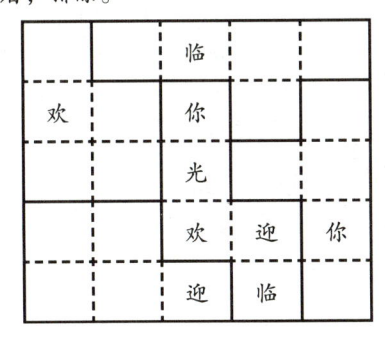

		临		
欢		你		
		光		
		欢	迎	你
		迎	临	

故正确答案为C选项。

144 【答案】E

【解析】

第一步，梳理题干：

（1）第一组人数＝第三组人数，其中两组人数＝余下组人数；

（2）甲、己不同组，乙、丁同组；

（3）第二组人数大于第三组→丙一组∧¬戊二组；

（4）¬辛三组∨丙一组→辛、丙同组。

第二步，分析推理：

根据题干信息和条件（1）可推出，这三组人数分布是2、2、4，其中第二组是4人，结合（3）（4）（2）可推出，丙、辛在第一组，戊在第三组，乙、丁、庚在第二组，甲、己所在组无法确定。

故正确答案为E选项。

145 【答案】C

【解析】

第一步，梳理题干：

四种礼物，一种两个，一共八个，同种礼物不重复。

结合（1），小绵只能是 4 个，也就是香水、香薰、玩偶、丝巾。

（2）小张和小逵分别中意香薰和丝巾其中的一种。

（3）小张选香薰→他选香水。

（4）小张选香水→小绵不选香水。

第二步，分析推理：

小绵选 4 个→小绵选香水→小张不选香水（4）→小张不选香薰（3）→小逵选香薰（2）并且小张选丝巾。

	香水	香薰	玩偶	丝巾
小绵	√	√	√	√
小张	×	×		√
小逵	√	√		×

综上，选 C。

考向 3　数量限制

答案速查表

题号	146	147	148	149	150	151	152	153	154	155
答案	C	D	B	D	B	E	C	D	E	A
题号	156	157	158	159	160					
答案	C	C	B	E	C					

146【答案】C

【解析】

第一步，梳理题干：

（1）吴小斌审计学∨吴小斌应用统计学→宋小帅财务报表分析∧¬王小海审计学；

（2）¬宋小帅项目管理∨¬王小海项目管理→李小白财务报表分析∧吴小斌财务报表分析；

（3）宋小帅财务报表分析。

第二步，分析推理：

根据题干要求的每人选两门课，每门课有两人选，结合（3）（2）可推知，宋小帅选的是财务报表分析、项目管理，王小海选的是项目管理；项目管理选课人数已满，所以吴小斌必定会在审计学、应用统计学中至少选一门；结合（1）可得，王小海没选审计学。由"各人选修的课程均不完全相同"可得，王小海不选财务报表分析，选应用统计学。由"每个科目均有两人选修"以及"王小海和宋小帅均未选审计学"可得，李小白和吴小斌选审计学。

	财务报表分析	审计学	应用统计学	项目管理
李小白				
宋小帅	√			
王小海				
吴小斌				

故正确答案为 C 选项。

147 【答案】D

【解析】

第一步，梳理题干：

（1）¬乙逻辑∨¬丁逻辑→甲写作∧丙数学；

（2）¬丙写作∨¬甲数学→乙数学∧丁数学；

（3）丙数学∧¬丁写作。

第二步，分析推理：

每种课不超过 2 人选择，所以（3）（2）结合得到，丙写作∧甲数学；由"各人选择的体验课均不完全相同"可知，甲不选择写作；与（1）结合得到，乙逻辑∧丁逻辑。

将上述结果列表如下。

	英语一	英语二	数学	逻辑	写作
甲			√	×	×
乙			×	√	
丙	×	×	√	×	√
丁			×	√	×

第三步，验证选项：

A 选项：甲选择写作课，与上述信息矛盾，排除。

B 选项：乙选择写作课，甲、丁同时选择英语一，与题干要求"每种课均有人选择"矛盾，排除。

C 选项：乙、丁同时选择英语二，违反题干"各人选择的体验课均不完全相同"，排除。

D 选项：符合题干要求，正确。

E 选项：甲选择逻辑课，与上述信息矛盾，排除。

故正确答案为 D 选项。

148 【答案】B

【解析】

第一步，梳理题干：

（1）甲不来自中国；

（2）乙不来自日本和美国；

（3）丙和丁不来自美国；

（4）戊不来自美国和日本；

（5）乙、戊来自同一个国家。

第二步，分析推理：

根据上述条件可得下表。

	中国	日本	美国	朝鲜
甲	×			
乙		×	×	
丙			×	

061

续表

	中国		日本	美国	朝鲜
丁				×	
戊			×	×	

根据上表可知，甲一定来自美国。

由题干可得，来自本国的选手只有一名；结合（5）可得，乙、戊不可能来自中国，而根据表格可得，乙、戊来自朝鲜时满足题干条件。

故正确答案为 B 选项。

149 【答案】D

【解析】

第一步，梳理题干：

（1）每位老师至少带一名研究生，至多带三名研究生；

（2）王盛带一个学生，陈诚只带男生，甲、丙、戊、庚 4 人是男生；

（3）选己→选戊；

（4）赵一鸣带丙→带戊；

（5）导师不能只带女生。

第二步，分析推理：

根据题干信息可知，王老师只带 1 名学生，陈老师只带男学生。由（3）和题干信息可知，己和戊必须是同一个老师的学生，不然无法满足题干要求，他们跟的老师不能是王老师、陈老师；因此，如果赵老师带戊，那么一定也会带己。

故正确答案为 D 选项。

150 【答案】B

【解析】

第一步，梳理题干：

（1）每晚有一名护士值夜班，值夜班的人不能连续值两天夜班；

（2）乙这周值班 3 天；

（3）小王和小李猜错 3 个，小张猜对 3 个，小赵猜对 1 个。

第二步，分析推理：

每晚有一名护士值班，结合题目和条件（3）可知，这四人一共猜对了 12（4+4+3+1）个结果，总体有 28 个结果，对于以上猜测最多可以猜对 13 个；结合条件（1）（2）可知，星期日、星期五是乙值班，星期一至星期四值班的分别是甲、丙、乙、丙。

乙这周值班了 3 天且值夜班的人不能连续值两天，结合（3）可得，星期六不可能是乙值班，那么丁是星期六值班的人。甲、乙、丙、丁最终值班天数分别为 1 天、3 天、2 天、1 天。

故正确答案为 B 选项。

151 【答案】E

【解析】

第一步，梳理题干：

（1）每人获得 1~5 个礼物，每人获得的礼物不是自己准备的；

（2）乙准备 ¬双数 ∧ 乙获得 ¬甲准备；

（3）甲准备（2∨4）∨丙准备（2∨4）→戊准备3∧丁获得5；

（4）乙准备（¬1∨¬5）∨戊准备（¬1∨¬5）→戊获得5。

第二步，分析推理：

由（1）可推知，这5人准备的礼物数量均不一样，并且获得的礼物都是其他人准备的；由（2）可推知，乙准备的礼物数量的可能情况是1、3、5。（3）（4）联立可知，甲、丙准备的礼物数量均不是2、4，这两人准备的礼物数量只可能是1、3、5，那么丁、戊准备的礼物数量只能是2、4，再结合（4）可推出，戊获得了5件礼物。

故正确答案为 E 选项。

152 【答案】C

【解析】

第一步，梳理题干：

（1）小赵博士研究生∧小李博士研究生。

（2）小周、小武、小钱中有1人学历和其他2人不同。

（3）3人有专利、2人相关行业经验5年及以上。

（4）小李博士研究生→小郑硕士研究生。

（5）行业经验：小钱＝小孙＝小李。技术专利数：小孙＝小钱。

（6）录用一位博士研究生。

第二步，分析推理：

根据题干信息可知，最终待选人只有小赵、小钱、小孙、小李、小郑；博士研究生有小赵、小李，硕士研究生有小郑。结合（3）（5）可知，小钱、小孙、小李的相关行业经验都不足5年，小赵和小郑有5年及以上的相关行业经验。结合（6）可知，录用的人必须符合：博士研究生；有相关行业5年及以上的经验；有相关行业的技术专利至少1个。因此，录用的只可能是小赵。

故正确答案为 C 选项。

153 【答案】D

【解析】

第一步，梳理题干：

（1）绘画→刺绣∧¬麻将；

（2）书法→麻将∧¬广场舞。

第二步，分析推理：

观察题干信息（1）（2）可推出，绘画、麻将至少有一个不参加，书法、广场舞至少有一个不参加，根据题干知道有且仅有两个活动不参加，则刺绣必须参加。

故正确答案为 D 选项。

154 【答案】E

【解析】

观察题干信息发现，前三个顺序3人的意见均不一样，且后三个顺序3人的意见有2个重复；根据每个景点序号都只有一人的意见是正确的，可确定后三个顺序为大明湖、孔林、孔庙，前三个景点应该包含千佛山、孔府、趵突泉，只有E选项有千佛山、孔府、趵突泉同时出现。

故正确答案为E选项。

155 【答案】A

【解析】

根据题干信息可知，8种药材要选4种；结合（4）可知，川芎、肉桂、熟地黄中至少有一种药材会被选中；结合（2）可推出，当归必选，黄芪、枸杞、白术这3种均不选；再结合（3）逆否可推出，熟地黄必定要选，剩余两种药材要在茯苓、川芎、肉桂中选；结合（1）可推出，剩余两种药材选的是川芎和肉桂。

故正确答案为A选项。

156 【答案】C

【解析】

第一步，梳理题干：

（1）游泳→¬素描∧拉丁舞；

（2）拉丁舞→¬羽毛球∧¬钢琴∧硬笔书法；

（3）7选5。

第二步，分析推理：

（1）（2）传递可得：游泳→¬素描∧拉丁舞→¬羽毛球∧¬钢琴∧硬笔书法。

根据题干条件可知，7个项目中有2个项目不选。若选游泳，那么素描、羽毛球、钢琴都不选，不满足要求，所以游泳必定不选；若选拉丁舞，结合（2）推出，羽毛球、钢琴都不选，一共有三个不选，不满足题干要求，所以拉丁舞必定不选。综合可得，羽毛球、素描、硬笔书法、唱歌、钢琴均选。

故正确答案为C选项。

157 【答案】C

【解析】

第一步，梳理题干：

（1）《海底两万里》→《蒙学经典》∧¬《科学小百科》；

（2）《数学文化》→《科学小百科》∧¬《城里来了音乐家》；

（3）《蒙学经典》∨《海底两万里》→《数学文化》。

第二步，分析推理：

观察已知信息可知，(1)(3)(2)可传递推出：《海底两万里》→《蒙学经典》∧¬《科学小百科》→《数学文化》→《科学小百科》∧¬《城里来了音乐家》。显然，若选择《海底两万里》，此时会推出矛盾的情况，《科学小百科》既要选又不选，所以《海底两万里》必定不会选。

若不选《科学小百科》，根据（2）（3）可知，也不会选《数学文化》《蒙学经典》，此时不选的书就有4本，无法满足题干数量要求，所以《科学小百科》必选。

故正确答案为C选项。

158 【答案】B

【解析】

第一步，梳理题干：

（1）桃花岛→飞来峰∧¬灵隐寺；

（2）千岛湖∧六和塔→孤山∧¬灵隐寺；

（3）飞来峰∨西湖→灵隐寺∧桃花岛。

第二步，分析推理：

结合（1）（3）可知，桃花岛→飞来峰∧¬灵隐寺→灵隐寺∧桃花岛，产生矛盾，因此不去桃花岛；再结合（3）可知，不去飞来峰和西湖；再结合（2）可知，余下不去的景点必定在千岛湖、六和塔、灵隐寺之中，那么孤山必定会去。

故正确答案为B选项。

159【答案】E

【解析】

若（3）的前件为真，结合（3）（1）（2）可得，A∨¬C→E∀F→A∧B→¬E∧¬F，产生矛盾，因此得出¬A∧C；再结合（1）可得，¬D；再结合（2）可得，¬E∧¬F。此时已经有A、D、F、E不入选；结合题干要求在7人中选3人可得，B、C、G入选。

故正确答案为E选项。

160【答案】C

【解析】

第一步，梳理题干：

6人，一人两种，共12个对勾。

小陈、小逵捆绑。

白茶3个人，青茶1个人。

小李、小西分别在黄茶、白茶中各择其一。

买绿茶，就不买青茶。

如果小逵买了黄茶，那么小北就买黄茶和红茶。

第二步，开始推理：

12个对勾还差4个，绿茶和红茶的可能性是2人2人和1人3人。

（3）小李和小西出一个人选择黄茶，结合（1）如果小陈和小逵不选黄茶，那么不够4人，矛盾，所以小陈和小逵必选黄茶→（5）小北就买黄茶和红茶→小王不选黄茶。

因为（1）小陈小逵捆绑，所以他俩不选青茶，结合（3）小西和小李出一个人选择白茶，以及白茶需要3人，可得小陈小逵选白茶，小王不选。

青茶和绿茶不能都选，所以小王必选红茶。

综上，选择C。

	小陈	小逵	小王	小李	小西	小北
绿茶	×	×				×
白茶3人	√	√	×			×
黄茶4人	√	√	×			√
青茶1人	×	×				×
红茶	×	×	√			√

考向 4　占位条件

答案速查表

题号	161	162	163	164	165	166	167	168	169	170
答案	C	D	C	B	C	B	C	D	D	E
题号	171	172	173	174	175					
答案	B	A	E	C	D					

161【答案】C

【解析】

第一步，梳理题干：

（1）8人运动小组，男性3人，踢足球3人；

（2）甲、丙、丁的运动项目相同，庚与辛的运动项目不同；

（3）戊、己、庚的性别相同、乙与丙的性别不同、甲与辛的性别不同。

第二步，分析推理：

结合（1）（2）可知：甲、丙、丁的运动项目为篮球。结合（1）（3）可得：戊、己、庚的性别为女性。故丁为男性。

故正确答案为C选项。

162【答案】D

【解析】

第一步，梳理题干：

（1）每人喜欢2种食材，每种食材只有2人喜欢；每人喜欢食材名称的第一个字与自己的姓氏均不相同；

（2）金鑫和蓝玉婷喜欢黄桃，且分别喜欢蓝莓和青椒中的一种；

（3）黄冠和白梦妍分别喜欢金针菇和白菜中的一种；

（4）没有人同时喜欢金针菇和青椒。

第二步，分析推理：

由（1）可知，金鑫不喜欢金针菇，蓝玉婷不喜欢蓝莓，黄冠不喜欢黄桃，青阳不喜欢青椒，白梦妍不喜欢白菜。（a）

由（2）可知，金鑫和蓝玉婷喜欢黄桃，且分别喜欢蓝莓和青椒中的一种，那么金鑫和蓝玉婷不喜欢金针菇和白菜，且其他三人不喜欢黄桃。（b）

"蓝玉婷不喜欢金针菇、蓝莓、白菜，喜欢黄桃"结合（1）"每人喜欢2种食材"可知，蓝玉婷喜欢青椒；再结合（2）可知，金鑫喜欢蓝莓，不喜欢青椒。（c）

由（3）可知，黄冠和白梦妍分别喜欢金针菇和白菜中的一种；再结合（1）"每种食材只有2人喜欢"可知，青阳喜欢金针菇和白菜，那么青阳不喜欢蓝莓。（d）

由上述推理可知，金鑫、蓝玉婷、白梦妍都不喜欢白菜，青阳喜欢白菜；再结合（1）"每种食材只有2人喜欢"可知，黄冠喜欢白菜。（e）

由"黄冠喜欢白菜"结合（3）可知，白梦妍喜欢金针菇；再结合（4）可知，她不喜欢青椒。此时，

白梦妍不喜欢黄桃、青椒、白菜，则喜欢蓝莓。（f）

此时，金针菇已有两人喜欢，则黄冠不喜欢金针菇。蓝莓也已有两人喜欢，则黄冠不喜欢蓝莓。综合可得，黄冠喜欢青椒。（g）

列表如下。

	金鑫	蓝玉婷	黄冠	青阳	白梦妍
金针菇	×（a）	×（b）	×（g）	√（d）	√（f）
蓝莓	√（c）	×（a）	×（g）	×（d）	√（f）
黄桃	√（b）	√（b）	×（a）	×（b）	×（b）
青椒	×（c）	√（c）	√（g）	×（a）	×（f）
白菜	×（b）	×（b）	√（e）	√（d）	×（a）

故正确答案为 D 选项。

163 【答案】C

【解析】

第一步，梳理题干：

（1）擅长舞蹈的座位间隔不同；

（2）擅长音乐的同学正面相对；

（3）甲与丁正面相对；

（4）丙与己都擅长唱歌或舞蹈；

（5）甲擅长书法。

第二步，分析推理：

由（1）可知，擅长舞蹈的同学间隔为：舞舞XX舞X。同时，由（2）可知，与擅长书法相对的同学是擅长舞蹈的；结合（3）（5）可知，甲擅长书法，丁擅长舞蹈；此时6人还剩下2人擅长舞蹈、2人擅长音乐；结合（4）可知，丙与己、乙与戊擅长的东西相同。

故正确答案为 C 选项。

164 【答案】B

【解析】

第一步，梳理题干：

（1）甲、乙不相邻，庚、丁不相邻，节目间隔数相同；

（2）丙、戊紧挨；

（3）丙在第五位→己在第三位；

（4）甲、乙间隔数为 1∨2→丙在第五位；

（5）丁在第二位，庚、己不在第七位。

第二步，分析推理：

假设丙在第五位，那么根据条件（3）可知，己在第三位，此时无法满足条件（1），所以丙不能在第五位。结合条件（4）可得，甲、乙节目的间隔数不能为1，也不能为2，那么此时甲、乙节目的间隔数为3或4，假设此时甲、乙节目的间隔数为4，则庚和丁节目的间隔数也为4且庚在第七位，与题干条件（5）矛盾，所以甲、乙节目的间隔数只能为3。此时庚在第六位，若甲和乙分别在第一位和第五位，由（2）可得，丙、戊分别在第三位和第四位,但此时己只能在第七位,与题干条件(5)矛盾,故而甲、乙只能在第三位和第七位,则能得到己在第一位,丙、戊是第四、五位,具体位置无法确定。

故正确答案为 B 选项。

165 【答案】C

【解析】

观察题干信息可知,若(1)的前件为真,结合(2)可推出,零食类样品既放在2号货架又放在1号货架,这与题干要求的"每种样品只放1个"相矛盾,所以清洁用品类放在1号货架,小型电子产品类放在2号货架。

若此时零食类、家居服装类均放在1号货架,结合(3)可推出,此时1号货架一共要放4种样品,这与题干条件相矛盾,所以玩具类放在2号货架,家电类放在1号货架,此时办公用品类和家居服装类只能放在3号货架。结果如下表所示。

1	2	3
清洁用品类(1)家电类(2)	小型电子产品类(1)玩具类(2)	办公用品类(3)家居服装类(3)

故正确答案为 C 选项。

166 【答案】B

【解析】

第一步,梳理题干:

(1)每个人只担任其中的一个裁判,且每个项目的裁判只有一个人担任;

(2)李四跳远∨短跑→张三跳高∨短跑;

(3)王五跳远∨铅球→赵六铅球∨短跑;

(4)赵六跳高∀跳远;

(5)赵六跳高→张三短跑;

(6)张三铅球→李四铅球。

第二步,分析推理:

结合(6)(1)可归谬得出:(7)张三不可能是铅球裁判。假设赵六跳高为真,则结合(3)得出,赵六跳高→王五¬跳远∧王五¬铅球→王五短跑,与(5)产生矛盾,因此赵六不可能是跳高裁判,从而结合(4)推出,赵六是跳远裁判。赵六是跳远裁判,根据(3)得出,王五可能是短跑裁判,也可能是跳高裁判。

a.如果王五是短跑裁判,结合(2)得出,李四可能是跳高裁判,也可能是铅球裁判,同样张三可能是铅球裁判,也可能是跳高裁判;再结合(7)"张三不是铅球裁判"得出,张三是跳高裁判,李四是铅球裁判。

b.如果王五是跳高裁判,结合(7)"张三不是铅球裁判"得出,张三必须是短跑裁判,由此推出李四是铅球裁判。

此推理过程列表如下。

赵六	王五	张三	李四
a 跳远	短跑	跳高	铅球
b 跳远	跳高	短跑	铅球

所以赵六一定是跳远裁判,李四一定是铅球裁判。

故正确答案为B选项。

167【答案】C

【解析】

第一步，梳理题干：

（1）杨柳鲁大海∨杨柳鲁四凤→¬陈齐鲁大海；

（2）¬胡哥周朴园→陈齐周朴园∧王凯周冲；

（3）¬杨柳周朴园→李龙周冲∧王凯周萍；

（4）胡哥周朴园∨杨柳周朴园⇒¬胡哥周朴园→杨柳周朴园⇒¬杨柳周朴园→胡哥周朴园。

第二步，分析推理：

由（2）（4）以及"每人只选择其中一种角色，且每个角色对应其中的一人"，结合"归谬"的思想得出，胡哥是周朴园；进一步结合（3）可知，李龙是周冲，王凯是周萍；从而进一步推出，杨柳只能在鲁大海和鲁四凤中选其一；结合（1）可推知，陈齐不是鲁大海，陈齐是鲁四凤，所以杨柳是鲁大海。综上可得：陈齐是鲁四凤，王凯是周萍，杨柳是鲁大海，胡哥是周朴园，李龙是周冲。

故正确答案为C选项。

168【答案】D

【解析】

第一步，梳理题干：

（1）没有人连续三天值班。

（2）甲：周一、周三、周五。

（3）乙：周五、周六。

（4）丙：周六。

第二步，分析推理：

根据"每天搭档的两人均不同"可得，乙不在周一、三值班；结合（1）可得，乙不能在周四值班，只能在周二值班。故丙、丁在周四值班。丙周六和乙搭档值班，故丙不会在周二的值班，故周二的值班人员为乙、丁；再由（1）可得，丁不在周三值班。故丁在周一值班，丙在周三值班。

综上可得如下表格。

	周一	周二	周三	周四	周五	周六
甲	√	×	√	×	√	×
乙	×	√	×	×	√	√
丙	×	×	√	√	×	√
丁	√	√	×	√	×	×

故正确答案为D选项。

169【答案】D

【解析】

第一步，梳理题干：

（1）小谢不获得"说唱诗人"以及"哈圈男模"。

（2）小马和其他三位音乐人并不熟。

069

（3）"黑马王子"＜"说唱诗人"＜"你的男孩"。

（4）小佳获得的称号是"哈圈男模"或者"说唱诗人"→小谢的称号不是"黑马王子"。

（5）小佳不是最后一位上台领奖→小佳第二个上台领奖。

第二步，分析推理：

结合可知小马和小谢均不获得"说唱诗人"以及"哈圈男模"，所以（4）前件必然为真，推出小谢不获得"黑马王子"，即小谢获得"你的男孩"，小马获得"黑马王子"。排除A、B。根据（4）的上台顺序可知，本题正确答案为D。

170 【答案】E

【解析】

接上题，若小佳和小蒋上台顺序相连，他们只能在第二位、第三位上台，进而小谢只能第四位上台领奖。结合条件（5）的前件，可以得到小佳第二个上台，满足小佳与小谢上台顺序相隔一人，故E选项正确。

171 【答案】B

【解析】

在甲和丁面对面的情况下，丙与戊、戊与庚座位均相隔一人时，乙、己、辛三人必然有两人相邻，所以（3）后件为假，进而得到丁与辛相邻，所以戊只能与甲相邻。

172 【答案】A

【解析】

第一步，梳理题干：

小佳、小谢、小杨、小马、小丁五人每人出演一天。

第二步，分析推理：

甲、乙、丙三人一共预测正确六天的演出人员，纵向观察表格，只有第四天有可能出现两个正确的预测（1、1、1、2、1），所以第四天出演的是小马。

又结合"乙预测正确的是相连的三天"，推测出第三天乙预测一定正确，即第三天出演的是小谢，进而第一天预测为小谢出演错误；同时第一天乙预测也一定错误。

所以第一天只能丙预测正确，本题选A。

173 【答案】E

【解析】

第一步，梳理题干：

由(1)，华清池和秦始皇陵兵马俑挨着，洒金桥早于秦始皇陵兵马俑，所以洒金桥早于华清池，结合(4)，前件必为真，所以八仙宫在第一个→第五个去洒金桥，结合(5)，第七个去钟楼。

1	2	3	4	5	6	7	8	9
八仙宫				洒金桥		钟楼		

第二步，分析推理：

由（1）洒金桥早于兵马俑和华清池，（2）城墙和钟楼间隔4个景点，所以：

1	2	3	4	5	6	7	8	9
八仙宫	城墙			洒金桥		钟楼	华清池（兵马俑）	兵马俑（华清池）

由（1）书院门早于洒金桥，所以书院门肯定会在3和4的位置，那么E与该信息矛盾。

174 【答案】C

【解析】

第一步，梳理题干：

（1）甲是最后一个出电梯的；

（2）乙所在楼层只有他一个人，无人和乙所在的楼层相邻；

（3）丙在所在的楼层是2或4或6，丙的楼层高于戊的楼层；

（4）丁所在楼层高于乙→至多有2人所在楼层低于丁。

第二步，分析推理：

根据题干信息可知，这5人所在楼层只能是2~7层（1楼不坐电梯），同时还知道5人只按了4个楼层，说明有两人居住在同一楼层，其中甲、乙都是一人只在一个楼层。

由（3）可知，丙的楼层之下还有戊居住，所以丙不可能在2层；若丙在4层，结合（2）分析，此时乙只能在2层，但是戊所在楼层在丙的下面，无法满足条件，故丙只能是6层，结合（1）推出，甲在7层，乙可以在2、3、4层，丁可以在2、4、5、6层，戊可以在2、4、5层。

故正确答案为C选项。

175 【答案】D

【解析】

第一步，梳理题干：

（1）女、女、女、小李；

（2）小周（男）、女、女；

（3）女、女、小王、男、男。

第二步，分析推理：

结合（3）（1）分析可推知，小王必定在小李的前排坐着，并且坐在第三排；由于小王后排有2名男生，那么小李必定也是男生，小李、小周坐在第四排或者第五排，具体位置无法确定，可排除A、B、C选项。

若小张比小周个子矮，那么小张一定坐在前两排，根据题干知道坐前排的学生比后排的个子要矮，所以小张个子必然比小王矮。

故正确答案为D选项。

考向5 分类假设

答案速查表

题号	176	177	178	179	180	181	182	183	184	185
答案	B	E	E	D	C	D	D	C	A	C
题号	186	187	188	189	190	191	192	193	194	195
答案	D	A	E	D	E	C	D	B	D	A
题号	196	197	198	199	200	201	202	203	204	205
答案	C	D	C	A	B	D	D	E	C	D

176 【答案】B

【解析】

第一步，梳理题干：

（1）钱篮球∨钱羽毛球→李足球∧李¬排球；

（2）赵¬排∨孙¬排球→赵足球∧李足球；

（3）钱篮球∀钱¬足球。第二步，分析推理：

由（3）可知，钱喜欢的球类运动有两种可能：①喜欢篮球和足球；②喜欢羽毛球和排球。那么排除C选项。根据上述信息结合（1）可知，李喜欢足球，不喜欢排球。若是情况①，则钱和李均不喜欢排球；结合"每种球类运动恰好有两人喜欢"可知，赵和孙均喜欢排球。

钱和李都喜欢足球结合"每个人喜欢的均不完全相同"可知，李喜欢羽毛球。具体事实如下表。

	篮球	足球	羽毛球	排球
赵		×		√
钱	√	√	×	×
孙		×		√
李		√	√	×

若是情况②，根据（2）可知，赵和李都喜欢足球，具体事实如下表。

	篮球	足球	羽毛球	排球
赵		√		
钱	×	×	√	√
孙		×		
李		√		×

故正确答案为B选项。

177 【答案】E

【解析】

第一步，梳理题干：

（1）小刚和小强并排相邻；

（2）小华和小军相邻∨小华和小军相对而坐→小明5号；

（3）小明偶数位⟷小华偶数位。

第二步，分析推理：

根据（3）可知，若小明、小华2人都在偶数位坐着，结合（2）可推出，小明和小军是相对而坐的，小刚和小华是相对而坐的，5号位空着。

若小明、小华2人坐在奇数位，此时小明、小华、小刚占据1、3、5号位置，并且小明和小华不能同时占据1、3号位置；结合（2）可推出，小华只能选1号位、3号位坐，小明只能坐5号位，小刚在1号位、3号位坐。

故正确答案为E选项。

178 【答案】E

【解析】

第一步，梳理题干：

（1）李伟与王一多相邻∀刘枫与王一多相邻；

（2）赵四与钱照相对；

（3）李伟和陈朵不相邻，李伟和吴琦相对；

（4）刘枫在张建国左边并间隔一人。

第二步，分析推理：

根据（2）（3）可知，赵四和钱照相对而坐，李伟和吴琦相对而坐；结合题干信息和（1）可知，若王一多相邻而坐的是刘枫，此时张建国在他的右边第二个位置，此时相对的位置只剩一个，无法满足题干要求，所以王一多相邻而坐的是李伟。

情况①：李伟在王一多的左手边，结合（4）可推知，张建国坐在刘枫右边第二个位置，那么此时陈朵只能坐在张建国的对面，而赵四和钱照的具体位置无法确定。

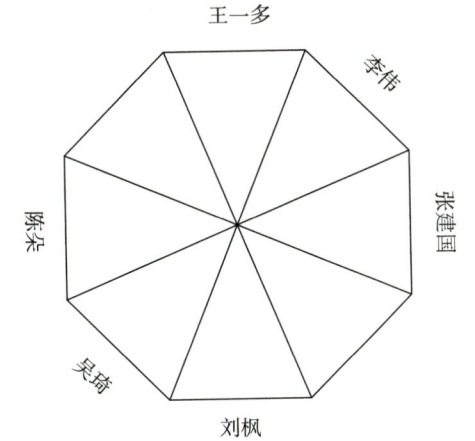

情况②：李伟在王一多的右手边，结合（4）可推知，张建国坐在刘枫右边第二个位置，刘枫和李伟相邻而坐，那么此时陈朵只能坐在刘峰的对面，而赵四和钱照的具体位置无法确定。

故正确答案为E选项。

179 【答案】D

【解析】

第一步，梳理题干：

（1）王咪不喜欢英文诗歌，不创作相关的作品；

（2）创作剧本的人喜欢朗诵；

（3）柳青喜欢朗诵→柳青小说∀柳青英文诗歌；

（4）¬富贵创作英文诗歌→¬王咪喜欢小说。

第二步，分析推理：

根据题干信息和（1）（2）可推知，王咪不喜欢朗诵也不喜欢英文诗歌，王咪创作的也不是英文诗歌和剧本。

结合（2）（3）可知，假设柳青喜欢朗诵，则柳青要创作两个作品，和题干要求相冲突，所以柳青不喜欢朗诵。同时，他也不创作剧本。综上可知，王咪喜欢的是小说，创作的作品是小说。

结合（2）（4）可推知，富贵创作的作品是英文诗歌，那么他一定不喜欢朗诵。至此，可以确定乐乐喜欢的是朗诵，创作的作品是剧本。结合题干要求可知，除王咪以外其他三人喜欢的内容和创作的内容均不一致，那么柳青喜欢的是英文诗歌，创作的作品只能和朗诵相关，富贵喜欢的是剧本。列表如下。

	小说	朗诵	剧本	英文诗歌
喜欢文学的人	王咪	乐乐	富贵	柳青
作品的创作人	王咪	柳青	乐乐	富贵

故正确答案为 D 选项。

180 【答案】C

【解析】

观察题干信息，由（4）（3）入手分析。若（3）的前件为真，此时可知周六出题；结合（2）可知，周二要进行问题答疑；根据题干要求可知，这一天不可能再完成其他工作；此时由（4）逆否可推出，周二还要遛狗。显然这与推出的结论矛盾，所以周二不写教案和优化课程内容。

"周二不写教案"结合（4）（2）可推出，周二要出题、遛狗，周六要进行问题答疑；同时结合（1）可知，周天不可能进行线下授课，所以写教案、备课、优化课程内容都要在周四后完成。周六只完成一个项目，所以休息的两天是周一和周三，线下授课只能在周五完成。列表如下。

周一	周二	周三	周四	周五	周六	周天
	出题、遛狗		直播授课		问题答疑	

故正确答案为 C 选项。

181 【答案】D

【解析】

第一步，梳理题干：

（1）泰山∨黄山→武夷山∧¬延安；

（2）华山∨秦岭→泰山∧¬武夷山。

第二步，分析推理：

由（2）（1）传递可得：（3）华山∨秦岭→泰山∧¬武夷山→武夷山∧¬延安。观察发现：如果选华山或秦岭，那么推出"¬武夷山"和"武夷山"，出现矛盾，说明既不能选华山也不能选秦岭；如果不选"武夷山"，那么此时可选的只有"延安"，不符合题干要求，所以"武夷山"必定选择。

故正确答案为 D 选项。

182 【答案】D

【解析】

根据题干信息可知，M、N 不在同一组；结合（3）可知，若 T 不在第二组，那么 M、N 两人必须都在第二组，这显然与题干信息矛盾，所以 T 在第二组；再结合（2）可推出，S、P 都在第三组。

由（1）和"R 是第二组的成员"可得，第二组只有 2 名同学；进一步推出，三个小组的人数分布是 3、2、3；结合（4）可推出，O、Q 两人在第一组。

故正确答案为 D 选项。

183 【答案】C

【解析】

根据题干信息可推出，三个鱼缸的鱼分布的数量可以是2、3、3或者2、2、4。鹦鹉鱼、非洲王子、蓝曼龙分别放在三个鱼缸当中，已知接吻鱼和孔雀鱼放在同一个鱼缸中，若接吻鱼和神仙鱼放在同一个鱼缸中；结合（3）可知，这三种鱼在只能和非洲王子放在同一个鱼缸中。若接吻鱼和孔雀鱼放在同一个鱼缸中，神仙鱼和月光鱼放在同一个鱼缸中；结合（3）可推出，接吻鱼、孔雀鱼、非洲王子放在同一个鱼缸中，神仙鱼、月光鱼和蓝曼龙放在同一个鱼缸中，蓝魔鬼鱼和鹦鹉鱼放在同一个鱼缸中。

故正确答案为C选项。

184 【答案】A

【解析】

第一步，梳理题干：

（1）小斌羽毛球∨自行车→小帅滑雪∧¬小方羽毛球；

（2）¬小帅游泳∨¬小海游泳→小白滑雪∧¬小斌滑雪；

（3）小方游泳∨滑雪→小方羽毛球。

第二步，分析推理：

根据题干要求的每人选2个项目，每个项目有2~3人选，结合（3）可推知，若小方不选羽毛球，则他只有一个项目可选，不符合要求，所以小方必选羽毛球；再结合（1）逆否可推知，小斌选的是滑雪、游泳；结合（2）逆否可推知，游泳还有小帅、小海选；结合"各人选择的项目均不完全相同"可推知，小帅和小海均不选滑雪。具体分析结果如下表。

	滑雪	羽毛球	自行车	游泳
小白				×
小帅	×			√
小海	×			√
小斌	√	×	×	√
小方		√		×

故正确答案为A选项。

185 【答案】C

【解析】

第一步，梳理题干：

（1）明传奇柏树∨杨树→宋词松树∧曹小说柏树；

（2）¬宋词桑树∨阮曲桑树→¬李诗松树∧¬明传奇松树；

（3）曹小说桑树∨松树→曹小说柏树；

（4）李诗柏树∧宋词柏树。

第二步，分析推理：

根据题干要求的每人选2种树，每种树有2~3人选，结合（3）可推知，若曹小说不选柏树，则他只有一种树可选，不符合要求，所以曹小说必选柏树；再结合（1）逆否可推知，明传奇选的是松树、桑树；

结合（2）逆否可推知，桑树还有宋词、阮曲选；结合（4）以及"各人选择的树木均不完全相同"可得出如下表格信息。

	松树	柏树3	杨树	桑树3
李诗		√		×
宋词	×	√	×	√
阮曲	×	×	√	√
明传奇	√	×	×	√
曹小说		√		×

故正确答案为 C 选项。

186【答案】D

【解析】

根据题干信息分析，若牛肉和西兰花在同一组，此时南瓜只能和鱼肉一组，那么青菜和米饭必须和牛肉一组，此时牛肉所在的组一共有4样食物，不符合题干要求，所以牛肉是和南瓜搭配的，米饭、青菜、鱼肉在同一组，虾、紫薯、西兰花在同一组，牛肉、南瓜、芹菜在同一组。

故正确答案为 D 选项。

187【答案】A

【解析】

第一步，梳理题干：

（1）李白、杜甫、王维、王之涣至多2人晋级；

（2）杜甫、白居易、王之涣至少2人晋级；

（3）杜甫→李白∀¬王之涣。

第二步，分析推理：

观察题干信息，发现杜甫被提及的次数最多，所以考虑从他入手分析。如果杜甫晋级可推知，杜甫→¬李白∧¬王之涣→白居易。

如果杜甫没有晋级可推知，¬杜甫→白居易∧王维。无论杜甫晋级与否，白居易是必定会晋级的。

故正确答案为 A 选项。

188【答案】E

【解析】

第一步，梳理题干：

（1）汉字里的自然万象→配乐诗朗诵∧¬自然科学；

（2）数学在哪里→自然科学∧¬走遍中国；

（3）配乐诗朗诵∨汉字里的自然万象→数学在哪里。

第二步，分析推理：

（1）（3）（2）可传递推出：汉字里的自然万象→配乐诗朗诵∧¬自然科学→数学在哪里→自然科学∧¬走遍中国。显然，若选择"汉字里的自然万象"，会推出矛盾的情况，即自然科学既要选又不选，所以"汉字里的自然万象"必定不会选。

故正确答案为 E 选项。

189 【答案】D

【解析】

第一步，梳理题干：

（1）李白、杜甫、王维、王之涣中有冠军；

（2）¬杜甫前三∨¬白居易前三∨¬王维前三→李白冠军∧¬王之涣前三；

（3）杜甫前三→王维前三∨¬王之涣前三；

（4）冠亚季军的姓氏各不相同。

第二步，分析推理：

若杜甫晋级前三，结合（3）（4）可推知，王维和王之涣必定都没晋级前三；再结合（2）可推知，李白是冠军。

若杜甫没有晋级前三，结合（2）可推知，李白是冠军。综上，不论杜甫晋级前三与否，获得冠军的都是李白。

故正确答案为D选项。

190 【答案】E

【解析】

第一步，梳理题干：

（1）甲选择五常大米∧菜籽油→乙选择菜籽油；

（2）乙选择菜籽油→乙¬选择水晶饼∧¬选择腊牛肉。

第二步，分析推理：

根据（1）（2）可得：甲选择五常大米∧菜籽油→乙选择菜籽油→乙¬选择水晶饼∧¬选择腊牛肉。由题意可知，每个人选择的物品不完全相同。所以此时假设甲选择了五常大米和菜籽油，根据上述逻辑链条可得，乙也选择的是五常大米和菜籽油，与题意矛盾，所以可得：甲¬选择五常大米∨¬选择菜籽油。

故正确答案为E选项。

191 【答案】C

【解析】

第一步，梳理题干：

（1）吴兴∨李江→¬赵好∧¬钱俪；

（2）¬钱俪→赵好∧孙瑜∧李江；

（3）钱俪∨吴兴→周浩；

（4）孙瑜∧李江→钱俪∧周浩。

第二步，分析推理：

假设（1）前件为真，则吴兴去或者李江去，那么赵好和钱俪都不去，结合（2）可知，如果钱俪不去，那么赵好会去，与假设产生矛盾，所以吴兴和李江都不去。

故正确答案为C选项。

192 【答案】D

【解析】

第一步，梳理题干：

（1）丁和戊从没交接过；

（2）乙在子时→丙和己在乙后；

（3）甲在戊之前，甲前后都至少有两人；

（4）丙∨戊∨己子时之后≥2→丁在丑时；

（5）丁在甲之前。

第二步，分析推理：

观察题干信息发现，此题可从（3）着手分析，甲巡查前后至少有两人巡查，所以他巡查的时间只能是子时或丑时。

情况一：甲子时巡查，此时戊在他后边的时辰巡查；结合（1）可知丁在甲之前巡查；根据（4）可知丙、戊、己至少有2人在子时之前巡查，此时无法满足题干要求，所以这种情况不可能成立。

情况二：甲丑时巡查，根据（4）可知，丙、戊、己至多1人在子时之后巡查，所以戌、亥巡查的必定是丙、戊、己中的两人，此时乙只能在寅时或卯时巡查。

故正确答案为D选项。

193 【答案】B

【解析】

第一步，梳理题干：

（1）¬钱视觉∨¬赵室内→李室内∧张人因；

（2）¬张室内∨陈视觉→赵人因∧李人因；

（3）李＝陈；

（4）王＝刘。

第二步，分析推理：

观察发现，题干没有确定的信息，所以此题考虑用假设法分析。

假设（1）的前件为真，此时李选修的是"室内结构优化"，张选修的是"人因工效学"，否定了（2）的后件，推出张选修"室内结构优化"，和题干要求不符，故假设不成立，钱选修"视觉设计原理"，赵选修"室内结构优化"；再由（2）推出，张选修"室内结构优化"，陈不选修"视觉设计原理"。

根据题干要求可知，每门课至多3人选，那么最终情况是，只有一门课是有两人选，其余两门课是有三人选。由陈不选修"视觉设计原理"结合（3）可知，李和陈选修的必定是"人因工效学"；再由（4）知题干数量限制可推知，王和刘选修的是"视觉设计原理"。

故正确答案为B选项。

194 【答案】D

【解析】

第一步，梳理题干：

（1）圆圆歌姬→佳玲乐师；

（2）¬艺苑词人→佳玲词人∧诗诗舞姬；

（3）艺苑词人→诗诗舞姬∧圆圆词人。

第二步，分析推理：

由（2）（3）结合二难推理模型得出：诗诗是舞姬。由每人只选择一种身份，且每种身份对应其中的一人,结合"归谬"的思想和(3)可知:艺苑和圆圆不可能都是词人,所以艺苑不是词人。由(2)可推知:佳玲是词人。结合(1)可推知:佳玲词人→¬佳玲乐师→圆圆歌姬。所以,圆圆不是歌姬,而是乐师。综上可得:佳玲是词人,艺苑是歌姬,诗诗是舞姬,圆圆是乐师。

故正确答案为D选项。

195 【答案】A

【解析】

第一步,梳理题干:

(1)赵勇女巫∨赵勇猎人→张芳平民;

(2)¬吕伟狼人→张芳狼人∧王红预言家;

(3)¬赵勇猎人→¬李龙猎人;

(4)吕伟狼人→王红预言家∧赵勇狼人。

第二步,分析推理:

由(2)(4)结合二难推理模型得出:王红是预言家。由每人只选择其中一种角色,且每个角色对应其中的一人,结合"归谬"的思想和(3)可知:吕伟和赵勇不可能都是狼人,所以吕伟不是狼人。结合(2)(1)可推知:张芳是狼人,赵勇是平民。再结合(3)肯前推肯后可知,¬李龙猎人;进一步推出,吕伟是猎人,李龙是女巫。综上可得:张芳是狼人,王红是预言家,赵勇是平民,吕伟是猎人,李龙是女巫。

故正确答案为A选项。

196 【答案】C

【解析】

第一步,梳理题干:

(1)甲不选酸辣土豆丝、宫保鸡丁、水煮肉片;

(2)乙和丁不选酸辣土豆丝、地三鲜、水煮肉片;

(3)丙选酸辣土豆丝→戊选锅包肉。

第二步,分析推理:

假设丙选酸辣土豆丝,则戊选锅包肉,宫保鸡丁肯定是被乙、丁中的一人选,剩余一人将无菜可选,这与题干信息矛盾,所以可推出丙不选酸辣土豆丝(4);结合(1)(2)可推出,甲只能选地三鲜(5);进而可推出,丙选水煮肉片(6),戊选酸辣土豆丝(7)。列表如下。

	甲	乙	丙	丁	戊
酸辣土豆丝	×(1)	×(2)	×(4)	×(2)	√(7)
锅包肉	×(5)		×(2)		×(2)
宫保鸡丁	×(1)		×(2)		×(2)
地三鲜	√(5)	×(2)	×(5)	×(2)	×(5)
水煮肉片	×(1)	×(2)	√(6)	×(2)	×(6)

故正确答案为C选项。

197 【答案】D

【解析】

第一步,梳理题干:

（1）赵∨钱∨李；

（2）钱∨孙∨李∨周≥2；

（3）¬钱∨¬孙∨¬李≥2；

（4）赵→李。

第二步，分析推理：

题干无确定信息，选择从重复元素最多处入手。假设李去，那么钱、孙不去，周去，赵不确定。

假设李不去，结合（4）得到赵不去，结合（1）得到钱必须去，再结合（3）得到孙不去，结合（2）得到周必须去。所以如果李不去，那么赵、孙不去，钱、周去。所以周一定会去。

故正确答案为 D 选项。

198 【答案】C

【解析】

第一步，梳理题干：

（1）O∨P；

（2）¬P∨¬Q；

（3）Q∨S；

（4）S→P∧R。

第二步，分析推理：

观察发现，本题无确定信息可使用，所以考虑用假设法分析。观察发现，P 出现频次最高，由 P 入手假设。若不选派 P 可推出，¬P→O∧¬S→Q；再结合题干数量要求推知，R 一定要派。若选派 P 可推出，P→¬Q→S→R。综上，无论选派 P 与否，R 必定要选派。

故正确答案为 C 选项。

199 【答案】A

【解析】

第一步，梳理题干：

（1）程子贤、高思彤、余同尘、李清源至多有 2 人晋级；

（2）¬高思彤∨¬王怀宇∨¬余同尘→程子贤∧¬李清源；

（3）高思彤→程子贤∀¬李清源。

第二步，分析推理：

观察题干信息，高思彤被提及次数最多，所以考虑从她入手分析。如果高思彤晋级，则高思彤→¬程子贤∧¬李清源→王怀宇∧余同尘；如果高思彤没有晋级，则¬高思彤→程子贤∧¬李清源；由此可知，余下的王怀宇、余同尘必定晋级。综上，不管高思彤是否晋级，王怀宇和余同尘必定晋级。

故正确答案为 A 选项。

200 【答案】B

【解析】

第一步，梳理题干：

（1）（甲）、___、___、___、（丙）；

（2）乙3∀乙4；

（3）丙、＿＿、戊；

（4）甲、乙不相邻→戊在丁左边。

第二步，分析推理：

观察题干条件分析，甲、丙跨度有5个房间，存在两种可能情况，故此题考虑假设法分析。

若甲、丙在从左到右房间1和5，此时丙在房间1，甲在房间5，结合（2）（3）可推出，戊在左数第3个房间。

若甲、丙在从左到右房间2和6，此时丙在房间2，甲在房间6，结合（2）（3）（4）可推出，乙此时只能在从左到右的第3个房间，戊在第4个房间，丁在第5个房间，己在第1个房间。

综合分析，正确答案为B选项。

201 【答案】D

【解析】

第一步，梳理题干：

（1）¬一号甲→二号丁；

（2）三号乙∨一号戊；

（3）¬二号丙→四号戊；

（4）¬五号丁→四号乙。

第二步，分析推理：

观察题干发现无确定信息，但条件（1）（3）（4）可传递，若甲没有放在一号盒子，结合条件推出丁既要放在二号盒子又要放在五号盒子，显然与题干要求矛盾，故甲放在一号盒子，再结合（2）（4）推出，乙放在三号盒子，丁放在五号盒子。

故正确答案为D选项。

202 【答案】D

【解析】

第一步，梳理题干：

（1）甲流行→乙说唱∧乙电子；

（2）¬甲说唱→丙摇滚∧丙民谣；

（3）¬甲流行→¬甲摇滚∧¬乙摇滚。

第二步，分析推理：

若甲选择流行，根据（1）可以推出乙选择说唱，满足（2）的前件，得到丙选择摇滚和民谣。

若甲不选择流行，根据（1）可以推出甲、乙均不选择摇滚，进而丙选择摇滚。

所以丙选择摇滚为恒真结论。

203 【答案】E

【解析】

第一步，梳理题干：

（1）小佳长沙∨小佳南京∨小谢长沙∨小谢南京→小泥武汉；

（2）小泥南京∨小泥上海→¬小谢长沙；

（3）小宇上海∨小宇武汉∨小佳上海∨小佳武汉→小谢长沙。

第二步，分析推理：

观察题干可知，条件（1）与条件（3）的前件至少一真。

若条件（1）前件为真，得到小泥来自武汉。

若条件（3）前件为真，得到小谢来长沙，否定了（2）的后件，进而得到小泥不来自南京与长沙，所以小泥只能来自武汉。

故本题选择E选项，小泥来自武汉。

204 【答案】C

【解析】

第一步，梳理题干：

（1）（小佳∧小谢）∨（¬小佳∧¬小谢）；

（2）小宇∨小聪∨小胖→小延；

（3）小谢→¬小聪；

（4）小满→小聪。

第二步，分析推理：

题干中无确定信息，从数量入手较为复杂，故考虑用题干条件进行分类假设，条件三中小聪、小谢二选一，可以由此进行讨论，找出恒真结论。

假设选择小聪，那么不选择小谢，进而不选择小佳。此时剩下的四个人中还需要选择两个，则条件二的前件为真，所以小延一定入选。

假设选择小谢，那么不选择小聪，进而不选择小满且选择小佳。同时，此时剩下的三个人中只需要选择一个，又根据条件二推出选择小延。

所以本题正确答案为C。

205 【答案】D

【解析】

第一步，梳理题干：

（1）乙、己面对面，庚、癸面对面。

（2）甲和癸中间间隔两人，辛和癸中间间隔三人。

（3）乙和辛的距离等于乙和丁的距离。

（4）己、癸紧挨∨辛、甲紧挨。

第二步，开始假设：

题干出现癸最多，从其入手。

分别假设癸在乙和己中间四个位置。

1.

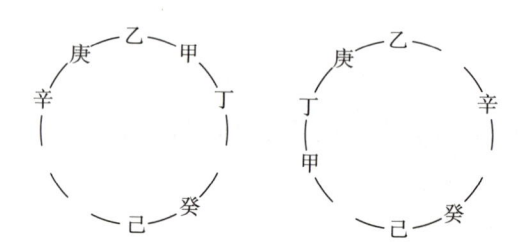

2.

3. 不符合条件

4.

只有1和4的假设符合题意,观察发现丙、壬、戊可任意放,乙在假设4中与癸紧挨,丁一定不在癸旁边。

综上,选择D。

考向6　综合考法

答案速查表

题号	206	207	208	209	210	211	212	213	214	215
答案	C	C	D	B	C	C	C	D	D	D
题号	216	217	218	219	220	221	222	223	224	225
答案	B	B	C	B	D	C	E	E	C	B
题号	226	227	228	229	230	231	232	233	234	235
答案	C	C	D	D	D	D	B	B	C	D
题号	236	237	238	239	240	241	242	243	244	245
答案	D	C	C	B	E	C	E	B	C	E
题号	246	247	248	249	250	251	252	253	254	255
答案	A	A	A	C	B	A	E	A	A	A
题号	256	257	258	259	260	261	262	263	264	265
答案	A	C	A	B	C	D	C	B	D	C
题号	266	267	268	269	270	271	272	273	274	275
答案	E	D	C	E	C	B	B	A	C	B

续表

题号	276	277	278	279	280	281	282	283	284	285
答案	E	D	B	D	B	D	E	D	C	E
题号	286	287	288	289	290	291	292	293	294	295
答案	C	C	E	E	C	A	D	E	D	A
题号	296	297	298	299	300	301	302	303	304	305
答案	B	D	E	E	A	E	C	A	D	E
题号	306	307	308	309	310	311	312	313	314	315
答案	A	A	B	C	A	C	D	E	A	C
题号	316	317	318	319	320	321	322	323	324	325
答案	C	E	A	D	E	D	B	C	A	E
题号	326	327	328	329	330	331	332	333	334	335
答案	D	A	B	D	B	B	A	E	D	A
题号	336	337	338	339	340	341	342	343	344	345
答案	B	A	C	C	D	C	E	C	C	E

206【答案】C

【解析】

第一步，梳理题干：

（1）陈少明冠军∨刘江龙冠军→¬杜志章亚军；

（2）¬杜志章亚军→¬王宛如季军＝王宛如季军→杜志章亚军；

（3）白志文冠军→白志文、王宛如相邻；

（4）王宛如季军→¬杜志章亚军。

第二步，分析推理：

由（2）（4）结合可得：王宛如不是季军。

故正确答案为C选项。

207【答案】C

【解析】

第一步，梳理题干：

（1）陈少明冠军∨刘江龙冠军→¬杜志章亚军；

（2）¬杜志章亚军→¬王宛如季军＝王宛如季军→杜志章亚军；

（3）白志文冠军→白志文、王宛如相邻；

（4）王宛如季军→¬杜志章亚军。

第二步，分析推理：

由"亚军是杜志章"结合（1）等价逆否可得，冠军不是陈少明，也不是刘江龙，那么冠军要么是王宛如，要么是白志文。再根据（3）可知，如果白志文获得冠军，那么王宛如与他排名相邻，即王宛如获得亚军，与题目已知条件"亚军是杜志章"矛盾，所以白志文不能获得冠军，冠军只能是王宛如。

故正确答案为C选项。

208 【答案】D

【解析】

第一步，梳理题干：

（0）任意两人参加的项目不完全相同；

（1）¬篮球∨¬跳远；

（2）¬王∨¬李∨¬刘马拉松→张、李、赵至少2人篮球；

（3）¬王∨¬赵篮球→张∧赵马拉松；

（4）王篮球。

第二步，分析推理：

根据确定信息（4）结合（1）可推知，王没参加跳远；由于任意两人参加的项目不能相同，结合（2）分析，若张、李、赵中有2人参加篮球，那么此时必定会有两人参加的项目完全相同，和题干要求矛盾，故（2）后件不成立，进一步推出王、李均参加了马拉松项目；

再结合（3）分析，此时张和赵不可能都参加马拉松项目，进一步推出赵参加了跳高和篮球。

故正确答案为D选项。

209 【答案】B

根据上一问结论可知，赵参加了跳高和篮球，那么张参加的项目就是跳远和马拉松，由于任意两人参加的项目只有一个相同的，所以相同的项目只能是跳高，再结合（0）可推出，张还参加了跳远。

具体分析结果如下表：

	跳远	跳高	篮球	马拉松
张 2	√	√	×	×
王 2	×（1）	×	√	√（2）
李 2			×	√（2）
赵 2	×（1）		√（3）	×
刘 2			×	√（2）

故正确答案为B选项。

210 【答案】C

【解析】

第一步，梳理题干：

（1）A∨B→C∧¬D；

（2）¬E∨¬D→B∧¬F；

（3）¬C∨¬B→A∧F；

（4）A∨C→D∨E。

第二步，分析推理：

观察题干条件，此题无确定信息，但条件之间可联立，进一步分析发现，条件（3）的后件和（1）（2）联立后的推理关系相矛盾，故（3）后件必定为假，进一步推出项目B、C都要投资，再结合（1）（4）可推出，项目E也要投资。

故正确答案为C选项。

211 【答案】C

【解析】

根据上述3人的调换信息可推出最终的调换位置信息，如下表。

	1	2	3	4	5
上排	白	红	绿	黄	蓝
上排调换后	红	绿	黄	白	蓝

根据（1）（2）分析可知，第二次调换小球1、2号，颜色正确对应的是1、2号调换后其中的一个小球。结合（2）（3）分析可知，第三次调换的小球位置是在3、4位置中的一个；此时调换三次后的结果是3个颜色的小球上下对应，那么蓝色小球必定在5号盒子；再次结合（1）分析可知，第一次调整后的前四个盒子的小球颜色均不对应，最终1、3号可能对应红色、黄色，2、4号可能对应绿色、白色。

小球对应正确位置如下：

①红、白、黄、绿、蓝；

②黄、绿、红、白、蓝。

故正确答案为C选项。

212 【答案】C

【解析】

第一步，梳理题干：

（1）1234→两个数字正确∧只有一个顺序正确；

（2）1357→一个数字正确∧顺序不正确；

（3）9437→所有数字均不正确；

（4）2869→两个数字正确∧只有一个顺序正确；

（5）5672→两个数字正确∧顺序均不正确。

第二步，分析推理：

由（3）可知，密码不包括3、4、7、9这四个数字；由（1）（2）可知，密码中有1、2并且1不是密码中的第一位，2是第二位密码；根据（4）（5）可推知，6是其中一位密码并且它是第三位密码；至此根据上述推理可知，还有一位密码是0，它是第一位密码，那么1就是第四位密码。因此，密码是0261。

故正确答案为C选项。

213 【答案】D

【解析】

第一步，梳理题干：

（1）甲3张牌，乙1张牌，丙1张牌，丁1张牌，接下来丁抽甲的牌；

（2）甲的牌只有数字，一张是9，另外两张也是奇数；

（3）乙的牌数字＞7；

（4）甲有一张牌的数字与丙相同，并且该张牌数字＜8；

（5）甲、乙、丙、丁四人的数字牌可以组合成两对牌；

（6）丁结束了这一局游戏，他的牌比丙大。

第二步，分析推理：

由（2）可知，甲手中的另外两张牌一定是3、5、7这三张中的其中两张；再结合（4）（6）可知：丙、丁各自持有的牌恰好和甲拥有的牌构成一对，那么丙拥有的牌是3、5、7中的任何一个，丁拥有的牌是5、7、9中的任何一个。

故正确答案为D选项。

214 【答案】D

【解析】

第一步，梳理题干：

（1）周一香煎带鱼∨鱼香肉丝→周三香煎带鱼∧周四梅菜扣肉；

（2）周二红烧茄子→周四梅菜扣肉∧¬周五西红柿炒鸡蛋；

（3）¬周二红烧茄子→周一鱼香肉丝∧红烧茄子；

（4）周四梅菜扣肉→周五西红柿炒鸡蛋∧红烧茄子；

（5）周三和周四做的菜相同。

第二步，分析推理：

由（3）（1）可得，¬周二红烧茄子→周一鱼香肉丝∧红烧茄子→周三香煎带鱼∧周四梅菜扣肉；由（2）可得，周二红烧茄子→周四梅菜扣肉∧¬周五西红柿炒鸡蛋；综合可得，周四必做梅菜扣肉；再结合（5）可推出，周三、周四必做梅菜扣肉；再由（4）可推出，周五做西红柿炒鸡蛋和红烧茄子。

根据（2）逆否可推出，周二不做红烧茄子；由（3）（1）（5）可推出，周一做鱼香肉丝和红烧茄子，周三、周四还做了香煎带鱼；再由"每天做其中2种菜，且每种菜每周只能做2次"可推出，周二做了鱼香肉丝和西红柿炒鸡蛋。

具体分析结果如下表。

	周一	周二	周三	周四	周五
鱼香肉丝	√	√	×	×	×
红烧茄子	√	×	×	×	√
梅菜扣肉	×	×	√	√	×
香煎带鱼	×	×	√	√	×
西红柿炒鸡蛋	×	√	×	×	√

故正确答案为D选项。

215 【答案】D

【解析】

第一步，梳理题干：

（1）吴小斌审计学∨应用统计学→宋小帅财务报表分析∧¬王小海审计学；

（2）¬宋小帅项目管理∨¬王小海项目管理→¬李小白财务报表分析∧¬吴小斌财务报表分析。

第二步，分析推理：

根据题干要求的每人选三门课，每门课有三人选，结合（2）可推知，选项目管理的人有宋小帅、王小海；结合（1）前件必为真可推知，宋小帅选了财务报表分析，王小海没选审计学。王小海选了财务报表分析、应用统计学、项目管理。由每门课有三人选可知，李小白、宋小帅、吴小斌选了审计学。因此，宋小帅选了财务报表分析、审计学、项目管理，没选应用统计学，则应用统计学被李小白、王小海、吴小斌选。

具体分析结果如下表。

	财务报表分析	审计学	应用统计学	项目管理
李小白		√	√	
宋小帅	√	√	×	√
王小海	√	×	√	√
吴小斌		√	√	

故正确答案为 D 选项。

216 【答案】B

【解析】

第一步，梳理题干：

（1）¬赵∨¬钱 = 赵→¬钱；

（2）钱→吴；

（3）李→周；

（4）赵∀李；

（5）赵→钱。

第二步，分析推理：

由（1）（5）结合二难推理可知，¬赵。"不选赵"结合（4）（3）可知，¬赵→李→周，所以选择有李、周，根据题干要求的5人中选3人，结合（2）可知，选择吴。因为如果选择钱，那么也要选择吴，与人数限制矛盾，所以不能选择钱，只能选择吴。

故正确答案为 B 选项。

217 【答案】B

【解析】

根据题干信息可知，这五人选修课程的数量是3、3、2、2、2；结合（2）可知，丁、戊可选的课程只有国富论、生活中的经济学、西方音乐欣赏，若丁、戊选修了西方音乐欣赏，结合（3）（4）可推出，甲不选修国富论和量子力学，那么他必定要选修星期三的生活中的经济学，此时生活中的经济学还有1个名额，但丙、丁、戊均无法选修，只能乙选修生活中的经济学，显然这与（2）矛盾，故丁、戊均只选修了2门课，分别是生活中的经济学和国富论。此时，选修西方音乐欣赏的人中必定有丙，甲、乙均选修了3门课，甲、乙选修的课有量子力学、化学与生活；再结合（3）可推出，甲必定选修西方音乐欣赏，那么乙选修了星期三的国富论。

故正确答案为 B 选项。

218 【答案】C

【解析】

第一步，梳理题干：

（1）周一短跑∨跳绳→周三短跑∧周四空竹；

088

（2）周二篮球→周四空竹∧¬周五踢毽子；

（3）¬周二篮球→周一跳绳。

第二步，分析推理：

由题干信息可知，每天选择其中一个项目，且每个项目每周只能选择一次；由（3）（1）可推出：¬周二篮球→周一跳绳→周三短跑∧周四空竹；再结合（2）可构成二难推理，最终推出周四必定选择空竹。

故正确答案为C选项。

219 【答案】B

【解析】

根据题干信息分析可知，最终3人分到礼物的数量是2、3、3；结合（1）（3）分析，若文昊不选零食大礼包，那么他最终只能选一个礼物，无法满足题干数量要求，所以他必定选零食大礼包；同理如果文宇不选零食大礼包，那么他最终只能选一个礼物，也无法满足题干数量要求，所以他也必定选零食大礼包；那么文萱不会选零食大礼包，结合（2）可推出，文萱也不会选儿童运动手表，她是选择两个礼物的人，她选的礼物是巧克力和限量版绘本。选儿童运动手表的人是文宇、文昊；结合（1）分析，此时若文昊再选巧克力，那么他将所有礼物都选了，不满足题干要求，所以文宇选择了巧克力，文昊选择了限量版绘本。

故正确答案为B选项。

220 【答案】D

【解析】

第一步，梳理题干：

（1）小赵的第一本是小陈的第二本；

（2）小李的第一本是小陈的第三本；

（3）小陈的第一本是小王的第四本；

（4）小王的第三本是小陈的第二本；

（5）小李的第一本是《情绪的解析》，第二本是《梦的解析》。

第二步，分析推理：

根据（2）（5）可知，小陈读的第三本书是《情绪的解析》，那么小王不是第二本读《情绪的解析》，就是第四本读《情绪的解析》；再结合（3）可知，小陈第一本读的不是《情绪的解析》，所以小王第四本读的也不是《情绪的解析》，因此小王读的第二本书是《情绪的解析》，那么小赵是第四位读这本书的人。具体结果列表如下。

	非暴力沟通	乌合之众	情绪的解析	梦的解析
小李			1	2
小赵			4	
小王			2	
小陈			3	

故正确答案为D选项。

221 【答案】C

【解析】

第一步，梳理题干：

（1）小赵的第一本是小陈的第二本；

（2）小李的第一本是小陈的第三本；

（3）小陈的第一本是小王的第四本；

（4）小王的第三本是小陈的第二本；

（5）小李的第一本是《情绪的解析》，第二本是《梦的解析》；

（6）小赵的第二本是《乌合之众》。

第二步，分析推理：

根据（1）可知，小赵读的第一本书不可能是《梦的解析》《乌合之众》《情绪的解析》，所以他读的第一本书是《非暴力沟通》，小陈读的第二本书也是《非暴力沟通》；再结合（4）可推出，小王第三本读的是《非暴力沟通》，那么小李是第四位读这本书的人；再结合（5）可知，小李读的第三本书是《乌合之众》。小赵读的第一本书、第二本书、第四本书分别是《非暴力沟通》《乌合之众》《情绪的解析》，因此他读的第三本书是《梦的解析》。具体结果列表如下。

	非暴力沟通	乌合之众	情绪的解析	梦的解析
小李	4	3	1	2
小赵	1	2	4	3
小王	3		2	
小陈	2		3	

故正确答案为C选项。

222 【答案】E

【解析】

第一步，梳理题干：

（1）丁星期一限行，戊星期二限行，乙昨天限行；

（2）从今天起，甲、丙这两辆车连续4天都不限行；

（3）戊后天可以出行；

（4）星期一到星期五每天恰有一辆车无法出行。

第二步，分析推理：

结合（1）（3）可推知，今天不是星期一、星期二、星期三、星期天。假设今天是星期四，可知乙是星期三限行；结合（2）可知甲、丙一周内没有一天是限行的，此时无法满足题干，故今天不是星期四；同理，可分析出今天不是星期五；今日只能是星期六，乙星期五限行。

列表如下。

	星期一	星期二	星期三	星期四	星期五	星期六	星期天
甲	√	√			√	√	√
乙	√	√	√	√	×	√	√
丙	√	√			√		
丁	×	√					
戊	√	×	√	√	√	√	√

故正确答案为 E 选项。

223 【答案】E

【解析】

第一步，梳理题干：

（1）丁星期一限行，戊星期二限行，乙昨天限行；

（2）从今天起，甲、丙这两辆车连续 4 天都不限行；

（3）戊后天可以出行；

（4）星期一到星期五每天恰有一辆车无法出行；

（5）甲一周内连续 3 天不限行→丙星期三不限行。

第二步，分析推理：

结合（5）可知，甲星期三限行，丙星期四限行。列表如下。

	星期一	星期二	星期三	星期四	星期五	星期六	星期天
甲	√	√	×	√	√	√	√
乙	√	√	√	√	×	√	√
丙	√	√	√	×	√	√	√
丁	×	√	√	√	√	√	√
戊	√	×	√	√	√	√	√

故正确答案为 E 选项。

224 【答案】C

【解析】

第一步，梳理题干：

（1）人物传记对面是文化典藏；

（2）地质年刊和地方志不相邻；

（3）历史古籍和地方志不相邻。

第二步，分析推理：

根据题干信息可知，地方志和花鸟虫草注解是相邻的，继而推知地质年刊和历史古籍是相邻的。

故正确答案为 C 选项。

225 【答案】B

【解析】

第一步，梳理题干：

（1）人物传记对面是文化典藏；

（2）地质年刊和地方志不相邻；

（3）历史古籍和地方志不相邻。

第二步，验证选项：

A 选项：历史古籍对面不是地方志，则是花鸟虫草注解，无法确定历史古籍与人物传记的位置关系，排除。

B选项：文化典藏在花鸟虫草注解的左侧，花鸟虫草注解不和历史古籍相对，则和地质年刊相对，那么和文化典藏左边相邻的是历史古籍，是能够确定具体摆放位置的，具体如右图所示。

C选项：地质年刊相邻的是文化典藏，无法确定地方志和花鸟虫草注解的位置，排除。

D选项：花鸟虫草注解和人物传记不相邻，无法确定地质年刊和历史古籍的位置，排除。

E选项：地质年刊对面是地方志，无法确定地质年刊与人物传记的位置关系，排除。

故正确答案为B选项。

226 【答案】C

【解析】

第一步，梳理题干：

（1）前三天售卖小吃的数量均不一样；

（2）豌杂小面＝虎皮鸡爪＝孜然烤肉＞甘梅茄盒（紧挨）；

（3）周四豌杂小面∨桂花米糕∨蛋包饭→周五秘制烤鸡∧炸年糕；

（4）蛋包饭＞甘梅茄盒。

第二步，分析推理：

根据（1）可得，周二至周四这三天售卖小吃的数量是1种、2种、3种，但是具体哪一天售卖几种尚无法断定，但可以确定周五售卖小吃的数量为2种。

根据（2）（3）分析可知，若周四售卖豌杂小面，则周五需要售卖甘梅茄盒、秘制烤鸡、炸年糕，与上述推理矛盾，所以周四不能售卖豌杂小面。

如果周二售卖豌杂小面，结合（2）（4）可得，周二需要售卖豌杂小面、虎皮鸡爪、孜然烤肉、蛋包饭四种小吃，与题干数量限制不符合，则周二不能售卖豌杂小面；根据（2）可得，周三售卖豌杂小面、虎皮鸡爪、孜然烤肉，周二售卖蛋包饭，周四售卖甘梅茄盒。

故正确答案为C选项。

227 【答案】C

【解析】

第一步，梳理题干：

（1）前三天售卖小吃的数量均不一样；

（2）豌杂小面＝虎皮鸡爪＝孜然烤肉＞甘梅茄盒（紧挨）；

（3）周四豌杂小面∨桂花米糕∨蛋包饭→周五秘制烤鸡∧炸年糕；

（4）豌杂小面＞桂花米糕、蛋包饭。

第二步，分析推理：

根据（1）可得，周二至周四这三天售卖小吃的数量是1种、2种、3种，但是具体哪一天售卖几种尚无法断定，但可以确定周五售卖小吃的数量为2种。

根据（2）（3）分析可知，若周四售卖豌杂小面，则周五需要售卖甘梅茄盒、秘制烤鸡、炸年糕，与上述推理矛盾，所以周四不能售卖豌杂小面。

若周三售卖豌杂小面，根据（2）可得，周四售卖甘梅茄盒，此时周四最多还能售卖一种小吃，不论是售卖桂花米糕，还是售卖蛋包饭，周五必定要售卖3种小吃，所以桂花米糕、蛋包饭此时只能放在周五售卖，那么周四售卖秘制烤鸡、炸年糕中的一个即可，该情况可能为真。

若周二售卖豌杂小面，根据（2）可得，周三售卖甘梅茄盒，此时周三最多还能售卖一种小吃，若是桂花米糕或蛋包饭中的一个，周五必定要售卖秘制烤鸡和炸年糕；若是秘制烤鸡、炸年糕中的一个，也符合题干要求，但是两者不可能同时售卖。

综上可得，豌杂小面可能在周二或周三售卖。若周三售卖桂花米糕和蛋包饭，则豌杂小面无法在周二、周三售卖，无法满足题干要求。

故正确答案为C选项。

228【答案】D

【解析】

第一步，梳理题干：

（1）甲、戊均在偶数小组；

（2）乙、戊相邻→甲在第二组；

（3）丙=丁∀丙、丁相邻；

（4）丁第一组∨第二组→丙第三组；

（5）辛、己相邻；

（6）甲、乙、丁、戊为男生，丙、己、庚、辛为女生；

（7）同性别的不能在同一组。

第二步，分析推理：

由（6）（7）可知，甲、乙、丁、戊分别坐在不同的小组；结合（1）可知，甲、戊在第二组和第四组。假设戊在第二组，此时甲在第四组，肯定（2）的前件，进而可得甲在第二组，显然与假设信息矛盾，故甲在第二组，戊在第四组。此时假设丁在第一组，根据（4）可得，丙在第三组，与（3）矛盾，所以丁只能在第三组，乙在第一组。

具体结果列表如下。

第一组	第二组	第三组	第四组
乙		甲		丁		戊	

故正确答案为D选项。

229【答案】D

【解析】

第一步，梳理题干：

（1）甲、戊均在偶数小组；

（2）乙、戊相邻→甲在第二组；

（3）丙=丁∀丙、丁相邻；

（4）丁第一组∨第二组→丙第三组；

（5）辛、己相邻；

（6）甲、乙、丁、戊为男生，丙、己、庚、辛为女生；

（7）同性别的不能在同一组。

第二步，验证选项：

A选项：¬丙前两组→庚第四组，根据题干条件，无法确定丙是否在前两组以及庚的位置，该选项无法和题干信息联立，无法进一步确定这8人的座位，排除。

B选项：¬丙第二组→庚第一组，无法确定，理由同A选项，排除。

C选项：辛第二组→丙第四组，无确定信息，无法与题干建立联系，排除。

D选项：辛在第四组，那么结合（5）可知，己在第三组，丙只能在第二组，最后剩下的庚只能在第一组，此时所有人的座位情况均能确定，其他选项为真均无法确定所有人具体的位置信息。

E选项：戊、丙不相邻，则戊可能在第一组，也可能在第二组，无法与题干建立联系，排除。

故正确答案为D选项。

230 【答案】D

【解析】

第一步，梳理题干：

（1）甲1；

（2）甲≠丙；

（3）乙＝丙；

（4）丁3→戊3；

（5）每组至少有1人。

由（5）（1）（2）（3）可知，此时甲在第一组，丙只能在第二组或第三组，乙、丙同组。

第二步，验证选项：

A选项：乙、丁在第三组，戊、丙此时也在第三组，那么此时第二组没有人了，所以该项不可能成立，排除。

B选项：此时丙、戊只能在第二组，那么乙也在第二组，结合（4）可知丁不在第三组，那么最终第三组没有人，不符合要求，所以该项不可能成立，排除。

C选项：丙、丁同在第三组，那么乙、戊此时也必定在第三组，那么第二组就会没有人，所以该项不可能成立，排除。

D选项：乙、戊都在第三组时，丙也在第三组，丁只能在第二组，可以满足题干要求，该项可能为真，正确。

E选项：根据题干可知，乙、丙是同一组的，若第一组是三人，那么必定是甲、丁、戊三人，但是此时余下的两组中必定有一组没有人，所以该项不可能成立，排除。

故正确答案为D选项。

231 【答案】D

【解析】

第一步，梳理题干：

（1）甲1；

（2）甲≠丙；

（3）乙=丙；

（4）丁3→戊3；

（5）每组至少有1人。

第二步，验证选项：

A选项：丙在第二组，此时乙也在第二组，戊在第三组，但是无法确定丁所在的组，所以该项成立无法确定所有小组的成员情况，排除。

B选项：丁在第二组，此时无法确定戊所在的组，所以该项成立无法确定所有小组的成员情况，排除。

C选项：戊在第二组，此时无法确定丁所在的组，所以该项成立无法确定所有小组的成员情况，排除。

D选项：丁在第三组，那么戊必定也在第三组，此时乙、丙只能在第二组，该项成立可以确定所有小组的成员情况，符合。

E选项：同A选项等价，该项成立无法确定所有小组的成员情况，排除。

故正确答案为D选项。

232【答案】B

【解析】

第一步，梳理题干：

（1）两人喜欢打篮球，两人喜欢读三国，两人喜欢收集限量版邮票，两人喜欢吃烧烤；

（2）每人喜欢≤3；

（3）张德篮球∧赵翼篮球→张德烧烤∧赵翼烧烤；

（4）关云三国∧赵翼三国→关云烧烤∧赵翼烧烤；

（5）张德烧烤→张德邮票。

第二步，分析推理：

题干无确定信息，考虑采用"假设＋归谬"的方法解题。假设（3）的前件为真，即张德篮球∧赵翼篮球，可得喜欢吃烧烤的是张德和赵翼；结合（5）可得，张德同时喜欢收集限量版邮票；结合（4）可知，张德喜欢读三国。至此张德所喜欢的东西有篮球、烧烤、邮票、三国，与（2）矛盾，所以假设前提不成立，则¬张德篮球∨¬赵翼篮球，由此可知喜欢打篮球的必定有关云。

故正确答案为B选项。

233【答案】B

【解析】

第一步，梳理题干：

（1）两人喜欢打篮球，两人喜欢读三国，两人喜欢收集限量版邮票，两人喜欢吃烧烤；

（2）每人喜欢≤3；

（3）张德篮球∧赵翼篮球→张德烧烤∧赵翼烧烤；

（4）关云三国∧赵翼三国→关云烧烤∧赵翼烧烤；

（5）张德烧烤→张德邮票；

（6）张德烧烤。

第二步，分析推理：

根据上一题得出的结论可知，关云喜欢打篮球；结合（6）（5）可知，张德喜欢吃烧烤和收集限量版邮票，那么（4）的后件此时必为假，推出张德还喜欢读三国，此时可以知道张德不可能再有其他爱好了，所以另一个喜欢打篮球的人是赵翼。

故正确答案为 B 选项。

234 【答案】C

【解析】

第一步，梳理题干：

（1）④＞③；

（2）②＝③；

（3）④≠⑤；

（4）⑤＞①；

（5）第二天①→第四天只做一件事；

（6）第二天去游乐园∧做了 3 件事。

第二步，分析推理：

假设事件①和④在同一天完成，则根据（3）（2）（1）可知，这一天不能是第一天和第四天，这一天是第二天；根据（5）可推出，第四天只能完成一件事，那么第一天必然要完成 3 件事，此时不满足（1），所以若是①④在同一天，那么必然在第三天，那么事情②③只能第四天完成。

若不在同一天完成，那么①④⑤分别要在三天里完成，第二天要完成⑥，这一天只剩一件事能做了，所以这一天不可能做②③。

综上，第二天一定不会做事情②③。

故正确答案为 C 选项。

235 【答案】D

【解析】

第一步，梳理题干：

（1）④＞③；

（2）②＝③；

（3）④≠⑤；

（4）⑤＞①；

（5）第二天①→第四天只做一件事；

（6）①＝④∧该天仅做①和④。

第二步，分析推理：

结合（1）（4）可知，做事情①和④的这一天不能是第一天和第四天，若这一天是第二天，那么结合（4）可知，第四天只做一件事，此时⑤只能在第一天做，②③只能在第三天做，此时不符合题干要求，所以①④只能是第三天做，则②③在第四天做，结合（6）可得，剩余两天做的事情数量是 2 件、3 件，事情⑤在第一天或第二天做。

故正确答案为 D 选项。

236 【答案】D

【解析】

第一步，梳理题干：

（1）每小时至少做一部分，至多做三部分，每部分均做一次，且在1小时内完成；

（2）④=⑤；

（3）②>③且紧挨；

（4）③④第二个小时。

根据（2）（4）可知：（5）第二个小时只做③④⑤三个部分。结合（3）可得：（6）②安排在第一个小时。由此可得：（7）①和⑥需要在第一个小时∨最后一个小时中做，但具体对应顺序不能确定。

第二步，验证选项：

A选项：与题干推理条件（7）矛盾，排除。

B选项：与题干推理条件（6）矛盾，排除。

C选项：与题干推理条件（7）矛盾，排除。

D选项：与题干推理条件不矛盾，正确。

E选项：与题干推理条件（5）矛盾，排除。

故正确答案为D选项。

237 【答案】C

【解析】

第一步，梳理题干：

（1）每小时至少做一部分，至多做三部分，每部分均做一次，且在1小时内完成；

（2）④=⑤；

（3）②>③且紧挨；

（4）第二个小时仅做⑥等三部分。

第二步，分析推理：

题干已知信息较少，考虑采用"假设+归谬"的方式解题。

结合（2）（3）（4）可知，假设④⑤都在第二个小时，则第二个小时仅做④⑤⑥三个部分，则②③无法紧挨，与（3）产生矛盾，则④⑤不在第二个小时。

假设④⑤都在第一个小时，结合（3）（4）可得：⑥②①在第二个小时，③在第三个小时。假设④⑤都在第三个小时，结合（3）（4）可得：②在第一个小时，⑥③①在第二个小时。

故正确答案为C选项。

238 【答案】C

【解析】

第一步，梳理题干：

（1）艺术类>漫画类；

（2）文学类（漫画类）、____、____、____、漫画类（文学类）；

（3）科技类、____、____、外语类；

（4）(文学类)、生活类百科类、(文学类)。

097

本题要找可能为真的选项，故考虑代入选项排除与题干矛盾的选项。

第二步，验证选项：

A 选项：科技类、____、____、____、外语类，与题干条件（3）矛盾，排除。

B 选项：漫画类＞艺术类，与题干条件（1）矛盾，排除。

C 选项：不与题干条件构成矛盾，为正确选项。

D 选项：科技类、____、外语类，与题干条件（3）矛盾，排除。E 选项：外语类＞科技类，与题干条件（3）矛盾，排除。

故正确答案为 C 选项。

239 【答案】B

【解析】

第一步，梳理题干：

（1）艺术类＞漫画类；

（2）文学类（漫画类）、____、____、____、漫画类（文学类）；

（3）科技类、____、____、外语类；

（4）（文学类）、生活类、（文学类）；

（5）古典书籍类在第 1 排。

第二步，分析推理：

根据题干条件（2），假设文学类和漫画类在第 2 排和第 6 排，由条件（1）可得，漫画类不能在第二排，则可以得到如下表格。

1	2	3	4	5	6	7
古典书籍	文学	生活百科（4）	科技（3）	艺术（1）	漫画	外语（3）

根据题干条件（2），假设文学类和漫画类在第 3 排和第 7 排，则可以得到如下表格：

1	2	3	4	5	6	7
古典书籍	科技（3）	文学	生活百科（4）	外语（3）	艺术	漫画

故正确答案为 B 选项。

240 【答案】E

【解析】

第一步，梳理题干：

（1）每人选 3 本书，每本书至少 2 人选→7 本书中有且只有一本有 3 人选择。

（2）婉迪《小猪唏哩呼噜》→¬安忆《数学在哪里》。

（3）淮宇和皓晴都选择类别相同→有一类书中的两本都被选。

（4）安忆：《数学在哪里》∧《数学文化》∧《颜色的战争》。

（5）佳宁：《数学在哪里》∧《数学文化》∧《颜色的战争》。

把（4）代入（2）否后推否前可知:（6）安忆《数学在哪里》→¬婉迪《小猪唏哩呼噜》。再根据（4）（5）（6）可知：（7）《小猪唏哩呼噜》只能由淮宇和皓晴选择。

第二步，验证选项：

A 选项：婉迪《小猪唏哩呼噜》∧《读读童谣和儿歌》，与题干条件（6）矛盾，排除。

B 选项：佳宁《数学在哪里》∧《读读童谣和儿歌》，与题干条件（5）矛盾，排除。

C 选项：假设淮宇选《数学在哪里》，那么皓晴也要选数学类的书；结合题干条件（4）（5）可得，数学类的两本书都至少有3人选择，与题干条件（1）"只有一本有3人选择"矛盾，排除。

D 选项：安忆《读读童谣和儿歌》∧《恐龙帝国》，与题干条件（4）矛盾，排除。

E 选项：皓晴《小猪唏哩呼噜》∧《读读童谣和儿歌》不与题干矛盾，正确。

故正确答案为 E 选项。

241 【答案】C

【解析】

第一步，梳理题干：

（1）每人选3本书，每本书至少2人选→7本书中有且只有一本有3人选择。

（2）婉迪《小猪唏哩呼噜》→¬安忆《数学在哪里》。

（3）淮宇和皓晴都选择类别相同→有一类书中的两本都被选。

（4）安忆：《数学在哪里》∧《数学文化》∧《颜色的战争》。

（5）佳宁：《数学在哪里》∧《数学文化》∧《颜色的战争》。

第二步，分析推理：

把（4）代入（2）否后推否前可知：（6）安忆《数学在哪里》→¬婉迪《小猪唏哩呼噜》。再根据（4）（5）（6）可知：（7）《小猪唏哩呼噜》只能由淮宇和皓晴选择。由问题所给的信息可知：（8）淮宇和皓晴都选了《读读童谣和儿歌》，根据（7）（8）可以得出，科学类的两本书淮宇和皓晴必须每人选择其中一本，且两人选择不相同，此时婉迪必须选择科学类的两本书（9），所以婉迪一定会选《恐龙帝国》。

	婉迪	佳宁	淮宇	安忆	皓晴
《读读童谣和儿歌》		×（5）	√（7）	×（4）	√（7）
《小猪唏哩呼噜》	×（5）	×（5）	√（6）	×（4）	√（6）
《数学在哪里》		√（5）（1）	×（6）（1）	√（4）（1）	×（6）（1）
《数学文化》		√（5）	×（6）（1）	√（4）	×（6）（1）
《恐龙帝国》	√（8）	×（5）		×（4）	
《海洋世界》	√（8）	×（5）		×（4）	
《颜色的战争》		√（5）（1）		√（4）（1）	

故正确答案为 C 选项。

242 【答案】E

【解析】

根据问题可知，有一道题仅有2人答对。若王和李均答对第三题，那么钱也答对第三题，那就不存在有一道题有2人答对，矛盾，所以第三题的答案不是B。

根据表格可知，只有第四有两人答对，即第四题的正确答案是C；进一步得出，李答对的题目是第一题，答案为C，因此钱还答对了第五题，答案为D。列表如下。

答题者	第一题	第二题	第三题	第四题	第五题
张	¬A	¬B	¬A	¬B	¬A
王	B	D	B×	C√	E×
赵	¬D	¬A	¬A	¬B	¬E
李	C√	B×	B×	D	A×
钱	E	A×	B×	C√	D√

故正确答案为 E 选项。

243【答案】B

【解析】

根据问题可知，五道题中的四道题有正确答案；结合题干可知，五个人总共答对了四道题，则可以得到每道题目最多只能有一人答对。据此可知，第三题一定没有人答对，所以剩下的四道题目都有一人答对。

观察可知，第二题王的答案 D 正确；第四题李的答案 D 正确；第五题钱的答案 D 正确；根据钱答对两道题可得，第一题钱的答案 E 也正确。

故正确答案为 B 选项。

244【答案】C

【解析】

第一步，梳理题干：

（1）乙和丁在锅包肉和宫保鸡丁中做选择；

（2）周五是水煮肉片，选的人不是戊；

（3）甲周二到店，周一推出地三鲜。

第二步，分析推理：

题干信息列表如下。

周一	周二	周三	周四	周五
	甲			非戊
地三鲜				水煮肉片

由题干信息可知周三、周四两天的菜是锅包肉和宫保鸡丁（顺序不定），乙和丁在周三、周四各选一天（顺序不定）。戊只能周一到店，而丙周五到店。

故正确答案为 C 选项。

245【答案】E

【解析】

第一步，梳理题干：

（1）乙和丁在锅包肉和宫保鸡丁中做选择；

（2）周五是水煮肉片，选的人不是戊；

（3）甲周二到店，周一推出地三鲜。

第二步，分析推理：

根据上题分析，宫保鸡丁只可能在周三、周四两天中选一天推出，所以周二送的菜不可能是宫保鸡丁。

故正确答案为 E 选项。

246 【答案】A

【解析】

第一步，梳理题干：

（1）李白冠军∨刘禹锡冠军→¬杜甫亚军；

（2）¬杜甫亚军→¬王维季军＝王维季军→杜甫亚军；

（3）刘禹锡人气奖→刘、王不相邻；

（4）王维与刘禹锡排名相邻。

第二步，分析推理：

由（4）"王维与刘禹锡排名相邻"结合（3）等价逆否可得：刘禹锡没有获得最佳人气奖。

故正确答案为 A 选项。

247 【答案】A

【解析】

第一步，梳理题干：

（1）李白冠军∨刘禹锡冠军→¬杜甫亚军；

（2）¬杜甫亚军→¬王维季军＝王维季军→杜甫亚军；

（3）刘禹锡人气奖→刘、王不相邻；

（4）王维与刘禹锡排名相邻；

（5）季军是王维。

第二步，分析推理：

由（5）（2）等价逆否可得，亚军是杜甫；结合（1）等价逆否可得，冠军不是李白，也不是刘禹锡；所以可得冠军是白居易。

故正确答案为 A 选项。

248 【答案】A

【解析】

第一步，梳理题干：

（1）乙高级翻译∨丙高级翻译→¬乙英美文学选读∧丙英美文学选读；

（2）丁高级翻译→丙高等数学∧丁高等数学∧戊高等数学；

（3）甲、乙、丙≥2人选英美文学选读→甲马克思主义哲学∧乙马克思主义哲学∧丙马克思主义哲学。

第二步，分析推理：

由"甲和乙所选的课程均不相同"结合（3）逆否可得，甲、乙和丙中有 0 或 1 人选"英美文学选读"；每门课程都有 3 人选择，所以甲、乙和丙中有 1 人选"英美文学选读"，丁和戊均选"英美文学选读"。由乙和丙不可能都选"英美文学选读"，结合（1）等价逆否可得，乙和丙都没有选"高级翻译"，所以甲、丁和戊选"高级翻译"；由丁选"高级翻译"，结合（2）可得，丙、丁和戊都选"高等数学"，甲和乙没选"高等数学"。

	英美文学选读	西方经济史	马克思主义哲学	高级翻译	高等数学
甲				√	×
乙				×	×
丙				×	√
丁	√			√	√
戊	√			√	√

故正确答案为 A 选项。

249【答案】C

【解析】

第一步，梳理题干：

（1）乙高级翻译∨丙高级翻译→¬乙英美文学选读∧丙英美文学选读；

（2）丁高级翻译→丙高等数学∧丁高等数学∧戊高等数学；

（3）甲、乙、丙≥2人选英美文学选读→甲马克思主义哲学∧乙马克思主义哲学∧丙马克思主义哲学。

第二步，分析推理：

根据目前已知的情况，没有人选择全部课程，丁、戊要满足条件，则西方经济史、马克思主义哲学分别有一个不选；再由甲、乙所选的课程均不能相同，且要满足每门课程都恰好有3人选择，丙必须选西方经济史和马克思主义哲学。如下表所示。

	英美文学选读	西方经济史	马克思主义哲学	高级翻译	高等数学
甲				√	×
乙				×	×
丙		√	√	×	√
丁	√			√	√
戊	√			√	√

故正确答案为 C 选项。

250【答案】B

【解析】

第一步，梳理题干：

（1）甲投白居易∨乙投白居易→丙投白居易；

（2）己投杜甫→乙投李白∧己投李白；

（3）丙投白居易∨戊投白居易→己投杜甫。

第二步，分析推理：

由（1）（2）（3）联立可得：（4）甲投白居易∨乙投白居易→丙投白居易→己投杜甫→乙投李白∧己投李白。如果甲和乙都不投给白居易，则剩下四人中有三人投给白居易，也就是（3）中的前提成立，此时可得：（5）甲不投白居易∧乙不投白居易→丙投白居易∨戊投白居易→己投杜甫→乙投李白∧己投李白。由（4）（5）结合二难推理公式可知：己投杜甫，乙投李白，己投李白。此时发现己已经投出了两票，不能再投给其他任何人了，若丙不投给白居易，此时将只有丁、戊能投票给他，与题干要求不相符，所以丙必定投给白居易。综合（4）（5）可知，丙投票给白居易恒成立。综上，一定成立的是：丙投白居易，己投杜甫，乙投李白，己投李白。

故正确答案为 B 选项。

251 【答案】A

【解析】

第一步，梳理题干：

（1）甲投白居易∨乙投白居易→丙投白居易；

（2）己投杜甫→乙投李白∧己投李白；

（3）丙投白居易∨戊投白居易→己投杜甫；

（4）甲投杜甫∧乙投杜甫。

第二步，分析推理：

根据上题可知，乙投李白，丙投白居易，己投杜甫，己投李白；再结合（4）可知，所有的信息都能对应推出：李白：乙、己。杜甫：甲、乙、己。白居易：丙、丁、戊。

故正确答案为 A 选项。

252 【答案】E

【解析】

第一步，梳理题干：

（1）原来同一组别的词语不能在一组；

（2）平等≠文明，民主≠友善；

（3）诚信 = 公正∨富强；

（4）文明 = 敬业。

第二步，分析推理：

由（2）"平等"不能和"文明"在同一组和（4）"文明"必须与"敬业"在同一组可知，"平等"不能和"敬业"在同一组。

故正确答案为 E 选项。

253 【答案】A

【解析】

第一步，梳理题干：

（1）原来同一组别的词语不能在一组；

（2）平等≠文明，民主≠友善；

（3）诚信 = 公正∨富强；

（4）文明 = 敬业。

第二步，分析推理：

由问题中的附加条件可知，"富强""自由""爱国"在同一组。由（2）（4）可得，"文明""敬业"在同一组，且"平等"不在该组。由（1）（3）可知，"诚信"和"公正"在同一组；再由（2）"民主"

不能和"友善"在同一组可得,"民主"只能和"诚信""公正"在同一组,由此可推知,"和谐""友善"在同一组。列表如下。

1	①"富强" ②"自由" ③"爱国"
2	①"文明" ③"敬业"
3	①"民主" ②"公正" ③"诚信"
4	①"和谐" ③"友善"

故正确答案为 A 选项。

254 【答案】A

【解析】

第一步,梳理题干:

(1)李白→王维∧¬张若虚;

(2)李白∨白居易→¬刘禹锡∀张若虚。

第二步,验证选项:

A 选项:白居易∧刘禹锡∧¬张若虚,与(2)矛盾。B、C、D、E 选项:这四项均与题干不矛盾。

故正确答案为 A 选项。

255 【答案】A

【解析】

第一步,梳理题干:

(1)李白→王维∧¬张若虚;

(2)李白∨白居易→¬刘禹锡∀张若虚;

(3)张若虚∧¬刘禹锡。

第二步,分析推理:

把(3)代入(2),由否后推否前可知,不提拔李白,也不提拔白居易,所以提拔的 3 人是王维、杜甫、张若虚,只有 A 选项符合。

故正确答案为 A 选项。

256 【答案】A

【解析】

第一步,梳理题干:

(1)杜甫不在周一、周三、周四、周五;

(2)李白周一→白居易周三∧刘禹锡周五;

(3)¬张若虚周四∨¬刘禹锡周五→李白周一⇌李白周一→张若虚周四∧刘禹锡周五;

(4)杜甫周二→张若虚周三。

第二步,分析推理:

观察可得,(2)(3)可构成"二难推理永真式",由此推出:刘禹锡周五值班。

故正确答案为 A 选项。

257 【答案】C

【解析】

第一步，梳理题干：

（1）杜甫不在周一、周三、周四、周五；

（2）李白周一→白居易周三∧刘禹锡周五；

（3）¬张若虚周四∨¬刘禹锡周五→李白周一≡¬李白周一→张若虚周四∧刘禹锡周五；

（4）杜甫周二→张若虚周三；

（5）王维周四。

第二步，分析推理：

结合（5）（3）等价逆否得出，李白周一；结合（2）可得，白居易周三∧刘禹锡周五。所以张若虚不可能是周三值班。

故正确答案为C选项。

258 【答案】A

【解析】

第一步，梳理题干：

（1）两部科幻片在周四，其余6天每天放映的两部电影都属于不同类型；

（2）爱情片在周日上午；

（3）武侠片只与科幻片安排在同一天；

（4）武侠片不连续放映。

第二步，分析推理：

题干信息列表如下。

	一	二	三	四	五	六	日
上午				科幻			爱情
下午				科幻			

根据（3）（4）可以推出，武侠片只能从周一、周二、周三、周五、周六这5天中选择3天，并且不能连续，则只有两种选择性：①一三五；②一三六。所以不管选哪种，周一和周三一定有武侠片放映。再根据（3）可得，三部武侠片同时对应三部科幻片，所以周一和周三一定也有科幻片放映。

故正确答案为A选项。

259 【答案】B

【解析】

第一步，梳理题干：

（1）两部科幻片在周四，其余6天每天放映的两部电影都属于不同类型；

（2）爱情片在周日上午；

（3）武侠片只与科幻片安排在同一天；

（4）武侠片不连续放映。第二步，分析推理：根据题目可知，可以分别出现以下两种相对可能的放映顺序（周一到周六的上午和下午的影片可以互换）。

	一	二	三	四	五	六	日
上午	武侠	战争	武侠	科幻	科幻	战争	爱情
下午	科幻	警匪	科幻	科幻	武侠	警匪	警匪

	一	二	三	四	五	六	日
上午	武侠	战争	武侠	科幻	战争	科幻	爱情
下午	科幻	警匪	科幻	科幻	警匪	武侠	警匪

无论哪种情况，周日下午必然会放映警匪片。

故正确答案为 B 选项。

260 【答案】C

【解析】

第一步，梳理题干：

（1）粤菜→鲁菜；

（2）钱串→赵云；

（3）1 位湘菜∧该位¬川菜；

（4）钱串苏菜→钱串湘菜；

（5）¬苏东珀湘菜→钱串湘菜。

第二步，分析推理：

由（2）和（3）可知，钱串未选择湘菜。（a）由（4）可知，¬钱串湘菜→¬钱串苏菜。（b）由（5）可知，¬钱串湘菜→苏东珀湘菜。（c）由（3）可知，赵云未选择湘菜，苏东珀未选择川菜。（d）由问题给出的"只有一位大厨选择川菜"和（2）可知，赵云选择川菜，钱串没有选择川菜。（e）推理结果列表如下。

	鲁菜	川菜	粤菜	苏菜	湘菜	徽菜
赵云		√（e）			×（d）	
钱串		×（e）		×（b）	×（a）	
苏东珀		×（d）			√（c）	

故正确答案为 C 选项。

261 【答案】D

【解析】

第一步，梳理题干：

（1）粤菜→鲁菜；

（2）钱串→赵云；

（3）1 位湘菜∧该位¬川菜；

（4）钱串苏菜→钱串湘菜；

（5）¬苏东珀湘菜→钱串湘菜。

第二步，分析推理：

已知钱串不选苏菜和湘菜，又由（1）可知，如果钱串不选择鲁菜，那么也不选择粤菜，此时与题干条件"选择 3 个菜系"相矛盾，根据归谬的思想可知，钱串要选鲁菜。（f）再结合（2）可知，赵云也

要选择鲁菜。(g)

推理结果列表如下。

	鲁菜	川菜	粤菜	苏菜	湘菜	徽菜
赵云					×（d）	
钱串	√（f）			×（b）	×（a）	
苏东珀		×（d）			√（c）	

故正确答案为 D 选项。

262 【答案】C

【解析】

第一步，梳理题干：

（1）甲、乙正面相对；

（2）丙、戊既不相邻，也不相对；

（3）己=③。

第二步，验证选项：

A 选项：若丁在⑤号位置，则丙、戊可以选择在①、⑥任意位置，不能确定丙一定在①号位置。

B 选项：若甲在④号位置，则乙在②号位置，其余三人位置不能确定。

C 选项：若己在③号位置，则根据（1）可得，甲、乙二人占据了②④位置。此时根据（2）可得，丙、戊二人中有一人在①号位置。如果丙在①号位置，则戊和丁一定在⑤⑥两个相邻的位置，该项正确。

D 选项：若丙在①号位置，则戊的位置不能确定。

E 选项：若丁在①号位置，且甲丁相邻，则丙、戊在⑤⑥号位置，二者相邻，和（2）矛盾，排除。

故正确答案为 C 选项。

263 【答案】B

【解析】

第一步，梳理题干：

（1）甲、乙正面相对；

（2）丙、戊既不相邻，也不相对；

（3）己=⑤；

（4）甲、己间隔数=丁、戊间隔数。

第二步，分析推理：

若己在⑤号位置，则丙、戊中有一人在⑥号位置，根据"甲、己相隔的座位数与丁、戊相隔的座位数相同"可得，甲、己、丁、戊在同一排，即戊在⑥号位置，进一步得到，甲在③号位置，丁在④号位置，乙在①号位置，丙在②号位置。

故正确答案为 B 选项。

264 【答案】D

【解析】

第一步，梳理题干：

（1）丙∨戊武汉→丁西安；

（2）己杭州→丁杭州；

（3）戊成都→丙杭州∧丁杭州；

（4）西安仅有甲、乙。

第二步，分析推理：

每个城市至少1人，故结合（4）可知，丙、丁、戊、己来自成都、武汉、杭州，且恰有2人来自同一个城市，余下2人分别来自另外两个城市。（4）结合（1）可知，丙、戊不来自武汉，故来自武汉的只能是丁或己。此时情况不定，观察到D、E选项为假言命题，故考虑选项代入。

D选项：正确，若己来自成都，则武汉只余下丁。此时，结合（3）可知，戊不来自成都，因此，戊只能来自杭州。

E选项：错误，若己来自武汉，则丙、丁均来自杭州也满足题干条件，故该项错误。推理结果列表如下。

	武汉	成都	西安	杭州
甲	×	×	√（4）	×
乙	×	×	√（4）	×
丙	×（1）		×	
丁			×	
戊	×（1）	×（3）	×	√
己			×	×

故正确答案为D选项。

265【答案】C

【解析】

第一步，梳理题干：

（1）丙∨戊武汉→丁西安；

（2）己杭州→丁杭州；

（3）戊成都→丙杭州∧丁杭州；

（4）西安仅有甲、乙；

（5）丙＝己。

第二步，分析推理：

根据上题可得，丙不来自武汉，己不来自杭州；根据条件（4）可得，丙、己不来自西安；根据条件（5）可得，丙和己均来自成都，则丁只能来自武汉。列表如下。

	武汉	成都	西安	杭州
甲	×	×	√（4）	×
乙	×	×	√（4）	×
丙	×（1）	√（5）	×	×
丁	√	×	×	×
戊	×（1）	×（3）	×	√
己	×	√（5）	×	×

故正确答案为C选项。

266 【答案】E

【解析】

第一步，梳理题干：

（1）7人分组为，2、2、3；

（2）戊技术∧己技术；

（3）甲、乙、丙部门不同；

（4）丙＝庚→丁也在此部门。

第二步，分析推理：

由（2）（3）可得，戊、己和甲、乙、丙其中一人同时在技术部门。假设丙、庚在同一个部门，则丁也在此部门，此时有一个部门不足2人，不符合（1），所以丙和庚不能在同一个部门。

故正确答案为E选项。

267 【答案】D

【解析】

第一步，梳理题干：

（1）7人分组为，2、2、3；

（2）戊技术∧己技术；

（3）甲、乙、丙部门不同；

（4）丙＝庚→丁也在此部门。

第二步，分析推理：

根据题干信息可知，乙被分配在技术部门，丁被分配在财务部门，则庚只能在行政部门，又因为庚和丙不能在同一个部门，则丙只能在财务部门。根据（3）可得，甲只能在行政部门。列表如下。

	财务	技术	行政
甲	×	×	√
乙	×	√	×
丙	√	×	×
丁	√	×	×
戊	×	√	×
己	×	√	×
庚	×	×	√

故正确答案为D选项。

268 【答案】C

【解析】

第一步，梳理题干：

（1）¬甲第一时段∨¬丁第一时段∨¬己第一时段→乙第三时段∧丙第三时段；

（2）乙第三时段∨庚第三时段→乙和丙在不同的时段进行参观；

（3）每个时段至多3人。

第二步，分析推理：

题干并无确定信息，已知条件大多为假言命题，故考虑采取"假设＋归谬"的解题方式。假设条件（1）的前件为真，结合条件（1）（2）可得，¬甲第一时段∨¬丁第一时段∨¬己第一时段→乙第三时段∧丙第三时段→乙和丙在不同时段参观，出现矛盾，则条件（1）的前件一定为假，所以甲、丁、己在第一时段参观。

故正确答案为C选项。

269 【答案】E

【解析】

第一步，梳理题干：

（1）¬甲第一时段∨¬丁第一时段∨¬己第一时段→乙第三时段∧丙第三时段；

（2）乙第三时段∨庚第三时段→乙和丙在不同的时段进行参观；

（3）每个时段至多3人；

（4）第三时段结束活动∧乙第三时段。

第二步，分析推理：

根据条件（2）（4）可以得到，乙和丙在不同的时段进行参观，即丙不在第三时段进行参观；结合条件（1）可推知，甲、丁、己都在第一时段；再由每个时段至多有3人参观可知，丙在第二时段进行参观。

故正确答案为E选项。

270 【答案】C

【解析】

第一步，梳理题干：

（1）7选5；

（2）A→B∧C；

（3）D→A∧E。

第二步，分析推理：

（2）（3）传递可得：(4) ¬B∨¬C→¬A→¬D。由（1）可得，只需要淘汰两艘船即可。

此时假设（4）的前件为真，即¬B∨¬C为真，推出¬A∧¬D，则至少淘汰3艘船，与（1）矛盾，所以B、C两船必须启动。

故正确答案为C选项。

271 【答案】B

【解析】

第一步，梳理题干：

（1）7选5；

（2）A→B∧C；

（3）D→A∧E；

（4）¬G。

第二步，分析推理：

（2）（3）传递可得：(5) ¬B∨¬C→¬A→¬D。根据（4）可知,需要从剩下的6艘船中淘汰1艘。由

（3）可得，¬A∨¬E→¬D，与数量限制矛盾，所以A、E必须调派，B、C、D、F四艘船需要调派其中的3艘。因此，D和F至少调派一艘。

故正确答案为B选项。

272 【答案】B

【解析】

第一步，梳理题干：

（1）2（赵）+0（钱）+2（孙）+1（李）=5，即四人总体答对了5题次；

（2）第二题无人答对，第三题仅有一人答对，第四题至多两人答对。

第二步，分析推理：

若第一题不选A，则至多答对题次情况为：1（第一题）+0（第二题）+1（第三题）+2=4。这不满足（1），所以第一题的正确答案为A。

假设第四题选择D，那么此时的答题情况为：3（第一题）+0（第二题）+1（第三题）+2（第四题）=6。这不符合题干条件限制，所以第四题的正确答案不是D。

故正确答案为B选项。

273 【答案】A

【解析】

第一步，梳理题干：

（1）2（赵）+0（钱）+2（孙）+1（李）=5，即四人总体答对了5题次；

（2）第二题无人答对，第三题仅有一人答对，第四题至多两人答对；

（3）每道题的答案均不相同。

第二步，分析推理：

此时答题情况应该是：3（第一题）+0（第二题）+1（第三题）+1（第四题）=5。

第一题的正确答案为A，结合（1）可得，第四题只能选择C，第三题只能选择B；结合（3）可得，第二题只能选择D。这四道题的答案依次是：A、D、B、C。

故正确答案为A选项。

274 【答案】C

【解析】

第一步，梳理题干：

（1）甲≠丙（从未一起上过课）；

（2）乙=戊；

（3）丁周五→丙周三晚∧戊周三晚；

（4）己周三→甲周一早∧戊周一早；

（5）没有人连续上两天课，没有人同一天上两节课；

（6）每次课程仅有2人参加。

第二步，分析推理：

根据条件（4）（2）（6）可得，己不在周三上课。假设此时乙、戊不在周三上课，则只有甲、丙、丁三人在周三有课，不符合题干数量限制，所以，乙、戊一定在周三有一节课。

结合条件（1）可知，甲、丙不可能同时在周三有课，所以丁一定在周三有一节课。丙和戊不可能一起参加周三晚上的韩舞课，结合条件（3）可得，丁一定没在周五上课。结合条件（5）可知，没有人连续上两天课，所以乙、戊参加了周五的爵士课，丁参加了周一的爵士课，则己参加了周二的锁舞课、周四的韩舞课。

推理结果如下表所示。

	周一	周二	周三	周四	周五
早	丁	×	（乙、戊）（丁）	己	×
晚	×	己	（丁）（乙、戊）	×	乙、戊

甲、丙的选课情况无法从已知条件判断。

故正确答案为C选项。

275 【答案】B

【解析】

第一步，梳理题干：

（1）甲≠丙（从未一起上过课）；

（2）乙＝戊；

（3）丁周五→丙周三晚∧戊周三晚；

（4）己周三→甲周一早∧戊周一早；

（5）没有人连续上两天课，没有人同一天上两节课；

（6）每次课程仅有2人参加。

第二步，分析推理：

根据题干可知，若甲、乙选择了两个不同的舞种，则乙、戊参加了周三的韩舞课，丁参加了周三的爵士课。甲也选择了两个不同的舞种，则可得到甲选择了周二的锁舞课和周四的韩舞课，进一步得到丙选择了周一和周三早上的爵士课。

推理结果如下表所示。

	周一	周二	周三	周四	周五
早	爵士（丁、丙）	×	爵士（丁、丙）	韩舞（甲、己）	×
晚	×	Hip-hop（己、甲）	韩舞（乙、戊）	×	爵士（乙、戊）

故正确答案为B选项。

276 【答案】E

【解析】

第一步，梳理题干：

（1）赵＋钱＋孙＝13道题；

（2）钱＝3道。

由（1）（2）可得，赵＋孙＝10道。

第二章 综合推理

第二步，分析推理：

根据答题情况可知，赵＋钱＋孙＝13道题，此时假设第三道答案为"√"，则每道题至多有两人答对，三人总答对了12道题，不符合题干要求，故第三题答案一定为"×"，排除A、C选项。

根据赵＋孙＝10道可知，第三题二人已经答对了2道，则其余6道题，二人需要答对8道才能满足题干条件。假设第一题的答案为×，则此时赵＋钱至多答对6题，不符合题干要求，所以第一题答案一定为√。同理，第六题答案为√。

故正确答案为E选项。

277 【答案】D

【解析】

第一步，梳理题干：

（1）赵＋钱＋孙＝13道题；

（2）钱＝3道。

由（1）（2）可得，赵＋孙＝10道。第二步，分析推理：若此时第四题的答案为"√"，第七题的答案为"×"，则钱均未答对这两题；由上题结论可知，钱未答对第一题和第六题；结合（2）可得，钱答对第二题和第五题。此次随堂小考的正确答案为：√√×√×√×。

故正确答案为D选项。

278 【答案】B

【解析】

第一步，梳理题干：

（1）同一花色的牌面各不相邻；

（2）同一数字的牌面各不相邻。

第二步，验证选项：

题干问可能为真，故需要排除一定为假的选项。

A选项：②号位置放置黑桃8，⑤号位置放置红桃5，此时⑥号位置放什么花色的牌都不可能成立，该项不可能为真，排除。

B选项：①号位置放置黑桃8，⑧号位置放置红桃8，此时⑨号位置放的是方块5，④号位置放的是黑桃5，和题干信息不矛盾，故该项可能为真。

C选项：⑨号位置放置红桃8，④号位置放置黑桃5，此时⑧号位置放什么花色的牌都不可能成立，该项不可能为真，排除。

D选项：②号位置放置黑桃8，⑧号位置放置方块5。此时④号位置放的是黑桃8，不符合题干要求，该项不可能为真，排除。

E选项：⑥号位置放置黑桃8，⑧号位置放置方块8，题干已知⑦号位置放置的是黑桃10，若⑥号位置放置黑桃8，⑧号位置放置方块8，⑥⑦相邻，违反了条件（1），排除。

故正确答案为B选项。

279 【答案】D

【解析】

第一步，梳理题干：

（1）同一天之内，¬上海青∨¬圆生菜；

（2）周二圆生菜∧周五圆生菜→周一油麦菜∧周二油麦菜；

（3）¬周一西红柿∨¬周二西红柿∨¬周三西红柿→周二、周四、周五至少两天上海青；

（4）周三有上海青，周四也有上海青。

第二步，分析推理：

假设条件（2）的前件为真，则可以得到周一、周二均有油麦菜，且根据条件（1）可得，周二、周五均没有上海青，否定了条件（3）的后件，则得到周一、二、三均有西红柿，此时周一和周二的菜品相同，不符合题干要求，所以条件（2）的前件一定为假，则周二不选择圆生菜或周五不选择圆生菜。

由条件（4）（1）可得，周三、周四不选择圆生菜；再结合"每种蔬菜至多使用3天"，则可以得到周一会使用圆生菜。

故正确答案为D选项。

280 【答案】B

【解析】

第一步，梳理题干：

（1）同一天之内，¬上海青∨¬圆生菜；

（2）周二圆生菜∧周五圆生菜→周一油麦菜∧周二油麦菜；

（3）¬周一西红柿∨¬周二西红柿∨¬周三西红柿→周二、周四、周五至少两天上海青；

（4）周三有上海青，周四也有上海青。

第二步，分析推理：

由条件（4）以及"上海青不能连续3天使用"可得，则周二、周五均没有上海青，否定了条件（3）的后件，则可以得到周一、周二、周三均有西红柿。周五只能选择油麦菜和圆生菜。综合可得：周一使用西红柿和圆生菜，周二使用油麦菜和西红柿，周三使用西红柿和上海青，周四使用油麦菜和上海青，周五使用油麦菜和圆生菜。列表如下。

	油麦菜	西红柿	上海青	圆生菜
周一	×	√	×	√
周二	√	√	×	×
周三	×	√	√	×
周四	√	×	√	×
周五	√	×	×	√

故正确答案为B选项。

281 【答案】D

【解析】

第一步，梳理题干：

题干信息列表如下。

	红	黄	蓝	绿
张	茉莉花茶	乌龙茶	红茶	绿茶
王	绿茶	红茶	茉莉花茶	乌龙茶
李	乌龙茶	红茶	茉莉花茶	绿茶
赵	绿茶	乌龙茶	红茶	茉莉花茶

第二步，分析推理：

观察表格可得，张和赵的黄色、蓝色箱子一样，红色和绿色不一样。张仅猜中了1个、赵猜中了2个，所以赵在红色或者绿色箱子中猜中了一个。

假设赵猜对了红色箱子，那么红色箱子中装有绿茶，则绿色箱子中，不能是绿茶、茉莉花茶、乌龙茶，只能是红茶，此时蓝色箱子中不能是红茶、茉莉花茶、绿茶，只能是乌龙茶，那么黄色箱子是茉莉花茶，不符合题干条件。因此，赵没猜对红色箱子，即赵一定猜对了绿色箱子，即绿色箱子中是茉莉花茶。

故正确答案为 D 选项。

282 【答案】E

【解析】

第一步，梳理题干：

题干信息列表如下。

	红	黄	蓝	绿
张	茉莉花茶	乌龙茶	红茶	绿茶
王	绿茶	红茶	茉莉花茶	乌龙茶
李	乌龙茶	红茶	茉莉花茶	绿茶
赵	绿茶	乌龙茶	红茶	茉莉花茶

第二步，分析推理：

根据题干信息可知，李均未猜中。已知绿色箱子中装有茉莉花茶，那么红色箱子中不能是茉莉花茶、乌龙茶、绿茶，只能是红茶，则根据"张仅猜中了1个、赵猜中了2个"可得，黄色箱子中装有乌龙茶，蓝色箱子中装有绿茶。顺序为：红茶、乌龙茶、绿茶、茉莉花茶。

故正确答案为 E 选项。

283 【答案】D

【解析】

第一步，梳理题干：

（1）甲与己关于梧桐树中心对称；

（2）戊与梧桐树连成的直线和己与梧桐树连成的直线夹角为90°→甲与乙关于梧桐树中心对称；

（3）乙与丙的位置相隔2人；

（4）戊与己位置相邻。

第二步，分析推理：

（1）（2）结合得到：（3）戊与梧桐树连成的直线和己与梧桐树连成的直线夹角不为90°。

（3）（4）结合得到：戊与梧桐树连成的直线和己与梧桐树连成的直线夹角为45°。

故正确答案为 D 选项。

284 【答案】C

【解析】

第一步，梳理题干：

题干信息如下图所示。

```
           正北
    西北    己    东北
    戊1          戊2
      ↖   ↑   ↗
        ←·→
      ↙   ↓   ↘
    西南   甲    东南
          正南
```

第二步，验证选项：

A 选项：若再知道丁的位置，也无法确定乙、丙的位置，排除。

B 选项：戊与己位置相邻，戊不可能在西南方向，排除。

C 选项：若戊在东北方向，则丁在西南方向，正确。

D 选项：若乙和甲相邻，那么会和戊相邻，排除。

E 选项：若丙不和甲相邻，那么会和丁相邻，排除。

故正确答案为 C 选项。

285 【答案】E

【解析】

第一步，梳理题干：

（1）紫球在第四个箱子→红球、橙球、黄球和绿球在第三个箱子；

（2）红球不在第三个箱子→黄球、绿球和青球在第二个箱子；

（3）青球不在第一个箱子→绿球、青球和蓝球在第四个箱子；

（4）每个箱子至少有一个球，至多有两个箱子只有一个球；

（5）大球、中球和小球分别可以占据一个箱子空间的 100%、50% 和 25%。

第二步，分析推理：

（3）（5）结合得到：（6）青球在第一个箱子。（2）（6）结合得到：（7）红球在第三个箱子。

（4）（6）（7）（1）结合得到：紫球不在第四个箱子。因此，紫球在第二个箱子。

故正确答案为 E 选项。

286 【答案】C

【解析】

第一步，梳理题干：

（1）青球在第一个箱子；

（2）红球、蓝球在第三个箱子；

（3）紫球在第二个箱子；

（4）每个箱子至少有一个球，至多有两个箱子只有一个球；

（5）一个箱子最多只能有两个球。由（5）可知：(6) 四个箱子中的球数为"1、2、2、2"。

第二步，验证选项：

A 选项：此时第一个箱子有三颗球，不符合题干要求，排除。

B 选项：橙球和黄球不在一个箱子→蓝球所在箱子至多有两个球，肯定条件后件，无法推理，排除。

C 选项：橙球和绿球不在一个箱子→至多两个箱子有两个球，结合（6）可得，橙球和绿球在一个箱子且在第四个箱子，则黄球在第一个箱子，可以确定所有小球的具体位置，正确。

D 选项：橙球在第四个箱子→黄球在第一个箱子，无法确定所有小球的具体位置，排除。

E 选项：橙球在第四个箱子→绿球不在第二个箱子，结合（3）可得，橙球不在第四个箱子，但无法确定所有小球的具体位置，排除。

故正确答案为 C 选项。

287【答案】C

【解析】

第一步，梳理题干：

（1）甲篮∨乙篮∨丙篮→己球类；

（2）丙球类∨己球类∨庚球类→乙游泳∧丁游泳∧己游泳；

（3）一人只会选择一个俱乐部，每个俱乐部的人数范围为 0~3 人。

第二步，分析推理：

假设（1）的前件为真，那么己球类为真，结合（2）可得，¬己球类，假设出现矛盾，则可得：¬甲篮∧¬乙篮∧¬丙篮。

故正确答案为 C 选项。

288【答案】E

【解析】

第一步，梳理题干：

（1）甲篮∨乙篮∨丙篮→己球类；

（2）丙球类∨己球类∨庚球类→乙游泳∧丁游泳∧己游泳；

（3）一人只会选择一个俱乐部，每个俱乐部的人数范围为 0~3 人；

（4）¬丁篮球∧¬戊篮球→¬己篮球∧¬庚篮球。

第二步，分析推理：

题干没有确定俱乐部的最少人数，因此有可能无人参加篮球俱乐部，无法得出关于参加篮球俱乐部人员的确定信息。

故正确答案为 E 选项。

289【答案】E

【解析】

第一步，梳理题干：

（1）周五值班的两人按人员排序（甲、乙、丙、丁、戊、己、庚）相邻；

（2）¬乙周二∨¬庚周二→丁周六∧戊周五；

（3）周六只有一个班次→丁周四∧甲周三；

（4）¬周一∧¬周三有两个班次→甲周二∧甲周五；

（5）没有人既在周二值班也在周五值班，但周二和周五都有两人值班。

第二步，分析推理：

7人负责9个班次，则剩余两个班次。题干未对每人负责的班次数量进行限制，所以剩余的两个班次可能由一人负责，则至多有1人只负责三个班次。7人均有值班，故至多有6人只负责一个班次，至多有2人负责两个班次。

故正确答案为E选项。

290 【答案】C

【解析】

第一步，梳理题干：

（1）周五值班的两人按人员排序（甲、乙、丙、丁、戊、己、庚）相邻；

（2）¬乙周二∨¬庚周二→丁周六∧戊周五；

（3）周六只有一个班次→丁周四∧甲周三；

（4）¬周一∧¬周三有两个班次→甲周二∧甲周五；

（5）没有人既在周二值班也在周五值班，但周二和周五都有两人值班；

（6）周一∨周三有两个班次→该日负责人与周二相同；

（7）每人最多负责两个班次。

第二步，分析推理：

（4）（6）结合得到：周一∀周三负责人与周二相同。6天分布9个班次，且每日不会超过两个班次，故周四与周六只有一个班次，结合（3）得到，丁周四∧甲周三。7人负责9个班次，且7人均有值班，故丁不负责周六的班次；结合（2）得到，乙周二∧庚周二；故负责周一值班的人也是乙和庚。此时剩余丙、戊、己，结合（1）得到，周五值班的是戊和己，周六值班的是丙。

故正确答案为C选项。

291 【答案】A

【解析】

第一步，梳理题干：

（1）¬张金做数学→李榜做英语∧王题做逻辑；

（2）李榜做英语→张金做数学；

（3）张金做数学→李榜擅长英语∧王题擅长逻辑。

第二步，分析推理：

结合（1）（2）可知，由张金不做数学可得张金做数学，显然这是矛盾的，所以推出张金做数学；再结合（3）可得，李榜擅长英语，王题擅长逻辑；再结合题干信息可知，张金擅长写作，赵铭擅长数学。

故正确答案为A选项。

292 【答案】D

【解析】

第一步，梳理题干：

（1）¬张金做数学→李榜做英语∧王题做逻辑；

（2）李榜做英语→张金做数学；

（3）张金做数学→李榜擅长英语∧王题擅长逻辑；

（4）赵铭做英语。

第二步，分析推理：

结合（1）（2）可知，由张金不做数学可得张金做数学，显然这是矛盾的，所以推出张金做数学；再结合（3）可得，李榜擅长英语，王题擅长逻辑；再结合题干信息可知，张金擅长写作，赵铭擅长数学；结合（4）可得如下表格。

	数学	逻辑	写作	英语
张金（数学）			√	
李榜（逻辑）				√
王题（写作）		√		
赵铭（英语）	√			

故正确答案为 D 选项。

293 【答案】E

【解析】

第一步，梳理题干：

（1）每位教授最少2名、最多3名研究生入选；

（2）赵海＋孙川＋李智＝7；

（3）赵海∨钱义有2名研究生入选→周武、吴仁、郑礼至多1人有3名研究生入选。

第二步，分析推理：

根据题干信息可知，一共有4人入选3名研究生，3人入选2名研究生。

由（1）（2）（3）可知，如果赵海教授有2名研究生入选，则周武、吴仁、郑礼中至多有1位教授有3名研究生入选。此时钱义教授至少有4名研究生入选，这与(1)矛盾，所以赵海教授入选的研究生有3人。再结合（2）可得，孙川和李智教授入选的研究生都有2人。

如果钱义教授有2名研究生入选，此时周武、吴仁、郑礼中至多有1位教授有3名研究生入选，一共16名研究生入选，这与题干数量不相符，所以钱义教授入选的研究生有3人。

故正确答案为 E 选项。

294 【答案】D

【解析】

第一步，梳理题干：

（1）每位教授最少2名、最多3名研究生入选；

（2）赵海＋孙川＋李智＝7；

（3）赵海∨钱义有2名研究生入选→周武、吴仁、郑礼至多1人有3名研究生入选。

第二步，分析推理：

根据题干信息可知，一共有4人入选3名研究生，3人入选2名研究生。

由（1）（2）（3）可知，如果赵海教授有2名研究生入选，则周武、吴仁、郑礼中至多有1位教授的研究生入选。此时钱义教授至少有4名研究生入选，这与（1）矛盾，所以赵海教授入选的研究生有3人。再结合（2）可得，孙川和李智教授入选的研究生都有2人。

如果钱义教授有2名研究生入选，此时周武、吴仁、郑礼中至多有1位教授有3名研究生入选，一共16名研究生入选，这与题干数量不相符，所以钱义教授入选的研究生有3人。

根据题干可知，钱义＋周武=5人，那么周武教授入选的研究生有2人，那么吴仁和郑礼教授入选的研究生均有3人。

故正确答案为D选项。

295 【答案】A

【解析】

第一步，梳理题干：

（1）花花：提拉米苏＋（雪媚娘、椰蓉酥、提拉米苏、司康）。

（2）至多有一个人选的两块糕点是同一类别的。

（3）洋洋：雪媚娘＋（雪媚娘、提拉米苏、司康）。

（4）4种糕点都有人选择，且3人的选择都不完全相同。

（5）¬月月司康→洋洋提拉米苏∧花花雪媚娘。

第二步，分析推理：

根据（4）可排除B、D选项；根据（5）可知，月月没选司康，推出洋洋选提拉米苏、花花选雪媚娘，可排除C、E选项。

故正确答案为A选项。

296 【答案】B

【解析】

第一步，梳理题干：

（1）花花：提拉米苏＋（雪媚娘、椰蓉酥、提拉米苏、司康）。

（2）至多有一个人选的两块糕点是同一类别的。

（3）洋洋：雪媚娘＋（雪媚娘、提拉米苏、司康）。

（4）4种糕点都有人选择，且3人的选择都不完全相同。

（5）¬月月司康→洋洋提拉米苏∧花花雪媚娘。

第二步，分析推理：

若月月没选司康，则花花的选择将会是提拉米苏、雪媚娘，洋洋的选择是雪媚娘、提拉米苏，此时无法满足（4）。

故正确答案为B选项。

297 【答案】D

【解析】

第一步，梳理题干：

（1）甲火锅∨海鲜大咖∨臊子面→乙胡辣汤∧¬丙关中套餐；

（2）乙烤肉∨臊子面∨饺子宴→甲火锅∧¬乙胡辣汤；

（3）丙烤肉∨关中套餐∨饺子宴→甲胡辣汤∧乙臊子面；

（4）¬乙灌汤包∧¬乙关中套餐。

第二步，分析推理：

根据（3）（2）（1）传递可得，丙烤肉∨关中套餐∨饺子宴→甲胡辣汤∧乙臊子面→甲火锅∧¬乙胡辣汤→¬甲火锅∧¬甲海鲜大咖∧¬甲臊子面，则甲既选火锅，又不选火锅，自相矛盾，所以丙不选烤肉、关中套餐、饺子宴，乙不选烤肉、臊子面、饺子宴；每种美食都需有人选，所以甲选的是烤肉、关中套餐、饺子宴，其余的美食均不选；乙选的是火锅、海鲜大咖、胡辣汤，其余的均不选；剩下的臊子面、灌汤包丙必选。具体分析结果如下表。

火锅	烤肉	海鲜大咖	臊子面	胡辣汤	关中套餐	灌汤包	饺子宴
¬甲	¬丙、¬乙	¬甲	¬乙、¬甲	¬甲	¬丙、¬乙	¬乙、¬甲	¬丙、¬乙
乙	甲	乙	丙	乙	甲	丙	甲

故正确答案为 D 选项。

298 【答案】E

【解析】

第一步，梳理题干：

（1）甲火锅∨海鲜大咖∨臊子面→乙胡辣汤∧¬丙关中套餐；

（2）乙烤肉∨臊子面∨饺子宴→甲火锅∧¬乙胡辣汤；

（3）丙烤肉∨关中套餐∨饺子宴→甲胡辣汤∧乙臊子面；

（4）¬乙灌汤包∧¬乙关中套餐。

第二步，分析推理：

根据（3）（2）（1）传递可得，丙烤肉∨关中套餐∨饺子宴→甲胡辣汤∧乙臊子面→甲火锅∧¬乙胡辣汤→¬甲火锅∧¬甲海鲜大咖∧¬甲臊子面，则甲既选火锅，又不选火锅，自相矛盾，所以丙不选烤肉、关中套餐、饺子宴，乙不选烤肉、臊子面、饺子宴；每种美食都需有人选，所以甲选的是烤肉、关中套餐、饺子宴，其余的美食均不选；乙选的是火锅、海鲜大咖、胡辣汤，其余的均不选；剩下的臊子面、灌汤包丙必选。结合题干可知，丙没有选火锅和海鲜大咖，那么丙第三个选的美食是胡辣汤。具体分析结果如下表。

火锅	烤肉	海鲜大咖	臊子面	胡辣汤	关中套餐	灌汤包	饺子宴
¬甲、¬丙	¬丙、¬乙	¬甲、¬丙	¬乙、¬甲	¬甲	¬丙、¬乙	¬乙、¬甲	¬丙、¬乙
乙	甲	乙	丙	乙	甲	丙	甲

故正确答案为 E 选项。

299 【答案】E

【解析】

第一步，梳理题干：

（1）吃粽子∨放纸鸢∨打马球→饮蒲酒∧赛龙舟；

（2）¬斗草∨¬打马球∨挂艾草→¬吃粽子∧¬跳钟馗∧¬饮雄黄酒；

（3）赛龙舟∨拜神祭祖∨饮朱砂酒→采草药∧¬打马球。

第二步，分析推理：

观察分析，根据（1）（3）（2）传递可得，吃粽子∨打马球→¬打马球∧¬吃粽子，与假设相矛盾，所以不吃粽子也不打马球，可排除A、B选项；再结合（2）可推知，不跳钟馗也不饮雄黄酒，可排除C、D选项。

故正确答案为E选项。

300 【答案】A

【解析】

第一步，梳理题干：

（1）吃粽子∨放纸鸢∨打马球→饮蒲酒∧赛龙舟；

（2）¬斗草∨¬打马球∨¬挂艾草→¬吃粽子∧¬跳钟馗∧¬饮雄黄酒；

（3）赛龙舟∨拜神祭祖∨饮朱砂酒→采草药∧¬打马球；

（4）采草药∀¬饮雄黄酒。

第二步，分析推理：

观察分析，根据（1）（3）（2）传递可得，吃粽子∨打马球→¬打马球∧¬吃粽子，与假设相矛盾，所以不吃粽子也不打马球；再结合（2）可推知，不跳钟馗也不饮雄黄酒；结合（4）可推知，不采草药；再结合（3）（1）逆否推知，赛龙舟、拜神祭祖、饮朱砂酒、放纸鸢均不选。综合可得，学生选择挂艾草、饮蒲酒、斗草。

故正确答案为A选项。

301 【答案】E

【解析】

第一步，梳理题干：

（1）甲铅球∨乙铅球∨丙铅球→丁铅球；

（2）丁铁饼→（乙标枪∧乙跳高）∧（己标枪∧己跳高）；

（3）戊铅球∨己铅球→丁铅球∧丁铁饼。

第二步，分析推理：

根据"每项比赛均有2人报名"和（1）（3）可知，丁不报名铅球，则甲、乙、丙、戊、己均不选铅球，此时没有人选铅球，因此，丁必定报名铅球。

结合题干数量要求，每项比赛均有2人报名，每人报1~2项比赛，那么报名的情况将会是，两人报2项比赛，其余人都报1项比赛。若此时丁报铁饼，那么报两项比赛的人是乙、丁、己3人，不符合上述分析，所以丁一定不会报铁饼。

故正确答案为E选项。

302 【答案】C

【解析】

第一步，梳理题干：

（1）甲铅球∨乙铅球∨丙铅球→丁铅球；

（2）丁铁饼→（乙标枪∧乙跳高）∧（己标枪∧己跳高）；

（3）戊铅球∨己铅球→丁铅球∧丁铁饼；

（4）乙只报铁饼∧丙只报铁饼。

第二步，分析推理：

根据"每项比赛均有2人报名"和（1）（3）可知，丁不报名铅球，则甲、乙、丙、戊、己均不选铅球，此时没有人选铅球，因此，丁必报名铅球。

结合题干数量要求，每项比赛均有2人报名，每人报1~2项比赛，那么报名的情况将会是，两人报2项比赛，其余人都报1项比赛。若此时丁报名铁饼，那么报两项比赛的人是乙、丁、己3人，不符合上述分析，所以丁一定不会报铁饼；结合（3）逆否可推出，戊、己均不报名铅球，所以剩余的一个报铅球的人只能是甲。

故正确答案为C选项。

303 【答案】A

【解析】

第一步，梳理题干：

（1）6类书每类2本，4个部门每个部门发3本不同的书，任何两个部门发的书不完全相同；

（2）（甲∨乙）《周易》∨《老子》∨《孟子》→丁《尚书》∧丙《论语》；

（3）（甲∨乙）《诗经》∨《论语》→丙《周易》∧丁《老子》；

（4）丙《尚书》∧丁《论语》。

第二步，分析推理：

根据题干信息可推知，丁不发《尚书》，或丙不发《论语》，此时甲和乙发的书将会是3本一样的书，这不符合题干要求，所以丁必定发《尚书》，丙必定发《论语》；同理，若丁不发《老子》，或丙不发《周易》，此时甲、乙均不发《诗经》《论语》，甲和乙发的书也将会是3本一样的书，这不符合题干要求，所以丁必发《老子》，丙必发《周易》；结合（1）可得，丙未发放《诗经》《老子》《孟子》，丁未发放《周易》《诗经》《孟子》，则甲、乙都发放《诗经》《孟子》。具体分析结果如下表。

	尚书2	周易2	诗经2	论语2	老子2	孟子2
甲	×		√	×		√
乙	×		√	×		√
丙	√	√（2）	×	√（1）	×	×
丁	√（1）	×	×	√	√（2）	×

故正确答案为A选项。

304 【答案】D

【解析】

第一步，梳理题干：

（1）6类书每类2本，4个部门每个部门发3本不同的书，任何两个部门发的书不完全相同；

（2）（甲∨乙）《周易》∨《老子》∨《孟子》→丁《尚书》∧丙《论语》；

（3）（甲∨乙）《诗经》∨《论语》→丙《周易》∧丁《老子》；

（4）¬丁《老子》。

第二步，分析推理：

根据题干信息可推知，丁不发《尚书》，或丙不发《论语》，此时甲和乙发的书将会是3本一样的书，这不符合题干要求，所以丁必定发《尚书》，丙必定发《论语》。结合（4）（3）可推出，甲、乙均不发《诗经》《论语》；结合上述推理结果可知，丙、丁发的书都有《诗经》《论语》；由"任何两个部门发的书不完全相同"可知，丙必定不会发《尚书》。具体分析结果如下表。

	尚书2	周易2	诗经2	论语2	老子2	孟子2
甲			×（2）	×（2）		
乙			×（2）	×（2）		
丙	×		√	√（1）		
丁	√（1）	×	√	√	×（3）	×

故正确答案为D选项。

305 【答案】E

【解析】

第一步，梳理题干：

（1）甲（玫瑰花+玫瑰花+百合花∨向日葵∨小雏菊∨紫藤花），乙、丙、丁没有相同的两朵花；

（2）丁紫藤花；

（3）紫藤花≠黄色向日葵；

（4）任意两人所选的花均不完全相同。

第二步，验证选项：

题干确定信息较少，故考虑用代入选项排除的方式解题。

A选项：乙、丙都选百合花，与题干条件不矛盾，该项可能成立。

B选项：甲的花束中有玫瑰花和百合花，与题干条件不矛盾，该项可能成立。

C选项：乙的花束中有向日葵和小雏菊，与题干条件不矛盾，该项可能成立。

D选项：¬丁向日葵→丁百合花∧丁小雏菊，丁的花束中没有向日葵但有百合花和小雏菊这种情况与题干条件不矛盾，该项可能成立。

E选项：甲¬百合花∧¬小雏菊→丁百合花∧丁小雏菊，由题干可知，丁此时至少还要选一种花，剩余的花中只有百合花和小雏菊可选，所以该项必定为真。

故正确答案为E选项。

306 【答案】A

【解析】

第一步，梳理题干：

（1）甲（玫瑰花+玫瑰花+百合花），乙、丙、丁没有相同的两朵花；

（2）丁紫藤花；

（3）紫藤花≠黄色向日葵；

（4）任意两人所选的花均不完全相同。

第二步，分析推理：

题干信息列表如下。

	甲	乙	丙	丁
红玫瑰花 5	2（1）	√（1）	√（1）	√（1）
白百合花 2	√（1）			
黄向日葵 3	√	√	√	×（3）
白小雏菊 2	×			
紫藤花 1	×（2）	×（2）	×（2）	√（2）

根据（4）可知，乙、丙分别在白百合花和白小雏菊选了一个，那么丁必定会选白小雏菊。

故正确答案为 A 选项。

307 【答案】A

【解析】

第一步，梳理题干：

（1）己≠丙；

（2）戊＝丙→己＝乙；

（3）庚＝丁。

第二步，分析推理：

由（3）结合题干信息可知，乙、丁、庚在同一所学校，乙、己分别在两所学校中；结合（2）逆否可知，戊和丙不在同一所学校；结合（1）可知，戊和己在同一所学校，甲和丙在同一所学校。具体分析结果如下表。

乙、丁、庚	丙、甲	己、戊

故正确答案为 A 选项。

308 【答案】B

【解析】

第一步，梳理题干：

（1）己≠丙；

（2）戊＝丙→己＝乙；

（3）庚＝丁。

由（3）（1）可知，丁、庚在同一所学校，丙、己分别在两所学校中。

第二步，验证选项：

A 选项：丁和乙去清华大学，甲去复旦大学，此时可推出甲和丙在同一所学校，戊和己同在北京大学，庚、丁、乙在清华大学，该项可以完全确定录取结果，排除。

B 选项：庚和己去清华大学，丙去复旦大学，那么能够确定丁去清华大学，甲、乙、戊无法确定具体去哪个学校，该项无法完全确定录取结果。

C 选项：乙和丙去清华大学，庚去复旦大学，那么戊、己在同一所学校（北京大学），丁、庚复旦大学，那么甲就在清华大学，该项可以完全确定录取结果，排除。

D 选项：乙和丙去北京大学，庚去复旦大学，那么丁去复旦大学，戊、己、甲去清华大学，该项可以完全确定录取结果，排除。

E 选项：己和甲去清华大学，乙去复旦大学，那么丙去复旦大学，丁、庚去北京大学，戊去清华大学，该项可以完全确定录取结果，排除。

故正确答案为 B 选项。

309 【答案】C

【解析】
根据题干信息可知，李明、张华任职单位不一样；结合（4）逆否可推出，陈磊没去云海市任职；再由（1）可推出，陈磊没去金山市任职；结合（1）（3）可推出，杨杰必定要去云海市、金山市中的一个城市任职，所以逆否可推出王芳、刘洋均去云海市任职，那么最终杨杰必定去金山市任职。

故正确答案为 C 选项。

310 【答案】A

【解析】结合上题结论可知：王芳、刘洋均去云海市任职，杨杰去金山市任职，陈磊去星河市、翠屏市任职。结合新增信息可知，王芳必定不去金山市任职，那么去金山市任职的必定有刘洋。

故正确答案为 A 选项。

311 【答案】C

【解析】

第一步，梳理题干：

（1）小王审张伟∨审王强→小刘审李明；

（2）小程¬审刘军∨¬审陈磊→小张审王强；

（3）小张审李明∨审张伟∨审王强→小刘审刘军∧审陈磊；

（4）小刘审王强∨审陈磊→小王审李明∧审张伟。

第二步，分析推理：

由（3）（4）（1）联立可知，若（3）的前件为真，推出小刘只审讯了刘军、陈磊，但是他又要审讯李明，结果自相矛盾，故小张不会审讯李明、张伟、王强；再结合（2）逆否可推出，小程审讯的人有刘军和陈磊。对每个嫌疑人进行审讯的人员组合不完全一样，所以最终四人审讯的人数分布情况有两种可能：4、2、2、2 或者 3、3、2、2。再结合（1）分析，不论小王审讯 3 人还是 2 人，他必定要在张伟和王强之中审讯一人，进一步推出小刘要审讯李明。推理结果如下表所示。

	李明 2	张伟 2	王强 2	刘军 2	陈磊 2
小王				×	×
小刘	√（1）			×	×
小程				√（2）	√（2）
小张	×（3）	×（3）	×（3）	√	√

故正确答案为 C 选项。

312 【答案】D

【解析】
利用上一题推出的结果，结合选项分析，D 选项成立时，结合（4）和数量限制可推出，小王审讯了李明、王强、小刘还审讯了张伟，小程还审讯张伟、王强，结果如下表所示。

	李明2	张伟2	王强2	刘军2	陈磊2
小王	√	×	√	×	×
小刘	√（1）	√（4）	×	×	×
小程	×	√	√	√（2）	√（2）
小张	×（3）	×（3）	×（3）	√	√

故正确答案为 D 选项。

313 【答案】E

【解析】

第一步，梳理题干：

（1）小姜评价4个研究设计∧每个人评价的研究不完全相同；

（2）小程评价《个体决策》∨《情绪对决策》→小云评价《框架模型》；

（3）小程至少评价《不确定情景》∨《框架模型》∨《情绪对决策》中的2个→小张∧小刘评价《个体从众》和《不确定情景》；

（4）小云¬评价《个体决策》∨¬评价《个体从众》→小姜评价《个体从众》∧《框架模型》；

（5）小张、小刘评价的研究均不一样。

第二步，分析推理：

根据题干信息分析可知，这五人评价研究的数量分布是2、3、3、3、4；结合题干信息和（3）可推出，小程最终评价了3个研究，其中两个是《个体决策行为》《个体的从众行为》；再结合（2）可推出，小云评价了《框架模型下的群体决策倾向》。

小张和小刘评价的研究均不一样，所以这两人评价的研究总数是5个，此时可知《个体决策行为》《个体的从众行为》已经有2人评价，若小云把这两项研究都评价了，这与（1）相矛盾，所以小云至多评价一个；结合（4）可推出，小姜评价的研究有《个体的从众行为》和《框架模型下的群体决策倾向》，那么小云不可能评价《个体的从众行为》。推理结果列表如下。

	个体决策3	个体从众3	不确定情景3	框架模型3	情绪对决策3
小姜		√（4）		√（4）	
小程	√（3）	√（3）		×	
小张					
小刘					
小云		×		√（2）	

故正确答案为 E 选项。

314 【答案】A

【解析】

根据上题推理结果可知：小姜评价了《个体的从众行为》和《框架模型下的群体决策倾向》，小程评价了《个体决策行为》和《个体的从众行为》，小云评价了《框架模型下的群体决策倾向》但没有评价《个体的从众行为》。

根据小云没有评价《不确定情景下影响决策的因素》，结合每个研究均有 3 人评价，可推出小云评价了《个体决策行为》和《情绪对决策行为的影响》，此时《个体决策行为》已有 3 人评价了，小姜不可能评价该研究设计。推理结果列表如下。

	个体决策 3	个体从众 3	不确定情景 3	框架模型 3	情绪对决策 3
小姜	×	√（4）	√	√（4）	√
小程	√（3）	√（3）	√	×	×
小张					
小刘					
小云	√	×	×	√（2）	√

故正确答案为 A 选项。

315 【答案】C

【解析】

第一步，梳理题干：

（1）一班《彷徨》∧二班《彷徨》→一班《呐喊》∧二班《呐喊》；

（2）二班《而已集》∧四班《而已集》→二班《彷徨》∧四班《彷徨》；

（3）一班《呐喊》→一班《二心集》∧三班《二心集》；

（4）一班《彷徨》∧二班《彷徨》。

第二步，分析推理：

结合（4）（1）可推出，（5）一班、二班都分发了《呐喊》；再结合（3）可推出，（6）一班、三班都分发了《二心集》。结合（4）（2）可推出二班、四班有一个班不分发《而已集》，因此三班必定分发《而已集》。由（4）（5）（6）以及"每个班级都分发了三本不同的书"可知，四班分发了《朝花夕拾》《野草》《而已集》。推理结果列表如下。

	呐喊 2	彷徨 2	朝花夕拾 2	野草 2	而已集 2	二心集 2
一班	√（1）	√（4）	×	×	×	√（3）
二班	√（1）	√（4）			×	×
三班	×	×			√	√（3）
四班	×	×	√	√	√	×

故正确答案为 C 选项。

316 【答案】C

【解析】

第一步，梳理题干：

（1）一班《彷徨》∧二班《彷徨》→一班《呐喊》∧二班《呐喊》；

（2）二班《而已集》∧四班《而已集》→二班《彷徨》∧四班《彷徨》；

（3）一班《呐喊》→一班《二心集》∧三班《二心集》；

（4）¬三班《彷徨》∧¬四班《彷徨》。

第二步，分析推理：

由（4）（1）可推出，一班、二班都分发了《呐喊》；再结合（3）可推出，一班、三班都分发了《二心集》；由（4）（2）逆否可推出，二班、四班至少有一个班没分发《而已集》，从而得出三班必定分发了《而已集》。具体分析结果如下表。

	呐喊2	彷徨2	朝花夕拾2	野草2	而已集2	二心集2
一班3	√（1）	√	×	×	×	√（3）
二班3	√（1）	√				×
三班3	×	×（4）			√（2）	√（3）
四班3	×	×（4）				×

故正确答案为C选项。

317【答案】E

【解析】

第一步，梳理题干：

（1）周珊≠李德，王纬＝赵妍；

（2）吴鑫＝李德∨刘猛＝吴鑫→周珊＝王纬；

（3）陈静＝赵妍。

第二步，分析推理：

由（3）（1）分析可知，王纬、赵妍、陈静在同一公司，并且他们不在米维公司；再结合（2）逆否可知，王纬和周珊不会在同一公司，所以吴鑫、李德不在同一公司，刘猛、吴鑫也不在同一公司；由（1）可知，周珊和李德不在同一公司。最终分组可确定的是，李德、刘猛在同一公司，吴鑫、周珊在同一公司。具体分析结果如下表。

王纬、赵妍、陈静	吴鑫、周珊	李德、刘猛

故正确答案为E选项。

318【答案】A

【解析】

第一步，梳理题干：

（1）周珊≠李德，王纬＝赵妍；

（2）吴鑫＝李德∨刘猛＝吴鑫→周珊＝王纬；

（3）陈静＝赵妍。

第二步，验证选项：

A选项：赵妍和王纬去白云公司，张翼去黑土公司，此时无法推出张翼和哪些人同一个公司，也无法确定剩余的人在哪个公司，该项无法完全确定聘用结果。

B选项：李德和刘猛去米维公司，张翼去了黑土公司，那么能够确定吴鑫、周珊和张翼去黑土公司，王纬、赵妍、陈静去白云公司，该项可以完全确定聘用结果，排除。

C选项：张翼没去白云公司，李德没去米维公司，那么吴鑫、周珊去米维公司，张翼、李德、刘猛去黑土公司，王纬、赵妍、陈静去白云公司，该项可以完全确定聘用结果，排除。

D 选项：李德去黑土公司，那么王纬、赵妍、陈静去白云公司，吴鑫、周珊去米维公司，张翼、刘猛去黑土公司，该项可以完全确定聘用结果，排除。

E 选项：刘猛去白云公司，那么李德、刘猛去的是白云公司，吴鑫、周珊去米维公司，王纬、赵妍、陈静去黑土公司，张翼去的是白云公司，该项可以完全确定聘用结果，排除。

故正确答案为 A 选项。

319 【答案】D

【解析】

第一步，梳理题干：

（1）¬罗浩第一组∨¬白梦第一组；

（2）王石、白梦不在同一组；

（3）马芸第一组→李宏第一组；

（4）王石第二组。

第二步，分析推理：

由（4）（2）可得，白梦第一组；结合（1）可得，罗浩第二组。

故正确答案为 D 选项。

320 【答案】E

【解析】

第一步，梳理题干：

（1）¬罗浩第一组∨¬白梦第一组；

（2）王石、白梦不在同一组；

（3）马芸第一组→李宏第一组；

（4）李宏和张兰在同一组。

第二步，分析推理：

假设李宏和张兰都在第二组，由（3）等价逆否可得，马芸在第二组，王石、白梦又是分别在第一和第二两组，此时就有马芸、李宏、张兰及王石和白梦其中之一，共 4 人在第二组，与题干中"每组有 3 个人"相矛盾，故可得李宏和张兰都在第一组，王石和白梦中只有一人在第一组，马芸和罗浩均在第二组。

故正确答案为 E 选项。

321 【答案】D

【解析】

第一步，梳理题干：

（1）甲蛋糕∨冰激凌∨坚果→丁奶茶∧戊烤鸭；

（2）乙蛋糕∨冰激凌∨坚果→丁奶茶∧戊烤鸭；

（3）甲草莓∨烤鸭→丙蛋糕∧戊冰激凌；

（4）乙草莓∨烤鸭→丙蛋糕∧戊冰激凌；

（5）奶茶＝丙。

第二步，分析推理：

由条件（5）可得，奶茶分给丙，不分给丁；结合条件（1）（2）否后推否前得出，蛋糕、冰激凌、坚果都不分给甲也都不分给乙；所以草莓、烤鸭至少有1份分给甲或乙，即肯定了条件（3）和（4）的前件，能推出肯后恒成立，即蛋糕分给丙同学且冰激凌分给戊同学。推理结果列表如下。

	奶茶	蛋糕	草莓	烤鸭	冰淇淋	坚果
甲	×	×（1）			×（1）	×（1）
乙	×	×（1）			×（2）	×（2）
丙	√（5）	√（3）				
丁						
戊					√（3）	

根据上表可知，坚果只能分给丁。

故正确答案为D选项。

322 【答案】B

【解析】

第一步，梳理题干：

（1）故宫2日∨5日→天安门3日；

（2）故宫4日∨6日→奥体公园5日；

（3）奥体公园3日。

第二步，分析推理：

由（3）结合（2）逆否可得，4日和6日都不游览故宫；由（3）结合（1）逆否可得，2日和5日都不游览故宫。所以，故宫在7日游览。

故正确答案为B选项。

323 【答案】C

【解析】

第一步，梳理题干：

（1）故宫2日∨5日→天安门3日；

（2）故宫4日∨6日→奥体公园5日；

（3）奥体公园3日；

（4）天坛既与颐和园相邻，又与天安门相邻。

第二步，分析推理：

目前已知奥体公园在3日游览、故宫在7日游览，结合天坛的游览日期在颐和园和天安门之间可知，天坛在5日游览，所以长城一定在2日游览。

故正确答案为C选项。

324 【答案】A

【解析】

第一步，梳理题干：

（1）李白→王维∧¬张若虚；

（2）杜甫∨白居易→¬刘禹锡。

题干问可能为真,故考虑用代入选项排除的解题思路。

第二步,验证选项:

A 选项:与(1)(2)都不矛盾,正确。

B 选项:与(1)矛盾,排除。

C 选项:与(2)矛盾,排除。

D 选项:与(2)矛盾,排除。

E 选项:与(1)矛盾,排除。

故正确答案为 A 选项。

325 【答案】E

【解析】

第一步,梳理题干:

(1)李白→王维∧¬张若虚;

(2)杜甫∨白居易→¬刘禹锡;

(3)李白∨刘禹锡。

第二步,分析推理:

由(1)可知,如果提拔李白,则提拔王维。由(3)可知,如果不提拔李白,则提拔刘禹锡;再由(2)的等价逆否命题可推知:刘禹锡→¬杜甫∧¬白居易。此时已经有李白、杜甫、白居易三人不提拔,若再不提拔王维,则不提拔4人,与题干中"在6名候选人中提拔3人"矛盾,故一定会提拔王维。综上,王维一定会被提拔。

故正确答案为 E 选项。

326 【答案】D

【解析】

第一步,梳理题干:

(1)¬张金做数学→李榜擅长英语;

(2)¬张金做数学→李榜做英语;

(3)张金做数学→李榜擅长英语;

(4)张金做数学→王题擅长逻辑。

第二步,分析推理:

(1)(3)可构成二难推理结构,由(1)(3)可得,李榜擅长英语;再结合题干和(2)逆否可得,张金做数学;再结合(4)可得,王题擅长逻辑。具体分析结果如下表。

	数学	逻辑	写作	英语
张金(数学)	×	×	√	×
李榜	×	×	×	√
王题	×	√	×	×
赵铭	√	×	×	×

故正确答案为 D 选项。

327 【答案】A

【解析】

第一步，梳理题干：

（1）¬张金做数学→李榜擅长英语；

（2）¬张金做数学→李榜做英语；

（3）张金做数学→李榜擅长英语；

（4）张金做数学→王题擅长逻辑；

（5）赵铭做逻辑。

第二步，分析推理：

（1）（3）可构成二难推理结构，由（1）（3）可得，李榜擅长英语；再结合题干和（2）逆否可得，张金做数学；再结合（4）可得，王题擅长逻辑。

结合（5）可得，李榜做的是写作，那么王题做的是英语，具体分析结果如下表。

	数学	逻辑	写作	英语
张金（数学）	×	×	√	×
李榜（写作）	×	×	×	√
王题（英语）	×	√	×	×
赵铭（逻辑）	√	×	×	×

故正确答案为A选项。

328 【答案】B

【解析】

第一步，梳理题干：

（1）（风云∧天马）人气奖∨综合奖→天马、星辉纪念奖∧综合奖；

（2）（天马∨宇珩）人气奖∨创意奖→天马、宇珩纪念奖∧综合奖；

（3）宇珩综合奖→风云、环宇获得的奖项均在纪念奖、人气奖、创意奖之中。

第二步，分析推理：

观察发现，（1）（2）的后件均为假，所以可推知：风云、天马均没有获得人气奖和综合奖，天马、宇珩均没有获得人气奖和创意奖。至此，天马获得纪念奖和品质奖，风云可选的是在纪念奖、品质奖和创意奖之中，若风云获得纪念奖、创意奖，此时星辉、宇珩、环宇不会获得纪念奖。5家公司均有2个机器人获得奖项，所以宇珩必定获得品质奖和综合奖；再结合（3）可推出，风云获得的是纪念奖、创意奖，环宇获得的是人气奖、创意奖。所以，星辉获得人气奖和综合奖。具体分析结果如下表。

	纪念奖2	人气奖2	创意奖2	品质奖2	综合奖2
风云2	√（3）	×（1）	√（3）	×	×（1）
天马2	√	×（1）	×（2）	√	×（1）
星辉2	×	√	×	×	√
宇珩2	×	×（2）	×（2）	√	√
环宇2	×	√	√	×	×

故正确答案为B选项。

329 【答案】D

【解析】

第一步，梳理题干：

（1）（风云∧天马）人气奖∨综合奖→天马、星辉纪念奖∧综合奖；

（2）（天马∨宇珩）人气奖∨创意奖→天马、宇珩纪念奖∧综合奖；

（3）宇珩综合奖→风云、环宇获得的奖项均在纪念奖、人气奖、创意奖之中；

（4）品质奖∧综合奖→有机会参加国际奖项的评选。

第二步，分析推理：

观察发现，（1）（2）的后件均为假，所以可推知：风云、天马均没有获得人气奖和综合奖，天马、宇珩均没有获得人气奖和创意奖。至此，天马获得纪念奖和品质奖，风云可选的是在纪念奖、品质奖和创意奖之中，若风云获得纪念奖、创意奖，此时星辉、宇珩、环宇不会获得纪念奖。5家公司均有2个机器人获得奖项，所以宇珩必定获得品质奖和综合奖；再结合（3）可推出，风云获得的是纪念奖、创意奖，环宇获得的是人气奖、创意奖。所以，星辉获得人气奖和综合奖。具体分析结果如下表。

	纪念奖2	人气奖2	创意奖2	品质奖2	综合奖2
风云2	√（3）	×（1）	√（3）	×	×（1）
天马2	√	×（1）	×（2）	√	×（1）
星辉2	×	√	×	×	√
宇珩2	×	×（2）	×（2）	√	√
环宇2	×	√	√	×	×

故正确答案为D选项。

330 【答案】B

【解析】

根据（2）（3）可知，甲、乙、丙、戊均不在周六值班，那么只有丁在周六值班；再结合（4）可推出，乙在周三值班。

故正确答案为B选项。

331 【答案】B

【解析】

根据（2）（3）可知，甲、乙、丙、戊均不在周六值班，那么只有丁在周六值班；再结合（4）可推出，乙在周三值班。再结合（3）（5）可推知，丙不在周四值班，此时甲、丙、戊、丁均不在周四值班，那只有乙在周四值班。

故正确答案为B选项。

332 【答案】A

【解析】

第一步，梳理题干：

（1）甲3→丁猪；

（2）¬丙羊∨庚猴→¬己蛇∧¬己虎；

（3）¬乙鸡∨¬乙狗→¬丁猪；

（4）¬己蛇∨¬己虎→甲3；

（5）乙鸡∧乙狗→丙羊。

第二步，分析推理：

根据题干信息可知，7人研究的动物数量分布是3、2、2、1、1、1、1。

由（2）（4）（1）（3）（5）联立可知，如果丙不研究羊，最终推出，丙研究羊，这与假设相矛盾，所以假设不成立，丙必定研究羊。

故正确答案为A选项。

333 【答案】E

【解析】

第一步，梳理题干：

（1）甲3→丁猪；

（2）¬丙羊∨庚猴→¬己蛇∧¬己虎；

（3）¬乙鸡∨¬乙狗→¬丁猪；

（4）¬己蛇∨¬己虎→甲3；

（5）乙鸡∧乙狗→丙羊；

（6）甲鼠∧甲兔∧甲牛∧己虎∧己蛇。

第二步，分析推理：

结合已知信息和题干条件可推出：乙研究鸡和狗、丁研究猪、戊研究猴，庚研究马。

故正确答案为E选项。

334 【答案】D

【解析】

第一步，梳理题干：

（1）从数量关系分析，每人选择两门课程，每门课程至多有三人选。假设被最多人选择的课程选择人数为2，那么这五门课的数量分配为（2，2，2，2，2），与"最多人选择的课程有且仅有一门"矛盾，所以被最多人选择的课程选择人数为3，数量分配为（3，2，2，2，1）。

（2）选择数学的人数+选择外语的人数=选择语文的人数，根据数量分配可以知道选择语文的人数为3人，选择数学、语文的人数为1人与2人（不按序对应）。

（3）丁科学→丁美术∧戊美术。

（4）甲语文∨丁语文∨戊语文→（¬乙外语∧¬乙科学）∧（¬丙外语∧¬丙科学）。

（5）甲科学→选择外语人数为2。

第二步，分析推理：

根据语文被三位同学选择可以得到（4）的前件为真，进而推出乙、丙不选择外语或科学。又因为各位同学选择的课程均不完全相同，所以乙、丙中有人选择美术推出，否定了（3）的后件，推出丁不选科学，所以甲、戊选择科学，满足（5）前件，所以有两人选外语，结合"在语文和外语科目中每人至多选择一个"得到乙选择语文。

均正确答案为D选项。

135

335 【答案】A

【解析】

补充条件（6）丁外语→戊语文。

接上题，甲、戊选择科学，所以甲、戊不能同时选择外语，进而丁选择外语。根据条件（6）得到戊选择语文。由上题推理可知，选择语文的人数是3，选择数学的人数是1，选择外语的人数是2；由上题推理可知，乙、丙选语文，且乙、丙中有人选择数学；综合可得，丁不选择数学。结合丁不选择语文，所以丁必须选择美术，A选择正确。

336 【答案】B

【解析】

甲在周三值班，结合（1）可知，戊在周六值班；而"丙与庚的值班日期间隔也为两天"，则丙与庚可能在14、25、47值班（丙与庚值班日期可互换）。

根据（2）可反向排除25这种可能性。

若丙与庚在14值班（丙与庚值班日期可互换），只有丁在周二值班，乙与己在周五或周日值班（乙与己值班日期可互换），才能满足（2）。若丙与庚在47值班（丙与庚值班日期可互换），则乙和丁在周一或周二值班，己在周五值班，才能满足（2）。因此，可得出丁在周一或周二值班。

337 【答案】A

【解析】

第一步，梳理题干：

（1）¬天秤座在第二组→双鱼座和摩羯座在同一组；

（2）天蝎座和射手座不在同一组；

（3）水瓶座和摩羯座不在同一组→天秤独立一组；

（4）第一组人数＋第三组人数＝第二组人数。

第二步，分析推理：

根据水瓶座在第二组，从条件（3）开始假设前件为真，得到天秤座独自一组，满足（1）前件，进而得到双鱼座和摩羯座同组，所以天蝎座和射手座只能同在第二组，与（2）矛盾，故水瓶座和摩羯座在同一组，本题选择A项。

338 【答案】C

【解析】

第一步，梳理题干：

一共三天，八个地方选择六种，第二天项目最多，所以可能性有132、231、141。

（1）¬剑门关∨¬翠云廊；

（2）¬明月峡∨¬千佛崖；

（3）第一天去皇泽寺∨（昭化古城∨凤凰山公园）；

（4）¬皇泽寺∨第三天嘉陵江；

（5）翠云廊和昭化古城不在一起。

由于八个项目选择六个，两个不选，所以（1）（2）得：剑门关和翠云廊二选一，明月峡和千佛崖二选一，必选昭化古城、凤凰山公园、皇泽寺、嘉陵江→（3）第一天去皇泽寺→第三天去嘉陵江。

第二步，分析推理：

选项给的确定信息较多，优先带选项，可以发现，C项出现矛盾，不符合132、231、141的项目数可能性。

故选C。

339 【答案】C

【解析】

第二步，分析推理：

第二问中有确定信息，优先带入，第一天去皇泽寺，第三天去嘉陵江、千佛崖→不去明月峡→项目数一定是132→第二天必去昭化古城和凤凰山公园→由（5）可知翠云廊不去→第二天还要去剑门关。

综上所述，第二天去昭化古城、凤凰山公园、剑门关，故选C。

340 【答案】D

【解析】

第一步，梳理题干：

八个项目，两个出现多天，有氧在最后一天，臀腿绑定，四天的项目数可能有：3341、2241。如果是2241，那么一共9个项目数，与题干中的两个项目多天矛盾（最少10个），所以一定是3341。

第二步，分析推理：

先用已知确定信息列表，再从假言入手，先找矛盾，找出更多的确定信息，初步判断此题考察数量限制和匹配，所以侧重关注每天项目数的变化。

（5）如果前件为真→腿两天，结合（2）臀也两天，加上（3）就有三个项目是多天，矛盾，因此（5）的前件为假→肩不止一天，反推（4）→腿和肩有出现在同一天的情况。

又因为（2）臀腿绑定，所以会有一天出现臀腿肩三个项目，结合（3）以及3341的分配，臀腿肩只能在第三天，前两天每天只剩两个空位，不足以放臀腿肩三个项目。

第一天（3）	第二天（3）	第三天（4）	第四天（1）
腹	腹		有氧
			－
			－
－	－	－	

综上，此题选D。

341 【答案】C

【解析】

第一步，梳理题干：

现可推出：

第一天三个	第二天三个	第三天四个	第四天一个
腹	腹	臀	有氧
		腿	－
		肩	－
－	－		－

已知有两个项目是多天，第一问得出肩不止一天，那就是肩和腹，但是具体天数未知，胸、背、手

137

臂三种还未匹配。3341一共是11个，所以肩和腹出现两天和三天。

第二步，分析推理：

第二问已知手臂和肩不在同一天练，所以肩不会出现三天，不然手臂没位置，推出腹出现三天，得第三天最后一个项目是腹。

第一天三个	第二天三个	第三天四个	第四天一个
腹	腹	臀	有氧
（肩）	（手臂）	腿	—
		肩	—
—	—	腹	

其余项目无法固定位置，肩和手臂分别在第一天和第二天，可互换，只剩两个空位，如下表：

第一天三个	第二天三个	第三天四个	第四天一个
腹	腹	臀	有氧
（肩）	（手臂）	腿	—
【胸】	【背】	肩	—
—	—	腹	

胸、背可互换。

综上，选择C。

342【答案】E

【解析】

第一步，梳理题干：

（1）玫红色坎肩和大红色坎肩中间间隔两天；

（2）周三的坎肩不是正黄色就是墨绿色，运动裤不是5号就是6号；

（3）如果正黄色坎肩在周一→玫红色坎肩搭配6号运动裤∧墨绿色坎肩搭配1号运动裤；

（4）如果正黄色和墨绿色一周都有→裤子1、2、3、4号都会穿；

（5）¬这五天中有灰色→正黄色在周一；

（6）周二穿5号裤子且玫红色坎肩在周五。

	周一	周二	周三	周四	周五
坎肩					玫红色
运动裤		5号			

第二步，开始推理：

由（1）得大红色坎肩在周二。

由（2）得，周三的裤子是6号。

由（4），如果1、2、3、4号四条裤子都要，产生矛盾，所以（4）的后件为假→正黄色坎肩和墨绿色坎肩一周不会都出现→（3）如果（3）的前件为真，其后件出现墨绿色坎肩产生矛盾→（3）前件为假，正黄色不会在周一→（5）五天中有灰色坎肩。

第三步，开始假设：

结合（2），如果周三是正黄色坎肩，且上述已经求证：正黄色和墨绿色不同时出现、有灰色、相同颜色不相邻。所以周一和周四都是灰色。无矛盾。

	周一	周二	周三	周四	周五
坎肩	灰色	大红色	正黄色	灰色	玫红色
运动裤		5号	6号		

结合（2），如果周三是墨绿色坎肩，周四只能是灰色，周一可以是墨绿色也可以是灰色。E矛盾。

	周一	周二	周三	周四	周五
坎肩	灰色/墨绿色	大红色	墨绿色	灰色	玫红色
运动裤		5号	6号		

综上，选E。

343 【答案】C

【解析】

第二步，预判思路：

题干中并未给出确定信息，因为（3）可以与（4）联立，从（3）假设入手。

第三步，分析推理：

如果（3）正黄色坎肩在周一→一周内会同时有墨绿色和正黄色→（4）裤子1、2、3、4号都会穿，结合（3）后件：玫红色坎肩搭配6号运动裤，再结合（2）周三的裤子就只能是5号，至此有6条裤子，产生矛盾→正黄色坎肩不在周一。

联立（5）→逆否可得：五天中有灰色坎肩、正黄色穿了两天（第二问确定信息）、玫红色坎肩和大红色坎肩中间间隔两天，一共5件坎肩，放不下墨绿色，因此，周三只能是正黄色坎肩。

综上，选C。

344 【答案】C

【解析】

根据题干信息可知，最终得分情况是冠军得3分，亚军得2分，季军得1分，第四名得0分。

根据（2）可推出，李最终得2分，是亚军，孙得分要么是3分，要么是1分，若孙得3分，此时不满足条件（1），所以孙只得了1分；由于李打赢了钱，那么钱不可能得3分，所以最终冠军是赵。

故正确答案为C选项。

345 【答案】E

【解析】

第一步，梳理题干：

（1）生物→天文；

（2）丙编程∨丁编程；

（3）甲、乙文学∨艺术→乙天文∧丁编程。

根据题干信息可知，四人中恰有一人选修了两门课，结合（1）进一步推知，选修2门课的人必定选修的是生物和天文。再结合（2）分析，选修编程的是丙、丁中的一人，那么其余人不可能再选修编程，文学和艺术分别由2个人选择，无论怎么选，甲、乙中至少有一人选择文学、艺术中的一门课，结合（3）可推出，乙选修天文和生物，丁选修编程，甲、丙分别选修文学、艺术中的一门。

故正确答案为E选项。

题型 12　真话假话题

考向 1　特殊关系

答案速查表

题号	346	347	348	349	350	351	352	353	354	355
答案	D	E	D	C	C	C	A	D	B	C

346　【答案】D

【解析】

第一步，梳理题干：

（1）丁→¬戊∧¬己；

（2）甲∧乙→¬丙；

（3）¬丁→¬戊∧丙；

（4）甲∧乙∧丙。

第二步，分析推理：

观察分析可知，（2）和（4）为矛盾关系，必然一真一假，由此可得（1）（3）必然为真。

由（1）为真可知，如果丁入围，则戊和己两人不入围；由（3）为真可知，如果丁不入围，则丁和戊不入围。所以无论丁是否入围，都有两人不入围，结合题干中 6 选 4 的数量限制可得，甲、乙、丙三人均入围。

故正确答案为 D 选项。

347　【答案】E

【解析】

第一步，梳理题干：

（1）丁＞甲∀戊＞丁；

（2）乙冠军→丁＋戊≠7；

（3）丙＋戊＜甲；

（4）甲＞戊→丁最小；

（5）¬乙冠军→甲＞戊。

第二步，分析推理：

根据题干信息分析可知，（2）（5）为一对"特殊下反对关系"，猜测正确的必定在这两个之中，那么其余条件均为假。由（4）为假推出，甲＞戊，此时猜测正确的是（5），那么再由（2）为假可推出，乙是冠军，他的点数最大，丁和戊的点数之和为 7。由（1）为假推出，（丁＞甲∧戊＞丁）∨（甲＞丁∧丁＞戊），即戊＞丁＞甲∨甲＞丁＞戊；前面已推出甲＞戊，因此只能甲＞丁＞戊。

由于乙的点数最大，且丁＞戊，那么丁和戊的点数可能是 5+2 或 4+3；再根据甲＞丁＞戊可知，丁和戊的点数只能是 4+3，那么丁、戊的点数分别为 4 点、3 点，甲只能是第二并且点数是 5 点。再结合（3）为假且每人点数均不一样可知，丙的点数最小，他的点数是 2 点。

故正确答案为 E 选项。

第二章 综合推理

348 【答案】D

【解析】

第一步，梳理题干：

（1）¬李四∧王五；

（2）李四→张三 =¬李四∨张三；

（3）李四∨王五；

（4）赵六∨方七；

（5）¬张三∨李四。

第二步，分析推理：

观察题干信息可知，（2）（5）为一对"特殊下反对关系"，其中至少有一句真话，所以（1）（3）（4）均为假。由（2）（3）（4）为假可推出，李四、王五、赵六、方七均没有中奖，那么（2）为真，即李四说的是真话。根据（5）为假可推出，中奖的是张三。

故正确答案为D选项。

349 【答案】C

【解析】

第一步，梳理题干：

（1）法学院；

（2）¬文学院；

（3）文学院∀经济学院；

（4）¬国际关系学院∧¬法学院。

第二步，分析推理：

根据题干信息可知，（1）（4）为一对"特殊矛盾关系"，为假的看法在这两个之中，那么（2）（3）的看法均是正确的，结合（2）（3）可推出，植树最多的小组是经济学院。

故正确答案为C选项。

350 【答案】C

【解析】

第一步，梳理题干：

（1）甲：乙真。

（2）乙：丙真→乙真 =¬丙真∨乙真。

（3）丙：丙假→甲真∨乙真 = 丙真∨甲真∨乙真。

第二步，分析推理：

结合（2）（3）可知，说真话的在这两个之中，那么可知甲说的是假话，可进一步推出乙没有说真话。由于3人中只有1人说真话，那么这个说真话的人一定是丙。

故正确答案为C选项。

351 【答案】C

【解析】

第一步，梳理题干：

141

（1）晓莉 + 张晨 =8；

（2）晓莉 + 刘毅 =5，张晨 =5-2=3；

（3）刘毅 + 程东 =7；

（4）程东 + 晓莉 =6。

第二步，分析推理：

根据题干信息可知，只有一人的邮件内容为假；结合（1）(3)可知，晓莉 + 张晨 + 刘毅 + 程东 =15，总出差时间超过了 1 年，与题干相违背，所以为假的信息一定在（1）（3）中，则（2）（4）均为真，那么张晨出差了 3 个月。

若(1)为真，那么晓莉出差了 5 个月；结合(4)推出，程东出差了 1 个月；结合(2)可知,刘毅没出差，此时总出差时间不够一年，不符合题干要求，所以（1）必为假，（3）为真。

再结合（2）（3）（4）可知，程东出差了 4 个月，晓莉出差了 2 个月，刘毅出差了 3 个月。

故正确答案为 C 选项。

352 【答案】A

【解析】

第一步，梳理题干：

甲：谢 2 ∧ 马 4；

乙：¬杨 3 → 马 3；

丙：蒋 1 ∧ 谢 3；

丁：¬佳 1 → 杨 2。

第二步，分析推理：

观察可知甲、丙二人中必然有一个人说假话，所以乙、丁说的话一定为真。

假设丙说真话，那么乙也会说假话，与题干矛盾，故丙说假话、甲说真话。小马第四个出场否定乙的后件，得到小杨第三个出场，再否定丁的后件，推出第一个出场的人为小佳，本题选择 A。

353 【答案】D

【解析】

第一步，梳理题干：

甲：¬甲→乙；

乙：丙；

丙：戊 ∧ ¬甲；

丁：¬丙 ∧ 丁；

戊：¬乙→丁。

第二步，分析推理：

观察可知乙、丁丙二人中必然有一个人说假话，所以甲、丙、戊说的话一定为真。根据戊获奖、甲不获奖，可以推出乙获奖，所以本题答案为 D。

354 【答案】B

【解析】

第一步，梳理题干：

张：¬甲∨乙；

王：¬乙；

赵：丙∨甲；

李：丁∀戊。

观察可知张与王说的话至少一真，并且张与赵说的话至少一真，又因为只有一个人预测正确，所以张说的话为真，其他四人说的话均为假话，可以得到甲、丙不获奖，乙获奖，丁、戊要么一起获奖，要么一起不获奖。所以获奖人数有两种可能性。

355 【答案】C

【解析】

第一步，梳理题干：

（1）¬瀚琛冠军∧晗熙冠军；

（2）筠瑾冠军→轶群季军；

（3）¬晗熙冠军∧轶群季军；

（4）筠瑾冠军∀轶群季军。

第二步，分析推理：

结合（1）（3）分析可知，这两项互为"特殊反对关系"，假话必定在其中，那么（2）（3）均为真，进一步分析可推出，轶群获得了季军，筠瑾没有获得冠军，那么不符合实际结果的话是（3），冠军是晗熙获得的。

故正确答案为C选项。

考向2 分类假设

答案速查表

题号	356	357	358	359	360	361	362	363	364	365
答案	B	E	D	A	D	E	C	D	E	E

356 【答案】B

【解析】

第一步，梳理题干：

（1）¬三班；

（2）六班；

（3）四班∨五班；

（4）¬六班∧¬一班；

（5）¬四班∧¬三班。

第二步，分析推理：

根据题干信息分析可知，若（5）为真，那么（1）也一定为真，不符合题干要求，所以（5）必定为假，第一名在三班、四班之中，那么（4）必定为真，（1）（2）（3）均为假，进一步可推出，第一名是三班。

故正确答案为B选项。

357 【答案】E

【解析】

第一步，梳理题干：

（1）¬安安；

（2）¬迪迪；

（3）吉吉∨迪迪；

（4）¬安安∨（¬迪迪∧¬米米∧¬吉吉∧¬菱菱）；

（5）¬安安∧¬迪迪∧¬米米∧¬吉吉∧¬菱菱。

第二步，分析推理：

根据题干信息可知，只有两个预测正确；结合题干条件可知，若（5）为真，此时会有四个预测正确，符合题干要求，故（5）必然为假。

（2）（3）为一对"特殊下反对关系"，至少有一个预测正确。若（1）为真，此时（4）也必定为真，不符合题干要求，故（1）必然为假。

再结合（3）（4）可知，其中至少有一个预测不正确，若（3）为假，那么此时（2）（4）正确，只有安安一个公司赢利；若（4）为假，那么此时（2）（3）正确，至少有安安、吉吉两个公司赢利。

故正确答案为E选项。

358 【答案】D

【解析】

第一步，梳理题干：

（1）¬贾∧史；

（2）王；

（3）¬贾→¬薛＝贾∨¬薛；

（4）¬薛∧杨；

（5）¬杨∧¬王。

根据题干信息分析，已知条件中没有明显的矛盾关系、下反对关系，所以此题考虑代入选项验证。

第二步，验证选项：

A选项：若贾是全程投票的人，那么此时符合要求的话是（3）（5），不满足题干要求，排除。

B选项：若史是全程投票的人，那么此时符合要求的话是（1）（3）（5），不满足题干要求，排除。

C选项：若王是全程投票的人，那么此时符合要求的话是（2）（3），不满足题干要求，排除。

D选项：若薛是全程投票的人，那么此时符合要求的话是（5），符合题干要求。

E选项：若杨是全程投票的人，那么此时符合要求的话是（3）（4），不满足题干要求，排除。

故正确答案为D选项。

359 【答案】A

【解析】

第一步，梳理题干：

（1）¬张赢∧冠珺；

（2）¬尚岸→钱程；

（3）张赢∀冠珺；

（4）¬钱程∧¬尚岸。

第二步，分析推理：

根据题干信息可知，邮寄者说假话，未邮寄者说真话。而（2）（4）为矛盾关系，必定有一人说真话、一人说假话。若（1）为真，那么（3）也为真，此时张赢、尚岸都不是邮寄者。由于邮寄者有两人，所以（2）（4）必定为假，可推出钱程也不是邮寄者，这与题干信息相矛盾，所以（1）为假，张赢是其中一个邮寄者，那么（3）必定为真，可推出冠珺不是邮寄者，那么他说的就是真话，即（2）为真，则（4）为假，钱程说的是假话，钱程必定是邮寄者。

故正确答案为 A 选项。

360 【答案】D

【解析】

第一步，梳理题干：

（1）小红≥5；

（2）小强3、X3；

（3）小明≥8。

第二步，分析推理：

根据题干信息分析，若（1）（3）这两个想法都被满足，那么糖果是不够分的，不符合实际情况，所以未被满足的想法必定在（1）（3）之中，那么（2）必定为真，此时糖果数量分组为3、3、6，（3）此时必定为假，可知道小红分到了6颗糖，小强和小明各分到3颗糖。

故正确答案为 D 选项。

361 【答案】E

【解析】

第一步，梳理题干：

（1）甲：红色三等奖、橙色五等奖、紫色一等奖。

（2）乙：红色二等奖、橙色五等奖、紫色四等奖。

（3）丙：红色六等奖、橙色三等奖、紫色二等奖。

（4）丁：红色二等奖、橙色四等奖、紫色六等奖。

（5）一人猜对两个，其他人都只猜对一个。

第二步，分析推理：

猜的结果一共有12种，猜对的情况数一共是5个。观察猜测情况可知，红色箱子至多猜对2个。同样，橙色箱子至多猜对2个，紫色箱子至多猜对1个。猜对的情况数至多是5个，那么至此可知，橙色箱子里的奖品必定是五等奖。

故正确答案为 E 选项。

362 【答案】C

【解析】

第一步，梳理题干：

（1）甲：¬甲∧¬乙∧¬丙∧¬丁=戊∨己。

（2）丙：戊∀己。

（3）丁：¬丙→甲∨乙 = 丙∨甲∨乙。

（4）己：甲∀乙。

第二步，验证选项：

A 选项：若甲抽中，则丁和己两人说真话，不符合题干表述，排除。B 选项：若乙抽中，则丁和己两人说真话，不符合题干表述，排除。C 选项：若丙抽中，则丁一人说真话，符合题干信息。

D 选项：若丁抽中，则没人说真话，不符合题干表述，排除。

E 选项：若戊抽中，则甲和丙两人说真话，不符合题干表述，排除。

故正确答案为 C 选项。

363【答案】D

【解析】

第一步，梳理题干：

（1）甲：¬丁 = 甲∨乙∨丙∨戊。

（2）乙：¬甲∧¬丙∧¬丁 = 乙∨戊。

（3）丙：甲∨乙。

（4）丁：¬戊 = 甲∨乙∨丙∨丁。

第二步，分析推理：

五人中只有一人捐款，只要确定是其中一人捐款，则其余人均不是捐款人。若甲是捐款人，那么此时说真话的有 3 人，不符合题干要求，所以不可能是甲。若乙是捐款人，那么此时说真话的有 4 人，不符合题干要求，所以不可能是乙。若丙是捐款人，那么此时说真话的有 2 人，不符合题干要求，所以不可能是丙。若丁是捐款人，那么此时说真话的有 1 人，符合题干要求。若戊是捐款人，那么此时说真话的有 2 人，不符合题干要求，所以不可能是戊。

故正确答案为 D 选项。

364【答案】E

【解析】

第一步，梳理题干：

六种植物选择五种，五个人中三个人说真话。

张员工：¬乌木∨生石花。

王员工：玉扇。

李员工：¬玉扇∨玉蝶。

赵员工：乌木∧¬生石花。

刘员工：生石花∨玉蝶。

第二步，分析推理：

张和赵的预测是矛盾的，因此张和赵必有一真。此时，题干中无反对和矛盾关系，考虑假设。

寻找重复信息，材料玉扇和玉蝶提到次数较多，优先入手玉蝶。

假设，选择玉蝶，张和赵有一真，李和刘必真，所以王为假，不选玉扇，又因为 6 种选择 5 种，则仅不选玉扇。

不选玉蝶，6 种选择 5 种，发现并无矛盾，则仅不选玉蝶。

综上所述，必定入选的有：生石花，虹之玉，乌木，熊童子。

故本题正确答案选E。

365 【答案】E

【解析】

第一步，梳理题干：

甲：甲是二等奖∧丙是一等奖；

丙：丁是一等奖∨己是一等奖；

戊：丙没奖∧丁是二等奖；

庚：¬甲是二等奖∨（乙是三等奖∧戊是二等奖）。

第二步，分析推理：

只有二等奖的人会说真话，题干仅提到甲、丙、戊、庚四人，如果这四人中没有二等奖，那么庚说的话为真，产生矛盾，所以，这四人中有人获得二等奖。

假如甲是二等奖→丙是一等奖，结合题干，一等奖只有一个→则丙说的话为假，丁、己均没有获得一等奖。"丙是一等奖"结合戊说的话可得，戊说的话为假，则丙获奖了或丁不是二等奖。该假设无矛盾。

假如甲不是二等奖→庚说的话为真→庚是二等奖。

那么得出：甲是二等奖或者庚是二等奖。

→甲不是二等奖→庚说的话必为真→庚是二等奖。

综上，选E。

考向3　综合考法

答案速查表

题号	366	367	368	369	370	371	372	373	374	375
答案	E	A	B	A	C	C	C	D	C	D

366 【答案】E

【解析】

第一步，梳理题干：

（1）行政部；

（2）企划部；

（3）秘书处；

（4）¬企划部∧¬技术部；

（5）¬运营部∧¬行政部。

第二步，分析推理：

根据题干信息分析可知，（1）和（5）、（2）和（4）分别为一对"特殊反对关系"，那么为假的两个看法在这四个结果中，（3）必定为真，可推出获得第一名的小组是秘书处。

故正确答案为E选项。

367 【答案】A

【解析】

第一步，梳理题干：

（1）¬美美；

（2）有人去；

（3）康康→¬美美 =¬康康∨¬美美；

（4）没有人去。

第二步，分析推理：

根据题干信息分析，(2)(4)互为矛盾关系，必定一真一假。结合"有两人说真话，有两人说假话"可知，(1)(3)也必定一真一假。若（1）为真，此时（3）必然也为真，这不符合题干要求，所以（1）必定为假，（3）为真，进一步推出美美去了冰雪大世界，那么说真话的是康康与和和。

故正确答案为 A 选项。

368【答案】B

【解析】

第一步，梳理题干：

（1）短跑∧排球；

（2）短跑∧排球→接力 =¬短跑∨¬排球∨接力；

（3）排球→接力 =¬排球∨接力。

题干问可能为真，故考虑采用代入选项验证法解题。

第二步，验证选项：

A 选项：短跑∧接力∧¬排球，代入题干可得，(2)(3)均为真，不符合题干要求，排除。

B 选项：短跑∧¬接力∧排球，符合题干要求。

C 选项：¬短跑∧接力∧排球，代入题干可得，(2)(3)均为真，不符合题干要求，排除。

D 选项：短跑∧¬接力∧¬排球，代入题干可得，(2)(3)均为真，不符合题干要求，排除。

E 选项：短跑∧接力∧排球，代入题干可得，(1)(2)(3)均为真，不符合题干要求，排除。

故正确答案为 B 选项。

369【答案】A

【解析】

第一步，梳理题干：

按照时间的早晚顺序（A早于B即A＞B）可得：

（1）乙＞丙；

（2）丙＞甲；

（3）乙＞甲；

（4）至少有两人说了假话。

第二步，验证选项：

复选项Ⅰ：甲＞乙＞丙，代入题干可得，(2)(3)为假，(1)为真，符合题干要求。

复选项Ⅱ：丙＞乙＞甲，代入题干可得，(2)(3)为真，(1)为假，与(4)矛盾，排除。

复选项Ⅲ：乙＞丙＞甲，代入题干可得，(1)(2)(3)为真，与(4)矛盾，排除。

复选项Ⅳ：甲＞丙＞乙，代入题干可得，(1)(2)(3)为假，与(4)矛盾，排除。

故正确答案为 A 选项。

370 【答案】C

【解析】

第一步，梳理题干：

（1）¬甲1∧甲＞丙；

（2）乙＞甲；

（3）丙4；

（4）¬乙3。

第二步，分析推理：

根据题干信息可知，第1名和第4名说假话；结合（3）可知，丙说的不可能是真话，所以他是第1名；再结合（1）可推出，甲说的不可能是真话，那么甲是第4名。此时能推知乙、丁说的均是真话，最终知道完成时长从长到短的排名是甲、丁、乙、丙。

故正确答案为 C 选项。

371 【答案】C

【解析】

第一步，梳理题干：

甲：甲∨丁；

乙：¬乙；

丙：甲→乙；

丁：¬甲∧丁；

戊：甲∀戊。

第二步，分析推理：

题干中关键词"第一名只有一个人""有两个人预测正确"，将每句话提到的可能当选第一名的人分别写出，可以发现丙出现了两次，所以本题正确答案为 C。

372 【答案】C

【解析】

第一步，梳理题干：

甲：A 是丁的∨S 是丁的；

乙：我没车；

丙：A 不是丙的∨S 是戊的；

丁：S 是丁的；

戊：S 不是戊的∨A 是甲的；

3 人说真话。

第二步，开始推理：

观察信息，可以识别到丁出现次数较多，从丁入手。

第三步，开始假设：

假设丁说真话→S 是丁的→甲说真话，观察得丙和戊必有一真、只有三人说真话→乙说假话→A 是

149

乙的→该情况下甲、丙、丁、戊四人说真话→该假设不成立→丁说假话。

丁说假话→S 不是丁的。

剩下的信息中 A 出现次数较多，假设 A 的归属→A 是甲的→丙、戊真，A 是乙的→丙真，A 是丙的→甲假→剩余三人乙丙戊都说真话，A 是戊的→丙真，此时 A 的归属已经穷举完，因此，丙一定为真。

综上，选 C。

373 【答案】D

【解析】

第一步，梳理题干：

小张：小王喝 7 分糖∨小张就喝全糖；

小王：小李喝 5 分糖；

小李：¬小王喝 3 分糖∨小张也喝 3 分糖；

小赵：小赵不喝全糖；

小刘：小刘喝 5 分糖。

两个人喝 3 分糖，其余人均不一样，而且仅有喝三分糖的两人说真话。

第二步，分析推理：

观察选项，且命题，五个人列出三个，优先考虑带选项。

D. 小张喝 3 分糖，小王喝 3 分糖。他俩都说真话，小张说的话为假，产生矛盾。

综上，选 D。

374 【答案】C

【解析】

第一步，梳理题干：

（1）¬甲∨¬丁→乙∧丙 =（甲∧丁）∨（乙∧丙）；

（2）¬乙→¬丙∨¬丁 = 乙∨（¬丙∨¬丁）；

（3）¬丙→¬甲 = 丙∨¬甲；

（4）甲∨乙。

第二步，分析推理：

根据题干可知，5 人中没获奖的人数恰有 2 人，同时接受采访的 4 人有两人说了假话。

观察题干信息没有明显的特殊关系，先将题干的假言命题等价为相应的或命题，进一步分析发现（2）（3）中存在一对特殊下反对关系，即其中至少有一个话为真。

若（4）为假，结合（1）可知该条件也为假，此时没有获奖的有甲、乙以及丙、丁中的一人，这与题干数量关系矛盾，故（4）为真，那么根据上述推理结果和题干要求可知（1）必定为假。

若甲获奖，乙未获奖，可推出丁未获奖，题干已经提及最终有 3 人获奖，所以当推出丁未获奖时，丙、戊一定获奖了，而此时（2）（3）均为真，不符合题干"恰有 2 人说假话"的要求，排除。

若甲未获奖，乙获奖了，可推出丙也未获奖，则（2）（3）均为真。不符合题干"恰有 2 人说假话"的要求，排除。

综上分析，甲、乙都获奖了，再结合（1）推出未获奖的是丙、丁，戊获奖了。

故正确答案为 C 选项。

375 【答案】D

第一步，梳理题干：

甲：甲＋乙＋丙＝6；

乙：丙＝3；

丙：丙＋丁＋戊＝9；

丁：丁＋戊＝7；

戊：甲说真话→戊说真话。

第二步，分析推理：

观察可知乙讲话内容与丙相关，所以从乙开始假设，假设乙说真话，则丙也说真话，余下三人都只能说假话，但此时戊说的话也为真话，矛盾。

所以乙说假话，同时丙也说假话。余下三人中有两人说真话，甲与丁讲话内容要么同真，要么同假，所以甲与丁只能都说真话。

第三章 论证逻辑

专题五 削弱题

题型13 削弱的基本思路

答案速查表

题号	376	377	378	379	380	381	382	383	384	385
答案	C	D	A	D	D	A	A	B	B	C
题号	386	387	388	389	390	391	392	393	394	395
答案	C	C	D	A	B	D	C	D	D	B
题号	396	397	398	399	400	401	402	403	404	405
答案	D	D	B	B	A	B	A	E	E	C

376 【答案】C

【解析】

第一步，梳理题干：

论据：遗骸附近有随葬的磨光小石斧，胸腹部有多枚穿孔螺壳，在遗址内还发现了用蚌壳或螺壳制作的装饰品，这种饰品一般在一端或两端穿孔，可供系挂，可能用作坠饰。

论点：在新石器时代的早期，人类的审美意识已开始萌动削弱上述论证，需表明依据随葬的物品以及物品的制作方式等猜想，无法推出这是当时人们已经具有审美意识的结论，或者直接表明这些随葬品和其他事情相关。

第二步，验证选项：

A 选项：该项表明新石器时代的饰品"通常"是石器，并未表明只能是石器，蚌器也有可能被当作饰品，所以该项无法削弱题干论证，排除。

B 选项：表明出土的饰品粗糙，题干并未讨论饰品的精细程度和审美意识的关系，无关选项，排除。

C 选项：该项指出饰品的作用是用来彰显地位，与审美意识无关，可以削弱题干论证，正确。

D 选项：题干并未讨论饰品的大小和审美意识的关系，无关选项，排除。

E 选项：该项表明该遗址的发掘为诸多学科提供了重要信息，与题干论证无关，排除。

故正确答案为 C 选项。

377 【答案】D

【解析】

第一步，梳理题干：

论据：坚持良好作息时间的人和普通人相比，平均寿命不存在差异。

论点：良好的作息时间并不能让我们提高寿命，保持健康。

第二步，验证选项：

A 选项：偷换概念，作息规律不一定是良好的作息时间，无法削弱上述论证，排除。

B 选项：相关度较弱，指出了良好的作息时间带给我们的好处，并未提及其与寿命的关系，排除。

C 选项：力度较弱，可以表明良好的作息有助于改善身体和气色，身体会比之前更好，但这里出现了程度词"有些"，所以削弱力度不足。

D 选项：反例削弱，该项指出了良好的作息时间对于提高寿命、保持健康是有作用的，正确。

E 选项：无关项，说明良好的作息时间没有任何门槛，与题干论证无关，排除。

故正确答案为 D 选项。

378 【答案】A

【解析】

第一步，梳理题干：

论据：跑步作为一种简单易行的运动方式，被很多人视为减肥的首选。

论点：跑步并不是最有效的减肥方式。

第二步，验证选项：

A 选项：该项明确指出，相比其他减肥方式，跑步是最有效的减肥方法，可以削弱专家观点，正确。

B 选项：该项指出跑步减少体重的程度不明显，并未说明该方式的有效程度是不是最高的，故该项无法削弱，排除。

C 选项：该项表明跑步消耗的物质主要是糖分，并未说明该方式的有效程度是不是最高的，故该项无法削弱，排除。

D 选项：该项表明 HIIT 的燃脂效率高于跑步，支持了专家的观点，排除。

E 选项：该项表明跑步会导致一些关节磨损问题，与题干论证无关，排除。

故正确答案为 A 选项。

379 【答案】D

【解析】

第一步，梳理题干：

论据：《外层空间条约》使得太空在冷战期间是一块难得的净土，避免其遭受战争摧残，而且成功实现了无核化。

论点：《外层空间条约》对人类的意义非凡。

第二步，验证选项：

A 选项：该项表明外层空间的资源丰富，无关选项，排除。

B 选项：该项讨论的是"太空探索的主导权"，无关选项，排除。

C 选项：该项表明《外层空间条约》的主导权的所属，并不能说明这个条约就不是意义非凡的，故该项无法削弱题干，排除。

D 选项：该项表明条约就是一张纸，对发动战争的国家没有实际约束，那么进一步说明这个条约是没有意义的，可以削弱题干。

E 选项：该项表明了一种设想，即"大家遵守条约，地球上的战争就少些"，并没有明确的态度，故该项无法削弱题干，排除。

故正确答案为 D 选项。

380 【答案】D

【解析】

第一步，梳理题干：

语言学家观点：语言能力是天生就有的能力，存生一种天生的语言内核，通过自我慢慢发展，这种语言内核最后会"长"成我们所熟悉的一切语言能力。

第二步，验证选项：

A 选项：该项表明婴儿是通过模仿父母的方式学习语言，无法削弱语言学家的观点，排除。

B 选项：该项表明语言是基因中早就预设有的，说明语言能力就是天生的，支持了语言学家的观点，正确。

C 选项：该项表明动物经过训练后也能使用语言，只是表明语言后天也能习得，并不能说明其不是天生的，故该项无法削弱语言学家的观点，排除。

D 选项：该项表明原始部落的居民在自我发展中没有形成语言能力，可以削弱语言学家的观点，排除。

E 选项：该项表明语言内核存在问题没有定论，无法说明语言能力不会随着自我发展起来，故该项无法削弱语言学家的观点，排除。

故正确答案为 D 选项。

381 【答案】A

【解析】

第一步，梳理题干：

论据：临产孕妇的过敏反应会影响到体内的胎儿，春季花粉最为丰富，这个季节的过敏反应是一年中最强的。

论点：大部分患有先天性过敏症的儿童应当出生在春季。

第二步，验证选项：

A 选项：该项表明与先天性过敏症有关的免疫系统的发育在孕中期，和出生时间无关，该项可以削弱题干论证，正确。

B 选项：该项讨论的是儿童在过敏症的患者中的占比，无关选项，排除。

C 选项：该项表明了过敏反应对孕妇的影响，并未讨论先天性过敏症和出生的季节的关系，无关选项，排除。

D 选项：该项表明了出生在夏天的患有过敏症的儿童具体的过敏源，无关选项，排除。

E 选项：该项表明怀孕造成孕妇变成过敏体质，无关选项，排除。

故正确答案为 A 选项。

382 【答案】A

【解析】

第一步，梳理题干：

论据：临产孕妇的过敏反应会影响到体内的胎儿，春季花粉最为丰富，这个季节的过敏反应是一年中最强的。

论点：大部分患有先天性过敏症的儿童应当出生在春季。

第二步，验证选项：

A 选项：该项表明与先天性过敏症有关的免疫系统的发育在孕中期，和出生时间无关，该项可以削弱题干论证，正确。

B 选项：该项讨论的是儿童在过敏症的患者中的占比，无关选项，排除。

C 选项：该项表明了过敏反应对孕妇的影响，并未讨论先天性过敏症和出生的季节的关系，无关选项，排除。

D 选项：该项表明了出生在夏天的患有过敏症的儿童具体的过敏源，无关选项，排除。

E 选项：该项表明怀孕造成孕妇变成过敏体质，无关选项，排除。

故正确答案为 A 选项。

383 【答案】B

【解析】

第一步，梳理题干：

论据：生物都是通过不断的自然选择和适应环境而进化来的，"过渡物种"是物种进化的关键环节，如果它们不存在，达尔文的自然选择理论也就无法解释生物的进化。

论点："过渡物种"应该还是存在的。

第二步，验证选项：

A 选项：该项讨论的是达尔文的理论的使用范围，无关选项，排除。

B 选项：该项直接表明达尔文的自然选择理论是错误的，削弱题干的论据，正确。

C 选项：该项表明自然选择理论对生物科学的重要性，与题干论证无关，排除。

D 选项：该项指明生物进化的途径不只自然选择一种，也就是说明的确存在一些生物是通过自然选择而来的，进化中的"过渡物种"也是会存在的，支持题干论证，排除。

E 选项：该项表明通过实验模拟得出存在其他形式生命的可能，无关选项，排除。

故正确答案为 B 选项。

384 【答案】B

【解析】

第一步，梳理题干：

论据：科学家们通过对照实验得出服用维生素 C 的人感冒的次数和没有服用的人相比并没有明显减少。

论点：维生素 C 并不能有效预防感冒。

第二步，验证选项：

A 选项：该项指出服用维生素 C 和注射免疫蛋白预防感冒的作用一样，无法说明维生素 C 能有效预防感冒，故该项无法削弱题干，排除。

B 选项：该项指出实验的结果存在问题，直接对题干的论据进行削弱，故该项可以削弱题干，正确。

C 选项：该项提出一种设想，并未表明具体的态度，故该项无法削弱题干，排除。

D 选项：该项指出了维生素 C 的多种作用，并未表明维生素 C 可以预防感冒，故该项无法削弱题干，排除。

E 选项：该项表明维生素 C 能"加快感冒病人的恢复速度"，并不是预防感冒，与题干论证话题不一致，故该项无法削弱题干，排除。

故正确答案为 B 选项。

385 【答案】C

【解析】

第一步，梳理题干：

论据：生鲜电商通过建立供应商管理流程与绩效考核体系来解决成本问题。

论点：生鲜公司的供应商不愿意接受严格的绩效考核体系。

第二步，验证选项：

A 选项：该项说明了降低生鲜电商的运营成本的好处，与题干讨论话题不一致，排除。

B 选项：该项指出通过优化包装、减少包装材料的使用的方法来解决成本问题，并未提及"绩效考核体系"的方法，无关选项，排除。

C 选项：该项表明绩效考核体系的激励政策到位，供应商是愿意接受的，直接反驳了专家的观点，正确。

D 选项：该项指出电商公司面临主要难题是控制运营成本，无关选项，排除。

E 选项：该项表明人工智能技术可以减少库存积压，无关选项，排除。

故正确答案为 C 选项。

386 【答案】C

【解析】

第一步，梳理题干：

论据：电子书具有便捷性，越来越多的人选择电子阅读，纸质书的地位受到了挑战。

论点：改善传统书籍的触感设计，纸质书能为读者提供无可替代的阅读体验。

第二步，验证选项：

A 选项：该项比较的是两种不同书籍的环保程度，题干并未涉及相关话题，排除。

B 选项：该项指出读者选择电子书的首要理由是便携、低成本，并未就"触感设计"这一话题进行讨论，排除。

C 选项：该项表明电子书阅读器的触感体验已经赶上纸质书了，那么纸质书的阅读体验也并不是无可替代的，可以质疑专家的观点。

D 选项：该项指出一些年轻读者对纸质书的触感设计感兴趣，这并不能说明纸质书的触感体验就是不可替代的，该项无法质疑专家的观点。

E 选项：该项比较了电子书阅读和纸质书阅读对记忆力的影响，无关选项，排除。

故正确答案为 C 选项。

387 【答案】C

【解析】

第一步，梳理题干：

论据：印度尼西亚苏拉威西岛某洞穴的壁画中的具有神秘动物特征的人物形象被认为是精神思维和艺术创作的证据，同时研究发现这些图像的年代是 43900 年至 35100 年前。

论点：这一发现挑战了先前关于早期人类艺术创作主要起源于欧洲的观点。

第二步，验证选项：

A 选项：该项只是指出壁画中的动物形象实际不存在，是艺术家虚构的，与题干论证无关，排除。

B 选项：该项指出颠覆传统观点的考古造假事件近些年频发，但这并不能说明此次的考古发现也是现代人造价所为，无法反驳专家的观点，排除。

C 选项：该项明确指出壁画中人物的神秘动物特征是自然侵蚀导致的，不存在所谓的人为艺术创作，可以反驳专家的观点，正确。

D 选项：该项表明放射性衰变测量可能存在误差，但并未进一步表明测量数据偏大还是偏小，没有明确的具体的结果，所以无法反驳专家的观点，排除。

E 选项：该项观点表达不明确，并未给出确切的事实信息，所以无法反驳专家的观点，排除。

故正确答案为 C 选项。

388 【答案】D

【解析】

第一步，梳理题干：

论据：网上出现以儿童喜欢的动画形象为外衣，传播暴力、恐怖、残酷、色情等不适内容的视频，相关部门开展深入监测和清查，相关网站也在开展自查和清理。

论点：相关部门和网站都过度紧张了，因为儿童的心理具有很强的可塑性，不会轻易受到这些视频的影响。

第二步，验证选项：

A 选项：该项表明监测和清查耗费人力和物力，与题干论证无关，排除。

B 选项：该项指出自查和清理行动会伤及没有不适内容的动画片，造成负面影响，并未提及视频和儿童心理可塑性的联系，与题干论证无关，排除。

C 选项：该项指出儿童需要通过打游戏等方式释放压力，与题干论证无关，排除。

D 选项：该项指出儿童具有模仿能力，他会对自己看到的内容进行模仿学习，继而养成自己的行为模式和价值观，这极大地影响了儿童的心理，可以反驳学者的观点，正确。

E 选项：该项表明只要家长和学校进行正确引导，就不会让儿童形成不好的价值观，无法反驳学者的观点，排除。

故正确答案为 D 选项。

389 【答案】A

【解析】

第一步，梳理题干：

论据：高尿酸血症可能引发痛风、肾脏疾病等全身代谢性疾病，其典型症状有慢性疲劳、蛋白尿、肾结石、痛风等。

论点：身体没有出现高尿酸血症的典型症状，就不必担心高尿酸血症的问题。

第二步，验证选项：

A 选项：该项明确指出高尿酸血症早期并没有症状显现，但是仍旧会损害身体，该项可以质疑题干论证，正确。

B 选项：该项指出高尿酸血症的患病原因是摄入高嘌呤食物的饮食习惯，而很少有人有相关的饮食习惯，该项有支持的力度，排除。

C 选项：该项表明了降低体内尿酸的方法，用这样的方法可以有效降低患病风险，与题干论证无关，排除。

D 选项：该项指出了鸡蛋、乳制品对人体尿酸含量的影响非常小，与题干论证无关，排除。

E 选项：该项指出卫生部门建议定期检测尿酸含量，与题干论证话题无关，排除。

故正确答案为 A 选项。

390 【答案】B

【解析】

第一步，梳理题干：

论据： 大量摄入胆固醇会对心血管造成不利影响，而人体对不同程度的胆固醇摄入量存在动态调节机制，能够适应胆固醇摄入量的波动。

论点： 不必过分担心大量胆固醇的摄入对身体的影响。质疑题干论证，可指出大量摄入胆固醇对身体存在危害或者不利影响。

第二步，验证选项：

A 选项：该项指出了我国成年居民胆固醇摄入的主要来源，与题干论证无关，排除。

B 选项：该项指出对于胆固醇敏感人群，摄入胆固醇过高会增加患心脑血管疾病的风险，该项可以质疑题干论证，正确。

C 选项：该项表明健康的人每天至少摄入一个鸡蛋，与题干论证话题无关，排除。

D 选项：无关选项，该项只是指出很多人爱吃猪脑，但是，该项并未指出胆固醇是否会对身体造成伤害，故该项无法有效削弱题干，排除。

E 选项：该项指出医学不断进步，健康的生活方式或许未来会被推翻，与题干论证话题无关，排除。

故正确答案为 B 选项。

391 【答案】D

【解析】

第一步，梳理题干：

论据： 膳食纤维是人体必需的非能量营养素，对健康有诸多益处，但在现实生活中，很多人的膳食纤维摄入量远远低于每日推荐摄入量（25 克）。

论点： 只要平时保持健康的生活方式，即便膳食纤维的摄入量不达标，也不会对健康造成太大影响。

第二步，验证选项：

A 选项：该项明确表明膳食纤维的摄入不足，会导致患心血管疾病及某些类型癌症的风险增加，可以削弱题干论证，排除。

B 选项：该项表明体育锻炼和良好的饮食习惯无法替代膳食纤维的作用，可以削弱题干论证，排除。

C 选项：该项指出膳食纤维摄入不足会引起血糖控制不良、体重管理困难，其他健康生活方式是无法解决这些问题的，可以削弱题干论证，排除。

D 选项：该项指出服用膳食纤维补充剂可补充膳食纤维摄入不足，那么日常摄入不达标也不会影响身体健康，支持题干论证，正确。

E 选项：该项指出膳食纤维可以防止便秘和维持肠道健康，而其他健康生活方式在这方面的作用有限，无法替代膳食纤维的作用，可以削弱题干的论证，排除。

故正确答案为 D 选项。

392 【答案】C

【解析】

第一步，梳理题干：

论据："诗体评语"的评价方式试图突破传统评价的局限，通过个性化的关注和情感的抚慰，激发学生的自信力、信任感和奋斗激情。

论点："诗体评语"的评价方式值得大力推广。

第二步，验证选项：

A 选项：该项指出过度的个性化评价让学生和家长对评价的客观性和公正性产生怀疑，无法达到激烈学生的目的，可以质疑专家的观点，排除。

B 选项：该项指出"诗体评语"的评价方式会忽略对学生学业成绩和能力提升的指导，不利于学生发展，可以质疑专家的观点，排除。

C 选项：该项指出"诗体评语"这种评价方式可以提高学生的学习动力和自我价值感，支持专家的观点，正确。

D 选项：该项指出在传统教育观念较深的地区，家生和学生都倾向于直接明了地反馈学业成绩，个性化的评价缺乏实际教育意义，可以质疑专家的观点，排除。

E 选项：该项指出"诗体评语"的评价方式的普及性、可操作性很难在差异化的教育环境中保证落实，可以质疑专家的观点，排除。

故正确答案为 C 选项。

393 【答案】D

【解析】

第一步，梳理题干：

论据：《给教师阅读建议》针对教师在阅读过程中可能遇到的阅读效率低等问题提出了一系列建议和解决方案。

论点：《给教师阅读建议》是一本对教师极具启发性的阅读指导书籍。

第二步，验证选项：

A 选项：该项指出书中的方法并不能提高阅读能力，反而会让阅读过程变得烦琐，可以质疑专家的观点，排除。

B 选项：该项表明书中方法对于部分教师而言难以去实践，无法得到实际的验证，那么这本书也就没有指导意义，可以质疑专家的观点，排除。

C 选项：该项指出阅读成效取决于个人的阅读习惯和偏好，若不适应书中方法，那么该书就没有指导意义，可以质疑专家的观点，排除。

D 选项：该项明确指出一些教师应用了书中的方法，解决了他们阅读效率低的问题，这说明该书具有指导意义，可以支持专家的观点，正确。

E 选项：该项指出一些教师在长期的教学实践中感知到这些方法实际的效用并不像预期一样，解决问题并不容易，可以质疑专家的观点，排除。

394 【答案】D

【解析】

第一步，梳理题干：

论据：工业革命时期的快速变化带来了科学技术的进步，同样也带来了一系列社会问题，包括劳动条件的恶化和贫富差距的扩大，这最终激发了包括宪章运动在内的社会运动。

论点：工业革命实际上降低了人民的生活水平，也带来了更多的社会矛盾。

第二步，验证选项：

A 选项：该项表明工业革命提高了社会生产效率，降低了社会动荡的风险，这是正面的影响，可以质疑专家的观点，排除。

B 选项：该项指出工业革命促进了城市规划的优化和公共卫生水平的提高，这是提升人民生活水平的表现，可以质疑专家的观点，排除。

C 选项：该项表明工业革命使得部分国家实现工业化，提高了居民的收入水平，可以质疑专家的观点，排除。

D 选项：该项提到了科学技术进步的领域，但未提及人民生活水平和社会矛盾相关信息，无法质疑专家的观点，正确。

E 选项：该项表明工业革命促进了公共教育体系的改革和发展，这是提升人民生活水平的一个方面，可以质疑专家的观点，排除。

故正确答案为 D 选项。

395 【答案】B

【解析】

第一步，梳理题干：

论据：一些学习用具因引入一些科学概念而价格昂贵。

论点：许多产品的实际使用效果不佳，家长应理性购买这些学习用具，避免被过度宣传所误导。

第二步，验证选项：

A 选项：该项指出使用"符合人体工学"的学习桌椅能够有效预防颈椎和脊椎问题，说明这些学习用具并不存在过度宣传的问题，质疑专家的观点，排除。

B 选项：该项表明这些宣称具有"特殊功能"的学习用具并未达到和宣传一样的效果，说明这些学习用具存在过度宣传的问题，可以支持专家的观点，正确。

C 选项：该项指出一些高端学习用具的确可以达到好的效果，说明这些学习用具并未误导消费者，可以质疑专家的观点，排除。

D 选项：该项指出护脊书包的确比普通书包更具有保护儿童脊椎的作用，并不存在过度宣传的问题，可以质疑专家的观点，排除。

E 选项：该项指出学习用具对于儿童学习具有积极的作用，与题干论证话题无关，相比较之下，B 选项有支持力度，最不能质疑专家的观点，排除。

故正确答案为 B 选项。

396 【答案】D

【解析】

第一步，梳理题干：

论据：AI 结合数字病理的应用可有效节省人力和时间成本，提升病理诊断的质量和效率。

论点：AI的辅助不仅能减轻病理医生的工作负担，还能提高诊断的效率与可靠性。

第二步，验证选项：

A 选项：该项表明和经验丰富的医生比较，AI 在复杂病例的诊断上和其有一定的差距，这说明 AI 的辅助并不能提高诊断的效率与可靠性，可以质疑专家的观点，排除。

B 选项：该项指出 AI 辅助诊断技术稳定性差，会在运行过程中突然出现程序错误而最终诊断错误，这会降低病情诊断的可靠性，可以质疑专家的观点，排除。

C 选项：该项表明需要花费大量时间和精力与 AI 磨合使其可以进行疾病诊断，这并不能提高工作的效率，反而增加了工作量，可以质疑专家的观点，排除。

D 选项：该项表明 AI 技术的引入可以显著提高工作效率，该项支持了专家的观点，正确。

E 选项：该项表明 AI 技术会削弱医生自身的诊断能力，不利于年轻医生的培养，可以质疑专家的观点，排除。

故正确答案为 D 选项。

397【答案】D

【解析】

第一步，梳理题干：

论据：转换成本一般是指用户在对现有的服务商或产品不满意时，出于担心放弃造成的经济和社会损失或者心理负担而继续选择现有的服务商或使用现有的产品。

论点：当转换成本越高，用户使用其他方式的可能越低，从而对于本APP的粘性就越高。

第二步，验证选项：

A 选项，该项说明转换成本高会让用户持续使用的意愿增强，也就是对本 APP 粘性更高。因此，支持专家的观点，排除。

B 选项，该项阐述了 APP 平台提高转换成本后能提高用户持续使用的可能性，同样是在支持专家观点，即转换成本高会增加用户粘性，因此，支持专家观点，排除。

C 选项，该项虽然提到了其他影响用户粘性的因素，但并没有涉及转换成本与用户粘性之间的关系，无法对专家观点进行削弱，排除。

D 选项，该项明确指出当转换成本高时，用户会因为觉得 APP 功能繁琐而不再使用，这与专家认为的转换成本高则用户对本 APP 粘性就高的观点完全相反。因此，削弱专家观点，正确。

E 选项，该项讨论的是居民餐饮消费支出和餐饮市场收入规模的情况，与转换成本和用户对 APP 粘性之间的关系无关，排除。

故正确答案为 D 选项。

398【答案】B

【解析】

第一步，梳理题干：

论据：监测数据显示，在雾霾天，这些城市空气中的污染物浓度远高于正常天气，且污染物成分与工业废气的主要成分高度吻合。

论点：工业废气排放是导致雾霾天气频繁出现的罪魁祸首。

第二步，验证选项：

A 选项，干扰选项，首先，该项有弱力度词有些，力度较弱；其次，虽然加强管控后雾霾频率未降，但有可能是管控力度还不够，或者存在其他因素干扰导致效果不明显，不能确凿地说明工业废气排放不是导致雾霾的罪魁祸首，力度较弱。因此，优先搁置。

B 选项，削弱题干，首先，该项有强力度词大部分，力度较强；其次，指出机动车尾气排放在雾霾形成过程中起到的作用与工业废气相当，且在大部分城市占污染物排行第一，说明其实机动车尾气排放才是"罪魁祸首"。因此，相比于 A 项，更能削弱专家观点，正确。

C 选项，无关选项，"偶尔出现雾霾天气"不能代表雾霾天气频繁出现的情况，而且这些地区出现雾霾可能还有其他未提及的原因，无法有效削弱工业废气排放是导致雾霾天气频繁出现的罪魁祸首这一观点，排除。

D 选项，干扰选项，该项讨论的是专家的观点，由于专家的观点不一定是事实，故该项存在诉诸权威的问题。

E 选项，无关选项，企业降低了废气中污染物排放浓度，但不明确这种降低是否足以改变工业废气排放对雾霾天气的影响，也不能确定工业废气排放是否为导致雾霾天气频繁出现的罪魁祸首，排除。

故正确答案为 B 选项。

399 【答案】B

【解析】

第一步，梳理题干：

论据：（1）公司需要不断大量地纳入人才，科学把控人才招聘，因此招聘成为企业运营的关键环节。

（2）人工智能是互联网技术发展下的重要产物，它集智能化技术、数据分析技术、云计算技术、区块链技术于一体。

论点：随着人工智能技术的发展，未来招聘人才的方式会从传统的招聘模式变为人工智能招聘。

第二步，验证选项：

A 选项，首先该项有弱力度词有些，"有些公司"不能代表所有公司的情况，而且随着时间的推移和技术的发展，这些公司也可能克服限制熟练运用人工智能，排除。

B 选项，该选项表明人工智能技术存在明显缺陷，在招聘大量人才时会出现问题，影响公司运作，那么就难以完全取代传统招聘模式，故该项割裂了论据和论点的关系，正确。

C 选项，该选项是在举例说明人工智能技术在招聘中的积极作用，是对人工智能招聘的支持，排除。

D 选项，该选项阐述了人工智能技术在招聘方面的诸多优势，进一步支持了人工智能招聘的可行性，排除。

E 选项，题干不讨论人工智能需要什么，故该选项属于无关选项，排除。

故正确答案为 B 选项。

400 【答案】A

【解析】

第一步，梳理题干：

论据：宠物尸体处理不当易污染环境；我国养宠人群规模大，对宠物殡葬服务需求旺盛；国外宠物殡葬行业相对成熟。

论点：大力发展宠物殡葬服务是我国宠物行业亟待解决的问题。

第二步，验证选项：

A 选项，指出我国绝大多数养宠人士已掌握科学环保的宠物尸体处理方法，能避免污染，这就说明不需要大力发展宠物殡葬服务来解决宠物尸体处理问题，正确。

B 选项，首先该项有弱力度词一些，其次动物保护组织推动建立的宠物尸体回收机制，不确定其效果以及是否能完全替代宠物殡葬服务，因此不如 A 项，排除。

C 选项，年轻人更倾向于简单埋葬，但不代表整体养宠人群的情况，也不能说明就不需要发展宠物殡葬服务，排除。

D 选项，题干不讨论国外宠物殡葬行业，无关选项，排除。

E 选项，说明宠物殡葬服务逐渐被人们认可，支持题干，排除。

故正确答案为 A 选项。

401 【答案】B

【解析】

第一步，梳理题干：

论点：大学生经常性的奶茶消费可能增加超重肥胖及抑郁症状共患的风险。

论据：问卷调查发现相比未消费奶茶组，奶茶消费频次 4~5 次 / 周和 ≥ 6 次 / 周的大学生超重肥胖及抑郁症状共患风险更高。

第二步，验证选项：

A 选项，该项解释了高糖饮食影响情绪稳定性的生理机制，支持大学生经常性喝奶茶会增加抑郁症状风险的观点，排除。

B 选项，该项表明超重肥胖和抑郁是其他不健康生活方式结果，削弱了论点中奶茶消费导致风险增加的说法，正确。

C 选项，题干不讨论奶茶导致肥胖的原因，无关选项，排除。

D 选项，该项只强调了奶茶含糖量高导致能量过剩，即只说明了与超重肥胖的可能联系，没有提及抑郁症状，相比 A 项力度较弱，排除。

E 选项，该项讨论的是大学生出现心理问题的其他原因，与大学生经常性的奶茶消费是否会增加超重肥胖及抑郁症状的共患风险无关，排除。

故正确答案为 B 选项。

402 【答案】A

【解析】

第一步，梳理题干：

论据：5G 通信技术凭借更快的数据传输速率和更低延迟，结合化工厂及周边传感器，能实时获取水质等信息并上传至中央控制系统，方便管理人员随时监控水质、及时应对异常。

论点：5G 通信技术对化工水污染治理有极大助力。

第二步，验证选项：

A 项，该项说明，因为 5G 通信技术是依靠实时获取并上传水质等信息来助力化工水污染治理的，而数据传输中断就无法保证信息的及时获取和上传，也就无法实现对化工水污染的有效治理，正确。

B 项，该项讨论的是安装成本问题，虽然成本高可能会影响 5G 技术在化工企业的应用推广，但并没有否定5G通信技术本身对化工水污染治理的助力作用，排除。

C项，该项只是部分管理人员操作方面的问题，不能说明5G通信技术本身对化工水污染治理没有助力，排除。

D项，"效果有待进一步验证"意味着不确定5G技术对化工水污染治理到底有没有极大助力，诉诸未知，排除。

E项，该项强调的是智能化系统受天气等因素影响，与5G通信技术对化工水污染治理的助力关系无关，排除。

故正确答案为A选项。

403 【答案】E

【解析】

第一步，梳理题干：

论据：具备无人驾驶功能的汽车可以通过多种传感器、高级计算机系统进行数据处理和决策，从而提高交通效率。

论点：对该技术持有怀疑态度。

第二步，验证选项：

A选项：该项表明无人驾驶技术不成熟，存在造价高昂等有待解决的问题，说明该技术是不可靠的，支持专家的观点，排除。

B选项：该项指出了无人驾驶汽车的优点之一，仅凭这一点不足以说明该技术的可靠性好，故该项无法削弱专家的观点，排除。

C选项：该项指明某些复杂路段无人驾驶汽车的关键设备会失灵，说明无人驾驶技术可靠性不足，支持专家的观点，排除。

D选项：该项讨论的是无人驾驶技术和振兴经济的联系，与题干论证无关，排除。

E选项：该项表明无人驾驶技术做出的决策比大多数司机做出的决策更安全有效，说明该技术是可靠的，可以削弱专家的观点，正确。

故正确答案为E选项。

404 【答案】E

【解析】

第一步，梳理题干：

论据：研究人员分析工具的磨损程度和分布密度。

论点：该区域曾是古人类重要聚居地，至少有200人长期居住。

第二步，验证选项：

A选项：该项暗示岩画内容可能虚构或反映外地场景，但未否定聚居地存在（可能居民远程狩猎），排除。

B选项：该项说明工具可能通过贸易获得，但未否定聚居地属性（居民可能参与贸易），排除。

C选项：该项指出发现少量生活遗迹，有支持的作用，排除。

D选项：该项表明岩画非同期完成，可能为间歇性使用，但未直接否定长期居住（如多代人持续居住），排除。

E 选项：该项直接指出岩画和工具可能用于宗教活动（如祭祀、仪式），而非日常生活。割裂了"遗迹存在"⇒"聚居地"的因果关系，正确。

故正确答案为 E 选项。

405 【答案】C

【解析】

第一步，梳理题干：

论点：但是该学校仍坚令学生使用手机。

第二步，梳理题干：

A 选项：该项指出学生可以使用手机用于查阅学习资料，说明手机有积极用途，减轻"分散注意力"的担忧，削弱题干，排除。

B 选项：该项指出可以屏蔽信号防作弊，直接解决"作弊"问题，削弱题干，排除。

C 选项：该项指出使用手机导致健康问题，提出新的担忧（健康），反而支持禁止理由，无法减轻原有担忧，正确。

D 选项：该项指出学生自觉不使用，说明实际影响小，削弱"干扰秩序"的担忧，排除。

E 选项：该项指出可以通过教育应用提升互动，强调手机的教育价值，减轻"分散注意力"。

故正确答案为 C 选项。

题型 14 特殊关系的削弱

考向 1 因果关系的削弱

答案速查表

题号	406	407	408	409	410	411	412	413	414	415
答案	D	E	C	B	E	B	B	B	C	D
题号	416	417	418	419	420	421	422	423	424	425
答案	D	C	C	B	D	E	A	E	A	C

406 【答案】D

【解析】

第一步，梳理题干：

论据：科学家通过图像、短视频等视觉化手段与公众交流。

论点：这种方式可能会让信息过度简化，从而导致公众忽视了科学的复杂性。

第二步，验证选项：

A 选项：该项指出科学期刊通过数据向公众传达最新科学成果，与题干论证话题无关，排除。

B 选项：该项表明公众对科学的兴趣点，与题干论证话题不一致，排除。

C 选项：该项指出视觉化手段可能会误导公众对科学概念的理解，对专家的观点有一定的支持作用。

D 选项：该项指出在科普时只要遵循由浅入深的原则设计内容，这样就不会让公众忽视科学的复杂性，可以质疑专家的观点，正确。

E 选项：该项指出科学家与公众互动的效果，与题干论证话题无关，排除。

故正确答案为 D 选项。

407 【答案】E

【解析】

第一步，梳理题干：

论据： 液态金属的独特导电性质和其在不同环境下导电性质的可变性，预示着它可能成为超越传统硅基半导体技术的重要材料。

论点： 在不远的将来，液态金属会在计算机领域全面取代传统金属。

第二步，验证选项：

A 选项：该项只是表明液态金属的应用价值，无法质疑专家的推测，排除。

B 选项：该项指出了液态金属存在的问题，影响其在计算设备中的应用，但是这里并未就取代传统金属做出明确的表态，无法质疑专家的推测，排除。

C 选项：该项表明液态金属目前还没有实现对传统硅基计算技术性能的实质性超越，这不表明未来不会超越，故无法质疑专家的推测，排除。

D 选项：该项表明科学界对液态金属的关注和研究热度，无法质疑专家的推测，排除。

E 选项：该项表明液态金属存在重大应用缺陷，容易导致主板被电流击穿，而传统金属就没有这样的问题，可以质疑专家的推测，正确。

故正确答案为 E 选项。

408 【答案】C

【解析】

第一步，梳理题干：

论据： 大学生分期购物平台可以让大学生通过分期付款的方式购买高端数码产品等他们喜欢但超出预算的商品。

论点： 这种消费模式不仅满足了大学生对新鲜事物的追求，更在一定程度上培养了他们的财务管理能力。

第二步，验证选项：

A 选项：该项讨论的是大学生对商品的新鲜感的问题，与题干论证无关，排除。

B 选项：该项指出分期购物平台会增加大学生的借贷风险，但并没有直接就分期购物模式对大学生财务管理能力的培养做反驳，所以无法反驳专家的观点，排除。

C 选项：该项表明购买超出预算的商品就是财务管理能力不足的体现，可以质疑专家的观点，正确。

D 选项：该项指出了大学生分期购买的商品的种类，多数是学习和生活中的必需品，与题干论证无关，排除。

E 选项：该项指出大学生购买超出消费能力的商品，但这不能直接说明分期购物模式与财务管理能力的关系，有一定的质疑力度，但是相比之下，C 选项更优。

故正确答案为 C 选项。

409 【答案】B

【解析】

第一步，梳理题干：

167

论据：某智能股份公司客户集中度较高，外销占比超过90%，且研发费用占比低于同行可比公司平均值。

论点：该智能股份公司极具竞争力，上市以后将会成一家值得投资的公司。

第二步，验证选项：

A选项：该项表明该公司研发的新产品行业领先，可以提升市场影响力，可以支持教授的观点，排除。

B选项：该项指出外销占比大的公司的特点就是客户过于集中，公司上市后存在业绩大变脸和大股东减持套现的风险，所以该公司上市后风险过大，不值得投资，可以质疑教授的观点，正确。

C选项：该项指出题干中智能公司的竞争对手的业绩在下滑，这反而更能说明该公司值得投资了。因此，该项支持了题干，排除。

D选项：该项指出该公司存在制度上的风险，可能无法应对汇率波动对公司业绩的影响，可以质疑教授的观点，但有"可能"这一程度词，所以该项质疑力度较弱，排除。

E选项：该项表明该公司研发效率高、产品竞争力强，具有强大的创新能力和市场竞争力，可以支持教授的观点，排除。

故正确答案为B选项。

410 【答案】E

【解析】

第一步，梳理题干：

论据：不同的人工智能系统不仅可以解决系统内的问题，还能互相协作。

论点：人工智能在现代社会和人类生活中的作用超乎想象。

第二步，验证选项：

A选项：该项表明了美国施行人工智能的目的，并未明确人工智能的作用大小以及是否有缺陷，故该项无法削弱题干，排除。

B选项：该项表明人工智能的家居对人类社会所起的作用越来越大，可以支持题干，排除。

C选项：该项表明人工智能的协作过程容易出现问题，但是这并不能否定人工智能的作用，故该项无法削弱题干，排除。

D选项：该项表明人工智能结合大数据可以发挥更大的作用，指出了人工智能的优点，可以支持题干，排除。

E选项：该项表明人工智能容易进化出反社会人格，对人类生存造成威胁，明确指出人工智能存在不好之处，可以削弱题干，正确。

故正确答案为E选项。

411 【答案】B

【解析】

第一步，梳理题干：

论据：科技等诸多先进设施设备的广泛运用，显然极大地丰富了舞台的表现手段和艺术面貌，同时为人们带来全新的审美体验。

论点：戏剧艺术越来越倚重现代科技手段，演员不主动适应被科技元素构筑起来的表演空间，就会被时代所淘汰。

第二步，验证选项：

A 选项：该项并未具体表明适应被科技元素构筑的表演空间和被时代淘汰是否存在联系，无关选项，排除。

B 选项：表明戏剧需要人的情感和肢体语言来表达，即使不适应被科技元素构筑的表演空间，也不会被时代淘汰，直接反驳了结论，可以削弱题干论证，正确。

C 选项：表示我们愿意用新科技，但是不能只用和滥用这些科技，讨论话题和题干论证无关，排除。

D 选项：表明要想完美运用新科技，艺术家必须具备高尚的美学情操和高超的艺术造诣，讨论话题和题干论证无关，排除。

E 选项：指出了戏剧广泛传播的原因，即科技以及现代拍摄技术和传播手段，无关话题，排除。

故正确答案为 B 选项。

412【答案】B

【解析】

第一步，梳理题干：

题干论证：长时间玩网络游戏（因）导致了孩子的学习成绩下降（果）。

第二步，验证选项：

A 选项：他因削弱，"有些"的数量范围未知，力度较弱，排除。

B 选项：因果倒置，表明不是因为网络游戏导致了成绩下降，而是因为成绩下降才沉迷游戏，正确。

C、D、E 选项：无关选项，未涉及题干中"网络游戏"与"成绩下降"之间的因果关系，排除。

故正确答案为 B 选项。

413【答案】B

【解析】

第一步，梳理题干：

张研究员：陨石撞击地球是导致恐龙灭绝的主要原因。

李研究员：恐龙灭绝的主要原因是长期的火山活动，导致了全球气候变暖。

第二步，验证选项：

A 选项：该项表明，陨石撞击太阳系外的行星，影响行星上的生物生存，该项没有明确这些行星和地球是否相似，所以无法类比，故无法削弱李研究员的观点，排除。

B 选项：该项表明植物进化导致恐龙食物来源变化这一原因比火山活动带来的气候变化更能影响恐龙生存，也就是说恐龙灭绝的主要原因是食物来源的变化，可以削弱李研究员的观点，正确。

C 选项：该项表明恐龙的灭绝受到多种因素的影响，并未否定主要原因是火山活动带来的气候变化，故无法削弱李研究员的观点，排除。

D 选项：该项表明一个物种灭绝不影响其他物种生存，与题干论证无关，排除。

E 选项：该项表明不可能是陨石撞击地球导致恐龙灭绝，反驳了张研究员的观点，无法反驳李研究员的观点，排除。

故正确答案为 B 选项。

414【答案】C

【解析】

第一步，梳理题干：

论据： 大脑的清洁机制主要是清洁大脑中的废物和毒素，有睡眠问题的人在深度睡眠期间，大脑的清洁机制活跃度更高。

论点： 大脑的清洁机制过于活跃导致了睡眠问题。

第二步，验证选项：

A 选项：该项表明可能是睡前玩手机、看各种短视频导致睡眠问题，另有他因，可以削弱题干论证。

B 选项：该项表明了研究团队的人的身份，与题干论证无关，排除。

C 选项：该项表明是睡眠问题导致了大脑的清洁机制活跃，而不是大脑的清洁机制活跃导致了睡眠问题，因果倒置，可以削弱题干论证。

D 选项：该项表明调查对象的人数在整体中的占比，但并未进一步说明这部分人是否不具备代表性，观点不明确，故该项无法削弱题干论证。

E 选项：该项表明大脑中的废物和毒素造成的危害是不可逆的，并未提及大脑的清洁机制和睡眠问题之间的关系，排除。

故正确答案为 C 选项。

415 【答案】D

【解析】

第一步，梳理题干：

论据： 销售数据显示，插电式混合动力汽车的销量总体最高。

论点： 消费者更愿意购买操作便捷的插电式混合动力汽车。

第二步，验证选项：

A、B 选项：这两项指出了插电式混合动力汽车的优点，与题干论证话题不相关，排除。

C 选项：该项既指出了增程式混合动力的优势，也指出了它的劣势，无法有效削弱题干，排除。

D 选项：该项表明是插电式混合动力汽车的售价较其他类型的车便宜，才导致了其销量高的结果，售价低才是消费者购买的直接原因，该项成立可以削弱题干论证。

E 选项：该项指出为了顺应时代发展，汽车厂商一定会研发更加适应市场的汽车，与题干论证无关，排除。

故正确答案为 D 选项。

416 【答案】D

【解析】

第一步，梳理题干：

论据： 有的人在遇到意外脑创伤后，会拥有超出常人的艺术或才智方面的天赋。

论点： 意外脑创伤是通向艺术殿堂的一扇窗。

第二步，验证选项：

A 选项：题干不讨论学者综合征患者是否能成为艺术家，该项和题干的相关度不强，排除。

B 选项：无关选项，题干不涉及"内在的天才"的相关论证，排除。

C 选项：该项指明意外创伤可能导致大脑某些区域活动减弱及某些区域活动增强，从而导致表现出特殊才能，该项建立了题干结论的因果关系，在一定程度上支持了题干论证，排除。

D 选项：该项指出是个体的家族遗传导致自身具备艺术或才智方面的特殊才能，另有他因，该项可以削弱题干论证。

E 选项：无关选项，题干不讨论"非学者综合征患者"的群体，排除。

故正确答案为 D 选项。

417 【答案】C

【解析】

第一步，梳理题干：

论据（果）：人们越来越不愿意结婚，生育率也逐渐降低，初婚年龄也在增大。

论点（因）：年轻人只知道享乐，没有责任心。

第二步，验证选项：

A、B、E 选项：无关选项，描述现实情况，未涉及不愿意结婚和生育的原因，排除。

C 选项：他因削弱，表明是因为年轻人有责任心，才会晚婚晚育，他们是对下一代负责任，正确。

D 选项：他因削弱，力度较弱，提出受教育的时间长导致留给婚姻的空间和时间变少，与 C 选项相比，C 选项直接驳斥了"不负责任"这一态度，而 D 选项的相关性较弱，排除。

故正确答案为 C 选项。

418 【答案】C

【解析】

第一步，梳理题干：

论据：仅在 2020 年，美国环保署的环保项目投入资金就达到了 300 亿美元，在全球环保投入中排在第一。

论点：美国对环保工作高度重视。

第二步，验证选项：

A 选项：该项表明 2022 年德国环保资金投入排第一，由于时间上的差异，该项无法质疑美国对环保工作的高度重视，故该项无法削弱题干论证，排除。

B 选项：该项指出了将环保看作国家战略的好处，并未说明美国对环保工作的重视程度的高低，故该项无法削弱题干论证，排除。

C 选项：该项表明环保资金投入的目的是在大选时获取更多的选票，而不是重视环保，该项可以削弱题干论证，正确。

D 选项：该项表明了环保的重视程度和国家战略眼光的长远程度之间的联系，无关选项，排除。

E 选项：该项表明不重视环保，会承受环境恶化带来的恶果，无法说明美国对环保工作的重视程度的高低，故该项无法削弱题干论证，排除。

故正确答案为 C 选项。

419 【答案】B

【解析】

第一步，梳理题干：

论据：自 2010 年以来，全球范围内的可再生能源的使用量大幅度增长，尤其是在欧洲和北美地区。

论点：可再生能源的使用趋势对全球碳排放的减少起到了主导作用。

第二步，验证选项：

A 选项：该项表明可再生能源带来的好处，无关选项，排除。

B 选项：该项指出植树造林、退耕还林的减排量占比最高，那么植树造林、退耕还林才是对全球碳排放的减少起到主导作用的因素，该项可以反驳专家的观点，正确。

C 选项：该项指明欧洲地区碳减排主要是依靠限制燃油车，该项无法反驳专家的观点，排除。

D 选项：该项表明可再生能源并不能满足人类对能源的需求，无关选项，排除。

E 选项：碳排放量受到太阳辐射量的影响，和题干论证话题不一致，排除。

故正确答案为 B 选项。

420 【答案】D

【解析】

第一步，梳理题干：

论据：许多公司采取了多元化的网络营销战略，提升了其市场竞争力。

论点：采取这些战略是大势所趋，那些不能适应这一趋势的公司最终都会被市场所淘汰。

第二步，验证选项：

A 选项：该项表明多元化的网络营销战略的效果显著，可以提升公司的市场竞争力，可以支持题干的论据，排除。

B 选项：该项表明网络软营销不仅没有提升竞争力，反而会导致客户流失，并没有否定这些战略不是大势所趋，无法质疑专家的观点，排除。

C 选项：该项是在解释多元化的网络营销的本质和优点，与题干论证话题无关，排除。

D 选项：该项表明产品的质量和服务的是竞争力的本质，只有坚守这两点才能在市场中站稳脚跟，间接说明网络营销战略并不能决定一个公司的市场占有的稳定性，可以质疑专家的观点。

E 选项：该项表明一些公司不采用网络营销战略也能保持市场占有率的稳定，没有直接质疑网络营销战略对于站稳市场的必要性，无法质疑专家的观点，排除。

故正确答案为 D 选项。

421 【答案】E

【解析】

第一步，梳理题干：

论据：在少儿出版物的获取上，成年消费者仍然偏好于传统渠道，例如实体书店，来选购和获取新书资讯。

论点：这种倾向可能是由成年消费者对于互联网渠道的信任度不足，或是对传统购书体验的偏好所导致的。

第二步，验证选项：

A 选项：该项解释了成年消费者选择实体书店的具体原因，并未指出少年出版物消费者成年人居多的具体原因，无法质疑专家的观点。

B 选项：该项只是表明实体书店少儿出版物销量的情况，与题干论证无关，无法质疑专家的观点。

C 选项：该项表明成年消费者也在使用数字渠道了解和讨论少儿出版物，没有质疑他们购买书籍时偏好传统渠道，无法质疑专家的观点。

D 选项：该项指出成年消费者对互联网渠道的接受度在提高，没有表明少年出版物消费者成年人居多的具体原因，无法质疑专家的观点。

E 选项：该项指出是由于成年人购书听取孩子的意见，而孩子容易受到导购的引导而购买传统的纸质书籍，表明少年出版物消费者成年人居多出于其他原因，可以质疑专家的观点。

故正确答案为 E 选项。

422 【答案】A

【解析】

第一步，梳理题干：

论据：某研究团队研究后发现，某行星表面的一些区域显示出明显的颜色变化，而行星表面的颜色变化往往能反映其表面材料和风化历史等重要信息。

论点：行星表面颜色变化的主要因素是太空风造成的风化作用。

第二步，验证选项：

A 选项：该项指出行星表面颜色变化是陨石撞击形成的，间接说明行星表面颜色变化的主要因素不是风化作用，可以质疑科学家所做的结论。

B 选项：该项指出其他可能影响行星表面颜色的因素，并未否定太空风造成风化作用这一因素，无法质疑科学家所做的结论。

C 选项：该项类比其他行星情况，重要的是这里没有明确两个行星是否相似，无法质疑科学家所做的结论。

D 选项：该项指出研究工具比较老旧，说明研究结果可能有误差，但这无法说明行星表面颜色变化不是风化作用造成的，无法质疑科学家所做的结论。

E 选项：该项并未给出一个明确的结论，只是提出一种假设，无法质疑科学家所做的结论。

故正确答案为 A 选项。

423 【答案】E

【解析】

第一步，梳理题干：

论据：实验组的每名成员每天饮用三瓶能量饮料，对照组的成员每天只喝清水，实验组成员平均每天的睡眠时间比对照组低 27%，深度睡眠的比例也要低 12%。

论点：能量饮料中的咖啡因等成分可能是导致年轻人睡眠时长缩短和睡眠质量差的关键因素。第二步，验证选项：

A 选项：该项的讨论对象是"喜欢熬夜的打游戏的人"，这类人本就是睡眠时长缩短、睡眠质量差的，所以该项无法质疑题干论证。

B 选项：该项讨论的是深度睡眠比例和睡眠质量之间的关系，与题干论证话题不一致，排除。

C 选项：该项指出实验设计上存在问题，从而导致实验的可行度降低，可以质疑题干论证。

D 选项：该项表明能量饮料的其他成分对身体健康有益，与题干论证无关，排除。

E 选项：该项指出生活方式、压力水平和电子设备使用习惯是影响睡眠质量的决定性因素，可以质疑题干论证。

比较 C、E 选项，C 选项是对于论据的一个反驳，质疑力度弱于 E 选项。

故正确答案为 E 选项。

424 【答案】A

【解析】

第一步，梳理题干：

论据：近视的青少年平时阅读写字时，更习惯于靠近书物或者屏幕（果），这是近视的迹象（因）。

论点：应该注重青少年平时的用眼习惯（方法）。

第二步，验证选项：

A 选项：该项表明近距离用眼是导致近视的原因，与题干构成因果倒置的削弱，正确。

B 选项：该项讨论的是青少年近视的影响，而不是关于近视的原因，与题干讨论的话题不一致，排除。

C 选项：首先，该项存在弱力度词可能，力度较弱，其次，虽然提到了近视还与其他因素有关，但并没有否定"习惯靠近书物或屏幕"与近视之间的关系，不如 A 项，排除。

D 选项：该项讨论的是近视引发的并发症，与题干探讨的近视的原因无关，排除。

E 选项：该项指出了环境因素中教育方式和学业压力是导致青少年近视的重要原因，但没有涉及"习惯靠近书物或屏幕"这一因素与近视的因果关系是否成立，不如 A 项，排除。

故正确答案为 A 选项。

425 【答案】C

【解析】

第一步，梳理题干：

论据：牛膝多糖（因）增加了膝关节屈伸最大角度（果）。

论点：患有骨性关节炎的中老年人或者可以补充一下牛膝多糖（方法）。

第二步，验证选项：

A 项，干扰选项，该项试图得到一个另有他因的削弱，但并没有说明对照组老鼠的情况，排除。

B 项，干扰选项，该项试图以人类和老鼠生活习惯的差异，得出一个以老鼠的情况不能运用到人类身上，从而割裂关系的削弱，但"生活习惯"的差别是否会影响"医学"层面，题干并未指出具体说明，排除。

C 项，削弱题干，该项指出实验过程中，对照组和实验组之间有差异，存在另有他因的削弱，正确。

D 项，支持题干，该项指出骨性关节炎的患病机理，说明确实可以补充牛膝多糖，增加膝关节屈伸角度，从而缓解病情，排除。

E 项，干扰选项，该项指出"其诊断及治疗方法尚缺乏明确的结论"，并不等于牛膝多糖对于骨性关节炎没有作用，诉诸未知，排除。

故正确答案为 C 选项。

考向 2　方法关系的削弱

答案速查表

题号	426	427	428	429	430	431	432	433	434	435
答案	C	A	B	D	D	B	A	D	B	D
题号	436	437	438	439	440	441	442	443	444	445
答案	D	E	A	C	D	E	E	E	B	D
题号	446	447	448	449	450					
答案	C	B	C	C	C					

426 【答案】C

【解析】

第一步，梳理题干：

论据：环境中的有害化学物质和重金属等污染物会使儿童免疫系统出现问题，增加患病风险。

论点：环境污染和微生物会伤害儿童的免疫系统，应该让儿童尽可能待在完全清洁的环境中。

第二步，验证选项：

A 选项：这里举例说明使用洗碗机会增加儿童发生过敏的概率，与题干论证话题无关，排除。

B 选项：该项比较不同生活环境下的小鼠免疫力的强弱，但并没有特别指明小鼠的生理特性和儿童的生理特性相似，所以无法通过类比方式来反驳专家的观点，排除。

C 选项：该项表明免疫系统中扮演着重要角色的记忆性 CD8 阳性 T 细胞在完全清洁的环境中数量不足，这会造成机体的免疫力下降，增加患病风险，可以反驳专家的观点，正确。

D 选项：该项比较生活在农村和城市环境中儿童患哮喘和过敏的概率，与题干论证话题不一致，排除。

E 选项：该项表明免疫系统需要和外界环境中的各种刺激接触，不然就可能导致免疫系统发育不完全，该项可以削弱专家观点，但出现了"可能"这一程度词，反驳力度弱于 C 选项。

故正确答案为 C 选项，排除。

427 【答案】A

【解析】

第一步，梳理题干：

论据："北京方案"通过采用单倍型移植技术，使几乎每个需要移植的患者都能找到供者。

论点：为了尽可能提高患者的生存率，传统的移植方案依然是首选方案。

第二步，验证选项：

A 选项：该项明确指出两种移植方案的 3 年无病生存率相当，可以反驳专家的观点，正确。

B 选项：该项指出"北京方案"可以降低寻找供体的难度，但并未提及患者的生存率这个信息，无法反驳专家的观点，排除。

C 选项：该项讨论的是"北京方案"的推广和应用的相关话题，与题干论证无关，排除。

D 选项：该项表明"北京方案"获得许多专家的一致好评，与题干论证无关，排除。

E 选项：该项指出了"北京方案"存在的一些不足之处，但并未就提高患者的生存率表明态度，无法反驳专家的观点，排除。

故正确答案为 A 选项。

428 【答案】B

【解析】

第一步，梳理题干：

论据：速冻食品的生产和储藏过程严格控制温度，理论上可以限制微生物的活动，减少食品腐败变质的可能。

论点：若选择速冻食品作为主要食物来源，就既能享受原汁原味的食物，也不用担心食品变质问题。

第二步，验证选项：

A 选项：该项指出部分耐寒的微生物在低温环境下仍然可以存活，但是并未进一步说明这种微生物是否让食物腐败变质，所以无法质疑专家的观点，排除。

B 选项：该项表明消费者容易忽视速冻食物的储藏温度，这会使得速冻食物变质风险增加，所以速冻食物的变质问题还是需要留意的，该项可以质疑专家的观点，正确。

C 选项：该项讨论的是速冻食品并不能满足所有人的口味，与题干论证话题无关，排除。

D 选项：该项表明速冻食品在储存和运输的过程中严格控制温度的目的，与题干论证话题无关，排除。

E 选项：该项指出速冻食品在生产、运输和储存过程中严格控制温度并不适合所有地区，一些偏远地区无法达到这些要求，与题干论证话题无关，排除。

故正确答案为 B 选项。

429 【答案】D

【解析】

第一步，梳理题干：

论据：封控期间有些学生开始沉迷于网络游戏。

论点：沉迷于网络游戏的学生没有意识到学习的重要性，应该加强对他们的价值观教育。

第二步，验证选项：

A 选项：该项指出玩网络游戏的一些好处，与题干论证话题无关，排除。

B 选项：该项表明还是有学生自控能力好，不会沉迷于网络游戏，并未说明学生沉迷于网络游戏的具体原因，该项无法质疑教授的观点，排除。

C 选项：该项指出沉迷于网络游戏的学生人数占比非常小，并未指出他们沉迷于网络游戏的具体原因是不是价值观问题，该项无法质疑教授的观点，排除。

D 选项：该项表明封锁控制让个体的一些需求得不到满足，才会导致他们沉迷于网络游戏，明确指出是心理、情感需要无法满足导致了这些学生的上瘾行为，可以质疑教授的观点，正确。

E 选项：该项表明学校不能禁止学生玩网络游戏，这种行为并没有违反学生守则，与题干论证话题无关，该项无法质疑教授的观点，排除。

故正确答案为 D 选项。

430 【答案】D

【解析】

第一步，梳理题干：

论据：X 光显微断层扫描和 3D 打印技术不仅避免了对珍贵化石的破坏，还提高了研究的精确度和直观性。

论点：现代化的研究方式对于古生物学领域的研究越来越重要，从事古生物研究的专家和机构都应该尝试用"现代化的研究方式"研究古生物。

第二步，验证选项：

A 选项：该项指出现代化的研究方式无法替代传统研究方法，传统研究方法在某些方面具有不可替代的价值，可以质疑专家的观点，排除。

B 选项：该项指出现代化的研究方式得出的结论和传统研究方法存在差异，这不利于古生物研究，可以质疑专家的观点，排除。

C 选项：该项指出现代化的研究方式会忽略原化石结构的细节问题，影响研究的准确性，可以质疑专家的观点，排除。

D 选项：该项指出现代化的研究方式可以有效地保护珍贵化石资源，可以支持专家的观点，正确。

E 选项：该项指出现代化的研究方式成本昂贵、技术复杂，这使得许多研究成果无法普及，可以质疑专家的观点，排除。

故正确答案为 D 选项。

431 【答案】B

【解析】

第一步，梳理题干：

论据：通过对照实验得出，新鲜"苦苦果实"可以抑制小白鼠对苦味的感受敏感度。

论点：只有新鲜的"苦苦果实"才能使小白鼠的味觉发生变化。

第二步，验证选项：

A 选项：该项表明"苦苦果实"在人体上不适用，可能没有效果，削弱医生的推测，和科学家的观点无关，排除。

B 选项：该项表明由题干的实验结果得出的结论是不可信的，直接指明了使小白鼠的味觉发生变化不只有新鲜的"苦苦果实"，可以削弱科学家的观点，正确。

C 选项：该项指出了实验对象的特点，表明小白鼠是常用的动物实验对象，无关选项，排除。

D 选项：该项表明这种"苦苦果实"对小白鼠健康无影响，和题干论证话题无关，排除。

E 选项：该项表明题干的实验是不可信的，削弱了论据的可信度，可以削弱科学家的观点。

B 选项直接削弱题干的论点，E 选项削弱的是论据，力度较弱，排除。

故正确答案为 B 选项。

432 【答案】A

【解析】

第一步，梳理题干：

论据：2020 年情感类期刊点击率最高的 100 篇文章中，约有 60% 的文章涉及名人正能量的内容，45% 的文章紧跟社会热点，而超过 70% 的文章提供了某种形式的婚姻或恋爱指导。

论点：若情感类期刊的内容能继续围绕着这些内容深耕，就能进一步提高其点击率。

第二步，验证选项：

A 选项：该项指出了公众观念的变化，可能导致过去的研究结果不再适用，那么继续深耕情感类期刊，其点击率未必能提高，可以质疑专家的观点，正确。

B 选项：该项表明情感类期刊内容的真实性和情感问题的实际复杂性，与题干论证无关，排除。

C 选项：该项指出新的信息传播方式出现后，情感类期刊的点击率受到更多因素的影响，但这并不能否定进行内容深耕就可以提高点击率，所以该项无法质疑专家的观点，排除。

D 选项：该项提到了除情感、婚姻危机外的其他内容领域，这只能说明情感类期刊内容的多样性，无法反驳专家的观点，排除。

E 选项：该项表明情感类期刊所面临的挑战，与题干论证话题无关，无法质疑专家的观点，排除。

故正确答案为 A 选项。

433 【答案】D

【解析】

第一步，梳理题干：

论据：某研究团队发现，摄入植食性食物时，某些植物中能对抗流感病毒的 miRNA 可以进入人体并且稳定存在，进而影响人类基因的表达。

论点：植食性食物也可以对人的健康产生积极影响。

第二步，验证选项：

A 选项：该项表明植物 miRNA 的影响可能不如预期，但这不能否定其对人体健康的影响，无法质疑专家的观点，排除。

B 选项：该项指出该团队的研究对象单一，同时还提出问题，认为其他 miRNA 是否能在人体内稳定存在未知，这增加了不确定性，但没有直接否定植物 miRNA 对人体健康的影响，无法质疑专家的观点，排除。

C 选项：该项表明 miRNA 可能带来的负面影响，可以质疑专家的观点，但出现程度词"可能"，所以该项质疑力度较弱。

D 选项：该项表明被植物 miRNA 影响的基因很快会被人体免疫系统迅速清除，这直接否定了植物 miRNA 对人体健康的积极影响，可以质疑专家的观点，正确。

E 选项：该项表明过去的研究都未能证明植物 miRNA 对人的影响，不能因为没有证据证明就否定其作用，故无法质疑专家的观点，排除。

故正确答案为 D 选项。

434 【答案】B

【解析】

第一步，梳理题干：

论据：每周蒸桑拿 4～6 次的人患痴呆症的风险比每周只洗 1 次的人低 66%，经常蒸桑拿的人患有冠心病等心血管疾病的比例也更低。

论点：桑拿浴能对心血管系统产生积极影响，从而间接降低了患痴呆症的风险。

第二步，验证选项：

A 选项：该项比较蒸桑拿和体育锻炼、健康饮食对降低和预防痴呆症的效果的大小，并未涉及它们对心血管系统的的作用，无法质疑研究人员的推测，排除。

B 选项：该项表明蒸桑拿的人中有心血管疾病的比例更低是因为有相关疾病的人都被限制入内，由统计的数据得出桑拿浴能对心血管系统产生积极影响的结论是有误的，可以质疑研究人员的推测，正确。

C 选项：该项指出了研究可能存在的局限性，这里只能质疑论据，无法质疑研究人员的推测，排除。

D 选项：该项指出其他可能影响结果的因素，但没有明确其他因素对结果的影响程度，故无法质疑研究人员的推测，排除。

E 选项：该项表明蒸桑拿可能不利于部分心血管病人，但并未明确其对患痴呆症的风险有何影响，无法质疑研究人员的推测，排除。

故正确答案为 B 选项。

435 【答案】D

【解析】

第一步，梳理题干：

论据：85～100岁的人的大脑皮层神经活跃度明显要低于活到80岁以下的人。

论点：可以通过神经活跃度判断寿命，神经活跃度越低的人，寿命越长。

第二步，验证选项：

A 选项：题干不涉及科研团队成员年龄的相关话题，诉诸人身，排除。

B 选项："在认知上没有缺陷"的健康大脑和题干论证无关，排除。

C 选项：该项表明神经活跃度的高低的确和寿命长短有关，支持题干的论证，排除。

D 选项：直接表明神经活跃度和寿命是无关的，那么就无法依据神经活跃度的高低来判断寿命的长短，削弱了题干论证，正确。

E 选项：该项指出影响寿命长短的原因有很多，有可能是其他原因导致的寿命长短问题，并不能证明无法用神经活跃度来判断个体的寿命，该项无法削弱题干论证，排除。

故正确答案为 D 选项。

436 【答案】D

【解析】

第一步，梳理题干：

论据：和那些从不在饮食中添加盐的人相比，偶尔在饮食中添加盐的人和经常在饮食中添加盐的人，患有Ⅱ型糖尿病风险的概率分别高出 20% 和 39%。

论点：高盐摄入会引发糖尿病。

第二步，验证选项：

A 选项：该项表明肥胖是导致糖尿病的一个因素，但这无法否定高盐摄入是引发糖尿病的因素，无法质疑教授的预测，排除。

B 选项：该项表明患病风险受个体体质差异的影响，不同人群摄入相同的盐结果不同，该项并未表明具体是哪些疾病，故无法质疑教授的预测，排除。

C 选项：该项表明整体的饮食习惯是影响Ⅱ型糖尿病风险的主要因素，并未质疑高盐摄入和糖尿病之间的关系，无法质疑教授的预测，排除。

D 选项：该项表明实验中两组添加盐的人的总热量的摄入存在差异，这可能是导致两组患Ⅱ型糖尿病概率不同的原因，说明存在其他原因引发糖尿病，可以质疑教授的预测，正确。

E 选项：该项指出了研究的局限性，并未直接质疑高盐摄入和糖尿病之间的关系，无法质疑教授的预测，排除。

故正确答案为 D 选项。

437 【答案】E

【解析】

第一步，梳理题干：

论据：学生如果喜欢某位教师，他们会更加愿意接受该教师的教诲；幽默可以促进师生之间的深层连接，是建立良好师生关系的有效方式。

论点：幽默可以促进学生积极的行为改变，还能够提高学生成绩。

第二步，验证选项：

A 选项：该项表明过度使用幽默可能会影响学生的学习效率，这里讨论的是"过度使用幽默"，与题干论证话题不一致，排除。

B 选项：该项指出学生对教师的喜爱是多方面的，与题干论证话题无关，排除。

C 选项：该项表明在不同文化背景下，幽默并不是被所有学生所接受，该项并没有明确幽默是否可以提高学习成绩，无法质疑专家的观点，排除。

D 选项：该项指出幽默运用效果存在个体差异，不是所有教师都会有效运用幽默，该项也没有明确幽默是否可以提高学习成绩，无法质疑专家的观点，排除。

E 选项：该项明确指出教学效果取决于教师的教学方法和知识水平，也就是说，幽默并不能改善学生学习成绩，可以质疑专家观点。

故正确答案为 E 选项。

438 【答案】A

【解析】

第一步，梳理题干：

论据：纸质书籍有助于儿童对故事的理解，电子书籍可以激发儿童的兴趣。

论点：若能同时进行纸质阅读和电子化阅读，就可以高效提高儿童的阅读能力。

第二步，验证选项：

A 选项：该项具体指出"某个儿童"用这两种方式阅读并未提高阅读能力，削弱研究人员的观点，正确。

B 选项：该项指明同时进行纸质阅读和电子化阅读，会导致儿童产生疲惫感，未表明是否能提高阅读能力，无关选项，排除。

C 选项：该项表明只进行纸质阅读可以提高儿童的阅读能力，间接说明了同时进行纸质阅读和电子化阅读也可以提高阅读能力，支持研究人员的观点，排除。

D 选项：该项讨论的是阅读能力和学习能力的关系，无关选项，排除。

E 选项：该项表明提高阅读能力的重点不是方式，而是具备热爱阅读的心，该项并未指明这两种方式是否可以提高阅读能力，故该项无法削弱研究人员的观点，排除。

故正确答案为 A 选项。

439 【答案】C

【解析】

第一步，梳理题干：

论据：产品质量为消费者考虑的主要因素，Z 手机生产厂家进行更加时尚的外观设计，加大研发力度，提高手机质量，降低了产品价格。

论点：在进行一系列的努力之后，Z 公司的手机销量一定会提升。

第二步，验证选项：

A 选项：消费者对价格不敏感，那么调整价格是否能提高手机的销量未知，排除。

B 选项：表明消费者购买手机是出于冲动，和题干提到的这些因素无关，未表明上述方法是否可能可以提高销量，该项无法削弱题干论证，排除。

C 选项：表明消费者从价格高低看手机质量的高低，该项成立让消费者认为 Z 公司的手机质量不怎么好，从而降低销量，可以削弱题干论证，正确。

D 选项：与"其他手机生产厂家"无关，排除。

E 选项：质量不是影响销量的唯一因素，但也是影响因素之一，而题干说的是质量是主要因素，该项无法削弱题干论证，排除。

故正确答案为 C 选项。

440 【答案】D

【解析】

第一步，梳理题干：

方法："特好吃"餐厅向用餐完毕 1 小时仍未离开的顾客收取一定的费用。

目的：该方案会使用餐完毕不离开的顾客数量大量减少。

第二步，验证选项：

A 选项：该项指出"收费"的方式无法达到减少顾客用餐完毕不离开现象的目的，这里"约束力"指代不明，故该项削弱力度不强。

B 选项：该项指出的是"个别"顾客的行为，无法削弱题干，排除。

C 选项：无关选项，题干不讨论顾客用餐完毕不离开的现象产生的原因，排除。

D 选项：该项指出"收费"的方式无法达到减少用餐完毕不离开现象的目的，很有可能致使很多人愿意付钱占据位置不离开，会使用餐完毕不离开的人数增加，该项可以削弱题干论证，正确。

E 选项：无关选项，题干不讨论与该餐厅环境相关的话题，排除。

故正确答案为 D 选项。

441 【答案】E

【解析】

第一步，梳理题干：

论据：1/5 的人服用 G-U-MRincinol 后产生了明显的副作用。

论点：应该禁止使用 G-U-MRincinol 治疗口腔溃疡。

第二步，验证选项：

A 选项：题干未讨论口腔癌的相关话题，无关选项，排除。

B 选项：该项指出产生副作用的那些人可能以前从没有服用过该药物，支持了题干的因果关系，排除。

C 选项：题干讨论的是口腔溃疡患者服用该药物是否会产生副作用，和该项无关，排除。

D 选项：该项明确指出该药物是可以产生副作用的，支持了题干的论据，排除。

E 选项：该项指出只有胆固醇含量极高的患者才会出现副作用，这就意味着，不需要禁止使用 G-U-MRincinol 治疗口腔溃疡。因此，该项削弱了题干，正确。

故正确答案为 E 选项。

442 【答案】D

【解析】

第一步，梳理题干：

论据：全球气候变暖造成的干旱导致真菌等菌类大量死亡，从而导致植物死亡，引发了森林退化等现象。

论点：为了应对气候变暖带来的挑战，应当选择其他耐旱的菌类和植物共生。

第二步，验证选项：

A 选项：该项表明存在一些真菌比其他类型的菌类更耐旱，但未具体说明该方法能够应对气候变暖的挑战，故该项无法削弱题干，排除。

B 选项：该项表明该方法可行是需要时间的，但未表明具体时间，所以观点不明确，该项无法削弱题干，排除。

C 选项：该项表明和植物共生的真菌是一些动物的食物，没有这些真菌，动物就会因饥饿而死亡，与题干论证无关，排除。

D 选项：该项表明该方法无法达到最终的效果，耐旱的真菌无法适应气候变暖，可以削弱题干，正确。

E 选项：该项表明该方法无法缓解气候变暖，而题干明确只是"应对挑战"，与题干论证话题不一致，排除。

故正确答案为 D 选项。

443 【答案】E
【解析】
第一步，梳理题干：
方法：所有的公共车辆都一律用电能代替燃油，加快推进新能源汽车的普及。
目的：改善雾霾导致的大气污染问题，从而降低秋冬季节呼吸系统疾病的发病率。
第二步，验证选项：
A 选项：无关选项，题干论证与购置成本无关，排除。
B 选项：无关选项，该项指出采用新能源车出行的货车司机会面临很大的困难，但这与改善污染无关，排除。
C 选项：相关度较弱，题干的主体是甲国，与乙国无关，主体不一致，排除。
D 选项：无关选项，与题干中的方法无关，无法削弱，排除。
E 选项：达不到目的，表明该方法施行后不仅不能改善大气污染反而加重了污染程度，正确。
故正确答案为 E 选项。

444 【答案】B
【解析】
第一步，梳理题干：
方法：统一黄河流域发展水平。
目的：有效解决黄河流域的生态问题。
第二步，验证选项：
A 选项：无关选项，题干论证与长江无关，排除。
B 选项：方法不可行，表明统一黄河流域发展水平的方法难以实现。此种削弱方法虽然不是第一思路，但在本题中属于"相对最优"的选择，排除。
C 选项：该项强调的是为了保护黄河要坚持走绿色可持续的高质量发展之路，和题干中"统一黄河流域的发展水平"无关，排除。
D 选项：该项强调的是长江保护法和黄河保护法的严格程度，和题干论证无关，排除。
E 选项：该项讨论的是黄河流域的村民在经济发展的过程中对环境造成的破坏，但是和黄河流域的发展水平是否统一无关，排除。

故正确答案为 B 选项。

445 【答案】D

【解析】

第一步，梳理题干：

论据：生姜及生姜类产品是爱发人士关注的热点。

论点：涂抹生姜汁可促进血液循环，进而促进生发。

第二步，验证选项：

A、B选项：题干不讨论脱发产生的原因，该项和题干相关度不大，排除。

C选项：该项明确指出，涂抹生姜汁可促进血液循环，支持了题干论证，排除。

D选项：该项指出，涂抹生姜汁不仅达不到生发的目的，反而会导致脱发，所以该项削弱了题干论证，正确。

E选项：虽指出涂抹生姜有一定的副作用，但它的确有护发的作用，支持了题干论证，排除。

故正确答案为D选项。

446 【答案】C

【解析】

第一步，梳理题干：

论据：动物听到高分贝的声音时会觉得自己正在遭受外界的威胁，从而导致应激反应的物质增多。

论点：每天让动物听高分贝的声音可以提高动物对外界威胁的警觉程度。

第二步，验证选项：

A选项：该项指出每天让动物听高分贝的声音会导致坏的结果，并未指出方法无效，故该项无法削弱专家的观点，排除。

B选项：该项表明动物回归野外前会定期给它们听高分贝的声音，这只是在阐述事实，并未指出方法无效，故该项无法削弱专家的观点，排除。

C选项：该项表明该方法不但达不到效果，反而会使得动物对威胁的反应迟缓，可以削弱专家的观点。

D选项：该项表明察觉外界威胁的方式多样，和题干论证无关，排除。

E选项：该项指出了肾上腺素的作用，和题干论证无关，排除。

故正确答案为C选项。

447 【答案】B

【解析】

第一步，梳理题干：

目的：更好地应对全球变暖。

方法：必须大力推广新能源汽车并尽量限制燃油汽车的生产和销售。

第二步，验证选项：

A选项：该项表明全球变暖不解决会导致一系列问题，并未提及该方法的不必要性，排除。

B选项：该项证明可再生能源已经能替代全球变暖的罪魁祸首——工业生产消耗的石油能源。这就意味着，即便不推广新能源汽车并限制燃油汽车的销售也可以解决全球变暖的问题。因此，该项能指出题干的方法是不必要的，最强地削弱了题干，正确。

C选项：该项比较"地下水污染"和"全球变暖"的严重程度，无关选项，排除。

D 选项：该项表明该方法会导致传统汽车行业遭受打击，指出方法有恶果，但未具体说明方法是不是必须实施的，故无法削弱题干，排除。

E 选项：该项表明任何方法都只能解决一时的问题，并没有表明该方法的不必要性，故无法削弱题干，排除。

故正确答案为 B 选项。

448 【答案】C

【解析】

第一步，梳理题干：

论据：抗氧化酶对视力的保持非常重要，人体合成抗氧化酶的能力随年龄增长而下降，多种食物都含有大量的抗氧化酶。

论点：多吃含有抗氧化酶的食物可以保持视力不衰退。

第二步，验证选项：

A 选项：该项通过动物对照实验得出抗氧化酶无法保持视力不衰退，但未明确该酶对动物和人的作用是否有差异，故该项无法削弱研究人员的观点，排除。

B 选项：该项表明食用抗氧化酶的食物可以提高人体合成抗氧化酶的能力，那么食用该酶可以保持视力不衰退，可以支持研究人员的观点，排除。

C 选项：该项表明抗氧化酶进入人体后就会被分解成普通的氨基酸，无法起到保持视力不衰退的作用，方法无效，该项可以削弱研究人员的观点，正确。

D 选项：该项表明其他方法可以恢复人体合成抗氧化酶的能力，并未指出题干的方法可行与否，排除。

E 选项：该项表明人的视力的影响因素多，抗氧化酶只是其中一个，但未指出题干的方法可行与否，排除。

故正确答案为 C 选项。

449 【答案】C

【解析】

第一步，梳理题干：

论据：绿茶中的抗氧化物质含量较低，根本无法预防糖尿病、心脏病和高血压等疾病。

论点：饮用绿茶可以有效地控制血糖水平，预防高血糖引发的各种疾病。

第二步，验证选项：

A 选项：该项表明绿茶中的抗氧化物质对健康有作用，有助于健康不等于可以控制血糖水平，与题干讨论的话题不一致，故该项无法削弱题干，排除。

B 选项：该项论述的是绿茶名称的缘由，无关选项，排除。

C 选项：该项表明绿茶中能控制血糖的物质遇到水会失去作用，那么饮用绿茶必然不会起到控制血糖等相关作用，可以削弱题干，正确。

D 选项：该项讨论的是"长期饮用绿茶来控制血糖"的观点存在争议，无关选项，排除。

E 选项：该项比较的是"减少高糖食物的摄入量"的方法比饮用绿茶的方法更好，与题干论证无关，排除。

故正确答案为 C 选项。

450 【答案】C

【解析】

第一步，梳理题干：

论据：有有氧运动习惯的人患有抑郁症的概率要比没有该习惯的人低30%。

论点：为了降低大学生抑郁症的发病率，学校应该鼓励大学生多参与有氧锻炼。

第二步，验证选项：

A选项：该项表明，鼓励大学生参与有氧锻炼需要满足的前提是要有大量的运动场地，但是，该项无法说明有氧锻炼能否降低抑郁症的发病率，排除。

B选项：无关选项，题干不讨论是否具备有氧锻炼的知识和锻炼是否易让人受损伤的论证话题，排除。

C选项：该项表明，皮质激素的超量分泌导致抑郁症，和有氧锻炼无关，最强地削弱了专家的建议，正确。

D选项：该项表明参与有氧锻炼的不好之处，无法说明有氧运动无法降低抑郁症的发病率，排除。

E选项：无关选项，有诉诸人身的逻辑错误，排除。

故正确答案为C选项。

考向3 概念跳跃的削弱

答案速查表

题号	451	452	453	454	455
答案	D	D	A	B	C

451 【答案】D

【解析】

第一步，梳理题干：

论据："胡萝卜甲号"不仅对人体没有毒副作用，而且可以有效地提高人体的免疫力。

论点："胡萝卜甲号"是有机食品。

第二步，验证选项：

A、B、C、E选项：均未表明"胡萝卜甲号"在生长过程中是否使用了人工合成物质，无关选项，排除。

D选项：该项指出"胡萝卜甲号"在生产过程中使用了化学肥料和一定量的农药，根据题干第一句话可知，"胡萝卜甲号"不是有机食品，故该项可以削弱题干论证。

故正确答案为D选项。

452 【答案】D

【解析】

第一步，梳理题干：

论据：该节目收视率比同类节目高出2%。

论点：该节目达到了当前同类节目的最高水准。

第二步，验证选项：

A选项：题干不讨论参与该节目的嘉宾如何评价该节目，排除。

B选项：题干不讨论观众的节目偏好，排除。

C 选项：该项指出节目导演的微博存在几十万条批评该节目的评论，但并未指出该节目的好评有多少，且无法说明网友评价和节目水准之间存在必然的联系，排除。

D 选项：该项直接割裂了收视率和节目水准之间的联系，割裂了题干跳跃处的关系，正确。

E 选项：该项虽然指明收视率并不是判断节目水准的唯一标准，但收视率是判断节目水准的因素，无法削弱题干论证，排除。

故正确答案为 D 选项。

453【答案】A

【解析】

第一步，梳理题干：

论据：当杂志的封面宣传了某项新的媒体技术时，往往就会伴随着公众信息消费偏好的转变。

论点：媒体行业应该关注该杂志的封面设计的变化，这样才能抓住公众信息消费偏好的转变。

第二步，验证选项：

A 选项：该项表明封面设计主要基于主编的艺术风格和个人兴趣，直接表明了封面设计并不能反映出公众信息消费偏好，割裂了题干跳跃处的关系，可以质疑研究者的观点，正确。

B 选项：该项指出大多数人抛弃了传统媒体，转向数字媒体，这与题干论证话题无关，排除。

C 选项：该项指出公众信息消费偏好会发生转变，但并未表明杂志的封面设计和公众信息消费偏好之间的关系，无法质疑研究者的观点，排除。

D 选项：该项表明封面设计对杂志销量的影响，并不是对公众信息消费偏好的影响，无法质疑研究者的观点，排除。

E 选项：该项指出影响公众信息消费偏好的其他因素，但并未表明杂志的封面设计和公众信息消费偏好之间的关系，无法质疑研究者的观点，排除。

故正确答案为 A 选项。

454【答案】B

【解析】

第一步，梳理题干：

论据：随着新媒体时代的到来，微信、微博、抖音等大量传播媒介的涌现为人们获取信息提供极大便利。

论点：新媒体时代将增强大学生文化自信。

第二步，验证选项：

A 选项，该项讨论的是传统的文化传播载体，而论点关注的是新媒体时代对大学生文化自信的影响，话题不一致，排除。

B 选项，该项指出很多传播媒介由于自身的缺点，影响了大学生对于文化的理解，割裂了论据和论点之间的关系，正确。

C 选项，题干不讨论高校在新媒体平台的宣传做法，排除。

D 选项，虽然增加了培育和增强大学生文化自信的难度，但不意味着就不能增强大学生文化自信，排除。

E 选项，"某高校教师认为"，并不等于实际情况，诉诸权威，排除。

故正确答案为 B 选项。

455 【答案】C

【解析】

第一步，梳理题干：

论据：大数据具有庞大的数据量和多样化的数据类型。

论点：将大数据技术应用于高校食品安全管理，对于提升管理效能具有重要意义。

第二步，验证选项：

A项、B项、D项均为无关选项，其讨论的话题与题干无关。

C项，削弱题干，该项指出高校食品安全管理效能提升的核心是管理制度，而非大数据技术，故该项割裂了论据和论点之间的关系，正确。

E项，支持题干，该项指出大数据对于高校食品安全管理至关重要，建立了论据和论点之间的关系，排除。

故正确答案为C选项。

考向4 数量关系的削弱

答案速查表					
题号	456	457	458	459	460
答案	C	A	B	B	C

456 【答案】C

【解析】

第一步，梳理题干：

论据：文科专业毕业生的就业率只有70%。

论点：文科专业更不好找工作。

第二步，验证选项：

A选项：该项表明了文理科都有同样的能力，与题干论证无关，排除。

B选项：该项比较的是2023年就业总人数和10年前的增长变化，与题干论证无关，排除。

C选项：该项表明所有成功就业的人数占总人数的68%，那么按理说文科就业率应该和68%比例一样，但是实际是70%，说明文科生并不是不好找工作，可以削弱题干论证，正确。

D选项：与"理科毕业生"无关，专业除了文科、理科还有其他类别，无法推知文科就业人数的占比情况，故该项无法削弱题干论证，排除。

E选项：该项表明毕业人数比10年前增加了80%，但是毕业的人未必都就业了，故该项无法削弱题干论证，排除。

故正确答案为C选项。

457 【答案】A

【解析】

第一步，梳理题干：

论据：某研究生院招生人数每年在增加。

论点：该校研究生数量显著上升是因加大招生宣传力度。

第二步，验证选项：

A 选项，该项表明该校研究生数量上升可能是因为国家政策导致的招生指标增加，而不是因为加大了招生宣传力度，属于另有他因的削弱方式，正确。

B 选项，该项指出学校宣传信息存在夸大事实情况以及部分学生入学后的感受，但与研究生数量上升的原因是不是加大招生宣传力度没有直接关系，排除。

C 选项，该项指出研究生数量上升在不同专业的分布情况（理工科上升、文科增长缓慢），与论点讨论的话题不一致，排除。

D 选项，该项指出，有教育专家指出招生宣传对吸引学生报考的作用逐渐减弱，但不明确在该校的具体情况，也不能确定该校研究生数量上升不是因为加大招生宣传力度，排除。

E 选项，该项指出研究生报考人数和招生人数的增幅比较，但与研究生数量上升的原因是加大招生宣传力度这一论点无关，排除。

故正确答案为 A 选项。

458 【答案】B

【解析】

第一步，梳理题干：

论据：雨天出行群体事故率（15%）显著高于非雨天群体（5%）。

论点：雨天出行增加事故风险。

第二步，验证选项：

A 选项：该项指出雨天出行驾驶员占全年总数的 30%，而雨天仅占全年天数的 10%，可能暗示雨天出行频率高，支持题干，排除。

B 选项：该项指出雨天事故中新手比例显著高于非雨天，若新手在雨天出行比例更高，或新手本身事故率更高，则事故率差异可能源于驾驶员经验而非天气，他因削弱，正确。

C 选项：该项指出部分事故发生在隧道内（不受雨天影响），若隧道事故被错误计入雨天群体，会高估雨天事故率。但题目仅提"部分"，力度弱，不如 B 选项，排除。

D 选项：该项指出未发生事故的雨天驾驶员中 80% 受过专业培训，若未培训，雨天事故率可能更高，反而支持专家观点，排除。

E 选项：该项指出其他城市数据显示雨天事故率略高，但差距较小。但未指出两个城市之间有类比性。

故正确答案为 B 选项。

459 【答案】B

【解析】

第一步，梳理题干：

论据：调查结果显示，在每晚睡眠不足 6 小时的人群中，患高血压的概率高达 60%。（比例）

论点：长期睡眠不足会显著提升患心血管疾病的风险。（因果关系）

第二步，验证选项：

A 选项，无关选项，该项只是在陈述改善睡眠质量后的一种现象，没有涉及睡眠不足时对患心血管疾病风险的直接影响，与论点讨论的核心话题不一致，排除。

B 选项，削弱选项，该项指出睡眠不足的人群中，70% 的人在饮食上普遍存在高盐、高脂的习惯，该比例大于 60%，故可能是高盐、高脂的饮食习惯，而不是长期睡眠不足导致了这些人患心血管疾病的概率升高，属于另有他因的削弱方式，正确。

C 选项，支持题干，该项强调了这些人在长期睡眠不足后，患心血管疾病的概率大幅上升，并且排除了"生活环境、饮食习惯等其他方面"的干扰因素，从而支持了专家"长期睡眠不足会显著提升患心血管疾病的风险"的观点，排除。

D 选项，干扰选项，该项指出长期处于高压工作环境下的人群患心血管疾病概率高，但没有明确说明这种情况与长期睡眠不足之间的关系，不能确定是否能削弱长期睡眠不足会提升患心血管疾病风险这一观点，排除。

E 选项，无关选项，该项提到某些特定基因的表达变化会同时影响睡眠模式和心血管系统的调节机制，但不明确这种影响是否意味着长期睡眠不足不是提升患心血管疾病风险的原因，排除。

故正确答案为 B 选项。

460【答案】C

【解析】

第一步，梳理题干：

论据：A 产品每月投诉量仅为 50 起，然而随着时间推移，到年末时每月投诉量已攀升至 80 起。

论点：A 产品的投诉比例大幅上升。

第二步，验证选项：

A 项，口碑和投诉比例、产品质量之间没有必然的因果联系，不能说明投诉比例是否真的上升以及产品质量是否有问题，排除。

B 项，该项只能说明不是所有产品都存在质量问题，但不能确定整体的投诉比例是否上升，排除。

C 项，投诉比例 = 投诉产品数量 / 产品总数量，该项可以指出"投诉比例"的分母在增加，故投诉比例可能减小，正确。

D 项，其他公司的情况与该公司 A 产品的投诉比例和质量问题没有直接关系，排除。

E 项，市场份额和投诉比例、产品质量之间没有直接的逻辑关联，排除。

综上所述，C 项正确。

专题六　支持题

题型 15　支持的基本思路

答案速查表

题号	461	462	463	464	465	466	467	468	469	470
答案	D	B	B	D	C	A	A	D	C	A
题号	471	472	473	474	475	476	477	478	479	480
答案	A	E	C	B	A	E	C	A	A	C
题号	481	482	483	484	485	486	487	488	489	490
答案	D	B	C	A	D	E	C	D	B	C
题号	491	492	493	494	495					
答案	A	A	B	C	E					

461 【答案】D

【解析】

第一步，梳理题干：

论据：研究团队成功绘制出猕猴大脑皮层的细胞类型分类树。

论点：灵长类动物相比其他物种有更高的认知和社会能力，有更大的大脑皮层和更多的细胞类型。

第二步，验证选项：

A 选项：指出猕猴和人类最为接近，并未和其他物种比较认知能力的高低问题，无法支持，排除。

B 选项：该项指出灵长类动物的神经元的分布特征，和题干论证不相关，排除。

C 选项：该项指出灵长类动物的神经元细胞和人类的相关性，和题干论证不相关，排除。

D 选项：该项指出灵长类动物的认知能力是所有物种中位居首位的，支持题干的结论，正确。

E 选项：该项指出该团队进行过人脑和老鼠大脑的跨物种研究比较，和题干论证话题不相关，排除。

故正确答案为 D 选项。

462 【答案】B

【解析】

第一步，梳理题干：

论据：气候变暖导致冰川消融、海平面上升，南极发现了"血雪"的罕见现象，这一现象出现是因为一种藻类生物的出现。

论点：南极的变暖问题已经不容忽视。

第二步，验证选项：

A 选项：题干未提及"绿雪"问题，和题干论证不相关，排除。

B 选项：该项表明造成"血雪"的藻类生物是生长在环境温和的地带，表明这一系列的环境问题的确和气候变暖是有关系的，可以支持题干论证，排除。

C 选项：该项表明冰川融化会对人类的生命安全造成危害，但未表明这和气候变暖的关系，故无法支持题干论证，排除。

D 选项：不注重环境治理，南极冰川将消失，并未建立论据和结论的联系，排除。

E 选项：表明生态系统受到影响致使全球变暖的问题更加严重，和题干论证无关，排除。

故正确答案为 B 选项。

463 【答案】B

【解析】

第一步，梳理题干：

论据：火山爆发频繁发生，爆发时会释放出水蒸气和二氧化硫等物质，这些物质会和大气中的氧气和氮气发生反应，形成了气溶胶。

论点：一个冰冷而漫长的冰河时代正悄然降临。

第二步，验证选项：

A 选项：该项指出坦波拉火山爆发后形成的气溶胶致使之后几年都不会有夏天那样炎热的温度，该项存在以偏概全的嫌疑，仅凭一个火山的爆发后果得出结论，无法支持题干的论点，排除。

B 选项：该项表明气溶胶会阻碍太阳光的辐射，那么地球温度便随之降低，建立起了火山爆发后形成的气溶胶和冰河时代的联系，可以支持题干的论点，正确。

C 选项：该项是在解释气溶胶的成分以及来源，与题干论证话题无关，排除。

D 选项：该项表明"地球变暗"会导致的一系列后果，最后使得地球温度降低，与题干论证话题不一致，排除。

E 选项：该项表明地球变暗的主要原因是人类活动，讨论话题和题干不一致；其次一些人认为，存在诉诸大众的嫌疑，观点不可行，所以该项无法支持题干论证，排除。

故正确答案为 B 选项。

464 【答案】D

【解析】

第一步，梳理题干：

论据：体重对跑步速度的影响很大，即体重越轻，就跑得越快。

论点：降低体重无法提高跑步成绩。

第二步，验证选项：

A 选项：该项在解释"跑步"是什么，无关选项，排除。

B 选项：这里解释了"瘦子"跑步快的缘由，和题干论证话题不相关，排除。

C 选项：该项表明跑得快不快的因素有四个，其中体重是影响跑得快的因素之一，但是不需要注意体重如何影响，该项并没有给出明确的态度，体重越重跑得快还是体重越轻跑得快，该项观点是不明确的，所以该项无法支持题干论证，排除。

D 选项：该项表明体重太低，会导致骨头脆弱，这不利于提高跑步成绩，支持了题干的论点，正确。

E 选项：该项表明跑步目的和关注体重之间的联系，无关选项，排除。

故正确答案为 D 选项。

465 【答案】C

【解析】

第一步，梳理题干：

论据：研究表明，不同情绪状态下的个体所做出的决策结果是截然不同的。

论点：当我们做人生中的重大决定时一定要心平气和，不要被情绪左右。

第二步，验证选项：

A 选项：该项是对情绪做出的一个解释，并没有表明情绪和重大决策的相关性，排除。

B 选项：该项表明愤怒情绪会让我们无法准确判断事物的发展，产生悲观的预期，则表明愤怒情绪的确会影响我们的判断，可以支持。

C 选项：该项表明，个体处于情绪化状态下无法对事物做出一个理性认知和判断，明确表示情绪对事物的判断有着很大的影响，可以支持；该项有强力度词"重大"，故该项的支持作用比 B 选项更强，故 C 选项正确，正确。

D 选项：无关选项，该项说明了导致情绪化的其他因素，排除。

E 选项：无关选项，并未说明情绪和重大决策之间的联系，排除。

故正确答案为 C 选项。

466 【答案】A

【解析】

第一步，梳理题干：

论据：社交媒体的普及使得人们更加关注自己的形象和声誉，年轻人在社交媒体上发布精心策划的照片和生活片段，以求得到他人的赞誉和关注。

论点：过度关注形象反映了当代年轻人对内心的成长和发展的忽视，也反映了他们对他人关注的渴望。

第二步，验证选项：

A 选项：该项表明人的精力有限，只能在内在或外在中选择一个，建立了论据和论点的联系，可以支持专家的观点，正确。

B 选项：该项表明过度关注形象会导致自卑情绪，与题干论证话题无关，排除。

C 选项：该项表明过度关注形象的行为受到社会结构和潮流的影响，并未建立论据和论点的联系，故该项无法支持专家的观点，排除。

D 选项：该项指明社交媒体的作用，无关选项，排除。

E 选项：该项指明，年轻人应该关注自己的内在，而非外在的形象，未说明关注外在形象是忽略了内在的成长，故该项无法支持专家的观点，排除。

故正确答案为 A 选项。

467 【答案】A

【解析】

第一步，梳理题干：

论据：我国的主要发电方式是火力发电，而火力发电会产生大量的废气，因此，电动汽车会造成空气污染。

论点：电动汽车的确要比燃油汽车更加环保。

第二步，验证选项：

A 选项：该项表明火力发电产生的废气会进行无害化处理，而燃油汽车产生的尾气无法有效处理，进一步说明电动汽车使用的电能产生的废气不会比燃油汽车多，可以支持专家的观点，正确。

B 选项：该项讨论的是燃油汽车的废气排放的相关问题，并未和电动汽车做比较，故该项无法支持专家的观点，排除。

C 选项：该项表明风力发电和核电取得卓越成就，和题干论证无关，排除。

D 选项：该项表明环保问题涉及诸多方面，不仅空气污染这一个，论证话题和题干不一致，排除。

E 选项：该项表明电动汽车的电池达到使用寿命后的相关话题，与题干论证无关，排除。

故正确答案为 A 选项。

468 【答案】D

【解析】

第一步，梳理题干：

论据：该人才引进测评模型包括医生基本胜任力、科室管理胜任力、专业胜任力等多个维度，旨在全面评价候选人的能力，以提高人才引进的质量和效率。

论点：现有的测评模型已经足够全面，无须引入该模型。

第二步，验证选项：

A 选项：该项指出现有的测评模型评估出的人才能够很好地胜任现有的工作，并未指出不引进新的测评模型的原因，故无法支持专家的观点，排除。

B 选项：该项指出新的测评模型使用后，医院的科室主任流动率仍旧高，与题干论证话题不一致，排除。

C 选项：该项指出缺乏操作新的测评模型的专业知识，新的测评模型的潜能无法完全发挥出来，并未说明新的测评模型的作用是否与现有的测评模型存在差异，故无法支持专家的观点，排除。

D 选项：该项明确指出新的测评模型和现有的测评模型的评估结果不存在差异，也就是说新的测评模型的引进是没有必要的，可以支持专家的观点，正确。

E 选项：该项指出新的测评模型的操作存在困难，并未指出新的测评模型引进的不必要性，无法支持专家的观点，排除。

故正确答案为 D 选项。

469 【答案】C

【解析】

第一步，梳理题干：

论据：使用 ATG-F 作为诱导治疗的方案，旨在通过单次大剂量治疗降低急性排异反应的发生率，从而减少长期免疫抑制剂的使用。

论点：ATG-F 诱导治疗方案的安全性存疑。

第二步，验证选项：

A 选项：该项通过实验得出该治疗方案并没有出现副作用，同时又指出该实验的样本缺乏随机性，最终态度不明确，故无法支持专家的观点，排除。

B 选项：该项只能说明 ATG-F 诱导治疗没有严重的副作用，这就意味着该治疗方案至多有一些轻微的副作用。因此，该项能说明 ATG-F 治疗方案是相对安全的，对专家的观点有削弱作用，排除。

C 选项：该项表明接受 ATG-F 的治疗后，个体会出现免疫力下降、骨质疏松等问题，危害到了人体的健康，可以支持专家的观点，正确。

D 选项：该项指出 ATG-F 诱导治疗对移植受者长期存活的影响不明确，无法确保其安全性，态度不明确，无法支持专家的观点，排除。

E 选项：该项指出接受 ATG-F 诱导治疗的患者比未接受该治疗的患者的急性排异反应发生率低，但不能说明 ATG-F 诱导治疗方案就安全，无法支持专家的观点，排除。

故正确答案为 C 选项。

470 【答案】A

【解析】

第一步，梳理题干：

论据：下调存款准备金率，搭配定向降息措施，向市场提供长期流动性约 1 万亿元，以此缓解市场流动性压力，降低融资成本，支持实体经济的发展。

论点：央行的一系列政策超出市场预期，是一项正确合理的决策。

第二步，验证选项：

A 选项：该项表明市场长期流动性充足可以解决融资成本的相关问题，说明央行这一决策是正确有效的，可以支持专家的观点，正确。

B 选项：该项指出政策的宣布引起了资本市场的积极反应，并未说明政策的合理性和有效性，故无法支持专家的观点，排除。

C 选项：该项表明降准幅度超出预期，存在积极意义，但这是专家所说的话，存在诉诸权威的嫌疑，无法支持专家的观点，排除。

D 选项：该项指出政策的目的是让资金到需要的地方去，并未说明政策的合理性和有效性，无法支持专家的观点，排除。

E 选项：该项指出市场永远缺乏流动性，并未提到央行政策的作用以及合理性，无法支持专家的观点，排除。

故正确答案为 A 选项。

471【答案】A

【解析】

第一步，梳理题干：

论据：随着医疗体系的改革，二级医院在城市医疗体系中正处于边缘化位置，国家和地方政府鼓励二级医院进行转型。

论点：对于二级医院而言，转型成康复医院和发展特色专科是正确合理的决定。

第二步，验证选项：

A 选项：该项指出二级医院转型为康复医院，诊疗人次和住院人次都在往好的方面发展，可以支持专家的观点，正确。

B 选项：该项表明国家和地方政府通过资金和政策支持二级医院转型，但并未说明这样做是否合理，无法支持专家的观点，排除。

C 选项：该项指出二级医院的诊疗人次少的原因，即是患者更信任三级医院，与题干论证无关，排除。

D 选项：该项指出转型会导致人才流失，专业医护人员转投其他医疗机构，加大了运营的压力，反驳专家的观点，排除。

E 选项：该项指出二级医院通过与高校和研究机构合作的方式也能改变二级医院诊疗人次少的问题，与题干论证无关，排除。

故正确答案为 A 选项。

472【答案】E

【解析】

第一步，梳理题干：

论据：诺和诺德和礼来制药通过一系列战略行动积极扩展其在减重市场的影响力，不断推出创新产品和服务。

论点：对需要减肥的人有实质性帮助。

第二步，验证选项：

A 选项：该项针对的是 2 000 名肥胖老人做的调查，该样本不是随机样本，不具有代表性，故该项无法有效支持专家的观点，排除。

B 选项：该项只能说明诺和诺德以及礼来制药为患者提供了优惠，但是不能说明他们能帮助减肥人群减肥，故该项无法有效支持专家的观点，排除。

C 选项：该项指出有药企模仿进而推出自己的减肥药，加剧市场竞争，与题干论证话题无关，排除。

D 选项：该项指出这两家药企的产品价格昂贵，许多患者难以负担，因此无法给这些患者带来实质性的帮助，无法支持专家的观点，排除。

E 选项：该项指出这两家药企引入了新的作用机制和治疗方法，帮助减肥的人更高效地减肥，同时承受更小的副作用，可以支持专家的观点。

故正确答案为 E 选项。

473 【答案】C

【解析】

第一步，梳理题干：

论据：面对需求疲软、利润萎缩以及竞争压力，特斯拉不得不采取降价促销的措施以保持市场份额，特斯拉试图通过推出成本更低的车型以及加大研发投入来应对挑战。

论点：尽管面临的是短期内的增长放缓，但这些努力对于特斯拉的长期发展而言是合理且必要的。

第二步，验证选项：

A 选项：该项只表明降价和推出低成本车型是车企常用的策略，并未表明这对特斯拉的长期发展是合理的、必要的，无法支持专家的评价，排除。

B 选项：该项表明这种策略将会提高特斯拉的销量和市场份额，短期来看有利于特斯拉的发展，但这无法明确对未来有何作用，无法支持专家的评价，排除。

C 选项：该项强调特斯拉所具备的优势，这为特斯拉未来的发展奠定了坚实的基础，这种优势显然是对未来的发展有着推动作用的，可以支持专家的评价，正确。

D 选项：该项表明特斯拉的品牌影响力和消费者忠诚度依然强劲，并未提及特斯拉目前采取策略的相关信息，无法支持专家的评价，排除。

E 选项：该项表明投资者对特斯拉持有信心，未提及特斯拉当前策略和其长期发展之间的关系，无法支持专家的评价，排除。

故正确答案为 C 选项。

474 【答案】B

【解析】

第一步，梳理题干：

论据：国家金融监督管理总局公布了一系列金融支持措施。

论点：这些金融支持措施对缓解市场供需矛盾、保障居民住房需求具有重要意义。

第二步，验证选项：

A 选项：该项指出居民对住房有需求，担心房价下跌而不敢购买，并未指出具体的措施是如何满足这些需求的，无法支持专家的观点，排除。

B 选项：该项直接表明金融支持措施满足了居民的购房需求，确切地缓解了市场供需矛盾，可以支持专家的观点，正确。

C 选项：该项表明金融支持措施无法解决这些问题，对缓解市场供需矛盾没有帮助，对专家的观点有质疑的力度，排除。

D 选项：该项表明相关金融机构可能会影响金融支持措施的具体实施效果，并没有进一步说明该措施是不是有助于缓解矛盾，保障居民住房需求，无法支持专家的观点，排除。

E 选项：该项指出金融措施存在未知的风险，与题干论证话题无关，排除。

故正确答案为 B 选项。

475【答案】A

【解析】

第一步，梳理题干：

论据：部分企业出现了内控不足和偏离主业等风险，为此，出台了多份规范经营及管理的政策，提出了提升注册门槛、完善主要发起人制度、强化业务监管等一系列措施。

论点：这一系列举措体现了国家金融监督管理总局对规范行业发展从而引导行业服务实体经济的决心。

第二步，验证选项：

A 选项：该项表明金融租赁公司在监管政策的引导下，经营向直租业务倾斜，说明这些举措的确引导了企业向实体经济服务的意向，可以支持专家的观点，正确。

B 选项：该项指出国家金融监督管理总局联合其他部门进行有效监督，并未说明这些举措有何作用，无法支持专家的观点，排除。

C 选项：该项表明金融行业从业者对政策的认可，说明政策可以规范经营，但没有具体说明是如何引导他们的，对专家的观点支持力度较弱，排除。

D 选项：该项表明政策受到认可，没有提及具体是如何引导行业向实体经济服务的，无法支持专家的观点，排除。

E 选项：该项指出金融行业和实体经济的联系，未进一步说明具体措施的引导过程是怎样的，无法支持专家的观点，排除。

故正确答案为 A 选项。

476【答案】E

【解析】

第一步，梳理题干：

论据：将统计数据真实准确作为统计部门最重要的政绩，并采取一系列措施加强监管。

论点：国家近期所做的工作是维护宏观经济决策的科学性、推动经济社会健康发展的重要举措。

第二步，验证选项：

A 选项：该项表明统计造假专项治理行动是有效果的，受到民众认可，与题干论证无关，排除。

B 选项：该项表明统计造假专项治理行动无用，数据统计仍存在造假的情况，并没有就行动的重要性给出明确观点，无法支持专家的观点，排除。

C 选项：该项只是明确了统计造假行为的处罚对象，与题干论证无关，排除。

D 选项：该项表明统计部门虽面临压力，仍旧能严格遵守工作守则完成任务，与题干论证无关，排除。

E 选项：该项表明统计数据的质量最终能得到持续提升，进一步说明这一系列措施的重要性，可以支持专家的观点，正确。

故正确答案为 E 选项。

477 【答案】C

【解析】

第一步，梳理题干：

论据：光伏行业经历了快速发展、需求高增长及内卷化现象，第四季度多家企业的业绩承压，暴露出行业波动加剧、新增订单放缓的征兆。

论点：光伏行业的发展依然面临着许多不确定性和挑战，企业在追求增长的同时也需加强风险管理和对市场的预判。

第二步，验证选项：

A 选项：该项指出行业内的波动是投资者失去信心引起的，没有表明这和企业的风险管理和市场预判有关，无法支持专家的观点，排除。

B 选项：该项表明部分光伏企业积极应对行业波动，实现了稳定增长，没有涉及企业风险管理和市场预判相关问题，无法支持专家的观点，排除。

C 选项：该项指出光伏企业没能及时预判市场需求变化，导致出现了一系列问题，这正好说明了，要想企业稳定发展就需要加强风险管理和对市场的预判，可以支持专家的观点，正确。

D 选项：该项表明企业面临挑战时需要做的事情，并未指出这和风险管理以及市场预判有何关系，无法支持专家的观点，排除。

E 选项：该项表明光伏企业通过其他的方法抵御了行业波动带来的负面影响，没有提及风险管理和市场预判，无法支持专家的观点，排除。

故正确答案为 C 选项。

478 【答案】A

【解析】

第一步，梳理题干：

论据：在市场整体震荡的背景下，许多大型券商业绩明显下滑，而多家中小券商实现了利润翻倍。

论点：这种业绩的分化说明部分券商在积极适应市场变化、努力寻求业绩增长点。

第二步，验证选项：

A 选项：该项表明中小券商通过调整业务结构，加大部分业务投入的方式，在市场震荡的环境下实现了利润翻倍，可以支持专家的观点，正确。

B 选项：该项仅指出多数券商业绩波动的原因，并没有说明那些利润翻倍的券商是通过什么方式实现的，无法支持专家的观点，排除。

C 选项：该项指出大型券商通过资本规模和渠道优势增强自身竞争力，同时加剧中小券商面临的竞争压力，与题干论证话题无关，排除。

D 选项：该项能说明一些券商在适应市场变化，并且业绩也增长了。但是该项有弱化词"一些"，故该项力度较弱，排除。

E 选项：该项表明中小券商通过加强风险管理控制了损失，没有提及适应市场变化和业绩增长的相关信息，无法支持专家的观点，排除。

故正确答案为 A 选项。

479 【答案】A

【解析】

第一步，梳理题干：

论据：快递公司尝试通过直播带货、小程序导流等方式进入本地生活服务市场，助力公司提前扭亏为盈，但业务差异较大，电商业务效果也不理想。

论点：快递企业能否在本地生活服务领域取得成功，仍存在不确定性。

第二步，验证选项：

A 选项：该项表明快递企业的盈利能力需要时间来验证，说明的确是存在不确定性，可以支持专家的观点。

B 选项：该项说明快递公司在直播带货领域的尝试效果不佳，一定程度上说明了直播带货存在困难，但这只是一方面，无法反映出其在本地生活服务领域是否成功，无法支持专家的观点。

C 选项：该项表明快递公司在本地生活服务领域的盈利水平并未达到预期，但不能说明成功具有不确定性，无法支持专家的观点。

D 选项：该项表明快递公司在本地生活服务领域成功的可能性很小，无法支持专家的观点。

E 选项：该项表明快递公司在本地生活服务领域有一个很乐观的表现，可以质疑专家的观点。

故正确答案为 A 选项。

480【答案】C

【解析】

第一步，梳理题干：

论据：在经济增长放缓的背景下，政府正采取一系列措施以稳定就业并不断拓宽居民增收渠道。

论点：对于促进消费而言，政府这些举措是正确且合理的。

第二步，验证选项：

A 选项：该项表明政府采取一些具体措施提升了居民生活水平，但没有明确这些措施的合理性，无法支持专家的观点，排除。

B 选项：该项表明一些重点群体的收入在稳步增长，并未进一步说明收入增加和促进消费之间有何必然联系，故无法支持专家的观点，排除。

C 选项：该项指出收入的变化会对消费者的消费意愿产生影响，故该项能说明政府的措施是正确的，可以支持专家的观点，正确。

D 选项：该项指明社会存在的现象以及政府处理这一问题的困难，并未提及政策的合理性，无法支持专家的观点，排除。

E 选项：该项指出政府做一些事总归是好的，并没有直接表明政府采取一系列措施的正确性和合理性，无法支持专家的观点，排除。

故正确答案为 C 选项。

481【答案】D

【解析】

第一步，梳理题干：

论据：OpenAI 由最初的开源理念逐渐转向封闭，而 Meta 则坚持开源策略，通过开放其 AI 技术和模型，赢得了业界的广泛赞誉。

论点：相比较于OpenAI，Meta对AI技术的普及和发展所做的贡献更大。

第二步，验证选项：

A选项：该项指明OpenAI的封闭策略对AI技术发展有负面影响，并没有比较其和Meta的贡献度，无法支持专家的观点，排除。

B选项：该项表明Meta的开源策略带来的积极影响，没有比较其和OpenAI的贡献大小，无法支持专家的观点，排除。

C选项：该项只是单方面指出Meta推动了AI技术的安全和伦理发展，并未提及AI技术的普及和发展，无法支持专家的观点，排除。

D选项：该项指出一个普遍性的观点，间接说明Meta比OpenAI对AI技术更有帮助，一定程度上支持专家的观点，正确。

E选项：该项表明OpenAI和Meta选择策略的差异原因，并未提及AI技术的普及和发展，无法支持专家的观点，排除。

故正确答案为D选项。

482 【答案】B

【解析】

第一步，梳理题干：

论据：政府的宏观调控措施，引发了资本市场的积极反应，该国股市指数集体上涨。

论点：这些货币政策手段可能难以根本解决经济增长放缓的问题。

第二步，验证选项：

A选项：该项表明股市指数上涨只能体现投资者的乐观预期，但经济增长放缓的问题并没有得到根本解决，可以支持专家的观点，排除。

B选项：该项表明政府的政策有"可能"推动经济长期稳定增长，质疑了专家的观点，正确。

C选项：该项表明政府的政策对长期经济增长的实际效果有限，进一步说明了经济增长放缓的问题并没有得到根本解决，可以支持专家的观点，排除。

D选项：该项表明政府的政策需要配合结构性改革才能从根本上解决经济增长放缓的问题，可以支持专家的观点，排除。

E选项：该项表明政府的措施可以降低融资成本，但是经济环境存在不确定性，部分企业和农户不愿贷款，经济增长放缓问题可能无法根本解决，可以支持专家的观点，但是力度较弱，排除。

故正确答案为B选项。

483 【答案】C

【解析】

第一步，梳理题干：

论据：某些青旅以及租房平台公开设定年龄限制，仅接待或接纳特定年龄段的人群。

论点：年龄歧视和限制在社会中普遍存在，并可能对个人的生活和工作机会产生影响。

第二步，验证选项：

A选项：该项指出招聘中存在年龄歧视和限制，年龄限制的确存在并且会影响我们的工作，可以支持专家的观点，排除。

B 选项：该项指出年龄限制在实际生活中的确存在，详细说明了限制背后的偏见，可以支持专家的观点，排除。

C 选项：该项表明人们对年龄隐私的尊重，并没有年龄歧视的问题，无法支持专家的观点，正确。

D 选项：该项表明年龄歧视在生活中普遍存在，即使有人试图反驳，但也无法改变，可以支持专家的观点，排除。

E 选项：该项表明公务员招聘中存在年龄歧视，可以支持专家的观点，排除。

故正确答案为 C 选项。

484 【答案】A

【解析】

第一步，梳理题干：

论据：全球科技行业面临着持续的裁员潮，即使 AI 概念股上涨，微软等公司股价达到新高，裁员问题仍旧是一个挥之不去的阴影。

论点：工作者将失业归咎于自己，过度强调了个体的责任，忽视了制度性问题在裁员潮中扮演的角色。

第二步，验证选项：

A 选项：该项指出个体可以通过更新技能来适应变化，直接表明了是个人因素导致的失业，更加强调个人问题的重要性，无法支持专家的观点，正确。

B 选项：该项指出裁员是因为公司考虑利益更倾向于股东，而不是员工，可以支持专家的观点，排除。

C 选项：该项指出企业为了转移责任而推动这一思潮，说明失业不是个人因素导致的，可以支持专家的观点，排除。

D 选项：该项指出了个体在看待职业成功与否时，过于考虑内部因素，忽视了外部因素的影响，可以支持专家的观点，排除。

E 选项：该项指出企业不愿意给员工提供在职培训导致员工技能未能胜任工作而被裁员，这是外部因素导致的，是公司制度的问题，故可以支持专家的观点，排除。

故正确答案为 A 选项。

485 【答案】D

【解析】

第一步，梳理题干：

论据：在全球经济增速放缓的背景下，2023 年山东省经济显著增长，这反映了山东在新旧动能转换、产业升级等方面的积极努力和显著成效。

论点：山东省的经济发展不仅依赖于传统重工业，而且在新兴产业和服务业等领域也取得了重要进展。

第二步，验证选项：

A 选项：该项表明山东省在新兴产业方面取得了重要进展，可以支持专家的观点，排除。

B 选项：该项表明山东省积极转型，在外贸行业取得了一定的进展，可以支持专家的观点，排除。

C 选项：该项指出山东省在新旧动能转换方面的努力，可以支持专家的观点，排除。

D 选项：该项提及的是 2019 年的相关信息，讨论的是"公共投资的减少"和"经济增长动力的不足"，与题干论证话题不一致，无法支持专家的观点，正确。

E 选项：该项表明烟台市的发展在山东省新旧动能转换方面的规划之中，可以支持专家的观点，排除。

故正确答案为 D 选项。

486 【答案】E

【解析】

第一步，梳理题干：

论据：该市的公共交通乘客数量和自行车使用者数量都比十年前有了大幅度的增长。

论点：绿色出行的政策施行很成功。

第二步，验证选项：

A 选项：该项表明乘公共交通和使用自行车出行可以减少空气污染，和题干论证话题无关，排除。

B 选项：该项表明大家都认同绿色出行的理念，但未建立公共交通乘客数量、自行车使用者数量和政策的联系，故该项无法支持题干论证，排除。

C 选项：该项表明绿色出行政策受好评，被当作典例推广，未建立公共交通乘客数量、自行车使用者数量和政策的联系，故该项无法支持题干论证，排除。

D 选项：该项表明绿色出行政策可以促使一些私家车主乘坐公共交通出行，但没有建立论据和论点的联系，故该项无法支持题干论证，排除。

E 选项：该项表明公共交通和自行车的使用者数量越多说明绿色出行的政策越成功，建立了论据和论点的联系，可以支持题干论证，正确。

故正确答案为 E 选项。

487 【答案】C

【解析】

第一步，梳理题干：

论据：任何乐队的成功往往依赖于其主唱的表现，谁的乐器演奏水平最差就让谁当主唱，小李有许多粉丝追捧他。

论点：小李是"星辉"乐队的主唱。

第二步，验证选项：

A 选项：该项表明小李是该乐队的灵魂人物，并不能说明他就是主唱，故该项无法支持音乐评论家的观点，排除。

B 选项：该项表明明星有名气后会向别人传递自己对人生、艺术的理解，和题干论证无关，排除。

C 选项：该项表明小李是乐队中乐器演奏相对最差的一个，该项建立了论据和论点的联系，可以支持音乐评论家的观点。

D 选项：该项表明有许多粉丝追捧是乐队主唱的必要条件，并不是充分条件，故该项无法支持音乐评论家的观点，排除。

E 选项：该项只能表明小李受到粉丝的欢迎，并不能说明他就是乐队的主唱，没有建立论据和论点的联系，故该项无法支持音乐评论家的观点，排除。

故正确答案为 C 选项。

488 【答案】D

【解析】

第一步，梳理题干：

论据：随着品牌咖啡店数量的激增和低价竞争的加剧，一些咖啡品牌通过联名合作和价格战来吸引消费者，以期在竞争中脱颖而出。

论点：提升咖啡品质才是促进咖啡行业健康发展的根本之道。

第二步，验证选项：

A 选项：该项指出低价策略的确不会留住顾客，无法适应行业的长期发展，并未提及咖啡品质相关信息，无法支持专家的观点，排除。

B 选项：该项表明联名合作短期内的确可以提升曝光度，但是对于提升销售额的作用有限，并未提及咖啡品质相关信息，无法支持专家的观点，排除。

C 选项：该项表明咖啡的品质佳能给消费者心里留下好的感觉，并未进一步说明其对咖啡行业的作用，支持的力度有限，排除。

D 选项：该项表明最终能让消费者满意的因素还是咖啡的品质，咖啡品质是竞争中脱颖而出的根本之道，可以支持专家的观点。

E 选项：该项表明低价策略和联名合作使得购买咖啡的消费者复购率低，表明这不是长期发展的有效策略，并未提及咖啡品质相关信息，无法支持专家的观点，排除。

相比较之下，D 选项的支持力度更强。

故正确答案为 D 选项。

489 【答案】B

【解析】

第一步，梳理题干：

论据：功能性牙缺失可导致患者咀嚼功能下降和饮食模式改变，对吞咽、言语等生理功能带来不利影响，显著降低老年人的生活质量。

论点：及时修复功能性缺失牙是老年人群口腔诊疗、实现其口腔健康老龄化的重点。

第二步，验证选项：

A 选项，该项指出老年口腔健康受多因素主导，功能性缺失牙修复在其中作用有限，说明其并非口腔诊疗重点，排除。

B 选项，该项说明修复功能性缺失牙对于改善老年人的口腔状况以及实现口腔健康老龄化是非常关键的，在论点和论据之间建立联系，正确。

C 选项、D 选项、E 选项均未涉及"功能性缺失牙"与"口腔健康老龄化"的关系，属于无关选项，排除。

故正确答案为 B 选项。

490 【答案】C

【解析】

第一步，梳理题干：

论据：金价带动黄金饰品价格走高，黄金产业呈现"冰火两重天"，上游金矿企业营收、净利润"双丰收"，下游黄金加工销售企业一片"凄风惨雨"，某行业龙头半年内关停180家门店。

论点：消费者的消费偏好发生了变化。

第二步，验证选项：

A 选项，该项强调的是金价对消费欲望的影响，而不是消费者消费偏好的变化，无关选项，排除。

B 选项，该项强调的是黄金加工行业面临的困难，无关选项，排除。

C 选项，该项指出被视作黄金消费新主力的年轻人在面对高涨金价时一系列消费行为的转变，体现了消费者消费偏好的变化，正确。

D 选项，该项看似呈现了消费者在黄金消费方面的新动向，但实际上，这些黄金纪念币也同样属于黄金消费范畴，并没有表明其消费偏好是否发生了改变，排除。

E 选项，该项讨论的是黄金饰品商家应如何根据消费者消费偏好调整产品结构和经营定位，无关选项，排除。

故正确答案为 C 选项。

491【答案】A

【解析】

第一步，梳理题干：

论据：我国现有的专业销售宠物产品的网店，年销售额在 5 000 万元以上的店铺比比皆是，足以证明市场庞大，且目标客户消费能力较强。

论点：随着我国宠物行业不断开发，其带来的经济效益极为庞大，具有发展潜力。

第二步，验证选项：

A 选项，该项进一步阐述了宠物市场的需求端情况，说明养宠物的人增多，且在市场庞大的前提下会有消费行为，建立了论据和论点的联系，正确。

B 选项，该项表明我国宠物行业当前存在市场结构不合理、缺乏规模效益等问题，这些问题不利于行业的发展，削弱题干，排除。

C 选项，该项虽然提到宠物市场是朝阳产业，但仅仅说发展晚且刚兴起，并不能直接得出它一定能带来庞大的经济效益和具有发展潜力，干扰选项，排除。

D 选项：题干并不讨论发达国家的情况，无关选项，排除。

E 选项：该项指出了我国宠物行业在养殖、培育和销售渠道方面存在的不足，这些不足会限制行业的发展，削弱题干，排除。

故正确答案为 A 选项。

492【答案】A

【解析】

第一步，梳理题干：

论据：有人认为陆征祥崇洋媚外。

论点：但有专家经过研究发现，陆征祥从未忘记自身的文化根源，持续不懈地向西方介绍中国文化，为中国传统文化争取与西方基督宗教文明平等的地位。

第二步，验证选项：

A 项，该项表明了陆征祥通过著作来宣扬孔教（中国传统文化的重要部分）并争取文化平等地位，支持题干，正确。

B 项，该项只是分别阐述了西方和平主义思想的根源和中国传统文化中和平的内涵，并没有提及陆征祥的行为，无关选项，排除。

C项，该项只能说明该作品受到关注，不能确定陆征祥的目的就是向西方介绍中国文化并争取平等地位，干扰选项，排除。

D项，该项没有体现出是向西方介绍中国文化以及为中国传统文化争取与西方基督宗教文明平等地位，干扰选项，排除。

E项，该项主要说的是基督宗教与中国文化的关系，重点在于基督宗教如何适应中国，而非陆征祥向西方介绍中国文化和争取平等地位，无关选项，排除。

故正确答案为A选项。

493 【答案】B

【解析】

第一步，梳理题干：

论据：国家外文版覆盖许多重点领域。

论点："标准化"在我国国际贸易中担当着重要角色。

第二步，验证选项：

A项，该项只是指出了"标准"的优点，但没有具体指出与我国国家标准外文版以及"标准化"在贸易中的作用有直接关联，支持力度较弱。

B项，支持题干，该项明确指出中国国家标准外文版是支撑科学、技术、商务国际交流与贸易往来的重要技术文件，直接说明了我国的国家标准外文版在国际交流和贸易往来中有着重要作用，正确。

C项，该项指出实现统一标准存在障碍，这与"标准化"在我国国际贸易中是否担当重要角色没有直接关系，话题不一致，排除。

D项，该项讨论的是人工智能兴起使不同国家、民族人民之间沟通更容易以及文化交流的情况，没有涉及"标准化"和我国国际贸易之间的联系，无关选项，排除。

E项，该项强调国际贸易不仅靠单方面标准化，更重要的是了解各国文化风俗，在一定程度上削弱了"标准化"在国际贸易中的重要性，排除。

故正确答案为B选项。

494 【答案】C

【解析】

第一步，梳理题干：

专家观点：渔翁是马远的"精神镜像"，承载其生命哲思。

第二步，验证选项：

A选项：该项指出马远退隐与画风冷寂，说明马远的人生经历与画作风格一致，但未直接关联渔翁形象与他的精神哲思，排除。

B选项：该项指出衣纹笔触与自画像相似，暗示渔翁形象可能参考了马远本人，但未触及"精神寄托"的核心，排除。

C选项：该项指出马远在题跋中明确将垂钓与"超越世俗"的精神追求绑定（"世路风波险，扁舟钓雪心"），诗句内容与渔翁形象直接对应，证明渔翁是马远精神世界的具象化表达，正确。

D选项：该项强调马远的独特性，但未解释渔翁与他的关联性，排除。

E选项：该项说明渔翁是马远的创作偏好，但未说明这种偏好与精神表达的因果关系，排除。

故正确答案为 C 选项。

495 【答案】E

【解析】

第一步，梳理题干：

论据：实验室数据显示高浓度安全，但长期生态影响未知。

论点：禁止使用绿盾–300 是正确的，因科学无法证明其安全性。

第二步，验证选项：

A 选项：该项讨论杀虫剂对粮食产量的经济价值，与蜜蜂安全和监管可行性无关，无法支持论点，排除。

B 选项：该项指出邻国蜜蜂数量下降，但并未明确邻国和该国有没有类比性，排除。

C 选项：该项指出代谢产物残留时间长，但未针对"是否安全"的核心争议，无关选项，排除。

D 选项：指出实际环境中的接触浓度远低于实验室安全阈值，且无毒性效应，削弱题干，排除。

E 选项：该项指出了监管成本与技术挑战，表明即使允许使用，也无法有效监管其风险（成本高＋技术不可行），正确。

故正确答案为 E 选项。

题型 16　特殊关系的支持

考向 1　因果关系的支持

答案速查表

题号	496	497	498	499	500	501	502	503	504	505
答案	C	D	C	A	B	D	B	C	C	D
题号	506	507	508	509	510	511	512	513	514	515
答案	A	B	D	A	B	A	B	D	B	C

496 【答案】C

【解析】

第一步，梳理题干：

论据：解决教育不公平的问题对于实现可持续发展目标具有至关重要的作用，报告中特别肯定了中国在教育变革方面做出的努力，如普及义务教育、提升教育质量、推动教育现代化等。

论点：中国为全球教育变革做出了巨大的贡献。

第二步，验证选项：

A 选项：该项指出中国教育改革的内容以及相应内容的实施效果，并未针对教育不公平问题给出解决出方案，无法支持题干论证，排除。

B 选项：该项表明中国教育科研的成果显著提升了中国在全球教育科研领域的地位和影响力，与题干论证无关，排除。

C 选项：该项表明中国为全球教育不公平问题提供了解决方案和经验借鉴，故该项可以支持题干论证，正确。

D 选项：该项表明联合国教科文组织认可中国的贡献，教育理念广受好评，与题干论证无关，排除。

E 选项：该项指出中国做出的实际行动为全球教育专家和学者提供交流和合作的平台，与题干论证无关，排除。

故正确答案为 C 选项。

497 【答案】D

【解析】

第一步，梳理题干：

论据：许多农村地区的学生由于网络条件限制，仍然习惯传统的课堂学习。

论点：在线教育的迅速普及会把农村学生阻挡在教育资源之外，从而影响他们的学习效果和未来发展。

第二步，验证选项：

A 选项：该项表明，许多贫困地区短期内很难解决在线教育成本高昂的问题，但这并不代表未来也得不到解决，没有一个明确的态度，故该项无法支持专家的论断，排除。

B 选项：该项说明有些学生只能通过传统的方式学习，能支持题干的观点。但是该项有弱化词"有些"，支持力度较弱。

C 选项：该项表明优质教育资源对于农村地区的学生来说很大程度影响他们获得生存的技能，强调了优质教育的重要性，但论证话题和题干不一致，故该项无法支持专家的论断，排除。

D 选项：该项表明在线教育高昂的成本和对网速的要求是农村地区无法解决的问题，即使在线教育普及，对于农村地区的孩子来说，他们仍旧享受不到优质的教育资源，该项可以支持专家的论断，正确。

E 选项：该项表明在线教育普及带来了负面影响，和题干论证无关，排除。

故正确答案为 D 选项。

498 【答案】C

【解析】

第一步，梳理题干：

论据：在教育中应用人工智能技术可以以极低的成本实现"千人千面"的个性化教育。

论点：随着这项技术的发展，未来的教育将会变得更加公平。

第二步，验证选项：

A 选项：该项解释了没有给学生提供优质教育资源的原因是经济困难，无关选项，排除。

B 选项：该项表明人工智能有助于提高教师的教学能力，无关选项，排除。

C 选项：该项表明人工智能具备的优势就是让教育欠发达的地区也能享受到优质的教育资源，这样能够逐步缩小各地区之间的教育资源的差距，该项可以支持专家的观点，正确。

D 选项：该项表明，教师不能顺畅地使用人工智能进行教学，以至于抵触使用人工智能，该项无法支持支持专家的观点，排除。

E 选项：该项解释了学生对学习不感兴趣的原因，与题干论证无关，排除。

故正确答案为 C 选项。

499 【答案】A

【解析】

第一步，梳理题干：

论据：每年我国居民消费水平的名义增长率为1.8%左右，这反映了我国居民消费心态的转变。

论点：我国居民消费水平的稳健增长，主要得益于城镇化率的明显提升。

第二步，验证选项：

A选项：该项表明城镇化可以推动居民的消费观向享受型转变，进而提高了居民的消费水平，该项可以支持专家的观点，正确。

B选项：该项通过某市的调查表明，城镇化率和居民消费水平存在一定联系，但仅凭一个城市的实例不足得出全国居民消费水平也和城镇化率有因果联系，故无法支持专家的观点，排除。

C选项：该项仅指出城镇化率会提高居民的收入水平，但是并未指出会提高居民的消费水平。因此，该项无法有效支持题干，排除。

D选项：该项指出居民消费倾向和社会变化等因素无关，该项可以反驳专家的观点，排除。

E选项：该项指出农村地区的消费水平也在不断增长，与题干论证无关，排除。

故正确答案为A选项。

500 【答案】B

【解析】

第一步，梳理题干：

论据：甲城市居民习惯饮用烧开的自来水，乙城市居民习惯饮用纯净水，结果，乙城市的居民更容易出现一些缺乏微量元素而导致的疾病。

论点：习惯饮用纯净水导致了乙城市居民缺乏微量元素。

第二步，验证选项：

A选项：该项表明这两个城市的居民数量基本一样，无关选项，排除。

B选项：该项表明纯净水中的微量元素是被去除掉的，经常饮用纯净水很大概率会导致缺乏微量元素，建立了习惯饮用纯净水和缺乏微量元素之间的因果联系，可以支持题干论证，正确。

C选项：该项表明自来水中不会缺少微量元素，和题干论证无关，排除。

D选项：该项表明补充微量元素的保健品销量好，无关选项，排除。

E选项：该项表明缺乏微量元素会导致严重的后果，和题干论证话题不一致，排除。

故正确答案为B选项。

501 【答案】D

【解析】

第一步，梳理题干：

论据：每天坚持跑步的人在日常生活中感到的压力和焦虑的程度明显低于那些不常跑步的人。

论点：跑步可以有效地帮助人们减轻压力和焦虑。

第二步，验证选项：

A选项：该项表明跑步的人和不跑步的人感到的压力和焦虑的程度不同是因为生活习惯不同，该项成立可以削弱研究者的观点，排除。

B选项：该项表明跑步的人声称跑步是最佳减压方式，有诉诸大众的嫌疑，故该项无法支持研究者的观点，排除。

C、E选项：这两项表明跑步的确可以减少压力和焦虑，但存在"有些、一部分"这些程度词，故这两项支持力度较弱。

D 选项：该项表明，跑步的人和不跑步的人面临的压力是相同的，排除了面临的压力不同而导致研究结果的差异，该项可以支持研究者的观点，正确。

故正确答案为 D 选项。

502 【答案】B

【解析】

第一步，梳理题干：

论据：如今人们的主要娱乐方式是使用一些电子产品，许多人习惯于每天拿智能设备刷抖音、看小红书。

论点：长时间观看电子设备，眼睛会受到蓝光的刺激，这是导致近视率上升的重要因素。

第二步，验证选项：

A 选项：该项表明长时间观看电子设备会导致视觉疲劳同时无法得到缓解，并未进一步说明近视和长时间观看电子设备的关系，故该项无法支持题干论证，排除。

B 选项：该项表明蓝光中的短波损伤了人眼底的黄斑区，从而使得视力有所损伤，出现近视，建立近视和长时间观看电子设备的联系，故该项可以支持题干论证，正确。

C 选项：该项表明可以通过补充叶黄素，多看绿色植物等方式保护眼睛，无关选项，排除。

D 选项：该项表明近视趋势明显，小学一、二年级的学生很多都开始戴眼镜了，并未建立论据和论点的联系，故该项无法支持题干论证，排除。

E 选项：该项表明人们使用电子设备的时间变得越来越长，这种现象无法短期内改变，并未建立近视和长时间观看电子设备的联系，故该项无法支持题干论证，排除。

故正确答案为 B 选项。

503 【答案】C

【解析】

第一步，梳理题干：

论据："环保出行计划"是鼓励市民出行时优先选择公共交通而不是私家车，该计划推出一年后，该城市的空气质量有了明显改善。

论点：环保出行计划已经有效地改善了该市的空气质量。

第二步，验证选项：

A 选项：该项指出毗邻城市也实施了"环保出行计划"，其空气质量也得到有效改善，但并未点明这两个城市是相似的，故该项无法支持官员的观点，排除。

B 选项：该项表明空气质量改善使得居民更加支持这项计划，该项无法支持官员的观点，排除。

C 选项：该项表明交通工具的尾气是空气污染的主要源头，而公共交通的尾气排放比私家车少，说明实施"环保出行计划"后，空气质量必然会得到改善，进一步说明该计划的确是空气质量改善的原因，可以支持官员的观点，正确。

D 选项：该项表明该计划得到了有效的实施，无法说明"环保出行计划"就是空气质量变好的原因，故该项无法支持官员的观点，排除。

E 选项：该项表明该计划不会对经济发展有什么影响，与题干论证无关，排除。

故正确答案为C选项。

504【答案】C

【解析】

第一步，梳理题干：

论据：中国人民银行宣布下调存款准备金率0.5个百分点，向市场提供长期流动性约1万亿元，资本在市场上，核电板块在A股市场上掀起了新一轮的上涨行情。

论点：核电板块的上涨与国家宏观政策和货币政策的支持密切相关。

第二步，验证选项：

A选项：该项指出核电作为清洁能源，其发展受全球能源转型的推动，与题干论证无关，排除。

B选项：该项表明核电技术取得重大突破，可以在降低运营成本的同时提升发电量，与题干论证无关，排除。

C选项：该项表明中国人民银行下调存款准备金率等一系列政策增强了核电板块投资者的信心，表明这两者之间存在联系，可以支持专家的观点，正确。

D选项：该项指出我国核电产业的产能稳步增长，与题干论证无关，排除。

E选项：该项指出国务院常务会议和中国人民银行的政策直接影响了投资者的预期，促进了股价上涨，并未明确指出是题干中的两项政策促进核电板块在A股市场上涨，故该项无法支持专家的观点，排除。

故正确答案为C选项。

505【答案】D

【解析】

第一步，梳理题干：

论据：随着"专精特新"政策的实施，中小企业得到了关注和支持，在业务扩展和市场需求增加的背景下，出现了企业资金需求增加的问题。

论点：这一问题的出现主要是因为中小科技企业在快速发展的过程中对市场占有率的追求。

第二步，验证选项：

A选项：该项表明企业为了应对市场的波动，增加了资金的需求，并未与市场占有率建立联系，无法支持专家的观点，排除。

B选项：该项指出企业资金需求增加，地方政府和投资机构抢夺优质企业，与题干论证无关，排除。

C选项：该项指明政策实施后增加了企业市场空间，进一步让企业关注长期发展，与题干论证话题无关，排除。

D选项：该项表明市场空间和企业资金之间存在联系，想要进一步扩大市场空间，必定要增加相应资金需求，正确。

E选项：该项指出政策实施后市场竞争增大，部分企业体验到了市场需求不足而导致的残酷竞争，并未提及企业资金需求增加和市场占有率的关系，与题干论证无关，排除。

故正确答案为D选项。

506【答案】A

【解析】

第一步，梳理题干：

论据：《生物安全法案》尚未生效颁布并且未形成最终版本，但是药明康德及相关CRO板块公司在美股市场的股价仍然出现了大幅下跌。

论点：股价下跌是市场对《生物安全法案》草案内容的过度反应导致的。

第二步，验证选项：

A选项：该项指出该公司业务发展稳健，收入和利润是增长的，也就是说不存在其他原因导致股价下跌，可以支持该公司的观点，正确。

B选项：该项比较该公司的股票下跌幅度和美国本土生物企业的股票下跌幅度，该公司远超美国本土生物企业，与题干论证话题无关，排除。

C选项：该项表明该公司股价下跌最初的原因不是《生物安全法案》草案的提及，但这不能否定《生物安全法案》草案的提及是致使股价下跌的原因之一，故无法支持该公司的观点，排除。

D选项：该项表明许多医药公司被列入美国"未核实清单"而后有移除这个事实，与题干论证无关，排除。

E选项：该项提及了药明康德的竞争对手的股价也出现下跌情况，并未说明是何原因致使药明康德的股价下跌，故无法支持该公司的观点，排除。

故正确答案为A选项。

507 【答案】B

【解析】

第一步，梳理题干：

论据：在现代社会，人口流动是常事，即使在落后的地区，人们往往也会去大城市生活和工作。

论点：许多人选择去大城市生活和工作是因为大城市比小城市机会多，也更加便利。

第二步，验证选项：

A选项：该项对大城市和小城市的收支进行比较，大城市的收入涨幅足以覆盖高的生活成本，与题干论证无关，排除。

B选项：该项表明大多数人选择某个城市是看这个城市机会的多少和生活便利程度，该项可以支持社会学家的观点，正确。

C选项：该项表明大多数人的三观受到社会结构的影响，有独立三观的只有极少数，与题干论证无关，排除。

D选项：该项表明追求机会和便利生活是人之常情，无关选项，排除。

E选项：该项表明在大城市工作的人，晚年都会回到家乡生活，无关选项，排除。

故正确答案为B选项。

508 【答案】D

【解析】

第一步，梳理题干：

论据：随着教育年限的增加，老年男性人群的吸烟率逐渐降低。

论点：有研究人员认为，可能是受教育程度越高（因）的老年男性人群更易产生戒烟行为（果），其吸烟率也越低。

第二步，验证选项：

A 选项：该项指出戒烟是提高教育的原因，指出因果导致，削弱题干，排除。

B 选项：该项指出受教育程度高的老年男性因关注形象而主动减少吸烟行为，但不明确这种减少是否意味着真正戒烟，干扰选项，排除。

C 选项：该项表明受教育程度高的老年男性是因为社交圈子对吸烟接受度低而更易戒烟，指出另有他因，削弱题干，排除。

D 选项：该项建立了受教育程度高与更易产生戒烟行为之间的因果关系，支持题干，正确。

E 选项：该项指出受教育程度高的老年男性更倾向于遵循健康生活方式，但没有明确指出这种生活方式与戒烟行为以及吸烟率之间的必然联系，无关选项，排除。

故正确答案为 D 选项。

509 【答案】A

【解析】

第一步，梳理题干：

论据：首发经济在国内经济面临挑战时是促进消费复苏的重要手段，但要确保其长期健康发展，需建立科学完善的监测评估体系。

论点：建立监测评估体系有助于首发经济长期健康发展。

第二步，验证选项：

A 选项：该项指出建立监测评估体系后，首发经济在项目成功率和市场份额方面都取得了积极变化，建立了论点的因果关系，支持题干，正确。

B 选项：该项指出建立监测评估体系产生了负面效果，削弱题干，排除。

C 选项：题干并不讨论消费者体验感的问题，无关选项，排除。

D 选项：创新能力提升和产品更新迭代加快与首发经济长期健康发展之间的直接联系不明确，支持力度不如 A 项，干扰选项，排除。

E 选项：题干不讨论消费者满意度的问题，无关选项，排除。

故正确答案为 A 选项。

510 【答案】B

【解析】

第一步，梳理题干：

论据：轻度肠化生患者的典型舌象为舌淡红、有齿痕或胖嫩，多为腻苔；重度肠化生的典型舌象为舌暗红、有裂纹、少苔；中重度异型增生患者的典型舌象为舌暗红、舌面多有裂纹、花剥苔。

论点：人们可以通过观察自己的舌象特征快速判断自己是否患有慢性萎缩性胃炎。

第二步，验证选项：

A 选项：该项强调普通人难以准确判断舌象，隐含方法的局限性，削弱题干，排除。

B 选项：舌象在慢性萎缩性胃炎的不同病理阶段及中医证型中呈现规律性特征，且舌象客观化参数对诊断具有重要意义，建立了舌象与疾病阶段的对应关系，正确。

C 选项：该项指出研究的静态性和片面性（仅关注舌苔舌色），质疑研究结论的全面性，削弱题干，排除。

D 选项：该项指出舌象易受干扰，自我观察偏差率高，直接削弱了专家观点的实用性，削弱题干，排除。

E选项：该项强调个体差异导致无法建立普适标准，进一步否定舌象作为诊断工具的可行性，削弱题干，排除。

故正确答案为B选项。

511 【答案】A

【解析】

第一步，梳理题干：

论据：在历史的淬炼中，师德汲取了传统文化的营养，传承了传统文化的精髓，并在时代变迁中不断被赋予新的内涵。

论点：研究中华传统师德，有助于了解中国古代道德教育与国家、社会发展之间的密切关系。（因果关系）

第二步，验证选项：

A选项：该项指出传统师德是古代社会道德建构的核心部分，直接影响政治发展、社会稳定和民众教化，建立联系，正确。

B选项：该项讨论的是现代师德的争议，与古代社会无关，无关选项，排除。

C选项：该项仅说明师德与伦理同步发展，未涉及国家、社会层面的影响，不如A项，干扰选项，排除。

D选项：首先该项指出杨昌济的个人观点，诉诸权威，其次该项所讨论的是教师应该怎么做，与题干无关，无关选项，排除。

E选项：该项聚焦近代教育对师德的冲击，与古代社会发展无直接关联，无关选项，排除。

故正确答案为A选项。

512 【答案】B

【解析】

第一步，梳理题干：

论据：晨跑组在饮食均衡度、睡眠质量等方面与非晨跑组基本持平，但仍存在显著的感冒频率差异。

论点：晨跑带来的身体活动直接增强了免疫系统功能。（因果关系）

第二步，验证选项：

B选项：排除他因，该项指出两组在年龄、基础疾病、卫生条件等关键变量上一致，说明感冒差异并非由这些因素引起，从而支持了"晨跑增强免疫力"的因果关系，正确。

其他选项中，A选项、C选项、E选项引入他因（预防措施、负氧离子、吸烟），D选项属于因果倒置，均属于削弱选项。

故正确答案为B选项。

513 【答案】D

【解析】

第一步，梳理题干：

论据：实验发现，未涂抹药物的幼苗花盘始终朝向光源，而涂抹药物的幼苗花盘方向随机。

论点：茎尖的生长素运输是向日葵向光性的关键机制。

第二步，验证选项：

A选项：题干不讨论黑暗环境下的生长，无关选项，排除。

B 选项：该项虽通过补充外源生长素恢复向光性间接支持结论，但未明确揭示生长素运输与细胞生长的直接联系。

C 选项：该项仅描述向光性的现象(细胞生长差异)，未建立与生长素运输的因果关系，无关选项，排除。

D 选项：该项指出一旦茎尖的生长素运输被阻断，背光侧细胞的生长将完全停滞。这直接解释了"生长素运输受阻→背光侧细胞无法生长→向光性消失"的生理机制，建立了因果联系，正确。

E 选项：题干并不讨论其他植物的问题，无关选项，排除。

故正确答案为 D 选项。

514 【答案】B

【解析】

第一步，梳理题干：

根据指示词"据此认为"将题干论证梳理如下：

论据：某中学调查发现，参与"科技创新社团"的学生与没有参加该社团的学生相比，其物理成绩平均分高15%。

论点：该社团通过实验操作和课题研究，增强了学生的科学思维与实践能力，从而提升了物理成绩。（因果关系）

第二步，验证选项：

A 选项：该项指出可能是参加补习班提高了成绩，削弱了社团活动的作用，另有他因，排除。

B 选项：该项排除了只有物理成绩好才能参加该社团的可能性，证明参加该社团确实提高了物理成绩，并非因果倒置，正确。

C 选项：题干不讨论参加该社团人数多少，无关选项，排除。

D 选项：该项指出因果倒置：物理成绩优异是原因，参加社员是结果，削弱题干，排除。

E 选项：该项指出可能是自主学习时间多少的原因导致的物理成绩提高，另有他因，排除。

故正确答案为 B 选项。

515 【答案】C

【解析】

第一步，梳理题干：

论据：实验室检测表明，该防晒霜中的甲氧基肉桂酸乙基己酯成分在紫外线照射下会生成自由基，可能破坏皮肤 DNA。（因果）

论点：频繁使用该产品可能增加患癌风险。

第二步，验证选项：

A 选项：该项指出补涂频率一致，排除了使用方式差异，但未直接支持成分作用，力度弱。

B 选项：该项指出浓度超标，仅说明潜在风险，未涉及实际作用条件，无关选项，排除。

C 选项：该成分在紫外线照射10分钟即可产生足以损伤 DNA 的自由基。这一条件在日常使用中容易满足（例如，户外活动数小时且未及时补涂），从而直接支持了"自由基生成→DNA 损伤→致癌"的因果关系，正确。

D 选项：该项指出在皮肤癌患者中使用该防晒霜的比例显著高于普通人群，因果倒置，排除。

E 选项：该项指出未使用组日照更长，反而削弱题干，因为日照是已知致癌因素，但未使用组癌症率更低，暗示防晒霜可能有保护作用，削弱题干，排除。

故正确答案为 C 选项。

考向 2　方法关系的支持

答案速查表

题号	516	517	518	519	520	521	522	523	524	525
答案	C	B	C	B	B	D	E	D	C	B
题号	526	527	528	529	530	531	532	533	534	535
答案	A	B	D	A	D	A	D	B	A	D

516 【答案】C

【解析】

第一步，梳理题干：

论据：试行远程工作制度的胖小星公司，其生产效率比其余子公司的平均生产效率更高。

论点：实行远程办公制度可以有效提高海大棉公司的生产效率。

第二步，验证选项：

A 选项：该项表明了远程办公制度对于员工来说的优点，和题干论证无关，排除。

B 选项：该项表明了许多互联网公司也实行了这样的办公制度，效果显著，但未具体指出海大棉公司和这些公司之间的相似程度，故该项无法支持题干论证，排除。

C 选项：该项表明远程办公制度是影响生产效率的因素，可以支持题干论证，正确。

D 选项：该项比较的是胖小星的员工和其他子公司的员工的工作经验，与题干论证无关，排除。

E 选项：该项指明是由于生产效率高才让实行远程办公制度，因果倒置，可以削弱题干论证，排除。

故正确答案为 C 选项。

517 【答案】B

【解析】

第一步，梳理题干：

论据：对商品的在线评价作为消费者做出购买决策的重要参考，其态度倾向会显著影响消费者的购买意向。

论点：消费者应该更加关注商品的功能和质量是否满足自己的需求，而不是基于他人的评价就做出决策。

第二步，验证选项：

A 选项：该项表明评价的内容详细程度和消费者决策倾向之间的联系，其中商品的实用性与商品的功能和质量不一致，该项无法支持专家的观点，排除。

B 选项：该项表明他人的评价过于主观，无法由这些评价得出商品是否满足自己的实际需求，直接建立论据和论点的联系，该项可以支持专家的观点，正确。

C 选项：该项指出评论越多消费者对商品就越难以做出选择，并未提及商品是否满足消费者的实际需求这一信息，该项无法支持专家的观点，排除。

D 选项：该项指出在线评价会误导消费者的判断，未提及商品的功能和质量和自身需求之间的联系，该项无法支持专家的观点，排除。

E 选项：该项提及具体的事例，相信在线评价的女性购买的衣服不合身，可以建立论据和论点的联系，但具体事例存在偶然性，所以该项支持力度不如 B 选项，排除。

故正确答案为 B 选项。

518 【答案】C

【解析】

第一步，梳理题干：

论据：调整字体大小、颜色对比度、标识位置这些元素来提高老年人识别导视信息的能力，从而提升他们的地铁出行体验。

论点：仅改进导视系统不足以全面提升老年人乘坐地铁的体验，还需要从服务、设施等多方面进行综合改善。

第二步，验证选项：

A 选项：该项指出即便改善了导视系统，部分老年人出行还是存在困难，对题干论证有一定的削弱作用，排除。

B 选项：该项表明改进导视系统给老年人带来的便利和直接寻求工作人员帮助相差无几，并没有提及需要提升其他方面，该项无法支持学者的观点。

C 选项：该项指出一些老年人不坐地铁的根本原因在于地铁上没有足够的位置，这能说明调整地铁导视系统也无法提升他们的乘坐体验，故该项可以支持题干。虽然该项有弱化词"一些"，但是仅有该项可以支持题干，故该项正确。

D 选项：该项表明改进导视系统对老年人迷路有所改善，并未说明还需进一步改善其他方面来提升老年人乘坐地铁的体验，该项无法支持学者的观点。

E 选项：该项指出导视系统的改进耗费人力、物力、财力，不利于地铁公司的发展，与题干论证话题无关，排除。

故正确答案为 C 选项。

519 【答案】B

【解析】

第一步，梳理题干：

论据：随着消费者对健康和营养的日益重视，方便面市场正在经历一场深刻的变革，康师傅推出的"老母鸡汤面"和白象推出的"汤好喝"系列等高汤面产品，反映出方便面行业向健康化、高端化转型的趋势。

论点：面对激烈的市场竞争和消费者需求的多样化，方便面品牌需要更深入地了解消费者需求，不断创新产品和服务，优化营销策略，这样才能在竞争激烈的市场中获得持续的成功。

第二步，验证选项：

A 选项：该项表明消费者对方便面的健康需求在升级，目前的方便面无法满足消费者的需求，可以支持专家的观点，排除。

B 选项：该项指出大豫竹方便面主要销售干脆面，并深受好评，没有提及产品和服务的创新，无法支持专家的观点，正确。

C 选项：该项表明某品牌能抓住消费者的消费倾向，并据此创新产品，在市场竞争中脱颖而出，可以支持专家的观点，排除。

D 选项：该项直接指出方便面市场的同质化竞争加剧，创新不够，这进一步能说明了解消费者需求和产品创新的必要性，可以支持专家的观点，排除。

E 选项：该项指出品牌宣传和定位对于产品的重要性，可以支持专家的观点，排除。

故正确答案为 B 选项。

520.【答案】B

【解析】

第一步，梳理题干：

论据：阅读过程中，理解、剖析文字信息可以锻炼大脑的思维能力，了解人生经历和情感体验有助于提高情绪管理能力。

论点：定期阅读可以提高人们的认知能力和情绪管理能力。

第二步，验证选项：

A 选项：该项表明思维能力提高后的作用，并未建立其和定期阅读的联系，故该项无法支持题干论证，排除。

B 选项：该项表明定期阅读可以改善人的认知能力和情绪管理能力，可以支持题干论证，正确。

C 选项：该项指明在特定调查对象中，定期阅读有助于这类人认知能力、情绪管理能力的提高，建立题干论证所需的因果联系，但调查对象具有局限性，并不能代表所有人的情况，故该项无法支持题干论证，排除。

D 选项：该项虽然指出定期阅读能让人获得对情绪进行管理的知识储备。但是，有情绪管理的知识不代表就能做好情绪管理，故该项无法有效支持题干，排除。

E 选项：该项表明人对外界刺激的反应模式相同，无关选项，排除。

故正确答案为 B 选项。

521.【答案】D

【解析】

第一步，梳理题干：

论据：某研究团队发现了能穿透血脑屏障的病毒载体，它可以将药物直接送至靶向给药的细胞或组织。

论点：这对于脑部疾病的治疗将会有很大的进步。

第二步，验证选项：

A 选项：无关选项，题干没有涉及"苯巴比妥"物质的特性和脑部疾病治疗的关系，排除。

B 选项：无关选项，题干不涉及病毒载体进入大脑的路径，排除。

C 选项：无关选项，题干未提及碳酸酐酶Ⅳ，排除。

D 选项：该项说明这种运用病毒作为载体的治疗方案对于患者来说没有副作用，间接地说明该方法是可行的，所以可以支持题干论证。

E 选项：该项说明这类病毒载体的培养极为严格，没有说明其和治疗脑部疾病之间的关联，无法支持，排除。

故正确答案为 D 选项。

522 【答案】E

【解析】

第一步，梳理题干：

论据：临床试验发现，CRISPR 技术对癌细胞的扩散有抑制作用，并且被修饰的 T 细胞在体内存在长达半年以上。

论点：传统癌症治疗的困境将有所突破，CRISPR 技术能提高癌症治疗效果，为癌症治疗开辟了新途径。

第二步，验证选项：

A 选项：该项没有指出 CRISPR-LNP 对实验小鼠和人体的作用是一样的，所以该项不足以支持题干，排除。

B 选项：该项指出 CRISPR 基因编辑不会影响健康正常的细胞，也就是说该技术不会对人体有害，不会造成加重病情的问题，可以支持。

C 选项：无关选项，该项指出 CRISPR 系统的具体运作方式和优势，排除。

D 选项：无关选项，介绍 CRISPR-Cas 基因编辑技术是如何治疗癌症的，排除。

E 选项：该项表明该技术进行了人体试验，结果表现不错，被学生认可，也就说该方法是可以作为临床治疗方法的，可以支持。相比 B 选项，该项支持力度更强，正确。

故正确答案为 E 选项。

523 【答案】D

【解析】

第一步，梳理题干：

论据：短视频可以灵活传达品牌形象及产品效果，并且可以极大调动用户的兴趣。

论点：企业广告用短视频方式呈现，更能吸引用户的目光，增加企业的收入。

第二步，验证选项：

A 选项：题干未提及"个性化宣传"，与题干论证无关，排除。

B 选项：该项表明不采用短视频方式也能保证企业的利润，对题干有削弱的作用，排除。

C 选项：该项表明会有一部分人不喜欢动态的广告宣传，但是未表明这种方式能否带来利润，无法支持题干论证，排除。

D 选项：该项表明短视频方式能带来的利润比静态广告带来的利润高，说明该方法的确可以增加企业收入，可以支持，正确。

E 选项：该项表明使用短视频要掌握好力度，并未说明该方法是否能够增加企业收入，无法支持题干论证，排除。

故正确答案为 D 选项。

524 【答案】C

【解析】

第一步，梳理题干：

方法：公交车司机在每次行驶前都要进行车辆检查。

目的：为了保证行驶安全，公交车司机必须执行该规定。

第二步，验证选项：

A 选项：该项表明存在一些维修人员会疏忽公交车的问题和故障，无法避免车祸的发生，进一步说明行驶前检查是很有必要的，但由于存在程度词"一些"，该项支持力度较弱。

B 选项：该项表明该规定可以排除故障和潜在的危险，并未表明规定实施的必要性，故该项无法支持交警的观点，排除。

C 选项：该项表明即使有专业的维修人员检修，但还是避免不了车祸的发生，进一步说明行驶前检查是很有必要的，该项支持交警的观点，正确。

D 选项：该项表明司机在行驶过程中要遵守交规，与题干论证无关，排除。

E 选项：该项表明实施该项规定会影响驾驶安全，削弱了交警的观点，排除。

故正确答案为 C 选项。

525 【答案】B

【解析】

第一步，梳理题干：

论据：定期阅读，特别是定期阅读人文类或历史类的书籍，可以有效提高学生对社会的理解力。

论点：应当让学生定期阅读。支持专家的观点，需建立定期阅读和对社会的理解力之间的联系。

第二步，验证选项：

A 选项：该项表明阅读时间会影响定期阅读的效果，与题干论证话题不一致，排除。

B 选项：该项表明定期阅读可以提高学生对社会的理解力，建立了论据和论点的有效联系，可以支持专家的观点，正确。

C 选项：该项表明定期阅读有利于提高学生接触和理解社会的意愿，与题干论证话题不一致，排除。

D 选项：该项表明定期阅读对于理工科的学生并不是很有作用，无关选项，排除。

E 选项：该项表明增加定期阅读的时间，对于一部分学生有反作用，无关选项，排除。

故正确答案为 B 选项。

526 【答案】A

【解析】

第一步，梳理题干：

论据：那些音乐课程数量更多的学校学生的学习成绩反而更好，说明音乐教育其实可以提高学生的学习成绩。

论点：学校应该在课程中增加音乐教育的比重。

第二步，验证选项：

A 选项：该项表明音乐教育提高的注意力、记忆力是对于学习至关重要的能力，进一步说明音乐课是有效的，故该项可以支持题干论证，正确。

B 选项：该项表明音乐课有利于学生更好地学习，支持题干的论据，并未指明增加音乐课比重的有效性，故该项无法支持题干论证，排除。

C 选项：该项表明学生对音乐课、体育课这类副课更有兴趣，题干并未讨论兴趣程度和课程类别的关系，与题干论证无关，排除。

D 选项：该项表明减少副课的比重会起到反作用，而题干讨论的是"增加音乐课的比重"，与题干的论证话题不一致，排除。

E 选项：该项表明学生成绩的决定性因素是自身的学习习惯和进取心，并非课程体系，不能说明增加音乐教育的比重是有作用的，故该项无法支持题干论证，排除。

故正确答案为 A 选项。

527 【答案】B

【解析】

第一步，梳理题干：

管理员的观点：服务费不应由学生单独承担。

A 选项：该项只是在阐述设备带来的人力成本节省情况，没有涉及到节省的成本和学生承担服务费之间的联系，无法说明为什么服务费不应由学生单独承担，与论点话题不相关，排除。

B 选项：该项指出学校将图书馆节省的人力成本用于全体师生受益的项目，这就说明图书馆的投入和收益是面向全体师生的，并非学生单独受益，有力地支持了管理员"服务费不应由学生单独承担"的观点，正确。

C 选项：该项虽然表明学生学费中已包含图书馆基础服务费用，自助机属于提升服务质量的延伸项目，但没有进一步说明为什么延伸项目的服务费不应由学生单独承担，排除。

D 选项：该项强调收费会增加人工服务窗口排队压力，而不是关于服务费不应由学生单独承担的原因，话题不一致，排除。

E 选项：该项指出通过与校外企业合作可覆盖维护成本，和学生是否应单独承担服务费没有直接联系，排除。

故正确答案为 B 选项。

528 【答案】D

【解析】

第一步，梳理题干：

论据：某工厂为了满足市场需求，让员工加班加点提高产能，但由于员工的加班费较为高昂，该工厂的利润并没有增加。

论点：该工厂计划引入一条新的全自动生产线，在保证产能不变的基础上，提高利润。

第二步，验证选项：

A 选项：该项表明该计划的实施是可行的，但是并未进一步说明该方法能够提高利润，故该项无法支持题干的计划，排除。

B 选项：该项表明全自动生产线有优化空间，还能进一步提高产能，并未说明该方法是有效的，故该项无法支持题干的计划，排除。

C 选项：该项指出自动化生产是趋势，它比人工更可靠，该项比较两者之间的优劣，与题干论证无关，排除。

D 选项：该项表明引入新的全自动生产线，可以有效地降低成本，提高利润，故该项可以支持题干的计划，正确。

E 选项：该项表明全自动生产线的产能和利润是有关系的，并未进一步说明该计划是可以达到目的的，故该项无法支持题干的计划，排除。

故正确答案为 D 选项。

529 【答案】A

【解析】

第一步，梳理题干：

论据：经常玩棋类游戏可以提高人们的逻辑思维能力和策略规划能力。

论点：人们应当多玩棋类游戏。

第二步，验证选项：

A 选项：该项恰好表明玩棋类游戏可以显著提高对于人的逻辑思维能力和策略规划能力至关重要的人的神经的活跃程度以及不同神经元之间的协作能力，所以多玩棋类游戏对于提高这两种能力是有效的，故该项可以支持题干论证，正确。

B 选项：该项比较了玩棋类游戏的人和玩设计类游戏的人的思维缜密程度，并没有说明玩棋类游戏的有效性，故该项无法支持题干论证，排除。

C 选项：该项表明棋类游戏虽然没有带来任何好处，但也没有带来坏处，无关选项，排除。

D 选项：该项指出解决复杂问题的时间长短可以反映出一个人综合能力的高低，无关选项，排除。

E 选项：该项解释了那些玩游戏丧志的人为何这样，和题干论证无关，排除。

故正确答案为 A 选项。

530 【答案】D

【解析】

第一步，梳理题干：

论据：考古学家可以对比研究同一时期不同文明以及不同时期同一文明的遗址和遗物，进而梳理出同一个文明的演化历史。

论点：古生物学家认为通过研究不同时期同一个生物的化石，可以重现这个物种的演化历史。

第二步，验证选项：

A 选项：该项表明技术进步，可以发掘出不同时期的生物化石，并未说明题干的方法是否可行，故该项无法支持古生物学家的观点，排除。

B 选项：该项表明需要人类研究的古生物还有许多，无关选项，排除。

C 选项：该项表明该方法没办法梳理清楚文明的演化历史，削弱了题干的论据，排除。

D 选项：该项表明题干提及的方法在其他领域也是可以使用的，说明该方法是可行的，可以支持古生物学家的观点，正确。

E 选项：该项表明研究古生物的首要任务是研究清楚古生物的演化历史，无关选项，排除。

故正确答案为 D 选项。

531 【答案】A

【解析】

第一步，梳理题干：

论据：氧化乐果对斑马鱼具有明显的毒性作用，能够影响其生理和生化指标；斑马鱼还对氧化乐果有较强的生物富集能力。

论点：可以用斑马鱼来评估氧化乐果对水环境的污染程度。

第二步，验证选项：

A 选项：该项指出氧化乐果能影响斑马鱼的神经传导功能，可以通过观察鱼的活动程度来判定水环境的污染程度，表明了该建议是可行的，可以支持科学家的建议，正确。

B 选项：该项表明斑马鱼对氧化乐果的生物富集系数的具体数据，并未表明建议的可行与否，无法支持科学家的建议，排除。

C 选项：该项指出任何生命自身都有一定程度的解毒能力，与题干论证无关，排除。

D 选项：该项比较斑马鱼和大鼠对有毒物质的敏感程度，并未就建议可行性给出明确态度，无法支持科学家的建议，排除。

E 选项：该项指出斑马鱼与其他物种对有毒物质的敏感性存在不同的可能，并未说明利用斑马鱼来评估水环境的污染程度，无法支持科学家的建议，排除。

故正确答案为 A 选项。

532 【答案】D

【解析】

第一步，梳理题干：

论据：新型冠状病毒肺炎（COVID-19）大流行期间，调查表明约三分之一的人遭受了严重的心理困扰。

论点：必须尽快建立心理健康支持系统，来应对类似的全球性公共卫生危机。

第二步，验证选项：

A 选项：该项表明表现出心理弹性的人未来也可能受到心理问题的困扰，与题干论证话题无关，排除。

B 选项：该项表明疫情期间公众对心理健康支持的需求大，并未指出建立心理健康支持系统的必要性，无法支持专家的观点，排除。

C 选项：该项指出大多数人通过体育锻炼来调整心态，成功应对此次的危机，并未指出建立心理健康支持系统的必要性，无法支持专家的观点，排除。

D 选项：该项指出未来极有可能再次爆发类似的全球性公共卫生危机，为应对这种危机建立心理健康支持系统是很有必要的，可以支持专家的观点，正确。

E 选项：该项表明虚拟社交活动对于保持心理健康没有任何帮助，与题干论证话题无关，排除。

故正确答案为 D 选项。

533 【答案】B

【解析】

第一步，梳理题干：

论据：近期的调查发现一些地方出现了资本"跑路"、涉农项目烂尾等问题，导致土地流转出现纠纷，农民利益受损。

论点：为了确保资本下乡真正为乡村振兴服务，必须通过政策的引导和监督，确保资本的投入能够真正利于农村的可持续发展。

第二步，验证选项：

A 选项：该项表明政策的引导和监督可以避免风险，确保资本下乡真正服务于乡村振兴，这表达的是这样做带来的好处，并未说明必须这样做的理由，故该项无法支持题干论证，排除。

B 选项：该项指出若是缺乏政策的引导和监督，资本会为了追求短期利润而忽视原本的目的，让农民利益得不到保证，不利于乡村的可持续发展，说明政策的引导和监督对于乡村振兴是很有必要的，可以支持题干论证，正确。

C选项：该项表明农民参与资本下乡项目，可以直接获得技术支持和资金投入，增加收入，并未提及政策的引导和监督，排除。

D选项：该项态度不明确，没有具体说明投资风险是否能控制在可控范围之内，也未提及政策的引导和监督，与题干论证无关，排除。

E选项：该项指出其他方法可以降低资本下乡带来的风险，保护农民免受市场价格波动带来的损失，与题干论证话题无关，排除。

故正确答案为B选项。

534.【答案】A

【解析】

第一步，梳理题干：

论据：由于严峻的行业形势和市场需求低迷，和辉光电公司一直处于亏损状态。

论点：为了尽快扭亏为盈，应该调整公司的战略方向。

第二步，验证选项：

A选项：该项通过指出另一家和和辉光电相似的公司调整战略的方向后大幅赢利，说明调整战略方向的方法是有效的，可以达到扭亏为盈的目的，可以支持高管的观点，正确。

B选项：该项指出通过转型的方法可以实现扭亏为盈，但并未说明调整战略方向是否有效，故无法支持高管的观点，排除。

C选项：该项讨论的是丰富和优化产品结构的优缺点，与题干论证无关，排除。

D选项：该项表明和辉光电有足够的资金保证自己不会破产，与题干论证话题无关，排除。

E选项：该项指出调整战略是企业发展的常态，是提高管理的有效手段，并未提及与扭亏为盈相关的信息，无法支持高管的观点，排除。

故正确答案为A选项。

535.【答案】D

【解析】

第一步，梳理题干：

论据：随着经济增长放缓、人口红利消失，政府对房地产市场的严格调控，广州市房地产市场出现了成交量下滑、房价波动以及开发商资金链紧张等一系列问题。

论点：广州市政府调整了限购政策，可以有效稳定市场供给，从而释放中高收入群体的改善型需求。

第二步，验证选项：

A选项：该项表明该政策可能会导致高端住宅和别墅的价格上涨，只起到微小的作用，无法支持专家的观点，排除。

B选项：该项表明降价促销无法改善中心区域大户型新房的成交情况，与题干论证话题不一致，排除。

C选项：该项表明房企转战小面积精品户型的开发，与题干论证话题无关，排除。

D选项：该项表明政策实施后有效提高了中心区大户型新房的成交量，可以支持专家的观点，正确。

E选项：该项表明房地产开发商存在困难，无法开发新楼盘，与题干论证话题无关，排除。

故正确答案为 D 选项。

考向 3　概念跳跃的支持

答案速查表

题号	536	537	538	539	540	541	542	543	544	545
答案	C	A	C	B	A	B	C	B	E	D

536【答案】C

【解析】

第一步，梳理题干：

论据：迈瑞医疗计划收购惠泰医疗，此次收购能完善迈瑞医疗在心血管医疗设备领域的产品线。

论点：迈瑞医疗未来在心血管医疗设备领域的市场份额和盈利能力预计将显著增长。

第二步，验证选项：

A 选项：该项表明受疫情影响，对心血管医疗设备的需求大幅上升，并未指出这对于迈瑞医疗是有利的，故无法支持分析师的观点，排除。

B 选项：该项表明迈瑞医疗收购惠泰医疗的目的是扩大生产线和市场份额，并未说明这样做能不能达到目的，另外惠泰医疗的市场份额未必很大，故无法支持分析师的观点，排除。

C 选项：该项表明收购前自身的产品线不完善，盈利能力受限，收购正好解决生产线不足的问题，进而提升市场份额和盈利能力，可以支持分析师的观点，正确。

D 选项：该项指出迈瑞医疗无法有效整合资源和技术，导致创新和扩张速度低于预期，该项对分析师的观点有削弱力度，排除。

E 选项：该项表明迈瑞医疗的销售地区广和销售能力强，并未说明并购和未来盈利的程度之间的关系，排除。

故正确答案为 C 选项。

537【答案】A

【解析】

第一步，梳理题干：

论据：《红楼梦》描述了封建制度下，豪门大户逐渐衰败的历程，其中描绘了贾宝玉的生活和他的两个最爱的女人——林黛玉和薛宝钗。

论点：《红楼梦》实际上是对封建社会的批判。

第二步，验证选项：

A 选项：该项表明《红楼梦》描述豪门大户逐渐衰败就象征着是批判当时的封建社会，建立论据和论点的联系，可以支持学者的观点，正确。

B 选项：该项表明封建制度是反人性的，并未建立起论据和论点的联系，排除。

C 选项：该项表明的是书中人物悲惨的结局，无关选项，排除。

D 选项：该项指明的是撰写这本书的人以及表达的主题思想等相关信息，与题干论证无关，排除。

E 选项：该项表明书中描绘宴会和聚会场景的情况，与题干论证无关，排除。

故正确答案为 A 选项。

538 【答案】C

【解析】

第一步，梳理题干：

论据：坚果中含有大量的微量元素镁。

论点：为了预防心脏病，人们应当多吃坚果。

第二步，验证选项：

A 选项：欧米伽-3 脂肪酸对心脏病的作用未必就是人们主观认为的那样，论据本身不成立，故该项无法对题干起到支持作用，排除。

B 选项：该项表明坚果中的营养元素对身体健康有益，这并不等价可以预防心脏病，故该项无法支持专家的观点，排除。

C 选项：该项表明微量元素镁可以有效降低心脏病的发病率，所以多吃坚果是有效的，支持专家的观点，正确。

D 选项：该项表明多吃坚果来预防心脏病的方法是可行的，但是要说明方法是必要的而不是可行的，故该项无法支持专家的观点，排除。

E 选项：该项表明饮食对健康也有很大影响，无关选项，排除。

故正确答案为 C 选项。

539 【答案】B

【解析】

第一步，梳理题干：

论据：空气污染会导致人的呼吸道黏膜衰退。

论点：人在受污染的空气中生活，将会患上各种各样的呼吸道疾病。

第二步，验证选项：

A 选项：该项比较呼吸道黏膜在不同空气中的衰退程度，支持了题干的论据。

B 选项：该项表明是呼吸道黏膜衰退导致了人们患上呼吸道疾病，支持题干论证，正确。

C 选项：该项表明提出呼吸道具有适应性这些观点的人被批评，与题干论证无关，排除。

D 选项：该项表明了呼吸道疾病对人们生活的影响程度，无关选项，排除。

E 选项：该项指明人对环境的适应能力有限，与题干论证话题无关，排除。

故正确答案为 B 选项。

540 【答案】A

【解析】

第一步，梳理题干：

论据"糖尿病危机"是指人们过度依赖高糖食品,运动不足、生活压力大等导致的糖尿病发病率上升。

论点：现代生活方式和饮食习惯导致了"糖尿病危机"现象。

第二步，验证选项：

A 选项：该项直接表明现代生活方式导致人们更依赖高糖食品，建立了论据和论点的联系，可以支持专家的观点。

B 选项：该项表明现代人更加注重饮食健康，无关选项，排除。

224

C 选项：该项表明医疗技术进步提高了糖尿病患者的生活质量和健康水平，并未建立现代生活方式和"糖尿病危机"的联系，故该项无法支持专家的观点。

D 选项：政府大力宣传健康的生活方式和饮食习惯，无关选项，排除。

E 选项：该项讨论的是糖尿病人的并发症会导致死亡，与题干论证话题不一致，排除。

故正确答案为 A 选项。

541 【答案】B

【解析】

第一步，梳理题干：

论据：乐观的人往往会获得更好的机会，越乐观的人职业生涯的发展就越顺利。

论点：乐观有助于职业发展。

第二步，验证选项：

A 选项：该项表明研究助手是心理学领域的专家，有诉诸权威的嫌疑，故该项无法支持心理学家的观点，排除。

B 选项：该项表明机会是影响职业发展的重要因素，建立了题干所需的联系，故该项可以支持心理学家的观点，正确。

C 选项：该项表明同年级的学生学习能力无差别，和题干论证无关，排除。

D 选项：该项表明看起来乐观的人，都有很强的抗压能力，与题干论证无关，排除。

E 选项：该项表明小时候的经历影响一个人长大后的心态，论证话题和题干无关，排除。

故正确答案为 B 选项。

542 【答案】C

【解析】

第一步，梳理题干：

论据：AI 医疗技术的出现使得疾病诊断的准确率大幅度提高了。

论点：AI 医疗技术的出现将更有效地提高公众的健康水平。

第二步，验证选项：

A 选项：该项表明 AI 医疗技术可以解决地区医疗条件差异问题，与题干论证话题无关，排除。

B 选项：该项表明 AI 医疗技术引入后，提高了肺癌患者的五年生存率，生存率和健康水平是不同概念，故该项无法支持专家的论证。

C 选项：该项表明疾病诊断的准确率是影响公众健康水平的一个因素，该项可以支持专家的论证。

D 选项：该项表明 AI 医疗技术可以预测疾病，无关选项，排除。

E 选项：该项表明未来有机会研发出低成本高算力的计算机，无关选项，排除。

故正确答案为 C 选项。

543 【答案】B

【解析】

第一步，梳理题干：

论据：证监会持续加大对上市公司的监管力度，针对欺诈发行和信息披露违法违规行为实施严厉打击。

论点：证监会的这些措施是推动资本市场健康发展、增强投资者信心的关键。

第二步，验证选项：

A 选项：该项解释了思创医惠公司违规行为被披露的原因，并不能说明证监会的这些措施的作用，无法支持专家的观点，排除。

B 选项：该项表明不处理这些违法行为，资本市场就很难健康发展，投资者也很难有信心，建立了论据和论点的联系，可以支持专家的观点，正确。

C 选项：该项表明一些公司主动纠正违法行为，恢复投资者的信心，而不是证监会的监管措施起了作用，无法支持专家的观点，排除。

D 选项：该项表明证监会监管政策进一步完善，处罚力度加大，并未提及证监会措施和资本市场健康发展、增强投资者信心之间的联系，无法支持专家的观点，排除。

E 选项：该项表明证监会能严格执法，资本市场就可以健康发展，投资者就会对其充满信心，没有提及具体的措施，所以该项无法支持专家的观点，排除。

故正确答案为 B 选项。

544 【答案】E

【解析】

第一步，梳理题干：

论据：浏览是收集观点和信息把知识作为独立单元输入大脑，是一种线性策略；做笔记是阅读时构建层次清晰的架构，是结构策略。

论点：与单纯的浏览相比，做笔记能够取得更优的阅读效果。

第二步，验证选项：

A 选项：该项表明我们应该怎么去读书，并未建立结构策略和阅读效果的联系，排除。

B 选项：该项指明一本书所包含内容的占比情况，无关选项，排除。

C 选项：该项表明思维导图式笔记的优点，并未建立结构策略和阅读效果的联系，排除。

D 选项：该项讨论的是"精读"对于阅读的帮助，话题和题干不相关，排除。

E 选项：该项明确指出阅读效果是由总结的架构决定的，建立了结构策略和阅读效果的联系，可以支持，正确。

故正确答案为 E 选项。

545 【答案】D

【解析】

第一步，梳理题干：

论据：圆形建筑内壁刻有 36 组螺旋状沟槽，每组沟槽末端均指向不同方位。经测量，这些沟槽的排列角度与公元前 1500 年夏至日太阳运行轨迹存在 87% 的吻合度。

论点：圆形建筑是古代天文观测的"太阳神殿"。

第二步，验证选项：

A 选项，该项指出其他遗址有类似刻痕，并未建立与天文观测的联系，无关选项，排除。

B 选项：该项指出其颜料与岩画相同，仅说明艺术关联，未涉及天文观测功能，排除。

C 选项：该项指出其结构与观测需求矛盾，直接否定建筑天文观测用途，削弱选项，排除。

D 选项：该项指出其沟槽密度与日晷盘尺寸一致，建立"建筑⇒观测"的联系，正确。

E 选项：该项指出陶罐纹饰含太阳崇拜，说明太阳文化背景，但未直接关联建筑功能，排除。

故正确答案为 D 选项。

考向 4　数量关系的支持

答案速查表					
题号	546	547	548	549	550
答案	B	D	C	B	B

546【答案】B

【解析】

第一步，梳理题干：

论据：在 2022 年填报高考志愿的考生中，有 70% 选择理科的考生高考数学超过了 120 分。

论点：数学学得越好的人越可能选择理科。

第二步，验证选项：

A 选项：该项表明能否学好数学和天赋以及后天的努力是相关的，无关选项，排除。

B 选项：该项表明在所有考生中数学成绩没超过 120 分的人占 70%，也就是说数学超过 120 分的人的占比是 30%，低于 70%，故该项可以支持题干论证，正确。

C 选项：该项表明数学是所有学科的基础，干什么都要学好数学，无关选项，排除。

D 选项：该项指出文科的学习难度不比理科简单，无关选项，排除。

E 选项：该项表明在所有考生中，数学超过 120 分的人的占比是 68%，低于 70%，故该项可以支持题干论证。

比较 B、E 选项，E 项的占比较为接近 70%，B 选项的占比是远远低于 70% 的，所以 B 选项作为支持的选项最合适。

故正确答案为 B 选项。

547【答案】D

【解析】

第一步，梳理题干：

论据：政策前注册用户 50 万，积极参与每日分类投放的用户为 25 万，政策后注册用户增至 210 万。

论点：政策后积极用户数超过 100 万。

第二部，验证选项：

A 选项、B 选项：该两项仅说明政策覆盖面和宣传力度，但未直接证明参与比例提升，无关选项，排除。

C 选项：该项说明可回收物处理量增长可能由其他因素（如垃圾总量增加）导致，与积极用户数无直接关联，排除。

D 选项：该项指出政策后连续 30 天每日投放的比例与政策前持平。

政策前积极用户占比 50%（25 万/50 万），若比例持平，政策后积极用户数为 210 万×50%=105 万，直接超过 100 万。题干中"积极参与每日分类投放"可理解为"每日投放"，若政策前连续 30 天投放的用户占比为 50%，政策后比例不变，则总积极用户数（包括非连续但每日投放的用户）必然超过 105 万，进一步支持结论，正确。

　　E 选项：该项讨论未注册居民，与题干"注册用户"无关，排除。

　　故正确答案为 D 选项。

548 【答案】C

【解析】

　　第一步，梳理题干：

　　论据：参加数学补习班的学生优秀率（75%）远高于年级平均（45%）。

　　论点：补习班的系统性训练是成绩提升的关键。

　　第二步，验证选项：

　　A 选项、D 选项、E 选项：均为间接支持（师资、课程、主观反馈），未通过数据对比排除他因，排除。

　　B 选项：该项暗示补习班学生基础较好，削弱题干，排除。

　　C 选项：该项指出未参加补习班的学生中优秀率仅 20%。若全校未参加补习班的学生优秀率仅 20%，而参加补习班的学生优秀率达 75%，说明补习班的系统性训练显著提高了成绩。此对比数据直接排除"学生原有水平差异"的干扰（如未参加补习班的学生可能基础更弱），建立了补习班与成绩提升的因果关系，正确。

　　故正确答案为 C 选项。

549 【答案】B

【解析】

　　第一步，梳理题干：

　　论据："速达"今年第一季度收到的客户投诉达 3 000 次，是"时捷"的 5 倍。

　　论点："速达"的服务质量比"时捷"更差。

　　第二步，验证选项：

　　A 选项：速达快递员人均配送量多 20% 仅说明速达快递员工作强度可能更高，但未直接关联投诉率。若速达业务量更大，高配送量可能是正常现象，无法证明服务质量更差，排除。

　　B 选项：时捷业务量是速达的 8 倍，假设速达业务量为 X，时捷为 8X。速达投诉率为 $3\,000/X$，时捷为 $600/8X = 75/X$。速达投诉率是时捷的 40 倍，证明其服务问题更频发，正确。

　　C 选项：该项指出速达投诉响应更快 1 小时，是讨论投诉处理效率，与投诉产生的原因（服务质量）无关，无法支持"服务质量更差"的结论，排除。

　　D 选项：若速达投诉中大部分（80%）是不可控的天气原因，而时捷投诉中更多是内部服务问题（70%），则说明速达服务质量未必更差，其投诉多源于外部因素，排除。

　　E 选项：该项指出速达鼓励客户反馈问题投诉量多可能因客户更主动反馈，而非实际问题更多，削弱题干，排除。

　　故正确答案为 B 选项。

550 【答案】B

【解析】

　　第一步，梳理题干：

　　论据：文科专业中获得推荐资格的学生里，女生占比达 70%。该校文科专业共有学生 800 人，其中女生 240 人、男生 560 人。推荐标准为综合成绩排名前 10%。

论点：该校本科文科专业的女生在学业表现上优于男生。

第二步，验证选项：

A 选项：该项指出评审标准中科研能力占比高，未提及女生在科研上的优势，无关选项，排除。

B 选项：该项指出女生占学生总数 30% 以下，女生仅占 30%，但获得 70% 推荐名额，推荐率（70%/30%）远高于男生（30%/70%），直接证明女生学业表现更优，正确。

C 选项：该项指出前 10% 学生中女生平均绩点高 15%，但仅针对部分，力度不如 B 选项，排除。

D 选项：若女生重修率更高，说明其课程成绩更差，与"学业表现更优"矛盾，排除。

E 选项：推荐名额男女占比一致，与题干数据（女生占 70%）矛盾，排除。

故正确答案为 B 选项。

专题七 假设题

题型 17 假设的基本思路

答案速查表

题号	551	552	553	554	555	556	557	558	559	560
答案	D	A	A	C	B	A	A	B	A	A

551【答案】D

【解析】

第一步，梳理题干：

论据：2023 年的中国市场，除了科技创新、人口老龄化带来部分机会，大多数领域的股票投资都在下降。而在债券投资方面，反而变得对投资者更有吸引力。

论点：在债券投资、股票投资这两个领域都还存在大量机会，但相对保守的中国投资者们未来还是会更倾向于债券投资。

第二步，验证选项：

A 选项：该项进行股票和债券的收益、风险的比较，直接表明了保守的投资者们可能会更倾向于选择债券投资，直接支持了题干论证。

B 选项：该项仅仅是在重复题干论据中的信息，无法成为题干论证成立的假设，排除。

C 选项：该项在比较债券投资和股票投资的收益率，而题干中的"保守的投资者"更加侧重于对风险的厌恶，故该项不是题干的假设，排除。

D 选项：该项指出债券投资的风险比股票投资低，对于一些保守的投资者而言更看重风险低的债券投资，但存在"有时"这个弱程度词，相比 A 项支持力度弱，正确。

E 选项：题干并未涉及美联储政策对中国境内的投资市场的影响，故排除该项，排除。

故正确答案为 D 选项。

552【答案】A

【解析】

第一步，梳理题干：

论据：两名民警因购买仿真玩具气枪被以非法买卖枪支罪定罪处罚，但鉴定人对玩具气枪的先后两次鉴定结果不一样，法院最终维持原判。

论点：两名民警对两次鉴定结果的差异和最终的法律裁决感到困惑。

第二步，验证选项：

A 选项：该项指明涉及技术鉴定的刑事案件，鉴定结果要保持一致，而题干先后两次鉴定结果不一致却维持原判，不得不让人产生困惑，该项是致使两位民警产生困惑的前提。

B 选项：该项指明我国并没有相关法律区分玩具气枪和非法枪支，与题干论证话题无关，无法成为民警产生困惑的前提，排除。

C 选项：该项"取反代入"题干论证，不考虑被告人的初衷，此时判定结果仍旧会让两位民警产生困惑，故该项不是题干结论成立的必要假设，排除。

D 选项：该项指出公职人员不能从重处理，而题干中并未明确刑事处理的轻重程度，该项与题干论证话题不一致，排除。

E 选项：该项成立，则判决结果应当有利于两名民警，然而民警的困惑并不在于疑点的处理，而在于他们的行为为何被认定为非法买卖枪支罪以及鉴定结果的不一致，所以该项不是题干结论成立必须假设的，排除。

故正确答案为 A 选项。

553 【答案】A

【解析】

第一步，梳理题干：

论据：有人提前规划并攒足积蓄提前"退休"；有人多次裸辞后，希望找到一份稳定工作；有人因身体原因被迫辞职反而生活得更加充实。

论点：这些年轻人的故事反映了当代年轻人面对职场压力时对于探索新的生活轨迹的勇气。

第二步，验证选项：

A 选项：该项指出裸辞是人们探索新的生活方向的机会，该项正好建立了论据和论点的联系，可以成为题干论证成立的假设。

B、C、D、E 选项：这四项均未提及裸辞和探索新生活的联系，都无法成为题干论证成立的假设。

故正确答案为 A 选项。

554 【答案】C

【解析】

第一步，梳理题干：

论据：某小区物业禁止新能源汽车进入小区地面停放，要求所有机动车都停到地下车库，但这一措施未考虑到地下车库缺乏充电设施，导致新能源汽车业主面临充电难题。

论点：该小区的物业仅仅考虑到了消防责任，但并未考虑到对业主的责任。

第二步，验证选项：

A 选项：该项表明了新能源汽车业主的充电偏好，与题干的论证话题无关，排除。

B 选项：该项指出安装新能源充电桩程序复杂，物业不愿协助业主办理，并未说明物业的决定和对业主的责任之间的联系，该项无法成为记者论证成立的前提，排除。

C 选项：该项表明小区物业有责任为业主服务，而不是把业主当作管理对象，该项成立说明小区物业的决定并未尽到为业主服务的责任，可以成为记者论证成立的前提，正确。

D 选项：该项指出新能源汽车在任意小区的占比情况，与题干论证话题无关，排除。

E 选项：该项指出小区具备应对地下车库火情的能力，与题干论证话题无关，排除。

故正确答案为 C 选项。

555 【答案】B

【解析】

第一步，梳理题干：

论据：通过使用可再生能源，减少碳排放来解决全球变暖的问题，但这需要大量的前期投入，只有发达国家才具备足够的资源支撑这些投入。

论点：全球变暖问题将很快得到解决。

第二步，验证选项：

A 选项：发展中国家受到资助，是否可以进一步解决全球变暖的问题，态度不明确，故该项不是专家论证成立的假设，排除。

B 选项：该项表明全球的碳排放大部分来自发达国家，既然发达国家具备治理的能力，那么该问题会得到有效解决，故该项是专家论证成立的假设，正确。

C 选项：该项进一步解释全球变暖是碳排放造成的环境问题，无关选项，排除。

D 选项：该项只能说明发展中国家碳减排技术发展缓慢，对于解决全球变暖问题的帮助大小并未说明，故该项无法成为专家论证成立的假设，排除。

E 选项：该项表明使用可再生能源是碳减排最好的方法，并未说明全球变暖问题是否会被解决，故该项无法成为专家论证成立的假设，排除。

故正确答案为 B 选项。

556 【答案】A

【解析】

第一步，梳理题干：

论据：某国向大海排放核污水，放射性核素使海洋生物基因不定向突变，有天敌后会在更高级消费者体内积累富集。

论点：若人类食用了这些大型深海鱼，则势必会将这种放射性物质富集后的结果传递到人类身上。

第二步，验证选项：

A 选项：必须假设，若该类放射性物质生物体可以代谢掉，则即使人类食用了含有放射性物质的大型深海鱼，放射性物质也不会在人体内积累，也就不会将放射性物质富集后的结果传递到人类身上。所以该项是论点成立的必要前提，若否定该项，论点就不成立，当选。

B 选项：无关选项，该项讨论的是放射性物质会以各种方式扩散到全球各个海域并最终到达人体，重点在于扩散方式和到达人体的途径，排除。

C 选项：无关选项，该项讨论的是我国沿岸区拥有能抵抗核污水的优势地理构造，话题不一致，排除。

D 选项：无关选项，该项讨论的是放射性物质的扩散方式，话题不一致，排除。

E 选项：无关选项，该项只是强调了核污染水及其中放射性物质对人体的危害，话题不一致，排除。

故正确答案为 A 选项。

557 【答案】A
【解析】
第一步，梳理题干：
论据：丹酚酸 B 是丹参最丰富的活性丹酚酸中的一种抗氧化剂，作为一种具有神经保护作用的中药提取物，在帕金森病中具有一定的临床应用价值。
论点：丹参具备抑制帕金森病症状的功效。
第二步，验证选项：
A 选项：必须假设，若人体无法有效吸收利用丹参中的丹酚酸 B 来发挥神经保护作用，那么即便丹参中有丹酚酸 B，也不能得出丹参具备抑制帕金森病症状功效的结论，所以 A 项是论证成立必须假设的。
B 选项：干扰选项，该项表明丹参中其他成分能辅助丹酚酸 B 发挥作用，从而发挥神经保护作用，针对论据，并不是论证的必须假设，排除。
C 选项：无关选项，服用丹参是否引发其他健康问题与丹参能否抑制帕金森病症状无关，话题不一致，排除。
D 选项：无关选项，患者长期服用丹参是否可行安全，与丹参是否能抑制帕金森病症状没有直接关联，排除。
E 选项：无关选项，丹酚酸 B 与其他治疗手段效果的比较，与丹参具备抑制帕金森病症状的功效这一论点的成立与否没有直接关系，排除。
故正确答案为 A 选项。

558 【答案】B
【解析】
第一步，梳理题干：
论据：景观设计融合多种元素，旨在创建美观且具功能性的户外空间，植物是关键部分，叶子形状多样、颜色丰富。
论点：叶形与叶色在园林景观设计中起着至关重要的作用，能显著提升景观的视觉效果和生态价值。
第二步，验证选项：
A 选项：无关选项，即使观赏者不能清晰分辨不同叶形与叶色，也不代表叶形与叶色不能提升景观的视觉效果，排除。
B 选项：必须假设，若不同叶形与叶色的植物在生长过程中会破坏园林景观原本的生态平衡，影响生态价值，那就直接否定了论点中关于叶形与叶色能提升生态价值这一关键内容，所以该项是论点成立的必要前提，正确。
C 选项：干扰选项，即使园林设计师不具备充分利用叶形与叶色进行合理搭配设计的专业能力，也有可能存在其他方式让叶形与叶色发挥作用，所以该项不是论点成立的必要前提，排除。
D 选项：无关选项，题干并不讨论季节更替、气候变化等自然因素，排除。
E 选项：无关选项，园林景观设计中其他元素对景观视觉效果和生态价值的影响同叶形与叶色是否能提升景观的视觉效果和生态价值并无直接关联，排除。
故正确答案为 B 选项。

559 【答案】A

【解析】

第一步，梳理题干：

论据：减少城市交通拥堵需采取以下措施之一：提高停车费（A）、限制车辆进入市中心（B）、推广公共交通（C）。

提高停车费（A）在高峰时段无效，因司机愿意支付更高费用。

论点：若不限制车辆进入市中心（B），则无法减少城市交通拥堵。

第二步，验证选项：

A选项：该项指出推广公共交通（C）的成功需要限制车辆进入市中心（B）的配合。若此不成立，即使推广C，也可能因未限制车辆而无法减少拥堵。因此，结论需假设C的有效性依赖于B。此选项为必要假设。

B选项：该项指出高峰时段的交通拥堵问题无法通过其他时段的政策缓解，与结论对B必要性的依赖无关，未涉及C与B的关系，非必要假设，排除。

C选项，该项指出司机对停车费的敏感度在非高峰时段更高，讨论非高峰时段，与结论无关，排除。

D选项：该项指出限制车辆进入市中心会显著增加周边道路的负担，质疑B的可行性，但结论仅讨论B的必要性，未涉及副作用，排除。

E选项：该项指出城市交通拥堵问题仅存在于市中心区域，若拥堵存在于其他区域且C有效，结论仍可能成立（因B是减少拥堵的必要条件之一），排除。

故正确答案为A选项。

560 【答案】A

【解析】

第一步，梳理题干：

论据：企业为降低成本，仅满足最低认证标准而非主动提升性能。

论点：安全认证政策导致设备安全性下降。

第二步，验证选项：

A选项：该项指出消费者能识别安全性差异。必要假设，若消费者无法识别，企业无需通过提升安全性竞争，政策不会改变企业行为，正确。

B选项：该项指出其最低标准低于行业水平，但即使标准高于行业水平，企业仍可能仅达标而不改进，非必要假设，排除。

C选项：该项指出企业更关注短期利润，题干论证核心是政策对企业行为的影响，与利润导向无关，排除。

D选项：该项指出非法销售存在，与题干讨论的合法市场的设备安全性无关，排除。

E选项：该项指出补贴与成本相关，与题干讨论的合法市场的设备安全性无关，排除。

故正确答案为A选项。

题型 18　特殊关系的假设

考向 1　因果关系的假设

答案速查表

题号	561	562	563	564	565
答案	B	E	D	B	A

561【答案】B

【解析】

第一步，梳理题干：

论据：近期多地均放开了限购政策，并且银行在进一步调低房贷按揭利率。

论点：中国房地产市场有望迎来软着陆。

第二步，验证选项：

A 选项：该项表明相关政策的调整和交易量存在联系，没有说明这和房地产市场软着陆有何关系，排除。

B 选项：该项表明限购政策和银行按揭利率是决定房地产市场软着陆的主要依据，该项是题干论证成立的假设，正确。

C 选项：该项表明广州市近期发布的政策能快速消化商品房的库存，与题干论证话题无关，排除。

D 选项：该项只提及了房地产市场长期健康发展和房企缩表和房价稳定的预期的关系，并未提及房地产市场软着相关信息，排除。

E 选项：该项指明综合融资和市值管理能力对于低迷市场中的房企十分重要，与题干论证无关，排除。

故正确答案为 B 选项。

562【答案】E

【解析】

第一步，梳理题干：

论据：宇宙中一切物体之间都存在引力，那么宇宙应该是在收缩而非膨胀。但科学家的观测发现，宇宙一直在加速膨胀。

论点：宇宙中存在暗能量，这种能量推动了宇宙膨胀。

第二步，验证选项：

A 选项：该项可以说明宇宙膨胀是由暗能量导致的，但"唯一"程度过强，该项有过度假设的嫌疑，故该项不是科学家论证成立的必要假设，排除。

B 选项：该项指明暗能量无法被观测到，与题干论证无关，排除。

C 选项：该项只是表明未来宇宙会继续膨胀，并未给出具体的依据，故该项不是科学家论证成立的假设。

D 选项：该项表明暗能量只有让宇宙加速膨胀这一个作用，有过度假设的嫌疑，故该项不是科学家论证成立的必要假设，排除。

E 选项：该项表明已知的能量无法使得宇宙加速膨胀，间接说明暗能量是导致宇宙膨胀的一个因素，故该项是科学家论证成立的假设，正确。

故正确答案为 E 选项。

563【答案】D

【解析】

第一步，梳理题干：

论据：保持传统的生活方式的村民们，他们的平均寿命比周围的城市居民要高。

论点：传统的生活方式对人们的健康有利。

第二步，验证选项：

A 选项：该项讨论的是"传统的健康水平"和"平均寿命"的联系，和题干论证话题不一致，排除。

B 选项：该项指出不利于健康的因素，并未指出两个不同生活方式的地区是否存在差异，故该项无法作为题干论证成立的假设，排除。

C 选项：该项指出平均寿命可以用来衡量健康水平，但其是唯一指标，支持力度太强，故该项不是题干论证成立所需的必要假设，排除。

D 选项：该项排除了医疗条件这一因素，间接说明了是传统的生活方式导致村民平均寿命高，故该项是题干论证成立所需的假设，正确。

E 选项：该项指出因果倒置，是意识到了健康的重要性导致选择了传统的生活方式，削弱了题干论证，排除。

故正确答案为 D 选项。

564【答案】B

【解析】

第一步，梳理题干：

论据：某航班机务人员未取下前起落架的安全销致使飞机前起落架无法正常收回，机组不得不决定返航。

论点：此时返航事故发生的主要原因是机务的操作手册有问题，使得机务人员无法完成飞机起飞前的准备工作。

第二步，验证选项：

A 选项：该项表明绕机检查可以避免安全销未取下的情况发生，并未指出此次事故的主要原因是什么，故该项不是专家推测成立的假设，排除。

B 选项：该项表明不是飞机自身的设计缺陷导致的此次返航事故，故该项可以作为专家推测成立的假设，正确。

C 选项：该项并未指出此时事故的具体原因，该项不是专家推测成立的假设，排除。

D 选项：该项指出相关人员之间的沟通和协作机制存在缺陷，并未具体说明这和此次事故的关系，该项不是专家推测成立的假设，排除。

E 选项：该项讨论的是起落架安全销的设计应考虑的问题，与题干论证话题无关，排除。

故正确答案为 B 选项。

565【答案】A

【解析】

第一步，梳理题干：

论据： 美国限制中国在全球科技竞争中的发展，限制美国企业向中国出口关键半导体技术、软件和设备，禁止中国科技公司进入美国市场。

论点： 美国的制裁可能加速而非减缓中国追求高水平科技自主的步伐。

第二步，验证选项：

A 选项：该项表明中国自身实力强，即使被制裁，也能够凭借自身实力不断发展和自主创新，该项是上述观点成立的假设，正确，排除。

B 选项：该项表明美国继续加大对我国科技行业的制裁，无法说明中国的高科技水平会加速发展，该项无法成为上述观点的假设。

C 选项：该项表明若中国镓和锗这些稀有金属的出口，则极大影响全球的半导体行业，并未提及中国的高科技水平发展情况，与题干论证无关，排除。

D 选项：该项指出国际社会支持中国的立场，并未就中国的高科技水平会加速发展做出说明，该项无法成为上述观点的假设，排除。

E 选项：该项讨论的是未来全球半导体产业发展的依赖对象，与题干论证无关，排除。

故正确答案为 A 选项。

考向 2　方法关系的假设

答案速查表

题号	566	567	568	569	570
答案	C	C	A	A	A

566【答案】C

【解析】

第一步，梳理题干：

论据： 学业有问题的学生，花在学习上的时间太少，花在运动项目上的时间太多。

论点： 禁止有学业问题的学生参加运动项目，这样就可以让他们取得好成绩。

第二步，验证选项：

A 选项：该项讨论的是没有学业问题的学生，和题干无关，排除。

B 选项：该项讨论的是"不存在学业问题的学生"，题干讨论的是有学业问题的学生，论证主体不一致，排除。

C 选项：该项表明被节省出来的时间会有一部分被学生利用来学习，该项是题干所需的假设，正确。

D 选项：该项表明参加运动项目会影响学习成绩，建立了论据和论点的联系，但是题干是说运动项目占据了学习时间，间接导致了学习成绩不好，该项支持力度过强，不是题干所需的必要假设，排除。

E 选项：该项表明没有得到科学证明，但它们之间是否有关系未知，诉诸无知，排除。

故正确答案为 C 选项。

567【答案】C

【解析】

第一步，梳理题干：

论据： 为了能不断推陈出新创造新菜肴。

论点：应该在厨师的培训课程中增加尝试食材搭配的环节，让厨师有机会尝试新的食材组合。

第二步，验证选项：

A 选项：该项表明培训收取的学费可以覆盖厨师尝试新的食材搭配的成本，与题干论证话题无关，排除。

B 选项：题干的论证只需要假设尝试新的食材组合对厨师创造新菜肴有影响即可，不需要假设其是"最常用的方法"，故该项有过度假设的嫌疑，排除。

C 选项：该项表明具备创新能力是创造新菜肴的必要条件，说明增加食材搭配这一环节是很有必要的，故该项是题干论证成立所需的假设，正确。

D 选项：该项指出一些厨师没有搭配新的食材的习惯，并未建立增加食材搭配环节和创造新菜肴的联系，该项不是题干论证成立所需的假设，排除。

E 选项：尝试搭配新的食材的习惯会影响厨师的创新能力，但并未进一步说明尝试搭配新的食材的习惯对于创造新菜肴是必须具备的，故该项不是题干论证成立所需的假设，排除。

故正确答案为 C 选项。

568【答案】A

【解析】

第一步，梳理题干：

论据：人们没有足够的动力去回收垃圾。

论点：政府应该为回收垃圾提供一定的物质奖励，鼓励人们回收垃圾。

第二步，验证选项：

A 选项：该项表明这种方法可以提高人们回收垃圾的动力，指出方法有效，该项是李先生的看法所依赖的假设，正确。

B 选项：该项指出政府有义务这样做，与题干论证无关，排除。

C 选项：该项比较鼓励大家回收垃圾付出的物质奖励和主动回收垃圾带来的收益，并未进一步说明人们会不会因收益多而回收垃圾，故该项不足以成为李先生的看法所依赖的假设，排除。

D 选项：该项表明回收垃圾带来的好处，与题干论证话题无关，排除。

E 选项：该项讨论的是回收垃圾的范围，无关选项，排除。

故正确答案为 A 选项。

569【答案】A

【解析】

第一步，梳理题干：

论据：网络欺凌严重影响了被欺凌青少年的心理健康和社会适应能力。

论点：应当实施全面的网络素养教育和心理健康教育来帮助受网络欺凌影响的学生恢复自信和建立健康的社交关系。

第二步，验证选项：

A 选项：该项指出全面实施网络素养教育和心理健康教育，可以减少网络欺凌事件发生，从根源上解决问题，该项成立可以使得专家的建议成立，故该项是题干成立的假设，正确。

B 选项：该项比较家庭和学校实施上述两种教育的优势，并未给出应当这样做的理由，故该项不是题干成立的假设，排除。

C 选项：该项讨论的是"国家完善相关法律法规"和"网络欺凌"的话题，与题干话题不一致，排除。

D 选项：该项解释了网络欺凌的本质原因是欺凌者法律意识淡薄，被欺凌者缺乏网络素养和心理健康知识，与题干论证无关，排除。

E 选项：该项讨论的是家长参与网络素养教育的作用，与题干论证无关，排除。

故正确答案为 A 选项。

570 【答案】A

【解析】

第一步，梳理题干：

论据：蒲公英密度与 PM2.5 浓度负相关。

论点：监测蒲公英密度可评估空气质量。

第二步，验证选项：

A 选项：该项指出其密度不受其他因素显著影响。如果其他环境因素显著影响蒲公英密度，即使 PM2.5 浓度变化，蒲公英的密度也可能因这些因素而改变，导致监测结果无法准确反映空气质量。因此，该项为该论证的必要假设。

B 选项：该项指出市民能肉眼判断密度，论点关注监测方法的有效性，与市民是否直接观察无关，排除。

C 选项：该项指出 PM2.5 是唯一污染物，但只需 PM2.5 是主要影响因素，无需排除其他污染物，排除。

D 选项：该项指出绿化优先种蒲公英，与题干论证无关，排除。

E 选项：该项指出其生长周期与污染变化同步，但只需存在负相关，无需完全同步，排除。

故正确答案为 A 选项。

考向 3　概念跳跃的假设

答案速查表

题号	571	572	573	574	575	576	577	578	579	580
答案	A	C	E	C	B	A	B	D	B	C

571 【答案】A

【解析】

第一步，梳理题干：

论据：狗的睡眠主要经历两种阶段，即非快速眼动睡眠和快速眼动睡眠。非快速眼动睡眠阶段主要用来让大脑休息，快速眼动睡眠阶段，大脑产生高频电波且眼睛快速闪动。

论点：狗和人类一样，睡眠时会做梦。

第二步，验证选项：

A 选项：该项直接表明做梦是发生在快速眼动睡眠阶段的，直接建立联系，该项是题干所需的前提，正确。

B 选项：该项指出狗和人有许多共同的生物特征，题干并未说哪些人的生物特征和做梦相关，所以该项不能建立联系，排除。

C 选项：该项指明狗也会出现相同的脑电波模式，并未具体说明是高频电波，无法建立联系，排除。

D 选项：该项指出快速眼动睡眠阶段的作用，和题干的论证无关，排除。

E 选项：该项指出狗做梦都会发出哼哼的声音，以表达情绪，与题干论证无关，排除。

故正确答案为 A 选项。

572 【答案】C

【解析】

第一步，梳理题干：

论据：成绩只能反映学生们的学习能力，但无法反映学生们的创造力和批判性思维。

论点：学习成绩不能完全反映学生的智力水平。

第二步，验证选项：

复选项 I：该项表明记忆能力强弱和智力水平高低无关，说明学习能力无法反映出智力水平，对题干有削弱的力度，故该项不是题干依赖的假设，排除。

复选项 II：该项表明学习成绩可以反映出学习能力，并未提及学习能力和智力水平的关系，故该项不是题干依赖的假设，排除。

复选项 III：该项表明创造力和批判性思维和智力水平是相关的，故该项是题干依赖的假设，正确。

故正确答案为 C 选项。

573 【答案】E

【解析】

第一步，梳理题干：

论据：开发商拆除建筑时，祭祀抵抗侵略而牺牲的英雄的祠堂被保留了下来。

论点：开发商还是尊重抵抗侵略的历史的。

第二步，验证选项：

A 选项：该项指明开发商开发景区的唯一目的，和题干论证无关，排除。

B 选项：该项表明山村建筑情况让游客不满，无关选项，排除。

C 选项：该项讨论的是尊重历史和来山村旅游之间的联系，与题干论证话题不一致，排除。

D 选项：该项指出是因为村民的极力反对才使得祠堂得以留存，削弱题干论证。

E 选项：该项建立了尊重历史和保留祠堂之间的联系，故该项是题干论证成立的假设，正确。

故正确答案为 E 选项。

574 【答案】C

【解析】

第一步，梳理题干：

论据：防蓝光眼镜可以阻挡电子设备屏幕所发射出的蓝光。

论点：可以用防蓝光眼镜防止长时间使用电子设备造成的视力下降。

第二步，验证选项：

A 选项：该项表明是使用电子设备的时间长影响视力，故该项不是王医生的结论所依赖的假设，排除。

B 选项：该项讨论的是防蓝光眼镜的成本，与题干论证无关，排除。

C 选项：该项表明是电子屏幕的蓝光导致的视力下降，这是题干论证所需的因果联系，故该项是王医生的结论所依赖的假设，正确。

D 选项：该项表明防蓝光眼镜可以做成近视镜，与题干论证无关，排除。

E 选项：该项表明使用电子设备的环境和视力下降是有联系的，与题干论证话题不一致，排除。

故正确答案为 C 选项。

575 【答案】B

【解析】

第一步，梳理题干：

论据：人工智能创作的艺术作品都是通过既定的规则生成的。

论点：人工智能无法像人类那样创作艺术。

第二步，验证选项：

A 选项：题干并未讨论对于艺术的追求和狂热，无关选项，排除。

B 选项：该项成立，说明人工智能无法像人类这样创造作品，该项是题干成立的假设，正确。

C 选项：该项说明人工智能不可能具备灵感，这只能说明人工智能无法利用灵感来创作，但题干并未提及人类创作艺术作品靠的是灵感，虽然该项可以使得题干论证成立，但是该项不是必须前提，属于过度假设，排除。

D 选项：该项复述题干的论据，排除。

E 选项：该项指出人工智能无法突破所有领域，与题干论证话题不一致，排除。

故正确答案为 B 选项。

576 【答案】A

【解析】

第一步，梳理题干：

论据：蔬菜中含有大量的膳食纤维，可以帮助降低胆固醇。

论点：增加蔬菜和水果的摄入量可以帮助人们降低患心脏病的风险。

第二步，验证选项：

A 选项：该项直接表明患心脏病的风险和胆固醇含量呈正相关，故该项是专家论断成立的假设，正确。

B 选项：该项表明的是自由基含量和患心脏病的风险的关系，和题干论证话题不一致，故该项不是专家论断成立的假设，排除。

C 选项：该项表明蔬菜中的膳食纤维足以满足人体需求，与题干论证无关，排除。

D 选项：该项指明食用肉类无法降低人患心脏病的风险，并不能说明多吃蔬菜就可以降低人患心脏病的风险，故该项无法成为专家论证成立的假设，排除。

E 选项：题干论证不关心食用蔬菜和水果的副作用，故该项和题干论证无关，排除。

故正确答案为 A 选项。

577 【答案】B

【解析】

第一步，梳理题干：

论据：城市居民的平均寿命比乡村居民的平均寿命要长。

论点：城市生活比乡村生活更健康。

第二步，验证选项：

A 选项：该项指出有助于延长寿命的因素，并未提及和平均寿命相关的信息，故该项不是题干结论成立的假设，排除。

B 选项：该项明确指出平均寿命可以用来衡量健康水平，故该项是题干结论成立的假设。

C 选项：该项比较的是医疗保健知识相关话题，与题干论证无关，排除。

D 选项：该项指出城市居民有经济条件做医疗保健，并未提及和平均寿命相关的信息，故该项不是题干结论成立的假设，排除。

E 选项：某专家的观点，不能作为合适的论据，该项有诉诸权威的嫌疑，该项不是题干结论成立的假设。

故正确答案为 B 选项。

578 【答案】D

【解析】

第一步，梳理题干：

论据：大学期间至少参加过一门艺术课程的学生在参加工作后，他们的工作成果更可能被同行认可。

论点：大学应该鼓励所有的学生都至少选修一门艺术课程，以提高他们的创新能力。

第二步，验证选项：

A 选项：该项表明参加艺术课程有助于提高学习成绩，无关选项，排除。

B 选项：该项表明艺术课程可以带来灵感，有助于做好工作，但没有提及其和工作成果被同行认可的联系，故该项无法成为研究者论证成立的假设，排除。

C 选项：该项表明参加音乐课程有助于提高人的创新能力，没有建立起题干所需的因果联系，故该项无法成为研究者论证成立的假设，排除。

D 选项：该项表明工作成果被认可和创新能力之间的联系，该项可以成为研究者论证成立的假设，正确。

E 选项：该项指明参加艺术课程的人和没参加艺术课程的人的创新能力的差异，并没有进一步说明创新能力和工作成果被认可之间的联系，故该项无法成为研究者论证成立的假设，排除。

故正确答案为 D 选项。

579 【答案】B

【解析】

第一步，梳理题干：

论据：(1)《诗经》是中国古代诗歌的开端、现实主义的源头，是最早的诗歌总集，《楚辞》是第一部浪漫主义诗歌集，两部都有大量香草意象。

(2)《诗经》常以香草起兴寄托情思，《楚辞》开"香草美人"传统之先河，奠定了"香草"意象在文学史上的独特意义和深刻内涵。

论点：《楚辞》对《诗经》中的香草有不同的意象。

第二步，验证选项：

A 选项：无关选项，该项只是再次强调了《诗经》在中国古代诗歌中的地位，与专家的论断无关，排除。

B 选项：建立联系，该项指出古诗集的"现实主义"和"浪漫主义"这两种不同风格，对于同样事物（这里指香草）的比喻会有不同的意象。因为《诗经》是现实主义作品，《楚辞》是浪漫主义作品，所以基于这个前提，就可以合理推出《楚辞》对《诗经》中的香草会有不同的意象，正确。

C 选项：无关选项，该项只是分别说明了它们各自的比喻内容，并没有明确表明两者的香草意象是不同的，排除。

D选项：无关选项，该项仅仅阐述了《诗经》中香草的意象，没有涉及《楚辞》对香草的意象，也没有体现出两者之间的差异，排除。

E选项：无关选项，该项讨论的是《诗经》和《楚辞》的文学来源以及作者阶层，话题不一致，排除。

故正确答案为B选项。

580 【答案】C

【解析】

第一步，梳理题干：

论据：抽水蓄能电站作为一种新型能源存储产业模式，在优化能源结构、提升能源利用效率方面，具有高技术、高效能和高质量等显著特征。

论点：抽水蓄能电站将成为新型主流电站。

第二步，验证选项：

A项，无关选项，该项只是阐述了风光等电力存在的局限，并不能直接表明抽水蓄能电站一定会成为新型主流电站，排除。

B项，无关选项，该项讨论的是抽水蓄能电站建设过程中面临的困难，与它是否能成为新型主流电站并无直接关联，排除。

C项，该选项指出一个电站只有具备高技术、高效能和高质量等特征，才能够成为主流电站，建立了论据和论点之间的联系，正确。

D项，削弱选项，该项强调了当前主流电站具有抽水蓄能电站无法取代的优势，这实际上是在说明抽水蓄能电站存在劣势，不利于它成为新型主流电站，排除。

E项，干扰选项，该项讨论的是抽水蓄能电站建设期间给当地带来的好处，但这些好处与抽水蓄能电站能否成为新型主流电站没有直接的逻辑关系，不能因为它带来了其他方面的好处就得出它能成为主流电站的结论，不如C项，排除。

综上所述，C项正确。

专题八　分析题

题型19　分析论证结构

答案速查表

题号	581	582	583	584	585
答案	B	D	C	A	A

581 【答案】B

【解析】

分析题干信息可知，①支持②，③支持④，⑤支持⑥；而②和⑤都围绕"社会责任感、创造能力"进行阐述，对于⑥都有支持，但是两句话之间并没有相互支持的作用，排除A、D选项。

④和⑤两句话都有提到"品德"，但是两句话之间并没有相互支持的关系，排除C、E选项。

故正确答案为B选项。

582 【答案】D

【解析】

分析题干信息可知,因为②和③都是对"怎样绿化"的阐述,所以②支持①,③支持①。由指示词"因此"可知,①②③联合支持④,所以①支持④,④支持⑥,由"而"表转折关系可知,⑤单独支持⑥。

故正确答案为 D 选项。

583 【答案】C

【解析】

分析题干信息可知,显然①是作为总结性的结论的;③可以作为有力的论据支持观点②,⑤可以作为有力论据支持结论④。

故正确答案为 C 选项。

584 【答案】A

【解析】

分析题干信息可知,因为②和③分别是对技术创新与员工适应性培养的阐述,所以②支持①,③支持①。由指示词"因此"可知,①②③联合支持④,所以①支持④,④支持⑥由"而"表转折关系可知,⑤单独支持⑥。

故正确答案为 A 选项。

585 【答案】A

【解析】

①这里是在说战争是人们讨厌的,所以不会宣扬它,对其他四句话起不到支持作用,排除 B、E 选项。④这里是在说喜欢杀人的人不会被天下人认同,赞许,⑤是在说喜欢杀人的人得意于一时,却无法长久,两句话之间并没有相互支持的作用,排除 C 选项。②是对喜欢杀人的人的描述,⑤明确说了这些人是因为有人赏赐才杀人,可以用来证明②。

故正确答案为 A 选项。

题型 20　分析争论焦点

答案速查表

题号	586	587	588	589	590
答案	C	D	B	D	C

586 【答案】C

【解析】

小李:脱发是由营养不均衡导致的。

小程:脱发是身体代谢变差,头皮分泌的脂性物质过多堵塞了毛囊致使毛囊受损导致的。

仔细分析上述两人的对话可知,两人讨论的话题最终是导致脱发的真正原因。

故正确答案为 C 选项。

587 【答案】D

【解析】

张先生:续集是骗钱行为并且没有创新。

243

王先生：续集是观众倾向且彰显影片思想。

二人共同提到是否应该拍续集，D 选项正确；A、B、C 选项略显片面，不足以概括两人争论的话题；题干并未提及拍续集利弊大小关系，排除 E 选项。

故正确答案为 D 选项。

588 【答案】B

【解析】张先生认为以成败论英雄太过片面并且功利，而王先生认为该观点有足够的现实意义。

二人共同提到的是关于"以成败论英雄"这一观点，A、C、D、E 选项是该观点的部分论证，略显片面。

故正确答案为 B 选项。

589 【答案】D

【解析】

李先生：砍伐森林的危害程度比污染河流要严重。

王女士：不同意李先生的观点，河流污染造成的环境问题也无法恢复。

结合两人讨论的核心话题分析，两人是在争论砍伐森林和污染河流的危害程度的比较。需注意，两人并未比较砍伐森林和污染河流对环境、人类的影响，B、C 选项具有迷惑性。

故正确答案为 D 选项。

590 【答案】C

【解析】

王教授：电影是否成功应该以其艺术价值来衡量，而非票房。

赵研究员：他认为票房是衡量一部电影成功与否的重要指标。

两人争论的话题是关于成功电影衡量的标准，所以 C 选项概括得很准确；A、B 选项只能概括其中一人的观点，题干也并未体现唯一标准。

故正确答案为 C 选项。

题型 21　分析论证方法

答案速查表

题号	591	592	593	594	595
答案	B	A	D	C	D

591 【答案】B

【解析】

题干首先给出一个普遍性的结论"企业的成功完全取决于其领导者的能力和决策"，之后论述中的一个例子印证了这个结论是不可靠的，前述论证方式就是通过给出一个反例反驳了一个普遍性的结论。

故正确答案为 B 选项。

592 【答案】A

【解析】

题干首先给出一个普遍性的结论"晚睡会让人更有创造力"，并指出导致人们更有创造力的原因是"晚睡"。而后一项心理学研究证实了导致人们更具有创造力的原因是夜晚能获得更宁静、无打扰的环境，指出另有他因，来反驳上述结论原来的原因。

故正确答案为 A 选项。

593 【答案】D

【解析】

正方：吃辣椒有利于提高人的免疫力的依据是那些爱吃辣椒的人的免疫力比平常人都高。

反方：正方结论不成立的理由是，吃辣椒不是原因，而是结果，正是由于自身免疫力高，不担心吃辣椒带来的负面作用，才会爱吃辣椒，明确指出正方的解释存在因果倒置的逻辑错误。

故正确答案为 D 选项。

594 【答案】C

【解析】

小王由保护环境十分重要得出学校应该增加环保教育的课程的结论。

小李并未直接反驳结论不成立，而是运用过相同的论证方式得出，交通安全、健康饮食、个人理财也十分重要，也需要增加相应课程的结论，然而该结论是无法实现的，间接说明小王的观点是不可行的。

故正确答案为 C 选项。

595 【答案】D

【解析】

题干采用排除的方法得出结论，当存在多种可能的情况时，排除必然为假的，剩余的情况大概率是符合事实的。

故正确答案为 D 选项。

题型 22　分析逻辑谬误

答案速查表

题号	596	597	598	599	600
答案	C	D	E	C	C

596 【答案】C

【解析】

论据：90% 考会计硕士（MPAcc）的同学不了解逻辑，小张也不了解逻辑。

论点：小张考 MPAcc。

上述论证默认了不懂逻辑是只有考 MPAcc 的人才会具备的，但是事实并非如此，考其他专业的人也可能不懂逻辑，所以，有 90% 考 MPAcc 的同学不懂逻辑，无法保证在不懂逻辑的人中，考 MPAcc 的人也是占到了 90%。如下图所示。

故正确答案为 C 选项。

597 【答案】D

【解析】

论据：秋天有收获→未来一年内大家都不会面临饥荒威胁。

论点：考古发现，某城市某年秋天遇到蝗灾（秋天无收获）→城市灭亡的原因是接下来的那年遭遇了饥荒。

题干得出结论的方式是否定前提条件，而与之对应的必要条件也不会存在，这不符合推理的逻辑。

故正确答案为 D 选项。

598 【答案】E

【解析】

某公司：引入人工智能机器人会影响课程的质量。

员工：反驳的依据是人工智能具备工作时间长、成本低的特点。

该员工的反驳并没有直面问题，而是给出和论证话题无关的信息，属于无效反驳。

故正确答案为 E 选项。

599 【答案】C

【解析】

论据：政府在市中心区域投入大量资金，安装了成百上千的监控摄像头，这一时期的市中心的犯罪率显著下降。

论点：有人认为监控摄像头有助于降低犯罪率，可以预防犯罪。

题干论证只考虑了监控摄像头的影响，而忽略了其他可能导致犯罪率下降的因素。

故正确答案为 C 选项。

600 【答案】C

【解析】

反对方：现有设施检修不及时，若是建新篮球场，不及时维修的现象还会加剧，所以不应该新建。

支持方：其他小区休闲娱乐设施众多，为了提升居民生活质量，应该建新篮球场。

根据双方论证可知，支持方围绕的话题是"提升生活质量应不应该建新篮球场"，而反对方论证的话题是"设施的检修是否会改善"，支持方通过转移话题的方式来反驳反对方。

故正确答案为 C 选项。

题型 23　分析结构相似

考向 1　公式结构相似

答案速查表										
题号	601	602	603	604	605	606	607	608	609	610
答案	B	D	C	D	A	E	C	C	A	A

601 【答案】B

【解析】

第一步，梳理题干：

A 都 B，有的 A 非 C，因为，B 不一定 C。选项的推理结构和题干的推理结构一致即可。

第二步，验证选项：

A 选项：A 都 B，A 都 C，因为，B 可以 C，和题干的推理结构不一致，排除。

B 选项：A 都 B，有些 A 非 C，因为，B 不一定 C，和题干的推理结构一致，正确。

C 选项：A 都 B，A 都 C，因此，有些 C 是 B，与题干的推理结构不一致，排除。

D 选项：A 都 B，有的 A 可能 C，因为，B 不一定非 C，与题干的推理结构不一致，排除。

E 选项：A 都 B，B 都 C，因此，A 都 C，与题干的推理结构不一致，排除。

故正确答案为 B 选项。

602 【答案】D

【解析】

第一步，梳理题干：

保护自然资源（A）→产权清晰、权责明确（B），所有权边界模糊、产权不清、权责不明（¬B）→所有者权益得不到保护（¬C），所以，保护自然资源（A）→让所有者的相关权益落实保护（C）。

第二步，验证选项：

A 选项：A→B，B→C，所以，A→C，与题干推理不一致，排除。

B 选项：A→B，¬A→C∧D，所以，C→D，与题干推理不一致，排除。

C 选项：A→B，C→A，所以，B→D，与题干推理不一致，排除。

D 选项：A→B，¬B→¬C，所以，A→C，与题干推理一致，正确。

E 选项：A→B∧C，所以，A，与题干推理不一致，排除。

故正确答案为 D 选项。

603 【答案】C

【解析】

第一步，梳理题干：

甲：¬A→B。乙：C→¬A。

第二步，验证选项：

A 选项：乙为"且"的关系，而不是推理关系，与题干结构不相似，排除。

B 选项：甲为，不争取（¬A）→不会得到（¬B）；乙为，不想要（¬C）→不会得到（¬B），与题干结构不相似，排除。

C 选项：甲为，不难受（¬A）→吃好喝好（B）；乙为，休息好（C）→不难受（¬A），与题干逻辑关系一致，正确。

D 选项：甲为，克服不了（¬A）→想放弃（B）；乙为，不想浪费（¬C）→放弃（D），与题干结构不相似，排除。

E 选项：乙为"且"的关系，而不是推理关系，与题干结构不相似，排除。

故正确答案为 C 选项。

604 【答案】D

【解析】

第一步，梳理题干：

当初说：A→B，C→¬B。现在却是：C→B，A→¬B。

第二步，验证选项：

A、B、C、E 选项：未出现 B 和 ¬B 这种结构，排除。

D 选项：当初说，金玉（A）→其外（B），败絮（C）→其中（¬B）；现在却是，败絮（C）→其外（B），金玉（A）→其中（¬B）。该项与题干推理结构一致，正确。

故正确答案为 D 选项。

605 【答案】A

【解析】

第一步，梳理题干：

A 本质是 B，A 是 C→失去本质，因此，A 不应该 C。

第二步，验证选项：

A 选项：A 本质是 B，A 是 C→失去本质，因此，A 不应该 C，和题干论证结构一致。

B、D 选项：这两项结论的结构和题干结论的结构不一致，排除。

C 选项：A 本质是 B，A 是 C→不一定 B，因此，A 不应该 C，和题干论证结构不一致，排除。

E 选项：A 是 B，C→非 A，因此，写作不应该 C，和题干论证结构不一致，排除。

故正确答案为 A 选项。

606 【答案】E

【解析】

第一步，梳理题干：

A∨B→可能 C，因此，D 是 C∧¬B→一定 A。观察选项，首先比较选项和题干结论的结构以及肯否形式的一致性。

第二步，验证选项：

A 选项：该项结论的肯否形式和题干不一致，排除。

B 选项：该项论据的模态词为"一定"，而题干论据的模态词为"可能"，排除。

C、D 选项：该项论据的前件为"且"，而题干论据的前件为"或"，排除。

E 选项：A∨B→可能 C，因此，D 是 C∧¬B→一定 A，和题干论证结构一致。

故正确答案为 E 选项。

607 【答案】C

【解析】

第一步，梳理题干：

A 是 B，因为，B→C∨D。

第二步，验证选项：

A 选项：A 是 B，因为，C∨D→B，和题干论证结构不一致，排除。

B 选项：该项结论中的"缺一不可"表示的是且的形式，和题干论证结构不一致。

C 选项：A 是 B，因为，B→C∨D，和题干论证结构一致。

D 选项：该项结论中的"二者必居其一"表示的是要么的形式，与题干论证结构不一致。

E 选项：A 是 B，因为，C∧D→B，和题干论证结构不一致，排除。

故正确答案为 C 选项。

608 【答案】C

【解析】

第一步，梳理题干：

A→B，C→¬A，因此，C→¬B。要说明题干论证不成立，需找出论证结构一致，但得出的结论荒谬的选项。第二步，验证选项：

A、B、D 选项：这三项结论的是肯定形式，而题干结论为否定形式，排除。

C 选项：A→B，C→¬A，因此，C→¬B，论证结构和题干一致，但是"蜻蜓不会飞"这一结论显然是荒谬的，可以说明题干论证不成立。

E 选项：A→¬B，A→¬C，因此，B→¬C，和题干论证结构不一致，排除。

故正确答案为 C 选项。

609 【答案】A

【解析】

第一步，梳理题干：

A∧B→C，然而，D∧A∧B→可能 ¬C。

第二步，验证选项：

A 选项：A∧B→C，然而，D∧A∧B→可能 ¬C，与题干推理结构一致。

B 选项：A∧B→C，但是，D∧A∧B→可能 E，与题干推理结构不相似，排除。

C 选项：A∨B→C，但是，D∧A∧B→可能 ¬E，与题干推理结构不相似，排除。

D 选项：A∧B→C，然而，D∧A∧B→可能 ¬E，与题干推理结构不相似，排除。

E 选项：A∧B→C，然而，D∧A∧B→可能 E，与题干推理结构不相似，排除。

故正确答案为 A 选项。

610 【答案】A

【解析】

第一步，梳理题干：

A→B∧C，因此，¬B∨¬C→可能 ¬A。

第二步，验证选项：

A 选项：A→B∧C，因此，¬B∨¬C→¬A，与题干推理结构相似。

B 选项：A→B∧C，因此，¬B∧¬C→可能 ¬D，与题干推理结构不相似，排除。

C 选项：A→B∧C，因此，¬B∨¬C→可能 D，与题干推理结构不相似，排除。

D 选项：A→B∧C，因此，B∧¬C→¬D，与题干推理结构不相似，排除。

E 选项：A→B∧C，因此，D∧E→可能 F，与题干推理结构不相似，排除。

故正确答案为 A 选项。

考向 2　论证方法相似

答案速查表					
题号	611	612	613	614	615
答案	A	B	C	B	A

611 【答案】A

【解析】

第一步，梳理题干：

题干研究人员采用的论证方法是"求异法"。

第二步，验证选项：

A 选项，该项采用的是求异法，对比不同条件下的差异结果得出的结论，正确。

B 选项，该项采用的是归纳论证，观察一系列具体的实例，从中找出共性或者规律，然后推断出一种普遍的结论，排除。

C 选项，该项采用的是"假言推理"的论证方式，结论是基于"戴口罩可以防止新型冠状病毒肺炎的传播"是有效的这一假设，和题干论证方法不一致，排除。

D 选项，该项采用的归纳论证，而且是不当归纳，得出的结论是不正确的，排除。

E 选项，该项采用的是"假言推理"的论证方式，排除。

故正确答案为 A 选项。

612 【答案】B

【解析】

第一步，梳理题干：

题干运用实验对照的方法，得出午休时参加瑜伽课程可以提高工作效率的结论。

第二步，验证选项：

A 选项：该项同比对照两类学生的学习成绩，得出住校可以提高学习成绩的结论，但其中最关键的就是没有明确这两类学生除作息方式外，其他因素保持相同，故该项运用的不是实验对照的论证方法，排除。

B 选项：该项对照两类人的身体状况改善情况，得出吃这种保健品可以改善人的身体状况的结论，和题干论证方法相似。

C 选项：该项没有进行对照实验，故论证方法和题干不相似，排除。

D 选项：该项通过排除不可能的因素，最终得出导致成绩明显提高的必定是某种秘密武器，运用的是剩余法，与题干论证方法不相似，排除。

E 选项：该项没有设置对照实验，故该项的论证方法和题干不相似，排除。

故正确答案为 B 选项。

613 【答案】C

【解析】

第一步，梳理题干：

完全成功和彻底失败是互为反对关系的结论。

第二步，验证选项：

A 选项：该项的论证方法是"模棱两可"，与题干论证不相似。

B 选项：该项的结论的是"自相矛盾"的，与题干论证不相似。

C 选项：获得全部市场份额和失去全部市场份额，这两个结论互为反对关系，与题干论证相似。

D 选项：该项的结论互为下反对关系，与题干论证不相似。

E 选项：不可能拿到冠军与不必然拿不到冠军互为矛盾关系，与题干论证不相似。

故正确答案为 C 选项。

614 【答案】B

【解析】

第一步，梳理题干：

题干通过对照实验，得出新型抗生素可有效对抗细菌感染。

第二步，验证选项：

A 选项：该项对照实验的对象不是相同年龄的人，与题干论证方式不相似，排除。

B 选项：该项比较植物在不同环境中种植的生长速度差异，与题干论证方式相似。

C 选项：该项调查并没有设置实验组、对照组进行比对，与题干论证方式不相似，排除。

D 选项：该项存在实验组和对照组，但是没有明确实验组和对照组之间是否相同或者处于相同的水平，与题干论证方式不相似，排除。

E 选项：该项论证是通过对比不同对象的差异性来做出推断的，而题干论证是通过对相同对象进行不同的实验来做出推断的，该项与题干论证方式不相似，排除。

故正确答案为 B 选项。

615 【答案】A

【解析】

第一步，梳理题干：

题干论证中乙没有直接反驳甲的观点，而是通过指出一个可能存在的反例反驳甲的观点。

第二步，验证选项：

A 选项：该项中乙指出夜晚学习存在能集中注意力的优势，并没有直接反驳甲的观点，而是提出一个相反的可能情况，与题干反驳方式相似。

B 选项：该项中乙同意甲的观点，只是指出冬天的景色很差以及冬天特有的运动，并未进行反驳，排除。

C 选项：该项中乙认同甲的观点，同时他提出科技产品带来好处，与题干反驳方式不相似，排除。

D 选项：该项中甲并未给出任何观点，而乙也并未针对甲的提问做出回答，与题干反驳方式不相似，排除。

E 选项：该项中乙通过指出电动汽车的优点来反驳甲的观点，与题干反驳方式不相似，排除。

故正确答案为 A 选项。

考向 3　逻辑谬误相似

答案速查表

题号	616	617	618	619	620
答案	B	D	D	D	B

616 【答案】B

【解析】

第一步，梳理题干：

题干所犯的逻辑错误是集合体性质混淆，第一个"研究生"具体指小李这一个人，是非集合概念，第二个"研究生"指研究生这个群体，是集合概念。

第二步，验证选项：

A 选项：该项的推理结构和题干不一致，排除。

B 选项：花花喜欢吃苹果，并不能说明这个基地的熊猫喜欢吃苹果，花花这个熊猫仅仅是一个熊猫个体，它所具备的特质并不一定是该基地的熊猫所具备的，两个"熊猫"概念不一致，与题干漏洞相似，正确。

C 选项：该项的推理结构和题干一致，但是该项的逻辑错误是推不出，和题干漏洞不相似，排除。

D 选项：该项是一个正确的三段论，没有逻辑漏洞，排除。

E 选项：中国小伙→勤奋，王小明→中国小伙，所以王小明→勤奋，是正确的三段论，排除。

故正确答案为 B 选项。

617 【答案】D

【解析】

第一步，梳理题干：

题干论证存在的逻辑错误是诉诸权威，张教授是近代史专家，但他的观点未必都是正确的，所以他的观点不足以反驳李先生的观点。

第二步，验证选项：

A、C、E 选项：这三项犯的逻辑错误均是"诉诸人身"。

B 选项：该项犯的逻辑错误是人身攻击，认为律师都会为自己的利益考虑。

D 选项：该项犯的逻辑错误是诉诸权威，认为张老师不是医生和健康专家，所以不认同他的话。

故正确答案为 D 选项。

618 【答案】D

【解析】

要说明题干论证不成立，需要运用和题干相同的论证结构得出荒谬的结论。

A、E 选项的论证结构和题干一致，但其结论是正确的，无法说明题干论证不成立，排除。

B、C 选项的论证结构和题干不一致，排除。

D 选项的论证结构和题干一致，但是得出的结论是荒谬的，可以说明题干论证不成立。

故正确答案为 D 选项。

619 【答案】D

【解析】

第一步，梳理题干：

题干认为李博士建议的饮食方案和医生建议的方案不一致，所以不认同李博士的观点，存在诉诸权威的逻辑错误。

第二步，验证选项：

A 选项：该项认为王某建议学校减少学生的作业量是出于对自己孩子的考虑，存在诉诸情感的逻辑错误，与题干论证错误不一致，排除。

B 选项：该项指出员工反对午间健身计划的理由是他们觉得工作已经很累了，需要午休，但是这不能直接说明午间健身计划不合理，解决疲劳问题不只有午休这一种方式，该项存在诉诸情感的逻辑错误，与题干论证错误不一致，排除。

C 选项：该项中居民的不满有客观的理由，和题干不同，故排除该项。

D 选项：该项表明反对者仅仅因为运动员给出了不同的建议，就怀疑专家的建议，存在诉诸权威的逻辑错误，与题干论证错误一致。

E 选项：该项指出居民否定的原因仅仅是成本共摊，而忽略了小区居民还考虑到了其他的原因，该项存在忽略他因的逻辑错误，与题干论证错误不一致，排除。

故正确答案为 D 选项。

620 【答案】B

【解析】

正方观点：公共图书馆有价值，它能提供大量的书籍、资料和服务，对教育和发展至关重要。

反方观点：公共图书馆没有价值，已经过时了，大多数的信息和资料均可以在互联网上免费获得。

反方所犯的逻辑错误是忽略他因，没有充分考虑到公共图书馆的多元功能和价值，仅凭信息和资料可以在互联网上免费获取就否定公共图书馆的价值。

A 选项：该项通过类比的论证方式论证其观点，忽略了类比双方是否具有可比性，所犯的逻辑错误是类比不当，与题干论证逻辑错误不一致，排除。

B 选项：该项指出监控可以减少犯罪行为，但是这仅仅是其中一个因素，减少犯罪并不是只能通过这一个方式去解决，该项所犯的逻辑错误是忽略他因，与题干论证逻辑错误一致。

C 选项：该项通过个别案例推理整个专业的毕业生都是如此，所犯的逻辑错误是以偏概全，与题干论证逻辑错误不一致，排除。

D 选项：该项以全球最顶尖的公司为出发点，推断出该公司的员工必然也有超凡的创新思维，所犯的逻辑错误是分解谬误，与题干论证逻辑错误不一致，排除。

E 选项：该项指出没有证据证明鬼魂不存在，所以鬼魂是存在的，所犯的逻辑错误是诉诸无知，与题干论证逻辑错误不一致，排除。

故正确答案为 B 选项。

题型 24　分析关键问题

答案速查表

题号	621	622	623	624	625
答案	D	E	B	E	C

621 【答案】D

【解析】

第一步，梳理题干：

要评价专家的观点，那么对该问题做出肯定与否定的回答，分别能对专家的观点进行支持或反驳。

第二步，验证选项：

A 选项：相关，如果毕业生还有其他选择，就说明不需要改革。

B 选项：相关，因为相同的就业权对应届生就业选择起到了直接影响。

C 选项：相关，如果有相关措施，则不需要改革。

D 选项：不相关，题干不讨论 10 年前和现今人数对比的问题。

E 选项：相关，如果不能通过改革实现良性改变，那么专家的提议无意义。

故正确答案为 D 选项。

622 【答案】E

【解析】

第一步，梳理题干：

论据：在晚上学习的人往往学习效率比较高。

论点：晚上学习有助于提高学习效率。

第二步，验证选项：

要完整地论证一个因素会不会导致另一个因素的变化，需要通过做严格的对照实验来进行验证，指出不同时间点进行学习能导致学习效率存在显著差异，所以最关键的问题就是需要调查不同时间学习的人的学习效率会不会有所不同。

故正确答案为 E 选项。

623 【答案】B

【解析】

第一步，梳理题干：

论据：2022 年，全世界因为户外运动而死亡的人数就超过了 100 万，而平均每年死于狂犬病的人不足 2000 人。

论点：被猫犬抓伤、咬伤没必要打狂犬疫苗。

第二步，验证选项：

题干通过比较不同方式死亡的具体人数的多少得出了没必要打狂犬疫苗，夸大了狂犬病的危害性的结论，其中有不足之处。比较危害性我们应该关注相应死亡因素导致的人数具体占比情况，而不是绝对人数。占比大说明危害性大，占比小说明危害性相对不大。故我们应该关注参与户外运动的总人数和被猫犬抓伤、咬伤的总人数。

故正确答案为 B 选项。

624 【答案】E

【解析】

第一步，梳理题干：

论据：2022 年，年轻导演执导的电影上映比例为 35%，2012 年这一比例是 20%。

论点：上映电影中，年轻导演执导的电影占比显著增长。

第二步，验证选项：

题干论证讨论的是年轻导演执导的电影在上映电影中的占比情况，依据的是 2022 年、2012 年这两年的占比，若知道所有电影中年轻导演执导电影的占比，对题干论点是有一定评价作用的。如果在历年所有电影中年轻导演执导电影的占比很少，比如在 10% 左右，那么对题干论证有支持的作用；反之，占比很多的话，比如达到了 40%，对题干论证就有削弱的作用。

故正确答案为 E 选项。

625 【答案】C

第一步，梳理题干：

论据：（1）推行新的办公制度，即每天工作时间从原来的8小时缩短至6小时。

（2）员工将有更多的个人时间。

论点：缩短工作时间后，员工会因为时间更紧凑而更加专注，从而提高工作效率，而且还能提升员工的工作满意度。

第二步，验证选项：

A项：员工利用多出来的个人时间进行自我提升间接提升了工作效率，这与在现有工作任务量下缩短工作时间能否保证工作完成并无直接关联，排除。

B项：工作强度和工作质量问题并非题干论证核心。题干重点在于工作任务量不变时缩短工作时间对工作完成情况的影响，而非工作强度和质量，排除。

C项：该选项直接针对工作任务量不变和缩短工作时间这两个关键因素，提出员工能否在缩短时间内保持原工作进度。如果不能保持原进度，那么公司认为缩短时间能提高效率的论证就存在严重问题，这是对题干论证最为关键的考量，正确。

D项：公司运营成本与题干中关于工作效率、工作任务量和员工满意度的论证没有直接联系，不能解决题干论证的关键问题，排除。

E项：题干核心是工作任务量和工作时间变化对工作完成的影响，而非员工接受度，排除。

故正确答案为C选项。

专题九　解释题

题型25　解释现象题

答案速查表

题号	626	627	628	629	630	631	632	633	634	635
答案	D	D	A	A	D	B	C	D	B	B

626【答案】D

【解析】

第一步，梳理题干：

现象：土拨鼠不具备辨别有毒植物的能力。

结论：土拨鼠无法在草原生态系统中生存下来。

第二步，验证选项：

根据题干背景信息可知，土拨鼠不是食草动物，在草原生态系统中生存下来的物种必须是食草动物、食肉动物中的一种，如果土拨鼠不是食肉动物，那么它一定不能在草原生态系统中生存，所以D选项成立最好地解释了题干。

故正确答案为D选项。

627【答案】D

【解析】

第一步，梳理题干：

现象：品尝完全相同的食物时，若人处于精神疲劳的状态，就觉得食物味道一般；若人处于情绪不佳状态，就觉得食物味道较差。

第二步，验证选项：

A 选项：该项表明人的味觉体验受到食物味道、精神状态和情绪的影响，可以解释题干中的现象，排除。

B 选项：该项表明精神疲劳会放大食物中的涩味，使得味觉感觉到较差，说明精神疲劳状态会影响人的味觉，可以解释，排除。

C 选项：该项直接表明情绪会影响味觉体验，可以解释，排除。

D 选项：该项表明味觉体验取决于对食物的期待程度，并没解释味觉体验和精神状态、情绪的联系，故该项无法解释上述现象，正确。

E 选项：该项表明精神状态会影响一个人味觉体验，可以解释，排除。

故正确答案为 D 选项。

628 【答案】A

【解析】

第一步，梳理题干：

现象：绿化良好区域比缺乏绿化区域的居民心血管疾病的发病率显著低。

第二步，验证选项：

A 选项：该项指出绿化好让人们有更多的户外活动，积极地参与体育锻炼，保持一个健康身体，可以解释题干的现象，正确。

B 选项：该项仅仅指出绿化好的地区人口密度低、人均住房面积大，无法解释题干的现象，排除。

C 选项：该项表明的是生病后的情况，和题干所说的发病率无关，排除。

D 选项：该项表明绿化好的地区氧气含量多，这与心血管疾病的发病率并无关联，无法解释题干的现象，排除。

E 选项：该项讨论的是绿化好和房价的关系，无法解释题干的现象，排除。

故正确答案为 A 选项。

629 【答案】A

【解析】

第一步，梳理题干：

现象：青少年周末的睡眠时间明显长于上学期间，成年人工作日和周末的睡眠时间差异非常小。

第二步，验证选项：

A 选项：该项表明青少年和成年人的生物钟都有各自的模式，不同的睡眠模式导致了这两类人的周末睡眠时间的差异，可以解释上述现象，正确。

B、C、D、E 选项：这四项都只单方面地指出导致青少年或者成年人睡眠时间的差异，没有在差异的现象上给出共同的原因来解释，所以均无法解释上述现象，排除。

故正确答案为 A 选项。

630 【答案】D

【解析】

第一步，梳理题干：

现象：私人电动滑板车使用率显著增加，公共自行车的使用率却相应地有所下降。

第二步，验证选项：

A 选项：该项指出私人电动滑板车的优势，让人们有理由选择这种方式，但是并未指出使用私人电动滑板车和公共自行车使用存在的某种联系，无法解释题干现象，排除。

B 选项：基于环保因素，电动滑板车比小汽车更好，并未和公共自行车做比较，无法解释题干现象，排除。

C 选项：该项指出公共自行车出行的不足之处，并未进一步说明其和私人电动滑板车的联系，无法解释题干现象，排除。

D 选项：该项指出这两种出行方式的通勤场景都是相同的，但由于私人电动滑板车更便捷，灵活，所以选择私人电动滑板车出行的人多，必然会导致选择公共自行车出行的人减少，可以解释题干现象，正确。

E 选项：该项仅仅描述的是交通运输部门的推荐，但这不意味着居民会接受交通运输部门的推荐，故该项无法解释题干，排除。

故正确答案为 D 选项。

631【答案】B

【解析】

第一步，梳理题干：

现象：降水量高的区域植被的覆盖率往往也比降水量低的区域要高得多。

第二步，验证选项：

A 选项：该项说明沙漠地区植被少的原因，并未指出植被覆盖率和降水量的联系，无法解释题干现象，排除。

B 选项：该项表明高降水量可以为植物提供充足水分，有助于其生长和繁殖，可以解释题干现象，正确。

C 选项：该项表明生物多样性可以提高植被覆盖率，并未提及降水量，无法解释题干现象，排除。

D、E 选项：这两项表明土壤肥沃程度、土壤中的营养物质有助于植物生长和繁殖，并未提及降水量，无法解释题干现象，排除。

故正确答案为 B 选项。

632【答案】C

【解析】

第一步，梳理题干：

实验结果：空气污染的浓度会影响植物的光合作用效率。

第二步，验证选项：

A 选项：该项指出空气污染影响植物的生长，并未指出空气污染影响光合作用效率的原因，无法解释实验结果，排除。

B 选项：该项表明光合作用可以通过新陈代谢抵御空气污染，无法解释实验结果，排除。

C 选项：该项指出叶绿体影响光合作用，空气污染浓度越高，叶绿体破坏越严重，自然光合作用效率降低，可以解释实验结果，正确。

D 选项：该项表明即使污染浓度低，长期处于其中也会降低光合作用效率，无法解释实验结果，排除。

E 选项：该项指出植被覆盖率和空气质量的关系，无法解释实验结果，排除。

故正确答案为 C 选项。

633 【答案】D
【解析】
第一步，梳理题干：

现象：全球的平均气温升高，帝王蝶的种群数量出现了明显的下降。

第二步，验证选项：

A 选项：该项表明帝王蝶幼虫对温度敏感，温度过高，帝王蝶幼虫的存活率会下降，可以解释题干现象，排除。

B 选项：该项指出温度会影响帝王蝶赖以生存的花蜜，进而影响帝王蝶的生存，可以解释题干现象，排除。

C 选项：该项表明帝王蝶的食物随着温度身高而逐渐消失，这致使种群数量在减少，可以解释题干现象，排除。

D 选项：该项指出农药的使用导致帝王蝶的食物逐渐消失，并未提及温度和帝王蝶种群数量的关系，无法解释题干现象，正确。

E 选项：该项指出帝王蝶栖息地随着温度升高而逐渐缩小，栖息地范围减少，不少迁徙的帝王蝶在路途中死亡，可以解释题干现象，排除。

故正确答案为 D 选项。

634 【答案】B
第一步，梳理题干：

上述结果为，持续光照组的番茄幼苗在第 10 天就开始出现叶片枯萎的现象，而间歇光照组和对照组的番茄幼苗到第 15 天才开始出现类似症状。

第二步，验证选项：

A 选项：无关选项，虽然提到持续光照会消耗养分，但题干重点是真菌病害，养分消耗和病害之间的联系并不清楚，排除。

B 选项：可以解释，题干很好地解释了实验结果。持续光照组：因为没有黑暗环境，防御基因无法被激活，真菌会快速扩散，导致幼苗提前枯萎。间歇光照组和对照组：每天有黑暗时间，防御基因被激活，延缓了真菌的侵害，正确。

C 选项：削弱题干，间歇光照组的症状出现时间和对照组相近，而该项说间歇光照会降低抵抗能力，这与实验结果矛盾，排除。

D 选项：不能解释，对照组处于正常环境有利于生长，但这不能直接解释为什么持续光照组会提前发病，排除。

E 选项：削弱题干，如果持续光照能加速真菌死亡，那么持续光照组的症状应该更轻，这与实验结果相悖。

故正确答案为 B 选项。

635 【答案】B
第一步，梳理题干：

上述研究结果为：受微塑料污染影响的区域（A 区）青蟹的蜕壳频率比清洁区域（B 区）高 28%，但成体平均体型却小 15%。

第二步，验证选项：

A 项，不能解释，该项仅解释蜕壳频率增加，未涉及体型缩小的原因，排除。

B 项，可以解释，微塑料污染干扰青蟹的内分泌系统：

蜕壳加速：内分泌紊乱可能促进蜕壳激素分泌，缩短蜕壳周期；

体型减小：甲壳钙化过程受抑制，导致新壳无法充分硬化和扩展，限制体型增长。

这一机制直接关联了污染对生理过程的双重影响，正确。

C 项，削弱题干，该项指出若能量用于行为适应，应导致整体活动减少而非蜕壳频率升高，排除。

D 项，削弱题干，该项指出营养吸收效率降低应导致蜕壳频率下降（能量不足），与题干矛盾，排除。

E 项，无关选项，慢性感染需长期累积，无法解释系统性蜕壳频率差异。

故正确答案为 B 选项。

题型 26　解释矛盾题

考向 1　一般矛盾

答案速查表

题号	636	637	638	639	640	641	642	643	644	645
答案	C	D	E	C	C	B	A	A	A	E

636【答案】C

【解析】

第一步，梳理题干：

现象：图书馆到市中心的公共交通班次少，导致很多人错过图书馆的开放时间，公共交通公司增加图书馆与市中心之间的公共交通班次后仍旧有许多人错过图书馆的开放时间。

第二步，验证选项：

A 选项：图书馆的开放时间有调整并不能解释为何错过开放时间的人还是有，按理来说公共交通班次增加错过的概率会变得很小，该项无法解释清楚题干现象，排除。

B 选项：该项表明去图书馆的方式发生了变化，无法解释题干现象，排除。

C 选项：该项表明是公共交通班次增加导致了经常性堵车，促使一些乘公共交通的人错过了图书馆的开放时间，可以解释题干现象，正确。

D 选项：该项表明去图书馆的方式发生了变化，既然改成自驾或乘坐出租车，可以根据图书馆的开放时间出行，那么错过图书馆的开放时间的现象应该没有了，无法解释题干现象，排除。

E 选项：该项比较的是出行费用的高低，无法解释题干现象，排除。

故正确答案为 C 选项。

637【答案】D

【解析】

第一步，梳理题干：

现象：花大量时间学习数学和花少量时间学习数学的同学最终成绩差不多；但是认真学习数学的同学

都说，长时间的学习数学的确可以提高数学成绩。

第二步，验证选项：

A 选项：该项表明花长时间学习数学的同学本就基础差，因为长时间的学习数学把他们的数学成绩提高到和花少量时间学习数学的同学差不多一样的水平了，可以解释，排除。

B 选项：该项表明长时间的学习数学和成绩提高并不呈正相关，学习时间太长反而不利于提高成绩，可以解释，排除。

C 选项：该项指明那些学习数学时间短的人是因为本就基础好，所以不用花太多时间学习，可以解释，排除。

D 选项：该项表明比较学习成绩高低，数学成绩差不多的话，大家最终看的是英语学得好不好，与题干讨论现象无关，故该项无法解释，正确。

E 选项：该项表明花少量时间学习数学的同学，注重学习方法，这使得他们和花大量时间学习数学的同学成绩相差无几，可以解释，排除。

故正确答案为 D 选项。

638 【答案】E

【解析】

第一步，梳理题干：

现象：新的环保法规要求塑料制造商生产必须使用新的、更环保的原料，事实上仍有一些塑料制造商继续使用旧的、对环境造成更大影响的原料。

第二步，验证选项：

A 选项：该项表明法规从发布到实施需要时间过渡，但是并未明确表明过渡时间多长，所以该项解释力度较弱。

B 选项：该项表明制造商考虑投入成本大，不忍亏本而继续使用旧原料，但存在程度词"有些"，该项解释力度较弱。

C 选项：该项是对法规的作用和实施对象范围的阐述，并未给出合理解释，排除。

D 选项：该项表明环保问题是全球关注问题，有些国家没有出台相关法律法规，无关选项，排除。

E 选项：该项表明制造商存在"侥幸心理"，铤而走险，继续使用旧原料，该项可以解释矛盾现象。相比之下，E 选项的解释力度优于 A、B 选项。

故正确答案为 E 选项。

639 【答案】C

【解析】

第一步，梳理题干：

现象：北极熊生存环境变化导致北极熊捕食次数有所减少，但其平均体重并没有显著下降。

第二步，验证选项：

A 选项：该项表明存在一些北极熊调整捕食对象，选一些高脂肪含量的动物为食，但存在程度词"有些"，所以该项解释力度较弱。

B 选项：该项表明北极熊的食物链变得多样化，但并未解释为何北极熊的体重没有变化，无法解释题干矛盾现象，排除。

C 选项：该项指出由于活动范围减少，需要的能量也自然降低，摄入减少并不会使得体重下降，可以解释题干矛盾现象，正确。

D 选项：该项解释了为何北极熊的捕食次数减少，并未给出体重不变的事实依据，无法解释题干矛盾现象，排除。

E 选项：该项表明北极熊适应了新的生存环境，有新的生存策略，并未解释题干矛盾现象，排除。

故正确答案为 C 选项。

640 【答案】C

【解析】

第一步，梳理题干：

现象：市政府新建了大量公园和健身设施，但是居民参与体育锻炼的平均次数反而下降，肥胖率也在不断提高。

第二步，验证选项：

A 选项：该项讨论的是市民的娱乐方式，和题干无关，排除。

B 选项：该项指出有些居民没有便利的运动设施可用，可以解释题干矛盾现象，但是该项有弱化词"一些"，故该项力度较弱。

C 选项：该项指出是生活节奏快和生活压力大导致该市居民没时间锻炼并且暴饮暴食，这既可以解释为何居民体育锻炼的平均次数在下降，也能解释为何居民的肥胖率在增加，正确。

D 选项：该项强调的是市民对健身设施的看法，和题干关系不大；而且该项有弱化词"一些"，力度较弱，排除。

E 选项：该项指出部分市民不知道如何有效利用这些运动设施，可以解释题干矛盾现象，但是该项有弱化词"一些"，故该项力度不如 C 选项，排除。

故正确答案为 C 选项。

641 【答案】B

【解析】

第一步，梳理题干：

现象：公开曝光落马官员被抓捕时的画面可以震慑官员。但是，贪污腐败现象仍然屡禁不止。

第二步，验证选项：

A 选项：该项表明公开曝光抓捕现场是为了增强反腐信心，并未解释为何贪污腐败现象屡禁不止，无法解释题干矛盾现象，排除。

B 选项：该项表明公开曝光贪污腐败行为，这是反贪反腐的其中一个策略，单靠这一点是无法根除贪污腐败的，可以解释题干矛盾现象，正确。

C 选项：这里指出公开曝光行为还需要结合制度建设和文化教育才能形成好的反腐氛围，并未解释为何贪污腐败仍旧存在，无法解释题干矛盾现象，排除。

D 选项：该项从官员的角度解释了公开曝光的局限性，但并未全面解释贪污腐败现象屡禁不止的原因，无法解释题干矛盾现象，排除。

E 选项：该项指出这种"曝光行为"可能会让腐败人员产生侥幸心理，继续腐败，存在程度词"可能"，所以该项解释力度较弱，排除。

故正确答案为 B 选项。

642 【答案】A

【解析】

第一步，梳理题干：

现象：大学建立家长群的趋势在蔓延，这似乎违背了大学教育鼓励学生独立的初衷。

第二步，验证选项：

A 选项：该项指出建立家长群的目的是帮助家长更好地理解大学教育的目标和方法，避免家长过度干预孩子学习和生活，可以解释高校的决定，正确。

B 选项：该项表明建群的目的是让学生家长在竞争激烈的社会中寻找到心理安慰，和鼓励学生独立没有关系，无法解释高校的决定，排除。

C 选项：该项表明这样做的确是削弱了学生的独立性，无法解释高校的决定，反而加剧这样做的不合理性，排除。

D 选项：该项指出家长群的作用是了解学生学业和成绩，并不能让学生更加的独立自主，无法解释高校的决定，排除。

E 选项：该项表明家长群可以为学生提供必要的支持和指导，但这是违背独立的初衷的，无法解释高校的决定，排除。

故正确答案为 A 选项。

643 【答案】A

【解析】

第一步，梳理题干：

现象：美国及其盟国等加大对中国半导体设备、人工智能芯片的出口管制，限制我国相关技术的发展，但到 2027 年，我国成熟制程领域的产能占全球比重预计将高达 39%。

第二步，验证选项：

A 选项：该项表明我国政府资金和奖励政策的支持，使得我国产能扩张得到保障，可以解释题干的矛盾现象，正确。

B 选项：该项表明我国自力更生，实现了一些关键技术的突破，但这不足以解释为何产能大幅扩张并且占据全球的优势地位，无法解释题干的矛盾现象，排除。

C 选项：该项只表明在成熟制程领域，可利用现有技术实现产能扩张，并不能说明在整个半导体产能方面扩张的结果，故该项解释力度不如 A 选项，排除。

D 选项：该项只表明在成熟制程领域可以通过绕过出口管制实现关键设备和技术的供应，无法进一步说明整个半导体产能扩张的结果，无法解释题干的矛盾现象，排除。

E 选项：该项指出中国半导体市场最大，对世界半导体有着举足轻重的影响，无法解释题干的矛盾现象，正确。

故正确答案为 A 选项。

644 【答案】A

【解析】

第一步，梳理题干：

现象：犯罪嫌疑人汤姆在法庭第三次提审他时以"在医院接受治疗"为由缺席，但法庭并未采取强制措施。

第二步，验证选项：

A 选项：该项明确指出了法律保护每个公民的合法权利，也包括犯罪嫌疑人，法律有明确条文规定，可以解释题干的矛盾现象，正确。

B 选项：该项指出犯罪嫌疑人的犯罪过程，无法解释题干的矛盾现象，排除。

C 选项：该项指出犯罪嫌疑人缺席提审的缘由，并不能解释为何法庭不实施强制措施，无法解释题干的矛盾现象，排除。

D 选项：该项表明犯罪嫌疑人缺席行为背后的心理状态，无法解释题干的矛盾现象，排除。

E 选项：该项指出法律中有延后提审的规定，但是题干并未明确犯罪嫌疑人神志问题，无法确定是否适用此条文，无法解释题干的矛盾现象，排除。

故正确答案为 A 选项。

645 【答案】E

【解析】

第一步，梳理题干：

现象：新开了地铁线路不仅没有减轻道路交通拥堵，还使得某些区域的交通拥堵情况更加恶化。

第二步，验证选项：

A 选项：该项指出地铁沿线新开了商场，使得人流量增加，从而让该区域的交通变得拥堵，可以解释题干的矛盾现象。

B 选项：该项指出新地铁开通要在相应道路进行长时间的施工和调整，致使地铁沿线的区域交通暂时拥堵，可以解释题干的矛盾现象。

C 选项：该项指出公共汽车班线多数被取消，使得人们不得不骑行、打车出行，间接增加交通拥堵的情况，可以解释题干的矛盾现象。

D 选项：该项指出地铁设计存在缺陷，不仅没有减少私家车出行，反而增加了私家车出行，进而增加了交通拥堵的程度，可以解释题干的矛盾现象。

E 选项：该项指出公众出行需求很大，地铁管理方不得不增加车次，但并不能解释某些区域的交通拥堵情况更加严重的事实，无法解释题干的矛盾现象。

故正确答案为 E 选项。

考向 2　数量矛盾

答案速查表

题号	646	647	648	649	650
答案	A	E	B	A	A

646 【答案】A

【解析】

矛盾现象：某城市的平均收入仅仅下降了 3.2%，而 IT 行业的从业者收入下降了 18%，金融行业的从业者收入下降了 26.4%。

解释上述矛盾的数据需说明，IT 行业、金融行业下降的部分被其他行业上升的比例所抵消，这样才使得平均收入下降只有 3.2%。

A 选项：该项指出外卖等服务行业人员的收入上涨了，很有可能该行业上涨收入幅度抵消了 IT 行业、金融行业下降的幅度，使得最终平均值很小，该项可以解释该矛盾现象。

B 选项：该项表明行业收入的变化情况存在差异，但是为何平均收入下降得如此少，并未给出充足的理由，排除。

C 选项：该项表明 IT 行业的从业者收入下降和他们的生活质量之间的联系，与题干需要解释的矛盾无关，排除。

D 选项：该项表明物价指数和居民的幸福指数之间的联系，与题干需要解释的矛盾无关，排除。

E 选项：该项解释的是平均收入下降的原因，并未具体给出 IT 行业、金融行业下降占比和平均占比差异的原因，排除。

故正确答案为 A 选项。

647【答案】E
【解析】
第一步，梳理题干：

现象 1：根据某市 2025 年人口普查数据，25~30 岁年龄段男女比例为 100:102（女性略多）。

现象 2：该市近三年公务员考试报名数据显示，女性占比从 2023 年的 65% 持续攀升至 2025 年的 70%，男性仅占 30%。

第二步，验证选项：

A 选项：可以解释，该项指出专业分布差异导致女性更易符合报考条件。

B 选项：可以解释，该项指出男性职业偏好分流了报考人群。

C 选项：可以解释，该项指出女性因就业歧视产生职业选择偏向。

D 选项：可以解释，该项指出外部激励（如优惠政策）直接吸引女性报名。

E 选项：不能解释，该项指出"男性岗位要求更高体能"，但题干未提及岗位存在性别限制，且不同的标准是根据男女的身体特点设置的，就身高而言，一般而言，本身男性就比女性高；就体测而言，本身男性体能一般会比女性好，因此并不能解释题干差异。

故正确答案为 E 选项。

648【答案】B
【解析】
第一步，梳理题干：

现象 1：全年居民消费价格总水平（CPI）同比上涨 2.4%，较 2009 年回落 0.6 个百分点，为近三年最低涨幅。

现象 2：省消费者协会同期开展的万户居民调查显示，68% 的受访者认为"物价涨幅过高难以承受"，且市场监测数据显示，2010 年 11 月禽蛋类商品价格同比飙升 12.3%，鲜菜价格指数环比上涨 21.5%（其中反季节菠菜价格涨幅达 37%）。此外，猪肉、食用油等生活必需品价格年内多次突破预警线。

第二步，验证选项：

A 选项：无法解释，政府控制了水电气等 25% 的商品价格，但食品价格没有被控制，无法解释为什么"物价涨幅过高难以承受"，排除。

B 选项：可以解释，食品在生活中花钱最多，比如，普通家庭每月开销里，40%都花在买菜买肉上。但统计时食品"不重要"：官方计算 CPI 时，把食品的"权重"只算 8%（可能因为其他商品如家电、手机价格下跌，拉低了整体数据）。

结果：虽然食品实际涨了 8.7%，但因为在 CPI 中占比小，对整体数据影响不大；而老百姓天天买高价菜肉，自然觉得物价涨得离谱。

C 选项：不能解释，新能源汽车等新商品纳入统计，但这类商品可能降价，与食品涨价没有关系，排除。

D 选项：加剧矛盾，工厂成本下降可能让商品降价，但现实是食品反而涨了，排除。

E 选项：不能解释，促销活动仅影响 11 月单月数据，无法解释全年整体现象，排除。

故正确答案为 B 选项。

649 【答案】A

【解析】

第一步，梳理题干：

现象 1：全市新建商品住宅平均成交价格同比上涨 5.2%，涨幅较 2024 年回落 3.1 个百分点。

现象 2：消费者协会同期发布的《住房消费信心指数》显示，65.3% 的受访者认为"当前房价远超家庭支付能力"，78% 的未婚青年表示"因房价过高推迟结婚计划"。

第二步，验证选项：

A 选项：可以解释，统计部门将远郊低价楼盘纳入核算，导致全市均价虚低。例如，核心区刚需房实际涨幅 37%，但远郊楼盘因位置偏远价格仅涨 1%；刚需群体集中在核心区，需承担 37% 的涨幅，而统计数据被远郊低价房稀释。直接解释了矛盾：民众感知的是核心区真实高价，而官方数据反映的是全市平均水平，正确。

B 选项：加剧矛盾，该项指出，共有产权房分流需求应缓解购房压力，与题干矛盾，排除。

C 选项：无关选项，二手房价格下跌与新房均价上涨无关，且改善型置换不影响刚需群体，排除。

D 选项：不能解释，利率和首付比例上调属于外部因素，但题干已提及收入增速高于房价涨幅，排除。

E 选项：无关选项，心理阈值停留在过去属于主观因素，无法解释统计数据与客观房价的差异，排除。

故正确答案为 A 选项。

650 【答案】A

【解析】

第一步，梳理题干：

根据转折词"然而"，将题干中的矛盾现象梳理如下：

现象 1：在全球耳机市场上，按照音乐爱好者购买比例计算，美国品牌"音悦"、英国品牌"声韵"和瑞典品牌"律动"三种耳机位列前三。

现象 2：最近连续 3 个季度的耳机销量排行榜中，国产的"悦听"耳机却一直稳居榜首。

第二步，验证选项：

A 选项：指出音乐爱好者购买比例侧重人群偏好，反映的是消费者对不同品牌耳机的喜好程度；而实际市场销量统计的是实际成交数量，两者统计口径不同。这就解释了为什么"音悦"等品牌在音乐爱好者购买比例中占比高，但"悦听"耳机在实际销量上却能稳居榜首，可能是因为"悦听"耳机的购买人群不仅仅是音乐爱好者，或者其在其他消费群体中的销量很高，很好地解释了矛盾，正确。

B 选项：排行榜发布的目的与题干中两种不同排名的矛盾现象无关，无法解释为什么"悦听"耳机在销量上能超过其他品牌，排除。

C 选项："悦听"耳机在音乐爱好者购买比例排名中的变化不能说明它在实际销量排行榜中稳居榜首的原因，无法解释矛盾，排除。

D 选项：虽然提到音乐爱好者的偏好和实际购买行为有差异，但没有具体说明这种差异如何导致"悦听"耳机在销量上领先，解释力度不足，排除。

E 选项：耳机购买者与使用者不同以及礼品市场的需求，与"悦听"耳机在销量排行榜上稳居榜首的原因没有直接关联，无法解释矛盾，排除。

故正确答案为 A 选项。

专题十　推论题

题型 27　概括结论题

答案速查表

题号	651	652	653	654	655
答案	D	E	D	B	B

651【答案】D
【解析】
第一步，梳理题干：
题干信息表明是无法入睡、睡眠质量不佳才会通过玩手机来消遣时间，睡前玩手机会导致视力损害。
第二步，验证选项：
A 选项：该项讨论的是玩手机对人的视力的损害，和题干的论点无关，排除。
B 选项：题干表明"许多人"，选项扩大范围，排除。
C 选项：题干表明褪黑素分泌不足会导致入睡困难，至于其他人体激素分泌会不会对睡眠质量造成影响，无从得知，排除。
D 选项：该项准确地描述了题干的论点，故该项正确。
E 选项：无法由题干信息得知，排除。
故正确答案为 D 选项。

652【答案】E
【解析】
第一步，梳理题干：
根据题干信息可以知晓，过度提高税率会导致人民消费能力下降，从而影响经济增长。
第二步，验证选项：
A 选项：题干并未指明调整税率的时间信息，该项无法得出，排除。
B 选项：适当提高税率有利于增加财政收入，而过度提高税率就会影响经济增长，结论错误，排除。
C 选项：题干表明提高税率可以增加财政收入，并没有具体说明达到怎样的程度就是合适的，该项过度推理，排除。

D 选项：题干说明，过度提高税率可能导致不好的结果，并未确切指明提高税收的决策依据就是经济增长和人民的负担，该项属于过度推理，排除。

E 选项：该项可以推出，题干明确指出并非所有增加税收的政策都对政府有利，正确。

故正确答案为 E 选项。

653 【答案】D

【解析】

第一步，梳理题干：

由题干信息知晓，A 市发展旅游业必须修建高速公路的原因是这是吸引游客的关键措施，考虑多数来 A 市的游客的出行方式是自驾游。

第二步，验证选项：

A、B 选项：仅凭 A 市这一个例子无法说明自驾游的旅游方式是流行的，以及吸引外来游客发展旅游业的关键措施，这两项无法得出，排除。

C 选项：该项可以由题干信息得出，但由于题干讨论的核心问题是发展旅游业的必备条件的相关问题，该项无法准确概括主题，排除。

D 选项：题干明确指出 A 市发展旅游必须修建高速公路，说明修建高速公路是 A 市旅游业发展的必要途径，没有它就发展不了旅游业，该项可以得出。

E 选项：修建高速公路只是发展旅游业的必要条件，而非充分条件，所以该项无法推出，排除。

故正确答案为 D 选项。

654 【答案】B

【解析】

第一步，梳理题干：

首先，注意到问题要求概括。其次，注意论点为"云计算技术近年来在各个领域应用逐渐深化，在化工水污染环境治理方面展现出独特价值"，故考虑寻找能概括该论点的选项。

第二步，验证选项：

A 选项：无关选项，题干中并没有提到云计算技术使化工企业污水排放量大幅降低，主要强调的是在治理过程中的数据处理等方面的作用，并非直接降低污水排放量，排除。

B 选项：可以概括，从前面分析的云计算技术的各种作用来看，它确实为化工水污染治理提供了全面（包括数据处理、共享、分析、存储、预测等多个环节）且高效（如快速获取信息、实时共享等）的支持，正确。

C 选项：干扰选项，虽然云计算技术在化工水污染治理中有独特价值和多种作用，但说它能彻底解决化工水污染问题过于绝对，排除。

D 选项：干扰选项，云计算技术不仅仅用于存储化工水污染监测数据，还有数据处理、共享、分析、预测等多种功能，D 选项只强调了存储这一个方面，排除。

E 选项：无关选项，题干中没有提及云计算技术让化工水污染治理成本显著下降，主要围绕其在数据处理等方面的作用展开，排除。

故正确答案为 B 选项。

655 【答案】B

【解析】

A 选项：干扰选项，题干中不仅表明汛期加剧了酸类物质排放的影响范围，还因降水裹挟酸性物质、地表径流带入污染物等情况，加剧了对水域生态破坏的程度，并非仅仅是影响范围的问题，排除。

B 选项：可以概括，酸类物质排放先造成水污染、破坏生态链，汛期的特殊条件又与酸类物质排放相互作用，使得污染物扩散、更多酸性物质进入水系，共同对水域生态造成了严重破坏，正确。

C 选项：干扰选项，题干中酸类物质主要来自矿企生产废弃物的排放，而不是汛期降水导致酸类物质增多。汛期只是让已存在的酸类物质等污染物扩散和更多地进入水系，排除。

D 选项：干扰选项，"汛期则直接摧毁生态系统"这种说法过于绝对。虽然汛期对水域生态破坏严重，但题干中没有表明它能直接摧毁生态系统，只是说加剧了水污染和对生态的破坏，排除。

E 选项：干扰选项，酸类物质排放和汛期因素不是各自独立地产生影响，而是存在相互作用，汛期的特殊条件会加重酸类物质排放对水域生态的破坏，排除。

故正确答案为 B 选项。

题型 28　推出结论题

考向 1　细节匹配

答案速查表

题号	656	657	658	659	660	661	662	663	664	665
答案	C	C	D	C	E	D	A	E	C	D
题号	666	667	668	669	670	671	672	673	674	675
答案	B	C	E	E	B	C	C	C	B	A

656 【答案】C

【解析】

第一步，梳理题干：

题干中提到 GPT-4 作为闭源模型在服务能力和安全性上较开源模型有优势，这暗示了不同人工智能模型不仅在服务能力方面可能存在差异，而且在安全性方面也可能存在差异。

第二步，验证选项：

A 选项：题干仅提到开源大模型与闭源大模型的差距"正在缩小"，但未提及"未来能否全面超越"。差距缩小可能趋于接近，也可能停滞在某个区间，无法推出"全面超越"的必然结论，排除。

B 选项：题干指出 GPT-4 是"以安全性较高、服务能力更强为代表的闭源模型"，但未明确其是"整个领域最强的闭源大模型"。"代表"不等同于"最强"，可能存在其他闭源模型未被提及，排除。

C 选项：题干对比了闭源模型（如 GPT-4）与开源模型在安全性（闭源更高）和服务能力（闭源更强）上的差异，说明不同模型在这两方面"可能存在差异"，正确。

D 选项：原文提到"50 多家公司合作研发开源模型使差距缩小"，但"通力合作"仅是缩小差距的一个因素，无法推出"必然打造最强模型"。选项中的"只要…就…"表述过于绝对，忽略了其他可能影响模型能力的因素（如技术瓶颈、资源投入等），排除。

E 选项：原文首句提到"人工智能从理论走向应用的脚步加快"，但"脚步加快"不等于"已经全面走向应用"；"日益增长的影响力"也不等于"在各个领域都不可或缺"，排除。

故正确答案为 C 选项。

657 【答案】C

【解析】

第一步，梳理题干：

根据题干可知，A 电池结合了各项先进技术，其具备的特点是电池能量密度和磷酸铁锂电池相当，具备很好的抗寒性，成为高纬度、高寒地区储能电池的首选，这说明具备抗寒性是高纬度、高寒地区储蓄电池的必要条件。

第二步，验证选项：

A 选项：原题干仅提到 A 电池"成为高纬度、高寒地区储能电池和低速电动车电池的首选"，但未否定下线前其他电池也能满足需求（如可能有其他电池虽非"首选"但仍可使用）。"没有电池能够满足"属于过度推理，排除。

B 选项：题干明确 A 电池"能量密度和磷酸铁锂电池相当，处于国内领先水平"，但"相当"不代表"全方位领先"；抗寒性方面仅强调"很好"，未提及"全方位领先"，过度推理，排除。

C 选项：题干为"A 电池具备抗寒性→成为高纬度、高寒地区储能电池的首选"，其逆否命题为"不具备抗寒性→不是首选"。选项 C 符合逻辑推理规则，可以推出，正确。

D 选项：题干仅提到 A 电池"具备很好的抗寒性"，但未说明抗寒性可"完美解决温度损耗"，排除。

E 选项：题干提到 A 电池采用"先进技术"，但"先进"不等同于"过去不成熟"（可能技术已成熟但未广泛应用），排除。

故正确答案为 C 选项。

658 【答案】D

【解析】

第一步，梳理题干：

根据题干信息分析，快递行业标准与法规的实施会对一些快递企业造成影响，原本的企业拿服务换取业务量的方式将会被改变，从而增加了这些快递企业的运营成本。

第二步，验证选项：

D 选项可以由前述信息得出。

题干并未比较我国快递行业和其他国家的快递行业，排除 B 选项。

也未提及送货上门、顾客体验等相关信息，排除 A、C 选项。

题干并未说明快递服务智能化已经席卷整个快递行业，这只是一种发展趋势，排除 E 选项。

故正确答案为 D 选项。

659 【答案】C

【解析】

第一步，梳理题干：

由互联网的特点"信息的快速传播和广泛共享"得出互联网是重要工具，也是"信息时代"的标志。互联网的普及对生活产生了深远的影响。

第二步，验证选项：

A 选项：题干仅给出"快速传播"是互联网的特点，并没有明确其和广泛应用的关系，该项无法由题干信息推出，排除。

B 选项：题干只能推出"互联网"是"信息时代"的标志，并不能推出所有具备"快速传播和广泛共享"特征的工具都是信息时代的标志，该项过度推理，排除。

C 选项：可以推出，互联网就是符合这样条件的工具，正确。

D 选项：无法由题干信息推出，题干并未明确快速地传播的工具和对生活产生重要影响有必然联系，该项过度推理，排除。

E 选项：广泛共享的工具和"信息时代"的标志之间没有必然的逻辑推理关系，排除。

故正确答案为 C 选项。

660 【答案】E

【解析】

第一步，梳理题干：

根据题干信息可进一步推知：选择继续升学的高中毕业生中选择理工科专业的学生占所有高中毕业生的 60%，选择文科或其他专业的学生占所有高中毕业生的 20%，具体信息如下表。

继续升学读理工科专业	继续升学读文科或其他专业	就业或创业
60%	20%	20%

第二步，验证选项：

A 选项：就业或创业的人占 20%，故该项结论错误，排除。

B 选项：继续升学选择文科或其他专业的人占 20%，但是并未具体明确文科人数的占比，故该项无法得出，排除。

C 选项：根据上表可知，并未具体明确理科、工科、文科以及其他学科人数的占比，故该项无法得出，排除。

D 选项：选择理工科专业的人占 60%，故该项结论错误，排除。

E 选项：根据上表可知，选择文科或其他专业人占 20%，等于就业或创业人数占比，故该项正确。

故正确答案为 E 选项。

661 【答案】D

【解析】

第一步，梳理题干：

根据题干可知，气候条件恶劣程度和飞机失事概率成正相关，飞机失事的概率越高，配备黑匣子的意义越大。

第二步，验证选项：

A 选项：题干只能知道恶劣气候条件是飞机失事的相关因素，该项无法得出，排除。

B 选项：题干并未明确飞机失事的主要原因，该项无法得出，排除。

C 选项：题干并未比较在什么气候条件下实施黑匣子规定的效果显著，该项无法得出，排除。

D 选项：气候条件越恶劣，飞机失事的概率越高，那么配备黑匣子的意义越大，该项可以得出。

E 选项：题干只是明确了配备黑匣子的意义和飞机失事存在相关性，并不具备必然的推理关系，所以该项无法得出，排除。

故正确答案为 D 选项。

662 【答案】A

【解析】

第一步，梳理题干：

由题干信息可知，"技术进步"需要有人来研究技术，这就创造了更多的新的就业机会。

第二步，验证选项：

A 选项：该项可以由题干信息推出，正确。

B 选项：题干并未提及创造新的就业机会的唯一途径，故该项无法得出，排除。

C 选项：就业机会和技术进步没有必然的推理逻辑，题干只是表明两者具有相关性，故该项无法得出，排除。

D 选项：该项观点无法由题干信息推出，并非所有岗位都是如此，故该项无法得出，排除。

E 选项：题干只讨论"技术进步"可以提供新的就业机会，至于其他创造就业机会的途径题干并未涉及，故该项无法得出，排除。

故正确答案为 A 选项。

663 【答案】E

【解析】

第一步，梳理题干：

根据题干信息可推知，自动化技术的普及代替许多传统人力岗位，但并未完全取代；而失业的人难以适应新技术的要求，导致失业人数在增加；失业人员缺乏新的技能，所以无法满足市场劳动力需求。

第二步，验证选项：

A 选项：传统岗位消失的"主要原因"无法由题干信息得出，排除。

B 选项：题干只表明存在这种失业的现象，并不是所有的科技进步都会导致失业人数增加，故该项无法得出，排除。

C 选项：题干并未涉及社会不稳定相关话题，故该项无法得出，排除。

D 选项：题干只是表明自动化技术的普及代替许多传统人力岗位，并不是完全取代某个岗位的所有人，故该项无法得出，排除。

E 选项：该项正确，题干信息足以说明自动化技术普及导致了大量人失业，反而增加了失业人数。

故正确答案为 E 选项。

664 【答案】C

【解析】

第一步，梳理题干：

（1）公司所有数据泄露事件都是员工疏忽导致的；

（2）这种疏忽包括将敏感信息发送给错误的收件人，或者将重要文件带离办公室而未妥善保管；

（3）员工的疏忽是无法避免的。

第二步，验证选项：

A 选项：根据（1）可知，现有的数据泄露事件都是员工疏忽导致的，并不能得出以后的数据泄露事件不会由系统漏洞引起，故该项无法得出，排除。

B 选项：题干并未比较员工疏忽和系统安全之间的复杂程度，故该项无法得出，排除。

C 选项：该项可以由（1）（3）推知，员工疏忽是导致数据泄露的原因之一，这种原因不能消除，所以数据泄露的问题必然还会发生，正确。

D 选项：题干并未指出为防止数据泄露采取的某些安全措施是可行或不可行的，故该项无法得出，排除。

E 选项：题干并未明确防止数据泄露应该采取的行动，故该项无法得出，排除。

故正确答案为 C 选项。

665 【答案】D

【解析】

第一步，梳理题干：

题干实验是要说明早上喝水有利于减肥，有利于保持体重稳定。

第二步，验证选项：

A 选项：该项表明喝水是导致减肥效果更好和保持体重稳定的一个原因，但题干只是表明两者是相关的，并非具有因果关系，故该项得不出，排除。

B 选项：题干并未具体说明喝水组与对照组在饮食方面有所不同，故该项得不出，排除。

C 选项：题干只是表明不喝水的人出现体重反弹的概率更大，并没有表明二者之间有因果关系，故该项无法得出，排除。

D 选项：该项可以由题干对照实验结果得出，正确。

E 选项：题干只通过对照实验得出，喝水是有利于保持体重稳定的方式，并未比较喝水和其他方式的优劣，故该项得不出，排除。

故正确答案为 D 选项。

666 【答案】B

【解析】

第一步，梳理题干：

黄金的价值主要由黄金的纯度和颜色决定，稀有度和流通性以及是否具有历史或文化价值也是影响黄金价格的因素。

第二步，验证选项：

A、C 选项：黄金制品的价格不仅取决于金质的价值，还有其颜色和纯度，故这两项结论均不正确，排除。

B 选项：根据题干可以推出该项，正确。

D 选项：题干明确了"颜色越鲜艳、越接近纯黄色，价值就越高"，结论错误，排除。

E 选项：题干表明黄金是被广泛用于珠宝制作，并未表明是人们喜欢的珠宝材质，该项无法由题干信息得出，排除。

故正确答案为 B 选项。

667 【答案】C

【解析】

第一步，梳理题干：

（1）中国采取精准扶贫计划、加强农村基础设施建设、推动农业现代化等方法让7亿多人脱贫；

（2）卢旺达通过提供教育和医疗服务、促进农业发展、改善基础设施等，减少了38%的贫困人口。

第二步，验证选项：

A选项：题干只给出了卢旺达这一个国家的贫困人口变化比例，无法做出比较，故该项结论无法推出，排除。

B选项：题干只能明确卢旺达提供了教育和医疗服务，但具体谁最有效，并未给出具体数据，故该项结论无法推出，排除。

C选项：该项结论可以由（1）得出，正确。

D选项：理由同A项类似，题干只给出中国贫困人口减少的具体数值，并未给出其他国家的数据做比较，故该项结论无法推出，排除。

E选项：题干给出了中国贫困人口减少数量的绝对数值以及卢旺达降低的贫困人口比例，无法知道具体减少的人口数量，无法做大小比较，故该项结论无法推出，排除。

故正确答案为C选项。

668 【答案】E

【解析】

验证选项：

A选项：根据丁同学的成绩可判定该项不一定正确，排除。

B选项：观察题干信息可知，至多有一人有两门成绩为中，该项必然错误，排除。

C选项：根据甲同学的成绩可判定该项不一定正确，排除。

D选项：根据丁同学的成绩可判定该项不一定正确，排除。

E选项：观察题干可知，该项逻辑推理符合题干已知信息，正确。

故正确答案为E选项。

669 【答案】E

【解析】

由题干信息可知：2022年，全球碳排放量比前一年下降了3.5%，发达国家下降了4.2%，发展中国家下降了2.1%。

根据上述这些信息，我们只能得出和数值比例相关的结论信息，所以排除A、B、C选项。进一步分析，选项比较的是发达国家和发展中国家的碳排放总量。设2021年发展中国家碳排放总量为m，若发达国家碳排放总量是其2倍，那就是2m。

2022年的数值分别可以算出，最终2022年全球碳排放总量是2.895 m，相比去年降低了3.5%，和题干数据一致。列表如下。

	全球碳排放总量	发展中国家碳排放总量	发达国家碳排放总量
2021年	3 m	m	2 m
2022年	2.895 m	0.979 m	1.916 m

故正确答案为 E 选项。

【此题，逆向利用选项信息验证分析更为简单】

670 【答案】B

【解析】

第一步，梳理题干：

题干论述的信息是关于解决问题的关键，其中信任是解决诸多问题的基础，举例指出在财务领域中出现的信任问题的表现，题干都是在围绕"信任是解决诸多问题的基础"来论述的。

第二步，验证选项：

B 选项概括的主旨最为准确；C、D、E 选项均是描述既定的事实，而题干并未给出这些信息；A 选项将对象范围扩大，题干表明的是对于多数问题而言。

故正确答案为 B 选项。

671 【答案】C

【解析】

验证选项：

A 选项：干扰选项，题干仅提到固态电池成本高导致普及慢，但未提及"淘汰"。新型液态电池虽缩小差距，但固态电池的高能量密度和安全性仍有优势，无法推出"淘汰"结论，过度推理，排除。

B 选项：无法推出，题干仅指出液态电池与固态电池的"性能差距正在迅速缩小"，未提"全面超越"。新型液态电解质仅提升能量密度，未涉及安全性等其他指标，排除。

C 选项：可以推出，因为题干明确比较了两类电池在能量密度和安全性上的差异，且新型液态电解质的改进进一步体现了技术差异的动态性，正确。

D 选项：干扰选项，题干指出固态电池成本高是普及慢的原因，但未说明降低成本是唯一或充分条件。市场份额还可能受技术成熟度、用户接受度等因素影响，排除。

E 选项：偷换概念，题干仅提到新型液态电解质"提升能量密度"，未提及"消除泄漏风险"。固态电池的安全性优势在于"完全避免泄漏"，而液态电池的泄漏风险可能降低，但未被"完全消除"，排除。

故正确答案为 C 选项。

672 【答案】C

【解析】

验证选项：

A 选项：无法推出，题干仅提增长率，未涉及 GDP 总量，且地区 C 包含越南（7.5% 增速）等国家，无法比较绝对数值，排除。

B 选项：无法推出，越南年均增速 7.5%>A 国 6.2%，与题干矛盾，排除。

C 选项：可以推出，该项可直接推出：6.2%（A）>4.1%（C）>1.8%（B），符合增长率排序。

D 选项：无法推出，题干仅提研发投入占比提升，未涉及研发投入增速与 GDP 增速的关系，排除。

E 选项：干扰选项，B 国增速低迷但未提"不可逆转衰退"，过度推断，排除。

故正确答案为 C 选项。

673 【答案】C

【解析】

验证选项：

A 选项：无法推出，题干未提及"休闲度假型"客户是否会选择工作日入住，排除。

B 选项：干扰选项，题干仅提套餐用户中85%选择行政套房，未排除其他房型，可能存在15%选择基础房型。

C 选项：可以推出，题干明确指出"工作日特惠套餐"仅限周一至周五使用，且统计显示套餐用户多为本地企业高管（商务出行型），因此去年使用该套餐的客户不可能在周末入住，正确。

D 选项：无法推出，题干未涉及"商务出行型"客户是否全部选择套餐，排除。

E 选项：干扰选项，题干仅提"多来自本地企业"，未排除非本地企业用户，可能存在例外，排除。

故正确答案为 C 选项。

674 【答案】B

【解析】

验证选项：

A 选项：可以推出，题干直接对比分辨率（0.5米 vs 1.2米），排除。

B 选项：无法推出，题干明确"天问四号"的任务是为"天问五号"筛选潜在着陆点，但未提及已确定最终地点，仅说明该区域是"潜在"候选之一，正确。

C 选项：可以推出，题干提到"自主规避大型障碍物"，排除。

D 选项：可以推出，题干明确"调整姿态以确保安全软着陆"，排除。

E 选项：可以推出，题干指出"为后续任务筛选着陆点"，说明提供了数据支持，排除。

故正确答案为 B 选项。

675 【答案】A

【解析】

验证选项：

A 选项：可以推出，题干的核心逻辑是森林碎片化（热带雨林减少）导致食果鸟类数量大幅下降，而适应开阔地带的食虫鸟类受影响较小，这一现象直接支持A选项，准确。

B 选项：过度推理，题干未排除其他可能因素（如气候变化），且"唯一"过于绝对，排除。

C 选项：过度推理，题干仅提到"减少45%"，未断言灭绝，排除。

D 选项：无法推出，题干仅对比两者减少幅度，未涉及适应能力的直接比较，排除。

E 选项：无法推出，题干仅讨论亚马逊某区域，无法推广至全球，排除。

故正确答案为 A 选项。

考向 2 推断下文

答案速查表

题号	676	677	678
答案	E	C	D

676 【答案】E

【解析】

验证选项：

A 选项：未解决耐药性和菌群破坏问题。

B 选项：仅短期应对耐药性，无法阻止新药再次被滥用导致同样问题。

C 选项：加剧菌群破坏，并加速耐药性进化。

D 选项：仅缓解菌群问题，未触及耐药性根源。

E 选项：针对耐药性：通过轮换抗生素，使细菌难以对单一药物产生持续适应性，延缓耐药性发展；保护菌群：不同抗生素对肠道菌群的影响具有选择性，轮换使用可减少对特定有益菌的长期抑制，为菌群恢复提供时间窗口。

故正确答案为 E 选项。

677【答案】C

【解析】

验证选项：

A 选项：无法推出，该项指出健身房说服业主委员会撤销要求，与题干"必须采取措施"矛盾，且未体现具体行动，排除。

B 选项：无法推出，该项指出健身房维持高价但减课程，违背"恢复原价"的要求，属于变相涨价，排除。

C 选项：可以推出，该项指出健身房通过恢复月费原价，但对私教课单独涨价，既符合"原价不变"的字面要求，又通过增加私教课收入弥补利润，正确。

D 选项：无法推出，该项指出健身房维持高价，优化了消费体验。但其违背"恢复原价"的要求，排除。

E 选项：无法推出，该项指出健身房终止协议，直接放弃运营，与"未减少利润"矛盾，排除。

故正确答案为 C 选项。

678【答案】D

【解析】

验证选项：

A 选项：无法推出，该项采取减少观影券数量，降低黄牛可收购的资源的措施。但若仍有用户能获得观影券，黄牛可能继续收购剩余部分。而且降低发放量可能削弱长期用户的积极性，影响平台口碑，排除。

B 选项：无法推出，该项采取缩短观影券兑换电影的有效时间的措施，从而压缩黄牛收购后转卖的时间窗口。但若用户可即时兑换电影票，黄牛可能快速兑换后转卖（电影票有效期可能更长），排除。

C 选项：无法推出，该项采取限制观影券只能兑换特定类型的电影的措施，从而减少热门电影需求，降低黄牛转卖价值。但若仍有热门类型可兑换，黄牛可能针对性收购，排除。

D 选项：可以推出，该项要求观影券兑换时需绑定用户身份信息，从而确保使用者与原始获得者一致。因此黄牛收购的观影券无法被他人使用，直接切断牟利链条，正确。

E 选项：无法推出，该项采取降低单次观影券可兑换的电影时长的措施，从而减少单次观影时长，降低黄牛转卖价值。但用户可能需多张券才能看完整电影，黄牛仍可低价批量出售，排除。

故正确答案为 D 选项。